U0269102

启迪你的智慧，精彩由此展开……

超级彩图馆

恐龙探秘
兵器探秘
人体探秘

文娟　主编

中国华侨出版社

图书在版编目（CIP）数据

恐龙探秘 兵器探秘 人体探秘／文娟主编.—北京：中国华侨出版社，2013.5

ISBN 978-7-5113-3585-2

I.①恐… Ⅱ.①文… Ⅲ.①恐龙—普及读物 ②武器—普及读物 ③人体—普及读物 Ⅳ.①Q915.864-49 ②E92-49 ③R32-49

中国版本图书馆CIP数据核字（2013）第099603号

恐龙探秘 兵器探秘 人体探秘

主　　编：文　娟
出 版 人：方　鸣
责任编辑：岑　涛
封面设计：凌　云
文字编辑：徐胜华
美术编辑：潘　松
经　　销：新华书店
开　　本：720mm×1020mm　　1/16　　印张：27.5　　字数：726千字
印　　刷：北京鑫海达印刷有限公司
版　　次：2013年8月第1版　　2015年3月第2次印刷
书　　号：ISBN 978-7-5113-3585-2
定　　价：29.80元

中国华侨出版社　北京市朝阳区静安里26号通成达大厦三层　邮编：100028
法律顾问：陈鹰律师事务所
发 行 部：(010) 58815874　　传　真：(010) 58815857
网　　址：www.oveaschin.com
E-mail：oveaschin@sina.com

如果发现印装质量问题，影响阅读，请与印刷厂联系调换。

前 言
Preface

恐龙，一个神秘莫测的种群，亟待探索的问题让人魂牵梦绕。兵器，神兵利器的王国，其日新月异的发展总让人感觉遥不可及。人体，看似熟悉，却于平凡中蕴涵着神奇的奥秘。它们是青少年最着迷、最感兴趣、最爱探索的三大领域，青少年对此不知道、想知道的实在太多了。他们的头脑中经常闪现出一个接一个的问题，这些问题是充满想象力的深入思考，是探秘未知世界的不竭动力。

《恐龙探秘·兵器探秘·人体探秘》就是为渴望探索新世界的青少年精心编写的，是一场倾心打造、丰美绝伦的知识盛宴。本书从恐龙、兵器、人体三个视角出发，精选出具有神秘色彩与探索价值的课题，展示给读者不同领域的全新知识体系。全书用通俗浅显的文字、精美逼真的插图、新颖独特的版面设计，诠释出丰富而精彩的万千现象，使读者在愉快的氛围中轻松饱览神秘的恐龙世界、强大的兵器王国和奇妙的人体现象，尽情享受阅读的乐趣。

恐龙，生物进化史上最成功的种群，大约在距今2.4亿年以前横空出世，统治着海洋、陆地和天空，独霸地球长达1.75亿年之久。然而，到了6500万年之前，这个曾经盛极一时的霸主突然间灭亡了，甚至连物竞天择的生物进化过程都没有经历。如果不是那些藏匿在大自然中的恐龙化石，也许我们至今都不知道，地球上曾经有过这样一段漫长而又神秘的恐龙时代。面对沉睡在世界各个角落的恐龙遗骸化石，我们心中充满了疑问：恐龙究竟是一种什么样的动物？它们以怎样的方式成为地球的统治者？它们生存的环境和今天的地球有多少差别？如此不可一世的物种，为什么会突然灭绝？走进恐龙世界，你会以一种全新的视角来审视这个神秘而繁盛的种群；深入了解每种恐龙的身体特征、生活习性、生长和繁殖等方方面面；和古生物学家一起进入考察、发掘之旅，去探寻世界上最大、最完整的恐龙化石遗址，观察从中挖掘出的珍贵化石。300多幅"手绘写真"生动再现恐龙真面目，让人仿佛置身于那个神秘而遥远的恐龙时代。

提到兵器，我们常常会想到古代沙场上的刀枪剑戟，或者现代战争中能精准导航的巡航导弹。它们具有强大的威力，让人惊奇，令人着迷。世界上最早的兵器出现在何时，是什么样的？从古至今，世界上一共有多少种兵器？兵器的改进对战争的进程起着怎样的作用？在现代战争中，兵器扮演着什么角色？兵器作为一种特殊的文化符号，承载了怎样一段血雨腥风的历史？置身于兵器王国，你可以循着兵器的发展脉络，详细解读古代冷兵器、火器时代的兵器，现代战争中的常规兵器，日新月异的新式兵器。这里几乎囊括了人类历史上所有的兵器种类。通过图文并茂的编排，生动展示了包括刀、剑、弓、弩、手枪、坦克、战斗机、巡航导弹、核潜艇等在内的上百种兵器的发明过程、制作工艺、工作原理、性能特点及其背后鲜为人知的战争故事。

人的身体是世界上最奇妙的一台"机器"，有着令人惊叹的精密而复杂的结构，它由成千上万个相互配合的零件拼合而成，从出生起就不停地工作着。每个人都拥有自己的身体，却不一定了解它的奥秘，如各个器官是如何运转的？人是如何记住东西的？视错觉是怎样产生的？怎样延缓衰老？……对于紧张忙碌的现代人来说，身体的保健极为重要，而掌握人体知识，正确使用身体，正是身体保健的前提。在探秘人体的过程中，你不仅可以了解人体基础知识、大脑与感官、思维与心理、情感和保健等方面的知识，还能见证人体怪象和生命创造的奇迹，从不同的角度了解人体的有关知识。读了本书，你将会从中获得需要的知识和建议，以保持身体健康而有活力；你将学会如何调整自己的情绪；你将会了解疾病是怎样入侵你的身体的，并从中获得预防和击败影响你身体的不良因素的方法。总之，它是你最可靠最贴心的健康顾问。

从远古到现代，从天空到陆地，从宏观到微观，全书穿越时空，涉猎广博，却又自成体系。它采用科学系统的分类法，将庞杂的知识结构化；以近乎词条式的阐述方式，将复杂的原理简单化；采用场面宏大的主图和缤纷的配图相结合的方式，增强视觉冲击力，将抽象的道理形象化。以形式多样的辅助栏目和匠心独具的版式设计，将深奥的概念趣味化。

在这本书里，不仅有丰富生动的知识，还有充满奇思妙想的发问，将给你带来激发脑力的思考和想象力。我们相信，打开本书，你将开启别开生面、妙趣横生的科学探秘之旅。

目 录
Contents

恐龙探秘

兵器探秘

3

人体探秘

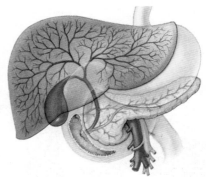

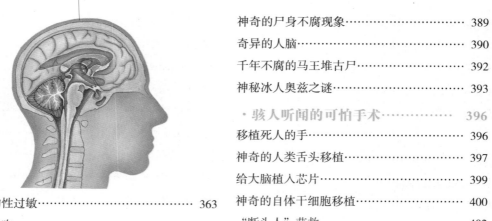

恐 龙 探 秘

难以置信的恐龙

独特的恐龙

大约在 2.4 亿年以前，在人类还没出现的遥远年代里，一群前所未有的生物——恐龙，出现在了地球上。它们中既有史上最大的陆生动物，也有最致命的掠食者。从来没有人见过活着的恐龙，因为它们早在 6500 万年前就已经灭绝了。

» 独特的爬行动物

恐龙属于爬行动物。和其他的爬行动物如鳄鱼和蜥蜴一样，恐龙也是卵生，并且全身覆有鳞状、隔水的表皮。大多数爬行动物的四肢都从身体的侧面伸出来，而恐龙的四肢则从身体下面把自己支撑起来。这意味着恐龙的四肢比其他爬行动物的要强壮得多。

» 恐龙的多样性

迄今已发现各种各样（或属生物分类学上的不同种）的恐龙。它们有的和一只母鸡差不多大，有的却有 10 头大象那么大。肉食恐龙拥有锋利的牙齿，而某些草食恐龙则长有无齿的喙。还有脸部长角，头上长冠，甚至脖子上环有颈饰的恐龙。

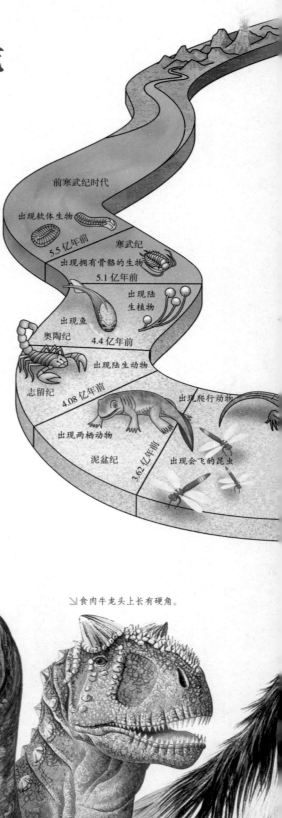

前寒武纪时代

出现软体生物

5.5 亿年前

寒武纪

出现拥有骨骼的生物

5.1 亿年前

出现陆生植物

出现鱼

奥陶纪

4.4 亿年前

出现陆生动物

志留纪

4.08 亿年前

出现爬行动物

出现两栖动物

泥盆纪

3.62 亿年前

出现会飞的昆虫

↘青岛龙长有骨质头冠。

↘食肉牛龙头上长有硬角。

↗似鸡龙长有无齿的喙。

» 恐龙生活在什么时代

恐龙生活在中生代，即距今 6500 万 ~ 2.5 亿年前的那段时期。中生代又被分成 3 个纪：三叠纪（恐龙出现的时代）、侏罗纪和白垩纪。每种恐龙都在地球上繁衍生息了数百万年，而每时每刻又会有新的种类诞生。恐龙曾经统治地球长达 1.75 亿年，是自地球形成以来最成功的动物种类之一。

三叠纪

2.08 亿年前

侏罗纪

出现大型肉食恐龙

出现鸟类

1.44 亿年前

出现有花植物

白垩纪

出现恐龙

5 亿年前

二叠纪

出现会游泳的爬行动物

2.9 亿年前

6 500 万年前

最后的恐龙

出现森林
石炭纪

出现马

出现大象

第三纪

出现猫科动物

出现原始人类

180 万年前

第四纪

↗ 这个时间轴展示了从最初的植物和动物的诞生到今天的人类文明的地球编年史。

◤ 伶盗龙全身覆有羽毛。

3

■ 恐龙的分类

迄今为止，人们已经发现超过 900 种不同种类的恐龙。为了研究这些形形色色的恐龙之间的相互联系，古生物学家们根据某些共同特征对它们进行了分类。

» "蜥臀"与"鸟臀"

恐龙被分成两大类：蜥臀目恐龙和鸟臀目恐龙。蜥臀目恐龙长有和现生蜥蜴相似的臀骨。鸟臀目恐龙则有着和现生鸟类相似的臀骨。

» 最大的类群

鸟臀目恐龙组成了恐龙里面最大的类群。它们都属于草食动物，并且大多数喜欢群居。鸟臀目又可划分成 5 类：剑龙类、肿头龙类、鸟脚类、角龙类和甲龙类。

鸟脚类恐龙是最常见的鸟臀目恐龙。它们中最小的棱齿龙科大约只有 1 米长，最大的禽龙类和鸭嘴龙科可以长到 15 米长。

» 草食恐龙和肉食恐龙

蜥臀目恐龙被分为蜥脚形亚目和兽脚亚目。大部分蜥脚形亚目恐龙都是草食动物，它们大部分时间用四条腿行走，并拥有长长的脖子和尾巴。蜥脚形亚目恐龙中有恐龙世界最大和最重的恐龙。

兽脚类恐龙是恐龙世界中的杀戮者。它们是靠两条腿行走的、迅捷无比的动物。它们中的大部分是肉食动物，长有尖锐的牙齿和锋利的爪子，用来捕食猎物。

和许多兽脚类恐龙一样，暴龙长有尖锐的锯齿状牙齿，可以从猎物身上撕咬大块的生肉。

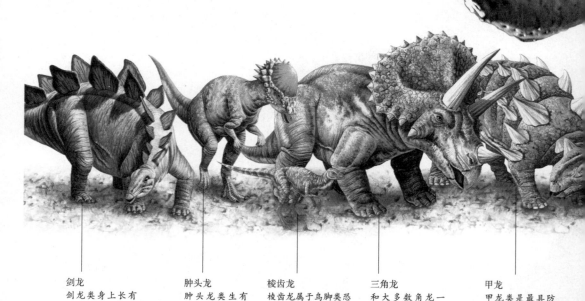

剑龙
剑龙类身上长有骨板。这些骨板并非十分牢固，可能仅仅是用来装饰。

肿头龙
肿头龙类生有厚厚的圆顶头骨。它们移动迅速，用两条腿行走。

棱齿龙
棱齿龙属于鸟脚类恐龙。鸟脚类恐龙用强有力的牙齿来咀嚼植物。它们靠两条腿或四条腿行走。

三角龙
和大多数角龙一样，三角龙的头骨背面长有骨饰，面部长有尖角，用来吓唬敌人。

甲龙
甲龙类是最具防御力的鸟臀目恐龙。它们全身覆有骨钉和粗厚的骨板。

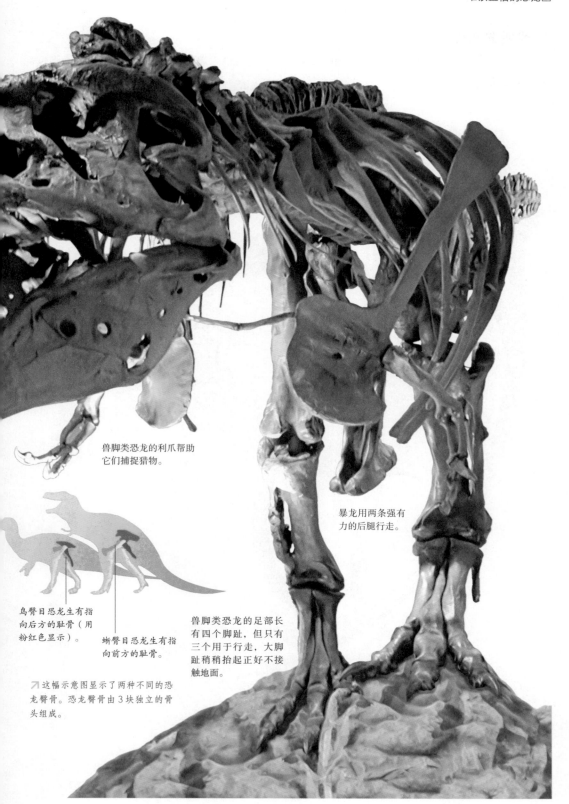

兽脚类恐龙的利爪帮助它们捕捉猎物。

暴龙用两条强有力的后腿行走。

鸟臀目恐龙生有指向后方的耻骨（用粉红色显示）。

蜥臀目恐龙生有指向前方的耻骨。

兽脚类恐龙的足部长有四个脚趾，但只有三个用于行走，大脚趾稍稍抬起正好不接触地面。

↗ 这幅示意图显示了两种不同的恐龙臀骨。恐龙臀骨由3块独立的骨头组成。

■ 恐龙关系图

这张图表显示了不同类别的恐龙的相互关系。每个分支的末端画着的恐龙代表了这个类别包含的不同的物种。

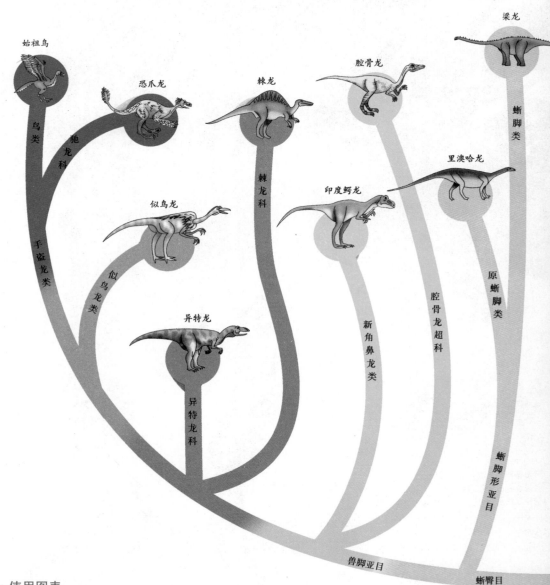

» 使用图表

观察这张图表，你能找到众多恐龙的各自类别。举个例子，你能查到异特龙属于异特龙科恐龙。异特龙科恐龙都属于兽脚类，而所有兽脚类恐龙都归属于范围更广的蜥臀目。

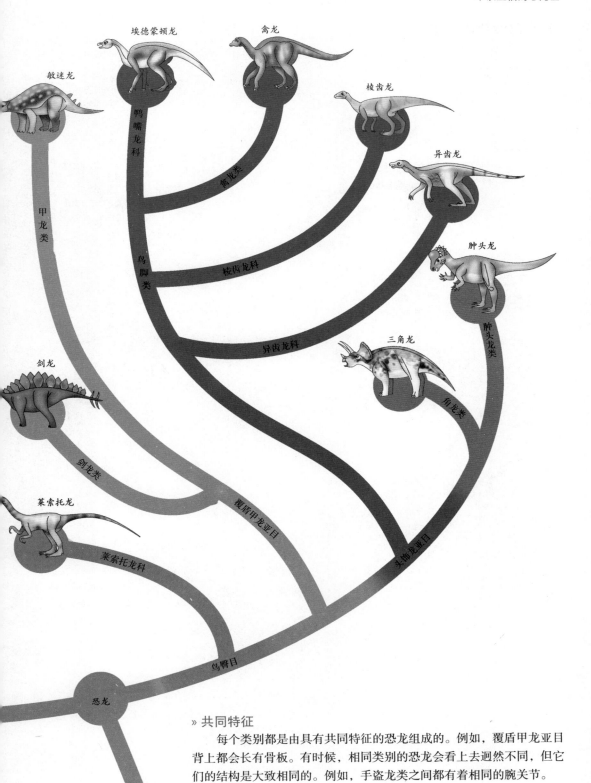

敏迷龙

埃德蒙顿龙

禽龙

棱齿龙

异齿龙

肿头龙

三角龙

剑龙

鸭嘴龙科

甲龙类

禽龙类

棱齿龙科

异齿龙科

肿头龙类

鸟脚类

角龙类

莱索托龙

剑龙类

覆盾甲龙亚目

头饰龙亚目

莱索托龙科

鸟臀目

恐龙

» 共同特征

每个类别都是由具有共同特征的恐龙组成的。例如，覆盾甲龙亚目背上都会长有骨板。有时候，相同类别的恐龙会看上去迥然不同，但它们的结构是大致相同的。例如，手盗龙类之间都有着相同的腕关节。

7

■ 恐龙活动时间轴

恐龙大约生活了 1.75 亿年。它们总在随着时间推移而进化：新物种出现、旧物种灭绝。这个时间轴显示了不同种类的恐龙存活的年代。

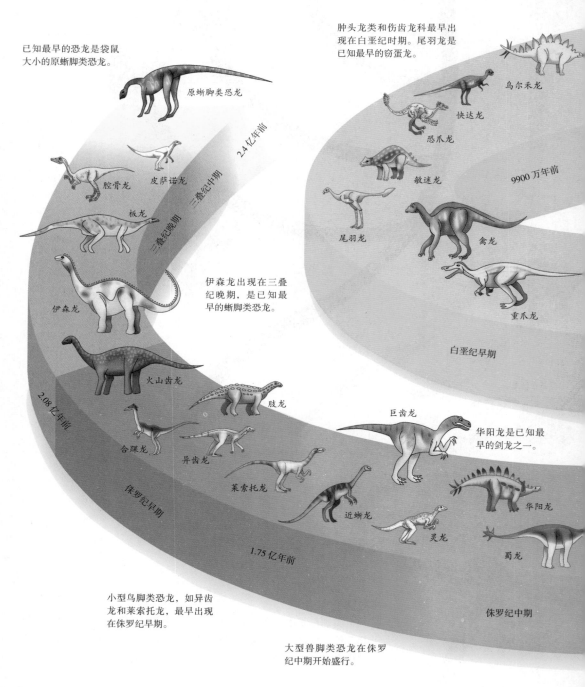

已知最早的恐龙是袋鼠大小的原蜥脚类恐龙。

原蜥脚类恐龙

肿头龙类和伤齿龙科最早出现在白垩纪时期。尾羽龙是已知最早的窃蛋龙。

乌尔禾龙

快达龙

恐爪龙

2.4 亿年前

腔骨龙

皮萨诺龙

敏迷龙

板龙

三叠纪中期

9900 万年前

三叠纪晚期

尾羽龙

禽龙

伊森龙出现在三叠纪晚期，是已知最早的蜥脚类恐龙。

伊森龙

重爪龙

白垩纪早期

火山齿龙

2.08 亿年前

肢龙

合踝龙

巨齿龙

华阳龙是已知最早的剑龙之一。

异齿龙

莱索托龙

近蜥龙

华阳龙

侏罗纪早期

灵龙

蜀龙

1.75 亿年前

小型鸟脚类恐龙，如异齿龙和莱索托龙，最早出现在侏罗纪早期。

侏罗纪中期

大型兽脚类恐龙在侏罗纪中期开始盛行。

↘ 白垩纪晚期是恐龙最具多样性的时代。剑龙类在
这个时期灭绝了，但更多新的种类出现了。

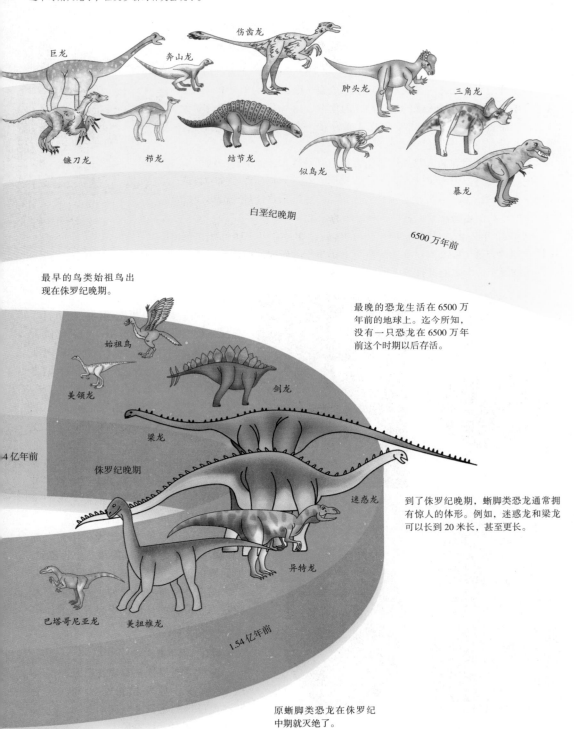

巨龙

伤齿龙

奔山龙

肿头龙

三角龙

镰刀龙　柿龙　结节龙　似鸟龙

暴龙

白垩纪晚期

6500 万年前

最早的鸟类始祖鸟出
现在侏罗纪晚期。

始祖鸟

美颌龙

剑龙

梁龙

最晚的恐龙生活在 6500 万
年前的地球上。迄今所知，
没有一只恐龙在 6500 万年
前这个时期以后存活。

4 亿年前

侏罗纪晚期

迷惑龙

到了侏罗纪晚期，蜥脚类恐龙通常拥
有惊人的体形。例如，迷惑龙和梁龙
可以长到 20 米长，甚至更长。

异特龙

巴塔哥尼亚龙　美扭椎龙

1.54 亿年前

原蜥脚类恐龙在侏罗纪
中期就灭绝了。

9

■ 著名恐龙猎人

多年以来，成百上千的人投身到搜集恐龙化石的工作中，他们被称为恐龙猎人。大多数恐龙猎人是为博物馆工作的古生物学家，但也不乏热情满怀的业余爱好者。这里将介绍几位最著名的恐龙猎人。

» 早期专家

最早的恐龙猎人之一是英国地理学家威廉·巴克兰。1815 年，巴克兰鉴定了来自某种已经灭绝的爬行动物的化石。1824 年，这种爬行动物被巴克兰命名为巨齿龙。这样，巴克兰成为第一位描述并命名恐龙的人，尽管他并没有使用"恐龙"一词。

另一位早期恐龙猎人是英国医生吉迪恩·曼特尔，他也有一项早期的发现。1822 年，在他和妻子的一次出诊时，在苏塞克斯郡发现了数颗牙齿化石。1825 年，在发现牙齿化石 3 年后，曼特尔将这种牙齿类似鬣蜥牙齿的动物命名为禽龙，意思是"鬣蜥的牙齿"。

↗ 威廉·巴克兰是第一个基于一块下颌及其牙齿的残骸描述并为巨齿龙命名的人。他是一个聪明却古怪的人，后来成为了西敏斯特大教堂的主持牧师。

到 1840 年为止，已经有 9 种这样的爬行动物被命名。1842 年，英国科学家理查德·欧文对这些动物化石做了集中的研究。他认为，这些爬行动物属于一个之前没有被认识过的种群，他称之为"恐龙"。

↗ 吉迪恩·曼特尔是第一位认识到绝种的巨型爬行动物存在的人。

↗ 理查德·欧文是"恐龙"一词的发明者，同时也是第一个将它们作为一种与众不同的物种来认识的人。

↗ 科普（左图）和马什（右图）命名了大约 130 种恐龙，其中包括梁龙和剑龙。

» 激烈的竞争

化石搜寻在 19 世纪晚期开始风行。寻找新种恐龙的激烈竞争在两名美国古生物学家爱德华·德克林·科普和奥斯尼尔·查利斯·马什之间展开，他们之间的争斗堪称恐龙科学中重要的传奇，也导致了"美洲恐龙热潮"的运动。

一直到 1868 年，还有他们两个人友好地共同讨论问题的记录，但两年后他们就成了互相仇恨的敌人。据说是因为学术观点的不同，导致了他们之间不可调和的矛盾。这从另一方面促使他们更加努力地寻找新的恐龙化石。

不论阅读哪种关于恐龙的书籍，都会一次又一次地看到科普和马什的名字。他们根据很多完整的恐龙骨骼化石命名了大约 130 个新的恐龙种类，推进了人类对恐龙世界的认识，为恐龙科学作出了不可估量的贡献。

» 无畏的冒险家

罗伊·查普曼·安德鲁斯是一名美国博物学家，他以 20 世纪 20 年代在戈壁沙漠进行的化石考察闻名于世。这一系列考察是当时规模最大，也是代价最大的考察。安德鲁斯带领数十名科学家和助手来探索未知的遗址，并使用100多头骆驼来运输补给。

安德鲁斯发现了数百具恐龙骨骼化石，其中有一个完整的恐龙巢穴，里面不仅有恐龙蛋，还有雌恐龙。这个发现第一次证明，恐龙不仅会孵蛋，还会照顾巢穴。

» 新恐龙侦探

现代最著名的古生物学家之一美国人保罗·塞利诺领导了世界各地的恐龙遗址考察。他发现和命名了许多非洲恐龙，包括非洲猎龙和似鳄龙。另一位功勋卓著的近现代古生物学家是阿根廷人约瑟·波拿巴，他发现了很多阿根廷恐龙，包括长角的兽脚类恐龙食肉牛龙。

↗ 安德鲁斯在戈壁沙漠发现了许多化石，其中包括首次发现的恐龙巢穴。这是他在一处巢穴遗址展示恐龙蛋化石。

» 了不起的发现

某些恐龙猎人相当幸运，能够在偶然中发现令人惊叹的恐龙化石。苏·亨佛里克森就是这样的例子。1990年，她在美国南达科他州挖掘化石时，发现了几块暴龙化石。她和其他队员继续挖掘，最终发现了这具最大最完整，也是保存最好的暴龙骨骼化石。

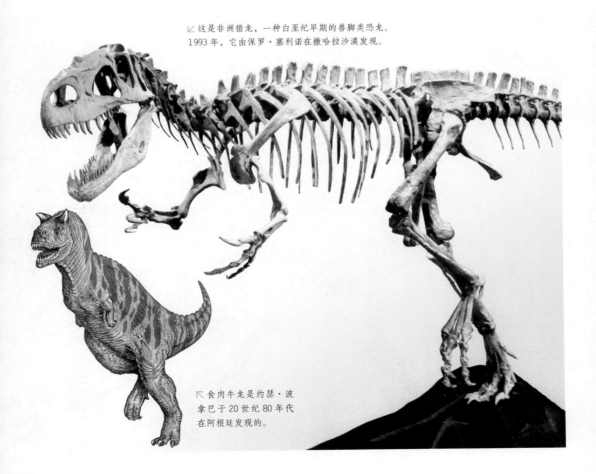

↙ 这是非洲猎龙，一种白垩纪早期的兽脚类恐龙。1993年，它由保罗·塞利诺在撒哈拉沙漠发现。

↖ 食肉牛龙是约瑟·波拿巴于20世纪80年代在阿根廷发现的。

■ 奇异的恐龙化石

一些恐龙死后，其尸体在岩石中得以保存。通过研究它们的尸体，即众所周知的化石，古生物学家们可以得到关于它们的大量信息，尽管它们早在几千万年前就已经灭绝了。

» 被埋藏的尸骨

动物尸体变成化石的情况非常罕见，它们通常会被吃掉，骨骼也会被其他动物弄散。但因为地球上曾经生活着数百万只恐龙，所以我们能够发现大量的恐龙化石。大多数化石是在动物死于水中或靠近水边的情况下形成的：尸体会被泥沙掩埋，成为沉积物。

» 变成化石

经过几百万年的演变，覆在动物尸体上的沉积物逐渐分层。每一层都会对下层施加很大的压力，致使沉积物慢慢地转变成岩石。岩石里的化学物质会从动物的骨头和牙齿的小孔里渗进去。这些化学物质以极其缓慢的速度逐渐变硬，于是动物骨骼就变成了化石。变成化石的动物身体的坚硬部分，比如牙齿和骨头等，被称为遗体化石。

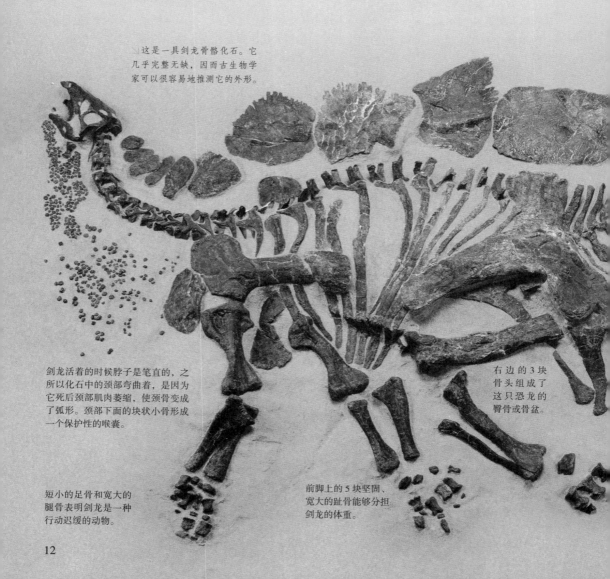

这是一具剑龙骨骼化石。它几乎完整无缺，因而古生物学家可以很容易地推测它的外形。

剑龙活着的时候脖子是笔直的，之所以化石中的颈部弯曲着，是因为它死后颈部肌肉萎缩，使颈骨变成了弧形。颈部下面的块状小骨形成一个保护性的喉囊。

右边的 3 块骨头组成了这只恐龙的臀骨或骨盆。

短小的足骨和宽大的腿骨表明剑龙是一种行动迟缓的动物。

前脚上的 5 块坚固、宽大的趾骨能够分担剑龙的体重。

» 遗迹化石

古生物学家们还发现了变成化石的恐龙足迹、带有牙齿咬痕的叶子，甚至还有恐龙的粪便。这些化石被称为遗迹化石，因为它们是恐龙生活留下的痕迹。遗迹化石和遗体化石有着不同的形成方式。例如，足迹在动物踏过软泥地时形成，经过几万年之后硬化成岩石，于是动物的足迹就被保存了下来。

↗ 一只恐龙在水边死去，它的肉体马上开始腐烂，只有骨骼留了下来。

↗ 水面上升淹没了骨骼，沉积物在骨骼上面堆积，防止它们被分解。

↗ 沉积物逐渐变成岩石，将恐龙的尸骨埋在了岩层中间。

» 恐龙木乃伊

极少数恐龙被发现时连肉体也完整保存。这样的情况只有在恐龙的尸体在高温、干燥的条件下被快速烘干的时候才会发生。这个过程就是众所周知的"木乃伊化"。

» 化石里的信息

研究化石的人被称为古生物学家。他们利用遗体化石来推测恐龙的外形和大小，利用足迹化石来寻找恐龙生活的线索。例如，许多相似的足迹在同一处被发现，表明该种恐龙可能是群居的。

变成化石的恐龙粪便被称为"粪化石"，它能向我们说明恐龙的食性。草食恐龙的粪化石中含有大量的植物纤维，而肉食恐龙的粪化石中包含着许多骨头碎片。

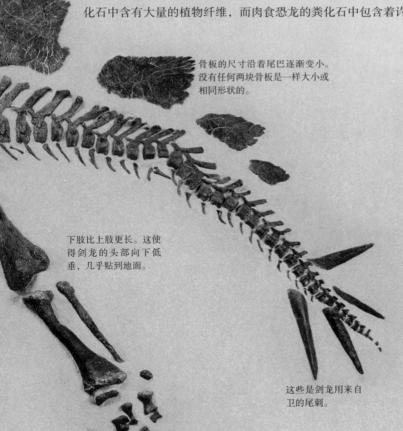

骨板的尺寸沿着尾巴逐渐变小。没有任何两块骨板是一样大小或相同形状的。

下肢比上肢更长。这使得剑龙的头部向下低垂，几乎贴到地面。

这些是剑龙用来自卫的尾刺。

↗ 这是一块恐龙粪便化石。恐龙的粪便化石比遗体化石更为稀有，因为粪便更容易被迅速分解。

■ 寻找恐龙化石

有时候人们会在不经意间发现恐龙化石，但更多的化石则是由古生物学家们在有计划的考察中发现的。这些考察活动常常需要持续数年，并在险恶的条件下深入展开。

» 到哪里寻找

化石只在沉积岩层中被发现，因此古生物学家们会在中生代沉积岩中搜寻恐龙化石。虽然恐龙只生活在陆地上，但它们的尸体往往会随着河流进入海洋，所以古生物学家们也会到曾经存在过中生代海洋的地区展开工作。

↗ 这些鸭嘴龙骨骼化石从北美荒地的沉积岩里露了出来。

» 化石猎场

许多中生代的沉积岩已被深埋在地底。为了寻找恐龙化石，古生物学家们需要进入地表岩层已被河流或海洋破坏、暴露出中生代岩层的地区。中生代岩层也会在人们开采矿石或开凿岩石修建公路时暴露出来。

» 最佳场所

寻找恐龙化石的最佳场所是那些岩石被大范围持续侵蚀的地区。这些地区往往是偏远的沙漠或裸露的岩石地区，即人们所说的荒地。荒地大多是险峻、狭窄的山谷，同时也是不毛之地，这使得从岩石露出的恐龙化石能被轻易发现。

» 隐蔽的化石

不幸的是，古生物学家们并不能探查所有的中生代沉积岩。一些中生代岩层被深埋在其他岩层、土壤、水，甚至建筑物底下。因而，有许多恐龙化石有可能被永远地埋藏。例如，悬崖中的化石，在被人们发现之前往往就被侵蚀掉了。有些地方则会因为战争、政治因素和恶劣的气候条件而无法到达。

» 偶然发现

有些惊人的发现是由农民和修路工人偶然间获得的。最近的一项重大发现来自阿根廷巴塔哥尼亚的一个农民。他偶然看到了从地面露出的动物残骸，事后被古生物学家们证明是某条超长恐龙的颈骨。

↖ 一具窃螺龙骨骼化石在戈壁沙漠被发现。强风将戈壁沙漠中的岩石风化，于是化石便裸露出来了。

■ 发掘恐龙化石

对恐龙化石进行挖掘、运输和清洗的过程艰难而又耗时。准备工作和检测恐龙骨骼也需要花费古生物学家们数月甚至数年的努力。在这之前，每一项恐龙化石发现的意义都是未知的。

» 剥离化石

发现化石后，古生物学家们就会用鹤嘴锄、铲子、锤子和刷子将周围的岩石和泥土小心地移除。部分坚硬的岩石会使用更强有力的工具甚至炸药来除掉。化石周围的大片区域也会被仔细地检查，附近可能留有同一只恐龙的更多遗骸。

» 记录信息

一旦古生物学家们发掘了某个遗址的全部化石，他们就会对每块化石进行测量、拍照、绘图和贴标签。每块碎片的具体位置也会被小心记录。这些详细信息是日后骨骼重构所必需的。

» 搬运化石

化石出土后，要包裹起来以免损坏。小块化石可用纸包上然后放进包里，而大块则用石膏包裹。通常情况下，化石仍会以嵌在岩石中的形态存在，因此岩石也会被石膏包起来。一些化石过于沉重，不得不用起重机来搬运。

» 仔细清洗

化石的清洗和准备工作在实验室里进行。首先，要把保护层切割掉，再将化石周围的所有岩石细心打磨掉，或用弱酸溶剂溶解。其次，用细针或牙钻小心翼翼地将仅剩的岩屑除去，并使用显微镜观察细部。骨头用化学溶剂加固，以防止它碎裂，然后保存到安全的地方。

◥ 将浸泡过石膏的带状物覆盖在大块的化石上。石膏迅速凝固，变成一层硬壳，以保护化石。

◥ 木板被固定在化石底下。它们起到底座的作用，防止化石在运输过程中滚动。

» 观测内部

一些化石，如头骨和未孵化的蛋，藏在岩石中，不切割化石而移动岩石是不可能的。但是，复杂的X光扫描仪已经能够探知岩石里面的化石形状。使用扫描仪，科学家能够知道如头骨里脑室的大小或蛋里面小恐龙的位置等信息。

◥ 图片中一队美国古生物学家正在非洲挖掘一具恐龙骨骼化石。他们使用锤子、凿子等工具来除去化石周围的岩石和泥土。

◥ 这是一张X光照片，可以看到蛋里面未出生的恐龙。

古生物学家们有条不紊地将岩屑除去，使它们不会和化石碎片混在一起。

这个遗址位于撒哈拉沙漠中，那里的古生物学家一连数小时在酷热干燥的环境下工作。

■ 鉴别恐龙

有时候，古生物学家鉴别最新发现的恐龙骨骼非常困难。他们仔细地检查发掘到的每块骨头，以寻找可以鉴定恐龙身份的线索。但如果很多骨化石缺失或者混入了其他动物的骨头，那就可能导致错误的鉴定结果。

» 头颅的形状

许多恐龙具有特征显著的头颅形状。这意味着：只要足够数量的头骨被发现，古生物学家就能根据头颅来鉴定一具恐龙化石。例如，剑龙类生有长锥形的头颅，大部分肿头龙类拥有坚厚的圆形颅骨，而角龙类通常在头颅的后侧长有褶皱。

» 特征骨骼

如果头颅或一部分头颅缺失，恐龙的鉴别就会变得非常困难。古生物学家必须寻找某种恐龙特有的骨骼部分，这些骨骼被称为特征骨骼。例如，肿头龙类生有连接脊椎和骨盆的纤长肋骨，其他恐龙则不具有这样的肋骨。

↑ 在剑龙狭长头颅的吻突（嘴的突出部分）后拥有无齿喙。

» 具有说服力的牙齿

牙齿也能帮助鉴别恐龙，因为不同种类的恐龙长有迥然不同的牙齿。例如，蜥脚类长有匙状或钉状的牙齿，而兽脚亚目则长有尖锐的牙齿。

恐龙的牙齿适合它们将特定的食物作为主食。因此，即使严格地分辨一颗牙齿属于哪种恐龙不现实，但它仍能向我们表明这只恐龙的食性。

↘ 异特龙长有边缘呈锯齿状的锋利牙齿，这对它吃肉很有帮助。

↘ 腕龙用凿形的牙齿把粗硬的树叶从树枝上拉扯下来。

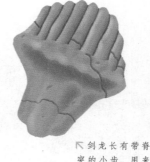

↖ 剑龙长有带脊突的小齿，用来将植物叶子切成碎片。

» 错误的鉴定

有时候，古生物学家会误以为他们鉴定的恐龙化石来自新的物种，而事实上它们只是几种不同的恐龙混杂的骨骼。

例如，1906年一头长有护体骨板的暴龙化石被人发现。它被宣布为一个新的物种，同时被命名为"暴君暴龙"。但不久之后，古生物学家发现它身上的骨板其实属于一只甲龙，而这只暴龙只是一只普通暴龙。

» 化石赝品

有时候，"新发现"的恐龙最终被证明是人为赝造的。1999年人们发现了一具似鸟恐龙化石，后被命名为"古盗鸟龙"。它长有鸟类的翅膀和爬行类的尾部。

但通过进一步的研究，古生物学家发现古盗鸟龙化石上有很多细微的裂痕，这些裂痕被人精心地覆上了石膏。他们意识到有人把恐龙化石和鸟骨拼接起来，从而造出了这具半鸟半龙的完整骨骼。

古盗鸟龙的身体来自一只鸟。

这是它的尾骨，来自一种叫小盗龙的恐龙。

↗ 这是一块在紫外线照射下的古盗鸟龙骨骼化石。紫外线让不同骨骼之间的区别变得更加明显。

用骨骼还原恐龙

还原恐龙是古生物学家工作的重要组成部分。第一步是重构骨架。但通过研究化石得到的证据，以及与现生动物之间的比较，古生物学家们能够得到的结果并不仅限于此。

» 构建骨架

将一具恐龙骨架复原需要大量的探查工作。古生物学家们通常只能得到整副骨骼的20%或者更少，并以此来展开复原工作。因此，他们的首要任务便是推测缺失骨骼的样子。

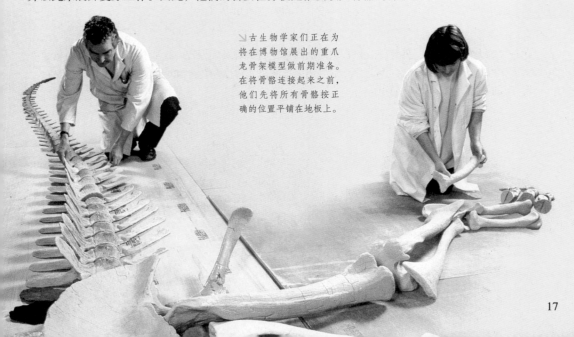

↘ 古生物学家们正在为将在博物馆展出的重爪龙骨架模型做前期准备。在将骨骼连接起来之前，他们先将所有骨骼按正确的位置平铺在地板上。

◤ 这是一具位于重爪龙化石发掘地的
重爪龙复原模型。古生物学家以骨架
为基础为它添加了肌肉和皮肤。

　　如果骨骼化石属于某种已知的恐龙，那么古生物学家们就可以通过比较全副骨架推断出缺失的部分。这样，他们就能够制作出缺失骨骼的复制品。

» 构造肌肉

　　如果完整的恐龙骨架已经构建完成，接下来就会在上面添加肌肉。这能给人关于活恐龙外貌的更清晰的印象。现生动物的肌肉经常会作为恐龙肌肉的范本和参照。有时候，化石上会留有骨肉相连的痕迹。这些痕迹能够帮助古生物学家们推测恐龙肌肉的大小和形状。

» 变化的观点

　　新的证据的披露，使有关恐龙的理论不断地发生着变化。例如，人们曾经认为恐龙的鼻孔离它们的吻突（嘴的突出部分）很远。近来的研究却显示，很多种恐龙的鼻孔离它们的吻突相当近。这一发现有助于古生物学家了解更多关于恐龙的呼吸方式和嗅觉的知识。

» 皮肤和羽毛

　　在有关恐龙的化石中，恐龙皮肤化石和皮肤印痕化石很难被人发现。这些化石能告诉我们恐龙皮肤的构造，以及该种恐龙有没有羽毛，但不能用来推测恐龙皮肤的色泽和明暗。因而在复原皮肤时，古生物学家们还需要运用他们的想象力。

左：古生物学家们一直认为
暴龙的鼻孔在吻突上方很远
的地方（如左图），这一观
点一直持续到最近。

右：现在人们一般认为暴龙
的鼻孔长在吻突的末端，（比
原有观点认为的）更靠近嘴，
如图所示。

■ 恐龙展览

　　恐龙化石会在全世界的博物馆展出，通常还会展示恐龙外观的实物模型。许多博物馆正致力于有关恐龙的研究，因此它们是了解恐龙最新动向的好去处。

» 高科技设施

　　很多博物馆使用高科技手段帮助游客构筑关于恐龙存活时的样貌。在中国上海的一个博物馆里，就有播放电脑合成的影片来重现中生代时期的声光影像。也有的博物馆拥有机器人恐龙模型，能在长相、声音和动作上模仿真正的恐龙。这些模型包括一具金属骨架和一些活动部件，并在外面包了一层有弹性的泡沫材料，使之看起来像皮肤。

» 纽约的恐龙

　　在纽约的美国自然历史博物馆里，收藏着世界上最多的恐龙化石。该博物馆以它的恐龙研究闻名于世，旗下的古生物学家遍布全世界各个角落开展搜寻发掘工作。为该博物馆工作的最有名的古生物学家可能要数巴纳姆·布朗了，他发现了许多种恐龙化石，其中包括第一只暴龙。

» 丰富的收藏

　　从全世界搜集来的恐龙化石被陈列在伦敦自然历史博物馆里。这个规模庞大的博物馆对不同种类的恐龙进行了逼真的重

↗加拿大艾伯塔省皇家泰勒恐龙博物馆的一名工人正在协助移动一具真实大小的暴龙模型到博物馆外的展览位置。

◤这具重龙骨骼模型站立在美国自然历史博物馆入口处。它被构造成两条腿站立起来抵御敌人袭击的造型。

现，包括三角龙、禽龙和棱齿龙，还有一具长达 26 米的梁龙模型被陈列在博物馆的入口处。博物馆的古生物学家们致力于研究新恐龙理论，并搜集各种各样的恐龙标本。1986 年，他们鉴定并命名了棘龙科重爪龙。

» 工作进行中

位于中国西南部的自贡恐龙博物馆，建在一处发现了成千上万的侏罗纪恐龙骨骼化石遗址上，目前仍有许多的化石处在发掘阶段。在博物馆中央还有一大片区域的岩石裸露在外，游客们可以从高处看到古生物学家挖掘化石的过程。

这具三角龙骨骼模型是伦敦自然历史博物馆最引人注目的亮点之一。

■ 用 DNA "复制" 恐龙

在电影《侏罗纪公园》里,科学家们令恐龙 "死而复生"。他们利用了来源于恐龙身体的 DNA(脱氧核糖核酸)物质来复制原始恐龙。这样的事情真的会发生吗?

» 设计生命

DNA 是一种存在于每个生物体内的合成物质。你的长相、你能达到的身高,甚至你个性的某些方面,都会因 DNA 中各成分的相互组合方式的不同而不同。它同样也包含了科学家们想要复制某种动物所需要的全部信息。利用 DNA,科学家们可以复制某种动物,甚至可以通过一些改变,达到设计生命的目的。

» 如何克隆

到目前为止,科学家们已经成功地复制了不同种类的动物,包括绵羊、猫、老鼠和猪。这一过程常被人们称作 "克隆"。科学家们取得某种动物的 DNA,将它植入卵细胞中。然后将卵细胞植入合适的受孕动物的腹中,让卵细胞在那里长成胎儿。新生的动物,即克隆体,与 DNA 供体的遗传性状完全相同,是它的一个精确副本。

↗ 这是出现在电影《侏罗纪公园》里的伶盗龙,电影虚构了由原始恐龙的 DNA 克隆它们的事。

» 远古 DNA

在克隆恐龙的问题上，科学家面临的最大难题是：他们上哪儿去寻找恐龙的 DNA。至今发现的恐龙化石没有一块含有 DNA，但科学家们却发现了保存在树脂化石中的史前吸血昆虫。如果这些昆虫中的某只以吸食恐龙血为生，也许会有少量恐龙血被保存下来，而这只昆虫中可能含有恐龙的 DNA。这样的话，就可以使克隆恐龙的研究更进一步。

↗ **绵羊多莉**
它是第一只利用成年动物的 DNA 成功克隆的哺乳动物。

↗ 这只昆虫几万年前被困死在一滴树脂中。树脂凝固变硬，把昆虫保存在了里面。

» DNA 分解

迄今为止，昆虫血液里并未发现过任何恐龙 DNA。即便会有 DNA 被发现，许多科学家仍认为利用这些 DNA 克隆恐龙是不可能的。

成功的克隆需要近乎完美的 DNA。但经过 1 万年左右的时间，DNA 就会被逐渐分解。即使是存活年代距今最近的恐龙的 DNA 也已经历了远远超过 1 万年的时间，已经支离破碎而不能被利用。这样，利用 DNA 克隆恐龙就成了不可能的事了。

» 丛林恐龙

科学家们或许没有能力让恐龙死而复生，那么有没有存活至今的恐龙呢？在非洲的刚果，住在丛林里的人们宣称他们曾经见过一种像蜥脚类恐龙的动物，他们称之为 "mokele mbembe"。人们说那种动物有小象那么大，在沼泽出没，靠吃植物为生。

一种未知的大型动物深藏在丛林之中还未被发现并非毫不可能。但对此进行调查研究的科学家认为，"mokele mbembe" 很可能是犀牛，而不是某种恐龙。

人们寻找恐龙的脚步没有停止，也许在不久的将来，会有更大的发现。

↗ 这是一只白腹树袋鼠。在 1994 年以前，没有人知道这个物种的存在。既然它们能保持那么多年不被发现，那么也许还存在更大型的动物，比如恐龙等，等待我们的发现。

恐龙的寿命有多长

在现生动物中，爬行动物的寿命较长，尤其是龟的寿命可达 200 岁以上。一些科学家在研究了恐龙骨骼的生长环后发现，有些恐龙死亡时的年龄为 120 岁。没有证据表明它们是在颐养天年后自己慢慢老死的。许多恐龙是死于事故，老年恐龙、幼年恐龙和病残恐龙是肉食龙的主要捕食对象。因此 120 岁并不是恐龙高寿的年龄。排除非正常死亡的因素，恐龙能活到 100 ～ 200 岁应当不成问题。它们是除龟以外，寿命最长的动物。

恐龙时代

恐龙出现前的生物

恐龙并非地球上最早出现的动物，恐龙存在前的亿万年里，就有生物在地球上生存进化。动物最早出现在水中，后来进化到可以在干燥的陆地上生存。爬行动物进化后便开始主宰陆地，很多不同种类的爬行动物在竞争中求生存，这也为恐龙的出现提供了背景。

» 陆地动物的祖先是什么

腔棘鱼，最早出现于大约 3.9 亿年前。它们的鳍和肌肉都非常有力，并最终进化为陆地动物。最初人们认为腔棘鱼于大约 7000 万年前灭绝，然而 1933 年有人在马达加斯加岛不远处捕捉到一条腔棘鱼。当时人们认为腔棘鱼的数目一定非常稀少，然而据当地渔民说，多年来他们一直都能捕捉到这种鱼，而且从未意识到这种鱼有何特别之处。现在，人们得知，印度洋的深海中也可以发现这种鱼，不过它们已经濒临灭绝，数量很少。

» 鱼什么时候开始进化的

大约 4.5 亿年前。最早的鱼的骨架由软骨构成，因而没有颌。后来，鱼不仅有了多骨的骨架，还有了颌，这使它们更善于游泳，而且可以捕食更大的猎物。所有后来的脊椎动物都是由早期的鱼类进化而来的。

» 其他的海洋生物是什么样

它们的形状和大小各不相同。鹦鹉螺是最常见的一种海洋生物，与现代鱿鱼和章鱼有密切的关系。它们有外壳，外壳里面充满了空气，有助于它们浮在水中，而触须有助于它们捕捉小动物。后来有些鹦鹉螺拥有笔直或弯曲的外壳。所有的鹦鹉螺大约都于 6500 万年前与恐龙同时灭绝。

↗ 鹦鹉螺是进化非常成功的一类海洋生物，它们存在了数百万年，但现在已经完全绝迹。

» 什么时候出现了第一种爬行动物

大约 3.1 亿年前。爬行动物是由两栖动物进化而来的，更加适应陆地上的生活。它们孵出硬壳蛋，硬壳可以在陆地上保护幼崽免受侵害；它们的皮肤粗糙，可以防止身体干裂。异齿龙生活在大约 2.7 亿年前的北美，这种爬行动物约有 3 米长，以捕猎其他爬行动物为生。它们的后背上有很大的脊鳍，有助于在温暖的阳光下加热身体。某些其他爬行动物也进化出类似的脊鳍，这有助于调节体温，例如棘龙。

» 哺乳动物的祖先是什么

兽孔目爬行动物，它们于大约 2.6 亿年前出现在地球上。在后来的 1200 万年里，这些爬行动物进化为不同的形式。有些兽孔目爬行动物以植物为食，而其他的捕食其他动物。它们逐渐进化出了毛发和具特殊用途的颌肌肉等特征。2 亿多年前，一群很小的兽孔目爬行动物进化为哺乳动物。这些生物历经恐龙时代，快速扩展并进化为多种多样的形式。

↗ 爬行动物坚硬的皮肤外覆盖着鳞片，可以防止水渗入皮肤。爬行动物拥有四条腿，然而某些爬行动物仅利用两条后腿走路，两条前腿则被用做"手臂"。

■ 恐龙时代地球的变化

恐龙时代的地球与现在的地球迥然不同。从那时候起，新海洋形成了，大陆改变了位置，新山脉从平地隆起。这些都是由组成地球表面的巨型岩石——板块的运动所引起的。

» 漂移的大陆

地球由不同的地层组成。板块组成了地球的表面或者说地壳，它覆在地幔的上面。地幔的一部分是熔融的，它们在不停地运动，带动上面的板块。板块的移动速度大约每年 5 厘米，但经过数百万年的时光，这足以令大陆漂移一段极远的距离。在恐龙生活的年代，这些大陆所在的位置与今天大不相同。

» 运动的山脉

在恐龙存活的时候，今天的一些山脉还尚未形成。比如说，喜马拉雅山脉在恐龙灭绝 500 万年之后才形成，是由亚洲板块和印度洋板块相互碰撞产生的。地壳产生褶皱隆起，从而诞生了世界上最高的山脉。像这样由两个板块碰撞而形成的山脉被称为褶皱山。

◤ 图中地球的各个板块和谐地结合在一起。为了表示板块下面的地幔，我们将一个板块移到了旁边。

» 海洋的改变

　　板块运动也改变了海洋的形状和大小。当两个板块在海底相互碰撞时，其中一个板块会被挤到另一个板块底下，并在那里融入到地幔中。而在其他地方，板块与板块互相漂离，产生裂缝。岩浆从裂缝处溢出，并把它填满，从而加宽了海洋。

» 化石证据

　　化石可以帮助我们推测大陆是如何漂移的。古生物学家们经常能在几个被海洋分离的大陆上发现同一种动物的化石。之所以该种动物分布在各个大陆，是因为这些大陆在它们存活的时候是连在一起的。

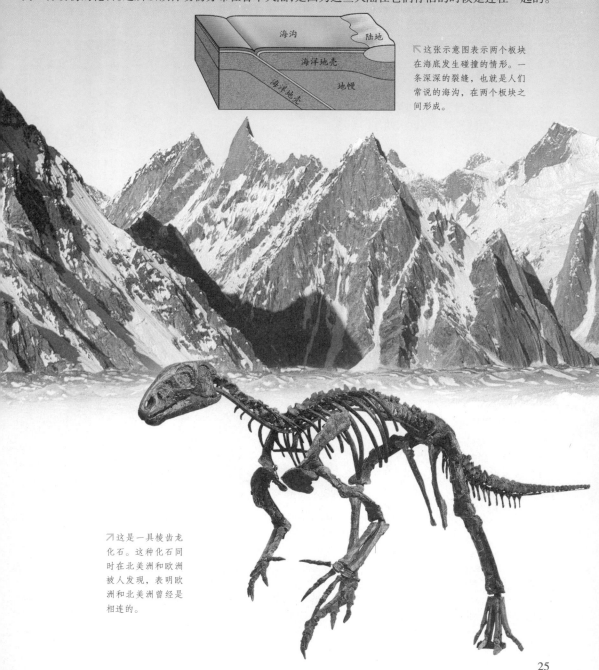

这张示意图表示两个板块在海底发生碰撞的情形。一条深深的裂缝，也就是人们常说的海沟，在两个板块之间形成。

这是一具棱齿龙化石。这种化石同时在北美洲和欧洲被人发现，表明欧洲和北美洲曾经是相连的。

25

■ 中生代的世界地图

这些地图揭示了中生代海洋和陆地所在的位置，它们涵盖从三叠纪到白垩纪晚期各个时期的世界地图。在这个过程中，各大陆不断改变位置直至趋近于今天的大陆分布。

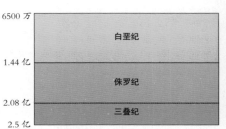

↗ 这张图表显示了中生代的时间标尺。左侧的数字表示每个时期在距今多少年前。

» 超级大陆

刚进入三叠纪的时候，大多数大陆是连成一片的，就像一块辽阔无比的超级大陆，被称为"泛古陆"。泛古陆的周围是一望无际的泛古洋，它覆盖了地球2/3的表面。那时只有中国和东南亚的一部分与泛古陆相分离。

» 大陆的分裂

在三叠纪晚期，组成泛古陆的大多数大陆依旧连成一片。但是，非洲、北美洲和欧洲的某些部分开始相互漂离。北非和北美洲东海岸之间的裂隙成了北大西洋的雏形。

这幅图表示的是三叠纪早期时的泛古洋。白线环绕的地方形成了今天的大陆。部分现在大陆当时被水覆盖着，这就是为什么白线画在海里的原因。

» 大陆的离析

进入侏罗纪时期，泛古陆一分为二，形成了北面的劳亚古陆和南面的冈瓦纳古陆。海平面上升，浅海淹没了部分大陆。北大西洋继续扩大，而北美洲和非洲则继续漂离。

» 分散的大陆

在白垩纪早期，浅海继续把原本相连的大陆分成相互隔离的岛屿。南极洲和澳洲变得更加远离非洲和南美洲，而大西洋持续扩大。

在侏罗纪的大多数时期，欧洲被划分为一连串的岛屿。

某些板块的地壳在北美洲和欧洲之间互相碰撞，形成了一连串的深邃宽广的谷地，即通常所说的"地堑"。

» 上升的海洋

在白垩纪晚期，海平面要比今天的高很多。一个内海把北美洲分成东、西两部分，而大部分的欧洲已被海水淹没。北非也被一个巨大的内海分割。多数的主要大陆都被海洋隔离开来。

印度继续向远离非洲、南极洲和大洋洲的方向漂移。

在白垩纪时期，在北美洲和亚洲之间曾经存在过临时的大陆桥。

中生代植物

中生代植物，以真蕨类和裸子植物最繁盛。到中生代末，被子植物取代了裸子植物而居重要地位。中生代末发生著名的生物灭绝事件，特别是恐龙类灭绝，菊石类全部灭绝。

■ 生物进化与恐龙的起源

大多数科学家认为生物在漫长的岁月里逐渐改变，这种思想被称作"生物进化论"。科学家们试图用生物进化论来解释恐龙的起源和它们的灭绝。

» 化石档案

至今发现的全部化石统称为化石档案。化石档案向我们表明，在漫长的年代里动物和植物是如何演变的。从化石档案我们得知，最早的生物是一种细菌，它们在 35 亿年前就在地球上出现了。经过千百万年的演化，这些细菌最终进化成了最初的动物和植物。

» 进化的过程

生物是从单细胞开始的，经过上亿年的时间，海洋中聚集了各种各样的生物，包括蠕虫、水母，

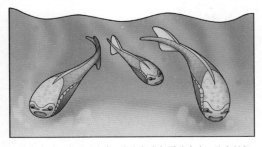

↗ 5 亿年前，出现了鱼类。它们拥有粗厚的皮肉，没有颌部。当时，地球上还不存在陆生动物。

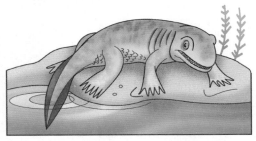

↗ 3.75 亿年前，一些水生动物也许为了躲避捕食者离开了水体。它们是最早的两栖动物。

↗ 3 亿年前，诞生了爬行动物。它们的身体更适合陆生生活。它们长有龟裂的鳞状皮肤，用来防止强烈阳光的照射。

↗ 大约 2.4 亿年前，一些爬行动物进化出足以支撑它们的身体离开地面的腿部，成了最初的恐龙。

↙ 这是三叶虫化石，它们是最早长有骨骼的动物之一。它们已有 5.5 亿年的历史了。

↗北极熊生活在寒冷的北极，它们进化出厚厚的
皮毛，帮助它们在冰天雪地里生存。

（5）

（4）

（3）

（2）

（1）

带壳的软体动物以及晚些出现的带
骨架的鱼类。陆地也逐渐被各种生
物占据，一开始是简单的单细胞植
物，如藻类；后来则出现了更为复
杂的动物——蠕虫，以及节肢动物
和软体动物。

在 2.45 亿年前，陆地上居住着
许多爬行动物，其中包括后来进化
成哺乳动物的似哺乳爬行动物——
缘头龙和祖龙类。最早的祖龙都是
肉食者，有一些是长得像鳄鱼的生
有能匍匐前进的腿的动物，有一些
则发展出半匍匐的站姿和特殊的可
旋转的踝关节。

体形小一些的、轻盈的祖龙类
动物是最早发展出可以用下肢进行
短距离奔跑的动物。其中有一些发
展出成熟的站姿，它们依靠身体下

↖ **进化的过程**
早期匍匐前进的祖龙类（1），进化成带有
可旋转脚踝的不完全进化的行走者（2）。小
型、轻盈的祖龙，例如兔鳄（3），进化成能
够完全直立的两足动物。由它们进化出早期
的恐龙，例如艾雷拉龙（4）和始盗龙（5），
它们是目前所知最原始的肉食恐龙。所有的
兽脚类恐龙都是由长相相似的祖先进化来的。

方直立的腿永久地站了起来。来自阿根廷的体长 30 厘米的祖龙类兔鳄在解剖学上处于这些完全直立的祖龙类及两类由它们发展出来的动物——会飞的爬行动物（翼龙）和恐龙之间。

» 变化的世界

生物随着时间改变是因为环境总是在发生变化。物竞天择，适者生存，存活下来的动物将它们的优良基因遗传给后代。这就是著名的"自然选择"。一些至今存在的动物能很好地支持这一学说。例如，许多生活在寒冷气候条件下的动物为了适应环境进化出了厚厚的皮毛，这样可以帮助它们保持体温。

» 外形和大小

大陆漂移同样影响了恐龙的进化。在三叠纪时期，各个大陆连成一片泛古陆，全世界的恐龙都很相似。当泛古陆分裂成各个大陆时，恐龙们为适应不同的环境进化出不同的外形和大小。

» 进化的特征

一些恐龙的特征是因为环境中的其他动物而衍生的。例如，甲龙为了抵御肉食恐龙的袭击，逐渐地进化出骨板和骨钉。古生物学家们还认为，恐龙为了繁衍后代会进化出某些特性。长角的恐龙，如五角龙和开角龙，可能是为了吸引异性才进化产生角的。

◥ 从加斯顿龙（甲龙的一种）的骨骼化石可以看到，它有着坚不可摧的骨板和骨钉。有的骨钉长达 1 米。

■ 三叠纪——恐龙出现时代

在三叠纪时期，动物和植物与现在的大不相同。爬行类动物统治着陆地和天空，地球上没有禾本植物或有花植物。就在这个时期，恐龙出现了。

» 燥热的气候

地球的赤道部分最为炎热，恐龙出现的时候，赤道从泛古陆的中部穿过。这意味着陆地的大部分都受到太阳光的直射，因而比今天的陆地更炎热。大片的沙漠在泛古陆的中部延展，极地也没有积雪。

» 在海边生存

近海的地方有着比内陆更温暖湿润的气候。泛古陆巨大的面积意味着大部分陆地都位于远离海岸的地方。这些内陆地区罕有降水。三叠纪时期的化石表明，大部分恐龙生活在泛古陆靠近海岸相对潮湿的地区和灌木丛林地，只有少数在沙漠里生存。

被称为翼龙的会飞的爬行动物，首次出现在三叠纪。

↘ 这是一幅典型的三叠纪时期的场景，一只后鳄龙（一种似鳄祖龙）正在湖边捕猎。

腔骨龙是一种小型肉食恐龙。它们成群活动，以抵御更强大的肉食动物的袭击。

» 三叠纪爬行类

　　在三叠纪时期，陆地上有 3 类最主要的爬行动物：恐龙、似鳄祖龙和翼龙。似鳄祖龙是四条腿行走的庞大动物，在三叠纪晚期，它们在陆地上曾普遍存在。这时，恐龙只占陆生动物的 5%。

» 时代的更替

　　最初的恐龙十分弱小，被体形大过它们数倍的似鳄祖龙捕食。但到了三叠纪末期，恐龙的体形开始增大，而似鳄祖龙开始减少。恐龙的时代来临了！

苏铁树是三叠纪
最常见的植物。

板龙属于草食恐龙，
它们能用后肢支撑
起身体，从而吃到
高处的树叶。

■ 侏罗纪——恐龙繁荣时代

在侏罗纪时期，恐龙开始遍布整个大陆，鸟类也开始出现，但会飞的爬行动物仍掌握着天空的主导权。河里栖息着大量的鳄鱼和一种叫蛇颈龙的大型爬行动物，外形酷似海豚的鱼龙和鲨鱼则在海洋里遨游。

» 暖湿的气候

当泛古陆在侏罗纪四分五裂时，汪洋大海在大陆之间形成。海平面上升，大片的陆地被海水淹没。那时的地球与三叠纪时期相比，温度更低，湿度更大，但仍比今天的地球温度要高。在温暖、湿润的气候条件下，那些在三叠纪时期还是沙漠的地区已被繁茂的植被覆盖，地球大部分陆地表面都布满了森林。

» 素食恐龙

新的、独特的草食恐龙在侏罗纪时期迅速崛起。例如，剑龙和甲龙，它们身上长有保护性的骨板和骨钉。

在侏罗纪中期诞生了名为棱齿龙的草食恐龙。它们小巧敏捷，依靠速度逃避掠食者，是最迅捷的恐龙之一。

↗翼手龙以昆虫为食。和所有其他翼龙一样，它具有敏锐的视力，用来定位捕杀猎物。

» 恐龙中的巨人

体形庞大、以植物为食的蜥脚类恐龙最早出现在三叠纪时期，但直到侏罗纪时期，它们才开始遍布整个世界。蜥脚类恐龙是动物史上最大的动物，它们生有极长的脖颈，这让它们可以吃到其他恐龙无法够到的高树上的叶子。

↘华阳龙是一种剑龙，它们尾部长有尖刺，能帮助它们抵御敌人的进攻。

↓ 这具兽脚类气龙的骨架展示了它巨大尖锐的牙齿,可以用来撕咬猎物身上的肌肉。

» 侏罗纪杀手

　　许多侏罗纪时期的兽脚类恐龙都是巨型的。它们有的长达 12 米,能够杀死最庞大的蜥脚类恐龙,其尖锐、致命的牙齿和强有力的下颌能够击溃几乎所有对手。小型兽脚类恐龙可能比较常见,但它们的化石并没有大型兽脚类恐龙多,这是因为它们轻巧、中空的骨骼容易粉碎、消散。它们主要依靠速度和利爪来捕杀猎物,有的则依赖集体行动。

气龙脚上长有锋利的爪子,能轻易地抓伤猎物。

33

■ 白垩纪——恐龙极盛时代

在白垩纪时期，恐龙已遍布整个世界，并有很多新的种类诞生。许多至今存在的动物和植物也在那个时期首次出现，包括哺乳动物和昆虫的全新类群，同样也有各种鸟类的出现。

这是白垩纪晚期常见的一幕，其中有胁空鸟龙（一种原始鸟类）和犸君颅龙（一种大型阿贝力龙）。

» 变化的气候

白垩纪时期的气候温暖，干湿季交替。热带海洋向北延伸，直到今天的伦敦和纽约，而温度从来不会降到零度以下。然而，就在白垩纪末期，气候发生了剧烈的转变。海平面下降，气温变化，火山喷发。这些气候的变化也许是恐龙最终灭绝的原因之一。

» 最早的花

侏罗纪和白垩纪之间最大的变化是出现了有花植物。到了白垩纪中期，它们已经遍布了整个世界，也演化出许多不同的种类。蜜蜂、黄蜂和蝴蝶等以有花植物为食的昆虫也首次在地球上出现。

这是一具驰龙骨架，它是一种小马大小、迅捷无比的肉食恐龙。"驰龙"的意思是"奔跑的蜥蜴"。

鸭嘴龙之所以是一类成功的草食恐龙，是因为它们长有几百颗白齿。图中显示了位于鸭嘴龙颌部后端的牙齿。

在白垩纪晚期，地球上的恐龙种数比其他任何时代都要多。蜥脚类仍是最常见的草食恐龙之一，而鸟脚类恐龙，比如鸭嘴龙，则分化出许多不同的种类。

兽脚类更是多种多样，包括南方大陆的长角的阿贝力龙、北方的巨型暴龙，以及迅捷无比的驰龙等。

■ 最早的恐龙

恐龙最早大约出现于 2.4 亿年前的南美。当时，恐龙只是几种爬行动物中的一种。它们很快遍布世界各地，并进化为数目庞大的物种。到 1.9 亿年前，恐龙成为主宰地球的动物，这种局面持续了约 1.2 亿年。

» 最早的恐龙

已知最早的一种恐龙为艾雷拉龙，它大约生存于 2.4 亿年前的南美。它大约有 4 米长，以捕食其他动物为生。它的颌内布满锋利的牙齿，而且牙齿都向后弯曲，这使它可以紧紧咬住挣扎的猎物。其颌部的肌肉强健有力，可对任何捕捉到的猎物狠狠咬上一口。艾雷拉龙可能是后来出现的蜥脚类恐龙或兽脚类肉食恐龙的祖先。与此同时，地球上还生存着其他种类的恐龙，例如科学家已经发现了体形更小的肉食恐龙始盗龙的化石。

» 恐龙的祖先

恐龙起源于一群名叫祖龙的爬行动物，这群动物中包括鳄鱼和现在已不复存在的几种爬行动物。有一种早期祖龙与恐龙的祖先有一定的关系，它约有 4 米长，拥有强健的肌肉，以捕猎其他动物为生。

» 最早的数目庞大的恐龙

腔骨龙是一种数目庞大的恐龙。在北美已经发掘出数百具腔骨龙的化石，最引人注目的考古发现当数 1947 年在美国新墨西哥州幽灵牧场的考古行动。科学家发现了这种恐龙整个群落的化石，大约有 100 具，其中包括年龄各异（从幼小到年迈）的腔骨龙。成年腔骨龙约有 3 米长，下肢强健有力，上肢虽短小却有着锋利的爪子。科学家认为这群恐龙是在沙暴中丧生的。

» 腔骨龙的捕食

腔骨龙以捕猎草食恐龙和其他动物为生。它们可以快速奔跑，长长的尾巴有助于快速奔跑中要改变方向时保持身体平衡。腔骨龙还捕食蜥蜴等小型动物，甚至从一只腔骨龙的化石中发现它的胃中有一只幼小的腔骨龙，据此推断，它肯定吃了它的同类。这种现象被称为嗜食同类，在动物中极为罕见，但现在还不确定腔骨龙是捕食同类作为日常饮食，还是一种个别的行为。这个化石的发现地当时是一

↘ 艾雷拉龙是一种庞大而有力的肉食恐龙，
也是已知最早的恐龙种类之一。

科学家发现了成群的腔骨龙骨架，因而这种动物很有可能聚居在一起，或成群结伴地捕猎。

处沙漠，因而成年动物吃幼崽可能仅仅是因为食物短缺，不过只有科学家发现更多的证据后才能对此下论断。

» 鳄鱼和恐龙的关系

最早的爬行动物祖龙是鳄鱼和恐龙的共同祖先。腔骨龙生活在大约 2.2 亿年前的南非，它大约可以长到 4.5 米长，在捕猎其他爬行动物时可以以相当快的速度奔跑。其颌内布满几十颗锋利的圆锥形牙齿，专用于攻击其他动物。腔骨龙和许多类似的动物已经拥有长长的下肢，这成为后来几乎所有的恐龙和鳄鱼的显著特征。

腔骨龙是早期恐龙中最为敏捷的，依靠速度捕猎蜥蜴和其他小型动物。进食猎物前，它们会用牙齿和颌将猎物的肉撕开。

37

■ 巨型恐龙

　　恐龙是陆地上最大的动物，而最大的恐龙是草食性的蜥脚类恐龙。蜥脚类恐龙的种类繁多，长有庞大的身体、长长的脖子和扁小的头。有些蜥脚类恐龙甚至有4层楼房高。

» 最大最完整的恐龙化石

　　至今为止，已发现的最大最完整的恐龙化石是腕龙化石，它高达13米。一条腕龙的体重可以超过10头大象的重量。

» 体重最大的恐龙

　　我们只发现超龙和极龙的部分残骨，但是它们的重量都超过了腕龙。极龙至少有30米长、12米高，体重超过130吨，是20头大象重量的总和。

» 骨头最重的恐龙

　　蜥脚类恐龙的骨骼最大最重，人们发现了一块重达450千克的蜥脚类恐龙股骨。早期的恐龙猎人要想方设法把发现的化石运回家，现在人们则求助于直升机来运输化石。

有些蜥脚类恐龙的髋骨比一个成年人还要大。

» 恐龙有多大

　　由于我们只发现恐龙的一些残骨，所以很难推测出最大的恐龙有多大。科学家认为在所有的恐龙中，极龙是最重的，地震龙是最长的（39～52米）。地震龙比今天地球上最大的动物蓝鲸还要长。

» 最大的恐龙脚

　　蜥脚类恐龙的前脚很大，例如腕龙的前脚就有1米多长。一些蜥脚类恐龙的脚印化石大到足够一个人坐在里边。为了支撑庞大的身体，蜥脚类恐龙的脚必须长得肥大。古生物学家能够根据恐龙的脚印推测出恐龙的体积、重量和行走速度。

庞大的蜥脚类恐龙比今天陆地上最大的动物大象还大许多倍。

» 恐龙与水

恐龙不能生活在水里。人们曾经以为庞大的腕龙生活在水里，它靠水的浮力来支撑身体，通过头顶的鼻孔呼吸。现在我们知道这种推断是错误的，因为水的压力会挤断腕龙的肋骨，让它无法呼吸。

没有恐龙可以在水中这样生活。

蜥脚类恐龙的脚印，足够一个人坐在里边。

■ 小型恐龙

不是所有的恐龙都是庞然大物，也有像现在的蜥蜴大小的恐龙。

科学家很难找到小型恐龙的化石，因为它们经常被别的恐龙吃掉，它们脆弱的骨头也容易被破坏。

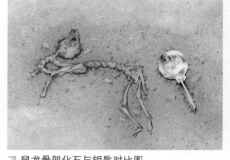

↗ 鼠龙骨架化石与钥匙对比图

» 最小的恐龙骨架

在南美阿根廷发现了一块只有巴掌大小的鼠龙骨架化石。它是一具小鼠龙的骨架，有眼睛、脚和大大的头。在它的旁边还发现了一枚 2.5 厘米长的鼠龙蛋。成年鼠龙大约有 3 米长。

» 最小的恐龙

萨特龙是早期最小的肉食恐龙之一，它只有 60 厘米长，身体大小跟今天的鸡相似。萨特龙的速度很快，能够捕捉到灵活的蜥蜴和飞行的昆虫。

1984 年，人们在澳大利亚发现了一块很小的草食恐龙雷利诺龙的化石，大小跟萨特龙相似。但是一些科学家认为化石中的雷利诺龙并没有发育完全，成年雷利诺龙应该有 2 米长。

↗ 萨特龙身体大小跟今天的鸡相似。

↗ 蕨类是很多食草恐龙爱吃的食物。

↗ 雷利诺龙　　　　　↗ 美颌龙　　　　　↗ 棱齿龙　　　　　↗ 窃蛋龙

» 小型恐龙吃什么

有的小型恐龙吃植物，而有些则吃昆虫和小型爬行动物。雷利诺龙是草食恐龙，它们成群生活，依靠速度来逃脱掠食者的追捕。

美颌龙只有今天的宠物猫般大小，它的速度很快，捕捉那些同样快速灵活的蜥蜴和昆虫为食。人们发现了一块美颌龙骨架化石，里面还有它最后的晚餐——一条蜥蜴。

棱齿龙是小型快速的草食恐龙，大约有2米长。棱齿龙生活在森林中，以植物多汁的叶芽为食。

狼形的窃蛋龙每小时可以行走50千米，它捕捉蜥蜴和小型哺乳动物为食。窃蛋龙会偷袭别的恐龙的巢穴，盗取恐龙蛋，所以人们称它为窃蛋龙。

» 小恐龙有多大

小恐龙很小，人们甚至可以用手捧住刚孵化出的小原角龙。小伤齿龙只有7厘米长，大小跟一枚鸡蛋差不多。

■ 草食恐龙

许多恐龙都是草食动物,这意味着它们不吃肉,只吃植物。草食恐龙种类很多,从小型的鸟脚类恐龙到庞大的蜥脚类恐龙,它们的形状和大小各异。植物比较难消化,草食恐龙为了从食物中得到足够的能量不得不把一天中的大部分时间用来进食。

» 草食恐龙的食物

植物的叶子是草食恐龙的主要食物。鹦鹉嘴龙在进食时,先用鸟一样的嘴把叶子咬断,再用剪刀一样的牙齿把它嚼碎。跟今天的长颈鹿一样,腕龙用它的长脖子摘取树顶的叶子食用。

» 蜥脚类恐龙很庞大的原因

蜥脚类恐龙庞大的身体内大部分是它的内脏。蜥脚类恐龙中的腕龙每天要吃 200 千克左右的植物,它们需要一个巨大的胃和足够长的肠子来消化这些食物。很长时间以来,科学家只能猜测恐龙的内部结构。1998 年,在中国发现了两具内脏保存完好的恐龙化石,这为我们研究恐龙的内部结构提供了更多的信息。

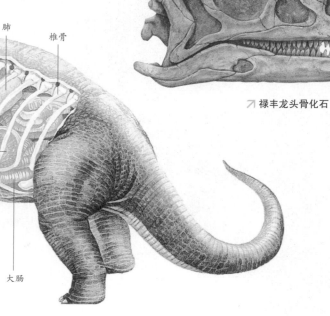

↗ 禄丰龙头骨化石

肺　　椎骨

胃

心脏　　大肠

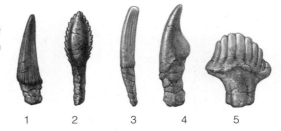

1   2   3   4   5

» 草食恐龙的牙齿

大部分草食恐龙都有牙齿，科学家可以根据它们的牙齿推测出它们吃的食物。禄丰龙是一种早期的蜥脚类恐龙，它长有许多锯齿状的牙齿。这样的牙齿可以咬断树叶，但是不能把叶子嚼碎，所以禄丰龙会把食物整个吞下去。

» 恐龙牙齿的形状

恐龙牙齿的大小和形状取决于它们吃的食物。鸟脚类恐龙中的异齿龙有锋利短小的前牙（1），可以切断食物。板龙（2）、梁龙（3）和迷惑龙（4）有钉子状的牙齿，可以撕碎食物。剑龙（5）有叶状的牙齿，可以咀嚼食物。

» 恐龙吞石头

在一些恐龙的胃中可以发现小碎石。只有极少数恐龙能够移动上下颌咀嚼食物，大多数恐龙都是将食物整个吞下去。所以恐龙需要吞一些碎石，利用它们在胃里搅拌磨碎食物，帮助消化，这跟鸡吞食沙粒的道理一样。

» 恐龙是不是吃草

草在 2 500 万年前才在地球上出现，那时恐龙早已经灭绝了，所以草食恐龙只吃当时存在的其他植物。长脖子蜥脚类恐龙，例如蜀龙，用它们钉子状的牙齿去嚼食树叶、松针和叶芽。鸭嘴龙科中的栉龙选择开花植物的叶子和松球作为食物，它用角状的喙咬断树叶，再用扁平的后牙咀嚼。三角龙用它们锋利的喙和牙齿食取蕨类植物和木贼。

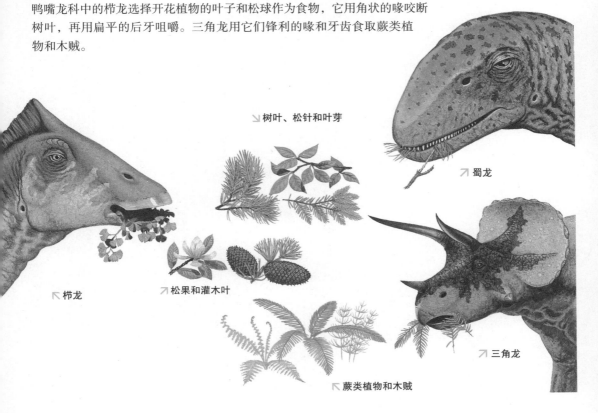

↘ 树叶、松针和叶芽

↗ 蜀龙

↙ 栉龙

↗ 松果和灌木叶

↗ 三角龙

↖ 蕨类植物和木贼

■ 肉食恐龙

所有的肉食恐龙都是兽脚类恐龙。它们用双腿行走，每只脚上长有3个脚趾，脚趾上有锋利的爪子。在肉食恐龙中，有一些是凶残的猎杀者，它们追踪并捕杀猎物；另一些是食腐恐龙，食取动物的腐尸。

» 肉食恐龙的牙齿

巨齿龙锋利的、略向后弯的牙齿是典型的大型肉食恐龙的牙齿，它能够帮助恐龙咬住和撕裂猎物。其他的食腐恐龙长有小而锋利的牙齿。

↗巨齿龙锋利的、略向后弯的牙齿

» 成群行动的恐龙

跟今天的狼一样，像恐爪龙这些小型恐龙，会在捕猎时成群行动。这样它们就可以攻击一些较大的猎物，比如离群的小梁龙。

» 肉食恐龙的体形

从60厘米长的萨特龙到12米长的暴龙，肉食恐龙有着不同的形状和大小。大型兽脚类恐龙，如

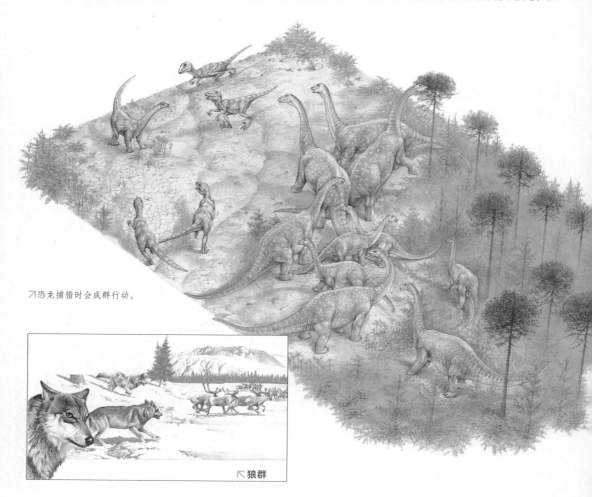

↗恐龙捕猎时会成群行动。

↖狼群

暴龙、异特龙和双脊龙捕食大型草食恐龙，而灵活快速的伤齿龙专门猎取小型爬行类和哺乳类动物。似鸵龙、拟鸟龙和窃蛋龙用它们坚硬的喙啄杀昆虫和叼取恐龙蛋。

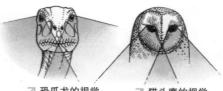

↗ 恐爪龙的视觉　　↗ 猫头鹰的视觉

» 肉食恐龙的视觉

许多猎杀者，像恐爪龙，都有很好的视觉。它们可能跟今天的猫头鹰很相似，有朝前的眼睛和敏锐的双眼视觉，这可以让它们只看到猎物的一个影像，从而帮助它们判断猎物的距离。

» 偷蛋的恐龙

像伤齿龙这样小型快速灵活的肉食恐龙经常会潜入其他恐龙的巢穴偷取恐龙蛋。恐龙蛋是很好的食物。伤齿龙每小时可以跳跃 50 千米，行动迟缓的草食恐龙很难追上它们。

↗ 偷蛋的伤齿龙

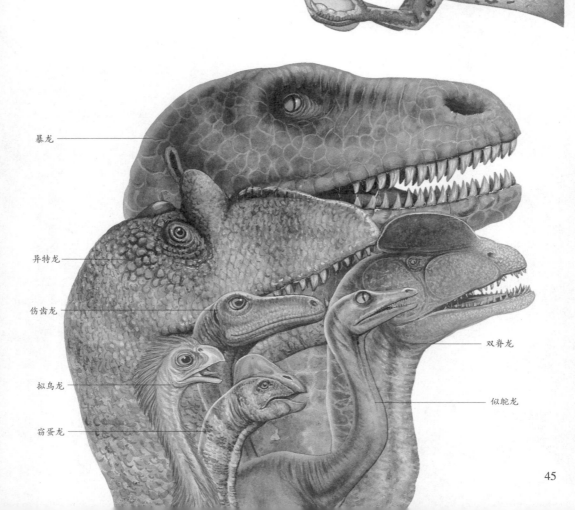

暴龙

异特龙

伤齿龙

拟鸟龙

窃蛋龙

双脊龙

似鸵龙

45

■ 角龙

大约 8500 万年前，进化产生了一种新的恐龙——角龙。起初，这些恐龙体形非常小，只有 1.8 米长，然而它们很快得到进化，体形增大不少。最大的角龙为三角龙，它可以长到 9 米多长。到 6500 万年前，角龙成为恐龙中数目最庞大的一族。

» 角龙的种类

科学家已经确认的角龙约有 30 种，可能还有很多别的角龙，但目前还没有被发现。早期的角龙相当矮小，而且没有长角，例如原角龙，它大约生活在 8500 万年前的亚洲。后来的角龙体形增大，长有很多支角，例如 8000 万年前生活在北美的戟龙。

» 角龙的成功进化

多亏了牙齿和颌，才使角龙变得数目众多、分布广泛。头骨后面的巨大装饰有助于强健的肌肉带动颌运动，而颌内又布满很多锋利的切牙。角龙可以切开并吞下大量植物作为食物，而这些植物是其他恐龙不会去吃的。

» 角龙蛋

原角龙的蛋约有 20 厘米长，为长椭圆形。大多数其他角龙蛋都孵在地上挖出的巢穴中，沿着巢穴成圆形排列。每个巢穴可容纳 12 ~ 18 枚蛋。

↗ 原角龙的蛋为长椭圆形，这样可防止蛋从巢穴的边缘滚落出去。

↗ 三角龙

» 最有名的角龙发现

1922 年，有一个美国探险队旅行至戈壁沙漠，探寻古人类的化石。然而，他们发现的却是数百具恐龙化石，其中有一个完整的恐龙巢穴，里面不仅有恐龙蛋，还有雌恐龙。这种恐龙为原角龙，这第一次证明了恐龙会孵蛋，而且雌恐龙会照看巢穴。探险队花费了几个月的时间挖掘并将消息传到外界。当化石抵达美国时，引起了轰动。不久，其他的探险队也直奔戈壁沙漠，探寻更多的恐龙巢穴，然而收获甚微。

» 角龙的迁徙

随着季节的更替，至少某些恐龙可能会像现代鸟类和哺乳动物一样从一个区域迁徙到另一个区域。因植物性食物在夏天和冬天在一个地方的可得量明显不同，以植物为食的角龙就有可能为了觅食而迁徙。迄今为止，还没有很多直接的证据证明恐龙有迁徙的行为，然而在当时的沙漠中发现了本应生活在森林中的恐龙的化石。

» 犄角的作用

角龙长有长而锋利的犄角，犄角从头骨上长出，可用做强有力的武器。三角恐龙长有 3 支极为锋利的犄角，可用来抵抗暴龙等猎食类恐龙的袭击。犄角也可能用来平息对立角龙之间的纠纷，因为它们会为进食的地域以及恐龙群的领导权而发生争斗。

长有犄角的恐龙在白垩纪变得更为普遍。

戟龙

↗ 三角龙在利用它的犄角抵抗暴龙的袭击。它长而锋利的犄角可以给猎食类恐龙带来沉重一击，但其身体两侧和尾巴易受攻击，容易成为敌人的目标。

包头龙

47

■ 鸭嘴龙

　　大约1亿年前，亚洲进化产生了一类新的恐龙——鸭嘴龙。它们的体形都很大，是一类草食恐龙，依赖四条腿或两条腿行走。鸭嘴龙是禽龙的近亲，然而前者脚上长有蹼，而且牙齿的种类也略有不同。科学家迄今已发现40多种鸭嘴龙。所有的鸭嘴龙都生活在6500万～1亿年前的亚洲、北美洲和南美洲。

» 鸭嘴龙的名字

　　鸭嘴龙的嘴巴前部宽阔平坦，和现在的鸭子的嘴无异，因此将之称为鸭嘴龙。然而，鸭嘴龙的喙锋利有劲，有强健的肌肉带动，这与鸭子柔软的喙不同。

» 鸭嘴龙的与众不同

　　鸭嘴龙的上下颌内长有数百颗牙齿，排列得非常紧密。鸭嘴龙合上嘴巴时，上颌会沿下颌向外滑动。其牙齿间彼此相磨，能将食物碾成糊状，以便于消化，这使鸭嘴龙可以以其他恐龙都不吃的植物为生。

» 鸭嘴龙中最大的头冠

　　鸭嘴龙以长有奇怪的多骨头冠而闻名，迄今所知拥有最大头冠的为副栉龙，它的头冠有1米多长。科学家认为其头冠上覆盖着彩色的皮肤，可用来向其他同类发出信号，也可以用来击退敌人或吸引异性。

» 鸭嘴龙的头冠

　　不是所有鸭嘴龙都有头冠，很多鸭嘴龙头顶上没有任何头冠。鸭龙有10米多长，约3吨重，和其他鸭嘴龙一样，它与尾巴相连的部分也有强健的肌肉，主要用于游泳。

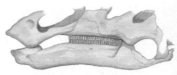

↗ 鸭嘴龙颌上模糊的痕迹显示出这种动物两颊上长有肌肉。

» 鸭嘴龙照顾小恐龙

　　成年鸭嘴龙会将食物带回巢穴给小恐龙喂食。化石显示小恐龙在孵出后的几周里都会待在巢穴内或巢穴附近，成年恐龙必须给小

↘ 鸭嘴龙可能很擅长游泳，有人认为它们可以跳入很深的水中，以躲避成群捕猎的肉食恐龙。

很多科学家认为，鸭嘴龙（如图中的副栉龙）在生命的大部分时间里都生活在水边。水生植物和陆生植物都可以作为鸭嘴龙的食物。

恐龙喂食，并保护它们远离危险。

» 鸭嘴龙的筑巢

　　鸭嘴龙在地上筑圆形的土墩以作为巢穴。1978 年，在美国蒙大拿州发现了慈母龙（一种鸭嘴龙）的成片的巢穴化石，这说明鸭嘴龙会将巢穴建在彼此临近的地方。

小恐龙（例如慈母龙）在孵出后几周内都会待在巢穴内或巢穴附近。

■ 甲龙和肿头龙

长有盔甲的恐龙的化石极为罕见，至今只发现为数不多的化石，而且通常只有恐龙身体的一部分以化石的形式保留下来。长有盔甲的恐龙存在于 6500 万～1.8 亿年前，大部分陆地上都有它们生存的痕迹，因而它们的进化非常成功。不过它们生存的区域（例如多山的地区）可能难以形成化石。

» 骨板最多的恐龙

骨板最多的恐龙为甲龙，生活在大约 7000 万年前的北美。其整个后背都覆盖着坚实骨头构成的骨板，骨板上的尖刺和圆块以不同的角度向外探出。其头上也覆盖着厚厚的一层骨头，即使是眼皮上也有骨质骨板保护。

» 甲龙的体形

甲龙后背上布满骨板，是一种大型草食恐龙，可以生长到 11 米多长，近 3 米高。它们的下肢非常稳固有力，然而只能非常缓慢地行走。它们的牙齿适于以植物为食，但其上下颌的肌肉很无力，只能进食非常柔软的植物。

» 甲龙的自我保护

甲龙主要依靠身体上覆盖的骨板进行自我保护，它还有一个更为有力的武器可以使用，那就是其尾巴末端由坚实骨头构成的骨锤。甲龙可能会利用强有力的尾部肌肉向袭击者挥动这个沉重的骨锤，这可以给任何袭击者包括最大的肉食恐龙带来沉重打击。

» 肿头龙

肿头龙即头骨顶部有一层厚重而坚实骨头的恐龙。其中的剑角龙大约生存于 7000 万年前的北美，

辣龙在袭击甲龙，而覆甲的甲龙正用尾巴末端的骨锤反击。

➹ 图中为两只巨型肿头龙在争斗。它们可能是最大的肿头龙，体长达8米左右。

有2米长。和其他肿头龙一样，它也以植物为食，并依靠两条腿走路。

◤ 甲龙尾巴的末端含有融合在一起的几块大骨头。

» 最小的肿头龙

迄今为止，科学家已知的最小的肿头龙为皖南龙，它大约生存于7000万年前的中国。皖南龙大约仅有60厘米长，而最大的肿头龙可以生长到8米多长。由于极少会发现完整的化石，其他肿头龙的体形还无法确定。目前仅发现了肿头龙厚重的头骨。

» 肿头龙的厚重头骨

因为肿头龙要利用头部进行争斗，所以长有厚重的头骨。当两只肿头龙交战时，它们会低下头，径直扑向对方，然后头部会以巨大的力量撞击到一起——显然厚重的头骨可防止它们受重伤。最终，势力较弱的一方会放弃并退出战斗。

◤ 肿头龙撞击的动作可能会非常猛烈，几次相撞后，势力较弱的一方会放弃战斗并撤离。

51

■ 暴龙

　　暴龙是最著名的恐龙之一，是一类大型肉食恐龙，从白垩纪的末期一直生存到 6500 万年前。有些科学家认为暴龙强大有力，可以捕杀当时最大的草食恐龙；其他的科学家则认为它们行动太过缓慢，无法捕捉猎物，只能以自然死亡的恐龙为食。

» 暴龙的模样

　　暴龙仅依靠两条腿走路，它强大的尾巴可用以平衡身体和头部的重量。它是一种肌肉发达的动物，血盆大口里布满长而锋利的牙齿，上下颌也非常宽大，使它成为可怕的肉食动物。

» 暴龙的食物

　　暴龙在北美生存时，那里存在数量巨大的草食鸭嘴龙，暴龙可能就是主要以捕食这种恐龙为生。暴龙可能也捕食角龙，因为角龙也存在于同一时期，不过其角的保护使它们可以有效防止被暴龙捕杀。当然，暴龙也会捕食更大型的草食动物，这样它们才能保证每餐有足够的食物。

↗暴龙有着圆圆的眼睛，它可能主要依靠视觉进行捕猎。

↘暴龙要高于年轻的副栉龙。很多科学家认为暴龙捕猎时一般采取伏击策略，而非远距离追赶。

» 暴龙的上肢

暴龙的上肢可能主要用于帮助身体站立起来。暴龙拥有细小的上肢，只有 1 米长，而它的整体体长可达 13 米。有人认为，暴龙休息时会将上肢支撑在胃部上，站立时会收起狭小的上肢，利用有力的下肢肌肉抬起笨重的身体。

» 暴龙强韧的头骨

暴龙的头骨如此强韧是因为它所采用的捕猎方式。暴龙的头骨在主要的受力点有强有力的骨节加固，因此有些科学家认为暴龙可以张大嘴巴追捕猎物，以便给猎物沉重一击。另外，暴龙强韧的头骨也可以防止它受伤。

» 关于暴龙的错觉

人们以为暴龙是最大的肉食恐龙，其实不然。迄今为止，科学家发现的最大的肉食恐龙为南方巨兽龙。这种恐龙约有 14 米长，重量可达 8 吨，比暴龙重 2 吨。现在仅发现了少量南方巨兽龙的化石，与暴龙一样，它们也很少为人类所知。

↗ 暴龙可能生活在森林中，并成群捕猎。

最完整的暴龙

目前，保存最完整的暴龙化石是"苏"。"苏"的身长 12.8 米，臀部高度为 4 米，这个数据仅次于最大的棘龙。

■ 水里的爬行动物

在恐龙统治陆地的同时，海洋也出现了惊人的海洋爬行动物。它们只能算是恐龙的远亲，但和恐龙一样，它们到白垩纪末期也灭绝了。

» 从陆地到海洋

大约 2.9 亿年前，某些陆生爬行动物开始花越来越多的时间在海里活动。它们逐渐演化，最终适应了海底的生活。但是，它们并没有进化出能够在水底呼吸的身体构造，必须要浮出水面才能换气。一些最早的水生爬行动物是肿肋龙科。它们的四肢间覆有蹼，就像桨一样，因此它们既能在陆地上行走又能在水里遨游。

» 形似海豚的爬行动物

鱼龙高度适应了海底生活，它们生有流线型的躯干，还有在幽深的海底也能看清东西的大眼睛。我们对于鱼龙的大部分认识都来源于在德国霍斯马登发现的保存完好的鱼龙化石，其中有几块显示了鱼龙的整体轮廓，包括鳍和鳍状肢。那里还有一具正在生蛋的鱼龙化石。

» 吞吃石头

蛇颈龙是一类多种多样的肉食性爬行动物，它们的化石在全世界都有发现。蛇颈龙长有两对似翼的鳍状肢，并有着巨大的肺脏，能帮助它们在海底停留很长的时间。某些蛇颈龙被发现胃里填满了石头。科学家认为当这些蛇颈龙全力吸气时，会因为体内充满了太多的空气而只能浮在水上，因此它们会吞吃石头增加体重，从而得以沉入深海。

◤ 这是一具在中国发现的肿肋龙科贵州龙化石，它有 2 亿年的历史。

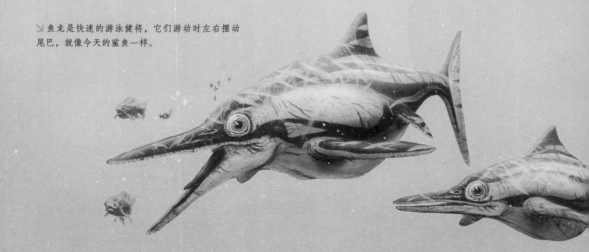

◥ 鱼龙是快速的游泳健将，它们游动时左右摆动尾巴，就像今天的鲨鱼一样。

◥ 潜隐龙是一种长颈蛇颈龙，它们可以快速地转动脖子从各个方向追捕猎物。

» 细长的脖颈

　　某些蛇颈龙有着细长的脖子和纤小的头部，并长有尖利的牙齿。它们可能以小型鱼类和其他海洋生物为食。科学家认为它们会一次性吞入大量海水，连猎物带海水，然后用舌头把海水从牙齿缝隙排出去，把猎物留在嘴里。

» 巨大的头部

　　有一类蛇颈龙有着粗短的脖子、巨大的头部和满嘴致命的尖牙，它们便是上龙。上龙是那个时代海洋的统治者，以各种鱼龙和长颈蛇颈龙为食，有时甚至还捕食海滩上的恐龙。

◥ 滑齿龙是最大的上龙之一，最长可达15米。它长有巨大的桨形鳍状肢，帮助它在水里快速游动。巨大的颌部和匕首状的牙齿使它成为致命的捕食者。

■ 会飞的爬行动物

翼龙是长有翅膀的爬行动物。在三叠纪晚期到白垩纪末期这段时期，它们曾在地球上存活过。它们的体形从小到一只鸽子，大到一架小飞机，一应俱全。翼龙化石已在各大洲被发现，也包括南极洲。

» 外皮翅膀

除了昆虫，翼龙是最早能够拍翅飞行的动物。它们有着相对瘦小的身体，中空的骨骼，这使它们很轻。它们的翅膀由粗糙的革质皮肤组成。一些翼龙还长有骨质头冠，可能带有明亮的斑纹用来吸引异性。

» 三叠纪时期的翼龙

三叠纪时期的翼龙化石十分罕见，其中一个最著名的三叠纪翼龙化石遗址靠近意大利的贝加莫。那里发现了最早的翼龙之一真双齿翼龙。真双齿翼龙是典型的早期翼龙，它的翼展不到 1 米，有着短小的脖子、尖利的牙齿和细长的尾巴。晚期翼龙的尾巴十分短小。

» 多毛的魔鬼

世界上有许多侏罗纪时期翼龙化石遗址，最重要的两个位于德国的巴伐利亚和哈萨克斯坦的卡拉泰伊山脉。这两处发现的翼龙化石颈部和身体上都有明显的发状结构。哈萨克斯坦发现的一种翼龙身上覆有类似兽毛的皮毛，很可能起到保暖的作用。它被称为多毛索德斯龙，意思是"多毛的魔鬼"。

» 巴西化石

上百具翼龙骨骼化石和鱼化石在位于巴西东北部阿拉里皮高原的坡地上被发现，这个遗址始于白垩纪早期。当时，该地区被一片水浅鱼多的泻湖覆盖，众多翼龙聚集在这里捕食。

示意图上的方形标记表示世界各地的翼龙化石遗址。翼龙图形表示各个遗址发现的翼龙代表。

无齿翼龙

↗ 真双齿翼龙以捕捉空中飞行的昆虫为食。

↘ 和其他翼龙一样，多毛索德斯龙也用四条腿行走。翼龙能把翅膀折叠起来贴近身体，从而帮助它们行走。

↖ 掠海翼龙捕食时会低低地从海面上掠过，伸入水里的下以捕捉水里的任何鱼类。

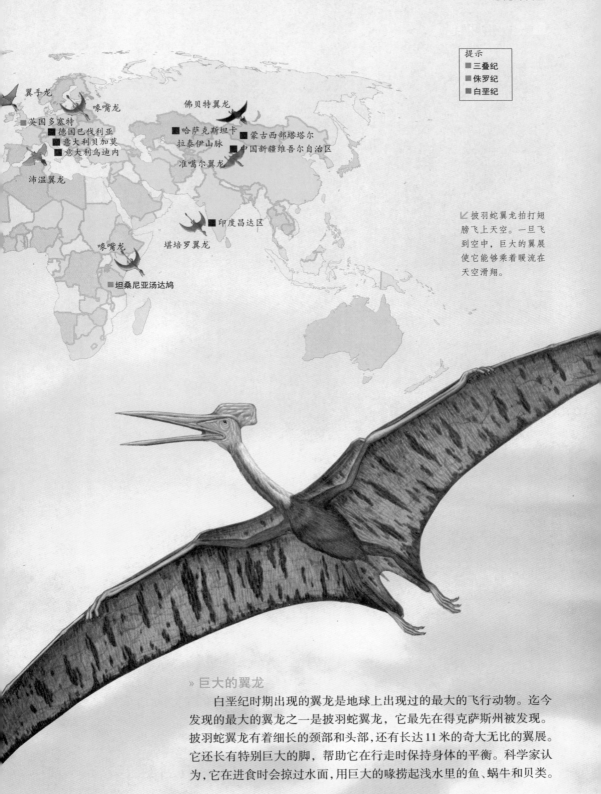

翼手龙

喙嘴龙

佛贝特翼龙

■ 英国多塞特
■ 德国巴伐利亚   ■ 哈萨克斯坦卡
■ 意大利贝加莫   拉泰伊山脉   ■ 蒙古西部塔塔尔
■ 意大利乌迪内   ■ 中国新疆维吾尔自治区

准噶尔翼龙

沛温翼龙

■ 印度昌达区

喙嘴龙   堪培罗翼龙

■ 坦桑尼亚汤达鸠

披羽蛇翼龙拍打翅膀飞上天空。一旦飞到空中，巨大的翼展使它能够乘着暖流在天空滑翔。

» 巨大的翼龙

白垩纪时期出现的翼龙是地球上出现过的最大的飞行动物。迄今发现的最大的翼龙之一是披羽蛇翼龙，它最先在得克萨斯州被发现。披羽蛇翼龙有着细长的颈部和头部，还有长达11米的奇大无比的翼展。它还长有特别巨大的脚，帮助它在行走时保持身体的平衡。科学家认为，它在进食时会掠过水面，用巨大的喙捞起浅水里的鱼、蜗牛和贝类。

■ 恐龙的灭绝

在白垩纪末期，地球上的生物经历了一次大灭绝。在陆地上，体长超过 2 米的动物全部灭绝，70% 的海洋生物也没有幸免。没有一只恐龙在大灭绝中存活下来。科学家们仍在努力探究其中的原因。

» 中生代之谜

并没有多少证据可以向我们表明，6500 万年前到底发生了什么。大多数科学家认为小行星撞击地球杀死了所有的恐龙，而部分科学家坚持是气候的剧变或火山的喷发使恐龙从地球上消失。

» 相关证据

为了发现更多关于生物大灭绝的真相，科学家们研究了从白垩纪末期（6500 万年前）到第三纪初期这段时期里的岩石。如果记白垩纪为"K"、第三纪为"T"，那么这些岩石来自"K－T"分界期。

» 气候原因

恐龙时代的恐龙很可能是逐渐灭绝的。在恐龙时代末期，北美地区的气候逐渐变冷，由热带气候转变为多季节气候，这使得夏天更热，冬天更冷。热带植物逐渐被林地植物取代。恐龙为了找寻新鲜的食物，不得不向南迁移，所以可能它们是因为无法适应气候和植物的改变而灭绝的。

» 熔岩流

在白垩纪末期，世界范围内的火山活动加剧。比如，在印度，大片的火山熔岩汇成了洪流。熔岩流硬化成为岩石，今天这些岩石能在"K－T"分界期中找到，即著名的德干岩群。

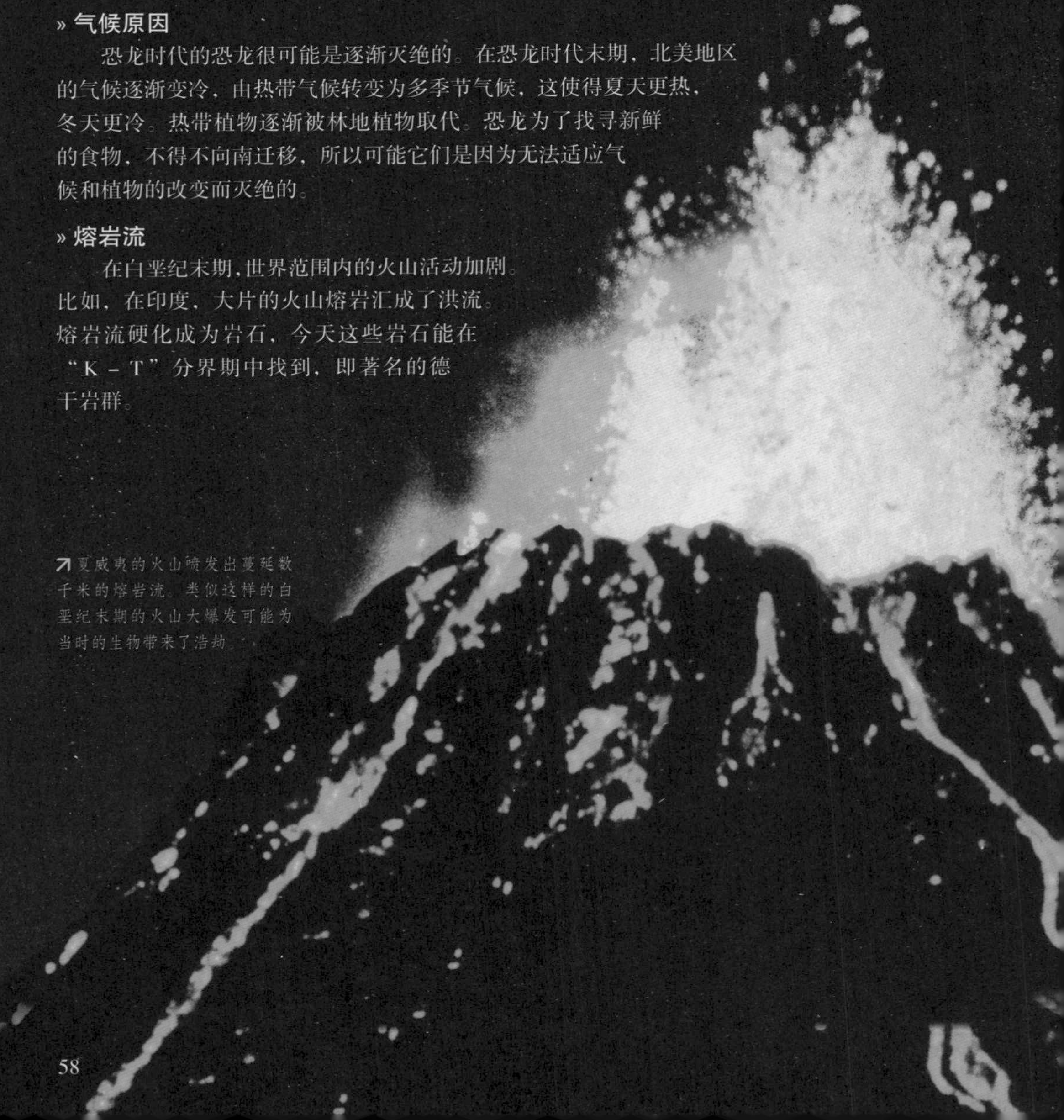

↗ 夏威夷的火山喷发出蔓延数千米的熔岩流。类似这样的白垩纪末期的火山大爆发可能为当时的生物带来了浩劫

» 火山致死

熔岩流可以彻底地破坏恐龙的栖息地，也可以杀死所到之处的每一只恐龙。火山喷射出的有毒气体更加致命，甚至可以危害尚在蛋中的幼小恐龙。火山气体还可以改变气候。科学家们认为这些气体可能使气候变得太热或者太冷，致使恐龙无法在地球上生存。

» 哺乳动物

有一个理论认为有可能是哺乳动物致使恐龙灭绝的，但现在已经没有人相信。据说白垩纪晚期的小型哺乳动物会偷吃恐龙蛋，如果它们吃掉足够多的恐龙蛋，就会阻止小恐龙的出生，从而导致恐龙灭绝。然而，当时似乎没有足够多的哺乳动物可以做到这一点。而且，如果以恐龙蛋为食物的哺乳动物吃光了所有的恐龙蛋，也就断绝了其赖以为生的食物来源，这意味着它们自身也会灭绝。很难相信，白垩纪的哺乳动物会违反这样一条生存的基本法则。

» 飞来横祸

大约就在恐龙灭绝的那个时期，一颗直径 10 千米的巨型小行星撞击了地球。科学家们认为，在墨西哥的希克苏鲁伯发现的巨大陨坑就是这颗小行星造成的。更多支持小行星撞击论的证据来自分布在世界各地的含有金属元素铱的 "K-T" 分界期岩石。铱在地球上属于稀有元素，却在小行星上大量存在

» 致命的撞击

　　大型小行星撞击地球产生的后果足以杀死所有的恐龙。这样的撞击会将熔融的残骸散落在地球的表面，造成全球性的火灾。它也能引起一连串的毁灭性的地震和火山喷发，它们产生的尘埃遮蔽了阳光，带给地球一段长达数年的冰冷且黑暗的岁月。

↗ 偷吃恐龙蛋的哺乳动物

↗ 最近的研究表明，小行星撞击可能发生在尤卡坦半岛附近的海底

↘ 这个在美国亚利桑那州的陨坑直径为1.2千米，有170米深，这是一颗小陨星撞击的结果。然而，"K-T"分界期的小行星撞击地球表面形成的陨坑，直径应在180千米左右

↗ 这幅图描绘了小行星撞击地球时可能的样子，它会在坠入地球大气层的过程中燃烧起来，发出炽烈的火光

■ 生物大灭绝的幸存者

　　并非所有生物都被"K–T"分界期的大灭绝抹杀。小型蜥蜴、鸟类、昆虫、哺乳动物和蛇都存活了下来，虽然所有的恐龙都灭绝了。科学家们仍对为什么一些生物存活而另一些灭绝的原因抱有怀疑。

» 小生还者

　　科学家们认为体形相对较小的动物从大灭绝中存活下来的一个原因是它们的饮食习惯。小型动物的食物构成非常复杂，而大型动物往往依赖某种固定的食源。如果这种食源灭绝了，以之为食的大型动物也将面临灭绝。

» 新生命

　　地球上每次生物大灭绝之后，紧随其来的都是物种进化的大爆发。中生代之前的二叠纪以造成95%的地球物种大灭绝而告终。这次大灭绝导致了恐龙的进化，而恐龙的消亡则给其他动物的发展留出了空间。从此，哺乳动物和鸟类在地球上兴起，发展演化成许多不同的种类。

» 中生代哺乳动物

　　哺乳动物大约在2.03亿年前出现，但与恐龙相比，它们只是矮小的侏儒。最早的哺乳动物能够存活下来的原因是它们体形很小，并且大体上只在夜间活动。与恐龙不同，哺乳动物在中生代并没有太大的变化，在超过1亿年的岁月里，它们始终保持着矮小的个头。

» 哺乳动物的崛起

　　恐龙消亡之后，哺乳动物逐渐进化直至占据了地球上几乎每个角落。一类以昆虫为食的哺乳动物进化成为蝙蝠，它们长长的趾骨之间长出了翼状的表皮，使它们能够飞翔。一些陆生哺乳动物迁徙到了海洋，为了适应水生生活演化为流线型的身体。哺乳动物还占有食源丰富的优势。它们中的一些依旧以昆虫为食，另一些则转为草食或肉食来适应环境。

» 人类的起源

　　有一类哺乳动物被称为灵长类，它们在树上生活。经过几百万年，灵长类进化成猿，然后又进化成为人类。最早的人类出现在距今230万年前。相比曾经统治地球长达1.75亿年的恐龙，人类在地球上还只是存在了很短的一段时间。

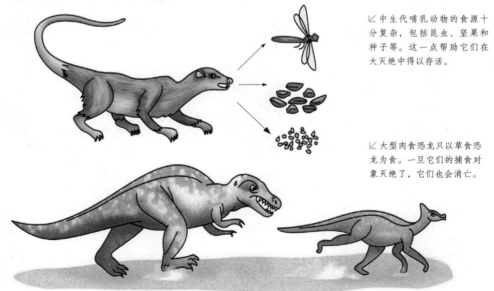

中生代哺乳动物的食源十分复杂，包括昆虫、坚果和种子等。这一点帮助它们在大灭绝中得以存活。

大型肉食恐龙只以草食恐龙为食。一旦它们的捕食对象灭绝了，它们也会消亡。

■ 恐龙的后代

通过比较已知最早的鸟类和小型兽脚类恐龙的骨骼化石，科学家们得出结论：鸟类是恐龙的直系后代。鸟类和恐龙有如此多的相似之处，因而许多科学家把鸟类称为"鸟恐龙"。

» 共有特征

古生物学家们认为，鸟类是从一类被称作驰龙的恐龙进化而来的。这种恐龙拥有鸟类的特征，包括中空的骨骼和长有长羽毛的前肢。

驰龙和鸟类还长有相似的腕关节。驰龙的腕关节使它们能够折叠前爪紧贴臂部，以保护爪上的羽毛。而鸟类在扑打翅膀时有同样的动作。

经过长时间的进化，驰龙发现它们能轻易地跳到空中或树上，以此捕捉食物或逃脱追捕。这样它们就拥有了真正的羽毛和可以飞行的身体结构。

» 早期鸟类

已知最早的鸟类是始祖鸟，出现在侏罗纪晚期。古生物学家视始祖鸟为恐龙和鸟类中间的分界点。

和恐龙一样，始祖鸟长有长长的、由骨节连成的尾部，并长有尖利的牙齿和纤长的弯爪脚趾。但是，它的特征相对更接近现生鸟类，并已进化出飞行的本领。由于与翅膀连接处缺乏强健的肌肉，它可能并不擅长飞行。

↘这些图片告诉我们，恐龙在经历了怎样一连串的变化之后，进化成为鸟类的。

驰龙的身体上进化出了羽毛，特别长的羽毛长在上肢上。

长羽毛的上肢进化成为翅膀。与恐龙相似，早期的鸟类长有牙齿，并有着沉重的身体。它们几乎可以飞行。

现生鸟类没有牙齿。它们的身体更轻，可以帮助它们更好地飞行。

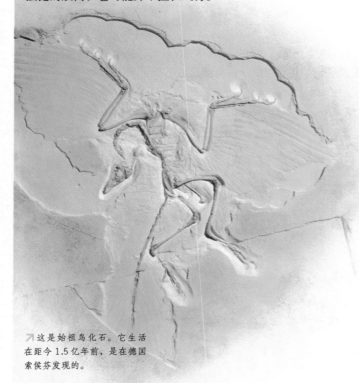

↗这是始祖鸟化石。它生活在距今 1.5 亿年前，是在德国索侯芬发现的。

» 进化的断链

　　某些化石，如在中国发现的白垩纪时的孔子鸟，揭示了中生代似恐龙鸟类是如何逐渐演变成为现生鸟类的。与现生鸟类不同，孔子鸟的翅膀上长有爪子，也没有现生鸟类特有的扇状尾羽。但它长有和现生鸟类一样的脚趾，令它能够栖停在树枝上。孔子鸟也是已知最早长有无齿喙的鸟类。

◣ 雄性孔子鸟长有两根长长的尾羽，帮助它们吸引异性。

» 学习飞行

　　古生物学家对于鸟类最初是如何起飞并飞行的不太确定。有的认为鸟类进化出翅膀，帮助它们从一棵树滑翔到另一棵树，然后才进化出了拍翅飞行的能力。另一种理论则认为，鸟类在陆地上助跑然后跳起来扑食猎物，在这个过程中它们学会了飞行。最新的一种观点是，它们起初是为了爬上斜坡而拍打翅膀的。

» 成功的物种

　　据说，从地球上第一种鸟类出现至今已有 15 万种鸟类存活过。如今，世界上生活着超过 9000 种的数千亿只鸟。鸟类是数量最多、种类最丰富的动物之一。它们全是小型兽脚类恐龙的后代，这一点让人难以置信。

↗ 早期的鸟类跳起来捕食昆虫，能趁势从地上扑飞起来。

↗ 通过拍打翅膀，鸟类能推动自己爬上陡坡。早期的鸟类可能是通过这样学会飞行的。

↗ 麝雉
和始祖鸟、孔子鸟一样，它的翅膀上长有爪子。它是唯一在翅膀上长有爪子的现生鸟类。

走近恐龙

恐龙的身体

恐龙死后留下了大量的牙齿和骨头的化石，但是极少有肌肉、器官和其他部位保留下来。科学家通过对比恐龙和今天活着的动物的骨架，勾勒出了恐龙各个柔软部分的轮廓。通过这些我们已经大致了解了恐龙身体内部的结构。

↗ 蜥脚类恐龙长得惊人的脖子有助于它们寻找并摄入巨大数量的食物，以满足庞大身体所需的能量。

» 蜥脚类恐龙的取食

蜥脚类恐龙必须摄入巨大数量的植物，然而它们的牙齿非常小，颌肌肉也很无力。例如，迷惑龙的牙齿长而窄，专家因此认为它的牙齿就像耙子一样，使用时会先咬住满满一口树叶，然后向后扭，将树叶从树上或灌木上扯下。

» 蜥脚类恐龙的长脖子

长长的脖子使蜥脚类恐龙可以够到它要吃的植物。马门溪龙的脖子是恐龙中最长的，约有11米，仅由19根骨头构成。科学家认为蜥脚类恐龙可能只需站在原地，就可以利用长长的脖子从广大的区域获取食物。然后，再向前移动，到达新的进食中心。这也意味着它们无需走太多路，因而有助于保存能量。

↗ 足迹会在泥土或沙子中保留下来，然而很快就会消失。足迹在极为罕见的情况下才会变为化石。

» 足迹变为化石

足迹只有刚刚出现后就被掩埋在沉积物中才会变成化石。如果恐龙在沙滩潮湿的沙子上留下了脚印，这些脚印可能会被随后来临的潮水带来的沉积物掩埋；或者，洪水会将泥土覆盖在恐龙留在河岸上的足迹上。只有当新的沉积物与足迹所在地的沉积物不同时，足迹才会变为化石，这就意味着足迹化石极为罕见，而且也非常脆弱。如果没能在几个星期内将化石挖掘出并运送至博物馆储藏起来，化石可能会结霜破裂，或被水冲走。很多足迹化石在被研究前就已消失。

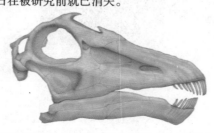

↗ 图为梁龙的头骨示意图，其嘴的前部只有很短的几颗牙齿，因而它们无法很好地咀嚼食物。

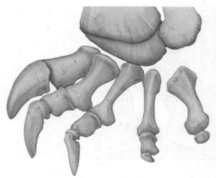

↗ 蜥脚类恐龙的脚大而宽阔，因而可以支撑起巨大的体重。体形较小的恐龙的脚则较为窄小，更适于快速奔跑。

» 蜥脚类恐龙消化食物

蜥脚类恐龙的牙齿和颌过于无力，无法咀嚼摄入的数量巨大的食物，于是便将食物囫囵吞下。食物在胃中会被恐龙吞下的石头（即胃石）碾成糊状，然后胃中的细菌会将其中的营养分离，以便恐龙能够消化吸收。现在很多动物还在采用这种消化食物的方法，如有些鸟会在消化系统中保留沙砾，从而碾碎种子或粗糙的植物；鳄鱼也会吞下石头，这有助于将骨头碾碎。

» 蜥脚类恐龙的脚

蜥脚类恐龙的体重惊人，然而只能依靠四只脚来支撑整个体重。因此其每只脚都由从脚踝处向外下方伸展的脚趾构成，脚趾之间留有空间。有人认为这个空间填满了强韧的类似肌腱的组织，当脚落下时起着缓冲垫的作用，有助于支撑恐龙庞大的体重。

» 完整的恐龙骨架

极少会发现完整的恐龙骨架。若使骨头变成化石，它必须快速掩埋在泥土或沙子中，然而这种情况不常发生。大部分恐龙化石都只由几根骨头构成——当然也发现过一些小型恐龙的完整骨架——这就意味着很多恐龙都是通过部分骨架被了解的。科学家发现部分骨架的直接证据后必须重新构建整个恐龙骨架。他们会寻找类似的恐龙，从而发现遗失

◤ 蜥脚类恐龙的颈骨是中空的，减轻了脖子的重量，因此其无需耗费太大的能量就可以抬起脖子。

的部分，然后将已知的特征与遗失的部分相匹配，从而重新构建出完整的恐龙骨架。

■ 恐龙的四肢

梁龙靠四条腿行走，棱齿龙靠两条腿奔跑，然而有许多其他种类的恐龙则可以用两种方式行动，就像现代的熊一样。既能用两条腿又能用四条腿行动给了这些恐龙很多优势。它们可以用下肢站立，用上肢抓取食物或与敌人打斗，吃低处的嫩叶时则用四条腿站立。它们可以在地面上用四条腿休息或走来走去，但如果需要马上加速，它们能用两条腿迅速起身，然后逃跑。

» 恐龙的下肢：以禽龙为例

以这样的方式充分发挥完全直立优势的恐龙有许多，其中就包括禽龙。禽龙是棱齿龙的近亲，但块头要大得多。完全成熟的禽龙体长能达到 10 米，体重达到 4 吨。它的骨架基本结构与棱齿龙完全一样，但是骨头的比例差别很大。禽龙的大腿骨又沉又长，脚骨却很短。这使其有力地

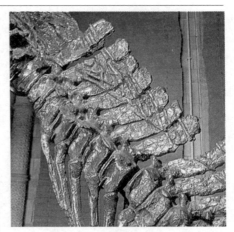

◤ 顺着椎骨生长的骨质肌腱给了禽龙力量和支撑。

托起了自身的重量，但是并没有奔跑的能力。禽龙椎骨上的脊骨要高得多、宽得多，并长有数不清的互相交叉的骨质肌腱。这些肌腱顺着椎骨生长，在不增加额外肌肉重量的情况下，增添了力量。

从禽龙首次被发现的那一天起，关于它怎样在正常行走的情况下托起身体的争论就没有停止过。是像蜥蜴一样水平的？还是像袋鼠一样直立的？现在大多数科学家都认为，完全成年的禽龙很有可能在行走的时候，脊柱是水平的，下肢承担了大部分体重。但在进食或站立的时候，它们经常会放下上肢，来提供额外的支撑。

◤禽龙可以直立行走或用四条腿行走。

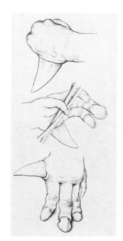

»恐龙的上肢：以禽龙为例

　　禽龙的上肢是其最突出的特征之一，并再一次地证明了完全直立的姿势对于恐龙来说是多么合适。在巨大肩胛骨的支撑下，禽龙的上肢长而有力，肌肉发达。趾爪上的5根骨头（腕骨）结合在一起，提供了强有力的支撑，这和棱齿龙滑动的腕骨很不一样。禽龙中间的3根趾爪强壮僵硬，末端长有又短又钝的爪子。用四条腿行走的时候，展开的爪子就像一个蹄子。

　　禽龙的大拇指像一个可怕的大钉子，当它用下肢站起来进行防御的时候，这便成了它的主要武器。禽龙的第5根趾爪比其他趾爪都要弱小，但是却灵活得多，可以当做一个钩子从树上扯下食物。

◤禽龙的趾爪具有多种功能：长有钉状物的大拇指用于自卫；用四条腿行走的时候，中间的3根趾爪会展开，像蹄子一样；第5根趾爪很灵活，可以抓取食物，或从树上扯叶子。

◥禽龙跳起来用拇指上的钉反击一只袭击它的异特龙。完全直立使禽龙可以很自由地行动。

■ 恐龙的骨骼与肌肉

恐龙的骨架都由同样的部分组成，但骨骼本身却有很多区别。科学家可以根据骨架的特征构造，推算出肌肉的具体位置、恐龙的运动属性以及它的整体形态。

» 骨骼的进化

对于体形庞大的草食性恐龙来说，力量是最重要的要求。它们的腿骨庞大而结实，足以负担巨大的身体。同时，它们进化出了一种巧妙的构造，减轻了其他骨骼的重量，而不会造成力量的衰减。

那些体形更小的、行动迅速的恐龙则进化出了一种在现代动物身上也可以看到的特点：薄壁长骨。这种骨骼如同一根空心的管子，薄薄的外壁由重型骨骼构成，而骨骼中央则是轻得多的骨髓。行动迅速的草食性恐龙，如橡树龙，就有这种薄壁长骨。我们可以假定这种骨骼是为了减轻重量，从而在逃离天敌时获得更快的速度。

◹ 坚固的柱状四肢骨骼支撑起迷惑龙重达 20 ～ 30 吨的躯体。这条大腿骨化石长达 1.5 米。

◹ 速度对于橡树龙（一种小型草食性恐龙）来说是非常重要的。与现代瞪羚相似的薄壁空心的骨骼，使它的骨架坚固，而不会增加重量。

» 骨架与肌肉

恐龙的骨架由韧带、肌肉和肌腱连在一起，这一点和我们人类的身体相同。在一些化石中，骨骼间还有"肌肉痕"（肌肉连接处留下的粗糙痕迹），据此我们可以计算出一些起控制作用的主要肌肉的大小和位置。

解剖学家可以对每副骨架的特殊构造进行解读，从而推算出肌肉的具体位置、恐龙的运动属性以及它的整体形态。我们知道，恐龙和现代爬行动物及鸟类一样，面部肌肉相对较少，可能没有什么表情。人们在博物馆中看到的恐龙头部还原标本与恐龙头骨看上去非常相似，基本是只在骨骼外面套上一层皮，而骨头与皮肤之间几乎没有任何东西。

» 肌肉的疑问

大型草食性恐龙，比如梁龙的腿本应由巨大的肌肉群带动，然而在化石中却没有任何迹象表明它们具有这种肌肉群。暴龙发达的下颌由一组肌肉和肌腱控制，而这些肌肉和肌腱以何种高度复杂的方式相互作用？剑龙能以多大的幅度把自己的尾巴向各个方向摆动？没有人知道确切的答案，虽然现代的动物有时可以提供一些线索，但这些线索不能成为有力的证据。

从根本上说，每只恐龙可能拥有的肌肉数量与相对比例是与它运动和生活的方式密不可分的。对同种恐龙不同

◹ 恐龙的肌肉赐予它们力量与灵活性。巨大的肌肉组织使得腕龙沉重的骨架得以保持形状，并使其能够行动。

67

时期的研究者所作的图解之间有着令人惊讶的差别,这是由于人们对恐龙生活方式的看法发生了改变。举例来说,早期的暴龙图片把它们画成了肌肉不发达的形象,因为当时人们认为这种恐龙是行动迟缓的。新近的观点则认为暴龙是活跃的猎手,于是图片上的暴龙也就变成了体形巨大、肌肉发达的动物。

■ 恐龙的血液

恐龙是温血动物还是冷血动物?科学家们对这个问题极为关注,很多人都持有鲜明且无法调和的观点。要弄清为什么在过去的 20 年中,这个问题会被争论得不可开交,我们必须从温血和冷血的问题本身入手。

» 动物的血液

动物的血液温度保持不变时,它们的活动效率最高,这是因为它们体内的化学反应在恒温下效果最好。而如果温度上下变化过于剧烈,其身体就不能维持正常运转。冷血动物如蜥蜴和蛇,可以通过自身的行为来控制身体的温度,这被称为体外热量法。温血动物(鸟类和哺乳动物)把食物的能量转化为热量,这被称为体内热量法。温血动物通过出汗、呼吸、在水中嬉戏或者像大象那样扇动耳朵来降低体内血液的温度,从而达到调节体温的目的。

» 温血和冷血

温血和冷血两种系统都有各自的优点和缺点。一条温血的狗很快就会耗光所摄入食物中的能量,因此要比一只同等大小的冷血蜥蜴多吃 10 倍的食物。另一方面,蜥蜴每天必须在太阳下晒上好几个钟头来使身体变暖,而且在黑夜或者周围温度降低时,它的身体将无法有效运转。更重要的是,与冷血动物相比,温血动物拥有大得多的大脑和更加活跃的生活方式。所以温血还是冷血的问题实际上就决定了恐龙到底是动作敏捷又聪明的物种,还是行动迟缓又蠢笨的动物。

» 恐龙的血液

很多大型恐龙都高昂着头,如暴龙和禽龙,腕龙更是极其典型的例子。要把血液压送到大脑,需要很高的血压,这种压力远远超过它们肺部的细小血管所能承受的。

为了解决这个问题,温血的鸟类和哺乳动物进化出了两条血液循环的通道。它们的心脏从内部分成两部分,两条通道各占一边。个头很高的恐龙也需要一个分为两部分的心脏,一些科学家说,这就

↘恐龙的生活方式极为多样化,从庞大而动作缓慢的草食性恐龙到身形较小而活跃的猎食者都有各自的生活方式。它们是否也具有不同的冷血、温血代谢方式呢?

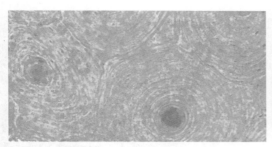

↗ 哈弗骨有很多的血管，血管周围有密集的骨质圈。现代的大型温血哺乳动物具有这种类型的骨骼。这是马肋骨的切片。

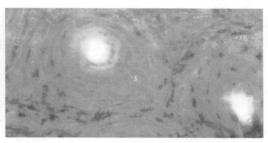

↗ 某些恐龙也有哈弗骨。这只重爪龙的肋骨切片上有和马的骨头一样的骨质圈。这是否说明有哈弗骨的恐龙是温血动物呢？

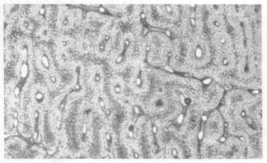

↗ 恐龙、鸟类和哺乳动物都有相似的初骨，初骨里面有很多血管。这种类型的骨骼叫做羽层状骨（图片是一只蜥脚类恐龙的腿骨），是快速生长过程中最初形成的骨骼。

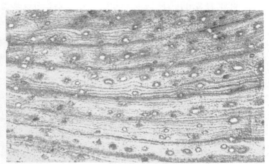

↗ 现代的冷血动物鳄鱼，它们的骨骼中有在生长过程中形成的轮，由此可以判断出它们在不同时期的生长速度不同。某些恐龙，如这只禽龙的腿骨，也具有这种特点。

证明它们身体的工作方式和温血的鸟类及哺乳动物一样。一些恐龙的确需要一个两部分的心脏，但这并不意味着它们必须是温血动物。现代鳄鱼的心脏从官能上来说是两部分的，但它们仍然是冷血动物。从进化的角度来看，恐龙应该尽可能长久地保持这一优势，也许它们有温血的心肺系统，却用冷血的方式来控制体温。

　　某些恐龙的庞大身躯和活跃的生活方式也被用来当做它们是温血动物的证明。庞大的蜥脚类恐龙永远也不可能从阳光中获取足够的能量来取暖，因为与它的体积比起来，身体的表面积实在是微不足道的。另一方面，奔跑迅速、经常跳跃、手爪锋利的猎食者，如恐爪龙，如果没有温血动物生产热量的能力，也绝不可能保持如此活跃的生活方式。

　　然而，当我们考虑到恐龙时代恒久不变的温暖气候时，这些论点就显得不那么有说服力了。在这种气候条件下，一旦考虑到恐龙胃部发酵产生的热量，问题就变成了如何排除热量，而不是怎么保持。总而言之，我们最多可以得出这样的结论：关于恐龙是温血还是冷血动物只有模棱两可的答案。

■ 恐龙的颜色

　　没有人知道恐龙到底是什么颜色的。虽然古生物学家们发现过恐龙皮肤化石，但是经过那么长的时间，皮肤化石的颜色早已褪色。恐龙的颜色可能跟我们今天看到的爬行动物相似。

» 颜色的作用

　　皮肤颜色可以帮助恐龙躲避危险、吸引异性和警示敌人。许多恐龙都会伪装，它们皮肤上的图案和周围的环境相吻合。恐爪龙的皮肤颜色可能是沙黄色，就像今天的狮子，可以与周围的沙土和黄色的植物相吻合。恐爪龙的皮肤上也可能有斑纹，就像今天的老虎，这样它能够隐蔽在植被中，等待攻击猎物。

» 分辨颜色

没有人能够确定恐龙是否能分辨颜色，但是我们知道有一些鸭嘴龙科的恐龙头部长有头冠、皱褶饰边和可膨胀的气囊。它们的头冠可能带有明亮的颜色，让同伴可以轻易地发现它们。鸭嘴龙可能用头冠向同伴发送信号，现代的一些爬行动物也用这种方式传递信号。所以一些鸭嘴龙很有可能会分辨颜色。

» 恐龙颜色的不同

雌雄恐龙的颜色极有可能不同。现代的许多雌雄成年动物，包括一些鸟类和蜥蜴类，都有不同的颜色。雄性动物可以用自己明亮华丽的颜色来吸引异性，也可以警示其他同性。雌性动物的颜色一般比较灰暗单一，这样它们在孵卵和抚养幼仔时就不容易暴露自己。人们刚开始画恐龙时，倾向于把恐龙都画成褐色和绿色的，但是现在人们会把恐龙画成许多不同的颜色。

↙副栉龙

—雄性

—雌性

↗恐龙皮肤的颜色能够帮助它们警示敌人。

» 带有斑纹的恐龙

斑马身上的斑纹打破了它自身的轮廓，让掠食者很难把单个斑马从斑马群中分辨出来。同样的道理，那些成群生活的恐龙身上也很可能长有斑纹。

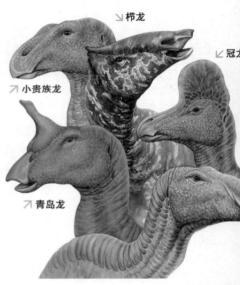

↘栉龙

↙冠龙

↗小贵族龙

↗青岛龙

↙斑马的斑纹保护了它们。

↖埃德蒙顿龙

■ 恐龙的交流

　　动物没有语言，但是它们有自己的交流方式。它们用声音、气味、触摸和彼此间的信号向同伴传达自己的意思。恐龙应该也用同样的方式彼此传递信息。

» 恐龙发出的声音

　　恐龙的耳朵结构很复杂，善于辨别声音，所以它们可能会用许多不同的声音来传递信号。跟今天的爬行动物相似，恐龙会发出嘶嘶声或哼哼声，而大型恐龙则会发出咆哮声。极少数特殊的恐龙，像鸭嘴龙科的恐龙，会通过它们的触角、头冠和膨胀的鼻孔发出独特的声音。科学家认为这可能跟它们的头颅构造有关，不同结构的头颅能让恐龙发出不同的声音。

» 声音的作用

　　恐龙在遇到危险时会发出声音警告敌人，也可以利用声音与同伴进行交流。副栉龙在遇到危险时会不断嘶叫，来警示敌人。鸭嘴龙科的埃德蒙顿龙会通过鼻子顶部的一个气囊发出巨大的咆哮声，来挑衅竞争对手。小恐龙一般会发出尖叫声来吸引成年恐龙的注意。

» 炫耀自己

　　科学家们认为，在交配季节，雄性恐龙会向雌性恐龙炫耀自己。就像孔雀炫耀自己的羽毛一样，雄性恐龙也会展示自己的头冠、脊骨和脖子上的褶皱，来吸引异性恐龙的注意，同时也是在警告自己的竞争对手。

» 恐龙的嗅觉

　　从恐龙的脑化石中，科学家发现恐龙的鼻孔已经得到了充分进化，所以恐龙的嗅觉应该很灵敏。灵敏的嗅觉可以帮助恐龙寻找食物，也可以让恐龙根据同伴身上散发出的气味寻找它们。腕龙在头顶长有很长的

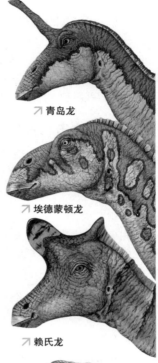

↗ 青岛龙

↗ 埃德蒙顿龙

↗ 赖氏龙

↗ 腕龙

↘ 副栉龙群

鼻孔，科学家推测其原因可能是为了让它们在吃水生植物的同时可以进行呼吸。

» 恐龙的味觉

　　许多恐龙都有舌头，同今天的大多数动物一样，恐龙可能也会辨味闻味。爬行动物中的蛇用它叉形的舌头"品尝"空气，来寻找猎物的踪迹。但是至今还没有足够的证据证明恐龙的舌头也有这种功能。

■ 恐龙的攻击和抵御

　　肉食恐龙是天生的猎杀者，它们用自己的尖牙利爪攻击猎物。草食恐龙通过各种方式进行防御，保护自己：有的群居，有的依靠速度逃跑，也有的身上长有硬甲或头上长有尖角。

» 蜥脚类恐龙的抵御攻击

　　跟今天的大象相似，蜥脚类恐龙通常利用自己庞大的身体来保护自己。梁龙可以挥动它鞭子似的长尾巴来威慑攻击者。

» 长着硬甲

　　甲龙类恐龙利用身上盔甲似的皮肤和骨钉来保护自己。遭遇攻击时，甲龙会萎缩起来保护自己的腹部，并不断挥动自己尾巴上的刺棒来攻击敌人。

» 骨板和骨钉

　　剑龙用背上的一排巨大的骨板，以及带有 4 根骨钉的尾巴来防御掠食者的攻击。剑龙的尾巴可以造成巨大的伤害，甚至可以杀死攻击者。

↗ 蜥脚类恐龙

↘ 甲龙

↗ 剑龙

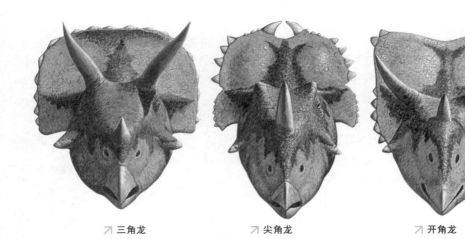

↗ 三角龙　　　　　　　↗ 尖角龙　　　　　　　↗ 开角龙

» 草食恐龙的爪子

　　绝大多数草食恐龙都没有爪子，但是禽龙的上肢趾爪上却长有锋利的爪子。禽龙可能用它来抵御掠食者，也可能用它来对抗雄性同伴。

» 长着尖角的恐龙

　　角龙类恐龙利用头上的尖角保护自己。它们像犀牛那样用尖角顶撞掠食者或雄性同伴。

» 用头攻击

　　雄性肿头龙的头顶皮肤很厚，为了获得异性，它们要互相撞击决出胜负，就像今天的野羊一样。

↗ 禽龙用锋利的爪子抵御敌人。

↗ 雄性肿头龙正在厮打。

■ 恐龙的速度

　　恐龙的形状、大小和移动速度取决于它们的生活方式。掠食者为了追捕猎物，移动速度必须很快。它们有强有力的下肢，用尾巴来保持平衡。大型的草食恐龙只能缓慢移动，它们不需要去追捕食物，庞大的身体用来保护自己。

» 测定恐龙的移动速度

　　科学家根据恐龙腿的长度和脚印间的距离来衡量恐龙的移动速度。恐龙脚印间的距离越大，它的移动速度就越快。相反，如果脚印间的距离很小，那它的移动速度就很缓慢。

» 恐龙的足迹所示

　　恐龙的脚印化石可以告诉我们它是如何移动的。禽龙用四条腿行走，但是可以用下肢奔跑。巨齿龙巨大的三趾脚印告诉我们它是一种肉食恐龙，总是用下肢移动。

↗ 测量恐龙的移动速度。

↗ 禽龙及其脚印　　　　　　　↗ 巨齿龙及其脚印

↘ 似鸵龙来去如风。

暴龙　　迷惑龙　　棱齿龙　　三角龙

» **速度最快的恐龙**

　　鸵鸟大小的似鸵龙是移动速度最快的恐龙之一。它没有硬甲和尖角来保护自己，只能依靠速度逃跑。它的速度比赛马还快，每小时可以奔跑 50 多千米。

» **恐龙的移动速度**

　　跟今天的动物一样，恐龙在不同时候的移动速度不同。暴龙每小时可以行走 16 千米，但是当它攻击猎物时移动速度会很快。

　　棱齿龙是移动速度最快的恐龙之一，它在逃跑时速度可以达到 50 千米 / 小时。

　　迷惑龙有 40 吨重，它每小时可以行走 10 ~ 16 千米。如果它尝试着跑起来，那么它的腿会被折断。

　　三角龙的重量是 5 头犀牛的总和，它也能以超过 25 千米 / 小时的速度像犀牛那样冲撞。很少有掠食者敢去攻击它。

» **移动速度最慢的恐龙**

　　像腕龙这样庞大的蜥脚类恐龙是移动速度最慢的恐龙。它们的体重超过 50 吨，根本无法奔跑，每小时只能行走 10 千米。跟小型恐龙不一样，这些庞大的动物从来不会用下肢跳跃。

↗ 腕龙的移动速度最慢。

■ 恐龙的食物消化

为了获得足以维持自身生存的营养和能量，庞大的蜥脚类恐龙必须吃掉大量的植物。现代动物中与之最相近的当属大象，它们为了生存，每天要吃掉大约185千克植物，比自身体重的30%还要多。按这个比例，一只重达30吨的腕龙每天要咀嚼大约1吨植物。而这个进食过程要通过一个不足75厘米长的头来完成，和马的头差不多大。它的牙齿基本上是不咀嚼的。

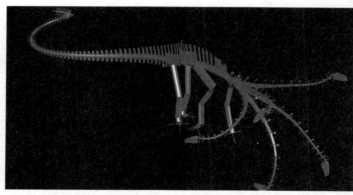

↗ 用电脑模拟出的梁龙模型显示了其脖子可能达到的活动范围。其脖子可以达到的最高高度以及其他姿势显示，梁龙够不到树顶，只能以低处或地面的植物为食。

» 胃石

科学家们认为，蜥脚类恐龙的脑袋和牙齿如此之小，为了适应在地面或低处寻找食物，进化出了长脖子，以免踩烂食物。它们还可以利用长脖子吃到高大树木的叶子，而其他动物则吃不到。

然而，假如蜥脚类恐龙的一生就是在食用树木顶端的枝条，那么这样大量的食物是怎样被消化的呢？尤其是它们连用于咀嚼的牙齿都没有。答案在蜥脚类恐龙化石发现地被偶然发现的圆滑小卵石中找到了。这些卵石（称做"胃石"）被磨得十分光滑，是由周围不同种类的岩石打磨而成。人们在蜥脚类恐龙的胃里发现了这些石头，它们是蜥脚类恐龙必要的消化工具。

↗ 现代鸟类长有砂囊，即胃部的一块肌肉组织。砂囊里的小石头和沙砾在食物到达肠道之前将其磨碎。人们发现蜥脚类恐龙和鹦鹉嘴龙的胃石靠近其肋骨或有时候就位于肋骨的内部。

» 切和磨

对于那些没有胃石的草食恐龙来说，牙齿和颌是在食物进入消化系统前将其磨碎的工具。这一点和现代的草食类哺乳动物一样。所有这类恐龙都长有擅长磨碎食物和咀嚼食物的牙齿。

腕龙、埃德蒙顿龙和原角龙分别代表了草食恐龙的3种抢占食物的有效战略——特殊的接近方法、特殊的消化过程以及特有的选择。我们常常根据嘴巴的形状来初步判断一只恐龙究竟采取的是哪种战略。

» 致命的齿和颌

我们不可能仅仅依靠现有的证据来推测大大小小的肉食恐龙分别擅长何种消化方式。详细的解剖学特征，尤其是它们的牙齿，让我们推测猎物是怎样被吃掉及被抓住的。肉食者的牙齿大都向内弯曲，刀刃一样的牙齿前后边缘生有突起，可以迅速将肉切开。

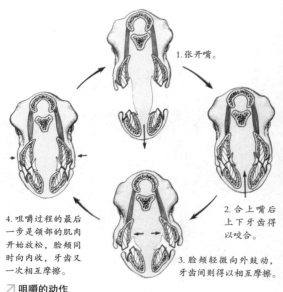

1.张开嘴。

2.合上嘴后上下牙齿得以咬合。

3.脸颊轻微向外鼓动，牙齿间则得以相互摩擦。

4.咀嚼过程的最后一步是颌部的肌肉开始放松，脸颊同时向内收，牙齿又一次相互摩擦。

↗ 咀嚼的动作

这张脸部正面图展示了埃德蒙顿龙的咀嚼过程。

■ 恐龙的觅食

恐龙或者单独或者集体觅食，这在很大程度上取决于它们的种类和体形。大型猎食者一般会单独行动，以期获得足够的食物。而小型恐龙大多是集体觅食，靠互相协作获得食物。

» 猎食者中的独行侠

除了极少的例子之外，我们发现的大型恐龙的骨架都是分散的，这与许多埋着成群草食动物的"大坟场"形成了鲜明的对比。这说明，至少有一些大型恐龙是单独行动的。这是一个很好的生存逻辑，因为与另一个大胃口的家伙分享猎场，减少自己的食物供给是没有道理的。肉食恐龙在一同捕猎中将得不到任何好处，因为它们的体形要比许多可能成为它们的猎物的动物大得多，因此并不需要帮助。

↗ 单独猎食的暴龙不需要和别人分享猎物。它必须足够强壮才能制伏它的猎物，并不让其他食腐者接近尸体。

对于单独的猎食者来说，最好的捕猎场所是森林或浓密的矮树林，因为这给它提供了足够的突袭机会。在平原上，它一靠近就一定会被猎物发现。

在一些地区发现了数量多得惊人的大小肉食恐龙行走过的痕迹。这些地方可能是最受欢迎的捕猎地点，可能是位于河流或者湖泊沿岸。在那里，猎食者经常能捡到冲到岸边的腐肉或在草食者来喝水时袭击它们。

» 集体行动的猎食者

我们有充分的理由相信，小一些的肉食恐龙是成群生活和猎食的。协作猎食是今天许多动物采取的方法，只不过协作的程度有所不同。蚂蚁组成的浃浃大军能够集中攻击一只黄蜂的巢穴，并迅速地将其毁掉。这肯定是互相协作的行为，虽然它要求的互动程度很低。更复杂的协作捕猎的例子有鹈鹕一起捕鱼。而狮子则有一套复杂的包围和观望猎物的技巧，需要好几只狮子组成一个高度合作的队伍来行动。

协作猎食的优势很明显：与单独猎食相比，合作能抓到更多更大的猎物。有些集体猎食的动物可

↗ 交错在一起的脚印证明一些草食恐龙组成庞大的族群一起生活和行动。这幅图描绘的是一群尖角龙围成一圈进行防御。

以放倒和它们的体重总和一样的猎物。劣势则是它们必须分享猎物，但是这一点并不是非常重要的。在一群猎食者一起享用一具尸体的情况下，尸肉很少会腐烂掉，造成浪费。由于它们很快就把猎物吃完了，因此不需要提防其他食腐者会在接下来的几个小时或者几天内来抢夺它们的食物。

↗ 一只单独的腱龙十分不明智地和自己的族群走散了，遭到了三只恐爪龙的攻击。

现代非洲鬣狗向我们展示了这种集体猎食的方式多么有效。集体猎食所需要的沟通程度经常意味着这群猎食者复杂的群体互动。每一次打猎前，高度仪式化的声音和行动将非洲鬣狗群联系在一起，强化了它们的群体秩序并送它们上路。至于那些无法参与行动的小鬣狗以及老弱病残的成员，鬣狗则会和它们一同分享猎杀的战利品。能够参与追捕的小鬣狗则允许在成年鬣狗吃完尸体前尽情地吃个够。

恐爪龙的群体生活是一个十分棘手的研究个案，科学家有足够的证据证明它们是集体狩猎者。科学家有理由通过它们其他的集体生活的形式，包括交配、哺育后代、迁徙、运动和攻击猎物来推断它们是合作捕猎的。

■ 恐龙的智商

恐龙傻吗？ 1883 年，美国古生物学家奥斯尼尔·马什在描述迷惑龙时说它的大脑很小，因此它是"蠢笨、迟缓的爬行动物"。这种观点至今仍是大多数人对恐龙智商的看法。但如果我们仔细地研究恐龙的感官和大脑，就会发现与上面的描述截然相反的情况。

» 大脑比例

最近，科学家们做了很多工作来判定恐龙的大脑与身体的体积比例。有一个保存完好的恐龙头骨，这项工作就不难完成。如果测量出这个头骨的容量，并考虑到大脑所占空间的百分比，就可以得出大脑的体积了。

毫无疑问，某些恐龙的大脑非常小。举例来说，剑龙的体重可达 3.3 吨，大脑却只有可怜的 60 克。而一只同样体重的大象，其大脑重量却是剑龙的 30 倍。大型蜥脚类恐龙的大脑与身体的重量之比更加悬殊，达到十万分之一。

» 恐龙的智商

据我们所知，恐龙的一切生活方式都无需大脑做什么工作。腕龙不需要猎食或逃避捕食者，而这两种活动才需要大脑的能量。剑龙虽然是群居的动物，但它们的生存并不依赖群体间的交流或者迅速的反应，这不像没有骨板的（因此也就更聪明的）鸭嘴龙。简单的生活方式不需要什么控制力或协作能力。

由此，我们可以得出这样的结论：大脑体积的大小以及复杂性，是与恐龙的生活方式相符的。行动迟缓的草食恐龙位于最底层，游牧

↗ 在这个禽龙的头骨化石内部，脑组织在化石形成之前就腐烂了，留下了一个空心的洞。一个硅胶的模型表明了大脑在头骨内部的大概形状。

型恐龙与群体猎食者在中层，行动敏捷的猎手在最高层。美国芝加哥大学的詹姆斯·霍普森教授在对比不同种类恐龙的大脑和身体时得出了上述结论。根据他的研究，恐龙的智商"排列表"由低到高依次是：蜥脚类、甲龙类、剑龙类、角龙类、鸟脚类、肉食龙类、腔骨龙类。

△ 伤齿龙有很大的眼睛和大脑，这证明它是一种聪明、活跃的恐龙。

» 恐龙的感觉与智商

恐龙的头骨结构也为研究其感觉器官的体积、重要性及复杂性提供了线索。举例来说，有大而前突的眼窝表明这个动物的视觉在感觉中占统治地位，而鼻腔较大则说明嗅觉所起的作用非常重要。

大多数恐龙的双眼都长在头部的两侧，因此只有单眼视觉，左右两边的视野只有极少部分交叠。这一特点使得它们在观察周围环境时具备非常大的视角，但是无法判断物体的远近。判断距离需要朝前的双眼和相当强的脑力来解读视觉信息。有证据表明，一些大型肉食恐龙，如暴龙，只有一部分交叠的双眼视觉，而体形较小的肉食恐龙却进化出了完善的双眼视觉。它们大脑中控制奔跑、协调爪子运动和处理移动物体的视觉信息的部分进化得尤其完善。这也是伤齿龙等体形较小的恐龙能够成功擒获逃跑的哺乳动物和爬行动物的关键。从伤齿龙头骨上眼窝的体积来判断，它具有非常大的眼睛，并且有同等体形恐龙中体积最大的大脑，其发达程度几乎可以和某些现代的鸟类和哺乳动物媲美。

研究恐龙的感觉并不能为恐龙的智商问题提供一个绝对的答案。事实上，恐龙是聪明还是愚蠢并不重要，尽管证据表明恐龙如果具备一些类似人类的智力，它们会活得"更像样"。其实每种恐龙都有足够的脑力让它们以自己的方式生活，并延续几千万年。

△ 秃顶龙的头骨化石显示出其大脑所在的头骨后侧有广大的区域，这可能是它有极高智商的原因。

■ 恐龙的群居

恐龙足迹、群体坟墓等线索证明了有些恐龙是群居生活的。像今天的羚羊一样，大型草食恐龙的群居行为是为了自身安全。一些肉食恐龙则是为了集体猎食。

» 群居中的关系

恐龙的足迹化石表明有些群居恐龙行走时小恐龙会待在队伍中间，而成年恐龙围在外面。当受到攻击时，像三角龙这样头上长角的恐龙会站成一个圆，把小恐龙围在中间，把角指向敌人，就像今天的麝牛一样。

» 独居的恐龙

大型的肉食恐龙，像阿尔伯脱龙，都是强大的掠食者，几乎没有敌人。它们可以单独生活、单独猎食，就像今天的老虎一样。然而，人们在美国发现了一个恐龙坟墓，里面有40具各年龄层异特龙的骨架。所以它们可能会像狮子一样，集体猎食。

↗ 群居的埃德蒙顿龙

↗ 三角龙这样头上长角的恐龙会站成一个圆，把小恐龙围在中间。

» 恐龙群居的原因

许多像埃德蒙顿龙等鸭嘴龙科恐龙群居是为了安全。许多双眼睛总比一双眼睛容易发现敌人，而且掠食者攻击一个移动的群体也比较困难。比如说暴龙靠近时，它们会发出嘶叫声，相互通知危险来了。

» 发现恐龙的群居

在北美，人们发现了大量相同的恐龙脚印。科学家认为这是一群群居恐龙留下的。人们也发现过大量的恐龙被掩埋在一起，其中的一处埋葬了上百只慈母龙！这些证据证明了蜥脚类恐龙可能是群居恐龙。

↗ 一群禽龙去寻找食物。

» 恐龙的远程觅食

跟今天的驯鹿和羚羊等许多动物一样，有些恐龙，比如说禽龙，会到很远的地方去寻找食物。

» 恐龙群中的守夜者

没有人能够确定恐龙群中是否有守夜者。但是群居动物在休息时，都有成年动物在监视掠食者，恐龙可能也一样。

» 集体猎食的恐龙

狼和鬣狗等肉食动物都是集体猎食。像轻巧龙这样的小型肉食恐龙也可能是集体猎食，这样它们就有机会捕获更大的猎物。

↗ 集体猎食的轻巧龙

■ 蛋和巢穴

最早发现的恐龙蛋化石来自蜥脚类的高桥龙。1859 年，人们在法国发现了它们。与之相比，第一个恐龙巢穴的发现要晚得多，1923 年才在戈壁沙漠被发现。从那以后，科学家又陆续在世界各地发现了许多壮观的恐龙蛋和巢穴遗址。

» 巢穴设计

一些恐龙蛋被发现直接放在地面上，但科学家们仍认为大部分恐龙都会筑巢来保证它们的蛋的安全。这些恐龙巢穴是一个从地面刨出的浅坑，或围筑成一圈的土边，它们用来固定恐龙蛋。恐龙会蹲在巢穴上方下蛋，产完一窝蛋就会在巢穴边上巡逻。

» 惊人的蛋化石

1995 年，科学家们前往中国绿龙山附近的一个村庄，在那里发现了上百个嵌在路面上和从悬崖壁露出的恐龙蛋化石。他们居然还从一堵墙上发现了一枚蛋化石，它被用来替代石块。在西班牙的特伦普，人们也有相似的发现：许多岩石中含有大量恐龙蛋碎片，因此科学家们称这种岩石为"蛋壳沙岩"。

加拿大艾伯塔省地狱深谷
美国蒙大拿州蛋山
西班牙特伦普
法国埃克斯普罗旺斯
蒙古戈壁沙漠火焰崖
中国绿龙山
韩国统营
印度喀奇
印度多哈德
中国南雄盆地
印度贾巴尔普尔

↗ 这张示意图上标记了一些世界上最主要的恐龙蛋化石遗址。所有遗址都始于白垩纪时期。

乌拉圭索里亚诺
阿根廷奥卡玛胡佛

萨尔塔龙彼此间将巢穴筑得十分靠近，只留出空隙使它们走动时不会碰坏巢穴里的蛋。

» 蛋的形状和大小

在几个恐龙巢穴，共计有 30 枚恐龙蛋化石被发现，在巢穴里常以直线或弧形排列。恐龙蛋有圆的，也有细长的，还有粗皱表面的。最大的蛋有 45 厘米长，是在中国东部发现的，它可能是一枚镰刀龙蛋。

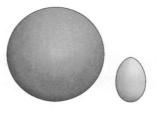

↗ 这张图显示了普通恐龙蛋与鸡蛋的大小对比。但与成年恐龙的体形相比，它们的蛋就显得微不足道了。

↖ 图中的窃蛋龙蛋排列成圆形。母龙可能在产下这些蛋后把它们排列成整齐的形状。

» 集中筑巢

古生物学家在美国的蒙大拿州、阿根廷的奥卡玛胡佛发现了大规模的恐龙巢穴遗址。每个遗址大约都有 20 个巢穴，它们被筑得十分靠近。这个现象表明某些恐龙是群居的，可能用来保护自己抵抗肉食恐龙的袭击。在蒙大拿州的一处遗址，即有名的"蛋山"，古生物学家在更深的地层发现了年代更久远的巢穴遗址。这表明恐龙年复一年地回到同一个地点下蛋。

产下蛋后，许多恐龙会在上面盖上草木来保持它们的温度。

■ 小恐龙

科学家只发现过少量的小恐龙化石。这是因为小恐龙的骨骼柔软而脆弱，它们很少能形成化石。即使它们被保存下来，也不容易对它们作出鉴定。

↗ 这个复原的慈母龙巢穴模型显示了小恐龙挣扎出蛋壳的样子。小恐龙刚出壳的时候，大约有 25 厘米长。

» 尚在蛋中

小恐龙在破壳前 3 到 4 周就在蛋里面发育成形了。壳上的微孔让它得以呼吸，而蛋黄为它提供成长所需的全部营养。但是，小恐龙常常在还没出壳之前就变成了捕食者的美餐，因为对恐龙和小型哺乳动物来说，恐龙蛋是不费吹灰之力的猎物。孵化的时候，小恐龙用吻突上的尖牙凿穿蛋壳。而破壳之后的小恐龙必须马上进食，不然就会死掉。

↙ 这个模型显示了小窃蛋龙蜷在蛋中。

» 在泥土中保存

20 世纪 90 年代，在阿根廷的奥卡玛胡佛发现了几具保存完好的小恐龙化石。这个遗址有着上千枚巨龙蛋，里面包含了不少小恐龙化石。古生物学家在研究这些化石时，发现了细小的牙齿、头骨，身上还覆有鳞片，就像蜥蜴一样。之所以这些蛋化石保存完好，是因为它们被埋在泥石流中，避免腐烂掉或被捕食者吃掉。

↗ 图中显示了小恐龙正破壳而出。

↗ 小恐龙凿碎了一圈蛋壳，从蛋里面露出来。

» 护蛋使者

科学家曾认为所有恐龙在下完蛋之后都会弃巢而去，这种观点一直持续到最近。这对于大型蜥脚类恐龙来说几乎千真万确：如果它们待在巢穴附近的话，可能会不小心把蛋踩坏。但如今，科学家已经了解到，有些恐龙会像鸟类一样孵化它们的蛋。例如，窃蛋龙化石被发现以类似鸟类孵蛋的姿势蜷在巢穴上面。

» 有爱心的父母

有的恐龙会照顾它们幼小的子女。科学家认为，这是因为小恐龙（如鸭嘴龙）刚出生的时候四肢还不健全，因而需要父母的保护和喂食。在美国蒙大拿州的蛋山，发现了鸭嘴龙群化石。这些鸭嘴龙从年幼到年长一应俱全，表明成年鸭嘴龙会哺育它们的后代。这也是这种鸭嘴龙慈母龙命名的由来：意为"好母亲蜥蜴"。

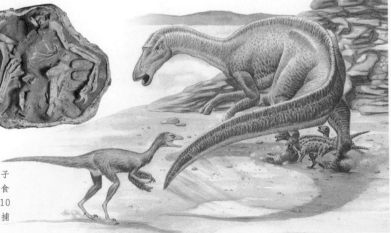

↗ 这具从戈壁沙漠发现的窃蛋龙化石显示窃蛋龙正伏坐在它的蛋上。它的前肢在巢穴的边缘弯曲着，环起来保护那些蛋。

↘ 这只慈母龙正在保护它幼小的子女免受伤齿龙这样凶猛的小型肉食恐龙的袭击。小鸭嘴龙需要经过 10 年才能变为成年个体，因此它们在捕食者的袭击面前显得特别脆弱。

■ 恐龙的行迹

足迹化石是一种最常见的恐龙化石，很多足迹化石在一起就是所谓的"行迹"。行迹能告诉我们大量关于某种恐龙的信息，也能让古生物学家从中得出恐龙的生活习性。

» 鉴定印迹

想要断定某串足迹来自哪种恐龙几乎是不可能的，但不同类别的恐龙有着不同特征的脚印。因此，用脚印来判断恐龙属于哪个类别是完全可行的。下图显示了几种最常见的脚印类型。

↗ 鸭嘴龙科脚印　　↗ 兽脚类脚印　　↗ 腕龙科脚印

» 成群出没

许多行迹化石表明，大群的同种恐龙曾一起出没，这表明它们过的是群居的生活。某种恐龙漫长的行迹表明，它们会随着季节变化做长途迁徙，去寻找食物或更温暖的地区。

» 全世界的行迹化石

行迹化石至今已在全世界范围内被发现。迄今为止，已有超过1000个这样的遗址，其中很大一部分位于北美洲。最清晰的行迹化石往往在曾经靠近河流、湖泊和海洋的地方形成。那里的土地平坦、湿润，并呈沙质，为足迹化石的保存提供了优良的条件。

■ 加拿大坦伯勒岭
美国恐龙国家纪念公园 ■
美国怀俄明 ■
美国凯恩 ■ ■美国恐龙岭
塔地层
美国炼狱河 ■ ■美国恐龙谷州立公园

玻利维亚拉巴斯 ■
玻利维亚苏克雷 ■

巴西帕拉伊巴 ■

↙ 一群迁徙的蜥脚类恐龙踩着沉重的步子穿过软泥地，留下一长串的脚印，这些脚印后来成为了化石。

84

» 估算速度

通过对足迹化石的研究，古生物学家可以推测某种恐龙用两条腿或四条腿行走。他们也能凭借恐龙移动时留下的脚印来估算这种恐龙的移动速度。他们通过比较脚印的间距（即恐龙的步长）和恐龙的腿长来得到估算结果。腿长可用脚印长度的5倍来估计得到。

↗ 一条发现于勒克戈理的踏痕显示一些小型恐龙的脚印压在一个大个猎食者的脚印上。

英国阿德利采石场

■德国慕奇荷尔琛

西班牙里奥哈牙加林那

哥德姆那特

中国甘肃省■

韩国三长郴

提示
■侏罗纪
■白恶纪

澳大利亚勒克戈理■

■莱索托莫耶尼

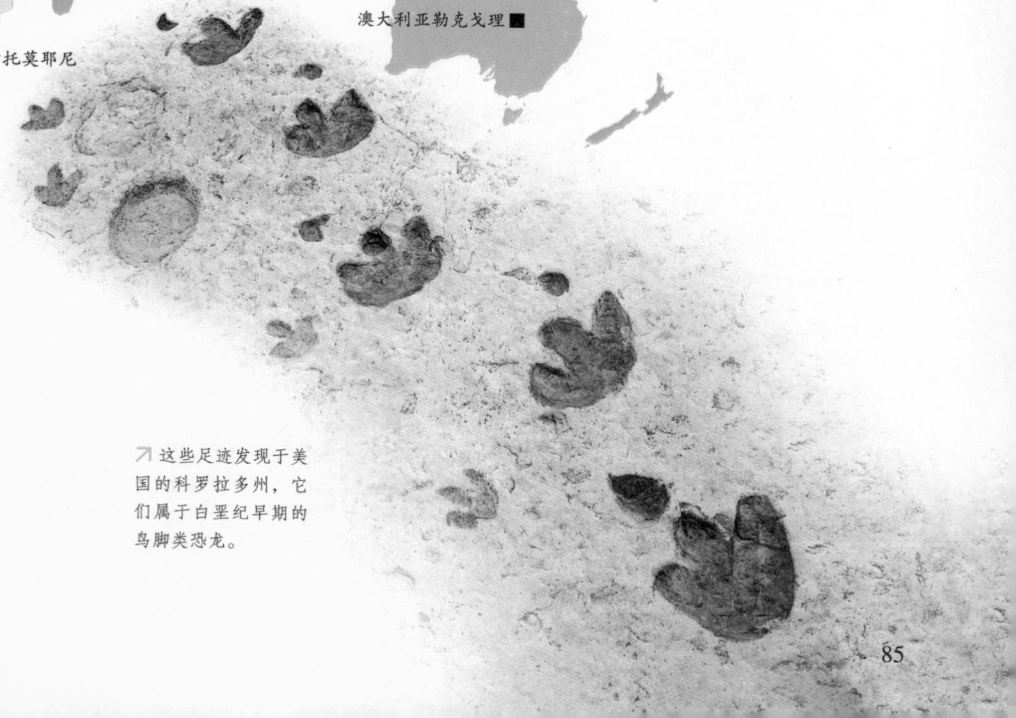

↗ 这些足迹发现于美国的科罗拉多州，它们属于白垩纪早期的鸟脚类恐龙。

85

» 恐龙的袭击

　　行迹对于我们弄明白恐龙怎样行动十分重要，但有时候一组足迹能提供很多信息，甚至可以告诉我们发生在史前世界的一次完整的事件。在澳大利亚的勒克戈理就发现了一组这样的痕迹。根据这些痕迹，人们推断在那里曾发生了一次恐龙集体大逃亡。

　　这些痕迹形成于白垩纪早期，这里很可能曾经是一条干枯的小溪或者河流的河床，河底仍然很泥泞，可以留下脚印。

　　这片被保留下来的地区有 209 平方米，由北向南延伸。所有的痕迹到一处全部消失了，很有可能这些恐龙掉进一个水坑里了。从这些痕迹我们可以窥见这样一幅图画：大约有 150 只肉食和草食恐龙聚集在这个水坑边。据推测，聚集于此的草食恐龙数量多得足以防止来自肉食者的袭击。但是，双方都高度警惕地盯着对方以及周围的地方。

　　在河床的北边，显现出一只臀高 2.6 米的大型肉食恐龙的痕迹。看痕迹它一共走了 4 步。后面的脚印显示出行走速度的变化，似乎就在此处这个猎食者忽然发现了一群小猎物。它的步子变小了，深陷的脚印消失了，看上去好像是踮着脚尖又前进了 5 步，然后转身。在几秒之后，水坑边的小型恐龙发现了偷袭者。

　　小型恐龙群惊慌逃窜，集体向着猎食者的方向逃去。为什么会向着猎食者的方向跑呢？这个不得而知。也许这个水坑实际上是个宽阔的湖泊，阻断了它们撤退的道路；也许另一个猎食者从另一个方向阻断了它们的路。无论如何，整个恐龙群（个别被猎食者在半路上叼走了）往河床上游冲去，留下我们今天看到的那些脚印。

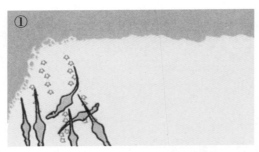

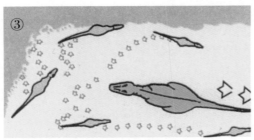
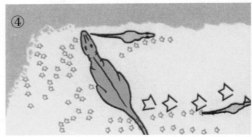

　　↗ 这是电脑重现的勒克戈理发现的脚印以及可能发生的事件全过程。图①一群小型恐龙聚集在河床边。图②一只大型猎食者从北边慢慢接近。图③小型恐龙疯狂逃窜，纷纷从猎食者身边经过。图④猎食者截住逃跑的小型恐龙，留下一系列大大小小的脚印。

大型肉食性恐龙怎样捕食

　　大型肉食性恐龙大都单独活动，依靠自己的力量捕食中到大型的植食性恐龙。以霸王龙举例，它在捕食猎物时，常采取伏击的办法，在猎物经常出没的地方隐蔽起来，瞅准机会突然窜出，对猎物发动猛烈袭击。它先用身体将猎物扑倒在地，并且张开布满匕首状牙齿的血盆大口使劲撕咬对方的皮肉，咬断对方的脖子，必要时再踏上一只脚。猎物倒地后，它就一边喘着粗气，一边撕裂猎物，大口地吞食，美美地吃上一顿。

寻找恐龙

■ 搜寻恐龙

恐龙化石在世界各地均有发现，从干燥的蒙古戈壁沙漠直到寒冷的阿拉斯加冻原。古生物学家们还在不停地搜寻更多的恐龙，以了解更多关于它们的知识，并发现新的种类。每年大约会有数十种恐龙在世界各地被发现。

» 巨人和恐惧的蜥蜴

在长达数百年间，人们都是在不知情的情况下发现恐龙化石的。有的人认为它们是龙骨，而另外的人则认为它们来自大象。一个名叫罗伯特·普劳特的人甚至论证，巨大的恐龙腿骨化石来自某个巨人。

1842年，一位名叫理查德·欧文的科学家研究了一些巨大的爬行动物化石。他意识到它们并不来自于任何一种现生蜥蜴，而是另外组成它们自己的一个门类。他把这一类生物命名为恐龙，意思是"恐怖的蜥蜴"。

» 全世界的恐龙

起初，人们搜寻恐龙化石的最主要的场所是北美洲的西部，在那里发现的恐龙化石比其他任何地方都多。但很快，科学家们开始将更多的时间和精力转投到世界南部，如阿根廷、马达加斯加。20世纪80年代，南极洲也发现了恐龙化石，至此世界上每个大陆都有恐龙被发现。

» 从太空搜寻

科学技术的发展意味着古生物学家能够更精确地预测恐龙化石的位置。在宽阔地带搜寻时，古生物学家们利用卫星对潜在的恐龙遗址进行精确定位。卫星上的热探测器能够探测出不同种类的地表，例如，它可以探测到可能埋有恐龙化石的沉积岩。由热探测器得到的地表信息在卫星图片上用不同的色块表示。

↗ 这个在美国科罗拉多州的侏罗纪岩层中发现的奇怪岩穴是某只蜥脚类恐龙的腿骨留下的印记。在人们知道恐龙的存在之前，如此巨大的化石的发现引起了某些关于它们的非同寻常的解释一点也不奇怪。

加拿大艾伯塔省恐龙公园
美国海尔克里克
美国恐龙国家纪念公园
英国南部
比利时贝尼萨特
蒙古戈壁沙漠
中国辽宁省
中国四川省
埃及巴哈利亚绿洲
坦桑尼亚汤达鸠
马达加斯加马哈赞加盆地
南非卡鲁盆地
澳大利亚恐龙湾
阿根廷月亮谷
阿根廷内乌肯

» 新恐龙的命名

每种新发现的恐龙都要被命名，可以由发现它的人命名，也可以由鉴定它的古生物学家命名。大多数恐龙名是由拉丁文和希腊文组成的。有时候恐龙的名字用来描述它某种不同寻常的特性。例如，剑龙的意思是"长有骨板的蜥蜴"。这个名字得自剑龙背上的剑状骨板。也有的恐龙是根据发现地命名，或者以发现者的名字命名。但是，古生物学家用自己的名字为恐龙命名是不被允许的。

↗ 从太空拍到的戈壁沙漠的卫星图片，它能帮助古生物学家精确地观察某片区域。

↗ 这张图片拍摄的是同一片区域，但不同的色块突显了不同的岩石和植被。其中，紫色地区标记了可能存在的恐龙遗址。

↘ 切齿龙，一种于2002年在中国发现的长相奇怪的恐龙。它因为长有两颗怪异的大门牙而被命名，即切齿龙的含义是"长门牙的蜥蜴"。

■ 南美洲的恐龙

许多南美洲最激动人心的恐龙发现来自阿根廷，其中包括某些迄今发现的最古老的恐龙化石。

» "小"的开端

南美洲发现的三叠纪恐龙化石使古生物学家了解了早期恐龙的长相。例如，南十字龙和皮萨诺龙，都体形较小、速度迅捷，并且都用两条腿行走。

» 开始变"大"

最早的大型恐龙是原蜥脚类恐龙。它们在侏罗纪末期出现在南美洲，它们的化石如今在世界各地都有发现。阿根廷发现的原蜥脚类恐龙是里澳哈龙，它长达 10 米，是它所在时期最大的恐龙。

委内瑞拉

圭亚那　苏里南　法属圭亚那

南极龙

哥伦比亚

桑塔纳盗龙

厄瓜多尔

激龙

秘鲁

巴西

玻利维亚

冈瓦纳巨龙

巴拉圭

萨尔塔龙

里澳哈龙

智利

南十字龙

南极龙

拉布拉达龙

阿根廷

乌拉圭

■月亮谷

■内乌肯

一些早期恐龙在这里被发现。

↘里澳哈龙是一种生有巨大身体和小巧头部的草食恐龙，生活在大约 2.1 亿年前。

巴塔哥尼亚龙

一个重要的遗址，在那里古生物学家发现了数种巨型恐龙。

弗克海姆龙

皮亚尼兹基龙

↖示意图上的恐龙符号表示相应恐龙的发现地。黑色方形标记指出了南美洲最重要的两个恐龙遗址。

» 存世稀少

　　南美洲发现的侏罗纪恐龙化石要比其他大洲少得多。到目前为止，南美洲发现的侏罗纪恐龙化石全部都来自阿根廷。它们包括巨大的蜥脚类巴塔哥尼亚龙和弗克海姆龙，以及兽脚类的皮亚尼兹基龙，其中后者可能以前两者为食。但是，南美洲应该存在更多的恐龙，因而最近古生物学家开始前往那里搜寻恐龙化石。

↘巴塔哥尼亚龙可能通过强有力的上肢踢打掠食者来抵抗袭击。

◤激龙生有又长又细的吻突，能帮助它们捕食鱼类。它们的尖齿令它们能够顺利地抓住猎物。

◥皮亚尼兹基龙只有巴塔哥尼亚龙的1/3大小，但它能够袭击比它大得多的动物。

» 冈瓦纳恐龙

　　古生物学家们曾认为，冈瓦纳古陆是在白垩纪早期四分五裂的，但如今他们已经相信南美洲和非洲在白垩纪中期仍然相连。1996年，一种名为激龙的白垩纪中期棘龙在巴西被发现。在非洲也曾发现过白垩纪中期的棘龙化石，这意味着那个时候两个大陆仍然相连，因而棘龙化石得以散布在这两个大陆。

■ 早期恐龙的遗址——月亮谷

位于阿根廷的月亮谷，得名于它那月亮形状的、由嶙峋的岩石和深邃的峡谷组成的地形地貌。一些最早的恐龙化石在这里被发现，包括艾雷拉龙、皮萨诺龙和始盗龙。它们生活在大约 2.25 亿年前的地球上。

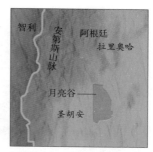

↗用红色标记的月亮谷位于阿根廷的西北部，占地 250 平方千米。

» 侏罗纪化石

大多数从月亮谷发掘的化石根本就不是恐龙化石，而是似鳄祖龙，它们是那个时期占统治地位的掠食者。其中最大的是蜥龙鳄，是一种长达 7 米的凶猛捕食者，长有尖长的爪子和牙齿。它笨重的身体和短小的四肢使它行动起来慢于恐龙。

» 变化的地貌

如今的月亮谷已是干燥、多尘的不毛之地，但在 2.25 亿年前，曾有许多大河流经这里，使得它降水充足。河水经常漫溢，四周的土地洪水泛滥。在这个地区还发现了 40 多米高的巨型树干化石，可以推测月亮谷曾经覆满森林。

↗一名古生物学家正在用精巧的工具将始盗龙头骨化石上的岩石颗粒除去。始盗龙的头骨如此小巧，以至于处理它的纤细骨头时必须格外小心。

» 微型恐龙

月亮谷发现的最小的恐龙化石是一种名为始盗龙的肉食恐龙，它的身长仅有 1 米。虽然始盗龙是一类肉食恐龙，但它的体形意味着它不得不花更多的时间去躲避其他动物。它以小型爬行动物和昆虫为食，可能也吃一些植物。它的嘴的后侧长有尖利的牙齿用来撕碎肉食，前端则长有相对较圆的牙齿，可以帮助它将叶子从树枝上扯咬下来。

» 为猎而生

艾雷拉龙是它那个时期最大的肉食恐龙之一。它的好几处特征让它成为一种成功的掠食者，包括锋利的爪子和长在上颌的特殊长牙。它长长的后腿使它奔跑迅速。艾雷拉龙很可能以草食恐龙皮萨诺龙、始盗龙和其他爬行动物为食。

■巨龙国度——内乌肯

在位于阿根廷西南的内乌肯，科学家发现了几种巨型恐龙的化石。它们包括蜥脚类的巨龙的几个分支，以及最凶残的掠食者之一的南方巨兽龙。

» 从河流到沙漠

今天，内乌肯的大部分地区都被沙漠覆盖，但在白垩纪晚期，这里拥有由宽广的河流和干燥的广阔林地组成的复杂地貌。过去这里一定覆盖着茂密的植被，足以让体形庞大的草食恐龙巨龙在这里生存。

» 庞大的巨龙

阿根廷龙是体形最为庞大的巨龙，同时也是最大的恐龙之一，它有5层楼那么高。和其他巨龙一样，阿根廷龙的背上长有骨突，有豌豆大小的，也有人的拳头那么大的。这些骨突可以保护它们不受其他恐龙的袭击。

很少有恐龙具备袭击阿根廷龙的实力。阿根廷龙最主要的掠食者很可能是内乌肯最大的兽脚类恐龙南方巨兽龙。

» 可怕的利爪

1998 年，一块巨大的足爪化石在内乌肯被发现。这种爪子属于一种新的恐龙，科学家命名这种恐龙为"大盗龙"。科学家认为大盗龙是一种迅捷和致命的掠食者，它使用脚趾上的长爪撕开猎物。根据爪子的长度，科学家推测大盗龙的体长超过 8 米。

» 巨型肉食恐龙

南方巨兽龙是体形最庞大的肉食恐龙之一，它有 12.5 米长，4 米高。南方巨兽龙属于鲨齿龙科恐龙，这类恐龙是白垩纪时期非洲和南美洲最凶残的肉食动物之一。

» 尖锐的牙齿

南方巨兽龙的大部分骨骼已被发现，其中包括头骨和牙齿。它的牙齿极为巨大，呈剑状，非常适合撕咬猎物的血肉。它很可能通过不断地撕咬使猎物流血致死成为它的食物。

↗ 大盗龙惊人的速度和致命的利爪使它能够轻易地杀死其他恐龙。它最致命的武器是第二趾上的长爪，长达 35 厘米。

↗ 南方巨兽龙成群结队地外出捕食，袭击庞大的猎物。

■ 北美洲的恐龙

北美洲被称为恐龙猎人的乐园。它拥有数个世界上蕴藏最丰富的化石遗址，也是三角龙、剑龙等举世闻名的恐龙的故乡，它们中的很多只在北美洲被发现。

» 扩张的海洋

在白垩纪时期，北美洲形成的内海逐渐扩大，把大陆分为东西两部分。东部仍与欧洲相连，西部却成为了一个孤岛，发展出了独有的恐龙种类。不像当时世界的其余部分蜥脚类占据着统治地位，北美洲西部拥有众多的鸭嘴龙、暴龙和角龙。

» 亚洲亲戚

虽然北美洲的西部被孤立成了一个岛屿，但在白垩纪的某几个时期，它和东亚之间曾经短暂地出现过大陆桥。每次海平面下降时，大陆桥就显露出来，恐龙就能够穿过它。因此，某些东亚恐龙和北美洲恐龙之间存在惊人的相似之处。

» 最古老的掠食者

1947年，在新墨西哥北部著名的幽灵牧场考察的一队古生物学家发现了超过100具保存良好的腔骨龙骨骼化石。这些骨骼化石显示腔骨龙是一种轻巧的兽脚类恐龙，成年个体体长不到3米。它是迄今发现的最为古老的兽脚类恐龙之一。

格陵兰岛

埃德蒙顿龙

阿拉斯加（美国）

人们在这里发现了上千具白垩纪时期恐龙化石。

加拿大

埃德蒙顿龙

三角龙

栉龙

这里发现了大量的白垩纪晚期恐龙化石。

艾伯塔省恐龙公园

海尔克里克

伤齿龙

恐爪龙

暴龙

鸭嘴龙

梁龙

伤龙

恐龙国家纪念公园

剑龙

美国

暴龙

腔骨龙

赖氏龙

迷惑龙

墨西哥

栉龙分布在亚洲和北美洲。这张图片显示了美洲栉龙（右）和它的亚洲亲戚。它们长相相似，只是亚洲栉龙长有更长的头冠。

◥ 这是一具在幽灵牧场发现的腔骨龙骨骼化石。在它的肋骨附近发现有小腔骨龙的骨骼，人们因此认为腔骨龙会吞食自己的子女。

» 杀戮机器

　　在 6500 万～7000 万年前，最晚出现的大型肉食恐龙之一暴龙横行北美洲。暴龙体形庞大，并具有超强的视力和听力，来帮助它追踪猎物。它的腿部肌肉极为发达，可以在极短的距离内完成加速。然而，它的前肢却十分短小，其功能至今仍不得而知。前肢太短以至于无法将食物举起送入口中，同时也太小，因而即便十分强健，也无法在战斗中派上用场。

◥ 敌对的暴龙会互相厮斗，它们张开血盆大口咬住对手的脖子或头部。古生物学家能够得知这一点是因为许多暴龙头骨上面留有同类的咬痕。

■ 侏罗纪恐龙坟场

恐龙国家纪念公园位于美国科罗拉多州和犹他州交界处，是最具多样性的侏罗纪晚期恐龙遗址。上千具蜥脚类恐龙的骨骼在这里被发掘，其他值得一提的发现包括许多剑龙遗骸和一些保存完好的兽脚类恐龙化石。

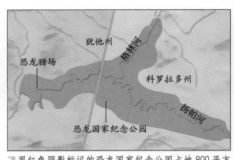

用红色阴影标记的恐龙国家纪念公园占地 800 平方千米。它包括一个名为"恐龙猎场"的地方，在那里有无数的恐龙化石被发现。

» 湿润的墓地

今天被称为恐龙国家纪念公园的地方在侏罗纪时期生活着数量众多的恐龙，这主要是因为这里曾经有许多河流为它们提供丰富的水源。这里陆地平坦辽阔，雨季一到便河洪泛滥。每次洪水暴发，恐龙的尸体都会被洪水冲走，然后在水流减缓的河曲处沉积下来。它们被沉积物覆盖，并逐渐地变成化石。

古生物学家已经在纪念公园的"恐龙猎场"发现了大量这种成因的骨骼化石。到那里的游客会为那里的化石岩墙感到惊奇：陡峭的岩壁上面竟然镶有超过 1500 块恐龙骨骼化石。

» 长尾巨龙

已有 4 种蜥脚类恐龙在纪念公园被发现：迷惑龙、重龙、圆顶龙和梁龙。梁龙是迄今发现的最长的恐龙之一，单是它的尾巴就可以长达 14 米。巨大的尾骨因为中空而变得较轻，因此梁龙在行走时能将尾巴抬离地面。关于这一点，可以从梁龙的遗迹化石里看出来，那里面并没有尾巴造成的拖痕。

» 侏罗纪杀手

北美洲最常见的侏罗纪晚期肉食恐龙化石是异特龙化石。在纪念公园发现的一具近乎完美的异特龙头骨化石上面长有超过 70 颗尖利的锯状牙齿，帮助它轻而易举地撕裂肌肉。头骨充分显示异特龙具有异常发达的颌部肌肉，让它能够张开夸张的血盆大口。许多巨型蜥脚类恐龙的化石上存在深陷的异特龙齿痕，这足以证明这种凶猛的掠食动物具备捕食 10 倍于自身大小的猎物的能力。

古生物学家正在削磨纪念公园化石岩墙的一段，以使恐龙骨骼能露出墙面。

有几块梁龙的尾骨是扁平的，暗示它有时候会把身体的重量分在尾巴上。

» 强健的剑龙

剑龙是迄今人类了解的最大的剑龙类恐龙，是侏罗纪北美洲最常见的草食恐龙。从剑龙的后颈、背部到尾部生有两排被皮肤包覆的巨大剑状骨板，上面布有血管网络，可以帮助剑龙控制体温。

这幅图片告诉我们梁龙可以利用尾部支撑身体，从而能够站起来吃到高枝上的叶子。

↘异特龙会频繁袭击大型草食动物，比如剑龙。剑龙挥动生有脊刺的尾巴作为武器展开战斗，但最后的胜利者常常是异特龙。

» 吸热板与散热板

剑龙朝着太阳竖起骨板，通过这样来给身体取暖。血液流经骨板时，太阳光使之升温，热量随血液流遍全身。而当剑龙要让身体降温时，它会躲进阴影里面，"吸热板"就变成了"散热板"。

有趣的是，剑龙能让更多的血液涌上骨板，使骨板发出亮红色泽。这样做的目的，也许是用来威吓天敌，或者就是为了在求偶时更富吸引力。

↗取暖时，剑龙把又宽又平的骨板迎向太阳，让阳光直射在上面，充分地吸收热量。

梁龙的脖子有 8 米长，平常保持在水平位置，但为了吃到高处的枝叶，它会暂时地扬起脖子。

■ 艾伯塔省恐龙公园

艾伯塔省恐龙公园位于加拿大艾伯塔省的南部，那里有不少重要的恐龙化石被发现。古生物学家在该恐龙公园发掘了超过300具保存良好的白垩纪晚期恐龙化石。

» 理想家园

在白垩纪时期，南艾伯塔地区曾有繁密的森林覆盖。这意味着草食恐龙能在这里大量繁殖，而掠食者也因为有了充足的食源数量激增。在恐龙公园里，至今共有超过35种恐龙被人发现，包括数量众多的角龙、鸭嘴龙和暴龙。

↘艾伯塔省恐龙公园是一片辽阔的干燥岩场。严重的风蚀造就了无数的"天然怪岩柱"，图中便是一个很好的例子。

» 致命的奔徙

恐龙公园最让人震撼的发现之一是由整群尖角龙骨骼堆砌而成的化石河床。古生物学家认为，数万只迁徙的尖角龙试图穿过泛洪的河流，却在穿越中被河水淹没。许多骨骼都已经断裂或者粉碎，表明某几只在奔跑过程中失足绊倒，后面的同伴从它们身上踩了过去。

» 鸣叫的鸭嘴龙

鸭嘴龙是白垩纪时期北美洲常见的恐龙，已有超过5种鸭嘴龙骨骼化石在艾伯塔省恐龙公园被发现。有些鸭嘴龙长有中空的骨质头冠，它们能使空气通过

洛基山脉

不列颠哥伦比亚省

艾伯塔省

埃德蒙顿
艾伯塔省恐龙公园
卡尔加里

↖艾伯塔省恐龙公园位于洛基山脉附近，占地73平方千米。

↘这个场景描绘了一群尖角龙试图穿过一条河流。每年夏天，成群的尖角龙都会像图中那样向北迁徙，到气候更温和的地区。

↙副栉龙（左）和冠龙（右）等鸭嘴龙曾经生活在艾伯塔省。不同的种类食用不同的植物，因而它们可以在不需要争抢食物的情况下共同生活。

头冠的空穴发出刺耳的低鸣。鸭嘴龙是群居动物，发出鸣叫可以提醒同伴远离危险。

» 可怕的捕食者

肉食的阿尔伯脱龙体形较小，但却是暴龙的近亲。它生活在 7000 万 ~ 7500 万年前的北美洲。第一块阿尔伯脱龙化石是头颅，在艾伯塔省被人发现，它因此得名。从那时候起，科学家数次发现埋在一起的阿尔伯脱龙化石，说明它们很可能成群出没，甚至成群地捕食。

↗阿尔伯脱龙生有特别巨大的头骨，比其他暴龙的头骨更深更宽。

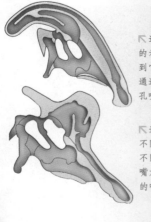

↖这是一幅副栉龙头骨的示意图，我们可以看到它中空头冠中的空气通道。副栉龙可以用鼻孔吹气制造鸣响。

↖这是赖氏龙的头冠。不同的头冠构造能发出不同的声音，而每种鸭嘴龙都可以分辨出同伴的叫声。

■ 白垩纪的海尔克里克

海尔克里克地处美国蒙大拿州，位于洛基山脉的东面。那里的地表被严重侵蚀露出白垩纪的岩层，其中埋藏着不少晚期恐龙化石。

↗海尔克里克是美国蒙大拿州东部土地贫瘠的地区，靠近加拿大边界。

» 白垩纪的平原

在 6500 万 ~ 7000 万年前这段时间里，曾经有无数的恐龙生活在海尔克里克。在那个时候，海尔克里克还是海拔很低的宽广平原，上面流淌着无数的河流。那里气候温和、降水充足，适合植物生长，是草食动物理想的栖息地。

» 用于顶撞的骨质头颅

在白垩纪晚期，许多生有骨质头颅的恐龙生活在北美洲。最大的一种叫做肿头龙，长有 25 厘米厚的头盖骨。它可能把头颅当成用来猛撞的撞锤，蓄满力量朝着争抢配偶的同类顶去。它能在顶撞的时候使背部和尾部保持僵硬，因而碰撞产生的冲击并不会使脊椎脱节。

» 海尔克里克之王

1902 年，第一块暴龙骨骼化石在海尔克里克被发现，随后更多的化石在附近被发掘出来。暴龙似乎是那个地区唯一的大型兽脚类恐龙，它以该地区的各种草食恐龙为食。许多种恐龙的化石上都发现了暴龙的齿痕，其中包括鸭嘴龙和角龙。

↗肿头龙头盖骨上长满了骨钉，这些骨钉既能用来吓唬敌人，也能用来吸引异性。

↘肿头龙打架时用头顶撞对手的身体。古生物学家曾经认为它们用头部撞击对手的头部，但现在都认为那样的撞击会使头骨碎裂。

↘捕获猎物之后，暴龙从它们身上撕
下大块的骨肉。它的牙齿是如此的强
有力，以至于能够咬碎猎物的骨骼，
连骨带肉地吞食。

» 三只角的头

作为最大的角龙，三角龙
在白垩纪晚期的北美洲十分常
见。它的名字的意思是"有三
只角的脸"，指的是它的两只
长长的眉角和一只较短的鼻角。
三角龙用它的角来刺伤袭击它
的敌人，类似于犀牛蓄力顶向
敌人。三角龙长有坚硬的骨质
褶皱保护颈部，在头部上顶时
不受到伤害。它低头将褶皱竖
起来的时候，可能是通过炫耀
褶皱吸引异性。

↗三角龙骨骼化石
三角龙的头骨占了它体长的1/3。它的角在它活着的时候比从化石上看到的更长，
因为每只角都包覆着厚厚的角质层，而这些角质层并不能形成化石。

这张示意图显示了非洲3个最重要的恐龙遗址和一些重大的恐龙发现。

许多白垩纪晚期的恐龙在这里被发现。

三角洲奔龙

摩洛哥

突尼斯

辣龙

鲨齿龙

阿尔及利亚

辣龙

鲨齿龙

巴哈利亚绿洲

利比亚

埃及

辣龙

毛里塔尼亚

马里

尼日尔

无畏龙

尼日尔龙

乍得

苏丹

尼日利亚

中非

埃塞俄比亚

喀麦隆

索马里

加蓬

刚果

肯尼亚

刚果民主共和国

史上最大的考察之一曾在这里展开。

坦桑尼亚

汤达鸠

安哥拉

赞比亚

火山齿龙

马拉维

马拉维龙

鸦君颅龙

大椎龙

津巴布韦

吞噬龙

莫桑比克

恶龙

掠食龙

纳米比亚

博茨瓦纳

原蜥脚类

卡鲁龙

南非

大椎龙

马达加斯加

似花君龙

非洲的恐龙

非洲是一片广阔的大陆，在那里发现了不少惊人的恐龙化石。南非保持着一项还没被打破的纪录：发现了距今5000万年前的恐龙化石。而东非拥有一个蔚为壮观的侏罗纪恐龙遗址。最近，古生物学家在马达加斯加和位于北非的沙漠找到了令人振奋的发现。

» 恐龙的开始

最近在马达加斯加的发现吸引了大批古生物学家涌到这里。在20世纪90年代，某种已知最古老的恐龙的两块颌骨在马达加斯加被发现。据估计，它们是生活在2.3亿年以前的原蜥脚类恐龙。

» 奇怪的帆

北非的许多恐龙背上都长有将皮肤支成帆形的骨钉。科学家对于帆的作用还没有定论。这些帆也许是用来吸引异性，或者是用来帮助恐龙看起来更具有侵略性。也有的科学家认为这些帆的作用与剑龙的骨板相似，主要用来控制恐龙的体温。

直到侏罗纪晚期，马达加斯加才从泛古陆分裂出来变成一个岛屿。在那以前，它被非洲和印度夹在中间，因此这些地方拥有许多相似的恐龙。

» 中生代割草机

尼日尔龙是北非非常稀有的恐龙之一，它是生活在 1 亿年到 9000 万年前的蜥脚类恐龙。有 15 米长的尼日尔龙是中型的蜥脚类恐龙，但它长有令人难以置信的宽颌部，其中生有大约 600 颗针形牙齿。尼日尔龙可以在草面上挥摆脖颈并用它的牙齿修剪草皮，这种进食方式就像一台庞大的割草机。尼日尔龙的大部分骨骼都已被发现。

» 史前巨鳄

一种被称作帝鳄的史前巨鳄和尼日尔龙生活在同一时期、同一地区。帝鳄比现生鳄鱼大 2 倍还多，比它们的 10 倍还重。它的眼睛生在头顶，可以倾斜，因而它能够潜在水底观察经过的动物。帝鳄很可能以恐龙和其他大型动物为食。

↖ 雄性无畏龙长有比雌性更亮丽的骨帆，在求偶时利用它们的帆吸引异性。

↖ 尼日尔龙的嘴比其他任何已知恐龙的都要宽。它的颌部要比脸部宽得多。

↘ 帝鳄潜伏在河岸边攻击前来喝水的猎物，如尼日尔龙。

■ 卡鲁的沙漠恐龙

卡鲁盆地是一片被高山包围的宽广低地，它覆盖了南非 2/3 的国土面积。在侏罗纪早期，它还是一片一望无垠的沙漠，那里的恐龙在燥热的环境下生存。

» 卡鲁盆地

卡鲁盆地由厚厚的沉积岩层组成，始于 1.9 亿 ~ 2.4 亿年以前。通过观察每个岩层不同类型的岩石种类，科学家可以推测出当时的气候条件。我们从中得知，侏罗纪早期的恐龙生活在沙漠环境里，因为当时的岩层是由可被风吹动的细沙粒构成的。

↗ 在这张示意图上，卡鲁盆地是用红色阴影覆盖的地区。恐龙化石主要在黑色虚线圈起来的地区被发现。

» 遮阳所

在卡鲁发现的恐龙化石体形相对较小。这可能是因为体积小的恐龙更适合在沙漠里生存，它们更容易找到遮阳所。卡鲁盆地最小的恐龙是莱索托龙，它只有一只火鸡那么大。

» 挖洞的恐龙

异齿龙化石是卡鲁发现的另一种快速移动的小型恐龙化石。它有 3 种不同类型的牙齿，分别用来啃咬、撕扯和磨碎食物。它还长有长长的手指和脚趾，以及强有力的爪子，这使得它非常善于挖洞。像今天的许多沙漠动物一样，异齿龙可以通过在沙地里挖掘地穴来躲避太阳的照射。

↗ 莱索托龙成群出没，用以抵抗捕食者如兽脚类合踝龙的袭击。

↗异齿龙在一年里最热的时节睡在地穴里躲避炽热的太阳。

» 卡鲁之王

长约 4 米的原蜥脚类恐龙大椎龙化石是卡鲁发现的最大的恐龙化石。然而，脖子和尾巴占去了大椎龙体长的绝大部分，而它的身体只有小马那么大。大椎龙长有特别大的手脚，可以帮助它挖掘植物和它们的根，以及任何的地下水源。

» 卡鲁的裂缝

卡鲁盆地曾经横跨非洲板块和南极洲板块的边界。当 1.9 亿年前泛古陆开始分裂时，这两大板块互相分离，因而在卡鲁产生了许多裂缝。燃烧着的炽热熔岩，或者说岩浆，从裂缝里喷涌出来，蔓延了 200 万平方千米的土地。大多数恐龙和其他动物逃到了其他地区躲过了这次灾难，但是岩浆毁坏了它们的栖息地，使得之后的很多年卡鲁上都不可能有动物生活。

↙大椎龙长有特别大的爪子，帮助它把植物的根系挖出地面。

↘这便是卡鲁盆地，昔日的沙漠如今已被青草和茂密的灌木覆盖。

■ 最大的恐龙考察队

最大的化石考察活动曾在东非坦桑尼亚名为汤达鸠的偏远山区展开。从 1909 年持续到 1913 年，大约有 900 人参加了这次考察。在这次考察中，共有 10 种不同的侏罗纪晚期恐龙被发现。

» 成吨的化石

汤达鸠考察队是由一队德国古生物学家组织起来的，他们雇用当地人挖坑，几乎挖遍了整个汤达鸠。当地人需要步行 4 天把化石运往最近的港口，使得化石能够装船运往德国。4 年里，250 吨化石被转移，从遗址到港口的搬运多达 5000 次。

» 相似的遗址

许多在汤达鸠发现的恐龙化石种类也在美国犹他州的恐龙国家纪念公园被发现。非洲和北美洲在侏罗纪晚期曾连在一起，因而同一种恐龙在两块大陆都有分布。例如，兽脚类的异特龙和角鼻龙在这两个遗址都有发现。虽然只在汤达鸠发现了一些角鼻龙的牙齿，但从它们的尺寸可以推测它们来自一种大型的角鼻龙。

» 溺水而亡

剑龙类钉状龙的许多化石在汤达鸠被发现。一个远古河床蕴藏了超过 70 块钉状龙的腿骨，可能是成群的钉状龙被洪水淹没而形成的。钉状龙可能是骨钉最多的剑龙，长有 7 根尾钉和 2 根肩钉。它可能会利用尾钉抵抗如角鼻龙等大型兽脚类恐龙的攻击。

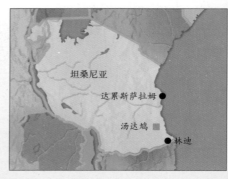

↗ 汤达鸠位于坦桑尼亚南部。所有从汤达鸠发掘的恐龙化石都从最近的港口林迪装船运往德国。

↖ 雄角鼻龙头上长有尖角。争抢配偶的雄角鼻龙会用尖角互相顶撞。

» 最高的恐龙

　　在这个遗址里还发现了 5 种不同种
类的蜥脚类恐龙化石：重龙、叉龙、詹尼斯龙、汤达鸠龙和
腕龙。腕龙是世界上最高的恐龙。与其他蜥脚类不同，腕龙
的上肢比下肢要长得多。这样，腕龙把它的肩膀和脖颈从地
面撑向高处，使自己能够吃到其他恐龙够不到的树叶。

» 惊人的骨骼

　　几只腕龙的遗骸在汤达鸠被发现。通过将不同个体的骨
骼拼凑在一起，古生物学家得到了一具完整的腕龙骨骼。该
骨骼如今保存在德国柏林洪堡博物馆的展厅中，它站起来有
25 米长，12 米高，是迄今为止世界上最大的完整恐龙骨架。

腕龙一口能吃掉大量的树叶，它
们的嘴宽到足以吞下整个人。

■ 遗失的埃及恐龙

在 20 世纪早期，一位名为恩斯特·斯特莫的德国古生物学家在埃及的撒哈拉沙漠发现了许多恐龙化石。这些化石被运往德国，保存在一个博物馆里。1944 年，第二次世界大战中的一次空袭轰炸了这个博物馆以及斯特莫收集的全部恐龙化石。

这张埃及示意图显示了巴哈利亚绿洲的位置，在这里曾有许多白垩纪晚期的恐龙被发现。

» 遗失的骨骼

斯特莫发现了兽脚类的棘龙、巴哈利亚龙、鲨齿龙和巨龙科的埃及龙化石。化石被毁之后，科学家对这些恐龙的了解都只能基于斯特莫对它们的详细描述。

» 长吻突棘龙

棘龙化石是最先被发现的棘龙科恐龙化石，它长有与鳄鱼相似的长吻突和尖牙齿。与鳄鱼类似，棘龙也有丰富的食源。它以鱼为食，也捕食其他恐龙。棘龙可能是最大的兽脚类恐龙，它能长到 15 米长，背部长有一面巨大的帆，使它们看起来更加魁伟。

» 鲨齿龙

斯特莫对鲨齿龙的了解仅限于它是一种长有类似鲨鱼的三角形尖牙的巨型恐龙。随后在 1995 年，大量鲨齿龙的头骨在摩洛哥被发现。

这些头骨证实了鲨齿龙是最大的肉食恐龙之一，并且还是在南美洲发现的南方巨兽龙的近亲。这两种恐龙可能拥有共同的

因为鼻孔长在远离吻突末端的内侧，棘龙在捕食鱼类时可以将吻突伸入水中，并同时保持呼吸。

↘鲨齿龙头骨长达 1.5 米。它长有令人难以置信的强有力的尖牙，帮助它轻而易举地撕开其他动物的肌肉。

祖先：当非洲和南美洲仍然相连的时候曾经存活过的某种恐龙。但当陆地四分五裂之后，这两种恐龙就开始朝着不同的方向进化了。

» 多沼泽的撒哈拉

2000 年，一队古生物学家出发前往巴哈利亚绿洲确认斯特莫发现的恐龙遗址。由于斯特莫并没有留下任何地图，他们必须通过比较地形地貌和斯特莫的描述来确定遗址的位置。如今的巴哈利亚绿洲已是一片炎热干燥的沙漠，但对那里的岩层的研究表明，在白垩纪晚期那里曾是一片沼泽地。大量的动物曾在那里栖息，其中包括海龟、鳄鱼和鱼类。

» 新发现

考察队还发现了一种新的巨龙潮汐龙的化石。它是自 1916 年后埃及发现的第一个新恐龙物种，也许是已知的第二大的恐龙。在化石附近还发现了一颗兽脚类恐龙的牙齿。可以推测某只兽脚类恐龙曾以潮汐龙尸体上的腐肉为食，也或者这颗牙齿来自袭击并杀死潮汐龙的肉食恐龙。

↘潮汐龙的臂骨是如此沉重，以至于需要 7 名考察队员一起用力才能把它抬离地面。

■ 欧洲的恐龙

恐龙可能曾遍布欧洲，但由于许多欧洲国家拥有过于稠密的人口，因而在那里挖掘恐龙化石并非易事。不过，欧洲仍拥有悠久的恐龙化石发掘和研究的传统。

» 热带沼泽

在中生代早期，欧洲还是一片炎热干旱的大陆。到了白垩纪时期，欧洲气候变得更具热带特性，河流、沼泽、繁茂的森林出现了。当时欧洲的地貌与今天美国佛罗里达州的埃弗格来兹沼泽地区十分相似，那里是很多现生爬行动物的乐园。种类繁多的恐龙生活在白垩纪时期的欧洲，其中包括甲龙、鸭嘴龙和蜥脚类恐龙。

» 欧洲恐龙

板龙是一种常见的欧洲恐龙，是生活在三叠纪晚期的长颈原蜥脚类恐龙。它的骨骼化石已在欧洲的 50 多处地点被发现。最大的遗址位于德国的特罗辛根，在那里曾发掘出数百具保存完好的骨骼化石。

◥ 恐龙主要在中欧和西欧被发现，英国南部更是蕴藏了丰富的恐龙化石。

◥ 这张图片描绘了一群板龙聚在河边饮水的情景。在德国、法国和瑞士发现了许多板龙化石。

许多禽龙骨骼在比利时的贝尼萨特被发现。

英国

巨齿龙　重爪龙

肢龙

怀特岛

贝尼萨特　德国

禽龙　始祖鸟

板龙　板龙

美颌龙

法国　板龙　瑞士

美颌龙

葡萄牙　似鹅鹕龙

沼泽龙

瓦尔盗龙　意大利

异特龙

禽龙

锐龙　棱齿龙

棒爪龙

西班牙

很少有恐龙化石在北欧和东欧被发现。主要是因为那里缺少暴露出来的中生代岩层，另一个原因是这些地区的恐龙研究工作开展得不够充分。

荒漠龙

罗马尼亚

厚甲龙

» 凶猛的瓦尔盗龙

古生物学家一直认为肉食恐龙驰龙并不曾在欧洲存活过，直到最近较大数量的驰龙骨骼片段被发掘，其中包括 1998 年在法国发现的白垩纪晚期驰龙瓦尔盗龙。瓦尔盗龙长有强壮的四肢和尖利的牙齿，以及在驰龙中十分常见的弯钩状的趾爪。

» 轻巧迅捷

美颌龙是侏罗纪晚期一种小巧的兽脚类恐龙。迄今为止只发现过两具美颌龙骨骼化石，并且都在欧洲。其中一具是在 1859 年德国的索侯芬被发现，大部分骨骼都被完好地保存了下来。甚至它在临死前吞下的蜥蜴，也在它的腹腔里面变成了化石。

这具在德国索侯芬发现的美颌龙骨骼化石几乎完整无缺。它的脖子被弯折到背上，长长的尾巴和下肢向左边伸展。

■ 偶然发现的禽龙矿穴

一项欧洲最重要的恐龙化石发现包括超过30具禽龙化石。这些骨骼化石在比利时的一座煤矿被发现，使禽龙成为世界上研究得最为透彻的恐龙之一。

» 幸运的发现

1878年出土的禽龙骨骼化石是在偶然中被发现的，当时人们正在比利时西部的一个煤矿挖矿，偶然发现了数十块骨化石。他们请来了一名古生物学家，他鉴定出这些骨化石来自禽龙。经过进一步的发掘，共有4个禽龙群被发现。那里可能还存在更多的化石，但由于经费不足，挖掘禽龙的工作在20世纪20年代被迫中止，而几年后整个煤矿不幸被洪水淹没。

» 庞大和弱小

煤矿中发现的大多数禽龙化石属于一个新的种类，科学家根据附近的贝尼萨特村将它命名为贝尼萨特禽龙。这种草食恐龙可以长到大约9米长，其中有两具禽龙化石比之更弱小，被称为阿瑟菲尔德禽龙。更多的这种禽龙化石后来在欧洲被发现。

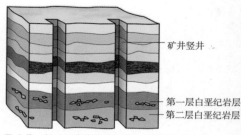

矿井竖井

第一层白垩纪岩层
第二层白垩纪岩层

↗这是一幅贝尼萨特煤矿的图示。禽龙的骨骼化石在地底深处的两层白垩纪早期岩层中被发掘出来。

↘许多禽龙曾生活在这块后来建造贝尼萨特煤矿的土地上。它们过着群居生活，大群大群地出没。

↗ 图中的禽龙模型制于 1854 年，当时的古生物学家认为禽龙大体上有着矮胖的外形。

» 变化的外形

　　比利时禽龙化石的发现令科学家们理智地转变了关于禽龙外形的观点。发现的骨骼不仅是完整无缺的，而且骨与骨之间结合良好，因此古生物学家能够观察禽龙的骨骼是怎么结合的。在此之前，由于只有少数的骨骼片断被发现，科学家们把禽龙复原成一种长有鼻角的矮壮动物。新发现的骨架表明禽龙事实上要纤长得多，而原来认为的鼻角其实是长在拇指上的钉刺。

» 断裂的尾巴

　　参照比利时发现的禽龙骨架，科学家们重构了尾巴拖在地上、竖直站立的禽龙的外形。但最新研究表明这种姿势并不准确。现在，科学家们认为禽龙习惯背部水平，尾部垂直在后，大多数时候都用四条腿行走，但也能只靠两条强健的后腿进行奔跑。

↘ 小禽龙与父母还有禽龙群里的其他同类生活在一起，直到它们发育成熟。成年禽龙会照顾它们，保证它们的安全。

◤ 这是 20 世纪早期重构的禽龙骨骼模型，它看起来像一只巨大的袋鼠。古生物学家现在认为这种站姿并不正确，这是因为尾巴不可能弯曲成这样还不被折断。

↘这是一段英国多塞特的海岸线。由于海风、海水和雨水的侵蚀，那里不仅形成了岩拱这样的自然奇观，也让大片侏罗纪和白垩纪岩层暴露了出来。

■ 三叠纪
■ 侏罗纪
■ 白垩纪

■ 中生代的英国恐龙

迄今已有很多恐龙化石在英国被发现，特别是在南方地区，那里有大片裸露的侏罗纪和白垩纪岩层。一些在英国发现的恐龙也在欧洲的其他地区被发现，这是因为英国在中生代曾与欧洲大陆连在一起。

↗这张示意图显示了英国中生代岩层的分布情况。白垩纪岩层带被人称为威尔顿层，在欧洲大陆也有广泛分布。

» 强大的巨齿龙

巨齿龙化石是最早在英国发现的恐龙化石之一，它是侏罗纪中期的大型兽脚类恐龙。在发现了它的几块化石之后，1824年古生物学家为它命了名。这些化石中包括仍连有牙齿的下颌。虽然后来发现的许多化石曾被归属于巨齿龙，但它们大多数已被证明来自其他恐龙。实际上，已被发现的巨齿龙骨骼化石为数甚少，另有少量的足迹化石显示它用两条腿行走。

↘尖长的牙齿在巨齿龙的颌骨化石上保存完好。在每颗牙齿的底部都可以看到一颗新的牙齿，它们可以在旧牙齿被磨坏的时候取而代之。

» **骨钉护体**

1858 年，一具近乎完整的恐龙骨骼在英国西南多塞特的侏罗纪早期岩层被发现。这种名为肢龙的恐龙体形不大却有点臃肿，在颈部、背部和尾巴上长有数排骨钉。最新的研究显示肢龙是最早的甲龙之一。自第一具肢龙骨骼被发现之后，同一地点又相继发现了另一具骨骼和一些零散的骨骼片段。全部的遗骸都是从一种海岩里发现的，据此推测它们死后尸体被河流冲入了海里。

» **巨大的爪子**

1983 年，一名古生物学家在英国东南萨里的一处黏土矿坑里发现了一块巨大的恐龙爪部化石。它来自一种被命名为重爪龙的白垩纪早期恐龙，它的名字意为"重爪"。随后，同一具遗骸的其他骨块也被陆续发现，包括几只较小的爪子。重爪龙是棘龙的一种，可以用它巨大的爪子把水里的鱼钩起来。古生物学家认为重爪龙每只手上长有三只爪子，其中的一只为"重爪"。

↗肢龙并不像后来的甲龙那样裹着厚重的装甲，但它身上的数排骨突和脖子上的一圈骨钉仍能帮它抵挡捕食者的袭击。

↘以鱼类为食的重爪龙会使用长在大拇指上的钩形巨爪将水里的鱼叉起来。它强有力的上肢能帮助它捕捉大鱼。

■ 发现恐龙最多的恐龙岛

怀特岛是一个位于英国南海岸附近的小岛。在恐龙存活的时候，它还是英格兰大陆的一部分，大约1万年前由于海平面上升才与之分离。在怀特岛发现的恐龙比在欧洲其他任何地方发现的都多。

↗ 这是位于怀特岛西海岸的阿勒姆湾。海岸线上发生的侵蚀使白垩纪晚期的岩层裸露了出来。

» 遍地化石

怀特岛是寻找化石的好场所，这是因为它暴露在海面上的海岸线常常受到海风、海水和雨水的侵蚀。每年都有上千具化石从那里裸露出来，但很多在古生物学家发掘它们之前就被冲入了海里。岛上发现了许多白垩纪早期的恐龙化石，主要是禽龙和棱齿龙。至今在那里发现的最大的恐龙是一只腕龙，从头到尾共有15米长。

» 几千具骨骼

怀特岛的西岸是一个巨大的化石海床，可能蕴藏着多达5000具棱齿龙骨骼。棱齿龙在白垩纪早期的欧洲随处可见，它是一种靠两条腿行走的小型鸟脚类恐龙。最初棱齿龙被还原时，它的一个脚趾指向后方。这让一些科学家认为棱齿龙生活在树上，像鸟类一样用脚趾钩住树枝。但目前科学家已经知道，棱齿龙所有的脚趾都是朝向前方的，并且它们是奔跑迅速的动物。

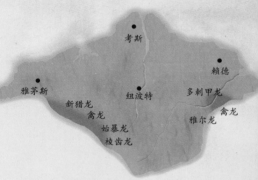

↗ 在这张怀特岛示意图上，东海岸和西海岸的红色地区表示埋藏着丰富的恐龙化石。一些在岛上发现的恐龙的名字也在地图上显示了出来。

↘ 棱齿龙是一种轻快敏捷的恐龙，健康的成年棱齿龙可以比新猎龙这样的大型掠食者跑得更快。

» 怀特岛掠食者

　　1978 年，怀特岛上的古生物学家发现了一具某种巨大的肉食恐龙的骨骼，之后这种恐龙被命名为新猎龙。它的长相与异特龙相似，是那个地区主要的捕食者之一，常常伏击禽龙、棱齿龙甚至大型蜥脚类恐龙。

◤ 新猎龙是一种凶猛、快速的肉食恐龙。它们用自己的巨大爪子和锋利牙齿攻击其他动物。

◤ 始暴龙长有比暴龙更长的上肢，而头颅在体长中占的比例较暴龙更小。

◤ 暴龙比始暴龙大得多，但它们有着一样细长的胫骨和足骨。

» 新发现

　　怀特岛上的最新发现是直到 2001 年才被命名为始暴龙的骨骼化石。这种恐龙是暴龙的祖先，但体形比暴龙小。发现的那些骨骼不到整具骨骼的一半，古生物学家仍能得出结论：它拥有纤长的四肢，并且行动十分迅速。它死的时候还小，因而许多骨头还没有完全成形。

■ 亚洲的恐龙

亚洲是最早发现恐龙化石的大陆。公元265年的中国古籍中记录了"龙骨"的出现，今天的人认为它们实际上是恐龙化石。大约有1/4已知的恐龙来自亚洲，其中的大部分来自中国和蒙古。

» 四川的蜥脚类恐龙

1913年，四川省发现了中国的第一具蜥脚类恐龙化石。如今，这个地区以发现了比世界上其他任何地区都多的侏罗纪中期恐龙而闻名。四川恐龙包括：剑龙类华阳龙，尾部长有刺棒的蜥脚类蜀龙，恐龙中脖子最长的蜥脚类马门溪龙。

» 印度恐龙

在中生代大部分时期，印度都是冈瓦纳古陆的一部分，与亚洲的其余部分相分离。因此，比之亚洲恐龙，不如说印度恐龙更像其他冈瓦纳古陆恐龙。例如，名为阿贝力龙的兽脚类恐龙曾在印度、非洲和南美洲被发现，却没有存在于亚洲其余部分的迹象。

↘这张示意图上标记了亚洲最重要的两个恐龙遗址，分别是中国的辽宁省和蒙古的戈壁沙漠。图上同样也显示了亚洲其余地区发现的主要的恐龙种类。

俄罗斯

这里发现的恐龙比亚洲其余地区加起来还要多。

吉兰泰

阿穆尔龙

湖角龙　哈萨克斯坦

鹦鹉嘴龙

土耳其

牙克熊龙

镰刀龙

戈

乌兹别克斯坦

中国

伊拉克

阿富汗

华阳龙

伊朗

马门溪龙

巨龙

蜀龙

沙特阿拉伯

巴基斯坦

印度

艾沃克龙

印度鳄龙

阿曼

也门

巨脚龙

↘蜀龙能用长有刺棒的尾部抵御任何试图攻击它的兽脚类捕食者。

» 巨爪

主要在亚洲被发现的镰刀龙化石，是一类长相奇怪的恐龙，它们看上去就像巨大的鸟类。成年镰刀龙长达 10 米，全身覆有羽毛，吻突的末端长有无齿的喙。镰刀龙是已知最大的镰刀龙类恐龙，它的手上生有同样巨大的 70 厘米的爪子。古生物学家认为它利用巨爪抓取食物。

阿拉善龙

独龙

日本

福井盗龙

青岛龙

釜庆龙

轰动世界的
长羽毛的恐
龙在这里被
发现。

秋田龙

未龙

尹森龙

马来西亚

↘ 镰刀龙能用它的长爪把树枝送到嘴够得到的地方。它可能依靠尖长的喙把树叶扯下来。

■ 长羽毛的恐龙

20 世纪 90 年代，在中国辽宁省的一系列发现改变了人们对恐龙的认识。古生物学家发现了长羽毛的小型兽脚类恐龙化石，这证明鸟类是恐龙的直系后代。

» 埋在尘埃中

辽宁恐龙化石始于白垩纪早期，当时的辽宁是一片充满生机的林地。附近的火山不定期地释放出毒气和尘埃，杀死了周围的所有动物。死去的动物有时会被火山灰掩埋，使得尸体变成化石之后被保存得惊人的完整。

» 第一只"羽龙"

1996 年，中华龙鸟化石首次被发现，它是第一块身上存在羽毛生长痕迹的恐龙化石。科学家认为中华龙鸟的羽毛形成一层柔毛层，帮助它保持体温。但是，从别的特征来看，中华龙鸟却是典型的兽脚类恐龙：尖利的牙齿、趾爪、强健的上肢。

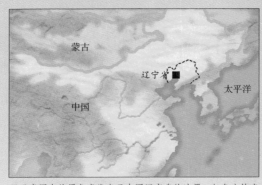

↗示意图上的黑色虚线表示中国辽宁省的边界，红色方块表示发现长羽毛的恐龙的遗址。

↗这是一块中华龙鸟的化石，可以清楚地看到覆盖全身的羽毛外层轮廓。

↖尾羽龙像这样炫耀羽毛来吸引异性，就像现在的鸟类一样。

小盗龙在四肢上长有特别长的翎毛，看起来像是两对翅膀。这些"翅膀"也许可以帮助它像这样在枝头滑翔。

» 短小的上肢

　　1997 年在辽宁发现的尾羽龙化石是那里发现的第三种长羽毛的恐龙化石，它甚至比中华龙鸟更像鸟类。尾羽龙的化石显示它的全身几乎覆满又短又柔的羽毛，在尾巴和上肢上长有又长又硬的翎毛。但是，它的上肢太短，根本飞不起来。

» 树栖恐龙

　　小盗龙是在辽宁发现的最晚的长羽毛的恐龙化石。它长有锋利的弯钩形爪子，和某些现生的树栖动物如啄木鸟、松鼠等十分相似。科学家认为小盗龙能够爬上树枝，并且大部分时间都待在树上。和大多数鸟类一样，小盗龙每只后足上都长有一个指向身后的趾爪。这两个趾爪帮助它牢牢地抓住树枝，因而它能够轻而易举地停栖在树上。

» 会飞的恐龙

　　2000 年发现的一具昵称为戴夫的恐龙化石显示，近鸟恐龙可能长有比科学家原先认为的多得多的羽毛。

　　戴夫的羽毛密密地生长在它的四肢上，上至吻突的尖部下至尾巴的末端。甚至还有一名科学家试图说服别人：戴夫能够拍翅飞行。

» 恐龙的刚毛

　　长羽毛的恐龙并非辽宁发现的唯一令人瞩目的恐龙化石。

　　一种名为鹦鹉嘴龙的长角恐龙化石首次向人们揭露，某些恐龙长有刚毛。它们的刚毛呈长的发状结构，从它们的尾部长出。科学家认为刚毛能帮助鹦鹉嘴龙吸引异性。

这是戴夫的化石图片。戴夫比迄今发现的其他任何恐龙有着更多的羽毛。你从图中可以清楚地看到覆盖它全身的羽毛。

■ 沙漠里的恐龙发现

蒙古的戈壁沙漠拥有多种多样的白垩纪晚期化石，也是搜寻恐龙化石最艰难的地方之一。戈壁沙漠的面积有两个英国那么大，没有公路，经常遭受突然且剧烈的温度变化。

» 丰富的多样性

在白垩纪晚期，戈壁沙漠曾被沙丘、沼泽和河流覆盖。它有足够的植被供多种多样的恐龙、蜥蜴和早期哺乳动物在这里生活。许多不同种类的蜥脚类在这里被发现，同样也有兽脚类、鸭嘴龙科、肿头龙类和甲龙类。

» 火焰崖

1922年，由罗伊·查普曼·安德鲁斯率领的美国考察队深入戈壁沙漠寻找早期人类遗迹。但是，考察队在一个被称为火焰崖的地方迷失了方向。在一处峭壁的边缘，考察队的摄影师偶然发现了一具角龙类原角龙的头颅化石。当时，考察队并没做多少探究就匆匆回国，但一年之后，他们又回到了这个遗址，发现了从未被发现过的恐龙巢穴。

» 拒之门外

安德鲁斯又先后3次回到火焰崖搜寻恐龙化石，但在1930年～1990年间，由于政治原因蒙古禁止美国人入境。与此同时，蒙古、俄罗斯和波兰组成的考察队探索了更多的区域，发现了大量的恐龙化石，其中包括5只小绘龙形成的化石。古生物学家认为，它们是在一场沙暴中一起被掩埋的。

这张蒙古示意图显示了戈壁沙漠最丰富的几个恐龙化石遗址。

沙漠里的沙暴对恐龙来说是足以致命的，尤其对于幼龙，如这几只小绘龙。它们正在沙丘后面缩成一团，试图通过这样的方式躲避沙暴。

↘ 这就是火焰崖，它包围着戈壁沙漠北部的大片谷地。它有 5 千米长，由红色的沙岩组成。

» 你死我活

一个波兰和蒙古联合考察队在一处名为图格里克的遗址发现了两具纠结在一起的恐龙骨骼。驰龙科伶盗龙的上肢正在紧抓着原角龙的头颅，表明这两只恐龙是在厮打的时候死去的。因此，它们被称为"厮打的恐龙"。科学家认为它们是被坍塌的沙丘杀死的。

» 致命的利爪

伶盗龙是一种体形较小却十分致命的捕食者。它奔跑迅速，并在第二脚趾上长有尖利、有韧性的趾爪。这对趾爪总会被抬离地面，以保证足够锋利而能够作为致命的杀伤武器。这一说法的证据来自于被称为"厮打的恐龙"的化石，其中伶盗龙的第二趾爪被发现穿入了原角龙的胸腔。

↗ 这张伶盗龙足部的示意图告诉我们它的第二趾爪可以翻转 180°。

↗ 伶盗龙和原角龙在一场打斗中势均力敌。伶盗龙拥有锋利的趾爪可以抓穿原角龙的皮肤，但原角龙尖锐的喙也能给对手带来致命的伤害。

123

■ 令人吃惊的恐龙发现

一些在戈壁沙漠最惊人的发现来自纳摩盖吐盆地。它占地4840平方千米，位于戈壁沙漠南部的谷地。1948年，前往纳摩盖吐的第一支考察队发现了大量的化石，今天那里仍有化石被发现。

» 无用的上肢

从纳摩盖吐发现的最大的兽脚类恐龙化石是特暴龙化石。特暴龙是暴龙的近亲，甚至也有人认为它们就是同一种恐龙。特暴龙长有巨大的颌部和尖长的牙齿，却有着与庞大的身躯不成比例的娇小上肢。它能在短距离内完成加速，但它的短上肢意味着在奔跑时跌倒将会是致命的，因为上肢对保护它的头部和身体没有一点帮助。

» 酷似鸵鸟的恐龙

纳摩盖吐最常见的恐龙是似鸟龙类的似鸡龙。似鸟龙外形酷似鸵鸟，却有鸵鸟的两倍那么大。似鸡龙可能是跑得最快的恐龙，最快能达到每小时50千米。它依靠速度来摆脱捕食者的袭击，而它强壮的腿可以做出强有力的踢打。

» 恐怖的手

1965年，一对长达2.4米的上肢骨骼在纳摩盖吐盆地被发现，它属于一种新的恐龙。科学家命名这种恐龙为恐手龙，意为"恐怖的手"。他们认为恐手龙属于似鸟龙的近亲，因为它们的上肢十分相似，尽管恐手龙的上肢有似鸟龙的4倍那么大。与似鸟龙

特暴龙为了捕食似鸡龙，不得不对它展开伏击，因为似鸡龙是一种非常迅速的恐龙。

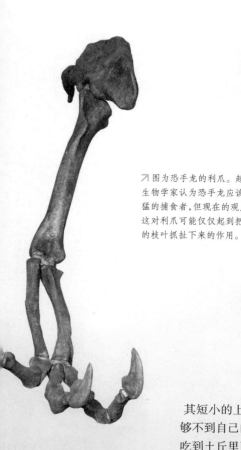

图为恐手龙的利爪。起初古生物学家认为恐手龙应该是凶猛的捕食者，但现在的观点是：这对利爪可能仅仅起到把高处的枝叶抓扯下来的作用。

一样，恐手龙可能以植物和小动物为食。

》骨化石堆

1993年，科学家在纳摩盖吐盆地发现了一个新的恐龙遗址，叫做乌哈托喀。它的面积只有50平方千米，但已有超过100具恐龙化石在这里被发现。它也是世界上最重要的中生代哺乳动物化石遗址。这里发现的白垩纪时期哺乳动物头骨化石比世界上其他遗址发现的加起来还要多。

》一只爪

乌哈托喀最奇怪的发现之一是一只名为单爪龙的长羽毛的小型恐龙，它的名字的意思是"一只爪"。它长有极其短小的上肢，而每只上肢只有一只结实的大爪。它的上肢太短因而够不到自己的脸，但是非常强健。单爪龙会利用上肢凿穿蚁丘，从而能吃到土丘里面的白蚁。

单爪龙用它的爪子在白蚁丘穴上凿洞，然后就能用尖长的喙啄食到白蚁了。

■ 大洋洲的恐龙

大洋洲包括澳大利亚、新西兰和周围的一些海岛，那里只发现了少量的恐龙，并且其中的大多数是在最近几十年才被发现的。新西兰发现的第一块恐龙化石是在1979年，而大部分新西兰的恐龙化石都是由一位女古生物学家琼·韦冯发现的。

至今没有在巴布亚新几内亚境内发现过任何恐龙。这是因为在中生代时期，巴布亚新几内亚还沉在海底。

↘大多数澳大利亚的恐龙化石来自东部的3个区域：维多利亚州南部、新南威尔士州的闪电岭和昆士兰州中部。

巴布亚新几内亚

布鲁姆

北部地区

埃利奥特龙

敏迷龙

昆士兰州

木他龙

澳大利亚

快达龙

瑞拖斯龙

闪电岭

西澳大利亚州

南澳大利亚州

彩蛇龙

新南威兰州

闪电兽龙

维多利亚州

恐龙湾

白垩纪时期的极地恐龙在这里被发现

» 极地恐龙

在中生代的大部分时期，澳大利亚和新西兰都与南极洲连在一起，形成一片广阔的极地大陆。即使中生代时期的极地环境要比如今的极地温暖许多，在那里生存的恐龙也不得不忍受极地苛刻的气候条件和黑暗漫长的冬季。

↗新西兰的北岛上发现了蛇颈龙类的毛伊龙。毛伊龙以鱼类和其他海洋生物为食，它的尖牙帮助它捕捉猎物。

» 新西兰

在新西兰发现的第一块恐龙骨骼化石是某种大型兽脚类恐龙的一块趾骨。从那以后，更多的兽脚类恐龙在这里被发现，同样也有蜥脚类、鸟脚类和甲龙类。但是，新西兰大部分的中生代岩层都是在海底形成的，因此发现的大部分化石来自海洋动物，如蛇颈龙类等。

» 化石的稀缺

澳大利亚发现的恐龙化石比其他任何大陆都少，这是由于在澳大利亚只有很少的古生

↗ 雄性木他龙通过在异性面前晃动它们的吻突来吸引对方。

北岛
甲龙
棱齿龙
新西兰
南岛

↖ 中生代海洋爬行动物在新西兰的各地都有发现，但恐龙化石至今只在北岛被发现。这里发现的恐龙至今没有一只被命名。

物学家寻找恐龙。大部分澳大利亚的中生代岩层都位于难以到达的偏远地区，但最新的恐龙发现显示澳大利亚存在巨大的潜力，可能有更多激动人心的发现。

» 昆士兰州

大多数澳大利亚的恐龙发现来自昆士兰州的白垩纪岩层。它们包括蜥脚类的瑞拖斯龙，名为敏迷龙的小型甲龙，鼻部长有大肿突的长相奇怪的鸟脚类木他龙。科学家认为雄性木他龙的吻突上长有明亮的斑纹。

» 最大的发现

在 20 世纪 80 年代，在西澳大利亚州的布鲁姆发现了巨大的蜥脚类恐龙足迹。这些足迹显示庞大无比的恐龙曾在澳大利亚漫游，但直到最近科学家们仍没有找到骨骼化石证据来证明它。在 1999 年，一个农民在昆士兰州的温斯顿发现了一具蜥脚类恐龙的遗骸。古生物学家们至今仍在挖掘它的骨骼。他们把化石发现地的拥有者的名字"埃利奥特"当作这种恐龙的昵称，并认为它将是澳大利亚最大的恐龙。

这就是恐龙湾。这里的第一块恐龙化石在 1980 年被发现。迄今为止，已有超过 80 块恐龙化石从这里出土。

■ 接近南极的恐龙湾

位于澳大利亚南部维多利亚海岸的恐龙湾，是澳大利亚最佳的恐龙猎场之一。它的崖壁常年受海水侵蚀，暴露出大片中生代岩层。

» 白垩纪的海湾

在恐龙湾发现的恐龙化石全部来自白垩纪早期。当时澳大利亚已同南极洲分离开来，但它南部的土地仍位于南极圈里。在夏天，这些地区全天都有日照；但到了冬天，这里迎来了一连 5 个月极夜的日子。即便在这样的条件下，仍有植物化石表明这些地区覆有森林，在这里还找到了昆虫化石。

» 炸出化石

许多恐龙湾的化石被埋在由沙岩和泥岩组成的无比坚硬的岩层中。因为这些岩石是如此的坚硬，古生物学家不得不用炸药将悬崖表面炸掉，从而寻找化石。

» 熬过严冬

恐龙湾的大多数恐龙化石都是小型鸟脚类恐龙，如雷利诺龙和快达龙。科学家对它们能熬过漫长、黑暗的冬季的原因尚无定论。小型动物通常不会长途迁徙，那样会消耗掉它们太多的能量，因此它们很可能

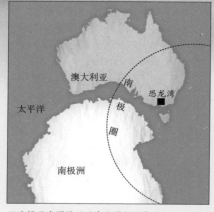

这幅示意图显示了在白垩纪早期澳大利亚南端距离南极洲有多近。

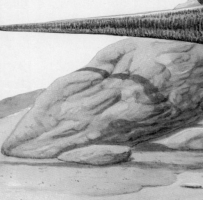

在原栖地过冬。可能它们经过夏天就会变得肥胖，到了冬天，多余的脂肪可以帮助它们保持体温。在缺乏食物的情况下，脂肪还能给它们提供能量。

» 极地掠食者

数种兽脚类恐龙的骨骼碎片已在恐龙湾被发现，其中包括一块胫骨，古生物学家认为它来自一只似鸟龙，还有一块踝骨，它可能来自一种与异特龙具有亲缘关系的兽脚类恐龙。这些肉食恐龙可能在夏天捕捉出没的小型鸟脚类恐龙，冬季就迁徙到恐龙湾以外的地区。

◥ 雷利诺龙成群出没，它们长有僵直的尾巴帮助它们保持两腿的平衡。

■ 南极洲的恐龙

　　直到 1986 年，仍没有恐龙在南极洲被发现。但从那之后，先后有数种不同种类的恐龙化石在这里被发现，其中包括一种从未在其他大陆被发现过的兽脚类恐龙。

» 白垩纪的发现

　　3 具甲龙遗骸和 1 具棱齿龙遗骸在南极洲西北部的詹姆斯罗斯岛被发现，它们都是生活在白垩纪晚期的恐龙。这些恐龙活着的时候，南极洲比今天要温暖得多，但一年中仍有不少日子严寒无比。到了寒冷的季节，居住在南极洲的恐龙会迁徙到更温暖的地方去。

这张南极洲示意图标记了迄今在那里发现的恐龙化石。由于发现的大部分化石都只是骨骼碎片，那里的恐龙至今未被命名。

» 大陆桥

　　在位于南极洲西北部的维加岛，古生物学家发现了一颗鸭嘴龙牙齿化石。鸭嘴龙最早出现在大约 8000 万年前，也正是南极洲与美洲和亚洲分离的时候。鸭嘴龙化石的发现证明了在它活着的时候，南美洲和南极洲之间曾经存在过连接两个大陆的大陆桥。

甲龙类以蕨类等低矮的植物为食，它们身上的骨钉能帮助它们保护自己。

雄性冰脊龙可能用它的
头冠吸引异性。

» 唯一的兽脚类

1991 年，南极洲发现
了兽脚类的冰脊龙的骨骼。
在基尔帕特里克山一侧 3660 米
高处，人们发现了属于 3 只冰脊龙
个体的骨骼。冰脊龙长约 7 米，用两
条腿行走，长相可能与异特龙相似。它
的头上长有朝向前方的 20 厘米长的头冠，
是迄今发现的兽脚类恐龙中唯一一种头冠
朝前的恐龙。

» 窒息致死

冰脊龙的骨骼旁边还发现了原蜥脚类恐龙化石。有几块原蜥脚类恐龙的骨头在冰脊龙的咽喉里
被发现。一种解释是冰脊龙捕捉了一头原蜥脚类恐龙，却在吃它的时候自己死掉了。冰脊龙甚至有可
能是被一块骨头噎死的。

» 困难地带

之所以在南极洲只发现了如此少量的恐龙，一个原因是那里 98% 的陆地都被冰雪覆盖。虽然存
在几处裸露的中生代岩层，但大多数都被埋在 5 千米厚的冰层底下。常年的疾风和 –50℃ 的平均气温，
这也使前往南极洲的考察之旅变得异常艰险。

这是古生物学家威廉·海默和他的考察队建在冰
脊龙挖掘现场的营地。

■ 最新恐龙发现

　　每时每刻都会有新恐龙化石在全世界各地被发现，而每个新发现都会增加古生物学家对恐龙的认识。下面是一些最近的激动人心的发现。

» 恐龙心脏

　　在 1993 年发现的一具完整的奇异龙骨骼中发现，它的胸腔里面有一团深棕色的物质。一些古生物学家坚持它是奇异龙的心脏。如果这是真的，它便是迄今发现的唯一的恐龙心脏。

» 原始动物

1997 年，古生物学家保罗·塞利诺在尼日尔境内的撒哈拉沙漠里发现了约巴

 令人吃惊的是，约巴龙被发现时有 95％ 的骨骼完整无缺。

奇异龙，1993 年
扁臀龙，2001 年
波塞东龙，2000 年
圆头龙，2003 年

深棕色圆形部分可能是它的心脏。

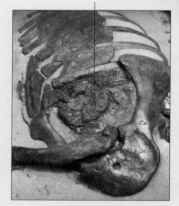

↗ 这是奇异龙胸腔化石的照片。

奥古斯丁龙，
1998 年
特维尔切龙，
1999 年

龙化石。虽然生活在白垩纪早期，约巴龙却与几百万年前已灭绝的蜥脚类恐龙有着惊人的相似。当其他蜥脚类恐龙进化成新物种时，约巴龙仍保持原来的模样。

» 微型恐龙

　　棒爪龙是一种微型兽脚类恐龙。1998 年在意大利发现的棒爪龙化石，是迄今为止古生物学家发

现的保存最完整的恐龙
化石。它的大部分骨骼
都接近于完整无缺，更
令人惊奇的是，它的肠、
气管、肝脏和肌肉的痕
迹也都被保存了下来。

↖这具棒爪龙化石中只
有下肢和尾部缺失。

↖这张示意图显示了最新的恐龙发现的所在地。

葡萄园龙，2002 年

伊斯的利亚龙，2000 年

棒爪龙，1998 年

露丝娜龙，2001 年

拜伦龙，2000 年

原始祖鸟，1998 年

沉龙，1999 年
约巴龙，1997 年

恩霹渥巴龙，2000 年

» 巨大的发现

许多科学家认为波塞东龙是地球上曾经存在过的最大的恐龙之一。它大约有 18 米高，60 吨重。
它是如此巨大，以至于走起路来地动山摇。也有科学家认为波塞东龙根本不是一个新的恐龙物种，只
是一头比寻常个体更大的腕龙。

» 原始的始祖鸟

1998 年，在中国辽宁发现了中华龙鸟后代的化石。据专家研究考证，该恐龙具有很低的飞行能力，
比德国发现的始祖鸟要原始些，故命名为原始祖鸟。

原始祖鸟大约有一只雄鹰那样大小，嘴里长着牙齿，生有长长的上肢和下肢。原始祖鸟和始祖鸟
相似，但骨骼更强壮，形态更原始，身体已经发育真正的羽毛。原始祖鸟的最重要的科学意义在于它
不属于鸟类，却又长着羽毛。

恐龙的趣味问题

■ 恐龙的惊人事实

　　恐龙是令人惊奇的动物，包括自地球形成以来最强壮、最庞大和最凶猛的陆生动物。以下是一些关于它们的有趣事实。

↖ **暴龙是最大的肉食恐龙之一**

　　● 角龙类的五角龙拥有陆生动物中最大的头颅。它的头颅长达 3 米，占整个身长的一半。

　　● 大型兽脚类恐龙头骨上发现的伤痕告诉我们，它们互相厮打的时候会撕咬对方的脸部。

　　● 暴龙拥有所有恐龙中最大的咬力：大约是成年狮子咬力的 3 倍，人类的 20 倍。

　　● 蜥脚类的梁龙能以超音速抽动鞭子似的尾巴。这会发出无比巨大的声音，可以用来吓跑其他恐龙。

　　● 科学家计算得到，体重超过 200 吨的动物会因为太重而不能移动，而最重的恐龙也许会比这个重量稍轻一点。

　　● 剑龙类的勒苏维斯龙拥有恐龙中最长的骨钉，它肩部的每根骨钉都能长到 1.2 米。

　　● 科学家曾经认为只有剑龙才长有直立在背部的骨板，但在 1998 年，蜥脚类奥古斯丁龙被发现背部长有骨板。它的某些骨板上还生有骨钉。

　　● 蜥脚类易碎双腔龙被认为是生物史上最大的陆地动物，它有大约 60 米长。但是，这些都只是从一块不完整的脊椎化石得出的推断。

　　● 肉食恐龙并没有草食恐龙那么庞大，但它们仍然属于庞然大物。例如，兽脚类的鲨齿龙和暴龙，可以长到 12 米长，而棘龙可以长到 15 米长。

　　● 似鳄龙拥有令人称奇的巨大颌部。连同极长的吻突，它的头颅超过 1.2 米长。似鳄龙的颌部密布着 100 多颗致命的镰状尖牙，用来捕食鱼类。

　　● 鸭嘴龙科的大鸭龙和埃德蒙顿龙有着多达 1600 颗牙齿，比其他任何恐龙都要多。这些牙齿密布在一起，形成一个巨大的起到碾磨作用的齿面，因此这些恐龙能够咬下哪怕最坚韧的植物枝叶。

　　● 某些草食恐龙会吞食石块来帮

↗ 这是一具棘龙科似鳄龙的骨架模型，可以看到它有着巨大的颌部和尖利的牙齿。1998 年，似鳄龙被发现于非洲的尼日尔。

助它们消化食物。这样的石头被称为胃石。胃石会在恐龙的胃里翻滚，碾碎里面的食物。胃石经常被发现混在恐龙的骨骼之中，或是在它们的附近。

●一种名为地震龙的蜥脚类恐龙，被发现喉咙里有一块大石头。科学家认为，它很可能吞食这块石头来作为胃石使用，却被石头哽住窒息而死。

●长有最多牙齿的兽脚类恐龙是似鸟龙类的似鹈鹕龙，大约有200颗牙齿。这着实让人吃惊，因为大部分似鸟龙都没有牙齿。

●恐龙都有着强有力的下肢，其中的许多还长有长长的、灵活的尾巴，这意味着它们可能十分擅长游泳。它们可以在岛屿之间游动，甚至从一个大陆游到另一个相隔不远的大陆。

●迄今发现最小的恐龙是一种叫作小盗龙的长羽毛的驰龙。它只有30厘米长，与一只母鸡大小差不多。

●甲龙长有比其他任何恐龙都要宽的躯体。其中一个原因是，某些甲龙如包头龙，有着几乎扁平的背部。

●阿根廷龙是最重的恐龙，它生活在一亿年前的南美。它大约30米长，体重可达90吨。

●地震龙长达45米，可能是最长的恐龙。它的脖子又细又长，而它的尾巴甚至比脖子还长，这使得它成为曾在陆地上生活的最长的动物。

●最脆弱的恐龙化石是恐龙的粪化石，即恐龙粪便形成的化石，这是因为粪便更容易被迅速分解。

●恐龙蛋的大小差别很大，最小的恐龙蛋只有4厘米长或者更小，最大的恐龙蛋可能达到40厘米。

●有一类似鸟龙奔跑的速度非常快，时速可能超过80千米/小时。这些似鸟龙外形类似鸵鸟，骨

↗这些石块就是胃石。科学家们根据石头（因在恐龙的胃里）互相打磨而形成的光洁表面来判断它们是不是胃石。

↗在世界各地发现化石的地方，发现了数千块粪化石。

↘阿根廷龙是体形最大的恐龙，也是曾经生存过的最大的陆地动物。

↗速度最快的恐龙能轻而易举地追上速度最快的现代动物。

头很轻，身体纤细，却拥有长而有力的下肢。

●已知最早的恐龙是艾雷拉龙，大约生存于2.4亿年前的南美。它可能是后来出现的蜥脚类恐龙或兽脚类肉食恐龙的祖先。

●蜥脚类的马门溪龙拥有恐龙中最长的脖子，大约有11米，仅由19根骨头构成。这意味着它们只需要站在原地，就可以吃到较大范围内的食物。

●鸭嘴龙以长有奇怪的多骨头冠而闻名。迄今所知，拥有最大头冠的鸭嘴龙是副栉龙，它们的头冠有1米多长。

●已知最小的肿头龙是皖南龙，仅有60厘米长，而最大的肿头龙可以长到8米多。

●相对于体形大小而言，大脑体积最大的恐龙要数秃顶龙。它们的智商也许能与现代鹦鹉相当。

●重爪龙可能吃鱼，而其他恐龙则不然。重爪龙的嘴巴里布满细小锋利的牙齿，适合牢牢咬住光滑的食物，例如鱼。它们上肢上长有弯曲的爪子，可以在水里抓鱼。

●迄今为止，科学家发现的最大的肉食恐龙是南方巨兽龙。这种恐龙大约有14米长，体重可达8吨。

■ 恐龙的趣味问题（一）

这里所列的恐龙趣味问题都是涉及恐龙整体的问题，是从宏观上着手的问题。

» "恐龙"是一个名字吗

恐龙的名字在拉丁文中分成两部分——属名和种名，大多数情况下使用的是种名。如果科学家发现了一种新的恐龙，他们会根据自身之外类似的事物加以命名。很多恐龙的英文名字里包含了希腊词语"saurus"，它的含义为"爬行动物"或"蜥蜴"。

» 恐龙共有多少种

被科学家命名的恐龙达数百种，然而没人确定恐龙共有多少种。有些不同种类的恐龙非常相似，因而一些科学家认为应将其归入同一类。而其他科学家则认为，有些同类的恐龙实际上可以划分为几个种类。目前仍有无数恐龙化石尚埋在地下而未被发掘出来，因此不能确定恐龙到底有多少种。

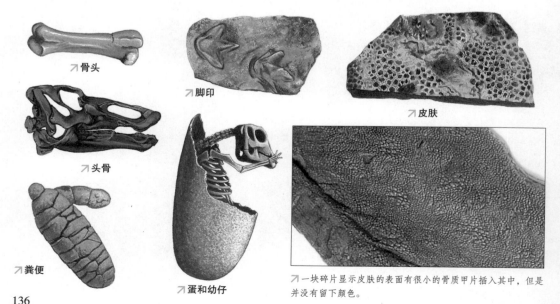

↗骨头

↗脚印

↗皮肤

↗头骨

↗粪便

↗蛋和幼仔

↗一块碎片显示皮肤的表面有很小的骨质甲片插入其中，但是并没有留下颜色。

» 化石分哪几种

恐龙的骨头和牙齿只是恐龙化石的一部分。关于恐龙的皮肤印记、脚印和蛋的化石都被发现过。科学家甚至可以根据恐龙粪便化石推测出它们吃的食物种类。化石还有别的形成方法。例如，昆虫被困死在黏稠的树脂中，等到树脂变成坚硬的琥珀后，就形成了化石。

↘有些骨架化石保留有恐龙最后晚餐的证据。这只腔骨龙的胃里有其同类幼仔的骨头，这是目前唯一的恐龙嗜食同类的例子。在成年腔骨龙的肋骨之间，可以看见细小的椎骨和大腿骨。

» 光滑的还是有鳞片的

从恐龙的皮肤化石中，我们可以发现许多恐龙的皮肤上长有起保护作用的鳞片，跟今天一些爬行动物五颜六色的皮肤相似。所以，一些专家认为恐龙的皮肤也应该是有许多不同颜色的。

» 恐龙是食同类的动物吗

在美国新墨西哥州发现的腔骨龙残骸化石中，有许多小腔骨龙的骨架。这些骨架并不是刚出生的小腔骨龙的骨架，因为它们比较大。科学家们推测成年腔骨龙可能在食物短缺的时候吃同类的小腔骨龙。其他的恐龙也可能吞食同类。

» 有生活在全世界的恐龙吗

有些恐龙，比如说腕龙，在北美洲、非洲和欧洲都被发现过。而另一些恐龙，比如冰脊龙，则只生活在一块大陆上。

» 群居恐龙迁徙吗

在南极和北极也发现过恐龙化石。夏天时恐龙可能有足够的食物，但到了冬天食物就匮乏了。科学家认为群居恐龙在冬天可能会离开极圈，迁徙到食物丰富的地方，就像今天的北美驯鹿一样。

» 小型恐龙怎样保护自己

小盾龙是草食恐龙，大小跟猫相似，但它却不容易被其他大型恐龙吃掉，因为它的全身覆盖着一排排骨突，这可以保护它抵御天敌。它是最小的身上长有保护鳞片的恐龙。

» 还有其他时期的大规模物种灭绝吗

恐龙灭绝并不是第一次大规模物种灭绝。大约在 4.4 亿年前，地球上几乎 85% 的生物灭绝了，之后在 3.7 亿年前又发生了一次。接着在 2.5 亿年前的二叠纪时期，陆地上大量脊椎动物死亡，新的物种开始统治地球。

↗冰脊龙只生活在南极洲。

↘ 图为白垩纪末期（大约 6500
万～7500 万年前）的情景。

» 恐龙灭绝前世界是什么样

大约 6500 万年前，世界由恐龙主宰着。在亚洲和北美存在着种类繁多的甲龙、肿头龙、角龙、鸭嘴龙和肉食恐龙，在其他地区还有蜥脚类恐龙、剑龙和多种肉食恐龙。有些恐龙数目众多，然而所有的恐龙家族都很繁盛，在即将灭绝前没有任何征兆。

↗ 巨大的腕龙是曾经存在过的最笨重的恐龙之一。科学家已经发现很多种类的腕龙，然而就应该使用哪个名字命名这种恐龙这个问题还存在很大的分歧。

» 为什么有些恐龙会被更改名字

科学家在描述化石时有时会犯错，因此一些恐龙的名字有时需要进行更改。例如，1985 年，一位美国科学家发现了一种巨型蜥脚类恐龙的残骸，将之命名为巨龙。当他注册此名字时，发现已有另一个科学家使用这个名字命名了另一种不同的恐龙，但是这位美国科学家仍重复注册了这个名字。几年后，他又意识到他所谓的巨龙实际上只是一种大型腕龙，因此之前的名字又被完全弃用。目前一个名叫国际动物命名委员会（ICZN）的科学机构来决定新发现恐龙的命名，该机构的 25 名成员均由世界各个国家的德高望重的科学家选举产生。

■ 恐龙的趣味问题（二）

这里所列的恐龙趣味问题都是涉及恐龙个体的问题，是从微观上着手的问题。

» 人们发现过完整的暴龙骨架吗

完整的暴龙骨架化石很稀少，但在 1990 年，人们在美国发现了两具几乎完整无缺的暴龙骨架。科学家研究这两具骨架和其他的骨架后发现，与今天的狮子和老虎等肉食动物不同，雌性暴龙可能要比雄性暴龙体积大些。

» 暴龙用上肢来捕捉猎物吗

暴龙的上肢和爪长得很小，甚至无法碰到自己的嘴，暴龙无法依靠它们捕捉猎物。但是暴龙的头部强壮有力，牙齿锋利可怕，捕食时根本不需要上肢来帮忙。

◤ 暴龙上肢

» 还有其他的大型肉食恐龙吗

跟暴龙有种族关系的还有其他 3 种肉食恐龙：双脊龙、异特龙和阿尔伯脱龙，但是它们的体积没有暴龙那么大。人们在蒙古发现过两条长达 2.6 米的恐手龙上肢化石。恐手龙可能来源于比暴龙还大的恐爪龙。

◤ 完整的暴龙骨架

◥ 双脊龙　　　◥ 异特龙　　　◥ 阿尔伯脱龙

» 暴龙的速度是快还是慢

以前古生物学家认为暴龙的身体是直立的，把尾巴拖在地上。通过对越来越多完整的暴龙骨架的研究，人们发现暴龙的身体是前倾的，尾巴伸在空中保持身体的平衡，而且它的奔跑速度很快。从暴龙的头颅结构和大脑质量的大小中科学家们可以推测出，它的视觉、听觉和嗅觉都很灵敏。

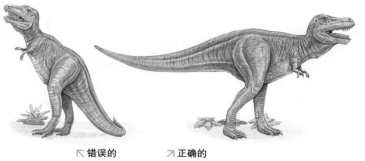

↖ 错误的　　↗ 正确的

» 暴龙是食腐恐龙吗

　　一些专家认为暴龙是食腐者，它吃动物死尸，也会盗取其他掠食者的猎物。也有些人认为暴龙的奔跑速度就像赛马一样快（每小时 50 千米），它不需要做食腐者，而是凶残的猎杀者。最新的研究表明，暴龙可能既是猎杀者，又是食腐者。

» 蜥脚类恐龙如何生存

　　科学家认为，蜥脚类恐龙生存在多达 30 个个体的群体中。已发现的足迹化石显示，很多蜥脚类恐龙会沿着同一个方向行走，体形矮小且年幼的位于队伍的中央，这样它们可以得到保护，免受正在捕猎的恐龙的袭击。当确定周围安全时，它们会四散觅食，但必须随时保持警惕。

» 还可以发现新的蜥脚类恐龙的残骸吗

　　可以。20 世纪 90 年代，在非洲发现了蜥脚类恐龙中的约巴龙和雅嫩斯龙。科学家只发现了这些巨型恐龙的部分骨架，因而他们必须将之与其他蜥脚类恐龙比较后再重建它们的骨架结构。约巴龙约有 21 米长，18 吨重；雅嫩斯龙体形稍小。2004 年，在美国又发现了一种恐龙，

↗ 暴龙可能既是猎杀者，又是食腐者。

它可能是一种新的蜥脚类恐龙，但迄今为止还没有得出恰当的研究结果。

» 第一批大型鸟臀目恐龙是哪种

　　鸟臀目恐龙的体形一直都很小，而且相当罕见。大约 1.6 亿年前，出现了一个新的鸟臀目恐龙族，它们属于剑龙类恐龙，数目庞大，在世界各地都有分布。经过大约 5000 万年的繁盛期后，剑龙类恐龙走向灭绝，并被其他类型的恐龙所替代。体形最大的剑龙类恐龙可以长到大约 7 米长，生存于北美地区。

» 哪种恐龙吃鱼

　　重爪龙可能吃鱼，而其他恐龙则不然。

↖ 板龙就是这样群体生存的蜥脚类恐龙。

↙剑龙类恐龙是一种大型动物，尾巴上长有尖刺。它们是一种草食动物，尾巴上的武器只是用来自我保护。

重爪龙的嘴巴里布满细小锋利的牙齿，适于牢牢咬住光滑的物体，例如鱼。其上肢上长有弯曲的爪子，可以在水中抓鱼。这种恐龙的肩膀异常有力，因此它可以利用巨大的拇指上的爪子捕捉巨大的猎物。重爪龙大约生存于 1.2 亿年前的英国，可以生长到 11 米长。

» 哪种恐龙被称为"神秘杀手"

　　1970 年，波兰科学家在戈壁沙漠发现了两块神秘的恐龙上肢化石，他们将之称为恐爪龙。这两段上肢有 2 米多长，长有大约 28 厘米长如剃刀般锋利的爪子。除了发现仅有的上肢外，还无人知晓这种恐龙的其他部位是何模样，因而将其称为"神秘杀手"。

» 哪种恐龙没有牙齿

　　似鸟龙。这是一类掠食性恐龙，约有 3 米长，然而体重仅有 150 千克。相对于其体形，它们的体重非常小，再加上长长的腿，使它们可以快速奔跑。这种恐龙可能以昆虫、蛋或其他不需要咀嚼的食物为生。

↙恐爪龙

↗重爪龙可能用它巨大的爪子在河流或水泊中抓住像鳞鱼这种大型鱼类。这些水域于 1.2 亿年前分布在英国南部。

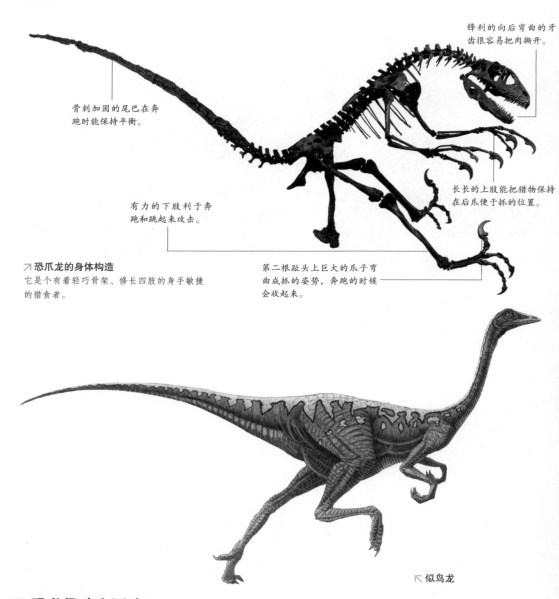

锋利的向后弯曲的牙齿很容易把肉撕开。

骨刺加固的尾巴在奔跑时能保持平衡。

长长的上肢能把猎物保持在后爪便于抓的位置。

有力的下肢利于奔跑和跳起来攻击。

↗ **恐爪龙的身体构造**
它是个有着轻巧骨架、修长四肢的身手敏捷的猎食者。

第二根趾头上巨大的爪子弯曲成抓的姿势，奔跑的时候会收起来。

↖ 似鸟龙

■ 恐龙趣味小测验

你对恐龙知道多少？试着用以下题目测试你对恐龙的认识。答案见后面。

» 看图识恐龙

你能回答关于以下图片的问题吗？每幅图片都包含有相应的提示。

1. 留下这些脚印的恐龙用三只脚趾行走，并有着细小的爪子。你认为它属于以下哪类恐龙？

A. 兽脚类

B. 蜥脚类

C. 鸟脚类

2. 下图中的恐龙长有巨大、强有力的利齿。你认为它属于以下哪类恐龙？

A. 鸭嘴龙

B. 似鸟龙

C. 兽脚类

3. 右图中的恐龙骨骼有着极长的第二
趾爪。它是以下哪种恐龙？

A. 暴龙

B. 驰龙

C. 甲龙

4. 右边的场景包含了新猎龙、棱齿龙和开花植物。
你认为它描述的是中生代的哪段时期？

A. 侏罗纪

B. 白垩纪

C. 三叠纪

» 生存挑战

你能像恐龙一样生存吗？做以
下小测验来得出答案。

1. 你是一只生活在白垩纪晚期北
美洲的鸭嘴龙。你来到一个岔路，必须在
两条路中选择一条：向左走，一大群角龙在那里
等你；向右走，有一只阿尔伯脱龙站在那里。你会走哪个方向？

A. 左　　　　B. 右

2. 你是一只生活在 7000 万年前戈壁沙漠里的似鸡龙。你远远看到一只特
暴龙慢慢地朝你靠近，你会怎么做？

A. 逃跑　　　B. 躲起来

3. 你是一只生活在白垩纪时期澳大利亚南部的雷利诺龙。冬天来
了，天气一天比一天冷。你会选择长途迁徙到更温暖的地方过冬，
还是留在原地？

A. 长途迁徙　B. 留在原处

4. 你是一只蜥脚类的梁龙，即最长和最大
的恐龙之一。为了寻找食物，你脱离了种群，此
时，一只异特龙向你逼近，你会怎么做？

A. 重回安全的种群里

B. 站着不动。你的庞大尺寸足以保证你能安然无恙

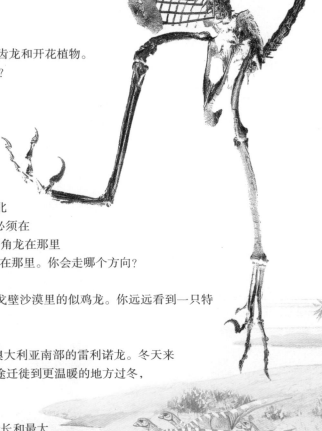

» 快速选择

1. 化石最多在哪里被发现?

A. 土壤

B. 木材

C. 岩石

2. 什么是胃石?

A. 一种牙齿

B. 胃中碎石

C. 一种植物

3. 哪种恐龙会吃鱼?

A. 窃蛋龙

B. 异特龙

C. 重爪龙

4. 下面哪种恐龙长有骨板?

A. 剑龙

B. 梁龙

C. 暴龙

5. 最早被命名的恐龙叫什么?

A. 弯龙

B. 禽龙

C. 巨齿龙

6. 翼龙是什么?

A. 恐龙

B. 爬行动物

C. 鸟类

7. 拥有最多牙齿的恐龙是哪一种?

A. 暴龙

B. 地震龙

C. 埃德蒙顿龙

8. 始祖鸟化石在哪里发现的?

A. 英国

B. 德国

C. 法国

9. 冰脊龙发现于哪个洲?

A. 亚洲

B. 欧洲

C. 南极洲

» 快速测验

1. 最大的恐龙是草食性的还是肉食性的?

2. 哪一个大洲直到 20 世纪 80 年代才有恐龙化石发现?

3. 唯一一个发现三角龙化石的大洲是哪个?

4. 说出到目前为止发现的最小的恐龙的名字。

5. 研究恐龙化石的人被称为什么?

6. 在哪个国家发现了最多长羽毛的恐龙?

7. 哪种恐龙有着中空的头冠,气流从中流过可以发出巨大的声响?

8. 恐龙是在什么时候灭绝的?

9. 所有的恐龙可分为哪两类?

10. 约巴龙的化石是在哪里发现的?

11. 已知最大的肉食恐龙是哪一种?

12. 恐龙会孵蛋吗?

13. 通常情况下,恐龙的上肢长,还是下肢长?

14. 哪种恐龙的脖子最长?

15. 哪种恐龙的智商可与现代的鹦鹉相媲美?

16. 谁提出"恐龙"这个名字?

17. 哪些恐龙生活在水里?

18. 第一枚恐龙蛋化石是在哪里被发现的?

19. 谁发现了第一枚恐龙蛋化石?

20. 哪种恐龙有鸟一样的嘴?

» 判断恐龙

通过阅读本书,你对恐龙到底了解多少? 你知道以下哪些动物是恐龙吗?

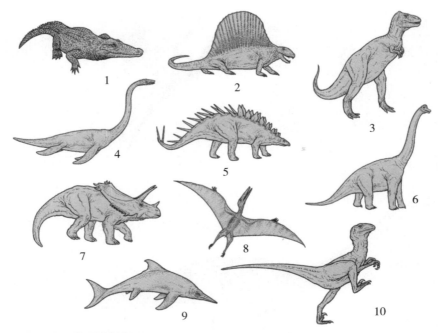

■ 恐龙趣味小测验答案

» 看图识恐龙

   1. A. 兽脚类   2. C. 兽脚类   3. B. 驰龙   4. B. 白垩纪

» 生存挑战

   1. A. 角龙是草食恐龙，它不会主动攻击你；而阿尔伯脱龙则是致命的肉食恐龙。

   2. A. 逃跑。你是跑得最快的恐龙，特暴龙根本不可能抓到你。

   3. B. 留在原处。作为小型恐龙，你体内贮存的能量不足以使你通过漫长的旅途到达更温暖的地方。

   4. A. 回到种群里重新获得安全。虽然你是一只如此庞大的恐龙，异特龙仍有能力在你落单时袭击你。但如果你与你的同伴一起行动，它就不能得逞。

» 快速选择

   1.C   2.B   3.C   4.A   5.C   6.B   7.C   8.B   9.C

» 快速测验

1. 草食	2. 南极洲	3. 北美洲	4. 小盗龙
5. 古生物学家	6. 中国	7. 鸭嘴龙	
8. 在白垩纪末期，大约 6500 万年前		9. 蜥臀目和鸟臀目	
10. 撒哈拉沙漠	11. 南方巨兽龙	12. 会	13. 下肢
14. 马门溪龙	15. 秃顶龙	16. 理查德·欧文	17. 没有
18. 戈壁沙漠	19. 罗伊·查普曼·安德鲁斯		20. 鹦鹉嘴龙

» 判断恐龙

   恐龙：3. 暴龙 5. 多刺甲龙 6. 腕龙 7. 开角龙 10. 恐爪龙

   不是恐龙：1. 鳄鱼，没有直立的脚 2. 似哺乳爬行动物，生活在 3 亿年前 4. 蛇颈龙，生活在海中 8. 翼龙，在空中飞行 9. 鱼龙，生活在海中

兵器探秘

史前和古代冷兵器

武器的历史自人类出现之时就开始了，有石制、木制、青铜制、铁制等各种材质和类别。古代冷兵器的杀伤力较之现代武器要小得多，但其作战的残酷性并不比现代战争差。

石制的武器

在150万~500万年前，早期的原始人——南方古猿，生活在非洲的欧杜瓦伊峡谷。在某个时候，他们中的某个人切下一片石头用于抵御其他人的攻击，从而制造出天然的刃刀——第一件工具。这件小事是人类生产技术（包括武器）的"大爆炸"。

» 工具的时代

在几百万年的时间里，第一个原始人通过一系列连续的阶段进化成智人，智人又进化成现代人。与此同时，另一个群体——尼安德特人，也出现并最终灭绝，然而他们究竟是现代人的祖先，还是一个不同的种属，仍然存在争论。大约300万年前，当人们学会制造石制工具时，他们进入了石器时代。

"石器时代"这个术语过于宽泛，是不准确的。虽然石制工具最终被金属工具所取代，但石器时代在世界上不同的地方是在不同的时间结束的。在我们当今的时代，就技术水平而言，一些偏远地方的土著人仍然处在石器时代。

绿岩石凿

考古学家使用石凿这个术语来描绘早期人类使用的石斧（后来变成了青铜斧）和扁斧头。这些来自北美的石凿是由绿岩制成的。这是一种在河边就能找到的坚硬的岩石，很难加工，但是其耐用性却和金属相似。虽然这些石凿是被用作砍伐树木的工具，但是它们和其他一些类似的带刃石器一样，都是战斧之类武器的早期雏形。

这一点很难作出定论，考古的证据往往是支离破碎或自相矛盾的。然而工具制造技术方面的下一次大进步出现在60万~100万年以前，像手斧这样具有多种用途的石制工具取代了天然的石器。在稍后的一段时间里，人类发明了从石头中"切取"薄刃的复杂技术。燧石是得到人们偏爱的原材料，有证据表明欧洲早期的人类会行进100~160千米去获取好的燧石。这些由燧石制成的工具被用于挖掘可食用的根茎、根除动物毛皮等各种用途。

在前农业时代，获取食物是最主要的事。食物、坚果和根茎可以采集，但是动物只有通过打猎才能获得。矛是最早的用于猎杀哺乳动物的武器，大约公元前25万年到公元前10万年，猎手们学会了将木制的矛头放在火中使其变硬或者用带刃的石头将其削尖的技术。梭镖投射器或者其他抛矛装置的出现大大增大了矛的投掷范围和力量，而骨制的或由鹿角制成的矛头往往带有尖钩，以便于刺入动物的身体。弓箭与现代样式的刀一样都出现在大约公元前1万年。

» 从狩猎到战争

那些用于狩猎的武器是如何以及何时用于杀人而不是猎杀动物的，以及战争在何时作为一种有组织的人类活动，目前都还是存在争议的问题。在人类学领域，没有什么论题要比"人类对其他人的侵犯究竟是天生就存在我们的DNA中，还是由于不同的文化传承造成的"这一论题得到更多更热烈的讨论。然而有可能的是，

斧头

1000年到1500年前的一个有全槽的斧头。石槽可以让斧头装上木制的把手。

史前的人类会为了狩猎的场所发生争斗，尤其是整个阶段发生的气候变化改变了地貌的时候会更为明显。

1964年，考古学家在撒哈拉的高山地带（靠近苏丹边境的埃及的一个地方）发现了50多具公元前12000年到公元前5000年的人类尸体——既有男性又有女性。他们都是被带刃的石头武器杀死的。对于某些考古学家和历史学家而言，这些尸体的数量和死亡的方式就是史前战争往往不仅仅是单纯的袭击和地区冲突的证据。对这一证据提出的其他争议往往并不具备说服力。

在这之前，人类已经开始从狩猎、采集转向农业和定居生活。两个早期的人口聚集区——杰里科（在现在的以色列）和卡达尔旭克（在现在的土耳其），第一次出现于公元前7000年到公元前6000年。那里建有坚固的城墙，这一方面表明它们的居民害怕受到攻击，另一方面也使他们的居所变得坚固。与撒哈拉的高山地带一样，杰里科和卡达尔旭克同样使得许多历史学家相信，现代意义上的战争爆发时间要远远早于我们先前的认识。

向农业社会的转变造成了城邦的出现，之后就是帝国的出现，这些帝国拥有装备着杀人武器的职业军队。实际上，火器出现之前，欧洲军队使用的大多数武器（持续了几个世纪），以及世界上其他地区使用的武器——像弓、矛、剑和刀，其发展都有它们的史前原型。

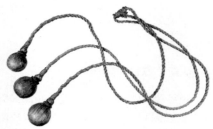

↗ **流星锤**

像抛锚器一样，流星锤（来自西班牙语 boleadors 或者 balls）是一种简单、实用而高效的武器。南美的土著人首次用它来猎取骆马之类的动物。正如上图展示的，它由系在绳子上的球形重物（通常是3个，有时更多）构成。使用者在头上抡起绳子旋转，然后将流星锤抛向动物，将其缠在它们的腿上。流星锤可以将猎物固定在原地，而不伤害或杀死它。南美的高楚牧人（牛仔）后来使用流星锤来套牲口。

■ 青铜时代

对人类而言，青铜时代是一个技术巨大进步的时代。在这个阶段，人类通过提炼、溶解和锻造金属矿石，第一次学会了如何制造工具和武器。"青铜时代"这个术语是具有弹性的，因为不同的文明是在不同的时代制造了这类金属工具。这个术语也有些用词不当，因为在最早的阶段，人们使用的是黄铜而不是纯的青铜（一种含大约90%的黄铜和10%锌的合金）。这个时代有时也被划入红铜时代（金石并用时代）。黄铜在公元前3500年到公元前3000年的中国和东地中海地区就已被人们所了解，在接下来的1000多年里，黄铜和后来的青铜的使用技术传入了欧洲，并且在南美得到了独立发展。

黄铜，尤其是青铜武器，在强度、锋利度以及耐用性方面具有很大的优点。这些金属的发展意义如此重大，以至于历史学家认为，由于它们创造出一个熟练的金属匠阶级，从而推动了城市文明的发展。此外由于商人要跑到遥远的国外去寻找黄铜和锡矿，从而也加强了分散在各地的人们之间的联系。

↗ **矛头**

这是一件青铜时代晚期的现代复制品，来自迈锡尼时代——一个以希腊城邦命名的时代，大约从公元前3000年到公元前1000年。这个矛头有一个槽状的、叶形的锋刃，总长度为70厘米。

黄铜和青铜武器也有助于古代军队彻底打击未曾掌握这项新技术的敌人。然而，制造青铜器也有一些限制，即虽然黄铜矿石很常见，但是锡矿主要集中在英国和中欧的几个地区。

铁是另外一种储藏丰富的矿石。一旦铁匠们想出如何利用木炭获得高温去熔化铁矿石，以及如何通过不断地锻打和在水中降温将铁器回火的方法，铁制的武器就能逐渐取代那些黄铜和青铜武器。虽然更早就发现了铁矿石，但铁制武器取代青铜武器这一过程在世界上发生于不同的地方和不同的时间，历史学家却通常将铁器时代的开始划在

↗ **波斯箭头**

这件武器由坚硬的青铜制成，发现于波斯（现代的伊朗）的卢里斯坦山区，使用于大约公元前1800年到公元前700年。至今，到底是谁制造了这件武器和类似的武器尚有争论。这类武器可能是由游牧部落从现在的俄罗斯带到当地的，或者是由当地制造的。

公元前 1200 年到公元前 1000 年。在此之后大约 1000 年，印度和中国的工匠学会了如何将碳与铁放在一起炼制出更为优质的金属——钢。

↗ 斧头
一柄青铜时代的铜斧。这柄铜斧曾持在"冰人"奥茨手里，奥茨是一具男性木乃伊，生活在公元前 3300 年，其尸体于 1991 年被发现于奥地利边境的一条冰河里。关于奥茨死亡的原因，一种观点坚持认为他死于一群试图夺取这柄铜斧的猎手手中。

■ 弹弓、弓、弩

弹弓和长弓、弩一样，是远距离武器，这让士兵能攻击他身体接触范围以外的敌人。早期的海战使用了弹弓，如在多西特的梅登城堡中便发现了大量的弹丸，这里曾是公元 44 年凯尔特防卫兵与罗马军队激战的地方。

弓是世界上最古老的武器之一。在西班牙卡斯特林的公元前 1 万 ~ 前 5000 年间的古代洞穴壁画中，便描绘了人们使用弓进行战斗的场面。公元前 2000 ~ 前 1500 年的弓已经在丹麦被发现，而埃及也找到了大约公元前 1400 年的弓。

弓不只用于战争，也用于打猎。许多熟练的猎手同时也是士兵。经验丰富的射手可以在马上或者战车上精确地射击。

↗ 非洲箭
肯尼亚的阿伯蒂尔山的维纶古古人使用的箭各种各样。

16 世纪，英格兰的亨利八世颁布命令，年轻人在周日早上的教堂礼拜后，必须练习射击。许多弓是由黄桑木制成的。

与法国的 3 次战役是英格兰和威尔士长弓的胜利，它们是：1346 年 8 月 26 日的克雷西战役、1356 年 9 月 19 日的波瓦第尔战役和 1415 年 8 月 25 日的阿金库尔战役。通过持续的箭雨，英格兰和威尔士射手能把法国的骑兵拒于 255 米之外。当骑兵和战马摔倒在地时，引起其他兵士的混乱，从而进一步让自己暴露于弓箭的攻击之下。

当步枪和来复枪刚发明时，熟练射手手中的长弓射击依然精准。一直到 1861 ~ 1865 年间的美国内战时，火枪才开始变得更加有效。相对弓来说，训练士兵使用步枪是比较容易的，因此许多部队开始大量使用步枪。

一些军队采用弩兵。弩就是附在木头或金属托柄上的短弓。

远距离武器

弩和长弓让普通步兵能够长距离与敌人交战，这意味着骑兵和步兵被杀死时可能还没来得及使用自己的刀、斧子和长矛。长弓和弩都能穿透装甲，也就是说他们能击落全副装甲的骑兵。

拉弓　装箭　瞄准

带有 6 支箭的长弓

长弓

225 米的射击范围

只有 1 支箭的弩

弩

360 米的射击范围

↗ 弓和弩的射击范围
专业长弓手能在 1 分钟内精确地射出 6 支射程大约 225 米的箭，如果射击精度要求不太高，则能射出 12 支。另一方面，熟练的弩箭手的射程可达 360 米，但射击频率比较低，1 分钟只能射出 1 支箭。

↗ 使用弩的三步骤
给弩装上箭矢的时间远比瞄准和射击长得多。弩从上箭到射击的过程有 3 个步骤：首先是拉弓，就是把弓弦拉满并锁住；然后是放箭进入槽道；最后就是瞄准和射击。即使有机械装置的帮助，弩最多也只能在 1 分钟内射出 4 支箭。

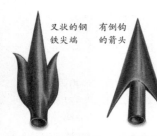

叉状的钢   有倒钩
铁尖端   的箭头

箭头

射手使用不同形状的箭头，倒钩式的和分叉式的箭头比较受欢迎。倒钩式箭头会停留在目标身体内，难以拔出，分叉式箭头主要出现于远东地区。

瞄准

一位弩兵正做瞄准动作。他用右手操作扳机，扳机就是用钩子钩住弓弦的装置。

知识链接

* 公元前1万～前5000年，西班牙的洞穴壁画描绘了战斗中的射手。
* 约公元前500年，孙子军事学说提到了弩。
* 1100年，欧洲大量使用弩。
* 1199年，英格兰的理查德一世死于弩射伤。
* 13世纪，长弓在英格兰和威尔士广泛使用。
* 在1914～1918年间的第一次世界大战中，弩被用来在壕沟战中射落手榴弹。

弓弦用手或者机械装置拉满，然后通过钩子和扳机结构拉住，短箭放到射槽里，并与弓弦对齐，弩兵仅需瞄准和掰动扳机。对弩的最早描述出现在中国军事家孙子的一本书中，即写于约公元前500年的《孙子兵法》。

■ 斧子与投掷类武器

斧子原先是樵夫砍树的工具。像早先的棍棒一样，最早的斧子也是由尖锐的石头或燧石做成的。原来的斧子仅仅是简单的切割工具，后来安装上了手柄，提高了威力。它们能先被抡摆起来，从而施展更有力的打击。

早先的斧子，就是在裂开的树枝上绑上锐利的燧

射击的长弓

在带尖头的木桩构成的栅栏的保护下，英格兰和威尔士长弓手向冲击的法国骑兵射击。

石。当人类掌握了炼造青铜、铁和钢的技术后，斧子更加坚固、锐利了。进入铁器时代后，斧子头浇铸有槽，方便安装手柄，刀口也被捶打并磨得非常锐利。直至今天，斧子仍在生产和使用。

斧子也能成为强有力的国王或统治者的符号。在克里特岛，双头青铜斧是克里特文明的象征，它们会出现在壁画中，也被当做修饰绘于陶器上。

中国战斧

这是一把罕见的中国战斧，其弯月形的斧体与一根穿过龙形底托的把手连在一起。

↗ 手持斧子的骑士
中世纪的骑士经常手持战斧在战场上冲杀。这些战斧具有刀刃和长钉，通过铁链绑在骑士的手臂上。战斧能给敌方士兵和战马造成致命伤害。

知识链接

＊公元前2000～前1700年间，双头青铜斧成为克里特文明的象征。

＊公元400～500年，英格兰出现弗朗西斯卡飞斧。

＊公元700～1100年，维京袭击者使用单刃和双刃斧。

＊公元900～1400年，骑士使用笨重的长柄战斧。

＊18世纪，北美制造出铁刃的印第安战斧。

＊19世纪，飞轮在印度得到使用。

＊在1815年的滑铁卢战役中，斧子也派上了用场。

　　手斧手柄较短，能在肉搏战中砍杀敌人。士兵也可以将斧子投掷出去，但可能会就此丢失。战斧的一个好例子就是北美土著使用的印第安战斧。印第安战斧一开始是用石头做的，后来改用交易来的钢做成，被用于打猎和战斗。印第安战斧具有较长的手柄，挥舞起来很有力。在北美18世纪的战争中，英国士兵就使用这种印第安战斧。

　　欧洲战争中最后一次使用斧子，是1815年的英、法、普鲁士之间的滑铁卢战役。战斗中，法国军队用斧子砍坏了英国步兵团把守的农场大门。

　　斧子直至今天仍在使用中。在一些军队，它是突击先锋队的徽章。一些从事工程方面工作的士兵，其徽章为两把交叉的斧子。消防队员使用的斧子看起来像古代的战斧，它们有长钉和刀刃，而且方便单手掌握和使用。

◤ 维京袭击者
古代的维京人十分可怕，其袭击者常常乘长船登陆，然后手持单头战斧冲杀过来。这些铁刃武器一般装饰精美。

■ 小刀与短剑

小刀与短剑都是手握式武器，小巧、轻便且方便携带。小刀和短剑还是一种秘密武器，使用时悄然无声，能用于近身搏击和投掷。

虽然短剑是在小刀的基础上设计的，但两者还是有很大的差别。小刀是简单的工具，只有一边的刀口是锋利的，而且刀尖可能相对钝些。小刀能用于日常的任务，比如切肉，也可以当做武器。短剑是双刃的，且从剑柄到剑尖不断变细。在短剑刃与手柄之间，会有一个护手。短剑通常被归类为武器。

最早的短剑是由燧石制成的，早期也可以用木头和骨头做成，而用青铜、铁、钢制成的短剑则耐用得多。

在 14 和 15 世纪，剑客一般兼使用剑和短剑，他们会左手持短剑阻拦和打偏敌人的剑，然后用右手的剑刺向对方。

专业铁匠制造的短剑大多数是艺术品，它们具有精美的镶嵌图案，手柄上也会填充贵重的金属和珠宝。在中世纪，叙利亚大马士革的撒拉逊人发明了一种制造剑的新方法，就是将多层钢铁经过捶打后合成在一块。这使得剑和短剑的刀刃更加坚硬、锋利，还产生了一种波纹的图案。

↗ **剑与短剑**
全副装甲的骑兵佩戴有剑和短剑。剑适合于砍杀，而短剑利于插入装甲的缝隙中。

↗ **刺杀武器**
刺客手持短剑，潜伏在阴暗里，静静等着刺杀目标。短剑很容易隐藏，如果刺中重要器官，伤害则是致命的。

知识链接

* 公元前2000年，欧洲制造出青铜短剑。
* 公元前500年，第一次制造出铁器时代的武器，并广泛使用。
* 17世纪，意大利生产出钻孔短剑，并被整个欧洲仿制和使用。
* 18和19世纪，佩带短剑成为军队和政治人士统一的服饰要求。
* 1820年，美国的吉姆·鲍伊发明鲍伊猎刀，它的一流设计成为现代鞘刀的原型。
* 20世纪40～90年代，战刀开始作为多功能工具配备给士兵。

短剑造型

作为武器，短剑和小刀并不难学，甚至生手来使用，也能有不错的效果。如果必要，它也能用于农业和家庭劳动。短剑的组成部分有：剑身、保护手与指关节的交叉防护、手柄、剑柄圆头。战斗中，手柄末端的圆头能像锤子一样捶打敌人的头部。短剑造型因国家而异，比如印度短剑被设计得适合刺、砍等动作。

↗ **青铜时代的剑**
这把瑞典短剑大约制造于公元前1350～前1200年间，体现了手持式的有刃兵器的所有基本设计准则。它有单独的用铆钉钉牢的手柄，还有独特的圆头，带有血槽的双面剑锋。后来的短剑设计，从剑身直至剑柄浑然一体，这使得短剑更加平衡和有力。

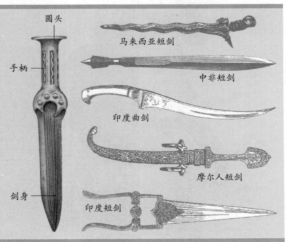

圆头
手柄
剑身

马来西亚短剑
中非短剑
印度曲剑
摩尔人短剑
印度短剑

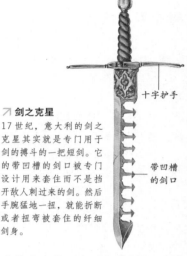

↗ 决斗

古时候，决斗被认为是一种光明正大的解决纠纷的方法。决斗中，短剑用来抵挡剑的砍击。

↗ 剑之克星

17世纪，意大利的剑之克星其实就是专门用于剑的搏斗的一把短剑。它的带凹槽的剑口被专门设计用来套住而不是挡开敌人刺过来的剑。然后手腕猛地一扭，就能折断或者扭弯被套住的纤细剑身。

十字护手

带凹槽的剑口

20世纪，短剑和小刀仍然被士兵用于战争中。第一次世界大战中，美国士兵配备有格斗剑MK1，这种剑有保护手指关节的结构，该保护也被当做"指关节抹布"。现代的格斗刀更像一把多用途的工具，具有锯齿边沿、锋利刀刃，还有螺丝起子、剪钳等功能。

■ 剑、马刀、弯刀

作为世界上最古老的武器品种之一，剑现在是阅兵仪式中的一种军衔符号。剑形状的工具曾用于农业劳动和伐树，跟其他工具一样，它们也用于战争。尼泊尔的反曲刀是一种古老的兵器，至今仍然服役于英国军队中的廓尔喀族军团。它的弯曲的宽刀身很适合于砍杀，同时它也是近身搏斗的一种不错兵器。

早期的剑更多地使用切的动作，而不是刺。许多世纪以来，欧洲的剑剑身短直，边沿锋利，且剑

↙ 双手剑

图为近身搏斗的中世纪武士，其中一个使用双手剑。

↗ 马耳他骑士团佩剑

马耳他骑士团又被称为医院牧师骑士团或耶路撒冷圣约翰修道会，他们是一个由"僧侣勇士"组成的修道会，其创建的目的在于保护十字军东征期间前往圣地朝拜的基督徒。17世纪的修道会成员们携带着这种带有十字形剑柄（模仿马其顿十字）的剑，不过这时修道会已经从圣地退到了地中海的马耳他。这种剑的65厘米长的剑刃上刻着各种各样的宗教符号。

↗ **皇家波斯半月弯刀**

这把波斯皇家宫廷弯刀肯定是世界上现存的最美丽的武器之一，它属于1588年到1629年的波斯（现代的伊朗）君王阿巴斯大帝。这把刀饰有1295块玫瑰形的钻石，50克拉的红宝石，剑柄底部镶嵌着11克拉的绿宝石，整个刀柄上镶嵌着1.36千克的黄金。这把刀的历史和它的外表一样令人着迷。18世纪萨菲帝国没落之后，这把刀落入了奥斯曼土耳其帝国政府手中，随后又被转赠给俄国女皇凯瑟琳大帝（1729～1796年）。被收藏于沙俄的国库，直到在1917年俄国革命的混乱中丢失。这把刀在第二次世界大战后重现欧洲，被收藏在一个私人的博物馆许多年，直到1962年被法利·伯尔曼上校买走。现在它成为伯尔曼博物馆个人收藏品中的"皇冠上的宝石"。

身不断变细，直至成为一点。它们一开始是用青铜做的，后来变成铁，最后又采用了钢。古罗马军队的钢铁短剑大概50厘米长，像一把长的宽剑身短剑。古罗马斗士使用这些短剑在竞技场中格斗。

中世纪的剑长一些，大约80～90厘米长，有十字形手柄和锥形剑身。长剑可以用于刺击敌人，但大部分士兵用它来砍击对方。步兵和骑兵都可以使用剑。身体够强壮的人可以使用双手剑，其剑身既宽且长，可用双手持剑搏击。16世纪中的苏格兰首领使用了一种长的、双刀刃的双手剑，称为双刃大砍刀。

知识链接

＊公元前1300年，青铜剑应用于战争。

＊公元前650～前500年间，铁剑得到使用。

＊10世纪，维京人使用双刃剑在欧洲到处抢劫。

＊14世纪，土耳其弯刀被装备于骑兵。

＊16世纪，轻巧而细长的剑得到使用。

＊17世纪，威尼斯的具有篮子手柄的剑在欧洲广泛使用。

＊1850年，反曲刀被武装于尼泊尔军队。

后来剑的设计有了改进，剑柄前面的防护用于保护斗士的手。大约1600年，威尼斯的炼剑家制造出一种称为"篮子手柄"的新式护手，这种弯曲的、凿孔的护手能保护整只手。它的基本设计仍然沿用在许多现代礼仪性质的剑上。

托莱多剑

西班牙中部城市托莱多，长期以来以制造高质量的剑和其他带刃武器而声名远播。这一传统至少要追溯到15世纪，当时本地的铸剑师们生产出一种后来被称为法尔科塔的剑。首次对托莱多武器的记载出现在14世纪的罗马作家格拉惕尼斯的作品中。托莱多的铸剑师们使用了一种比大马士革钢更好的优质钢材（这一点尚存争议），最终制成的剑获得整个欧洲的武士们的赞誉。根据某些材料，一些日本的武士可能也曾使用过托莱多制造的刀剑。历史学家贾雷德·戴蒙德在他的书《枪炮、病菌与钢铁》中提出，托莱多钢材制成的武器有助于西班牙征服美洲——16世纪西班牙征服者们的这种钢剑和其他武器要远远优于阿兹台克和印加帝国士兵使用的武器。

◤ 这是一把制造于托莱多的西班牙小剑。

骑兵冲锋时，剑指前方，直接刺向敌人，但一旦近身战斗，长剑又变得难以使用，没有足够的空间来施展。因此马刀发展成为一种骑兵武器，刀身短且弯，可以砍杀和刺击，起落之间都能打击敌人。

文艺复兴时期的欧洲，贵族和官员们把武器当做流行饰物。轻巧细长且有精巧防护的双刃长剑最受欢迎，这种时尚大约从1530年一直持续到1780年。

■ 棍式武器

史前的猎人用矛猎取动物，矛相对于简单的石块，不仅更加准确和有威力，而且能在安全范围外发起攻击。最早的矛就是一端削尖的小树。在远东，矛是用竹子做的，竹子更轻、更坚韧，而且能通过火烤使枪尖更加锐利。矛头安上燧石、石头或者金属后，会变得更加有效。

古代大部分军队都装备有长矛。投掷用矛的另一个名字为标枪。标枪有一弊端，就是向敌人投掷出去后，无法回收。实际上，敌人会用投掷过来的标枪进行反击。罗马人发明了短标枪，解决了这个问题。他们在标枪尖端附近增加一细长颈部，当短标枪击中目标后，会在颈部突然折断，从而使敌人无法重新利用。

长的、重杆式武器一般用于格斗，而不用于投掷。中世纪时，乡村人民用被称为拐杖的大木棍来帮助行走。这种木棍附上各种类型的刀刃，就成了步兵和骑兵的武器。安装上枪头就成了骑兵使用的长枪，也可以安装上刀、斧、钩镰等切割工具。如果木棍安装上尖锐的叉子，就成了三

知识链接

* 公元前600年，古希腊的重装步兵使用短标枪。
* 公元前350年，轻型矛用于马其顿方阵编队。
* 公元前200～前100年，罗马步兵使用重型短标枪。
* 公元900～1400年，长枪用于欧洲骑兵的马上枪术比赛和战争。
* 15世纪初，杆式斧头开始服役。
* 1400～1599年，戟广泛使用。
* 17世纪初，长枪开始服役。
* 1815年，英国效仿法国使用骑兵长枪。

↖ 铁头木棒
这是人类做过的最简单的武器，通过切削小树就能制成。在中世纪的欧洲，这种棒更多的用于竞赛和打架，而不是战争。

↗ 中国的长棍武器
图为一种典型的中国斧耙（老虎叉），其三叉戟式的形状是由于将中间的锋刃和外部曲线形的构件结合在一起造成的。这件武器被认为出现在中国南方，目的是为了猎杀野兽。

↗ 意大利的长棍武器
细身戟或近卫戟，是一种通常有46厘米长的单面刀状锋刃的欧洲长棍武器，它被固定在一根大约2米长的长棍上。某些长棍形武器——与这里展示的意大利样品一样，也有一两个钩子用来把骑兵从马上钩下来。随着火器改变欧洲战争，重戟、细身戟更多地承担了礼仪庆典的角色。

重戟和矛刺

虽然欧洲有许多不同类型的长棍武器，但是"经典的样式"是重戟和矛刺。

重戟首次出现于 14 世纪，通常有 1.5 米长，它是一种具有 3 种用途的武器。它顶端带有矛刺，可以阻止骑兵们接近；它有一个钩子，可以将骑兵从马鞍上拉下来；它有一把斧头，能够击穿盔甲。

矛刺是一件简单的、像矛一样的武器，由一个连接在木制长杆上的金属矛头构成。它在 12 世纪获得广泛使用，最初被用作防御骑兵的武器。然而，瑞典人将矛刺改造成可怕的进攻武器，他们为被称为"格沃尔特奥芬"的步兵方阵编队配备了长达 6.7 米的矛刺。

↖ **英国重戟**
一件优质的重戟，来自 16 世纪，可能原产于英国。

↗ **粗矛**
这种欧洲长矛被用于猎杀野猪——欧洲贵族最喜欢的娱乐活动。英国伦敦塔中的一份 1547 年的清单记述了国王亨利八世拥有的许多粗矛。这些粗矛偶尔也会被用于战场上的厮杀。

叉戟。长枪是比较重且长的棍式武器，头部有各种式样的长刀口。

14 和 15 世纪，瑞士人发明了一种长枪战术。这种战术采用 6 米长枪身、1 米长铁头的长枪，然后瑞士士兵以 30 人宽、50 ～ 100 人长的纵深列队前进，这样，密集的长枪就能抵挡住骑兵的攻击。很多国王和将军在他们的战斗中雇佣了瑞士长枪手。今天，教皇的防卫队仍然装备有长枪，这是长枪战术的遗留物。

现代军队来复枪口的刺刀就是基于长枪设计的。刺刀首先使用于步枪。虽然步枪很有效，但装填弹药比较花费时间。步枪装上刺刀后，士兵们只要都把刺刀向外，就能组成一个空心的方队，从而能粉碎骑兵的攻击，也能在装填弹药时相互保护。

↗ **近身搏斗**
两个士兵正使用戟搏斗，一个想用弯曲的斧头钩倒对手，另一个则用枪尖刺击。

■ 用于战争的大象

大象、马、驴子、阉牛和骆驼都曾用于战争，大多数动物用来运载士兵和货物，大象用起来则更像现代的坦克。大象能践踏敌方士兵，而在大象背上塔里的射手能用箭射击目标。使用大象作战的最早的战争之一，就是公元前 331 年发生在阿尔贝拉（即现今埃尔比勒）的战争。波斯国王大流士领导包括 15 只大象的军队，来抵抗马其顿国王亚历山大。亚历山大的军队一开始被大象给吓住了，但良好的纪律让他们没有逃跑，而是继续战斗并最终取得胜利。

↗ **骆驼军**
在中东的战争中，骆驼多用于运输。它们有不凡的耐久力，能快速移动，且能在没有多少水和食物的情况下，旅行一长段距离。

知识链接

* 公元前327年，海达佩斯战役，亚历山大遭遇印度大象。
* 公元前275年，意大利的贝内温图战役中，迦太基人第一次使用大象对抗罗马。
* 公元前218年，汉尼拔穿越阿尔卑斯山。
* 公元前202年，扎马战役。汉尼拔战败，大象也被俘虏。
* 公元前190年，马格尼西亚战役。叙利亚大象惊慌失去控制，扰乱了己方军队。
* 公元43年，罗马皇帝克劳迪乌斯使用大象侵略英格兰。

穿越阿尔卑斯山

汉尼拔带着大象，穿过比利牛斯山脉和阿尔卑斯山去攻击罗马。公元前218年，他从萨贡托出发时，有5万步兵、8000骑兵和80头大象。而当他6个月后到达意大利北部的波河流域时，仅有几头大象存活下来，已经损失了3万步兵和3000骑兵。

约公元前400年，印度人曾在战争中使用了大象，它们在战场上跟战车一样重要。在公元前327年的印度海达佩斯战役中，拉合尔的首领驱赶大象去抵抗亚历山大大帝。这次，亚历山大的战马被吓住了，但他的步兵用战斧袭击了大象，使得大象惊慌失措，最后还是马其顿人取得了胜利。

最著名的战象属于迦太基统帅汉尼拔。在罗马与迦太基间的第二次布匿战争中（公元前218～前203年），汉尼拔在几次战役中都使用了大象，但他最终还是被打败了。

当公元43年罗马人入侵时，英格兰人第一次看到了大象，而在18世纪的印度，大象仍在战争中使用。1751年，大象头上安有铁板，然后像四脚的破城槌一样被驱赶着去破坏阿科特的城门。而一旦遭到射击，大象就会惊慌失措。

战兽

大象本质上没有什么攻击性，但它们可以吓坏没有见过大象的士兵。惊慌的大象也会践踏己方的士兵。在印度，看象人会拿着长钉，如果大象失去控制，他们会将其杀死。

大象的力量

大象有三种天然武器：庞大的体重、巨大的象牙和强力的象鼻。

大象的盔甲

除了在象背上安装上战斗用的塔，印度人还给大象穿上盔甲。

■ 盔甲与防护

　　士兵穿戴盔甲来保护他们的头部、眼睛、胸部和脖子。早期的盔甲是用青铜做的，后来使用了铁和钢，日本的武士则穿一种竹子做的盔甲。对于盔甲有一个难题，就是必须具备足够厚度和强度以保护士兵，而又要足够轻便以方便士兵运动。

　　古希腊人最早制造了青铜盔甲，用来保护前臂、腿和胸部。罗马军团士兵穿的盔甲覆盖了胸部、肚子、后背和肩膀，这保护了士兵的肺、心脏和重要的颈部大动脉。虽然手臂和腿脚没有保护，但能轻便、快速地移动和奔跑。

↗ **日本武士**

日本的盔甲是在带填充物的短上衣外缝有竹子甲。头盔上装饰有神话主题的图案。

　　制作盔甲的一种简易方法就是在带填充物的短上衣外缝上金属板。在1066年的黑斯廷斯战役中，贵族和士兵穿着连衣盔甲，以避免敌人的刀剑、弓箭和枪矛的伤害。锁链甲是一种用铁环串起来的金属编织物。诺曼底和萨克逊士兵都穿一种包裹着身体、手臂，甚至到膝盖的防护衣，头戴铁环制成的

↗ **西班牙盔甲**

这件盔甲可能制造于1580年（由一块胸前和后背的金属片构成），南美的西班牙征服者曾穿着。1950年，这件盔甲被发现于玻利维亚。

知识链接

* 公元前16～前13世纪，迈锡尼开始制造青铜盔甲。
* 公元前460年，科林斯式盔甲出现。
* 公元前102年，罗马人使用锁链甲。
* 公元75～100年，罗马军团的连串金属板盔甲被广泛使用。
* 12世纪，诺曼底锁链甲出现。
* 14世纪，连接金属板盔甲出现。
* 16世纪，战马盔甲被广泛使用。
* 17世纪，长枪手的盔甲出现。
* 20世纪90年代，警察和军队使用塑料和尼龙制成的胸甲。

防护品

　　锁链甲轻且刀剑无法穿透，但不如铁板制成的盔甲坚固。许多世纪以来，解决这个难题的答案就是，在脖子和身体关节部分使用铁环链防护，而在胸部、后背、腿和手臂使用铁板做成的盔甲，头顶也用金属板保护。

↖ **印度头盔**

这个头盔使用了金属板和铁环链的混合物来保护头部和脖子，类似于撒拉逊人的头盔。

↖ **诺曼底锁链甲**

诺曼底士兵身穿一套锁链甲，这套由铁环连接而成的盔甲轻便而灵巧。

↗ **鲨鱼装甲**

缝上鲨鱼牙齿的短上衣，是太平洋上三维治岛士兵的坚固装甲。

↗ **防弹铠甲**

这种铠甲在16世纪被用作一种防弹衣。这种衣服短且灵活，里面是保护性的铆钉，外面是华丽的编织物。

头巾。在锁链甲下面，士兵穿着的是带填充物的短上衣，这能防止刀剑的刺击伤害到皮肤。

缝上金属板的盔甲在中世纪的欧洲很流行。衣服的每一部分都覆盖有互相铰链在一起的金属板，成为一整套盔甲，且每套盔甲都量身制作。虽然金属很重，但盔甲的重量很平衡，所以穿上后，骑兵还是能够比较自如地走动。盔甲比较容易受到剑攻击的部分，被做了改造以使刀剑容易滑落，而避免产生伤害。

有些盔甲很昂贵。拥有盔甲的骑兵和打造盔甲的工匠都希望它既好看又好用，因此盔甲会雕刻或者镶嵌上例如黄铜、黄金等金属。金属板也用珐琅染色，因此骑兵可能身穿黑色、绿色甚至红色盔甲出现在战场上。

↗ **战马盔甲**

骑士也许得到了很好的保护，但他们的战马在战斗中却容易受伤。为了保护战马，也必须给它们穿上专用的盔甲。战马盔甲的制造得到与了骑士盔甲同等的关注。骑士和战马所穿的盔甲及修饰物的多少，显示了拥有者的财富。

■ 战马

马匹让军队具备了快速运动的能力，它们能拉马车和攻城武器，也能运载战利品和财产。战场上，马给侦察员和通讯员提供脚力，帮助指挥作战的将军们传递信息。跟重骑兵并肩作战的高头大马，在战场上是无法抵挡的。

最早在战争中使用马的是大约公元前800年的亚述人，他们用马组成骑兵队，也用来拉战车和打猎。罗马人从欧洲、中东和非洲的原种马中，繁育出用于赛跑、打猎、冲锋和驾车的各种马。

发明于中国的带有马镫的马鞍在公元2世纪传到了欧洲，从此永远地改变了马的驾驭方法。马鞍让骑马更加容易。一位罗马步兵一天能步行30千米，骑上马后，他的行程能增加一倍。

马匹让人群能到离家更远的地方，如13世纪的蒙古铁骑就从中亚出发到达越南、中东和欧洲。

骑兵分轻骑兵和重骑兵，他们的区别在于基础装备和马匹的大小。许多古代军队都既有轻骑兵也有重骑兵。大概2/3的蒙古骑手是轻骑兵，他们骑着小型的快马，头戴保护性的头盔，携带弓和箭。重骑兵骑大型的壮马，身穿锁链甲或重的皮革衣服，配备有长枪。

↗ **致命的射击**

来自帕提亚的马背射手，经常假装撤退，然后突然回身射落敌人。

↘ **小规模冲突**

波斯轻骑兵部队携带圆盾、长枪和钉头锤，正进行一场运动战。

战争中的马

马用于战争已有好几个世纪。它们能拉动战车，运载枪炮，也能用于坐骑。马强壮且快速，但能被远距离武器拦截。

↖ 重型骑兵
图为中世纪战争中身着盔甲的德国骑士。这些盔甲保护了马和骑手。

↘ 没有马鞍的战士
在罗马与迦太基的战争中，这种快速的、轻武装的努米底亚骑兵对汉尼拔的胜利起着重要作用。他们骑马不用马鞍。

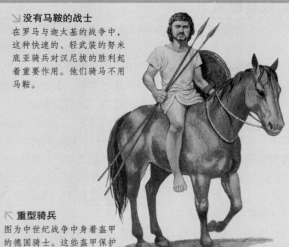

↗ 马上剑术比赛
古代的比赛和战斗在今天被马背上的"骑士"再现出来。

知识链接

* 公元前6世纪，波斯人雇佣长枪手和马背射手。
* 公元前53年，帕提亚的马背射手在卡雷（现今的伊拉克）击败罗马军队。
* 公元2世纪，马镫引入欧洲。
* 公元3～5世纪，罗马使用长枪手和马背射手。
* 公元977～1030年，加兹尼的马茂德国王在印度北部使用骑兵射手。
* 11～13世纪，十字军使用称为"特科波弓骑佣兵"的雇佣兵。
* 1396～1457年，法兰西"宪兵"重骑兵在欧洲活动。
* 16～17世纪，德国"黑骑士"在欧洲活动。

中世纪欧洲的军队只有步兵和重骑兵。为了驮载全副武装的重骑兵，马必须足够大和强壮。16世纪以前，欧洲军队注重发展重骑兵，法国人称呼它们为宪兵，德国人称之为"黑骑士"。直到17世纪，在和土耳其军队的战斗中，欧洲人才明白轻骑兵的重大好处，开始建立自己的轻骑兵队伍。匈牙利的骑兵就穿着土耳其风格的制服。

重骑兵穿戴胸甲和头盔，骑着大马，携带着一管手枪和一把重马刀。轻骑兵不穿装甲，骑速度很快的战马，骑手能携带两管甚至三管手枪和一把轻剑。

↗ 冲锋
冲锋时，战马戴着头盔，头盔上的长钉就像骑手的长枪一样直刺向前方敌人。

■ 战车的威力

战车是速度跟动作的一种巧妙结合方式，它们大多由马拉动，驾驶者称为御者。在埃及、亚述、波斯、印度和中国的军队中，战车是一种袭击工具，不断突入突出战场。一般战车上有两个人，一个是御者，另一个是弓箭手，御者操控马匹，旁边的射手可以自由快速地集中注意力，准确射中敌人。不是所有的战车都是两个人，也有一个人的战车，他可以把缰绳绑在腰部，从而能腾出手来使用武器。一些三四匹马拉的战车，能驮载装备各种武器的几个士兵，集合起来的战车队能够打败步兵联队。后来的一些战车也有了保护性的盔甲，还在轮和轴上安装有镰刀，防止敌方步兵和骑兵靠得太近。跟许多车轮类的武器一样，战车也有容易陷于淤泥和难以穿过粗糙地面的缺点。

△ **埃及战术**

在一次打猎中，一位埃及侍从在运动着的战车上拉弓射箭。这样的技巧在战争中也被使用。

1420～1434 年间，胡司信徒，即一群来自波希米亚（现今捷克共和国）的人们，和德国人开战。胡司信徒是宗教改革者约翰·胡司的跟随者，他们的军队在约翰·杰士卡的指挥下，使用了改装后的

◁ **罗马战车**

这种战车并没有在战争中被大量使用，它只是公众游戏中的景象，这种游戏在罗马帝国的主要城市中举办。

战争中的车轮

青铜时代的公元前 15 世纪，战车在中东首次被使用。它们需要 2～4 匹马来拉动，更多的马不好控制。它们能在埃及和幼发拉底河附近的平坦沙漠中方便地运动，但不适合于泥泞、崎岖、多石的地形。在 15 世纪的欧洲，胡司信徒使用的战车几乎算是第一种坦克。它们围成圆形堡垒，然后士兵在战车的保护下发射加农炮和火枪。

△ **战斗的女王**

布迪卡是英国爱西尼人部落的首领，她在反抗罗马人入侵的战争中使用了战车。

△ **达·芬奇设计的坦克草图**

达·芬奇是文艺复兴时期的天才，有很多想法超前于他的那个时代。这个草图描绘了各种装甲车辆，它们看起来像现代坦克的早期版本。

炮架

在 15 世纪的欧洲，马和手推车在战场上运载加农炮，这就意味着大炮能被运到它们最有用的地方去。当炮兵更加机动时，就能给敌人更大的打击。

手推车。许多战车被围成圆形，成为战车城堡，在战车后面，弓弩手和火枪手可以将德国骑兵置于死地。一个战车城堡有大约 350 辆战车，它们用铁链相连在一起，周围挖有壕沟。在战车围成的圆环中，有 700 名骑兵和 7000 名步兵。在用链条封闭的地方，杆子和钉子能被打开，允许骑兵出去袭击敌人。当胡司信徒在专用的马车上安装有加农炮时，德国骑兵再也不愿攻击他们，因为那样做实在太危险了。

一些历史学家认为，胡司信徒的战车是历史上坦克的最早雏形，因为它结合了火药武器、防护和可运动性等坦克的特点。

■ 头盔和战帽

士兵在战场上总是戴某种头盔来保护他们的头和眼睛。头盔有不同的形状和大小，以应付各种武器的打击。古代头盔的设计是为了保护士兵免受刀、剑等砍击类武器和枪、箭等刺击类武器的伤害。有些头盔就是简单的圆形金属帽，而另一些像铁面具。古希腊人发明了鼻甲，这是从头盔帽边开始的沿着鼻梁往下的条状盔甲，直到 17 世纪还在使用。罗马人喜欢戴有脸颊防护设施的头盔，这是在头盔两边悬挂着的铰链盖边，能遮盖住耳朵和脸颊，只留前面没有封盖，方便使用者在战斗中观测前方。

11 世纪，诺曼底人戴着有鼻甲的圆锥形的头盔。他们也

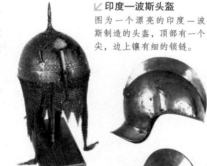

印度—波斯头盔

图为一个漂亮的印度—波斯制造的头盔，顶部有一个尖，边上镶有细的锁链。

英国头盔

第一顶钢盔出现在 10 世纪的欧洲。这里展示的英国 16 世纪的头盔是有名的轻型钢盔的一种，虽然它并不能提供早期头盔对整个头部和脸部那样的保护作用，但却可以让佩戴者拥有更宽广的视野和更多的行动自由。

骑兵交战

重头盔和重装甲的欧洲骑兵遭遇了身穿锁链甲和紧密小型头盔的轻装撒拉逊士兵。

头部防护

　　由于头部包容了脑、面部、眼睛、耳朵、鼻子和嘴巴等重要器官，因此在战争中需要受到保护。头盔可以由青铜、铁或钢制成。现在的头盔多用塑料和聚合物做成，轻而坚固。

↗ 亚述人战帽

↗ 古希腊重装步兵的头盔

↗ 卓越头盔

14世纪中期以前，卓越头盔在骑兵中使用最广。面甲从头盔延伸下来以保护面部，顶部有精致的装饰，以显示拥有者的家族徽章。今天的摩托车头盔类似于此。

↙ 古代头盔

早期的头盔就是简单的金属帽。后来增加了铰链的盖边，以保护脸颊、鼻子和脖子，同时不影响士兵的移动和观测。盖边经常有精美的装饰。

知识链接

＊公元前18至前12世纪，迈锡尼人使用青铜头盔。

＊公元前55至公元100年，罗马骑兵和步兵引入头盔。

＊11～12世纪，带鼻甲的诺曼底头盔出现。

＊14世纪，轻钢盔出现。

＊14世纪50年代，欧洲骑士在马上比武和战斗中使用头盔。

＊15世纪，锅状战帽出现。

＊16世纪，纽伦堡封闭式头盔出现。

＊17世纪，英国内战中的克伦威尔"圆颅党"军队使用
　"龙虾锅"头盔。

↘ 英国骑兵

17世纪英国内战期间的议会骑兵，头戴"龙虾锅"头盔，因此得名"圆颅党"。

戴能遮住耳朵和脖子后面的铁环链头巾，这能给予他们更多的保护。

　　中世纪的欧洲制作出了最华丽的头盔。普通步兵身着带有平面头盔的盔甲，而皇族和贵族却有着华丽的装甲和头盔。他们的头盔不但有美丽的雕刻和镶嵌物，而且弯曲成一定角度来偏斜敌人的刀剑攻击，还有一个铰链的帽舌保护他们的眼睛。头盔上面还有家族徽章的三维模型。这些精美的头盔跟徽章一样显示了穿戴者的高贵地位。

　　到英国内战（1642～1651年）时，头盔设计已经发生了变化。头盔具有了脖子和耳朵保护设施，还有帽舌和脸甲。这时的头盔被称为"龙虾锅"，因为它看起来就像龙虾的壳。

　　当头盔在第一次世界大战中再次出现时，英国军队采用一种碗状的战帽，这种称为"锅"的头盔早在阿金库尔战役中就被射手使用过。

■ 形形色色的盾

　　盔甲是穿用者的部分衣裳，而盾却是活动的盔甲。通常，盾由左手把持，而用右手握武器。盾能

推挡对手的剑和枪的攻击，像所有的盔甲一样，盾必须足够坚固以保护使用者，又要足够轻便以方便携带。盾还必须做成可以最大限度地保护使用者的形状。

最古老的盾是由动物皮包裹在木头框架上做的，就像18和19世纪非洲士兵手持的盾。

早期的金属盾是青铜做的。古希腊人使用大圆盾，在古代英国，凯尔特人使用青铜圆盾和8字花式盾。古希腊和罗马的骑兵也都使用圆盾，晚些时候，中东和远东的骑兵才开始使用圆盾。维京人也使用圆盾。

罗马军团使用稍微有点弯曲的长方形盾，它面积足够大，可以提供从肩膀到脚的保护。这些盾可以拼凑在一起，一个士兵军团能以4人一排列成纵队，把他们的盾合在一起，组成坚固的屏障。用这种方法，这些盾能组成一种临时战车。在盾的保护下，整个团队不断前进，然后用短剑攻击他们的敌人。

↗ 意大利盾

16世纪的意大利心形盾牌，装饰有3个相互联姻家族的徽章。这种盾牌并不用于战争，而是用来纪念一个贵族家族辉煌的征战史。

↗ 法国盾

16世纪晚期的法国盾牌。这件盾牌大约58厘米长、42厘米宽，表面刻有战争的情景和精致的旋涡形装饰。

罗马人发展了一种使用盾攻击城墙和城堡的战术。士兵把他们的盾在头顶和身侧拼凑在一起，形成一种"龟甲形大盾"。一旦这

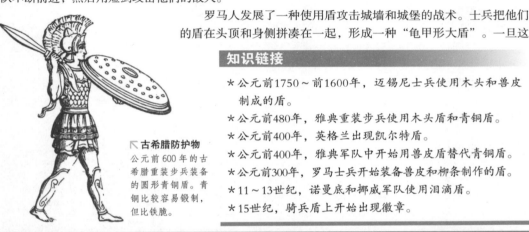

↖ 古希腊防护物

公元前600年的古希腊重装步兵装备的圆形青铜盾。青铜比较容易锻制，但比铁脆。

知识链接

＊公元前1750～前1600年，迈锡尼士兵使用木头和兽皮制成的盾。

＊公元前480年，雅典重装步兵使用木头盾和青铜盾。

＊公元前400年，英格兰出现凯尔特盾。

＊公元前400年，雅典军队中开始用兽皮盾替代青铜盾。

＊公元前300年，罗马士兵开始装备兽皮和柳条制作的盾。

＊11～13世纪，诺曼底和挪威军队使用泪滴盾。

＊15世纪，骑兵盾上开始出现徽章。

盾

盾能阻挡刀剑的攻击，避免头部和肩膀受弓箭的伤害。古希腊和罗马的盾都是精心制作的。在中世纪，盾多为长方形且由比较坚硬的材料制成。

↖ 徽章

骑士在他们的盾和盔甲上涂有徽章，以便他们在战场上能识别同伴。图中，骑士的盾、长枪和马饰上重复着一杆和两点的符号，就像品牌名。

↖ 非洲盾

祖鲁人的战盾是在木头框架上覆有坚硬的动物皮而制成的，轻且坚固。士兵用这种盾来抵挡攻击。

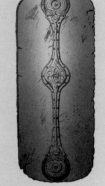

↗ 凯尔特的工艺

凯尔特人的青铜盾与罗马人的设计差不多。盾前面的金属装饰物显示了盾拥有者的财富和地位。

↗ **暴乱防护物**
现代的德国警察配备了聚碳酸酯防暴盾和头盔,以防止暴乱中的石头和汽油弹攻击。

↗ **威力巨大的龟阵**
罗马被称为"龟阵"的串联盾战术,可以使军队在盾的保护下接近敌人的堡垒。

只"龟"到达城堡的城墙,这些盾又提供了士兵爬上堡垒的平台。

到1066年诺曼征服时,盾已经演变成一种独特的风筝形状。它只保护上半身,向下不断变细,这样能方便使用者脚步的移动。骑兵团和步兵团都使用这种盾。

中世纪的盾比较小。英格兰和威尔士的射手使用小圆盾,而骑兵使用的盾,上边是平的,然后逐渐变小直至缩为一点。这种形状是现代纹章学开始的模板,在此时,盾上开始涂画使用者的徽章,以让战场上的同伴能相互识别。

■ 骑兵武器

骑兵使用的武器反映了他的马术技巧。成吉思汗的蒙古铁骑可以不用缰绳驾驭马,这意味着他们能在马上使用弓箭。长枪能单手使用,而且足够长,能让骑兵攻击到敌人的步兵。骑兵通常直接奔向敌人,利用马的速度和冲力增强枪的刺击的杀伤力。骑士枪在中世纪的欧洲流行起来,在1800～1815年间的拿破仑战争中,波兰长枪手还用它来抵抗法国士兵。中世纪的骑兵在战争中使用长枪,也用来在马上枪术比赛中练习技巧。由于骑士的马也成为攻击的目标,因此工匠开始为马准备盔甲。

最简单的马的盔甲,就是用一片金属板保护头颅,用整块打造的青铜胸甲保护前腿上面的前胸。全副的马盔甲还包括兜在马尾下的保护臀部的皮带和安装在马鞍上的长方形铁板,这些铁板保护马的腹部,填充胸甲和马尾皮带间的间隙。

从罗马时代开始,欧洲的骑兵部队就使用直剑。当在中东地区进行战争时,欧洲士兵碰到了弯刀,这是骑兵马刀的一种弯曲设计,很适合于反手砍击。

16世纪发明了转轮枪,它设计成可单手操作,因此骑手能在完全控制马匹的情况下开枪射击。但由于会产生炮声、烟火等,马必须经受训练,才能在炮火中驮载士兵。

↗ **日本射手**
日本武士不仅仅使用刀,还精通长弓射击。受过训练的马上射手有两个优点,一是能快速移动,另一个是能在敌人的刀剑和枪矛攻击范围外射击敌人。

战马

马永远地改变了战争方式。在马背上，士兵能移动得更远，携带更多的武器。在战场上，士兵骑马运动能覆盖更多的角落。马镫让骑手获得对马更多的控制，从而能腾出双手来搏斗。

↗ **蒙古小型马**
当蒙古士兵经过欧洲时，耐力强、速度快的亚洲小型马给他们提供运输和马奶。

↗ **马匹盔甲**
中世纪的马匹盔甲在不影响速度的情况下保护马匹。骑手的大腿盖住了在战斗中裸露着的马的两肋。

↗ **伟大的团队**
锁链甲保护马的脖子。疾驰中的马、人、盔甲的重量能让他们冲破敌人的步兵行列。

知识链接

＊公元前5世纪，波斯骑士出现。

＊公元前400年，斯巴达骑兵装备短标枪。

＊公元前4世纪30年代，亚历山大大帝使用骑兵矛。

＊公元前3世纪，汉尼拔使用努米底亚人的骑兵矛。

＊13世纪，马背上的部落——蒙古人入侵欧洲。

＊14～16世纪，比赛用的长矛得到使用。

＊15世纪，引入重型马匹盔甲。

＊17世纪，引入马刀作为骑兵武器。

↘ 马上枪术比赛
比赛时，骑兵使用钝枪，这样他们就不会伤害到对方。

战马头盔　　钝枪　　骑士徽章

↗ **向西前进**
1190年，蒙古大汗成吉思汗带领他的军队向西前进。他们被分成1万人一组，以不同的颜色命名。窝阔台、蒙哥、忽必烈和帖木儿这些后来的蒙古大汗，继续西征，直到东欧奥地利。

西方基督教世界
拜占庭
金帐汗国
蓝帐汗国
白帐汗国
克瓦兹穆
蒙古联盟
戈壁沙漠
宋朝
摩格尔帝国

╱╲╱ 长城
← 成吉思汗征服
← 窝阔台征服
← 忽必烈征服
← 帖木儿征服

■ 城堡与防御工事

　　世界上有许多史前和古代防御工事的例子。工事的建造者一般都利用自然特征，譬如山冈、悬崖峭壁和大河、湖泊、沼泽，来提高它们的坚固性。当这些自然特征不存在时，人们就创造它们，挖壕沟、筑堤墙、建塔楼。有时，城堡的建造者会利用早期的基地。比如，11世纪20年代，在汉普郡的珀切斯特，亨利一世在早期罗马的萨克逊方形堡垒基础上，建造了土台与外墙城堡。

　　罗马方形堡垒的轮廓在欧洲随处可见，这些堡垒被称做 castra，这是城堡 (castle) 这个词的由来。堡垒是军团士兵在敌方领土上建立起来的防御基地，有时这些临时基地会永久地保留下来。粮食、军队生活必需品等可以存放在堡垒中，而轻装的军团士兵可以在敌方领土上巡逻。

　　在1066年的黑斯廷斯战役中打败哈罗德国王后，诺曼底人建立了不少土台与外墙城堡作为基地，以在英国掌

↗ **苏格兰城堡**

苏格兰的卡尔拉沃洛克城堡就是一个优秀的带护城河的城堡。在圆塔头上，石砖墙的开口就是垛口，用来保护塔中的士兵，让他们在攻击敌人时免受伤害。绕城墙的护城河提供了更多的保护。这种城堡很坚固。

知识链接

＊公元前2500年，卡尔迪亚王国的乌尔成为第一个设防的城市。

＊公元前701年，耶路撒冷设置防御工事。

＊公元前560年，雅典设置防御工事。

＊1058～1689年，爱丁堡城堡建成。

＊1066～1399年，伦敦塔建成。

＊1181～1189年，多佛城堡建成。

＊1196～1198年，法兰西理查德一世建造加亚尔城堡。

＊13世纪，十字军的城堡骑士堡在亚述建造完成。

＊1538～1540年，亨利八世沿英格兰南部海岸建造堡垒。

诺曼底塔

诺曼底人建造了石头方塔，来取代木质堡垒。最著名的例子是图中的伦敦白塔。

从泥土到石头的各种城堡

　　早期的防御工事是由泥土建造的，而中东地区使用了泥砖和石头。当时，罗马人是欧洲第一个建造防御工事的民族。

　　1066年，诺曼底人征服英国后，建造了许多堡垒，这些堡垒成为中世纪许多大城堡的基础。

↗ **石头城堡**

后来的城堡是由石头建成的。中心的要塞被帷幕墙围绕着保护起来免受攻击。

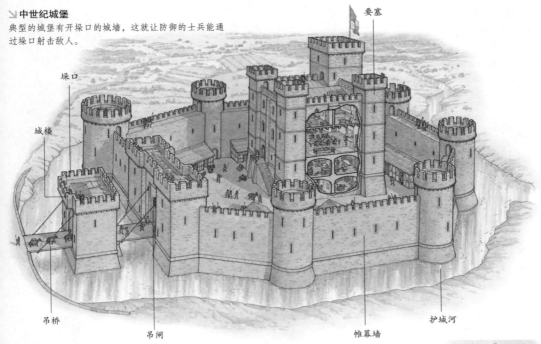

↘ 中世纪城堡
典型的城堡有开垛口的城墙，这就让防御的士兵能通过垛口射击敌人。

要塞

垛口

城楼

吊桥

吊闸

帷幕墙

护城河

控权力。

中世纪的城堡作为贵族们的基地，有大量的驻军防守。在城堡周围，发展出了一些城镇，如果整个社会变得富有，他们还可以在外围建造更坚固的城墙。对于城堡主人和城镇中的居民来说，随着时间和财富的积累，提高城堡的防御能力，可以在战乱年代里有些安全的保障。

■ 塔、要塞和城门

为了保护城堡，人们建造了高塔和要塞，这样，站在高处，能看见远处敌人的船和军队，这就使城堡中的人们有充足的时间准备战斗。

当敌人到达城墙时，守卫既能看见敌人的军营和攻城的武器，又能射击敌人。塔可以是方形也可以是圆形的，通常都有很厚的墙。

当敌人来袭时，塔是安全的躲藏场所。公元 9 ~ 10 世纪，维京人袭击了英格兰和爱尔兰，出于自卫，爱尔兰人民在村子里或修道院旁边修建了高塔。

这些石塔没有外围的防护，它们有一个射箭的眼和一个简单的在塔墙高处的门，这门只有通过梯子才能到达。

诺曼底人征服英格兰后，建造了很多城堡，它们大部分属于土台与外墙城堡，城墙被外头的帷幕墙围绕，墙边每隔一段距离建有一座石塔，石塔通常建在墙的拐角处。

士兵把这些石塔当做安全的根据地。石塔用一大块的石头当地基，这能增强石塔的坚固程度，增加破城槌

↗ 爱尔兰防御塔
爱尔兰的高塔是用来防御入侵的维京人的庇护所。它们并非用于抵挡长久的攻击，而是一个好的瞭望所和庇护所。

↘ 班堡城堡
班堡城堡要塞于 13 世纪初建造于英格兰诺森伯兰郡。这个要塞是城堡中最坚固的一部分。

城堡的核心之处

　　城门是城堡最容易受攻击的地方,因为它是入口。当城门被打开,攻击者就能强行进入,不久就能征服城堡,因此城门是否能快速关上是很关键的问题。铁闸门能在几秒内关上,而吊桥仅仅需要拉起一小段高度,就能防止敌人通过护城河。

↗吊桥

吊桥是由厚木头制成的,可以很快被吊起,它根据杠杆原理制作,和跷跷板的道理一样。

↙铁闸门

铁闸门是由绞车操作的。守卫快速地松手,然后门在自身重力的作用下坠落。铁闸门底下的长钉能刺伤来不及逃脱的进攻者。

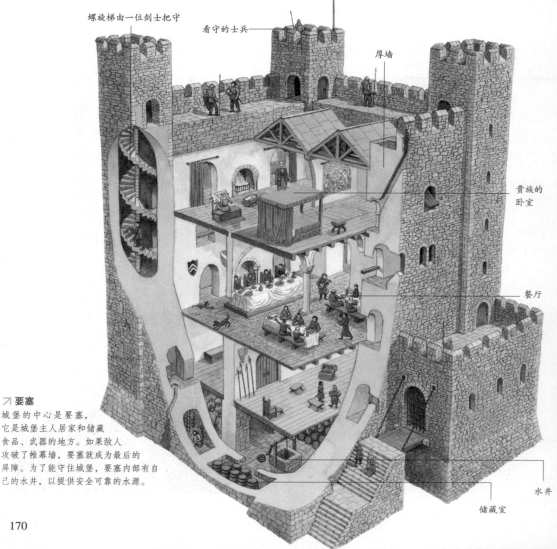

螺旋梯由一位剑士把守

看守的士兵

厚墙

贵族的卧室

餐厅

水井

储藏室

↗要塞

城堡的中心是要塞,它是城堡主人居家和储藏食品、武器的地方。如果敌人攻破了帷幕墙,要塞就成为最后的屏障。为了能守住城堡,要塞内部有自己的水井,以提供安全可靠的水源。

击破城墙的难度。

城门是城堡最薄弱的环节，它由城楼和铁闸门保护着，一些城楼有两个铁闸门。攻击者可能被打开的城门引诱过来，结果却发现道路被里面的另一道铁闸门或拐角处的隐藏的门挡住。一旦攻击者进入里面，防御者会马上放下外面的铁闸门，从而困住攻击者，两道铁闸门间的通道就变成了一条石头隧道。隧道的屋顶有被称为"谋杀之孔"的狭槽，通过狭槽，防御者能对攻击者射箭，投掷石头，倒滚烫的油和热水。

■ 城墙

城堡的城墙是按照一定的模式建造的。环绕城堡的是帷幕墙，它有 5 ~ 8 米厚，宽度足够让人并排走。墙的上面是大约半米厚的胸墙。在一些城堡，只在帷幕墙的靠外一面修胸墙，其他的城堡在里外两面都修胸墙。胸墙有约两米高，这样能隐藏和保护站在帷幕墙上的守护士兵。

胸墙每隔一段距离就有较低且宽的开口，方便射手射击敌人，这些开口称为垛口。垛口之间的较高的那部分墙称为城齿，可用来保护射手。

墙每隔一段和城堡的塔上，建造者留有供射手

↗ 围城

罗马将军西庇阿，在西班牙城市努曼提亚周围建造了有 7 个堡垒的围墙。公元前 133 年，西庇阿围攻努曼提亚城 8 个月，直到他封堵了河口，拥有 4000 多居民的城市才被迫投降。

↘ 城墙

在古代，城市经常受到被侵略和攻击的威胁，因此在城市周围建造防护墙是很普遍的情况。这是环绕摩洛哥索维拉城的壮丽城墙。

知识链接

* 公元前1451年，耶利哥城墙倒塌。
* 公元前598年，尼布甲尼撒二世摧毁耶路撒冷城墙。
* 公元前493年，雅典的比雷埃夫斯港口建造了防御工事。
* 公元前478年，雅典城墙重新修复。
* 公元前457年，雅典建造长城墙。
* 公元前393年，在遭到波斯人破坏后，雅典重建长墙。
* 公元93~211年，塞普蒂默斯塞佛留建造了柏尔根（土耳其南部城市）城墙。
* 公元447年，地震后，重建君士坦丁堡城墙。

枪眼

城堡的垛口和城墙有许多称为枪眼的孔洞，以方便士兵用弓箭射击下面的敌人。后来，城墙增加了步枪和加农炮使用的枪眼。枪眼加工成适合某种武器射击的形状，在墙里面的枪眼有一定的角度，方便射手和步枪手射击左右两边的敌人。

↘ 弓箭枪眼

最早期的枪眼是为弓箭设计的。枪眼也让阳光和空气能通过帷幕墙进入城堡。

↗ 弩弓枪眼

这种设计适合于弩弓射手，它允许射手瞄准左右的目标，甚至能在射击前跟踪运动着的目标。

↘ 炮口

当加农炮开始使用时，弓箭枪眼被改造以适应变化，即在狭窄的开口下方切割一个圆形的孔洞。

↗ 卡尔卡松城堡
这座围起来的城堡现在看起来仍跟中世纪时没什么差别。由于坚固的防护，征服城市的唯一办法只能是断绝居民的粮食。

↗ 温莎城堡
温莎城堡城楼各个方向的高塔上面都有突出的蝶眼。

射击的狭窄窗口，这称为枪眼。当士兵开始使用加农炮时，枪眼被扩大以搁置炮口。圆形的枪眼是在方便弓箭射击的开口的基础上切割出来的，因此炮手和射手可以用同一枪眼射击，这种枪眼被称为"十字与球"。大些的枪眼不用时会被铰链的遮盖物关闭。从外头看，枪眼就是一个小口；在里头则展开，以使射手能往边上倾斜射击左右方向的目标。这种设计的变种就是十字形弓箭口。

假如敌人到了城墙底下，防御者不得不倾斜身子去攻击，这样就暴露在敌人射手的射程之内。城堡建造者发明了突出的蝶眼，来保护防御者。这是在石头支撑上建造的防卫墙，它有朝下的枪眼，这样防御者能向攻击者投掷石块。

英王亨利八世在堡垒的设计上做了许多改变。为了击退 16 世纪中期法国的威胁，他在英国南部海岸边建造了大量堡垒。它们的城墙不是很高，但矮而厚实，能给大枪和加农炮提供宽广的支撑平台。随着加农炮火力和射程的增加，防御工事的墙建得更矮更宽。

■ 戍边

许多古代的防御工事通常用来保护城堡中的领主家庭和他们的家臣，以及帷幕墙后面的居民。当大量的人口流动给一个文明带来威胁时，就不得不建造更大的城墙。中国的长城和英格兰的哈德良长城就是两个最著名的例子，它们是保护整个领土的陆地屏障。

中国长城的建造历经数个不同的朝代。在公元前476～前221年的土木工程的基础上，秦始皇进一步修建成了万里长城。汉武帝及其他帝王开始的另一段长城直到明朝（1368～1644年）才建造完成。中国

↗ 哈德良长城
该长城以罗马皇帝哈德良的名字命名，最初是有壕沟和防堤的木栅防护，后来建成 5 米高、2.5 米厚的石墙。

领土边缘

罗马和中国都有广袤的领土需要防护，而边境外面是随时准备入侵的敌人。为了标志和保卫边境，中国和罗马都修建了长城。当发现袭击者试图穿越长城时，通讯系统允许岗哨警告守卫的士兵，从而能快速赶到现场，驱逐袭击者。

↖ 围墙的围墙

罗马人在攻城时，用城墙作为武器封锁目标城市，断绝它的外来帮助和支援，使整个城市挨受饥饿，直至投降。这是公元前49年，尤利乌斯·恺撒进攻马赛利亚的场景。马赛利亚就是今天的马赛。

↖ 来自非洲的军团士兵

罗马士兵是从广大的帝国的各地征募的。他们经常被派往远离家乡的地方，这是为了确保他们不会逃跑。

知识链接

* 公元前476～前221年，各种土墙在中国北部地区建成。
* 公元前221～前206年，秦始皇下令将各段土墙连成一体，从而建成了万里长城。
* 公元100年，罗马人修建了横跨德国和罗马尼亚的城墙。
* 公元122年，哈德良皇帝命令在罗马帝国北疆修建城墙。
* 公元8世纪，麦西亚国王奥法修建了城墙，把英格兰和威尔士分开。

↘ 英里城堡

由于哈德良长城的保护，在哈德良长城英里城堡的周围发展起来了一些小城镇，有商店、市场、酒馆和浴池。许多守卫长城的罗马士兵在城镇里安了家。

↗ 建造万里长城

明朝时，长城是由平整的石块和砖头建成的，它有10米宽，7.5～12米高，上面是1.5米高的胸墙。城墙上面有足够5匹马并排驰骋的宽度。每200步，即大概150米，就有3.5米高的塔横跨在城墙上。弓弩手会占据着这些塔之间的城墙空间，信号旗或者烟火用来在塔间传递信息。

万里长城沿着北方边境线建造，原始目的是为了拖延北方的攻击，从而让中原军队的主力能及时赶到有威胁的地区，并打败敌人。

公元 122 年，罗马皇帝哈德良游历英格兰北部时，命令建造一个物理屏障，以防御古苏格兰那些蛮族部落。起初的屏障是由木材和泥土建造的，最终建成了石墙。它从东海岸的沃尔森德延伸至西海岸的伯尼斯，大约 118 千米长。石墙利用了自然地貌，例如峭壁来增加高度。它有 2.3 ~ 3 米宽，4.5 米高，上面有 1.5 米高的带垛口的胸墙。每隔 1.6 千米（1 英里）就有一个城堡，城堡之间有两个防护塔楼。这些城堡由 16 个士兵把守通道，塔楼可以作为值班士兵的庇护所或者信号站，而另外有 10 个堡垒用来安置守卫石墙的士兵。

哈德良长城是一个高效的军事屏障，如同其他罗马屏障一样，它标志着罗马帝国的边界，在这边境之外就是蛮族。

■ 围攻武器

罗马人有一套成功的围城攻城方法。首先，他们观察目标堡垒或城市是否有攻击的必要性，然后包围目标的外围防护带，以防止目标盟友军队来援，接着开始系统地摧毁它。这需要几种特殊的武器，攻城塔就是最重要的一种。

↗ **战争中的工匠**
罗马人擅长设计和制造，也精通攻城战术。围攻一个大城市就像实施一项重要的工程。大量的木质设施要快速建造，且安排到位。攻城可能持续许多年，因此设施必须足够牢靠。

攻城塔的历史图片看起来就像一个可移动的多层建筑物，有不同的高度。在公元 70 年的罗马人围攻耶路撒冷的战斗中，使用的铁皮攻城塔有 10 米高，上面还有弹弓。攻城塔还安装有吊桥，放下后能跟城堡城墙连在一起。1099 年的耶路撒冷攻城战中，十字军雇佣的军队工匠德·贝亚恩和德雷克制造了两个跟罗马人使用过的攻城塔一样高的攻城塔。

我们拥有的关于攻城武器的资料最早的在公元前 400 ~ 前 200 年。其中有技师戴亚德斯的著作，他为亚历山大大帝工作。戴亚德斯发明了两种不同寻常的攻城武器，并为后代所模仿。第一种是壁钩，它由木头托架投掷出去，像带着两只爪的锤子，可以用来拉倒城墙上的城垛。另一种是攻城跷跷板，这是一种起重机，有一个大箱子或者篮子挂在上头。士兵进入篮子后，能被吊起到敌人的城墙上去攻击。

知识链接

* 公元前612年，亚述帝国的首都尼尼微城（在现今的伊拉克）被攻陷和摧毁。
* 1346 ~ 1347年，加莱攻城之战。
* 1429年，奥尔良攻城之战，后被圣女贞德解围。
* 1453年，君士坦丁堡攻城之战，最后土耳其人攻下城市。
* 1871年，巴黎攻城之战。居民被迫食用动物园中的动物。

攻城塔

动物皮覆盖物

↗ **古代攻城武器**
巴比伦的攻城器械击破了敌人堡垒的城墙，而射手正往墙内射击。

攻城塔

为了能登上城墙与防卫士兵战斗，攻城士兵需要与防御士兵处于同一高度，且距离要足够近。移动的攻城塔能被推到离城墙足够近的地方，这样塔上的士兵就能射击敌人，并最终通过吊桥到达城墙上。

攻城怪兽

一个很有创意的攻城机械设计。怪兽口中的加农炮边开火，边接近敌人。胸口的斜坡能降下来攻击敌人。

↙ 亚历山大大帝

亚历山大大帝是一个优秀的将军，他攻陷了不少城池，最有名的就是提尔攻城之战，持续了7个月之久。

移动掩体

↗ 可移动的盾

移动掩体或者是一排安装在一起的篱笆，或者是上图中的可移动的盾，它能接近敌人城墙，给射手提供遮挡防护。

一些小型的武器也被采用。云梯是一种质量较轻的梯子，有时顶上还有钩子。士兵使用这些来攻城，他们快速前跑，然后架上梯子向上爬。

抓钩是连着一段绳的钩子。士兵能抛出抓钩去钩住城墙上的垛墙，然后沿着绳子爬上去。

当士兵爬城墙时，射手必须在掩体后面不断射箭，以让敌人疲于应对。否则防卫士兵可能会割断绳子或推倒梯子。

另一种进入城堡的办法就是使诈。在特洛伊人和希腊人进行的特洛伊战争中，希腊人假装撤退，他们给特洛伊城留下了一个大木马当分别礼物。特洛伊人把大木马推进了城里，他们没有意识到希腊士兵就藏在木马里头。一进城里，希腊人就跳出来，经过一些战斗，他们终于接管了城市，赢得了战争。

↗ 进城

亚述人的攻城塔的吊桥能降在敌人的城墙上，同时进攻士兵大量涌入城里。

■ 轰击武器

在士兵拥有加农炮以前，轰击武器是基于自然力建造的。

中世纪经典的攻城武器是基于下面3个原理中的一个工作的，即弹力、扭矩和反重力。弹力武器，例如巨大的弩弓，是用紫杉木或者白蜡木等弹性木材制成的。

扭矩意味着需要扭曲。扭矩武器的力量来自于扭曲的绳索，扭得越紧，一经松开力矩越大。这种方法能用来发射石头或者标枪。公元3世纪的罗马人给他们的一种扭矩武器取绰号叫"野驴"，这是因为绳索松开时，机械臂会有强烈的反弹动作。他们使用一种由人类头发制成的绳索，

↗ "野驴"

这一武器是在公元3世纪时发明的，它的名字来自于棘轮松开时机械臂强烈的反弹动作。

175

制导发射物

在火药用于战争以前，只能通过臂力向敌人投掷武器。士兵必须足够强壮，从而能拉伸或扭曲绳索，也能举起重物，这样才能让弹弓和投石机工作。

↗ **阿基米德**

作为一位西西里岛的科学家，阿基米德在公元前213～前212年的攻城战中，为锡拉库扎的守卫士兵设计武器。他的武器在对付罗马的舰队时特别有效。

↘ **希腊火**

攻城武器正在投掷希腊火，这是一种化学混合物，能点燃城墙上的敌人。

↙ **密集攻击**

这种机械设计为一次性射一堆箭或者标枪，虽然它的目标可能不是很准确。

↗ **弩炮**

罗马人发明了弩炮来发射各种物品。它更像是弩弓，但经改装能发射各种弹药。图中是一种轻型弩炮，能发射石头和标枪。

知识链接

* 公元前400～前200年，弹弓从亚述引入罗马。
* 公元前211年，骑兵用的弩弓用于防御锡拉库扎城，这可能是阿基米德设计的。
* 公元100年，希腊人做成铁架弹弓。
* 公元101～107年，罗马人在大夏（中欧）战争中使用弩炮。
* 公元300年，罗马人使用投石器。直到中世纪，投石器仍然在使用。
* 13世纪50年代，投石器广泛使用。
* 11～15世纪，中世纪的欧洲使用弹性攻城武器。

↗ **中国的连射弩弓**
一件非常罕见的中国连射弩弓样品，又称楚国弩。

因为头发非常柔韧。

弩炮有点像弩弓，它的力量来自于被弯曲的两段木头，而木头可以通过扭曲绳索或发辫来弯曲。

大约公元500年，反力武器或者投石机从中国引入欧洲，它有点像一头是重物、另一头是环索的巨大跷跷板。石头等发射物能放进环索里

↙ **巨型弹弓**

在掩体的保护下，3个士兵正在拉紧弹弓的弹力绳索，而第四个士兵在准备发射用的石头。最大的弹弓能发射22.6千克的石头达365米远。

头，然后用绳索拉低，重物那一头就抬高到空中。当绳索一松开，重物那一头就会掉下来，同时抛起石头。

投石机不仅仅投掷石头，也投掷燃烧的东西上敌方城墙，试图引燃一些东西。人和动物的尸体也可能被投掷过去，希望能传播疾病，并打击防卫士兵的士气。

在今天看来，这些武器显得粗糙且简单，但是在中世纪的欧洲，限于恶劣的道路和简单的木匠工具，建造一个像投石机或弹弓的武器，并让它工作起来，本身就是一个壮举。

■ 坡道、破城槌和地道

为了让武器能更靠近敌人，攻城部队在城堡或城市的城墙边上建造了坡道。坡道必须通过充满水的护城河。理想情况下，会建造有多条坡道，这样守城的人就不知道攻城方会在哪条坡道上主攻。这种用篱笆、紧压的土和石头建造道路的技术始于罗马人。一旦攻城方填平护城河，然后建造坡道直达敌人的城墙，接着破城槌就会被运送到适当的位置。破城槌是一种古老的攻城武器，它是由沉重的树干做成的，悬挂在木头框架连着的铁链上。破城槌整体被木制的棚屋保护着。棚屋的屋顶和墙都由动物皮覆盖着，以保持湿润，防止着火。

破城槌可能有一个金属的突出物，有时就像槌子头的形状，安装在树干的前端。通过推动破城槌去撞击城墙，经过一段时间和努力，士兵能在墙上撞出一个洞。

挖掘地道是另一种破坏城墙的办法。首先，

知识链接

* 公元前429～前427年，希腊的布拉底城被斯巴达人利用坡道攻破。
* 公元前415～前413年，锡拉库扎攻城战。
* 公元前52年，高卢的阿莱西亚攻城战。高卢王韦辛格托里克斯向罗马人投降。
* 公元72年，耶路撒冷马察达攻城战。罗马人建造了许多坡道以通过堡垒的坚固城墙。许多防御士兵宁死不愿被俘虏。

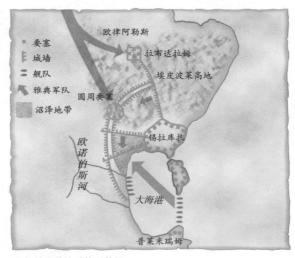

↗ **锡拉库扎攻城战形势图**

上图显示了公元前415年雅典人的锡拉库扎攻城战。雅典人在拉伯达伦建造了方形堡垒，并紧着要攻击的城墙建造了圆形的堡垒。但锡拉库扎城坚守住了，而且给予雅典人以沉重的打击。雅典人损失了将近200艘船和4～5万士兵。

↗ **希腊破城槌**

这种带轮子的高塔是一种二合一的武器。在下面的槌子撞击城墙的同时，上面的一个在推向胸墙。

撞击直至胜利

破城槌是用来在城墙上撞出洞来的重型武器，有许多不同的设计。在罗马人的攻城策略中有一条大家承认的规则，那就是一旦开始使用破城槌，城破后防御士兵得不到任何宽恕。因此从多方面讲，破城槌是一种恐吓的武器。

↖ **破城槌的工作**

这幅图片展示了11世纪的破城槌的工作场景。

↘ **槌架**

破城槌能用肩膀扛走或者用轮子运走。这种安有轮子的槌架能被推动，直到离城墙有一定的距离。这种竖立的结构能使破城槌撞击时更加有力量。

罗马坡道

这个坡道受侧面的高塔保护，长棚也会保护在坡道上工作的士兵。

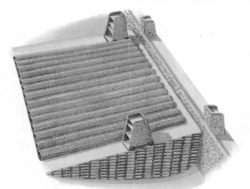

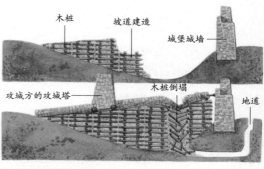

进攻与反进攻

防卫士兵会破坏坡道，他们挖地道到达坡道的木桩下，然后点火燃烧，导致坡道倒塌。

攻击士兵会制造一个可移动掩体，然后把它推到城墙边上。在掩体的保护下，士兵开始挖掘和拆卸城墙，接着他们用木板支撑城墙，让它别太快倒塌。当更多的城墙被这种方法削弱时，这些木板会被点着。当这些木板被烧光时，城墙也就倒了，大量攻城士兵便涌入这些缺口。同样，城堡里面的士兵也可以在攻击者的地道下面再挖掘地道，以让敌人的地道倒塌，或者在地道中搏斗。

钩住破城槌

守城方安装在起重机上的钩子会套住攻城武器，然后让它上下摇摆直到损坏为止。

■ 撞击和抓钩

在火药能让船远距离攻击另一艘船之前，战船使用轻型攻击武器、弓箭和投石器。这些攻击武器能杀死和伤害敌人，并摧毁帆和桅杆。射手和投石手作为狙击手，能击落敌船上的许多目标。船的撞击能造成巨大的损坏。从公元前600年的希腊人到1588年的西班牙舰队，以桨为动力的大型划船装有一个很长的铁嘴撞角，诀窍就是用它撞进敌人的船体内。

↗ **希腊火**

火药在海上能被当做武器使用。"希腊火"是一种易燃性化学物，大约公元4世纪时，由拜占庭战船使用。

罗马人在公元前260年的西西里岛的米莱会战中展示了一种新武器。乌鸦座是一种带有重钩的踏板，它旋转到敌船上方，然后坠落抓住甲板，于是踏板上的士兵可以通过乌鸦座冲向敌船。罗马人最终取得米莱战役的胜利并接管了地中海。

钩锚，即具有重链的钩子，后来在海战中用来帮助固定位置。一旦敌船横靠过来，并开始登船，那就成了海上的陆地战斗，大家进行肉搏战。中世纪的船的设计考虑了这些，在船头和船尾建有带开垛口的木质"城堡"。这就是为什么船头称为艏楼的来由。

英格兰战船"玛丽罗斯"号，1545年沉没于朴次茅斯，标志着海上古代战争到现代战争的转变。当它于1982年从淤泥中被打捞起来时，还能看到它的长弓和大炮武器。这艘船没有设计"堡垒"，但在较低

知识链接

* 公元前480年，萨拉米斯战役。希腊战胜波斯。
* 公元前262年，西西里米莱战役。罗马人取得胜利，接管了地中海。
* 公元前241年，西西里利俾围战役。罗马人打败迦太基人。
* 公元前31年，阿克兴角战役。屋大维打败安东尼和埃及人。
* 1571年，勒庞多湾战役。
* 1588年，英国战胜西班牙舰队。

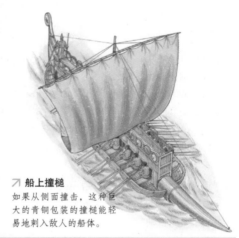

↗ **船上撞槌**

如果从侧面撞击，这种巨大的青铜包装的撞槌能轻易地刺入敌人的船体。

海上战争

在火药改变战争之前，船能撞击敌船或者切断对方的桨。其中最厉害的武器就是乌鸦座和能运载攻击塔的双船体的船。

↙ **装饰精美的撞槌**

这个精心制造的船首，有着一排剑形状的撞槌，显示了这艘经典战船的工艺质量。

↗ **罗马海战**

罗马人和迦太基人的战争一般是大规模的，经常各种船只锁链在一起，如同陆上双方在战斗。

↗ **火船**

这种灵活的小船设计为携带一盆燃烧的焦油进入抛锚的敌方舰队中间，它能烧毁桅杆和桨，具有让比自身大得多的船沉没的能力。英国人就曾向抛锚的西班牙舰队送出这种类型的火船。

的甲板上安有炮门，沉重的舷侧炮就安放在这些炮门里。当它们开火时，能摧毁敌船的桅杆和船体。

1588 年的"英西大海战"中，英国皇家海军展示了他们船的现代设计和技巧熟练的水手，而良好的天气条件让小舰队处于不利的地位。西班牙有 20 艘巨大的帆船，还有 44 艘武装的商船、23 艘运输船、35 艘小船、4 艘两边重型武装的大型划船和另外 4 艘一般大型划船，所有船上安装有总共 2431 门炮。英国在普利茅斯有 68 艘船，在伦敦有 30 艘，在更远的英吉利海峡东边有 23 艘。除了水手工作技巧和船的设计外，它们的威力还来自于 1800 门重炮，其中大部分是远程大炮。

在"英西大海战"中，英国人终于阻止了西班牙人登陆英格兰。

↗ 舰队

1588 年 7 月 28 日的黎明前，作为"英西大海战"的一部分，英国人向停泊在弗兰德斯的西班牙舰队送出了火船。这迫使西班牙人割断他们的锚绳。在接下来的大规模海战中，因为暴风雪，阻止了英国舰队抓捕和摧毁 16 艘已经遭受严重破坏的西班牙战船。

■ 战争中的海上运输

通过海上运载士兵和武器、车辆、马和食物，然后在敌方海岸登陆，这称为两栖行动。两栖意味着能同时在陆地和水上工作。古时候，这是很简单的行动，因为海岸没有防护，船也是平坦的，能够在到处是沙或者鹅卵石的海滩上登陆。

当船变得比较大时，大船无法靠在岸边，军队登陆前必须转坐小船。马能自己游泳上岸，但炮和马车是一个大难题。在恶劣天气下，登陆是很危险的，因此水手和士兵寻求受保护的停泊点，这样才能安全登陆和卸下物品。

关于两栖行动的最早记录之一就是罗马和迦太基的公元前 264 ~ 前 241 年的布匿战争，迦太基人居住在现在的突尼斯，而罗马人在现在的意大利。双方都通过地中海运送人马。迦太基统帅汉尼拔甚至用船把 80 只战象从北非带到西班牙。

还有更早的两栖行动。最著名的就是荷马的《伊利亚特》——这是一部既有事实又有神话的史诗——其中描述的为了进攻特洛伊，在阿伽门农的领导下，希腊人航行穿过爱琴海。特洛伊城的考古学资料说明这次海上航行大约在公元前 1200 年左右。

公元前 490 年 9 月，一支入侵的波斯舰队在雅典附近的马拉松海岸登陆了 2 万军队，但他们被只有 1.1 万人的雅典人打败。遭受惨重的损失后，波斯人返回自己的船只，然后逃跑了。

在欧洲大陆，没有必要通过海上运输士兵。在公元 205 ~ 577 年间，萨克逊人经常从海上登

↘ 侵略

1066 年，诺曼底的威廉运载了 9000 士兵和他们所有的马匹、装备，侵略了英格兰。

知识链接

* 公元前490年，马拉松战役。希腊战胜波斯。
* 公元前415年，雅典人登陆西西里，围攻锡拉库扎。
* 公元前54年，罗马第一次入侵不列颠。
* 公元43年，罗马第二次入侵不列颠。
* 公元5世纪，朱特人、盎格鲁人、萨克逊人袭击英格兰。
* 公元8~9世纪，维京人袭击欧洲。
* 1027年，诺曼底人在意大利南部登陆。
* 1066年，诺曼底人入侵英格兰。

↗ **马拉松战役**

公元前490年，波斯入侵希腊。波斯国王大流士用船装载15万士兵，从现在的土耳其北部出发。他在马拉松附近登陆了2万强力士兵，与希腊大约1.1万士兵在海边的平原上遭遇，最终波斯损失6400人，而希腊仅损失192人。

陆偷袭，而公元800~1016年间，维京人也光顾了东部英格兰和法国北部。他们没有那么多的军事上的"粉碎和抢夺"的两栖行动，萨克逊人和维京人最终在他们曾经抢劫过的土地上定居下来。

对于英国等岛国来说，最可能被敌人的登陆行动所威胁。在海港和可能登陆的地方建造守望塔和防御工事是不错的想法。

陆地和海上战争

如果不使用船只，岛国不会受到攻击。有时，登陆是一个大战役的开始。它们可能是对某个防御点攻击战的一部分，或者意味着海岸边的战争的一个逃出口。维京人使用他们的船就像现代的"逃亡的汽车"，袭击一个居住点后就逃之夭夭。

↗ **特洛伊的海伦**

斯巴达国王的妻子海伦美丽动人，据说她的美貌能倾覆1000艘船。她被特洛伊王子帕里斯诱拐，导致特洛伊战争的发生。

↗ **自然的浮力**

一位闪族士兵使用膨胀的动物皮作为漂浮物，以帮助他通过满急的河流。

↖ **军队运输船**

像图中的船被用来摆渡军队渡过地中海，然后上岸战斗。

进入火器时代

火药的起源有些争议。大炮和炸弹可能早在 12 世纪就已经被用于中国的战场上，在欧洲，它们首次使用的记载是大约两个世纪以前。这些火器被训练有素、纪律严明的职业军队所拥有，最终主导了战场。

↗ **马背上的火器**
轮枪很适合在马背上的士兵使用，因为他们需要腾出一只手来驾驭马。

■ 古代火器

西方最早的火器大约制造于 15 世纪。它们看起来像小型的加农炮，小得可以让步行和骑马的士兵随身携带。

↗ **轮枪**
轮枪利用弹簧接触轮与黄铁矿块摩擦来产生火花，从而在射击时点燃火药。这种枪比较昂贵，没有得到普遍使用。

↗ **火绳枪**
火绳枪在欧洲使用到 18 世纪，而在印度部分地区一直使用到 20 世纪。

知识链接

* 1411 年，出现简单火绳枪的最早例子。
* 1518 年，轮枪在神圣罗马帝国遭禁止。
* 1540 年，制造出第一把手枪。
* 1547 年，发明了燧火枪。
* 1550 年，发明了膛线枪。
* 1570 年，西班牙步枪广泛使用。
* 1660 年，燧火枪广泛使用。
* 1700 年，火绳枪在欧洲没落。

斧头

↖ **斧子轮枪**
大约在 16 世纪，轮枪和短柄斧很有创意地结合在一起。这个时期的手枪都有精美的镶嵌物和花纹。

铁格子

枪管

刀片

↗ **手枪刺刀**
1788 ~ 1790 年间制造的燧火手枪，带有短刺刀形状的刀片，能给持枪者以帮助。

↗ **盾枪**
盾中央有一把火绳枪，大约制造于 1544 ~ 1547 年间。枪管上头有一个铁格子，方便使用者躲在后面瞄准目标。

手枪

改进的金属工艺和设计，使得手枪更加可靠、轻便。很长时间里，步兵和骑兵战术不断改变，以适应这些火器，而武器仍然由工匠手工制造。拿破仑战争以后，步枪和手枪开始大批量地制造。

模具

带膛线的枪管内部

高速旋转出枪管的子弹

↗ **火药筒**
黑色火药一般储藏在火药筒里，以确保干燥。许多火药筒是由中空的动物角做成的，这些角有一个管口，能按定量倒出火药。

↗ **弹药及其模具**
步枪射击用的铅球很容易用简单模具做出来。一旦熔化的铅变硬，模具的手柄就会自动松开，弹药就做好了。通过这种办法，士兵能在需要时自制弹药。

射击孔

↗ **膛线**
膛线是枪管里的一种凹槽系统，能让子弹高速旋转地射出枪管，从而提高枪的命中精度。膛线武器在 19 世纪初还是比较少见的，而现代枪支基本都使用了膛线技术。

那时的火器看起来如同现代海面上发紧急求救信号的手持式发光工具，只是在手柄上安装有枪管。

到了 15 世纪末 16 世纪初，标准的火器大约 1.5 米长，具备了枪管、枪托和枪柄。枪托支撑着枪管，枪柄在开火时，会被搁在开枪者肩膀的弯曲处。

火绳钩枪是一种比较大的火器，经常安放在三脚架上使用。它需要两个人操作，一个瞄准，另一个把点燃的烛心放进通风孔。负责搬运这些沉重武器的士兵，渴望工匠能把它们变得轻便、简易些。火绳枪就是第一个改进，它能通过点燃一段浸泡过硝石化合物的导火线来开火，这样就延长了火药的点火时间。这些导火线被缠绕成称为"大毒蛇"的曲杆。装满火药的浅底盘有一条细管伸入到枪管里头，操作火绳枪时，士兵先点燃导火线，打开浅底盘的弹簧接触盖，然后拉动扳机，使导火线掉进火药中，从而点燃爆炸。

↗ **步枪手**

配备有重型的西班牙风格火绳枪的步枪手，需要一个叉子支架方便操作。从 1567 年起的 100 多年里，火绳枪在欧洲得到普遍使用，而步枪手也成为军队中的精锐。

火绳枪对于需要一只手拿缰绳的骑兵来说，不是一件实用的武器。因此人们发明了轮枪，它工作起来有点像老式的香烟点火器。一拉动扳机，火药浅底盘就打开盖子，接着金属轮就摩擦一块黄铁矿石，然后产生一串火花。马背上的士兵能在马鞍里或者在马靴的开口处放上两三支短管的手枪。燧发枪是后来发明的火器，它们用遂火石和钢铁来产生火花，一直被使用到 19 世纪中期。训练过的士兵能用无膛线燧发枪每 20 秒射击一次，但射程超过 80 米后，射击就不是很准确了。

■ 火药革命

"火药"或"黑火药"这个词，是指一种木炭、硝酸钾（硝石）和硫磺的爆炸混合物。火药引入战争，代表了军事技术的一个巨大进步：驱动飞弹的能量第一次可以以化学方式，而不是人类肌肉力量或机械力量的方式储存起来。所谓的"火药革命"并不是一夜之间突然发生的。人类开发出真正有效的火药武器，并计算出如何在战争中使用它们达到最佳效果，要花费许多年，然而这场革命的影响在全世界都可以深刻地感受到。

关于黑火药何时何地被首次"发现"和第一次如何应用到武器中存在各种各样的观点。大多数历史学家都同意火药在 10 世纪早期的中国就已经被人认识到。很明显，在那时的中国，火药被用于道教的宗教仪式之中，稍后又被做成爆竹和发射信号的设备。然而，中国人是否在接下来的几个世纪里使用了黑火药武器，这一点仍然存在争议。部分历史学家断言阿拉伯科学家在接近同一时期制造了黑火药，或者

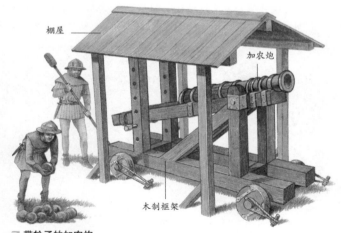

棚屋

加农炮

木制框架

↗ **带轮子的加农炮**

在棚屋的保护下，这管加农炮安放在简单的框架上，允许炮手在城堡周围移动它，用来炮击敌人的城墙。加农炮用绳索和木栓固定住，这既能吸收火炮发射时的反弹力，也能保证准确度。

↗ 有掩体的加农炮
早期的加农炮形状就像啤酒桶似的，安装在木制载体上。

↗ 英格兰火炮
一位炮手拉起了掩体，而另一位正准备点燃火炮发射石弹。

欧洲中世纪的炼金术士们在他们不停地寻求将贱金属（像铅）变成黄金的方法的过程中偶然发现了黑火药的配方。爆炸性火药在几个世纪里同时在几个不同的地方出现，这是有可能的。

在 10 ~ 14 世纪的某个时候，人们发现黑火药可以推动管中的飞弹。火药武器使用的最早记录出现在 1326 年欧洲的一份手稿中。它描述了一个战士将一根烧红的铁棍放在一个花瓶形容器的底部，点燃了一个像箭一样的弹射物。

除了这样的原始武器以外，大炮（一根铁管连在一个木制的架子上，发射铁丸或燧石）也出现了。由于这个时代的冶金术和化学还很原始（一种真正稳定的、可以储存的火药直到 17 世纪才出现），这些早期的大炮很容易爆炸，它对炮手的威胁往往要比对敌方目标的威胁更大。

大炮在战争中的首次使用也存在争议。英法百年战争中特雷西战役的一个报道，首次描述了英军使用"射石炮"来抵抗法军的过程。在 1415 年的阿金库尔战役中也使用过大炮。由于这些早期大炮射击的准确性很差，它在战场上的效力更多的是体现在心理层面上，因为浓烟、烈火、震耳欲聋的炮声，加上大炮发射出炮弹确实可以将一个骑士从马上击落，或者打散一个步兵编队（这要非常幸运

炸药的使用

14 世纪，火药在欧洲第一次被用于战争。自 11 世纪起，中国就开始使用它来点燃战场上的火箭。它能比绳索、反重力和弹性物质提供更大的力量，但会产生浓烟。

↗ 手持的大炮
手持的大炮在 1364 年开始使用，是向今天我们所了解的手枪演变的第一步。炮手不得不用一把分叉的枪来支撑沉重的炮身，以让它保持稳定。

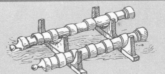

↘ 双发射
这些加农炮安放在同一个架子上，这样能快速地接连对同一城墙或者城门进行射击，如同双筒武器。

↘ 手持的迫击炮
这是 16 世纪的一种高抛发射物到敌军方队的短筒武器。

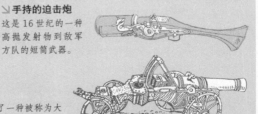

↘ 蛇炮
艺术家杜勒的这幅画描绘了一种被称为大毒蛇的炮，因为它看起来就像一条蛇。许多早期浇铸的大炮形状都像蛇。

* 1242年，罗杰·培根写下了关于火药的公式。
* 1324年，加农炮被用于法国梅斯的攻城战中。
* 1342年，加农炮被用于西班牙阿尔赫西拉斯的攻城战中。
* 1346年，加农炮被用于法国克雷西战役中。
* 1450～1850年间，许多大炮是由青铜、铁或者黄铜浇铸的。
* 16世纪，金属炮弹代替石弹。
* 1571年，勒庞多湾战役中，使用了安装有重炮的军舰。

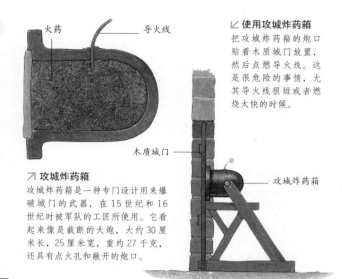

使用攻城炸药箱
把攻城炸药箱的炮口贴着木质城门放置，然后点燃导火线。这是很危险的事情，尤其导火线很短或者燃烧太快的时候。

↗ **攻城炸药箱**
攻城炸药箱是一种专门设计用来爆破城门的武器，在15世纪和16世纪时被军队的工匠所使用。它看起来像是截断的大炮，大约30厘米长，25厘米宽，重约27千克，还具有点火孔和敞开的炮口。

地命中），这对于那些从未见过这样武器的士兵而言是非常可怕的。

　　然而，早期大炮最有意义的用处是将其作为进攻武器来轰倒城墙和其他堡垒。到15世纪末的时候，法国和意大利的枪炮制造工匠已经制造出相对结实和便于携带的枪炮，像法王路易十一（1423～1483年）和他的继任者查理七世（1470～1498年），这些统治者都熟练地使用炮兵以在国内巩固政权，在国外争夺地盘。

　　虽然要塞与堡垒的加固最终削弱了这种攻城大炮的效力，但在某种程度上，这些武器在促进欧洲中央集权民族国家兴起的过程中仍然发挥了重要作用。在同一时代，奥斯曼土耳其帝国使用了大量攻城大炮——有些大炮如此之大，以至于只能在战场上现场制造——并于1453年摧毁了君士坦丁堡（现在的伊斯坦布尔）的城墙，终结了持续1000多年的拜占庭帝国。

　　大约15世纪初，步兵使用的火器开始在战场上出现。最初它们被称为手炮或手持火炮，后来它们以各种各样的名称为人们熟知，包括火绳钩枪和火绳枪，后面这个词汇可能来自法语 mosquette。这些火枪使用火绳点火装置，这种装置在潮湿的环境下是不可靠的：作为前膛枪，它们的发射速度较慢；作为滑膛枪，它们只能在近距离（典型的不超过75米）保持准确的射击。17世纪燧石发火装置的引入，增加了火枪的可靠性，但是射击速度慢和相对不准确的问题直到19世纪枪栓的出现和来复枪被广泛接受后，才得以解决。

从火绳枪到燧发枪

　　手持的火药武器（通常被称为手炮或手持火炮）是与炮兵同时出现的。15世纪中期，这些武器第一次出现在欧洲，从根本上而言，它们只是微型炮，通常由一个士兵握在手里或者用肩膀扛住（常常由一根木桩支撑），而由另一个士兵通过慢引火线点燃武器。火绳发射系统的引入导致了重量更轻、更易使用的手持枪炮的发展，它们可以由一个人进行装卸和射击，包括火绳枪和它后来的改进——滑膛枪。在接下来的一个世纪，装备了火绳枪的步兵团，成为欧洲和亚洲军队的主要组成部分。

↗ **中国的信号枪**
虽然中国可能早在10世纪就首次使用了火药，但是中国人何时将火药用于制造武器，这个问题尚存争论。中国人确实出于礼仪庆典、制作爆竹和发射信号的目的使用了火药。这里展示的是中国的手炮，产自18世纪，可能被用于发射信号。它由青铜制成，并饰有一条从炮尾延伸到炮口的龙。

↗ **印度的特拉多**
特拉多是一种在印度使用了几百年的火绳枪。这个样品产自18世纪或19世纪早期，有117厘米的枪筒，枪口刻有豹头的形状。枪尾和枪头的特点是饰有钢嵌金箔——一种将钢和金镶在一起的装饰物。

来复线

　　早在 15 世纪，欧洲的军械匠们就开始在枪筒的一边开槽（一道被人称为制造来复线的工序）。起初的目的可能就是要减少残存在枪筒中的火药累积物，但是，后来他们发现带有螺旋槽的枪筒，可以使子弹在射击中具有更强的稳定性和准确性。然而，制造来复线是一道复杂的工序，这一困难一直持续到工业革命带来技术进步后。虽然来复枪被用于打猎和装备特别军事部门，但是直到进入 19 世纪，大多数火器仍然是滑膛装置（也就是非来复线装置）。

肯塔基步枪

　　作为一种深深植根于美国历史和民众中的武器，肯塔基步枪（或长枪）由 18 世纪中期宾夕法尼亚、弗吉尼亚和其他殖民地的德国移民枪械工匠首次制造出来。肯塔基步枪的名字在《肯塔基的猎人》这首歌中不断出现，这首歌赞美了肯塔基州 1815 年新奥尔良战役中志愿者的精湛射术。德国的枪械工匠一直生产较长的步枪，而传统的德国猎枪相对较短，枪管大约长 76 厘米。

　　在美国，枪械工匠们开始将枪管加长到 101 ～ 117 厘米之间，这样就大大增加了射击的准确性。典型的 126厘米枪管的武器，最终证明对于北美荒原上的狩猎而言非常理想。这些枪非常漂亮，通常带有一块弯曲的枫木枪托和漂亮的饰物。从边疆招募而来的枪手队在革命战争和 1812 年的战争中和英军作战。虽然能够远距离射击取人性命（革命战争期间，一个英国军官报告说一名美国步枪手在 366 米的范围内射中了他的吹号手的马），但是长步枪重装火药的速度甚至要慢于滑膛火枪，这个事实限制了其在传统战争中的效力。

　　最初的许多燧发枪（长枪），后来被改装成击发式枪，包括下图展示的两件武器样品。它们是由宾夕法尼亚州兰开斯特县的勒马斯家族制造的，勒马斯是一个活跃于 18 世纪中期到大约 1875 年之间的杰出枪械工匠家族。

　　尽管长度非常长，火绳枪的其他缺陷还是使得军械匠们不得不去试验更为优良的手持武器的发射装置。这一领域的主要进步随后出现在 16 世纪早期的簧轮装置的引入，但是这一装置随后又被燧发装置所取代。燧发枪在 17 世纪的欧洲被广泛接受，直到撞击式雷帽装置在 19 世纪引入时，燧发枪在世界上大部分地方仍然被普遍使用。

　　火绳枪的"引火线"实际上是一根浸满化学物质（硝酸钾和硝石）的长线，可以使其缓慢燃烧。引火线被系在一根 S 型的控制杆上。拉动扳机降低引火线，点燃起爆炸药，然后通过触摸孔点燃装在

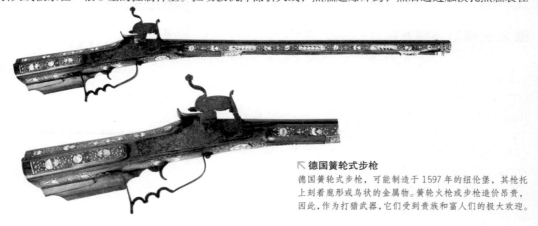

↖ **德国簧轮式步枪**

德国簧轮式步枪，可能制造于 1597 年的纽伦堡，其枪托上刻着鹿形或鸟状的金属物。簧轮火枪或步枪造价昂贵，因此，作为打猎武器，它们受到贵族和富人们的极大欢迎。

◣ 阿拉伯人的步枪

一把使用了早期燧发装置的阿拉伯人的燧发枪。其枪管镶有银线，和来自北非以及中东的许多枪一样，枪托是一块雕刻精美的象牙。

◣ 群射枪

群射枪——一种带有多个枪管，所有枪管同时发射的武器——被用于近距离的海战，以击退登上舰船的敌兵。群射枪中最为著名的可能是上图展示的这款诺克群射枪。虽然著名的英国枪械工匠亨利·诺克制作了这种枪，但很明显他并非是这种枪的设计者。这种群射燧发枪首次出现于大约 1780 年，有 7 根 51 厘米长的 12.7 毫米口径的来复枪枪管。英国皇家海军定制了大约 600 件这样的武器。虽然群射枪很明显是一种可怕的武器，但是它也有不利的一面：这种枪的反作用力非常大，足以击伤射手的肩膀，枪口产生的热浪有时则会引燃船帆和绳索。这种武器对于伯纳德·康威尔的通俗历史小说系列（发表于拿破仑战争期间）的那些读者而言并不陌生，它在拿破仑战争中扮演了主要角色。

炮筒的主火药，引燃炮弹。后来，装线的改装大炮、弹簧锁，则将蛇形岩（火药的材料）"折断"塞入火药池。

肩扛火绳枪有各种名称，如火绳枪、钩枪、卡利夫。火枪和滑膛步枪有许多缺陷，最显著的缺陷是它在潮湿的天气下往往不可靠，引火线会把炮手的位置暴露给敌人。尽管存在这些缺陷，火绳枪炮却非常耐用，这在很大程度上是因为它们制造成本低廉，操作简单。

簧轮装置将一个装载了发条的、带有锯齿的铁轮和一个狗状或公鸡状的装置（一对固定着一块金属磨石的金属爪）装在一起。这个铁轮通过在弹簧上施加压力来上紧发条（通常用一把钥匙来上紧发条）。扣动扳机时，公鸡形装置就会击中旋转的铁轮，擦出火星，点燃火药。关于簧轮式枪何时、何地、如何出现的问题存在各种不同的说法，但是它的发明确实有可能是从那时使用的手持引火绒中获得的灵感。

⬈ 死亡列枪

死亡列枪又被称为"死亡风琴"或"风琴枪"，因为它们的一排枪管就像一架风琴。上图展示的武器产自 17 世纪，是一种早期的多发武器。这件武器样品有 15 根枪管，每一根有 44 厘米长，被固定在一个木制的底座上。后来风琴枪演化成列枪，直到美国内战还被用于保护桥梁和其他易受攻击的地方。

簧轮装置的引入极大地推动了手枪的发展。手枪这个词可能来源于生产武器的意大利城市皮斯托（Pistoia）。当然也有其他说法，如早期的手枪常常被称为 dags，它可能源于一个古老的法语单词"匕首"（dagger）。手枪的出现使骑兵部队拥有了火力，同时，作为一种可以藏匿的武器，罪犯和杀手们也很快就使用了手枪。1584 年，簧轮枪被用于刺杀荷兰护国公——"寡言威廉"，这是世界上第一场使用手枪进行的政治暗杀。

簧轮枪的辉煌是短暂的。16 世纪中晚期，北欧人制造了早期燧发装置（这个词源于荷兰语"啄木鸟"），即用公鸡形的装置扣住一块燧石，燧石延伸到扳机上来撞击一块钢片（火镰），使火星溅到火药盆里。一种类似的枪机，出现在大约同一时间的南欧。对于上述两种枪的改进最终使得 17 世纪早期出现了燧发枪。

■ 燧发手枪

燧发射击装置的采用造成手枪的大规模生产。尽管燧发手枪存在显著的缺陷（近战缺乏效力，前膛装药速度缓慢，不适应险恶

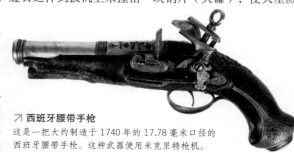

⬈ 西班牙腰带手枪

这是一把大约制造于 1740 年的 17.78 毫米口径的西班牙腰带手枪。这种武器使用米克里特枪机。

的天气），但是它们还是成为了一种有潜力的私人防身武器。自我防御在那个没有组织化的警察部队，而且强盗隐匿于深夜的城镇街道、出没于乡村小路的时代而言，并非一件小事。

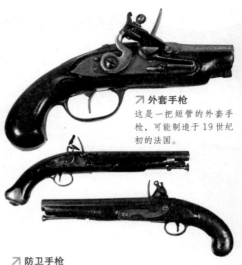

↗ 外套手枪

这是一把短管的外套手枪，可能制造于 19 世纪初的法国。

» 外套手枪、皮套手枪和腰带手枪

总体上而言，燧发装置时代的手枪分为 3 种类型：

第 1 种类型是外套手枪，也被称为旅行者手枪。正如枪名所提示的，这种手枪是一种精致的个人防御武器，足以放入那个时代人们所穿的上衣的袖子中。其中枪管很短的那种外套枪也可以放进人们所穿的马甲中或其他地方。

第 2 种类型是皮套手枪或马枪，它的枪管稍长，可以将其放入系在马鞍上的皮套中。

第 3 种类型是腰带手枪。它是一种大小介于外套手枪和皮套手枪中间的手枪，通常其上带有一个可以钩住腰带的钩子。

↗ 防卫手枪

这是一对 1796 年的英国皮套手枪模型。伦敦塔的标记表明这种手枪被颁发给皇家骑兵团。

» 转管手枪

虽然大多数燧发手枪和长枪一样也是前膛枪，但是所谓的转管手枪早在 17 世纪中期就已出现。这些武器有一个不能旋下的枪管，枪管要一发一发地装子弹；火药被放入枪尾的隔离仓。与同时代的大多数滑膛手枪不同，转管手枪有一个可以大大增加射击准确度的来复型射击枪管。英国内战期间（1642 ~ 1651 年），皇家步兵司令——鲁伯特王子据说曾使用过这样的武器击中了教堂顶上大约 91 米高的风标。然后，他又一次射中风标，证明第一次并非侥幸击中目标。

当然，也有多枪管的手枪，一种类型就是并列枪管，

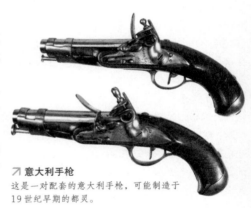

↗ 意大利手枪

这是一对配套的意大利手枪，可能制造于 19 世纪早期的都灵。

↙ 鸭脚手枪

"鸭脚"手枪（正如左图展示的，是由英国伦敦的古德温公司制造的一种 4 枪管的手枪）是多管武器，这样的称谓是因为相互之间有角度的枪管很像鸭子的脚蹼。在民间传说里，至少它们是船长和监狱看守们最喜爱的武器，因为这些武器可以用于镇压暴动的船员和狱囚。

火绒引火器

虽然火绒引火器并非一种枪，但是它的设计还是以燧发装置为基础，需要木片点火，通过燧石摩擦金属，产生火花。这件引火器大约制作于 1820 年，早于火柴。

其中每一个枪管都有一个单独的枪机控制射击；另一种是旋转手枪，有两个或多个枪管被分别装在枪上。这些枪管可以旋转轮换位置，通过一个枪机控制射击。枪械工匠也试验制造了燧发型胡椒盒手枪，甚至还有左轮手枪。然而，大多数燧发型的多发手枪往往都不可靠，有时会走火。

这里有一个例外，就是鸭脚手枪，这种枪在水平面上并列着几个枪管用于同时发射。

这种令人着迷的燧发型武器精品，从 15 世纪一直贯穿到 19 世纪，不仅极为罕见，而且是一种有着重大作用的武器。

■决斗手枪

个人之间为了解决个人荣誉方面的分歧而进行决斗有着古老的历史，但是我们今天所熟悉的决斗出现在文艺复兴时期的南欧，并在 18 世纪的欧洲和北美（主要在上层阶级中）开始获得迅速发展。虽然决斗被普遍地宣布为非法和受到谴责（乔治·华盛顿禁止他的军官进行决斗，并把它称为"谋杀"），但它还是在英国和美国继续发展到 19 世纪早期，并在欧洲大陆发展到稍后的一段时间。直到 18 世纪中期，决斗还主要使用剑来进行，但是已经开始转向使用火器，从而创造了一种新的武器——决斗手枪。

↗ 卡隆的盒子

法国的皇家枪械工匠——巴黎的阿方斯·卡隆，制造了这套 19 世纪 40 年代晚期的盒装手枪。这个盒子里有一套标准的附件——火药瓶、弹头铸模、推弹杆、清洁棒和放置撞击式雷帽的盒子。火药瓶上饰有埃及象形文字，这反映出古埃及图案在 19 世纪晚期的法国非常流行。

起初，决斗者使用普通的手枪，但是在大约 1770 年，军械工匠们（主要是英国和法国）开始生产用于决斗这一特殊目的的手枪。这些武器通常被制成"盒装套件"——两把相同的手枪与一个火药瓶、几个弹头铸模及其他附件被放在一个盒子里。由于决斗主要是上层阶级的习俗（至少在欧洲），因此，拥有一套价格不菲的盒装决斗手枪就成为一种地位的象征——就像今天驾驶一辆高马力的运动跑车一样。这些武器是由最著名（收费最高）的伦敦军械工匠（例如，罗伯特·瓦顿和他的竞争对手约翰以及约瑟夫·曼顿制造的。

大多数决斗手枪接近 45 厘米长，带有一根 30 厘米的枪管，通常的口径在 10.16 ~ 12.7 毫米之间。在 18.2 米的距离内（决斗者射击的通常距离），这些手枪的射击极其准确，虽然普遍接受的决斗规则规定只能使用滑膛枪和最简单的瞄准装置，但一些决斗者往往会被一种"盲射"的把戏所欺骗。

为了最大程度地实现射击的准确性，许多决斗手枪都带有一个"固定的"或"使射击准确的"扳机。这个固定的扳机充分利用了一种在扳机上保持张力的装置，只要轻轻的一点抠力就可以让手枪开火。而传统的手枪射击需要很大的抠力，这样往往会使其偏离射击者的目标。

除了射击的准确性以外，手枪射击的可靠性也是决斗者主要关注的，因此，所有的零件都得到精

---

200 年的恩怨

1804 年 7 月 11 日，美国开国元勋之一亚历山大·汉密尔顿在一次决斗中被他的政敌、美国副总统亚伦·波尔一枪击中，不治身亡。从那以后，他们的后代老死不相往来，直到 200 年后的某天，双方家族 100 多名后人终于齐聚新泽西州威霍肯市旁的哈得孙河边——当年他们祖先决斗的地方，其中两名后裔身穿古装扮演当年祖先，模拟上演了当年的"决斗"场面。他们希望以这种特殊的方式，纪念两位著名的祖先，化解双方家族 200 年的恩怨。

据报道，2004 年 7 月 11 日，安东尼奥·波尔——美国前副总统亚伦·波尔一个堂兄的后裔，身穿古代装束，划着一艘小艇到达当年祖先决斗的地方，他平静地走出 10 步远，突然转身从身上拔出一把手枪，朝前面的空地上开了一枪。而在他的对面，道格拉斯·汉密尔顿——美国开国元勋亚历山大·汉密尔顿的第五代曾孙假装臀部中弹，他抚着那个"历史性的伤口"单膝跪地，接着整个人跌坐在地面上。

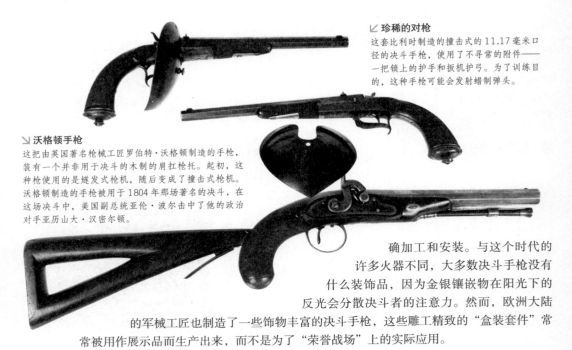

珍稀的对枪

这套比利时制造的撞击式的11.17毫米口径的决斗手枪，使用了不寻常的附件——一把锁上的护手和扳机护弓。为了训练目的，这种手枪可能会发射蜡制弹头。

沃格顿手枪

这把由英国著名枪械工匠罗伯特·沃格顿制造的手枪，装有一个并非用于决斗的木制的肩扛枪托。起初，这种枪使用的是燧发式枪机，随后变成了撞击式枪机。沃格顿制造的手枪被用于1804年那场著名的决斗，在这场决斗中，美国副总统亚伦·波尔击中了他的政治对手亚历山大·汉密尔顿。

确加工和安装。与这个时代的许多火器不同，大多数决斗手枪没有什么装饰品，因为金银镶嵌物在阳光下的反光会分散决斗者的注意力。然而，欧洲大陆的军械工匠也制造了一些饰物丰富的决斗手枪，这些雕工精致的"盒装套件"常常被用作展示品而生产出来，而不是为了"荣誉战场"上的实际应用。

■ 喇叭枪

喇叭枪是一种短的，通常是燧发式的滑膛步枪，它的枪管顶部是一个向外展开的枪口。这种武器出现在欧洲，确切地说，可能最早出现于17世纪早期的德国，虽然它直到大约100年后才获得广泛使用。这种武器的名字源于英语化的荷兰语"donderbuse"，意思是"霹雳盒子"或"霹雳手枪"。喇叭枪的铅制子弹开火时，在短距离范围内的杀伤力是致命的，因此通常被用作马车夫抵抗劫匪、商人和家庭主人打击盗贼或旅店主人防卫强盗的武器。这种武器也被用于海上作战，因为它是在船板上进攻的理想武器。

» "霹雳盒子"

人们对于喇叭枪，存在两个普遍的误解。第一个误解是，喇叭枪向外展开的枪口（常常被描述成铃铛形状或喇叭形状）用于分散射击的载重（以现代射击枪的方式）。事实上，扩展型枪口分散载重的模式与非扩展型枪管没有什么不同，枪口的宽嘴，只是更便于迅速地重装弹药。它也存在一个心

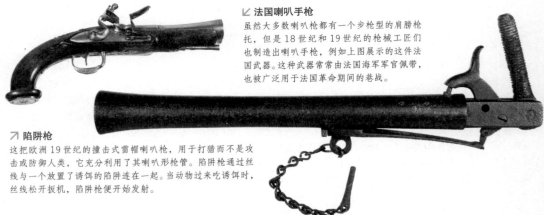

法国喇叭手枪

虽然大多数喇叭枪都有一个步枪型的肩膀枪托，但是18世纪和19世纪的枪械工匠们也制造出喇叭手枪，例如上图展示的这件法国武器。这种武器常常由法国海军军官佩带，也被广泛用于法国革命期间的巷战。

陷阱枪

这把欧洲19世纪的撞击式雷帽喇叭枪，用于打猎而不是攻击或防御人类，它充分利用了其喇叭形枪管。陷阱枪通过丝线与一个放置了诱饵的陷阱连在一起。当动物过来吃诱饵时，丝线松开扳机，陷阱枪便开始发射。

↗ 印度喇叭手枪

18世纪的印度喇叭枪不同于欧洲的喇叭枪,这是因为,它有一根钢制枪管而不是黄铜枪管,并且使用火绳点火(这是一种在欧洲和美洲早已过时的点火装置)。它的28厘米长的枪管上饰有鱼鳞的图案。连接在枪上的针状物体是一个触空尖器,用于清除火门(火门将导火线与火药连接在一起)中的残留火药。

↗ 美国喇叭手枪

1814年,位于弗吉尼亚的哈珀渡口的美国国家兵工厂制造了这把喇叭枪。和其他国家一样,美国生产这种喇叭枪也是既为了陆军和海军使用,又将其作为地面上堡垒中的防御枪械。玛利威瑟·刘易斯和威廉·克拉克在其于美国西部著名的探险过程中(1804~1806年),也随身携带了一对喇叭枪。

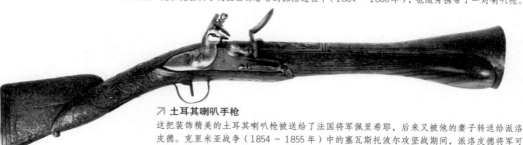

↗ 土耳其喇叭手枪

这把装饰精美的土耳其喇叭枪被送给了法国将军佩里希耶,后来又被他的妻子转送给派洛皮德。克里米亚战争(1854~1855年)中的塞瓦斯托波尔攻坚战期间,派洛皮德将军可能随身携带着这把喇叭手枪。

理效应,用火器历史学家理查德·阿奎斯特的话说,"这个大铃铛嘴是最具威胁力的,那些被它瞄准的人确信:他们无法逃避它那致命的一枪"。阿奎斯特也注意到一些英国喇叭枪的主人通过枪上的题刻"他的幸福就是躲开我",也提升了喇叭枪的威胁因子。

第二个误解是,喇叭枪常常并没有装载传统的子弹而是装载了金属碎片、钉子、石头、砾石,甚至是碎玻璃,以求达到一种特别的杀伤力效果。

» 在旅途中或远方使用的喇叭枪

喇叭枪的全盛期在18世纪,那时越来越多的人沿着欧洲简陋的道路出游,于是遇到持有手枪的劫匪抢劫的危险常常出现。喇叭枪的枪管常常是由不生锈的黄铜制成的,这很有必要性,因为喇叭枪通常由常年坐在户外的马车夫和保镖持有。

除了它在海上的作用外(这既包括正规的海军,也包括海盗和武装私掠船),喇叭枪在陆地上也有一些军事用途。18世纪的奥地利、英国和普鲁士军队都装备了这种武器。根据一些历史资料记载,在革命战争期间,美国的大陆军骑兵也认为使用喇叭枪要优于卡宾枪。然而,喇叭枪非常短的射程范围限制了它在传统战争中的效力。

喇叭枪的流行,一直延续到19世纪早期的几十年,这个时候短枪逐渐取代了喇叭枪,成为人们偏爱的短距离攻击火器。

■海军武器

从古代一直到 16 世纪，西方世界的海战在某种意义上来说，就是陆地战争的延伸。海战通常需要船桨驱动的战舰舰队靠近海岸进行战斗。这样做的目的是为了用战舰上的强弓击中敌人，或者是为了足够接近敌船以与其进行搏斗。然后，装备了传统步兵武器（长矛、剑、弓箭）的士兵可能会登上敌方战舰在甲板上与敌军战斗。然而，到 17 世纪中叶时，帆船已经发展成为重炮的稳定平台。在后来的航海时代（一直持续到蒸汽机引入后的 200 年），大规模的海战中常常出现几列（纵队）战舰使用射程在 122 米的大炮不停地相互炮击对方，每一方都希望打破另一方的战舰队列，使他们的战舰丧失战斗力。然而，单艘船之间的许多更小战斗仍然是由登上敌舰的士兵和防御者之间的战斗决定的（双方都使用了各种类型的手持武器）。

重型枪炮早在 14 世纪就已经被安装在欧洲的船上，不过它们只是被放置于主甲板上的"城堡内"，并且数量有限，效用也受到限制。在国王亨利八世（1509～1547年）统治期间，英国的战舰开始将大炮装在更低的甲板上，通过炮台点燃大炮，大炮没有射击前，人是可以接近它的。这一改造启动了海军枪炮技术的发展，并最终造成了拿破仑战争中大规模使用"排成纵队的战舰"这一现象的出现。这些战舰，在 2～4 个甲板上，安装了多达 136 门炮。

这种前膛装填式的、带有黄铜或铁制炮

↗ **英国海军登船斧**
这把新月形的斧头和其后面稍微弯曲的长钉是 19 世纪早期欧洲海军典型的武器。这样的斧头是砍断缆绳、折断桅杆，以使敌舰不能移动的理想武器。

↗ **枪榴弹发射器**
作为一件令人感兴趣的 18 世纪英国海军武器，这件"手炮"被用于发射一种燃烧手榴弹。木制的弹体的一段浸泡过松脂（一种可燃的树脂），顶部是一块插入枪管中的燃烧布片。这种武器被点燃之后，会将燃烧的飞弹抛到敌舰的甲板上或船索上，以期点燃敌军的船。

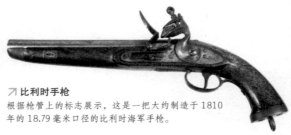

↗ **比利时手枪**
根据枪管上的标志展示，这是一把大约制造于 1810 年的 18.79 毫米口径的比利时海军手枪。

↗ **卡特勒斯刀**
卡特勒斯刀是一种短的、宽刃的砍杀刀，是航海时代海军使用的主要武器。这种武器的名字可能源于意大利语术语 coltelaccio（"大刀"），或法语术语 cutteaux（这一术语应用于类似的武器）。这种刀相对较短的长度使得它在拥挤、混乱的船甲板上的肉搏战中很容易驾驭。大多数卡特勒斯刀（就像上图展示的这件英国展品）都有结实的防护装置，既用于保护使用者的手，又用于击打敌人。

希腊火

这是一种可怕的，已经消失的海军武器，它出现在 7 世纪的拜占庭帝国，是一种易燃的化合物，可以焚烧它所击中的任何物体（或人），而且几乎不能将火扑灭。不容质疑，希腊火是一种可怕的武器。希腊火最早被用于陆战，但是已经证明它也特别适用于海战，因为它可以在水中燃烧。这种武器可从装在船头的管中发射出燃烧液体，拜占庭海军便成功地使用它击退了从 8 世纪到 11 世纪中众多敌人的海上侵略。这种早期的"超级武器"的构造是一个保守得极为严密的秘密，以至于拜占庭人最后发现没有人记得如何制造它。现代的历史学家仍然在争论到底是什么成分构成了希腊火，他们认为希腊火有可能是几种化学物质在油中的混合物。

管的战舰大炮，通过其炮弹的重量被划分为几个等级，其中使用 10.8 千克和 14.4 千克炮弹的大炮是最为普通的。由铁制成的圆形炮弹是通常的炮弹，而像锁链炮弹（两个圆形的炮弹，通过一根长链联结在一起，以期砸碎敌人的船帆和船的索具）那样的特殊炮弹也得到使用。除了这些以外，这一时期的海战也使用了大口径短炮或"轰击者"（一种发射相同重量的炮弹但长度更短的大炮，主要用于近距离作战）。

战舰一侧的舷炮齐发的炮弹重量（在一次射击中所有枪炮发射炮弹的总重量）是惊人的，如皇家海军的"胜利"号（1805 年特拉法加大海战中海军上将霍雷肖·纳尔逊的旗舰）舷炮齐发的总重量是 522 千克。

航海时代的战舰也有一群水兵，在战斗中，他们可能会倾向于在桅杆旁的平台上使用步枪击杀敌军水兵。如果距离足够接近的话，他们也会把手榴弹抛到敌舰的甲板上。如果己方战舰与敌方战舰横靠在一起的话，双方的水兵和水手会组建一支登船队，配备着包括矛刺、卡特勒斯（一种短弯刀，也被称为腰刀）、喇叭枪、滑膛短枪（短管步枪）和手枪在内的武器。由于在甲板上的激战中不能给前膛枪重装火药，这些枪在射击后，往往被颠倒过来，用作棍棒。

■ 拿破仑战争中的武器

1789 年 7 月 14 日，一群巴黎人冲入了巴士底狱——一个臭名昭著的皇家权力的象征——引发了法国大革命，并且制造了一系列事件，使欧洲和世界上许多地区陷入了战争。在法国革命的动荡中，出现了一位领袖——拿破仑·波拿巴，拿破仑战争时代（从 1799 年一直持续到 1815 年这位皇帝在滑铁卢的最终战败），并没有出现任何武器制造技术上的飞跃，但是拿破仑却利用了当时现存的武器征服了欧洲大部分地区。

↗ **英国手枪**
1796 年，英国军队在骑兵中引入了新的 16.51 毫米口径标准的皮套手枪，虽然这种手枪直到 1802 年才进行大规模生产。这种武器有一个旋转推弹杆（在这幅图片上面的那把手枪中可以见到），这简化了骑兵在马上装弹的过程。

» 步兵武器

拿破仑战争中标准的步兵武器是滑膛枪和前膛式燧发步枪。拿破仑军队的步兵常常身背 17.52 毫米口径的沙勒威尔步枪。1777 年，这种步枪在位于阿登山地的一个兵工厂首次被生产出来，步枪的名字便取自这个兵工厂的名字。在拿破仑的对手中，英国军队使用的是古老的 19.05 毫米口径的标准步枪，常常被普遍称为"布朗贝斯"；普鲁士军队在 1809 年后装备了 19.05 毫米口径的步枪（在很大程度上

拿破仑的炮兵

法国军队的马拉炮兵部队装备着重量相对轻的、可以移动的大炮（就像右图展示的这尊黄铜炮管大炮）。这些大炮可以迅速移动到指定位置，并且直接用于支援步兵。

这些大炮可能发射圆形的炮弹（实心金属球），或者在更近距离内，发射霰弹（它由许多从炮口发射出的小金属球组成）。历史学家对于拿破仑的大炮效力存在争议。

一些人坚持认为，在许多战斗中，它是最为致命的武器；另一些人认为，炮火与刺刀一样，主要用于使敌人军心涣散。

↗ **黄铜火炮**
随着火炮结构和青铜冶炼技术的进步，法国已经能够制造这种类型的大炮，它的重量仅为 30 年前的大炮重量的一半。这使得大炮可以更为容易地移动，由此使它得到更为频繁的应用。

是基于法国沙勒威尔步枪改造的）；俄国军队在 1809 年统一使用 17.78 毫米口径的步枪之前，一直使用着各种各样不同口径的进口枪和国内生产的步枪。

滑膛步枪的射击准度本来就不高，且其有效射击范围不超过 90 米。然而，射击的准确性在这一时期的战术中并不是主要因素，这一时期的战术主要依赖于大规模的步兵编队进行群发射击，实际上也就是将"一堵子弹墙"打向敌军战线。如果敌军面对密集的炮火乱了套，随后就会发动刺刀肉搏战。

这一时期所有的军队都拥有使用射击更为准确的来复枪的军事编队，但因为来复枪装火药的速度甚至比步枪还要慢，它们的使用在很大程度上只限于那些专业化部队，并且常常是精英部队。这一时期最著名的来复枪是由伦敦枪械工匠伊齐基尔·贝克设计的贝克来复枪，大约 1800 年被引入英国军队。1809 年，在西班牙的一名英国来复枪枪手使用贝克来复枪从大约 550 米外杀死了一名法国将军。

↗ **鼓手男孩来复枪**

这把步枪是从滑铁卢战役后的战场上收集的，一名法军鼓手男孩原先持有这把枪。这把枪总长有 88 厘米，而标准的法国沙勒威尔步枪则只有 52 厘米长。两种枪都装有类似的刺刀。后来，这种步枪的发射装置从燧发式改装成了撞击式雷帽发射装置。

↗ **英国骑兵刀**

这把 1796 年英国标准的轻骑兵马刀是一种既漂亮又具有实效的武器，以至于普鲁士的军队（英国在反抗拿破仑战争中的盟友）也使用它。这种刀的设计可能是从印度的图尔沃弯刀中获得了灵感。这种马刀倾向于被用作一种砍杀武器，它的刀刃长 84 厘米，会造成可怕的刀伤。根据某些材料记载，法国的军官们反对使用这种武器。

» **骑兵武器**

拿破仑时代的骑兵军队分为轻骑兵和重骑兵两种。两种骑兵都使用刀，常常是用于砍杀的马刀，但是法国军队仍然偏向用刀尖"刺穿"敌人的身体。轻骑兵常常在马下使用马刀或手枪，重骑兵，例如法军的胸甲骑兵，常常从小就接受战斗训练，他们装备着沉重的直刃刀剑。

法国军队与它的对手俄国、普鲁士、奥地利的军队一样，也使用装备长矛的骑兵部队。长矛骑兵常常用于对抗步兵编队，因为他们的长矛可以超过步兵刺刀的长度。

带刃武器的使用并非只限于骑兵部队。所有军事部门的军官都配有刀剑，在一些军队中，未经委任的军官往往会持有一根矛刺。

■ 从燧发枪到撞击式雷帽枪

19 世纪初，燧发装置成为枪械的标准射击装置已经超过一个世纪了。燧发式武器的缺陷（对恶劣天气的适应能力差，点燃击发槽和主要的推弹条中的火药需要耽搁较长时间）使得几个发明家开发出使用化学合成物（像雷酸汞）的射击装置作为点火的方式。这种撞击式系统（有时也被称为雷帽枪机）最初主要用于运动枪械，但是在 19 世纪中期，它获得了广泛的军事应用。

↗ **斯普林菲尔德兵工厂的步枪**

这把 17.27 毫米口径的 1835 式军用步枪制造于马萨诸萨州的斯普林菲尔德的国家兵工厂，它是美国官方军队中服役的最后一种滑膛武器。1835 年到 1840 年，大约制造了 30000 件这种武器。这种枪最初是燧发式，后来在 19 世纪 40 年代晚期被改装成撞击式枪机发射。这一改动展示出带有枪锤的枪机要优于配置引火嘴的撞击式雷帽枪机。

从燧发枪到撞击式枪械的改装

将一件燧发式武器改装成使用新的撞击式系统的武器是一个相当容易的过程。枪械工匠们通常只需用带有雷帽的引火嘴取代击发槽，并用一把击锤取代燧石发火装置。因此，无数的燧发步枪被改造成了撞击式枪械。这里展示了一些有趣的、非同寻常的改造枪。

↗ 印度步枪
撞击式系统的缺点是这种武器只有发射者拥有雷帽时才能射击。一些枪械工匠，通过制造出既能使用撞击式装置又能使用燧发式装置的武器，从而克服了这一缺点。这里展示的精巧的印度来复枪有一个转盘（用于转发方式起爆火药）和一个引火嘴（用于雷帽），燧石发火装置的下面有两个撞击锤的装置。

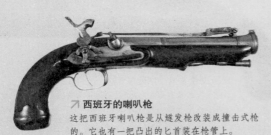

↗ 中国步枪
这是一名中国枪械工匠将一把可能制造于18世纪的火绳枪改装成的撞击式雷帽枪。然而，在这种武器中，最初的火绳枪机装置虽然被改进，却并没有完全被取代。射击者必须将一个钩子钩在击锤后面，当扳机受到挤压时，击锤就会落下击撞击式雷帽。

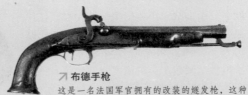

↗ 双发手枪
这把手枪可能制造于1840年左右的瑞典，它既有一个燧发式枪机，又有一个撞击式枪机装置。

↗ 西班牙的喇叭枪
这把西班牙喇叭枪是从燧发枪改装成撞击式枪的。它也有一把凸出的匕首装在枪管上。

↗ 布德手枪
这是一名法国军官拥有的改装的燧发手枪，这种手枪最初是由19世纪末凡尔赛兵工厂总监尼古拉斯·布德制造的。

» 早期的撞击式武器

这种撞击式系统的发明灵感来自于运动员的运动间歇。一名苏格兰牧师——雷·亚历山大·福西斯认识到，他的鸟枪在拉动扳机和实际射击之间的间歇往往会向鸟发出足够长时间的警报，从而使得它们逃离。大约在1805年，福西斯制成了一种新的枪机，在这种枪机内，用一把小锤击打一枚插入一个装有特殊的起爆炸药的小瓶内的撞针，这样进而就会点燃装载枪管中的火药。福西斯的"香水瓶"枪机（由它的形状而得名）是一个重要的进步，虽然使用这种系统的武器也存在一些缺陷（例如，整个"瓶子"有可能会爆炸），但是它激发了另外几名枪械工匠（包括著名的约瑟夫·曼顿）的灵感，去试验其他的射击系统，特别是在1821年福西斯的专利到期之后。用火器史专家理查德·阿奎斯特的话说，各种各样的依靠撞击式发射的"弹丸、带子、导管和雷帽"（里面装有几种不同类型的起爆合成物）开始得到应用。

» 撞击式雷帽

最终获得广泛应用的是金属雷帽（起初是由钢制成的，后来由铜制成），它的主要成分是叫雷酸汞的合成物。这种雷帽被装在枪机内的引火嘴上，当开火人拉动扳机时，小锤会击打雷帽。

关于金属雷帽如何产生以及何时产生这一问题存在一些争论，但人们普遍认为，英国出生的美国艺术家和发明家卓舒亚·肖（1776～1860年）在1814年左右制成了金属雷帽，但是他直到几年后才获得专利权。与此同时，一些其他的撞击式系统开始应用，如1840年由美国发明家爱德华·梅纳德（1813～1891年）推出的带状雷管系统，这些撞击系统的运转机制就像是现在的玩具雷帽手枪一样（这种固定的金属雷帽在1820年后成为标准雷帽）。撞击式系统的流行也是由于使用它，燧发式武器也因此可以轻松地改装成具有新的射击装置的枪炮。

撞击式系统相对于燧发式系统的优势是巨大的。它在所有天气条件下都是可靠的，极少会出现哑火的情况。这种系统也便于可靠的连发武器的引入，尤其是左轮手枪。撞击式系统花费了几十年的时间才在军事领域获得认可（拿破仑·波拿巴据说对于以福西斯的枪械系统为基础开发的新枪械系统很感兴趣，但是爱国的教士们回绝了这位法国独裁者的建议），直到 1840 年早期，英国军队开始使用撞击式枪机更新它的步枪之时，带有撞击式枪机的武器才成为军队中的标准武器。

■ 胡椒盒子手枪和德里格手枪

在萨默尔·柯尔特的左轮手枪获得广泛的追随者之前，最为流行的多发手枪是胡椒盒子手枪。与左轮手枪从一个围绕着单一枪管旋转的圆筒中装弹的方式不同，胡椒盒子手枪有多个旋转的枪管（常常有 4～6 个）。大约在同一时代，一种被称为德里格的、做工简洁却威力十足的手枪也开始流行开来。与此同时，全世界的枪械工匠们开始制造适合本地要求的手枪，像用于英国统治下的印度地区的"象轿"手枪，和由当地枪械工匠制造的在达拉地区（19 世纪印度和阿富汗的边境）使用的手枪。

» 胡椒盒子手枪

胡椒盒子手枪是美国马萨诸塞州枪械工匠伊桑·艾伦（1806～1871 年，他与同时代同名的革命战争英雄伊桑·艾伦没有任何关系）制造的，他在 1837 年获得这件武器的专利（一些资料说是 1834 年）。胡椒盒子手枪最早制造于马萨诸塞州的格拉夫顿，然后是康涅狄格州的诺里奇，最后是马萨诸塞州的伍斯特。伊桑·艾伦大部分时间都是与他姐夫名下的特伯纳·艾伦公司进行合作。这件武器据说得名于这样一个事实：撞击式雷帽系统有时会发生意外，所有的枪管突然一起射击，"像胡椒粉一样撒向"它前面的任何物体（或任何人）。

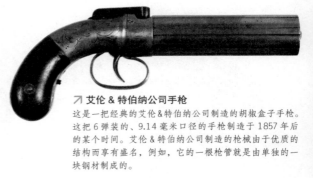

↗ **艾伦 & 特伯纳公司手枪**
这是一把经典的艾伦 & 特伯纳公司制造的胡椒盒子手枪。这把 6 弹装的、9.14 毫米口径的手枪制造于 1857 年后的某个时间。艾伦 & 特伯纳公司制造的枪械由于优质的结构而享有盛名，例如，它的一根枪管就是由单独的一块钢材制成的。

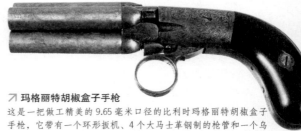

↗ **玛格丽特胡椒盒子手枪**
这是一把做工精美的 9.65 毫米口径的比利时玛格丽特胡椒盒子手枪，它带有一个环形扳机、4 个大马士革钢制的枪管和一个乌木握把。玛格丽特手枪使用一把钥匙拆卸装在架上的所有枪管。

胡椒盒子手枪能够快速地射击，这要归功于它的双枪机射击系统——一个长扳机通过压力将枪管旋入指定位置，然后进行射击，之后通过下一个扳机压力，立刻准备好进行下一次射击，但缺点是射击并不准确。在《苦行记》（马克·吐温最畅销的一本西部冒险

↗ **雷明顿手枪**
虽然这也许不是严格意义上的德林格手枪，但是制造于 1871～1888 年的雷明顿步行者弹仓手枪，却符合德林格手枪简约小巧的标准（它有一根 7.6 厘米长的枪管），而且它需要发射 8.12 毫米口径的子弹。它也使用了一种不同寻常的连发装置，在枪管下面的管状弹仓中有 5 发子弹。

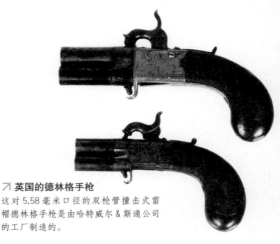

↗ **英国的德林格手枪**
这对 5.58 毫米口径的双枪管撞击式雷帽德林格手枪是由哈特威尔 & 斯通公司的工厂制造的。

小说）中，作者列举了公共马车夫使用这种武器的经历："如果她（这把枪）没有射到她所瞄准的东西，她就会击中某些别的东西。她确实是这样。她想射击钉在树上的两把铲子，但却射中了距离铲子50码以外的一头骡子。"

胡椒盒子手枪最终为不断风行的左轮手枪所代替。到 19 世纪 60 年代中期时，艾伦 & 特伯纳公司已不再生产这种武器。

» 德里格手枪

"德里格"是一个对于各种出现在 19 世纪 30 年代的包罗万象的小型、短管、容易隐藏的手枪的称呼术语。这个名字来自于佛罗里达的一个枪械工匠亨利·德里格（1786 ~ 1878 年）。通常火器史学家将由德里格本人制造的这种武器称为"德里格"（deringer），而那些模仿者制造的这种手枪则被称为"德林格"(derringers)。起初的德里格手枪是单发，前膛装弹，带有撞击式雷帽，通常为 10.41毫米口径的手枪，它的枪管较短，只有 3.8 厘米长。演员约翰·维克斯·布斯就是使用这种武器在 1865 年 4 月 15 日晚于华盛顿的福特剧院暗杀了总统亚伯拉罕·林肯。

后来包括柯尔默特和雷明顿在内的许多枪械制造商都开始制造这种武器。这些手枪通常发射带壳子弹，有上下构造的双枪管。"德林格"手枪作为个人防身武器，有广泛的吸引力，因为它有强大的"火力"（至少是在封闭的牧场）。这种手枪能够不引人注意地被装在衣袋里，或者插在一个女士的吊带袜里。

■ 柯尔特的左轮手枪

虽然萨缪尔·柯尔特并没有发明左轮手枪，但是他的名字现在和这种武器是同义的。这出于好几个原因：第一，虽然柯尔特在 1835 ~ 1836 年获得专利的枪械技术并非具有创新意义的巨大飞跃，但这些技术还是促使左轮手枪成为一种适于军用和民用的实用武器。第二，虽然柯尔特花费了许多年才使他的左轮手枪为人们广泛接受，但是他的经销能力最终使得柯尔特左轮手枪成为同类手枪中的佼佼者。最后，柯尔特对于武器发展史的意义不仅仅是其手枪样式对其他手枪造成了影响，还在于他位于康涅狄格州的哈特福德工厂，是第一个利用工业革命中的技术进行大规模生产的工厂，并且将这些零件大规模地引入枪械制造中。

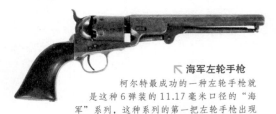

海军左轮手枪

柯尔特最成功的一种左轮手枪就是这种 6 弹装的 11.17 毫米口径的"海军"系列，这种系列的第一把左轮手枪出现于 1851 年。海军柯尔特左轮手枪并非专门用于海上，而是由于它的枪管上刻有海军的场景而得名。与其他类型的左轮手枪一样，柯尔特也生产了这种类型的 9.14 毫米口径的更小的袖珍手枪。上图展示的这把"海军袖珍左轮手枪"从起初的撞击式雷帽射击系统改装成发射 9.14 毫米口径的中发式子弹的武器。带有雷帽和弹丸的柯尔特左轮手枪，在 19世纪 70 年代早期柯尔特开始制造使用子弹的手枪之后，可以送回到哈特福德的工厂进行改装。

» 左轮手枪的发展

连发火器（它可以从一个围绕单个枪管旋转的弹筒中连续发射子弹，这与胡椒盒子手枪的系统正好相反）的想法在 19 世纪早期是新颖的。早在 17 世纪早期，英国就制造出了燧发左轮手枪。这些早期左轮手枪的毛病是每个弹筒的枪室都需要自己的击发槽，有时发射一次就会点燃其他槽内剩余的火药，从而使所有弹筒内的子弹立即发射。

大约在 19 世纪初，美国发明家以拉沙·科利尔制造了一把使用一个击发槽的更为改良的燧发左轮手枪，其中有几把制造于大约 1810 年后的英国。尽管科利尔左轮手枪取得了一定进步，但是，还是撞击式雷帽（萨缪尔·柯尔特左轮手

袖珍左轮手枪

这是一把 7.87 毫米口径的、带有八角形枪管的 1849 年的柯尔特"袖珍"左轮手枪。根据握把上的刻字记载，这把特殊的左轮手枪在 1861 年 5 月由宾夕法尼亚的布里斯托尔妇女协会赠送给了一位联邦官员，之后很快就爆发了美国内战。这把枪的使用者在 15 个月后的第二次布尔朗战役中阵亡。这把枪枪管下面的装置是一把复合撞锤，它被用于将弹丸紧紧地压入每个膛室，这样在射击时，弹筒和枪管之间就会严密地密封起来。

萨缪尔·柯尔特

萨缪尔·柯尔特 1814 年出生于美国康涅狄格州的哈特福德，和大多数伟大的枪械制造家一样，他有几分机械制造的天才：作为一个男孩，他喜欢拆卸和重新组装钟表、火器和其他装置。由于厌烦了在他父亲的纺织厂里的工作，他在 15 岁时当了学徒水手去出海。正是在航行途中，他构想出了他手枪的最初样式。柯尔特的灵感来源具有传奇性，各种各样的灵感要归因于他对船的轮子，或者是对用于拉起船锚的绞盘，或者是对海船的桨轮的观察。更为平常的说法是，他可能曾经在印度见过科利尔燧发左轮手枪，因为英国军队在印度使用了这种枪。不管怎么说，在柯尔特回到美国之前，他已经用木头刻出了他的左轮手枪的应用模型。

制造枪械需要钱，柯尔特通过把自己宣传成"柯尔特科学博士"，成为了一名旅行"演说家"，他的专长是对好奇的当地居民展示一氧化二氮（"笑气"）的影响。他使用从这项活动中获得的收入，雇用了两名枪械工匠——安东·蔡斯和约翰·皮尔森——开始试制造枪械。在 1836 年获得专利之后，柯尔特在新泽西州的帕特森建立了柯尔特武器制造专利公司来制造这种新的武器。在这之前，他们制造了 3 把帕特森左轮手枪，然而却找不到什么买主。1842 年，柯尔特破产了。这个经历和随后遭到几年起诉的经历，一度使他决心完全退出枪械制造领域。但柯尔特的意志就和他的信心一样坚定，不出几年，他又令人吃惊地回到这个领域。

一些早期的柯尔特左轮手枪在士兵和边疆开拓者手里发挥了重要作用，包括得克萨斯骑兵巡逻队的萨缪尔·沃克上尉。1844 年，沃克和他的配备了柯尔特左轮手枪的 15 名巡逻队员，击退了一支大约由 80 名当地科曼奇族美洲人组成的队伍的进攻。当 1846 年美墨战争爆发时，沃克（当时已经成为一支军队的军官）和柯尔特合作设计了一款新样式的左轮手枪。这就是枪型巨大（重 2.2 千克）、火力十足的 10.41 毫米口径的"沃克·柯尔特左轮手枪"。一张 1000 把手枪的政府订单使得柯尔特开始转向商业生产。由于已经没有了自己的制造厂，柯尔特便与小艾·惠特尼（著名发明家艾·惠特尼的儿子）签订合同，在康涅狄格州的惠特尼村生产枪械。

柯尔特左轮手枪在美墨战争中的成功大大提升了这种武器的形象，当 1851 年柯尔特在伦敦的万国博览会上展示他的枪械时，这些左轮手枪吸引了大量的国际订单，这些武器也在随后的克里米亚战争（1854 ~ 1855 年）中证明了它们的价值。到 1855 年时，柯尔特已经取得了巨大的成功，这使得他成功地在康涅狄格州的哈特福德建造了一座庞大的、技术先进的工厂。很快，这家工厂就成为世界上最大的非国有兵工厂。

柯尔特死于 1862 年，11 年后，他的公司制造出了最成功的左轮手枪（单发军用和民用左轮手枪）并获得了应用。这种枪有几种口径（包括 11.17 毫米口径和 11.43 毫米口径），它们是具有传奇色彩的美国西部的"和事佬"左轮手枪和"六发式"左轮手枪。

枪的基本装置，它将弹筒与发射装置连接在一起，消除了用手旋转弹筒的弊端）的引入，才使得左轮手枪成为一种真正安全和实用的武器。

柯尔特的左轮手枪由于其威力十足，制作精良，发射可靠性高，而获得了很高的声誉。发射的可靠性在很大程度上缘于这种左轮手枪简洁的机械装置。直到 1870 年，所有的柯尔特左轮手枪还都是单发的，为了发射子弹，射击者要把枪锤向后拉动，使得弹筒旋转，枪室和枪管成一条直线，然后，使用者只需扣动扳机就可以进行发射了。相较出现于 19 世纪 50 年代早期的双发左轮手枪，这种柯尔特单发左轮手枪需要一个带有更少可拆卸零件的装置。也出于同样的原因，柯尔特单发左轮手枪虽然射击速度较慢，但它的射击则要比其他双发左轮手枪更为准确。然而，一个有经验的使用者可以用他那只没有拿枪的手的手掌迅速地"扇动"枪的击锤来使他的柯尔特手枪进行发射（这是一种可以从无数西部电影和电视节目中看到的技巧）。

■ 柯尔特的竞争者

虽然柯尔特左轮手枪由于拥有专利且性能优越，在枪械领域占据了主导地位，然而，大西洋两岸的枪械制造商还是推出了许多样式不同的左轮手枪。这些手枪中的许多可能在克里米亚战争（1854 ~ 1855 年）、印度战争（1857 年印度的"兵变"）以及 1861 ~ 1865 年的美国内战的战场上，经受了战争的考验。在这些战争中，战争双方都使用了异常多的左轮手枪。19世纪50~60年代，枪械制造商们围绕着实际和公认的专利权问题展开了另一种类型的"内战"。然而，到1870年时，最终的胜利者（无论是双枪机还是单枪机左轮手枪）很明显还是发射子弹的左轮手枪。

↗ 炮塔手枪

这把非常罕见的有趣的美国左轮手枪与萨缪尔·柯尔特的第一把手枪大约出现于同一时间。这把"炮塔"手枪或"监视"手枪的专利持有者是纽约的J.W.柯赫兰，而制造者是马萨诸塞州斯普林菲尔德的C.B.艾伦。它有一个10.16毫米口径的、7弹装的、水平方向的弹筒。这件使用撞击式雷帽的武器通过一个装在侧面的枪锤来发射子弹。这种武器可能只制造了5把。

» 双枪机 VS 单枪机

在1851年伦敦的大英万国博览会上（萨缪尔·柯尔特骄傲地展示他的左轮手枪的同一个"世界博览会"），英国枪械工匠罗伯特·亚当斯（1809~1870年）展示了一种新型的左轮手枪。亚当斯的"双枪机左轮手枪"在扣动扳机时并不需要单个的压簧杆来压动枪锤，它可以通过拉动扳机来扳动击铁，从而进行射击。这使得这种左轮手枪要比柯尔特的单发左轮手枪射击速度更快，但是由于射击者施加在扳机上的沉重压力也使得这种枪的射击更加不准确。早期的亚当斯左轮手枪存在各种技术问题，但是以克里米亚战争的实战经验为基础，一种改进的左轮手枪在1855年被引入。

↗ 科格斯韦尔的过渡枪

胡椒盒子手枪的主要制造商——伦敦的枪械制造商科格斯韦尔·哈里森公司在19世纪50年代也生产左轮手枪（作为一种"过渡枪"被火器史专家所熟知）。这把单枪机的左轮手枪有6个弹筒，发射11.17毫米口径的子弹。

这种类型的左轮手枪（它可以使用单发或双发枪机进行射击）很快就成为英国军队的标准辅助武器，这或多或少将柯尔特左轮手枪赶出了英国市场。虽然在美国内战期间南北双方军队双方都购买并使用了亚当斯的左轮手枪，但柯尔特左轮手枪仍然在双方阵营中都占据主导地位。与大规模生产手枪的柯尔特不同，亚当斯左轮手枪是手工制造的，由此也更加昂贵，所以更为简单的柯尔特左轮手枪更适合于美国恶劣的条件（无论是内战战场还是战后西部边疆的平原和沙漠）。

» 使用子弹的手枪

对于柯尔特左轮手枪的另一个潜在威胁来自封闭型金属子弹的引入。在19世纪50年代中期，美国人贺瑞斯·史密斯和丹尼尔·威森（他是第一个制造金属子弹和连发来复枪的人），以从柯尔特公司前职员罗林·怀特处购得的枪械为基础，开发出了一种发射缘发式子弹的左轮手枪。根据某些资料记载，怀特首先将他的设计交给了萨缪尔·柯尔特，但由于柯尔特缺乏远见，错误地认为金属子弹没有任何潜力。史密斯&威森公司在柯尔特的专利到期之后，于1857年开始在市场上销售他们的5.58毫米口径的手枪。

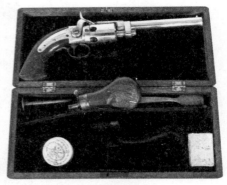

↗ 马萨诸塞兵工厂的盒装套件

在大约1849~1851年期间，马萨诸塞兵工厂也生产了威森·利维特左轮手枪，例如上图展示的这把带有盒装部件的7.87毫米口径的6弹装左轮手枪。

能够迅速装载金属子弹的左轮手枪，与柯尔特和其他类型的左轮手枪所使用的缓慢装载雷帽和弹丸的系统相比，在战斗中的优势是明显的。其中一种8.12毫米口径的左轮手枪在内战期间的联邦军队中获得普遍使用。然而，柯尔特左轮手枪的主导地位还是没有受到严重挑战，这是因为史密斯&威森公司的生产（无论是手枪还是弹药）并不能满足需求。在这场战争的最后几年，柯尔特左轮手枪确实遇到了一个厉害的竞争对手——1863雷明顿军用左轮手枪。虽然雷明顿左轮手枪仍然是一种使用雷帽和弹丸的武器，但是许多士兵发现它要比柯尔特的同类产品更容易装弹和发射。当史密斯&威森公司的专利在1872年到期后，柯尔特和其他枪械制造商们开始迅速涌入发射子弹的左轮手枪这个市场。

史密斯＆威森公司

贺瑞斯·史密斯（1808～1893年，出生于马萨诸塞州的切希尔）和丹尼尔·威森（1825～1896年，出生于马萨诸塞州的伍斯特）两人都是在年轻时进入枪械制造业的。史密斯是马萨诸塞州普林菲尔德联邦兵工厂的一个雇员，威森是其长兄埃德温（当时新英格兰的一名顶尖的枪械工匠）的学徒。在19世纪50年代早期，两人合作生产一种能够发射金属子弹的连发步枪时，他们就在康涅狄格州的诺维奇一起进行枪械设计工作。与萨缪尔·柯尔特一样，最初他们的技术创新并没有获得商业成功，不得不将公司卖给奥利弗·温彻斯特。但是和柯尔特一样，他们在1854年获得了发射缘发式子弹的左轮手枪的专利，并且在1856年重新建立了他们的公司后成功地生存下来。他们设计的武器在美国内战以及随后的几年里获得的成功（尤其是1870年推出的Ⅲ型左轮手枪）为公司成为21世纪世界上最主要的枪械制造商之一奠定了基础。虽然史密斯＆威森公司现在也制造自动化武器，但左轮手枪一直是其公司的标志性产品，并且在公司创始人死后的很长时间里，他们的创新传统在诸如9.65毫米口径的1910式"军用＆警用"左轮手枪（这种左轮手枪推出于1899年，通过各种各样的改造至今仍在生产，可能是为执法使用而制造的最为普遍的手枪）等武器中得以维系。1935年制造的9.06毫米口径和1956年制造的11.17毫米口径的马格努姆左轮手枪（深受好莱坞的喜爱，克林特·埃斯特伍德在《肮脏的哈里》中扮演的角色就使用了后一种左轮手枪），1965年制造的15.24毫米口径左轮手枪标志着一个不锈钢手枪时代的来临。

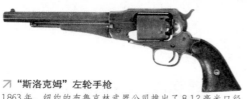

↗ "斯洛克姆"左轮手枪

1863年，纽约的布鲁克林武器公司推出了8.12毫米口径的5弹装的左轮手枪——"斯洛克姆"（它是以一名出生于纽约的美国内战时的将军的名字命名的）。这种手枪可以从前面装弹，膛室实际上就是一根在一个固定的抛射装置上向前延伸的滑动管。

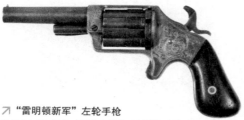

↗ "雷明顿新军"左轮手枪

这把11.17毫米口径的6弹装"新军"左轮手枪也许是美国内战期间（1861～1865年）联邦军队"第二广泛"使用的左轮手枪。纽约的雷明顿兵工厂至少生产了130000把这种左轮手枪。

↗ 艾伦＆惠洛克左轮手枪

另一种早期的令人感兴趣的使用子弹的手枪是由马萨诸塞州伍斯特的艾伦＆惠洛克公司制造的8.12毫米口径的"唇火"左轮手枪。这种手枪首次制造于1858年，它们不仅发射特殊的子弹，而且充分使用了一根杠杆操纵的齿条和齿轮转动抛壳系统。

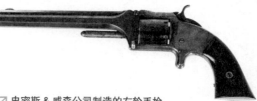

↗ 史密斯＆威森公司制造的左轮手枪

这把6弹装、8.12毫米口径的史密斯＆威森2号左轮手枪（它在美国内战和西部边疆获得大量应用）与史密斯＆威森公司制造的其他早期的手枪一样，由于使用了可折叠的装弹和退壳系统而被称为"折叠"左轮手枪。操动枪闩，释放枪管向上旋动，这样就可以将弹筒完全从枪身上除去。射击者可以使用枪管下部的长钉状物退出射击后的弹壳，然后重新装上弹筒，换上新的子弹，枪管向下旋入射击位置。后来的史密斯＆威森左轮手枪首先开始使用"拆开式"系统，在这个系统中，枪管向下旋动，弹筒中的一个退壳装置一次性地退出所有射击后的弹壳。

↗ 特兰特左轮手枪

在英国的伯明翰兵工厂，英国枪械工匠威廉·特兰特（1816～1890年）在他长期的职业生涯中制造出了各种样式的左轮手枪。他的手枪以高质量而享有盛誉。南方军队在美国内战中大批量地购买了这种手枪分发给军队，而其他类型的手枪（例如上图展示的这种5弹装的13.71毫米口径的手枪）则主要由英国军官私人购买。图中展示的这把手枪使用一个双扳机射击系统，底下的扳机用于扳好击铁，上面的扳机用于发射子弹。虽然特兰特主要制造使用雷帽和弹丸的手枪，但是美国内战后，他也制造了许多发射子弹的手枪。

常规武器的逐渐成型

随着枪、炮、坦克、战机等常规武器的不断改进和更新换代，现代战争的格局逐渐被奠定了。一方可以从陆、海、空三方面对对方全面展开攻击，而且武器的杀伤力和破坏力也大大增强了。

■ 加农炮和迫击炮

16～19世纪，欧洲和北美之间的战争是炮火纷飞的战争，炮兵们操纵着各自的大炮，不停地轰炸对方。

加农炮从炮口（前端）装填炮弹，然后发射。这种炮的大规模发展伴随着1858年步枪枪管的引入，步枪枪管可以使子弹在飞行中旋转，大大提高精确度。从后面装填炮弹的后膛炮出现于1870年前后，借助发射反弹力的后坐力机械装置则出现于1888年。

迫击炮属于以高弧度弹道发射炮弹的前膛炮，现代迫击炮的历史可以追溯到第一次世界大战期间英国斯托克斯迫击炮。

现代炮的种类从第二次世界大战期间的德国巨型列车

知识链接

＊1784年，发明榴霰弹。

＊1858年，法国采用膛线炮。

＊1870年，后膛炮广泛使用。

＊1884年，法国改进了无烟火药。

＊1888年，康拉德·豪泽尔改进了长后座弹筒。

＊1899年，马克沁"巴姆巴姆"自动炮投入使用。

＊1914～1918年，第一次世界大战，远程炮得到发展。

＊1939～1945年，第二次世界大战，无后坐力炮、火箭炮和反坦克炮首次问世。

↗ 高速加农炮

这种加农炮安装在舰艇上，用于沿海近距离防御。19世纪末开始服役，后来改进了后坐力机械装置，使得发射炮弹时可以保持炮身的稳定。炮兵起初配有防护甲，后来躲进了炮塔里。

↖ 沙漠火力

榴弹炮发射的高弧度炮弹可以越过敌人的防御工事。1990～1991年，海湾战争中的美军使用了M198型155毫米榴弹炮。1979年，这种炮首次在美军中服役。这种榴弹炮重7.163千克，配有11名炮兵，发射标准炮弹，最大射程分别为18.15千米（M107式榴弹）、22千米（M483A1式火箭增程弹），以及30千米（M549A1式火箭增程弹）。

大炮

在能够投放炸弹的轰炸机出现之前，大炮常常用于轰炸敌人的防御工事，保卫自己的要塞和首都等重要地方。口径越大，炮弹就越大，炮弹的威力也越大，因此大型炮弹具有很强的破坏性。

↙ 列车炮
美国内战以后，列车开始运送重炮和迫击炮。世界上最大的炮是第二次世界大战中的德国炮。

↘ 美军后膛榴弹炮
这种进攻型榴弹炮安装在可转动的底座上，而且带有升降装置。

→ 现代迫击炮
一个士兵正在给英国81毫米迫击炮装填榴弹。左边的士兵跪着准备第二颗炮弹以确保炮弹能够连续快速发射。

攻击炮——比如轰炸过塞瓦斯托波尔和列宁格勒（今天的圣彼得堡）的口径800毫米K(E)古斯塔夫巨炮，一直发展到日本70毫米92型微型军用炮。K(E)古斯塔夫巨炮发射的炮弹达4800千克，射程47千米，配有1500名炮组人员。日本微型炮只需要5个人，发射炮弹重3.7千克，射程1.373千米。

↗ 自行火炮
美国155毫米M109型自行火炮（右上）和美国203毫米M110A型榴弹炮（右中和右下）。履带底座使它们在战场上的移动更加灵活。

第二次世界大战中的迫击炮还包括轰炸过塞瓦斯托波尔和华沙的德国600毫米巨型卡尔炮。其发射炮弹重量达1576千克，最大射程6.675千米，配有18名炮组人员。尽管它安装在履带底座上，可是移动速度仍异常缓慢，每小时仅仅移动10千米。二战中还有一种口径51毫米小型英国迫击炮，重达4.1千克，炮弹重量1.02千克，最大射程0.456千米，配有两名炮组人员。

未来的炮可能包括新材料制造的、口径155毫米的轻型榴弹炮。它的炮弹可以被控制，能够改变飞行路线。

■ 使用栓式枪机和弹匣的来复枪

使用栓式枪机和弹匣装弹的来复枪，能发射大口径和高火力、完全封闭的金属子弹，在从19世纪60年代到第二次世界大战前的大约75年的时间里，它是主要的现代步兵武器。在第二次世界大战时，这种武器被自动步枪以及后来的可以选择射击模式的步枪所取代。这种简洁、结实、可靠的来复枪在民间的狩猎和标靶射击中一直使用至21世纪。

» 针枪和夏塞波步枪

虽然美国内战展示了快速射击、后膛装弹的来复枪和卡宾枪的效力，但是强大的普鲁士国家早在 1848 年就已经为他的军队装备了这样的武器，这就是由尼古拉斯·冯·德雷赛（1787～1867 年）开发

↗ **比利时警用卡宾枪**
这把比利时警用卡宾枪制造于 1858 年，属于撞击式雷帽武器。

的所谓的"针枪"。这种 15.4 毫米口径的枪之所以得此名，是因为它使用了针状的撞针来引爆嵌入纸板弹（这种纸板弹由火药填弹条和子弹头组成）中的底火帽。

除了引入设施齐全的子弹外，针枪的另一伟大创新是引入了手动枪栓射击装置。这些改进结合在一起，使得这种枪可以比那个时代使用的前膛装弹的撞击式雷帽步枪和来复枪的装弹和射击速度更快。这种武器的主要缺点是底火帽的爆炸往往会削弱，最终侵蚀撞针，并且后膛射击时会有大量的推弹气体泄漏。

针枪首次发挥实效是在 1848～1849 年镇压革命群众中，随后在普鲁士与丹麦的战争（1864 年），与奥地利的战争（1866 年），以及与法国的战争（1870～1871 年）中都发挥了重大作用。在普法战争中，使用针枪的普鲁士军队面对的是装备着类似武器的法国陆军。法国军队的武器是 1866 年采用的夏塞波步枪，它是以枪的发明者安东尼·夏塞波 (1833～1905 年) 的名字命名的。这种 11 毫米口

毛瑟枪

威廉·毛瑟（1834～1882 年）与保罗·毛瑟（1838～1914 年）追随他们父亲的足迹，继续在德意志王国的弗腾堡皇家兵工厂中担任枪械工匠。当新统一的德国在普法战争中努力获得一种改进来复枪以对付法国性能优越的夏塞波步枪时，兄弟二人开发出了单发的、使用栓式枪机的步枪——1871 型陆军通用步枪，德军在 1871 年当年就采用了这种来复枪。威廉死后，保罗在新开发的盒型弹匣的基础上，推出了一种新型的 7 毫米口径的步枪。随后的 1893 型、1894 型、1885 型步枪获得了巨大成功，来自全世界的订单蜂拥而至。虽然毛瑟枪的直拉式枪栓使得它的射击速度不如其他枪（例如英国的 SMLE 步枪）快，但是它的射击威力却更大，更为安全。1898 年，又推出了 7.92 毫米口径的 98 型陆军通用步枪，在许多武器史学家看来，这是历史上最优秀的栓式枪机来复枪。这种德国 98 型（G98）步枪在德国军队中一直使用到 20 世纪 30 年代中期，才被更短的 98 式卡宾枪所取代。第二次世界大战期间，德国的 3 个主要的毛瑟枪制造厂被摧毁。今天，这个公司（属于德国莱茵金属公司所有）主要制造狩猎步枪。然而，几名前毛瑟公司的工程师在战后创建黑克勒－科赫公司（二战后德国最大的武器制造公司）的过程中发挥了有益的作用。

各种毛瑟枪

许多国家的武装军队使用的步枪都采用了毛瑟枪的设计样式。根据毛瑟枪制造公司的统计，从 19 世纪晚期到整个第二次世界大战期间，全世界大约生产了 1 亿把毛瑟步枪。这里展示的只是许多毛瑟枪类型当中的少数几种。

↗ **土耳其毛瑟枪**
1890 年的土耳其毛瑟步枪，它的膛室里装有一种标准稍微不同的 7.65 毫米口径的子弹。

↗ **阿根廷毛瑟枪及其刺刀和刺刀鞘**
1891 年，阿根廷军队图中展示的这种 7.55 毫米口径的毛瑟枪取代了其陈旧的、10.92 毫米口径的、使用雷明顿转动式闭锁枪机的步枪。

↗ **波斯毛瑟枪**
一把装有刺刀的 8 毫米口径的波斯（后来的伊朗）军用毛瑟枪。这种枪许多都是由捷克斯洛伐克布尔诺武器工厂制造的。

↗ **瑞典毛瑟枪及其刺刀和刺刀鞘**
瑞典虽然在 1893 年采用了毛瑟枪，但是，它的毛瑟枪膛室只能装 6.55 毫米口径的子弹（根据那个时代的军用步枪的标准，这是一种小型子弹）。虽然瑞典的毛瑟枪制造于德国，但是瑞典人坚持制造这些毛瑟枪必须使用瑞典的钢材。

径的夏塞波步枪在几个方面要比针枪技术先进，并且射程更远，但是普鲁士在炮兵和战术上的优势抵消了法军的这一优势。

»弹匣的引入

针枪和夏塞波步枪的成功使得其他西方国家的军队开始采用栓式枪机来复枪。然而，针枪和夏塞波步枪是单发武器，下一步就是充分利用新式的射击装置，开发出可以装有多发子弹弹匣的武器。例如，1868 年，瑞士军队采用了一种由弗里德里希·维特立（1822 ~ 1882 年）开发的来复枪，这种枪是从枪管下面的一个管状弹匣中上膛装子弹的。

这种新一代的来复枪大多使用装有 5 发或 5 发以上子弹的固定盒型弹匣或可拆卸的盒型弹匣。这种枪射击时或者是一发发地射击，或者是通过弹夹（弹夹内装有几发子弹，并被从枪的顶部或尾部插入到弹匣内）发射子弹。

1877 年英国陆军开始使用第一把使用弹匣栓式枪机的来复枪。1889 年丹麦采用了克拉格—约根森来复枪，这种枪后来又被挪威和美国军队所采用。然而，最为成功的新型来复枪无疑还是德国的威廉与保罗·毛瑟兄弟制造的来复枪。

■ 自动手枪

与机枪相比，自动手枪被认为没有受到足够的重视。19 世纪 80 年代在海勒姆·马克西姆设想出如何使用枪的后座装弹、发射、退弹、重装子弹之后，几个国家的枪械设计师们开始致力于将这一系统按比例缩小至手枪上。严格意义上来说，自动手枪实际上只是半自动武器，因为每拉动一下扳机，就会发射一次，但是不能像机枪那样连续射击（虽然完全自动的手枪也已经得到开发）。早期的自动手枪有一些小的缺点，但是随后的枪械设计师们（例如约翰·勃朗宁）使得这种武器变得极具效力。

↗ **博查特手枪**
从根本上而言，是雨果·博查特设计了这种手枪。它是第一把成功的自动手枪，它使用大约 7.65 毫米口径的子弹，其中被称为 7.65 式的毛瑟手枪非常有名。这种手枪的射击装置以闭锁后膛装置为基础，射击时，枪管向后回坐，对后膛闭锁块开锁，激活枪管与后膛闭锁块分离的肘节，退出射击后的弹壳，并且通过握把中的一个 8 发弹匣重新装弹。然而，博查特手枪糟糕的设计却使得它很难用一只手发射，因此像其他几种早期的自动武器一样，它装上了可以拆卸的枪托。

»博查特手枪、伯格曼手枪和鲁格尔手枪

第一把成功的自动手枪是由一个出生于德国的美国发明家雨果·博查特（1844 ~ 1924 年，他曾经为包括柯尔特和温切斯特在内的几家著名枪械制造公司工作）制造出来的。1893 年，博查特设计了一把手枪，它使用马克西姆后作用力原理向后推动肘节闭锁，向前推动退出射击完后的弹壳，并且可以通过握把中的弹匣把新的子弹装入手枪的膛室。据说，博查特手枪的样式是受到了人类膝盖运动原理的启发。博查特在美国没有找到这种手枪的买主，因此他来到了德国。在德国，路德维格·洛伊公司曾经将最早的自动手枪投入市场。

也是在德国，大约同一时间，出生于奥地利的企业家西奥多·伯格曼（1850 ~ 1931 年）和德国枪械设计家路易斯·施迈瑟（1848 ~ 1917 年）开始开发出了一系列气体反冲式自动武器，然而其中 3 种枪要通过扳机护弓前面的而不是握把中的弹匣进行装弹（像大约同一时间开发的"扫把柄"毛瑟枪一样）。德国武器与弹药兵工厂（路德维格·洛伊公司的继承者）在 19 世纪 90 年代并未能将博

↗ **炮兵鲁格手枪**
第一次世界大战将近结束时，德国军队引入了一种有趣的鲁格改装手枪（被称为炮兵鲁格手枪）。炮兵鲁格手枪使用一根 20 厘米长的枪管取代了鲁格手枪标准的 10 厘米的枪管。它往往被用作一种带有木制削肩式枪托和 32 发子弹匣的卡宾枪。正如这种手枪的名称所示，它最初被配备给炮手，用作防御武器，但是后来在冲击敌军战壕的步兵手中，这种手枪才真正证明了自己的效力。

约翰·摩西·勃朗宁

勃朗宁是整个历史上最具影响力和最为多才多艺的枪械制造商，他的产品既有民用武器，又有军用武器，包括短枪、机枪、自动步枪和自动手枪，而且他设计的许多枪型今天仍在生产。约翰·摩西·勃朗宁 1855 年出生于美国犹他州的奥格登，他的父亲是一个枪械工匠，是一名信仰摩门教的边疆拓荒者，他经过艰苦跋涉，来到了西部的犹他州。正是在父亲的枪铺里，13 岁的勃朗宁制造出了他职业生涯中的第一把枪。1883 年，勃朗宁开始为温彻斯特公司工作，在 19 世纪 90 年代和 20 世纪早期设计了几种极具传奇色彩的短枪和步枪。他对自动武器很感兴趣，这使得他在 1895 年开发出了一种机枪和几种自动手枪，其中包括最终的 11.43 毫米口径的 M1911A1 式柯尔特手枪。他设计的 7.62 毫米和 12.7 毫米口径的机枪在整个美国军队中成为标准机枪，就像他的勃朗宁自动步枪（BRA）一样。1926 年，勃朗宁死于比利时，当时他正在研制 9 毫米口径的自动手枪，这种手枪最终以勃朗宁高效能（Browning High-Power）的名称被生产出来。

查特手枪卖给美国军队，但是兵工厂的一个雇员乔治·鲁格在此基础上对它加以改进，最终开发出第一种名副其实的知名手枪。瑞士军队在 1900 年采用了鲁格手枪，这标志着自动手枪在军事方面的一个主要进展。然而，德国军队认为，最初使用的鲁格 7.65 毫米口径的子弹威力不够，因此在鲁格之后开发出一种新型的 9 毫米口径的子弹。德国军队在 1980 年采用了这种 9 毫米口径的鲁格手枪。

↗ 柯尔特 .45

用枪械史学家克雷格·菲利普的话来说，柯尔特 .45 结实、可靠，包有一个冲头，为各国士兵所钟爱。在美国，至少制造了 300 万件这种手枪，而自从在 1911 年被推出后，整个世界通过授权（或只是仿造）的方式，生产了无数这种手枪。最初的手枪样式基于一战的战斗经验被稍微改进，成为 M1911A1，这种手枪一直在美国军队中服役到 20 世纪 80 年代中期。这种武器的主要缺点是太重（1.1 千克），以及作为双枪机武器，它必须装有向回拉动的滑动枪机来迅速射出第一发子弹——这种装置在一个生手里可能会导致手枪意外走火。

» 约翰·勃朗宁手枪的出现

武器客户对于早期自动武器的主要反对意见在于，大家一致认为，这些枪的子弹缺乏"阻力"，即使用那个时代较重的左轮子弹，枪的自动装置也无法运转。然而，20 世纪早期，美国军队在镇压菲律宾的起义者时（之后菲律宾成为美国的殖民地），发现即使他们使用 9.65 毫米口径的左轮手枪也是效率不高。约翰·勃朗宁于是制造出使用威力极强的 11.43 毫米口径的子弹的手枪（而且是自动的），成功地攻克了这一难题。这种子弹又被称为 11.43 毫米 ACP（柯尔特自动手枪）。1911 年，美国军队采用了这种柯尔特 M1911 式自动手枪，它最终成为世界上最为成功、服役时间最长的手枪。

■ 枪之最

» 最早的手枪

大约在 14 世纪左右，意大利就发明了世界上第一支手枪——希奥皮。

希奥皮一词来源于拉丁文词语 Scloppi，意思是手枪。当时的"希奥皮"长约 17 厘米，虽然构造简单、粗糙，射程也不是很远，但是最基本的工作原理和现在的手枪却是完全一样的，因而人们一直都认为希奥皮是世界上的第一支手枪，根据意大利"格鲁几尼年纪"中的记载可知，14 世纪中叶的佩鲁贾城曾经订制了 500 支希奥皮，可见，希奥皮在当时很受欢迎。

» 最早的左轮手枪

世界上最早的左轮手枪大约出现于 16 世纪，但真正意义上的左轮手枪却是 1835 年美国人柯尔特在原有基础上改进的一款左轮手枪。

早期的手枪

在火器史上，手枪和步枪是并行发展的。14 世纪中叶，欧洲出现了小型火枪，当时，骑兵们把枪用绳子挂在脖子上，一手握枪，一手用火种通过火门点火发射。

火枪后来经过改进，发展出 15 世纪的火绳手枪，16 世纪出现燧石手枪，19 世纪又发展为击发手枪和击针手枪。

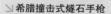 希腊撞击式燧石手枪
 美国德林杰单发击发手枪

↖ 双管火帽击发式手枪
↖ 中国式单发击发手枪

左轮手枪与柯里尔和惠勒

无数的发明家都尝试过在转轮上预先装上多发子弹以提高手枪射击的频率。所有的"左轮手枪"都基于这一原理，最流行的手枪装有 6 发子弹。有两位美国人——柯里尔和惠勒，同时在 1818 年申请了左轮手枪的专利，而柯里尔的枪最畅销。

另一位美国人柯尔特简化了击铁装置并从 1836 年开始大量生产这种武器，从此柯尔特的名字便和"六发"左轮手枪联在了一起。

其实，在 16 世纪出现的左轮手枪，在实际中的应用非常有限，一直到 19 世纪，美国人柯尔特才在原有左轮手枪的基础上发明了世界上第一款真正意义上的左轮手枪，柯尔特在英国取得了第一款左轮手枪的发明专利权，并因此被人称为"左轮手枪之父"。柯尔特的左轮手枪采用底火撞击式，使左轮手枪在当时风靡一时，但是他并没有因此而满足，而是又对左轮手枪进行了反复的改造，比如他在 1853 年使用了金属枪弹，1868 年他又把左轮手枪改进为后装式手枪。虽然左轮手枪在现在已经备受冷落，但是它在刚刚出现的时候却在社会上扮演了极其重要的角色。

» 最早的后装枪

现在，后装枪好像已经很落后了，但是谁能够想到在后装枪刚刚问世的时候有多受欢迎？世界上最早的后装枪是由普鲁士一个普通的军械工人德雷泽发明的，后来人们干脆把他发明的后装枪叫做德雷泽枪。德雷泽枪其实是一种很好的击发枪，当扣响扳机的时候，枪的后部就会有一根长针穿过枪筒，撞击引燃炸药从而将子弹发送出去。德雷泽枪的射速在当时是非常快的，这让德雷泽枪一出现就受到了广泛的推广和使用，1866 年的普鲁士军队也正是靠这种枪的高射速在普奥大战中最终战胜了奥地利军队，从此，德雷泽枪的出现在枪的发展史上也写下了浓重的一笔。

↘ 1873 年，太平洋铁道旅客列车上，几名铁路劫匪正用手枪袭击列车，抢劫物品。

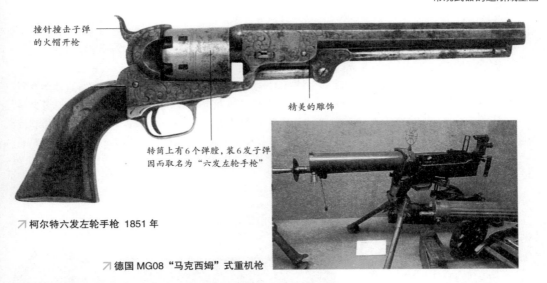

撞针撞击子弹
的火帽开枪

精美的雕饰

转筒上有6个弹膛，装6发子弹
因而取名为"六发左轮手枪"

↗ 柯尔特六发左轮手枪 1851 年

↗ 德国 MG08 "马克西姆"式重机枪

枪的种类

　　枪按其不同用途主要分为以下几种：自卫用的手枪、长距离准确射击的步枪、连续射击的冲锋枪、可发射大量铅砂的猎枪，以及机枪、榴弹枪、间谍专用的特制枪械等。

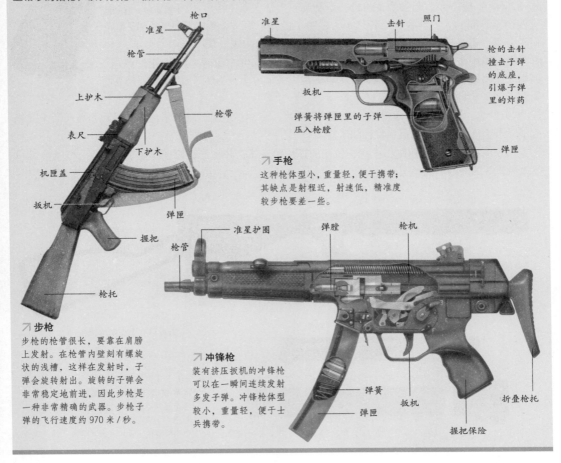

枪口
准星
枪管
上护木
枪带
表尺
下护木
机匣盖
扳机
握把
枪托

准星
击针
照门

枪的击针
撞击子弹
的底座，
引爆子弹
里的炸药

扳机

弹簧将弹匣里的子弹
压入枪膛

弹匣

↗ 手枪
这种枪体型小，重量轻，便于携带；其缺点是射程近，射速低，精准度较步枪要差一些。

准星护圈
弹膛
枪机

枪管

↗ 步枪
步枪的枪管很长，要靠在肩膀上发射。在枪管内壁刻有螺旋状的浅槽，这样在发射时，子弹会旋转射出。旋转的子弹会非常稳定地前进，因此步枪是一种非常精确的武器。步枪子弹的飞行速度约970米／秒。

↗ 冲锋枪
装有挤压扳机的冲锋枪可以在一瞬间连续发射多发子弹。冲锋枪体型较小，重量轻，便于士兵携带。

弹簧
扳机
弹匣
折叠枪托
握把保险

»最早的自动枪

世界上最早的自动枪是由美国军械工程师海勒姆·史蒂文斯·马克西姆于 1884 年发明的。

马克西姆发明的自动枪能够在火药引燃时利用火药的能量让枪自动完成开锁、退壳、送弹和闭锁等一连串动作，把枪的理论射速提高到了每分钟 600 发子弹。这在世界军事史上是一个里程碑式的发明。

最早的自动枪的发明人马克西姆是一个富有传奇色彩的人物，他根本没上过学，也没读过多少书，但他却是一个极其爱动脑筋的人。他在 1884 年成功地研制出了世界上第一支以火药燃气为能源的自动连续射击重机枪，因为他的发明，人们将之称为"自动枪之父"。这种枪在当时一问世就好评如潮，但是因为身世和教育背景的缘故，马克西姆当时在美国受到了很多专家的排挤，一气之下，他出走英国。1916 年，他于伦敦去世。

»最早研制无声枪的人

无声枪通常被称作微声枪，因为它在射击时并非完全无声，而是声音微弱，在寂静的环境中，一般也不会引起附近其他人的注意。

微声枪通常是用装在普通枪管上的消音器来起到消音作用的。微声枪有微光、微烟等特点，是突击、侦察、反恐怖分队不可缺少的特种武器。

1908 年，美国制造商和发明家海勒姆·帕西·马克西姆（1869 ~ 1936 年，与发明重机枪的海勒姆·史蒂文斯·马克西姆不是同一人，前者为后者之子）发明了世界上第一个枪用消音器，微声枪由此而诞生。马克西姆研究后认为，通过某

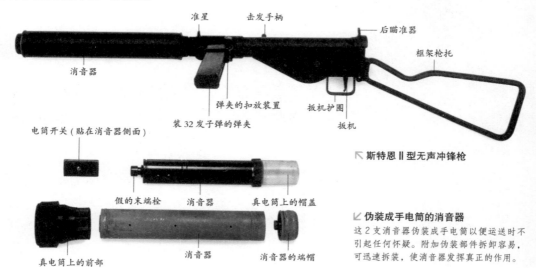

↗ 装有消音器的德国 HKP9 式手枪

种装置使枪弹击发时排出的气体作旋转运动，就可充分消除噪声。1908 年，马克西姆制造出第一个猎枪用消音器，使猎枪射击声大大减小。当年 3 月 25 日，马克西姆获得这项发明的第一项专利。

1912 年，美国将马克西姆的消音器加以改进，装在步枪上，制出了最早的微声步枪。后来又制成了微声手枪，供谍报人员和特种部队使用。

马克西姆还成功地研制出了汽车使用的排气消音器，并将消音原理应用于安全阀、空气压缩机及鼓风机等的降噪声设备上。

准星　　击发手柄　　　　　　后瞄准器

框架枪托

消音器

弹夹的扣放装置　　　　扳机护圈

装 32 发子弹的弹夹　　　扳机

◤ 斯特恩 II 型无声冲锋枪

电筒开关（贴在消音器侧面）

假的末端栓　　消音器　　真电筒上的帽盖

◣ 伪装成手电筒的消音器

这 2 支消音器伪装成手电筒以便运送时不引起任何怀疑。附加伪装部件拆卸容易，可迅速拆装，使消音器发挥真正的作用。

真电筒上的前部　　消音器　　消音器的端帽

■ 自动武器

第一挺机枪要追溯到 1718 年在英国出现的帕克机枪。它带有一个手动摇柄式的转轮，固定在一个脚架上，每分钟可以发射 7 发子弹。格特林机枪同样带有一个手动摇柄，射速达 100～200 发/分，它最早出现于 1862 年的美国，在美国内战中首次使用。

第一挺成功的自动机枪是美国人海勒姆·马克西姆设计的口径 7.92 毫米的马克西姆机枪。它采用火药燃气能量作动力，推动机枪发射，射速为 500 发/分。这样的射速很容易使枪管发热，所以它安装了一个盛满水的枪夹来冷却枪管。1895 年，英国开始使用马克西姆机枪。

法国哈奇开斯机枪也使用火药燃气发射。它装有一个较重的枪管，没有设计水夹，而是在空

↗ 加德奈机枪
这种早期的水冷手摇式机枪固定在一个活动三角架上，子弹装在顶端的枪膛里。

↗ 格特林机枪
英国士兵使用的手摇式格特林机枪是 1862 年发明的。由理查德·格特林博士设计，带有 6～10 个枪管。它在美国内战中首次投入战斗，在美西战争中，美军正式使用。后来被安装在轻便的炮架上。

知识链接

* 1883 年，马克西姆完全获得自动机枪的专利。
* 1896 年，美国定制勃朗宁—柯尔特气发枪。
* 1926 年，捷克设计出 ZB/vz26 轻机枪。
* 1934 年，第一支通用机枪——MG34 型机枪问世。
* 1942 年，MG42 型机枪成为战后许多机枪设计的基础。
* 1947 年，卡拉什尼科夫设计出 AK47 突击步枪。
* 1961 年，美军改进阿玛利特步枪。

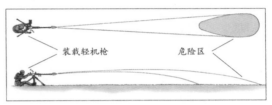

装载轻机枪　危险区

↗ 危险区
机枪扫射的距离很远，它的子弹可以扩散成一个锥形的"危险区"，任何进入子弹扫射区域的士兵都有生命危险。
两挺机枪同时使用就成为了非常有效的防御武器，因为它们可以从一个走近敌人的两侧同时射击。这种配置可以使它们的火力重叠，形成一个重叠的"危险区"。两种火力的结合对于敌人来说就增加了双倍的危险性。

轻机枪

首先服役的轻机枪是第一次世界大战中使用的意大利维勒·帕洛沙机枪。轻机枪发射口径 9 毫米或 11.4 毫米的手枪子弹，射速像传统机枪一样。尽管远程射击精度不高，但是在需要密集火力的小范围内它是非常理想的武器。

◣ 汤米轻机枪
这挺汤米轻机枪是二战期间一种更为简易的轻机枪，有 30 发弹膛，净重 4.74 千克。

◥ 斯特恩 MKII 型轻机枪
这挺口径 9 毫米的轻机枪净重 3 千克，射速 550 发/分，第二次世界大战期间共计制造了 200 多万挺。

◥ AK47 型步枪
这支 AK47 型突击步枪发射口径为 7.62 毫米，介于步枪和手枪之间。

↗ UZI 冲锋枪
UZI 冲锋枪是由以色列人乌齐尔·盖尔设计发明的，净重 3.5 千克，射速 600 发/分。

↗ **车载机枪**

比利时口径 7.62 毫米 MAG 型机枪安装在沙漠中的军车上。许
多国家都使用这种机枪，它既可以安装在三角架上进行远程
射击，也可以安装在两脚架上进行短程扫射。

↗ **机载机枪**

19 世纪 60 年代，法国首次把机枪安装在直升机上。现在直升机的
机载机枪多用于处理"热点地区"问题，保护自己、攻击敌人。

气中冷却。子弹装在布制的弹带上，其他类似的武器一般使用金属弹带。

英国弹夹式维克斯口径 7.7 毫米机枪发明于 1891 年，直到 1963 年才从英军中退役。第二次世界
大战中，德国 MG42 机枪是口径 7.92 毫米的通用机枪。通过点压焊接技术提高了射速，最大射程达
2000 米，射速达 1550 发 / 分。战后比利时 FN MAG 机枪和美国 M60 机枪都仿效了这一技术。

第一支轻机枪或冲锋枪是在第一次世界大战末期出现的，可以发射手枪子弹，一个人就可以携带。
20 世纪 20 年代美国设计的口径 11.4 毫米汤普森（即汤姆）枪在美国的帮派斗争中一度臭名昭著。第
二次世界大战中，英军和美军开始广泛使用这种枪支。

二战中，德国 MP38/40 型轻机枪是第一支装有折叠枪柄的轻机枪。折叠枪柄使得枪支的长度由
833 毫米缩短为 630 毫米。这种枪装有 30 发子弹，射速达 500 发 / 分。

现代的轻机枪更为精悍轻便，已经成为保镖们的普遍武器，可以放在夹克或者公文包里。

■ 私人防身武器

虽然公共安全得到改善（例如，建立了有组织的警察
部门），但是犯罪在 19 世纪的欧洲和美洲仍然是一个主
要问题。工业化的出现使得城市获得大规模的发展，但是
也导致了城市下层个人或团伙犯罪的增长，与此同时，强
盗在农村和偏远地区仍然是一个严重威胁。

» 私人手枪

这些武器分为几种类型。除了德林格手枪，还有所谓
的"袖珍手枪"，这种手枪正如它的名字所示，可以暗藏
在主人的随从身上。这些武器的典型特点是：它们都属于
发射小口径子弹的左轮手枪，而且常常是专门制造成特别
型号的手枪。为了尽可能简约紧凑，这些手枪都有折叠式

↗ **女士手枪**

这件称为"女士手枪"的手枪样品是一把 5.58 毫米
口径的左轮手枪。它有一个折叠式扳机和包有珠母外
表的握把。

扳机或者是完全封闭的枪锤来减少手枪的走火。随着简洁的小口径自动手枪的推出，这种袖珍手枪的
理念在 20 世纪得以延续。

"女士手枪"或"皮手笼手枪"是这些手枪的一套附属类型。这种手枪非常小，主要为了妇女使
用，能够被藏匿在手提袋或那个时代许多妇女常戴的用于暖手的皮手套中。

更为与众不同的一种武器是 19 世纪推出的"掌中"或"挤压式"手枪。这些手枪不再是传统的样式，
而是水平导向的武器，这样可以将手枪隐藏在使用者的手掌里。除此之外，它们也带有一个"挤压式"

伪装的武器

↗ 雨伞枪
这是一把被伪装成雨伞的撞击式雷帽枪。1978 年，一种现代型的雨伞枪（就图中这把而言，发射粘有有毒的蓖麻毒剂的子弹）被用于暗杀一个在伦敦的保加利亚不同政见者。

↗ 斯威格针枪
这是一把 5.58 毫米口径的木质外表的斯威格针枪。

↗ 小路手杖枪
这种武器最为罕见的一种类型是英国 19 世纪的撞击式雷帽小路手杖枪。这根手杖的顶部（里面装有枪）是和下半部分离的，可以举在肩膀处发射子弹。

◁ 徒步旅行针枪
这把 19 世纪英国绅士使用的单发徒步旅行针枪，带有可拆卸的撞击式雷帽，有双重用途。

↗ 步行针枪
这是一把 19 世纪英国的步行针枪。这种武器带有由英国枪械工匠——约翰·戴设计的单发撞击式雷帽射击装置。

几种攻击性武器

↙ 掸子匕首
这种致命的掸子，产自 1840 年左右，里面藏有一把 22 厘米长的匕首。

↗ 指节铜环
这套 19 世纪的"指节铜环"或"指节环"，在拳斗或其他搏斗中，可以被套到使用者的手上给予对方更为致命的重击。事实上，这些武器常常会使使用者受伤，折断他们的手指。尽管其名字是"指节铜环"，但是大多现代的"指节铜环"都是由钢或铝制成的。

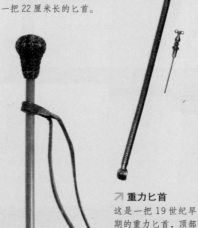

↗ 包皮铅头棍
包皮铅头棍（Blackjack）这个词起初用于指一种金属的大啤酒杯。这种武器也被称为"铅棒"或"包皮短棒"。这些很容易隐藏的棍棒的典型特点是：里面填有铅体，一端常常系在一根皮革带上。这里展示的这件 19 世纪的包皮铅头棍，每一端都有一个用藤条编成的球形捏手和一根皮带。

↗ 重力匕首
这是一把 19 世纪早期的重力匕首，顶部带有一个金属的后背耙子。这把 11.5 厘米长的匕首可能镀上了一层金属。

◁ 西班牙折叠小刀
这是一把 19 世纪晚期的西班牙折叠小刀。

的射击装置来取代标准的扳机。这种手枪最为知名的型号包括比利时／法国的怪异系列和高卢系列以及美国的"芝加哥保护者"。

»步行手枪

虽然19世纪之前拐杖和手杖中藏有匕首或刀剑是很平常的事，但到19世纪初和20年代，撞击式雷帽射击装置的引入使得"手杖枪"成为一种实用武器。1823年，英国枪械工匠约翰·戴发明的一种枪械装置（在这种装置中，一个位于枪锤上的下拉式枪机可以藏在一根手杖中，从而拆掉了扳机）获得了专利；随后，戴的专利手杖枪成为这一制造行业标准的枪械。

根据枪械史学家查尔斯·爱德华·夏普尔的观点，19世纪的手杖枪"是为博物学家、猎场看守人和偷猎者大批量制造的"。到19世纪后期，发射新型的完全封闭的金属子弹的手杖枪开始应用。虽然大多数手杖枪的任意一种射击系统都是单发的，但是据说还是有一些手杖左轮枪被制造出来。

■ 复合武器

将枪、刀或棍棒复合在一起的武器（或者所有这3种武器）其谱系要回溯到16世纪。直到实用的连发枪在19世纪中期出现之前，枪（除非是多管枪）在重装子弹之前，只能发射一发子弹，因此如何使枪的使用者拥有另外一种手段杀死敌人便成为武器制造商们关心的问题。连发武器的推出并没有完全解决这一问题。在19世纪晚期，出现了一种流行的左轮手枪与匕首或小刀的复合武器，著名的法国"阿帕契"就努力试图将一把左轮手枪、一把小刀的刀刃和一套铜指节环复合在一件武器上。后来的复合武器包括"三管复合枪"（一种双枪管的短枪，除此之外还带有第3根来复枪枪管，通常是由欧洲人制造的）和由几个国家的空军开发的用于搜索降落在偏僻地区等待营救的飞行员的救生枪。

↗ 战斧枪
这种武器制造于1830年左右的印度，它将战斧和一把使用撞击式雷帽的枪复合在一起。

↖ 匕首枪
这件日本武器虽然被伪装成一把匕首，但它实际上是一件单发的、使用撞击式雷帽的手枪。

↗ 小刀手枪
伦敦昂温·罗杰斯公司是小刀手枪复合武器的开拓者，它在19世纪70年代制造了这件袖珍小刀手枪。它包括一把9.14毫米口径的前膛装弹的单发手枪和2把折叠式的小刀。

↗ 德克手枪
比利时—法国的枪械制造商杜默希尔父子公司制造的几件小刀—手枪的复合武器。就像这里展示的这件复合手枪，有一把34厘米长的刀装在双枪管剑的上面。杜默希尔也制造了许多手杖枪。

↗ 权杖枪
这件19世纪英国的武器将一根头部带有装饰的权杖（棍棒）和一把撞击式雷帽手枪复合在一起。它使用由英国枪械工匠约翰·戴为他著名的手杖枪设计的射击装置。

■ 报警枪、陷阱枪和特殊用途的枪

　　并非所有的枪械都是用于杀人的。从火药的引入开始，各种各样的火器被用于发射信号、计时和发警报等各种用途。

　　19世纪前半段，撞击式雷帽引入后，这些特殊用途的枪械的数量开始获得增长。本节展示了那个时代的一些有趣的此类武器。

↗ 沃利斯报警枪

19世纪的报警枪是由约翰·沃利斯的英格兰赫尔枪械制造厂生产的。它的枪锤通过双头的传动杆来击发，当传动杆被盗匪触拉时，它就会激活撞击式雷帽。

» 报警枪和陷阱枪

　　报警枪的开发是为了让屋主获得一种避开盗贼的手段。通常它们被装在窗户和门上，当入屋行窃者试图打开门窗时，枪的拉发线会激活撞击式雷帽，引燃火药（后来的报警枪发射出的是空弹），向屋主报警，并将盗贼吓跑。这种武器的一种改进型是由一把通过螺丝装在门窗上的、小口径的、发射空弹的手枪构成的。当门窗被打开时，它

↗ 乃勒陷阱枪

另一个英国枪械工匠伊萨·乃勒在1836年获得了这件"报警枪或记者和发现者枪"的专利。这种枪由一个钢制闭锁块和几个装火药的垂直膛室构成。撞击式雷帽射击装置通过这种枪底部的叶状弹簧主动撞针来激活。枪身正面那个水平的洞穿透了闭锁块，可以使它紧紧地固定在带桩的底座上。这种枪的各种型号有1～6根枪管。

↗ 格林纳仁慈动物杀手

值得尊敬的英国枪械制造商W.W.格林纳（他的公司建立于1855年），在接收了他已故的父亲的企业（创建于1829年）后，制造了这件武器。这种武器以"格林纳仁慈动物杀手"的名字销售，它被设计出来用于迅速杀死牲畜或打死一匹受伤的、没有生还希望的马。这种武器的使用者要旋开顶上的盖子，插入一枚7.87毫米口径的子弹，再装上盖子，将盖子的宽头放在马的前额，将盖子的凹部向上顶，使之与马的脊柱保持水平，这样子弹就可以射入马的脊髓，从而将其立刻杀死。第一次世界大战期间，这些武器被分发给英国的骑兵军队和兽医。格林纳随后继续制造了一些高质量的武器。

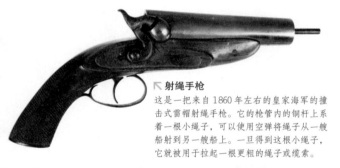

↖ 射绳手枪

这是一把来自1860年左右的皇家海军的撞击式雷帽射绳手枪。它的枪管内的铜杆上系着一根绳子，可以使用空弹将绳子从一艘船射到另一艘船上。一旦得到这根小绳子，它就被用于拉起一根更粗的绳子或缆索。

小范围信号枪的主要特点

　　1. 结构简单、使用方便。信号手枪、钢笔式微型信号枪及其他各种信号弹或照明弹发射器，均属发射一定口径弹药的专用信号枪或发射装置。它们不仅结构简单，操作使用方便，而且可以重复使用，具有较长的使用寿命，一直是世界各国广泛使用的产品。特别是钢笔式微型信号枪及专用信号弹或照明弹发射器，结构更简单，质量和尺寸更小，但射高稍低，信号持续时间稍短，发光强度较弱，多作为个人遇险时发射紧急求救信号使用。

　　2. 口径多在20～40毫米之间。信号手枪口径通常大于20毫米，标准口径有26.5毫米、37／38毫米和40毫米三种。钢笔式微型信号枪及专用信号弹或照明弹发射器口径稍小，多在20毫米以下。用防暴枪和榴弹发射器发射的专用信号弹或照明弹，则口径较大，为38毫米或40毫米，所以发光强度大，射高比信号手枪远，发光持续时间长，但弹药成本要稍高。

　　3. 可发射不同颜色的弹药。信号手枪、钢笔式微型信号枪及其他各种信号弹或照明弹发射器，发射的弹药既有单星与多星、带降落伞与不带降落伞之别，颜色也有红、黄、绿、白等多种，而且具有一定的射高、持续发光时间及发光强度。

就会发射出空弹。

陷阱枪（也被称为弹簧枪）在乡村地区最普遍地用于打击偷猎者。和许多报警枪一样，这些陷阱枪也是由拉发线来击发，但是和报警枪不同的是，一些陷阱枪往往发射的是子弹而不是火药或空弹。

↗19世纪的海军信号炮

这件19世纪的海军信号炮用于发射信号，又用于鸣礼炮。类似的小炮也被用于地面上的计时（例如，通过射击表明已经是正午12点）。英国皇家海军第一个开启了发射礼炮的传统，并且后来成为最令人敬畏的海上礼仪。这使得其他国家的战舰遇到英国海军时会首先鸣射礼炮，之后英国海军战舰可能会以同样的方式回应对方。

» 射绳枪和信号枪

对于海上一艘船而言，获得另一艘船甲板上的绳子，无论是对于拖曳破损的船只，还是对于传递消息或运送供给品，都常常是非常有必要的，这造成了射绳枪的发展。"海岸警卫队"和救生艇船员也使用射绳炮（就像从19世纪晚期到20世纪50年代使用的美国莱尔枪）将绳子射到失事的船上，来将乘客和船员安全地带上岸。

在无线电接收装置引入之前，商船和战舰在港口通过发射信号枪宣布它们的到达已经成为一种习惯，而且对于舰船而言，当遇到大雾和其他天气状况使船的可见信号（旗子）看不见时，也常常有必要用枪向其他船发射信号。出于这样的目的，在船上用一把"大枪"发射显然不切实际，因此许多船上都装上了信号炮。

■ 一战时的步兵武器

20世纪伊始，军事步枪技术比其他武器发展的速度更加缓慢。一战时，大多数军队中的步兵都是持着最初样式可以追溯至19世纪中期的步枪参加战斗的。

↘ 勒贝尔刺刀

这种刺刀生产于1916年，用于8毫米口径的法国勒贝尔1886双式枪机步枪。这种刺刀的金属握把是由镍和铜制成的（就像图中这把金属刺刀所展示的）。

» 步枪的缓慢发展

步枪技术发展缓慢是有合理原因的。使用栓式枪机的步枪很结实，并且机械装置简单，长距离射击较为准确（典型的距离是1650～1980米）。一战前步枪发展的主要趋势只是使步枪变得更短更轻，从而使19世纪的卡宾枪和步枪的区别变得模糊。这些步枪包括美国斯普林菲尔德M1903、英国SMLE（李·菲尔德短弹匣步枪）和德国KAR-98。

虽然一战时期，一名训练有素的士兵可以使用栓式枪机步枪每分钟射出15发子弹，但是武器设计者们还是已经开始研制半自动步枪来增加步兵火力。半自动步枪（也被称为自动装弹步枪）通过后坐力或留在枪管内的火药燃气的后坐力驱动，每拉动一下扳机，就发射一次。

美国防毒面具

毒气是一战中极其恐怖的武器之一。法国和德国军队在战争初期都使用了刺激性气体（也就是催泪瓦斯），毒气战在1915年的伊普莱斯战役中进入了一个更为致命的阶段。当时的德军向英军阵地释放了氯气。很快双方都使用了毒气（主要通过炮弹来释放）。一些毒气（像芥子气）常常立刻就要人性命。早期的防护措施是原始的，例如，用一块浸尿的棉布捂住口和鼻子，随着战争的进行，越来越有效的防毒面具或"呼吸器"被开发出来。这里展示的这种防毒面具被配备给美国军队。

↗ 安菲尔德步枪
第一种 7.69 毫米口径的 SMLE（李·安菲尔德短弹匣）——马克 III，其样式吸收了布尔战争中的经验教训，从 1907 年开始在英国军队中服役。SMLE 的枪机使得它相对于同一时代的其他步枪拥有更快的射击速度——它有一个 10 弹装的弹匣。在一战中，当德国军队在英军的炮火下冲进英军阵地时，英军就使用这种武器进行连续性的快速射击，而德军往往会认为他们受到了机枪攻击。

↗ 1917 式步枪
美国在 1917 年 4 月参加一战，当时它的军工产业很凄惨，并没有准备好为庞大的军队提供装备。由于扩大生产美国军队的标准步枪——M1903 存在困难，美军也采用了以英国安菲尔德步枪为基础的步枪，因为安菲尔德步枪在美国根据合约已经开始生产。最终美国军队推出了 1917 式步枪（从根本上而言，它是带有经过改装发射 7.62 毫米口径子弹的枪机和弹匣的安菲尔德步枪）。

↗ KAR-98 式步枪
这把 7.92 毫米口径的 KAR-98（Karabiner1998）式步枪在两次世界大战中是标准的德国步兵步枪。它使用了经典的前闭锁毛瑟枪栓，重 3.9 千克，有一个完整的 5 弹装盒式弹匣。

» 半自动步枪的出现

　　从 19 世纪 90 年代中期以来，丹麦、墨西哥、德国、俄国和意大利的军事部门都开始采用半自动步枪，但是没有一个国家的军队广泛使用这种武器。虽然半自动步枪试验在继续进行，但是半自动步枪被采用的速度却被放慢，这是由于它和自动手枪取代左轮手枪需要考虑同样的问题。半自动步枪和使用栓式枪机的步枪相比相对复杂，而且大多数半自动步枪要发射更轻、更短的子弹。除此之外，军官们也担心装备了快射步枪的军队会迅速增加弹药的使用量。

迫击炮

　　这种简单的、可移动的迫击炮（有时又被称为"步兵炮"）出现在一战期间，用于在进攻或防御时给予步兵火力支援。今天在许多国家的军队中它们仍然在使用。这种迫击炮主要有 60 毫米口径、80 毫米口径和 120 毫米口径几种类型，它只是一根输送炮弹的管子，通过使用底座内的一个推进装置发射手榴弹状的炮弹。这里展示的是法国在第二次世界大战中使用的 1937 式迫击炮（下左）和一门芬兰迫击炮（下右）。

■ 一战时的机枪

　　自动武器的概念（只要射击者拉动扳机，枪就会持续地射击）至少要追溯至 1718 年，那时英国人詹姆斯·巴克提出了多弹筒"防御枪"的概念。19 世纪中期出现了几件手工操作的快射枪，其中一些枪（例如美国的加特林机枪）是相对比较成功的。其他一些枪（例如法国的手动式机枪）

就没有取得成功。第一件现代机枪——马克西姆机枪，出现于1885年，首次大规模地使用是在日俄战争期间（1904～1905年）。在一战中机枪永久性地改变了战争，并一直是21世纪世界兵工厂中的主要武器。

» 机枪的诞生

虽然有来自诸如英国的卫士机枪和瑞典的诺登弗特机枪等其他机枪的竞争，从19世纪80年代到20世纪早期，

↗ 刘易斯轻机枪

英国军队参加一战时使用了包括刘易斯轻机枪在内的许多美国的机枪。这种7.69毫米口径的、气体作用方式的机枪，是由美国军官诺亚·刘易斯在1911年开发的，它有一块独特的"裹尸布"，用于冷却枪管。刘易斯轻机枪被大批量地装在盟军战机上使用，它有一种专门为美国军队开发的7.62毫米口径的型号。

↘ 法国的绍沙自动步枪

法国的绍沙自动步枪是一战中最为糟糕的一种武器，它是由不符合标准的零件制成的。它的月牙形弹匣里装有8毫米口径的勒伯尔步枪子弹，对于自动武器而言，这是一种不准确和不可靠的射击系统。当美国军队抵达西线以后，他们装备了大量的这种武器（只是重新装上了美制7.62毫米口径的子弹）。除了内在的缺陷外，这些枪大多服役多年，年久失修。美国陆军和水兵（他们将这种武器称为"佛掌瓜"）认为这种武器根本就毫无用处，通常在参加战斗之前，这些武器会被扔在一边。

↗ 马林机枪

当美国在1917年4月参加一战时，美国军队与马林武器公司签订了一份生产一种7.62毫米口径的柯尔特—勃朗宁1895式机枪的合同，此前这种机枪已经在海军中使用。这种由美国的约翰·勃朗宁设计的机枪，在步兵战斗中有很大缺陷：其气体作用方式装置使用在一个枪管下面来回移动的活塞，因此，它只能在一个相当高的三脚架上进行射击，由此也就将射击者暴露在敌军的火力之下。由于活塞往往会撞击底下的底座，因此士兵们戏称它为"马铃薯挖掘器"。

海勒姆·马克西姆

海勒姆·马克西姆，出生于1840年，早年就已经成为一名多产的发明家，其中由他发明的"捕鼠器"就曾经获得了专利。

1881年，当他打算参加巴黎的工业博览会时，一个朋友告诉他，如果他真的想发一笔大财，就应该去"发明一些武器，通过这些武器，这些欧洲人可以更为方便地割断彼此的喉咙"。马克西姆将这些话记在心里，几年后，他制造出了名副其实的武器。

马克西姆机枪利用后坐力原理，通过一条连续的子弹带给弹。射击时机枪手固锁待发，后坐力推出射击后的弹壳，并装上新子弹。由于射击速度快（每分钟能射出高达600发子弹）会熔化枪管，它的周围盖着浸满水的衬衣。后来的"气冷式"机枪则使用了穿孔的金属外壳。马克西姆机枪很快就被几个国家（包括英国）所采用，马克西姆后来获得英国的公民资格，由于他的成就，在1901年被英国授以爵士爵位。

还是有许多国家采用了马克西姆机枪。这种机枪出现于英国殖民主义的顶峰时期，它和其他一些快射枪在殖民地战争屠杀当地人的过程中展示了效力，这使得英国作家希拉尔·贝洛克写出了这样的讽刺诗句："无论发生什么，我们已经得到了马克西姆机枪；而他们却并未获得马克西姆机枪。"

随后，一战爆发了。虽然英国军队第一个采用了这种机枪，但是这种武器在实战中装备数量少，而且效果也被低估。而法国军队则认为"进攻的精神"可能会克服自动武器的缺点。德国军队却并没有出现这些误解，因此，盟军也相应地吃了更多苦头，但是很快，他们就在这场武器竞赛中迎头赶上。

正如许多枪械史学家所注意到的，（最为著名的是枪械史学家约翰·埃利斯的《机枪的社会史》一书）机枪在一战中造成的毁灭性既是肉体层面的，又是心理层面的。机枪将杀戮演变成一种工业过程，它代表了工业革命的核心和大规模战争的时代。后来的英国首相温斯顿·丘吉尔（作为一名步兵军官在西线的战壕中待过 9 天）在想起机枪时，在战后的回忆录中写道："曾经残酷而又充满吸引力的战争，现在变得残酷而肮脏……"

■ 驮载炮

1999 年 7 月，英国在伦敦举行了最后一届皇家山地炮锦标赛，这标志着由来自朴次茅斯和普利茅斯的炮手们参加的每年一度的皇家海军山地炮比赛彻底结束。

在这种比赛中，选手们首先把一门维多利亚 4.5 千克山地炮拆散，然后跑过一系列障碍物，最后重新安装，到达终点后发射一颗空炮弹。

这是一项激动人心的考验人的耐力和协作精神的比赛。4.5 千克驮载榴弹炮拆散后需要人和 5 匹骡子驮载着爬过高山丘陵。如果在山脊上重新安装上驮载炮，就意味着他们的炮火占领了整个山谷。

1901 年和 1915 年，4.5 千克炮在印度西北边境地区使用过。其发射的炮弹重约 4.5 千克，射程 5.5 千米，被称为"螺旋炮"，因为炮筒分为两部分，发射炮弹时，它们通过旋转结合为一体。

4.5 千克炮后来逐渐被两次世界大战期间开始服役的 94 毫米口径驮载榴弹炮取代了。这种炮的最大重量达 2218.2 千克，炮弹重 9.08 千克，射程 5.49 千米。

第二次世界大战期间，美国的 75 毫米 M1A1 驮载榴弹炮对

↗ **野战炮**
马拉炮主要由炮身、装载炮弹和弹药的车辆、马队几部分组成。

炮的移动

驮载炮、山地炮和轻型反飞机炮（高射炮）都可以被拆解以利于被士兵或者骡子运送到山顶。今天的轻炮可以通过既快速又可靠的直升机运输。

◤ **人力运输**
在伦敦举行的皇家锦标赛上，皇家海军水手正在演示英国 4.5 千克山地炮如何拆解和重新组装。

↗ **意大利驮载炮**
第一次世界大战中，阿尔卑斯山地部队运送大炮至新战场。为了便于运输，他们把驮载炮拆成了 4 个部分。

知识链接

* 1901年，英国4.5千克炮出现。

* 1901~1915年，4.5千克炮被应用于印度西北边境。

* 1914~1918年的第一次世界大战中，反飞机炮开始使用。

* 1932年，瑞典40毫米博福斯式反飞机炮出现。

* 1936年，德国88毫米Flak36型反飞机炮出现。

* 1939~1945年的第二次世界大战中，美国75毫米M1A1型驮载榴弹炮开始使用。

* 1957年，意大利105毫米56型驮载榴弹炮出现。

↗ **高射炮发射**

高射炮炮兵发明了预射炮弹以击中飞行中的飞机的技巧。就是说，当炮弹爆炸的时候，正好可以把抵达的飞机炸成碎片。现在雷达使这项工作变得更快、更容易了。

于空降兵来说是非常有效的武器。最初它需要6匹骡子驮运，发射6.24千克榴弹，射程8.93千米，炮重588.3千克。105毫米M3榴弹炮是体积更大的M1A1型榴弹炮，重达1132.7千克，发射的炮弹重14.98千克，射程6.633千米。

战后山地炮一直由意大利105/14奥托·梅莱拉56型155毫米榴弹炮主宰，它发明于1957年，共制造了2500多门，目前已经应用于17个国家。它的设计非常精良，一直被印度75毫米驮载榴弹炮所仿效。56型榴弹炮能够被拆解为11个部分，骡子甚至士兵们就可

↗ **美国内战中的加农炮**

19世纪60年代美国内战中使用的后膛加农炮与拿破仑战争期间使用的大炮非常相似。

以短距离运送它。它重达1290千克，发射的榴弹重量为19千克，射程10.6千米。

直升机的使用及空中运输的广泛应用使得轻机枪和驮载榴弹炮已经非常普遍。它们可以通过直升机的吊索运输，迅速地投入战斗。

未来的大炮将会由新材料制造而成，许多新材料目前已经广泛应用于现代飞机上了。与铁和合金材料相比，这些新材料不仅坚固而且重量较轻。

■ 炮之最

» 口径最大的迫击炮

第二次世界大战中美国制造的"小戴维"是曾经建造过的世界上口径最大的迫击炮，口径为920毫米，但是这门大炮在战斗中没有使用过。

德国履带式600毫米攻城迫击炮是使用过的最重的迫击炮，又被称为"卡尔"，曾在第二次世界大战中攻打斯大林格勒时发挥过重大作用。

» 最大的火炮

德军在第二次世界大战的东部战线围攻苏联海港塞瓦斯托波尔时曾经使用两门最大的重炮。这两门重炮取名为"陶莱"与"古斯塔夫"，其口径为800毫米，炮身长28.87米，其残留部分已分别在

巴伐利亚的梅村霍夫和德国原苏联占领区被发现。它们作为铁路大炮由德国克虏伯公司建造，由 24 节车厢装运，其中两节各有 40 个车轮。装配好的大炮长 43 米，重 1482 吨，需配备 1500 人，重 9.25 吨的炮弹能射到 46.67 千米以外的地方。

↗ 炮王

» 口径最大的大炮

号称"炮中之王"的一门大炮是曾经建造过的最大口径的大炮，现陈列在莫斯科克里姆林宫。它于 16 世纪建造，长 5.34 米，其口径有 890 毫米，炮筒外径 1.2 米，重达 40 吨。

» 最早的无坐力炮

无坐力炮这一名字是不是很有意思？其实无坐力炮是相对于普通的火炮来讲的。一般的普通火炮在发射的时候会产生很大的后坐力，使得炮身在发射后后退很远，这就会对发射的准确性和速度都产生很大的影响。人们很早就发现了这个问题，但是一直也没有找到一个很好的解决办法。后来这个难题终于在 1914 年得到了解决，当时的美国海军少校戴维斯发明了一种无坐力炮，他把两颗弹尾相对的弹丸放在两端都开口的炮筒内发射，结果发现炮身就

↗ M40 无坐力炮

这是美国 M40 系列 106 毫米无坐力炮，该炮从 20 世纪 50 ~ 70 年代中期一直是美陆军营级制式武器。有 40 多个国家装备使用。曾参加过越南战争、中东战争。射程 7700 米，射速 3 发 / 分钟，全重 709.5 千克。

不会再后退了，发射的时候炮筒两端同时发力，假弹头，假弹头抵消了真弹头发射时的后坐力，发射速度，提高了炮弹的发射效率。这种新炮一出现就立刻受到欢迎，后来经过很多次改造后很快在 1941 年的二战中广泛地被应用。炮筒前面发射出去的是真弹头，而炮弹后头出去的是致使炮身不会再向后退，并且提高了发射的准确性和

» 最早的高射炮

世界上最早的高射炮出现在 1870 年的普法战争的战场上，当时的普军重重包围了法国首都巴黎，本以为轻而易举就能将法国拿下的普军做梦也没有想到法军能借助气球越过他们的包围防线和外界取得联系，并组织军队准备抵抗普军。于是普军开始研制一种能击中空中目标——气球的"高炮"，因此没过多长时间，普军就成功地制成了一种新的大炮，它能灵活地移动，能被四轮车推着追击目标并且能从地面击中高空中的目标，当时的普军士兵都叫它"气球炮"，其实这就是世界上最早的高射炮。

» 最早的自行火炮

与最普通的火炮比起来，自行火炮是一种非常灵活的火炮，因为自行火炮是固定在车辆底盘上面的，这就克服了传统火炮的笨重、不容易移动的缺点。自行火炮不仅仅可以自己改变方向，而且能够非常容易地转移阵地，机动性非常强。

自行火炮是由法国人发明的，直接促成自行火炮产生的是坦克的出现。上个世纪初，坦克的出现让人们领略到了机动作战的重要性，这也就触发了人们的思维，人们在想：如果传统的火炮也能像坦克那样，将会大大地节省战争中的人力和物力。于是人们就把火炮装了带有履带的坦克底盘上面，产生了世界上第一台自行火炮，由于自行火炮的各种优点非常适合于各种大型的野战、机动战，它很快就被广泛地应用于战争之中。现在随着其自身防护性和机动性的不断加强，自行火炮越来越受欢迎。

» 历史上打得最远的大炮

世界上打得最远的大炮是德国在第一次世界大战中使用过的"巴黎大炮"，因为德国攻打巴黎的

时候第一次使用了它，这种大炮也因此而出名。这种号称世界历史上打得最远的大炮长达37米，总重量约为375吨，射程大约在120千米，当这种大炮刚刚问世的时候，曾经轰动了整个世界，因为当时射得最远的大炮的射程也不过12千米，而巴黎大炮一下子把射程提高了10倍，简直太神奇了。不过幸运的是，巴黎大炮的准确性不怎么好，否则美丽的巴黎城早在1918年就已毁于"巴黎大炮"的威力之下了。

■ 地雷和防御

美国内战以后，地雷成为防御工事的组成部分，构筑了许多防御区和障碍物。但是今天，在一些国家它们却成了一个问题，它们一直由陷入内战的敌对派别所控制，给无辜平民造成了很大伤害。

第一枚地雷出现于1861～1865年美国内战期间，那时的地雷是较为粗糙的防御武器。在这次战争中，首次构筑了战壕防御工事。

军事要塞的设计随着火药的变化而不断发生变化。现在它们已经不再是直上直下的，而是由里向外，通常建有防爆营房和炮台。17世纪末以后，法国军事工程师塞巴斯蒂安·沃邦逐渐成为颇有影响力的人物。他设计了巨大的星形要塞，更有效地发挥了炮的威力，同时他还创造了要塞围攻战术。

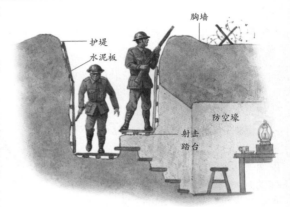

↗ **第一次世界大战中的战壕**
战壕挖得很深，士兵们可以在地下平面上行走。当士兵需要射击的时候，他们就爬上射击踏台。为了防止战壕塌陷，还需要用水泥板等材料加固。

混凝土在20世纪出现不久就被用于构筑防御工事。在布尔战争（1899～1902年）中，带刺铁丝网开始被广泛应用。第一次世界大战期间，西线的防御工事完全是由混凝土、铁丝网和波纹铁皮构筑而成的，从瑞士一直延伸到英吉利海峡。一战末期，德国生产出第一批标准炮弹制造的反坦克地雷，当坦克辗过时即刻发生爆炸。

第二次世界大战期间出现了两种地雷——反坦克地雷和反步兵地雷。反坦克地雷主要用于摧毁卡车或炸坏坦克履带和轮子从而阻止坦克前进。

↗ **反坦克地雷**
意大利塑制反坦克地雷能够摧毁卡车，毁坏坦克和装甲车。

防御工事

构筑土木工事在拿破仑战争中已经出现了，可是挖掘战壕和地下掩体却是在美国内战中才开始的。胜利者要建造许多海岸要塞以保护重要的港口。第一次世界大战爆发后，大炮的改进及大量机枪的涌现迫使步兵们转入了地下，诸如钢梁、混凝土等材料的采用则使得现代的防御工事变得异常坚固。

↗ **反坦克障碍**
美国士兵站在被称为"龙牙"的混凝土反坦克障碍中间。这些障碍物是二战期间的德国为了保护"第三帝国"的西部边境而建造的。

↘ **地道**

知识链接

* 1659年，沃邦（1633～1707年）设计出能击败炮兵的新防御系统。
* 1861～1865年的美国内战中，在里士满附近发生战壕战。
* 1874年，铁丝网出现。
* 1899～1902年的布尔战争中，首次大规模使用铁丝网。
* 1904～1905年，日俄战争。
* 1914～1918年的第一次世界大战中，凡尔登要塞战役。
* 20世纪30年代，构筑马其诺防线和西墙防线。
* 1942～1944年，构筑大西洋长城。

德国特勒反坦克地雷装有6千克高爆炸药。1945年以后，普遍使用的则是俄罗斯和以色列的反坦克地雷。反步兵地雷可以杀死或杀伤士兵和平民。现代地雷主要由塑料制造而成，几乎不可能被探测到，工程师们只能在雷区炸开一条道路，尽管扫雷和挖雷技术有了很大发展。

第二次世界大战期间，混凝土防线主要有德国构筑的"大西洋长城"以及法国构筑的长达320千米的马其诺防线。然而，坦克和飞机的使用很快就使得这种战略防御过时了。

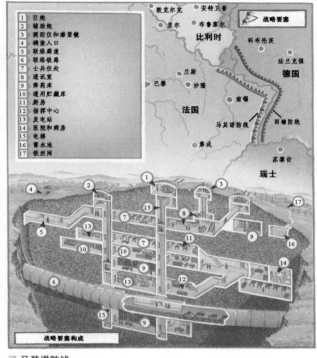

1 巨炮
2 辅助炮
3 测距仪和潜望镜
4 碉堡入口
5 联络廊道
6 联络铁路
7 士兵休伙处
8 通讯室
9 弹药库
10 通用贮藏库
11 厨房
12 指挥中心
13 发电站
14 医院和病房
15 电梯
16 蓄水池
17 铁丝网

战略要塞构成

↗ 马其诺防线

马其诺防线是第二次世界大战之前由法国构筑的，绵延320千米，主要为了防御德军突破法国边境。马其诺防线的建造花费了十几年时间，被称为"陆地混凝土战舰"。其战略要地部署配备了最先进的大炮和武器装备，挖掘了地道和贮藏室以及防止毒气攻击的空调营房。要塞区配有远程炮、迫击炮和各种机枪。然而德军穿过中立国比利时和卢森堡，从侧翼迂回，顺利突破了马其诺防线。

■ 坦克

当第一批坦克笨重地穿越硝烟弥漫的泥泞战场到达第一次世界大战中德国的战壕前时，惊恐的德军还以为见到了怪物。

第一辆坦克的设计者是第一次世界大战期间的克罗尼·安奈斯特·斯温顿。他把履带式汽油动力霍尔特（Holt）牵引车加以改进，安装上装甲保护板、野战炮和机枪。这种车辆起初被称为"陆地轮船"，当它们被藏在帆布罩下面从英国运抵法国的时候，才开始被称为"坦克"，从那以后，"坦克"这一名称才固定下来。这些巨大的装甲车辆先后在1917年法国的坎布雷战场和1918年的亚眠战场使用过。

两次世界大战之间，坦克的设计发生了变化。新的坦克改进了悬架和无线通讯装置，主要火力配备了旋转炮塔。第二次世界大战期间，作战技术进一步发展，开始借助坦克的移动和火力掩护，快速地向前推进，从侧翼包围攻击移动缓慢的敌人。

↗ "老虎"坦克

德国"老虎"坦克重57吨，配有88毫米口径炮。

经典坦克

　　1916 年后，坦克在所有重大陆地战争中都扮演了主要角色。第二次世界大战中，许多坦克如前苏联 T-34 型坦克和德国 T1 系列坦克都因设计精良而名声显赫。其他坦克比如谢尔曼型坦克由于制造量很大，同样造成了巨大的影响。第二次世界大战以后，坦克的设计仍然在不断改进，现代坦克都装有供坦克兵操控的多功能电子自动系统。

↖ **瑞典 CV90 坦克**
这种坦克重 26 吨，配有 3 名车组人员和 8 名士兵。

↖ **挑战者 II 型坦克**
20 世纪 80 ~ 90 年代的英国挑战者坦克配有 4 名车组人员，重达 62 吨。

↖ **美国 1940S 谢尔曼坦克**
谢尔曼坦克重 30.16 吨，射程 16 千米，配有 5 名车组人员。

知识链接

* 1912 年，澳大利亚工程师莫尔发明设计了世界第一种配备发动机和武器的坦克，但最初并未被人认可。

* 1916 年 9 月，坦克首次在第一次世界大战中使用。

* 1922 年，奉系军阀张作霖从英法等国购买了 36 辆"雷诺" FT-17 型坦克，这是中国最早使用的坦克。

* 1943 年 7 ~ 9 月，库尔斯克战役中，2700 辆德国坦克对阵 3300 辆前苏联坦克。

* 1945 年 8 月，5500 辆苏联坦克攻击 1000 辆日本坦克。

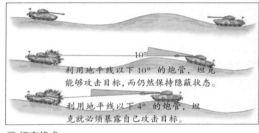

利用地平线以下 10° 的炮管，坦克能够攻击目标，而仍然保持隐蔽状态。

利用地平线以下 4° 的炮管，坦克就必须暴露自己攻击目标。

↗ **坦克战术**
利用地形，经验丰富的坦克兵能够定位敌人。他们可以在不暴露自己的情况下攻击敌人，如果主火力可以压得足够低，他们就可以在这个位置攻击敌人。如果坦克向前推进，炮弹仍然使用同一角度攻击敌人的话，就会暴露自己而遭到敌人坦克的攻击。

　　第二次世界大战期间，坦克的重量和火力都大大提高和增强了。前苏联 IS-3 坦克重达 45 吨，装有 122 毫米口径的大炮。

　　战后坦克设计的变化主要包括改进发动机、悬架、装甲、发射控制系统和武器。美国 M-60 坦克和英国设计的"百人队长"坦克都曾在亚洲和中东服役过。苏联 T-54/55 坦克在 20 世纪 50 ~ 60 年代曾被许多国家使用。

　　20 世纪 80 年代发展起来的新型装甲主要包括反坦克导弹攻击时的外部爆炸系统，以及可以起特殊保护作用的由坚硬材料制成

↗ **巴顿坦克**
美国 M48 巴顿坦克装有一个红外线探照灯和 90 毫米口径炮。

↗ **谢尔曼坦克**
M-4 型坦克是以制造量巨大取胜的坦克。到第二次世界大战末，美国 11 个军工厂每月能制造 2000 辆这种坦克。截至 1946 年，M-4 型坦克的数量已经达到了 4 万多辆。

炮后膛

75 毫米口径炮

驾驶座

钢胶履带

车组人员舱

的锁合式装甲板。发射控制系统主要由装载计算机构成，一旦目标锁定，就能够自动调节准确高度、炮管的角度以及炮弹类型。发射系统连接在瞄准器上，可以使坦克兵昼夜看到敌车的加热曲线图。新型武器主要包括引爆炮弹和制导导弹，这种新型炮弹是用极其坚硬的材料制造的，主要用于穿透敌人坦克的装甲。

■ 坦克之最

↗ 世界上第一辆坦克——"小游民"

» 最早的坦克

世界上最早的坦克诞生于 1915 年 8 月，是一位叫斯温顿的英国人发明的。说起坦克的发明，还要讲一下斯温顿发明坦克的初衷。当时正值第一次世界大战期间，作为一名战地记者，斯温顿亲眼目睹了战场上残酷的厮杀，特别是在战壕战中要突破敌方防线必须付出巨大的牺牲，他就向英国政府提出建造一种有装甲、带武器、能够进行突击的战车。这一想法得到了政府的支持，于是斯温顿组织了一批研究人员，把从美国进口的拖拉机进行改造：把履带加长，焊上很厚的装甲，装上可以进行射击的枪炮。这样，第一辆坦克就诞生了。之后，英国人又进行了改造，就形成了如今坦克的雏形。战事期间，英国军方为了保密，就称这个庞然大物为"Tank"——"水柜"。这就产生了世界上最早的坦克。

» 最重的坦克

世界上最重的坦克是第二次世界大战期间德军研制的鼠式坦克。这是一种重达 188 吨的超重型坦克，比当时前苏联的"KV-2"重型坦克（46 吨）多 142 吨。鼠式坦克长 9.3 米，高 2.66 米，火炮口径 150 毫米，侧面、前面和底部的装甲都厚得惊人，俨然一个庞然大物。

但鼠式坦克过于笨重，采用了 1200 马力发动机，最大时速仅有 20 千米，因此对于以闪电袭击为主的德军来说并没有实际的意义。

» 最早参战的坦克

自从坦克被英国战地记者斯温顿发明出来之后，英国军方打算多制造一些坦克，集中起来对付德军。但是严峻的形势迫使英军在 1916 年 9 月的索姆河战役中提前首次使用。这种坦克两侧各有一门可以转动的炮，还有 6 挺机枪，最高时速约 6.4 千

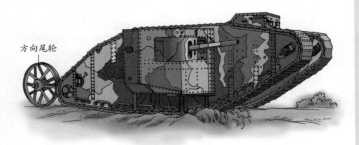

方向尾轮

↗ 带有方向尾轮的 I 型坦克

I 型系列坦克最初依靠一对拖在车后的尾轮控制转向，这对尾轮靠钢丝张线机构连接操控。由于其自身的一些功能弱势，例如容易损坏，沾满泥浆后容易失效，因此很快就改为履带差速转向。

坦克

坦克是具有强大直射火力、高度越野机动性和坚固防护力的履带式装甲战斗车辆。它是地面作战的主要突击兵器和装甲兵的基本装备，主要用于与敌方坦克和其他装甲车辆作战，也可以压制、消灭反坦克武器，摧毁野战工事，歼灭有生力量。坦克的研制是从第一次世界大战开始的，当时为了突破敌方由壕沟、铁丝网、机枪火力点等组成的防御阵地，迫切需要一种集火力、机动性和防护性于一体的新式武器。于是，英国于 1915 年开始研制坦克，第二年就投入生产，并参与了 1916 年 9 月 15 日的对德作战。这种称为"小游民"的坦克靠履带行走，能驰骋疆场，越障跨壕，不怕枪弹，无所阻挡，很快就突破德军防线，从此开辟了陆军机械化的新时代。从那时起到现在，世界上已经建造了十几万辆坦克，成为各国陆军、海军陆战队和空降兵的主战武器。

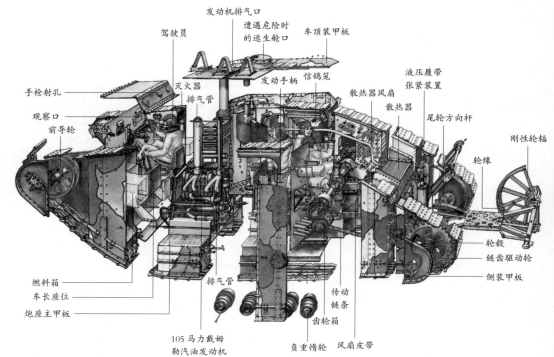

发动机排气口

遭遇危险时
的逃生舱口

驾驶员

车顶装甲板

液压履带
张紧装置

手枪射孔

灭火器

发动手柄

信鸽笼

散热器风扇

尾轮方向杆

观察口

排气管

散热器

刚性轮辐

前导轮

轮缘

轮毂

链齿驱动轮

侧装甲板

燃料箱

车长座位

炮座主甲板

排气管

传动
链条

齿轮箱

105 马力戴姆
勒汽油发动机

负重惰轮

风扇皮带

↗ I 型坦克内部剖析图

坦克首次应用于战场是第一次世界大战期间，由英国工程师秘密研制而成，起初起名为"水柜"（"TANK"），坦克称呼由此而来。图为著名的 I 型坦克内部剖析图。

米，但它却有无比的威力。这次战役由于坦克的参战，使英军在很短的时间内就向前推进了 5000 米，大败德国军队。

■ 反坦克武器

反坦克手需要猎手那样沉着冷静的气质和胆量。当敌人的坦克边射击边冲过来的时候，反坦克手必须耐心等到敌人进入炮弹射程之内，然后瞄准坦克最脆弱之处攻击。

随着坦克在第一次世界大战西线战场的出现，作战者开始想出各种办法用反坦克武器阻止和摧毁它们。

大多数军队通常使用野战炮兵来攻击早期坦克。英国和苏联军队在第二次世界大战初期使用过反坦克步枪，可是不久就被新型厚装甲武器所取代了。

真正的反坦克炮是 20 世纪 20 ~ 30 年代出现的，它可以高速发射高硬度炮弹。早期反坦克炮口径一般在 37 ~ 57 毫米之间。随着第二次世界大战的推进，反坦克炮变得越来越大，德国曾经使用 88 毫米口径反飞机炮作为非常有效的反坦克炮，苏联甚至使用过口径 100 毫米的巨炮。

反坦克武器的主要变革伴随锥形炸药和短程火箭的发展而来。锥形炸药能够穿透传统的装甲，而不产生火箭炮那样的后坐力。锥形炸药和火箭炮结合在一起的武器是美

↗ 反坦克步兵

反坦克武器可以是一组武器，如口径为 106 毫米 M40 型无后坐力步枪、陶式反坦克导弹、米兰式反坦克导弹等，也可能是单人发射武器，比如 M72 和 RPG-7 型反坦克导弹。

穿透性

大多数步兵的反坦克武器装有锥形炸药弹头，在铜质弹头外面包裹着一层锥形炸药。一旦弹头爆炸，爆炸能量会继续向前推进，产生一股灼热的金属流和气流，然后前面的金属弹头熔化开一条穿透坦克装甲的通道。

↖ 卡尔·古斯塔夫反坦克火箭筒
图中加拿大士兵使用的是瑞典"卡尔·古斯塔夫"84毫米口径无后坐力反坦克武器，可以发射杀伤力很大的炮弹。

↖ 比尔反坦克导弹
瑞典革命性的比尔导弹的发射装置装有热成像探测器，可以探测到坦克和战车发动机产生的热量，从而锁定打击目标。但这种技术只作为军队的夜视装置，在夜间执行侦察任务时使用。

知识链接

* 1918年，德国开始使用12毫米口径反坦克步枪。
* 1927年，第一架专用反坦克炮问世。
* 1942年，"巴祖卡"火箭筒在美国问世。
* 1943年，德国PaK43/44型反坦克炮开始服役。
* 1956年，法国发明诺尔SS—10式线导导弹。
* 1972年，欧洲导弹公司米兰反坦克导弹问世。
* 1973年，埃及在西奈半岛使用塞格制导导弹。
* 1979年，瑞典发明比尔反坦克导弹。

↗ 轻型反坦克武器（LAW）
M72轻型反坦克武器指的是重3.45千克的望远镜式火箭筒。其有效射程为220米。美军在越南战争中首次使用，后来英国在1982年的马岛战争中也曾经使用过。

↗ 摧毁坦克
图为海湾战争期间被美国A-10反坦克导弹摧毁的一辆伊拉克坦克。因为内部的炸药和燃料发生了爆炸，它几乎完全被炸散了，坦克里面的炸药始终是所有装甲车辆士兵恐惧担心之处。

↗ 坦克歼击车
发射光线制导"旋火"反坦克导弹的英国阿尔维斯·斯特里克坦克。"旋火"导弹最大射程达4千米。

↗ A-10"雷电"攻击机
A-10攻击机有一个官方名称"雷电Ⅱ型"，可是机组人员还是喜欢称之为"疣猪"（一种非洲野猪）。其前端装有强力多管30毫米口径GAU-8式加农炮，可以运载反坦克导弹和炸弹。

国口径60毫米M1型火箭筒，它有一个绰号"巴祖卡"，这是美国喜剧演员鲍勃·伯恩斯使用过的一种乐器的名字。

战争末期，德国已经设计出了反坦克制导武器，这指的是德国X-7反坦克导弹。X-7导弹射程达 1 千米，重 10 千克，通过缠绕在发射装置线轴的光线传送的信号来锁定目标。据说这种导弹可以穿透 200 毫米厚的装甲。

大多数现代反坦克制导武器都是光线制导，因为这种系统比较可靠，不容易被敌人干扰。随着装甲的改进，弹头设计也在不断变化，现在的弹头一般由两到三个可以连续引爆的锥形炸药构成。1979 年瑞典生产出了"比尔"反坦克导弹，它向坦克较薄的顶部装甲发射锥形炸药射流，可以在坦克顶端发生爆炸。"串联弹头"和"顶部攻击"两种设计预示着 21 世纪反坦克武器技术的发展方向。

■ 装甲车

装甲战车的设想可以追溯到 1482 年，莱昂纳多·达·芬奇最先画出了草图。它由人推动前行，驾驶员操纵着转动手柄，裂缝处安装有火枪。可是直到 1902 年辛姆斯式"战车"演示的时候，英国国防部才第一次见到了真正的装甲战车。它是一种使用汽油发动机作动力的轮式车辆，最大速度为 18 千米 / 小时，装有 6 毫米厚的装甲、两挺机枪和一台约 0.45 千克的火炮。

比利时和英国皇家海军 1914 年正式使用机枪装甲车。然而，泥泞不堪的西线战场并不适合这种轮式车辆。英国在中东与土耳其的战争中也使用过装甲车辆。两次世界大战之间，六轮、八轮轮式装甲车和半履带式装甲车相继问世和发展。半履带装甲车后面底盘上装有履带，前面装有轮子。它具有坦克一样的越野作战能力，也能像卡车一样驾驶。德国 Sd.kfz.251 型半履带装甲车和美国 M3 型半履带装甲车曾经在第二次世界大战中被广泛使用。

第二次世界大战以后，M3 型装甲车在以色列军队中一直服役到 1967 年。这种半履带装甲车使得步兵能够与快速移动的坦克并驾齐驱。安装在底座上的大炮在步兵和坦克遭到攻击之前，就可以摧毁敌人阵地。

1944 年诺曼底登陆前，英国设计生产出了一系列绰号"连环画"的特种坦克，包括排雷坦克、砾石海滩的铺路坦克和跨越壕沟的架桥坦克。另

↗ **装甲输送车**

这辆 M113 式装甲输送车装有陶式反坦克导弹发射器。这种车适合多种道路。

↗ **第一辆装甲车**

1904 年，法国人沙朗·吉拉尔多和沃伊特制造出了第一辆装甲车。

防护和移动

装甲防护不仅用于战车，而且用来防护 VIP 车辆和在敌对阵地使用的媒体车。防护性是车辆的根本，既可以是由护板和嵌镶板制造而成的防护板，也可能是防弹和防雷系统。

◤ **燃烧的装甲车**

一辆瑞典装甲输送车在战场上行进时被反坦克炮弹击中后燃烧。装甲运输车装有燃料、液压液和弹药，这些内装弹药可能是一种灾难。这种车辆有一个封闭的后门，但在弹药爆炸时易被炸开。士兵要从火灾中生还，需要即刻启动自动灭火系统。目前如果不发生火灾，士兵们都坐在车顶上，以防装甲车撞击到反坦克地雷、着火和发生爆炸。

↗ **英国萨克逊装甲运输车**

4×4 型萨克逊车是高效的装甲卡车。重 9940 千克，可以运载 10 名士兵，最大速度 96 千米 / 小时。在北爱尔兰和波斯尼亚地区使用过这种车辆。

↗ 装甲部队攻击

飞机用做飞行炮兵的装甲战术是德国在 1939～1942 年发明的。前面是侦察部队，中间是装甲部队，后面是卡车运载的摩托化步兵。坦克集中火力冲击敌人阵地，装甲部队负责纵深直插敌人阵地，步兵则确保侧翼安全。

知识链接

＊1904年，第一辆装甲车问世。

＊1914年，装甲车击落德国"鸠"型单翼机。

＊1919～1922年，装甲车在爱尔兰被用于攻击爱尔兰共和军。

＊1920年，劳斯莱斯装甲车问世，服役到1941年。

＊1931年，法国首次在D1型坦克上安装铸造炮塔。

＊1932年，日本生产出第一辆柴油动力装甲车。

＊1936年，德国设计出扭杆悬挂系统。

＊1944年，滑翔机运送提特拉奇轻型坦克至法国诺曼底。

↗ 法国潘哈德 ERC 型装甲侦察车

法国 ERC 装甲侦察车配有 90 毫米口径火炮，最大速度 95 千米 / 小时。这种六轮车辆与正常的四轮车辆相比，可以更为有效地执行越野任务，在 1990～1991 年的海湾战争中曾经使用过。

一种特种坦克是能够发射摧毁德军防御工事的重达 18 吨、射程为 210 米炮弹的英国皇家装甲工兵车。这种可以架桥和推石的装甲工兵车现在是大多数军队使用的标准战车。

第二次世界大战结束以来，装甲战车的种类逐渐繁多，主要有装甲救护车、救险车、维修车、指挥车、核生化监测车和军队运输车等等。这些装甲车既有像法国 VAB 型一样的轮式装甲车，也有像美国 M113 型一样的履带装甲车。轮式装甲输送车被广泛用于执行联合国维和任务，因为它们能够保护维和人员免遭步枪、机枪和炮弹碎片的袭击和伤害。

■ 二战时的带刃武器

匕首只是一种握在手里、用于戳刺的短刃刀。这个名字人们普遍认为来自于古罗马的达契亚行省（现在的罗马尼亚），最初的意思是"达契亚刀"。匕首的尺寸较小，这限制了它在战争中的效用。

匕首被突击队和其他特种部队充分地用于战争的各个阶段，并且像美国战略情报局（OSS）和英国的特战执行处（SOE）这样的机构的特工也充分使用此种武器暗杀和"无声地干掉"岗哨。毫无疑问，这些武器中最为出名的是赛克斯—费尔贝恩突击队军刀。

W.E. 费尔贝恩和埃里克·赛克斯

当威廉·埃瓦特·费尔贝恩在 20 世纪早期作为一名警官在中国的上海服役时，他成为第一名精通亚洲格斗术的西方人。费尔贝恩最终升迁掌管了上海市工部局警察局，并和他的同事埃里克·赛克斯一起，使用各种混合在一起的白刃格斗术（他们将其称之为"格斗系统"）训练警局的警官。当第二次世界大战爆发时，赛克斯和费尔贝恩被召回英国，在那里，他们开始将他们的"格斗系统"传授给新组建的突击队。在这段时期内，两人设计了著名的、以他们的名字命名的匕首形军刀。随着美国参加二战，费尔贝恩离开英国，前往美国训练美国战略情报局的特工，赛克斯则继续待在英国，在英国的特战执行处和秘密情报局（SIS）供职。

柯林斯弯刀

美国海军和陆军士兵在穿越太平洋岛屿上茂密的森林时，使用这种 M1942 柯林斯弯刀来砍出行进的道路。这种刀的刀刃长 46 厘米，它取代了之前的 56 厘米长的军刀，分发给热带地区的美军。

德国的砍刀

这种刀并非是战斗武器，而是为医疗人员使用而制造的实用刀。这把二战时的德国刀的刀刃上有两排锯齿，刀刃的顶部可以作为一个螺丝刀。

俄国战刀

一把二战时期的俄国战刀。和许多前苏联武器一样，这把红军使用的战刀简洁、结实，制造成本低，制造数量巨大。

赛克斯－费尔贝恩军刀

赛克斯－费尔贝恩突击队军刀是二战时期最著名的军刀之一，它被美军和美国特种部队广泛使用。这种刀是两个搏击高手发明的，是一种重量较轻的不锈钢武器。这把细长的 19 厘米长的军刀专门设计用来刺入对手的肋骨之间。

卡巴军刀

图中这种军刀是美国海军官方使用的战刀——马克Ⅱ，但是在它的制造商——联邦刀具公司推出了它的广告标语之后，它又被普遍称为卡巴。卡巴是第二次世界大战期间美国海军陆战队的官方战刀，它以质地坚硬而知名，这使它除了成为一种格斗武器外，还是一种实用性能优越的军刀。

■ 二战时的步枪

当二战只是在欧洲爆发时，美国就已经采用了半自动步枪——M1 加仑德作为它的标准步兵武器。然而，当其他国家的军队在现代战争中意识到短距离的高速射击常常要比长距离的准确性更为重要时，新的步枪的射速加快了。1942 年，德国为他的空降部队开发了 7.92 毫米口径的伞兵步枪，它既可以单发射击，又可以作为完全意义上的自动步枪射击。两年后出现了 MP44，这是另外一种 7.92 毫米口径选射式武器，意在将步枪、冲锋枪和轻机枪的功能结合在一起。一种真正具有革命意义的步枪——MP44 的另外一种设计样式 Sturmgewehr（德语，意为"突击步枪"），带来了一种全新的武器的名字：突击步枪。

M1 卡宾枪

在二战的前夕，美国决定开发军官和军士、装

甲兵、军用卡车司机以及辅助人员使用的"中间型"武器。这是一种要比 M1 加仑德步枪更为简洁，但是在战斗中要比 M1911 手枪更为有效的武器。最终出现的是 M1 卡宾枪，一种轻型的（2.5 千克）、半自动的、发射特殊的 7.62 毫米口径子弹的武器。M1 之后紧接着是 M2，它既可以是全自动射击，又可以是半自动射击。它是一种带有着折叠式枪托的 M1 卡宾枪（图中展示的是M1A1），主要是为空军开发的。虽然在 20 世纪 50 年代停产之前，有大约超过 600 万支这样的卡宾枪被发放到军队，但是它在战斗中的表现却有好有坏。这种武器在欧洲的巷战和太平洋的原始森林中，证明是很方便的，但是许多人认为它太过于精细，威力像手枪子弹的 7.62 毫米口径的子弹性能也太差。

约翰·加仑德

约翰·加仑德 1888 年出生于加拿大的魁北克。当他还是个孩子时，他和他的家人搬到了新英格兰，在那，他在一家纺织厂和几个机器车间工作。然而，他所热衷的是武器设计，一战期间，他向美国军队提交了他设计的一种轻机枪。这种轻机枪很快被采用，但是投入生产太晚，并不能在军队中服役。他突出的天赋使他获得了马萨诸塞州斯普林菲尔德国立兵工厂的工程师一职。20 世纪 30 年代早期，他又开发了燃气驱动的、8 弹装的、7.62 毫米口径的半自动步枪。这种枪击败了其他竞争者，在 1936 年时，被美国军队采用。海军陆战队也采用了这种步枪，但是这种步枪的缺陷使得陆战队士兵在二战首仗中使用的还是栓式枪机的 M1903 式斯普林菲尔德步枪，而不是这种步枪。在战争中，M1 加仑德步枪使美军具有很大的火力优势。乔治·巴顿将军将这种步枪描述成"至今所设计的最伟大的战争工具"。

直到朝鲜战争期间（1950 ~ 1953 年），M1 加仑德仍然是美国标准的步兵武器。20 世纪 50 年代中期，M14 取代了它，M14 从根本上而言是一种选射型的 M1。作为政府的雇员，加仑德并没有依靠它所设计的枪械而发财，虽然美国最终生产了大约 600 万件他所设计的武器。一项奖励加仑德 100000 美元的提案在议会中未获得通过。加仑德于 1974 年死于马萨诸塞州。

突击步枪

突击步枪是根据现代战争的要求（在缩短的作战距离上，需要有更高的火力威力和更好的机动能力），将步枪和冲锋枪所固有的最佳战术技术性能成功地结合起来的一种武器。现多指各种类型的能以全自动、半自动或点射方式射击，发射中间型威力枪弹或小口径步枪弹，有效射程 300 ~ 400 米左右的自动步枪。

突击步枪的概念出现在第二次世界大战末期，德国人根据战术需要，提出降低步枪枪弹的威力，缩短射程，使步枪和冲锋枪合而为一，阿道夫·希特勒很欣赏这种适合快速进攻的步枪，亲自起了"突击步枪"（Sturmgewehr）这个名，德文原文翻译为中文相当于"暴风雨枪"的意思，而美国就根据它的战术用途起名为 Assault rifle，当时是指使用中间型威力枪弹的自动步枪。其特点是（相对于传统步枪）射速较高、射击稳定、后坐力适中、枪身短小轻便，是具有冲锋枪的猛烈火力和接近普通步枪的射击威力的自动步枪。

关于突击步枪的战术功用，《苏联军事百科全书》概括得很好："单兵使用的便携自动武器，用于近战杀伤敌有生力量，可形成很大的火力密度，是一种强威力火器。"《中国军事百科全书》对突击步枪的定义写得更准确："一种重量较轻、枪长较短、具有冲锋枪的猛烈火力和接近普通步枪射击威力的自动步枪。"

突击步枪小口径化，使其作战使用的优越性更加突出。当代突击步枪的两个标杆系列是美国的 M16 系列和俄国的 AK 系列，还有德国 G36 系列、中国的 95 自动步枪等。

↗ **日本的三八式步枪**
这种 16.51 毫米口径的、使用栓式枪机的步枪推出于 1905 年——明治天皇统治的第 38 年，由此得名三八式。直到 34 年后九九式步枪引入之前，这种步枪一直是日本标准的军用步枪。这种步枪也有卡宾型。

↗ **M1 加仑德**
尽管 M1 加仑德在战场上取得了毫无争议的成功，但它并非没有缺陷。这种步枪的弹匣只能通过 8 弹装的剥离弹夹来给弹，因此在战斗中，它不能将单个的子弹插入弹匣中完成射击。当弹夹内的子弹耗尽时，伴随着很特别的"啪"的一声，弹壳会被退出来，而这一声音会向敌人暴露射击者的位置。

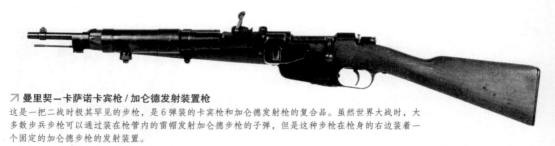

↗ **曼里契—卡萨诺卡宾枪/加仑德发射装置枪**

这是一把二战时极其罕见的步枪，是6弹装的卡宾枪和加仑德发射枪的复合品。虽然世界大战时，大多数步兵步枪可以通过装在枪管内的雷帽发射加仑德步枪的子弹，但是这种步枪在枪身的右边装着一个固定的加仑德步枪的发射装置。

■ 二战时的机枪

　　除了应用于步兵外，第一次世界大战中，机枪也被装在了飞机（也常常在地面使用机枪向飞机射击）、装甲车和坦克上。在两次世界大战期间，武器设计者甚至开发出了威力更为强大的机枪，像约翰·勃朗宁12.7毫米口径的M2，它发射的是旧式"可口可乐瓶"样式的子弹。然而，在一战结束前，几个国家就已经开始努力将机关枪改造成单个步兵就可以持有的武器。

　　到第二次世界大战之前，这些改造的机枪包括英国的布伦式轻机枪和美国的BAR（勃朗宁自动步枪）。这些武器的典型特点是弹匣给弹，但是纳粹德国的国防军以一战时的经历为基础，制造出了带式给弹的机枪——7.92毫米口径的MG42(二战期间步兵班的基础)。二战后"陆军班用自动武器"的概念演进为诸如越战时代美国军队的M60和当代的M249这样的枪，后者是以比利时的设计为基础制造的。

↗ **日本的飞机炮**

当英国皇家空军（RAF）和美国空军（USAAF）为他们大多数的战机和轰炸机装备了机关枪时，其他国家的空军则更加偏爱自动火炮（通常发射20毫米口径的炮弹而不是子弹的武器），如上图展示的这件日本产的20毫米口径的飞机炮。

↗ **勃朗宁 M2**

一战期间，约翰·勃朗宁设计了这种飞机上使用的7.62毫米口径的机枪。虽然这种机枪被命名为M2，但是它并没有及时地在战争中服役。这种武器被美国空军军团（后来的美国空军）一直使用到二战早期，随后被更为可怕的12.7毫米口径的M2大规模地取代。

↗ **勃朗宁自动步枪**

这种气体作用方式的7.62毫米口径的勃朗宁自动步枪（BRA）是另一种勃朗宁枪型，它引入于1918年，由于时间太晚，在一战时只获得有限的使用。它可能一直在美国军中服役（经过几次改进），直至朝鲜战争期间（1950～1953年）。从大多数方面而言，它都是一种优秀的武器，既可以完全自动射击，又可以在一个有经验的使用者手中，进行单发射击。它的缺点在于它的重量(8.9千克)和只有20发子弹容量的弹匣。

↘ **德国 MG42**

7.92毫米口径、带式给弹的德国MG34和它的战时替代型——MG42，由于功能多样而异常突出，是二战中最为有效力的武器之一。由于装上了双脚架，它们可以在实战中扮演辅助步兵的角色。而装有三脚架的武器，则被证明是一种优秀的防御武器，这些武器可以装在坦克和其他交通工具上。MG系列的高速射击速率（每分钟能射出1200发子弹），和独特的声音使得盟军给它们起了个绰号"希特勒的拉练"。

■ 早期战斗机

　　早期的飞行员通常是富有的、有事业心的运动员，因而在战场上兵戎相见的观念，在他们看来是有失绅士风度的。尽管如此，不久之后，飞行员在飞行时还是带上了步枪和手枪，彼此开始射击了。1914 年 10 月 5 日，法国的瓦赞 V89 战斗机用机枪击落德国的埃维特战斗机被认为是第一次真正的空战。

　　荷兰人安东尼·福克发明的断续装置使德国飞机可以通过螺旋桨弧发射炮弹，这意味着战斗飞行员能够让自己的飞机瞄准敌机了。

↗ **福克三翼飞机**
第一次世界大战中的德国福克 Dr-I 战斗机最大时速可达 200 千米，配有两挺 7.92 毫米口径施潘道机枪。

　　1914 ~ 1918 年间，飞机的航速从每小时 170 千米提高到了 270 千米。第一架战斗机的飞行高度为 4000 米，然而到第一次世界大战末期，飞行高度已经达到了 6000 米。

　　英国最成功的战斗机是 SE-5a 战斗机。它的最大航速达到 66 千米 / 小时，装有单筒同步"威格士"机枪或"刘易斯"机枪。德国奥尔托 D1 战斗机最大航速为 55 千米 / 小时，配有双筒口径 7.92 毫米施潘道机枪。

天线
装甲板
梅林 II 发动机
摄影机
无线电
电池
装甲汽油储备箱
汽油箱
4 挺 7.7 毫米口径勃朗宁机枪
弹药箱
着陆灯

↙ **飓风战斗机**
飓风战斗机配有 8 挺 7.7 毫米口径机枪，是一种比喷火战斗机古老、缓慢的战斗机，然而在英国战役中，它击落的德国飞机却比喷火战斗机要多。飓风战斗机集中攻击较为缓慢的易受攻击的轰炸机，喷火战斗机则主要与护航的梅塞施密特 109 型战斗机作战。

世界大战中的战斗机

　　早期战斗机都是装有简单武器装备的航速较慢的侦察机。第二次世界大战初期，出现了配有加农炮和机枪的全铁制单翼机。战争后期，第一架喷气战斗机开始服役，许多战斗机都装备了雷达。

← **不列颠之战中的战斗机**
这是电影《不列颠之战》中的装有战后梅林发动机的 Me-109 型喷火战斗机的照片。西班牙在战后使用过这种战斗机，但是更换了新引擎，进一步提高了它的性能。

↑ **P-38 闪电战斗机**
洛克希德 P-38 闪电战斗机于 1941 年问世。最大时速 666 千米，配有 4 挺机枪和 1 门 20 毫米口径加农炮，可以装载 1800 千克炸弹。

知识链接

* 1910年，步枪首次在飞机上射击。
* 1912年，机枪首次在飞机上射击。
* 1913年，37毫米口径加农炮首次从飞机上发射炮弹。
* 1914～1918年，第一次世界大战。
* 1914年10月5日，第一架飞机被击落。
* 1939～1945年，第二次世界大战。
* 1944～1945年，Me-262战斗机成为世界上第一架喷气战斗机。

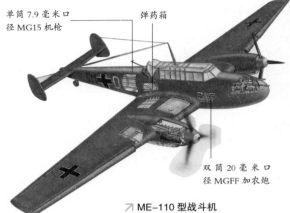

单筒7.9毫米口径MG15机枪　　弹药箱

双筒20毫米口径MGFF加农炮

↗ **ME-110型战斗机**

德国Me-110型"破坏者"号战斗机首次飞行时是最先进的战斗机。然而，在1940年的英国战役时，它已经比英国战斗机落后了许多。

两次世界大战之间，装有翼式机枪和发射爆炸弹药加农炮的全铁制飞机得到了发展。到1939年，梅塞施密特Bf-105型战斗机的最大航速达到了572千米/小时，到1945年，配有1900马力单列式发动机的109G型战斗机的最大航速达到了689千米/小时，它装备有口径30毫米加农炮和2挺口径7.92毫米机枪。

二战期间，盟军"超级航海"喷火战斗机和北美P-51"野马"战斗机是两种典型的战斗机。"野马"战斗机备有特殊的燃料箱，最大航速703千米/小时，航程足够把轰炸机从英国护送到柏林，然后再返航。这种喷火式战斗机从1936年到1945年先后出现了21种型号，逐渐发展成为颇有威力的重型军用战斗机。配有劳斯莱斯1660马力"梅林"发动机的MIX型（混合型）喷火战斗机最大航速达到657千米/小时，装备有7.7毫米口径机枪和20毫米口径加农炮。

20世纪50～60年代，有些战斗机一直作为对地攻击战斗机使用。今天仍然在飞行的早期战斗机已被航空狂热者所拥有。

■ 早期轰炸机

飞机作为一个向敌人阵地投掷炸弹的平台的潜力在1911年初就已经被人们意识到了。在这一年爆发的意土战争中，第一次使用飞机投放了炸弹。

第一次世界大战中，轰炸机最初是作为侦察机出现的，尽管飞行员不断从空中向敌人阵地投掷手榴弹。后来轰炸机从这种小型的单引擎双人飞机逐渐发展成诸如英国汉德利·佩奇0/400型这样的轰炸机。英国制造了大约550架双引擎轰炸机，30～40架飞机组成一个空军中队，

↗ **兰开斯特轰炸机**

被称为"堤坝破坏者"的英国兰开斯特轰炸机正在攻击德国。

↘ **汉德利·佩奇0/400型轰炸机**

英国皇家空军汉德利·佩奇0/400型轰炸机配有3名机组人员，最大装弹量900千克，装有5挺口径7.7毫米"刘易斯"机枪。

世界大战中的轰炸机

在两次世界大战期间，轰炸机的装弹量和航程得到急剧增长。第二次世界大战初期，德国 He-111 轰炸机的装弹量为 2500 千克，时速 420 千米，到战争结束时，四引擎阿夫罗·兰开斯特轰炸机的装弹量达到了 6350 千克，时速达到 462 千米，航程达到 2575 千米。

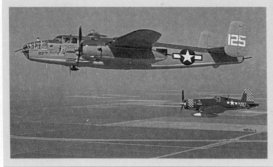

← B-25"米切尔"轰炸机

图为一架由翁特 F-4U"海盗"号舰载飞机护航的美国米切尔中型轰炸机。米切尔系列轰炸机最大装弹量 1400 千克，其中有些型号现在在美国已经恢复制造。

↑ 兰开斯特轰炸机

英国皇家空军阿夫罗·兰开斯特轰炸机从 1942 年开始服役，很快就成了轰炸德国的主力。到 1944 年，已经有了 40 个兰开斯特轰炸机中队。

知识链接

＊1911 年，空投炸弹首次出现在意土战争中。

＊1914～1918 年，第一次世界大战中，基本战略轰炸战术初步形成。

＊1936～1939 年，西班牙内战中，轰炸战术得到进一步完善。

＊1939～1945 年，第二次世界大战中，首次实施战略轰炸。

＊1942 年，B-29"超堡垒"问世。

＊1945 年，德国阿拉杜 234 型喷气式轰炸机开始服役。

＊1945 年，B-29 轰炸机向日本投掷原子弹。

对德国军事和工业设施进行了猛烈轰炸。

德国哥塔 GIV 型和 GV 型轰炸机在第一次世界大战中同样对伦敦和英国南部的攻击目标进行了猛烈轰炸。这些轰炸机的装弹量一般在 300～500 千克之间，配有 3 名机组人员，航速可以达到 175 千米/小时，航程 600 千米。

两次世界大战之间，人们十分恐惧装载毒气弹的轰炸机会袭击大城市，造成巨大的人员伤亡。第一次世界大战以后，德国为发动第二次世界大战秘密重新组建了空军部队，性能良好的亨克尔 He-111 型和道尼尔 Do17 型客机被重新改装了引擎，变成了轰炸机。He-111 型轰炸机装弹量达到了 2500 千克，Do17 轰炸机装弹量达到了 1000 千克。容克 Ju87 轰炸机发展成臭名昭著的斯图卡俯冲轰炸机，Ju88 型轰炸机则被改装成重型武装战斗机。

盟军轰炸机的尺寸、航程、装弹量也不断增长。1939 年，威克尔·惠灵顿轰炸机的装弹量为 3000 千克。到 1945 年，

↗ B-17"飞行堡垒"轰炸机

B-17 轰炸机装弹量能够达到 2700 千克，时速 503 千米。到第二次世界大战结束时，已经有 4700 多架 B-17 轰炸机在美国空军前线服役。

阿夫罗·兰开斯特轰炸机的装弹量已经达到 6350 千克，航程达到 2670 千米；美国空军波音 B–17 轰炸机的最大装弹量为 7985 千克，航程达到 5310 千米；康绍里德 B–24“解放者”号轰炸机的装弹量为 3600 千克，航速为 483 千米 / 小时。

战略轰炸机的支持者认为，这些战略轰炸机是盟军取得第二次世界大战胜利的主要力量。然而，尽管战略轰炸具有不可忽视的重要性，历史证明，只有地面部队进入敌人领土并占领它，胜利才能够得以保证。

二战时的专业化武器

二战中特殊的战场条件需要专业化的步兵武器。作为主要的战场武器，坦克的出现导致了可以使步兵对付敌军装甲车的火箭驱动武器的出现。在东线苏联与纳粹德国的残酷战场上，双方军队都将配备了特殊的改装步枪的狙击连队派上战场。虽然二战中无线电通讯获得广泛使用，但是当无线电通讯中断时，古老的信号手枪继续被用于发射信号。二战中，纳粹德国的战俘营和集中营中也使用了一种更为残酷的武器。

二战时许多军队都使用了狙击手进行远距离射击杀死敌人。这些射手大多数都使用了传统的栓式枪机步枪或配备着瞄准镜的民间猎枪。苏联红军尤其钟爱狙击，“获得最高分”的狙击手（有一些是妇女）会成为举国闻名的人物。最著名的苏联狙击手瓦西里·柴瑟夫（1915 ~ 1991 年）曾经击毙了 225 名敌人。在斯大林格勒保卫战中，柴瑟夫据说击毙了一名专门被派到这个城市对付他的德国国防军的顶级射手。这场决斗成为大卫·罗宾 1999 年的小说《老鼠的战争》和 2001 年的电影《兵临城下》故事情节的主要基础。柴瑟夫和他的同伴狙击手们使用的是标准的莫辛–纳甘步枪，这种步枪直到 20 世纪 60 年代仍然在苏联和其附属国使用。

瓦西里·柴瑟夫上尉

瓦西里出生于苏联的亚列宁斯科亚。瓦西里的姓氏“柴瑟夫”在俄语中与“野兔”有相近的意思（同字根）。在从报章杂志得知斯大林格勒战役的惨烈之后，瓦西里就自愿加入这一场有史以来最残酷的会战。他被分派到苏联陆军第 62 军第 284 步兵师第 1047 团。由于瓦西里在斯大林格勒战役中成名，所以苏联人在斯大林格勒的拉祖尔化学工厂成立狙击学校并由他亲自负责训练。根据一项估计，“柴老兔”一手带大的“小兔兔”们，一共造成超过 3000 个轴心国官兵的惨重死伤。

战后瓦西里造访柏林，并与军中同胞们相见。同胞们赠送一把新的狙击枪给他，上面刻着：“致苏联英雄瓦西里·柴瑟夫，他在斯大林格勒杀死了超过 300 个法西斯分子。” 目前这把枪还保存在伏尔加格勒博物馆中的斯大林格勒战役区。之后瓦西里便在基辅经营工厂，一直到去世前都住在基辅，享年 76 岁。

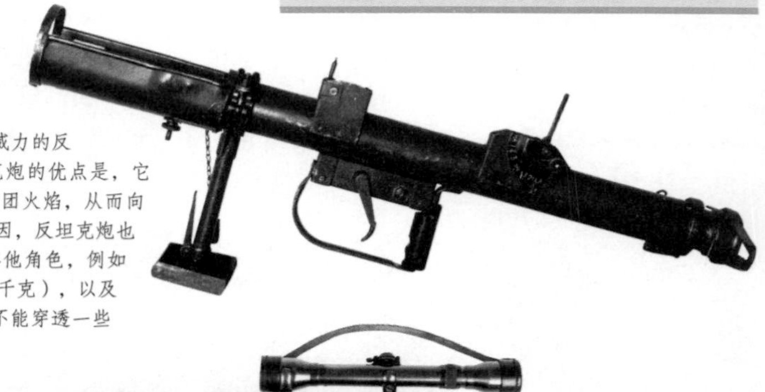

↘反坦克炮

英国军队的反坦克炮（单个步兵使用的反坦克炮）首次使用于 1943 年。它是一种不同寻常的武器，这是因为它使用弹簧装填射击系统来引燃相对少的推进弹药，这反过来使得高爆炸威力的反坦克炮弹最远可以打到 100 米外。这种反坦克炮的优点是，它和美国的火箭筒不同，在射击时不会喷涌出一团火焰，从而向敌人暴露出武器使用者的方位。出于同样的原因，反坦克炮也可以在一个狭窄的空间内承担反坦克之外的其他角色，例如炮对炮的互射。这种武器的缺点是重量沉（15 千克），以及它的 1.4 千克重的高爆炸威力的反坦克炮弹并不能穿透一些德国装甲车前面的装甲。

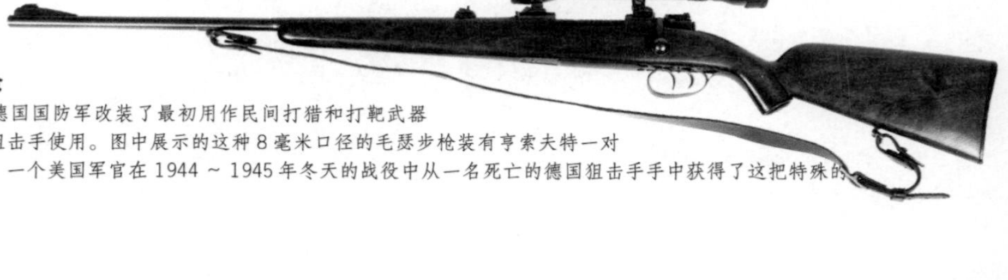

↗德国狙击步枪

二战期间，纳粹德国国防军改装了最初用作民间打猎和打靶武器的毛瑟步枪，供狙击手使用。图中展示的这种 8 毫米口径的毛瑟步枪装有亨索夫特一对一望远式瞄准镜。一个美国军官在 1944 ~ 1945 年冬天的战役中从一名死亡的德国狙击手手中获得了这把特殊的步枪。

↗ 德国闪光信号枪
这把二战时的德国沃特尔闪光信号手枪能够发射闪光信号弹，也能够发射催泪弹。它的扳机护弓上的下拉式枪机在枪的后膛开了一个口子。

↗ 橡皮警棍
这种橡皮警棍是二战时期的纳粹德国秘密警察和党卫军特别行动队使用的武器。这种武器在英国和美国的术语中各自被称为"短棒"和"警棍"。

↗ 双枪管德国信号闪光手枪
闪光信号枪不仅用于在地面上发射信号，而且也用于在空中发射信号。例如，向地勤人员发出警报以使他们在飞机着陆前作好准备，或者显示飞机飞行时相关信息的变化。上图展示的这把双枪管闪光信号弹手枪是由德国空军使用的。这种武器有一种"无锤的"设计，当装弹的枪口张开准备装弹时，它的击锤就会扳好，当枪管转到射击位置时，就会自动开启枪的保险。

反坦克武器出现在一战和两次世界大战期间的岁月中，主要的反坦克武器是反坦克步枪——一种威力强大的步枪，它能够发射重量大、足以穿透装甲的子弹。最为出名的这种类型的武器是英国军队使用的13.97毫米口径的男孩步枪和德国军队使用的13.2毫米口径的毛瑟枪。二战爆发后，随着坦克的装甲变得越来越厚，反坦克步枪也越来越无效。美国军队第一个开发出火箭推动的反坦克武器。M1A1"长号"引入于1942年，是一根扛在肩上的管子，它由2个人协作，发射60毫米高爆炸威力的反坦克枪弹。之所以获得"长号"这个绰号，是因为它看起来就像一个流行喜剧演员演奏的假乐器。德国仿制了这种武器，并将它的口径增加到88毫米，作为反坦克武器。德国国防军也大批量地使用了一种简单的、一弹装的火箭发射器——铁拳反坦克火箭筒。与此同时，英国军队采用的则是独特的PIAT。

■ 战时通讯

在足球比赛这种注重快速移动的游戏中，了解、传递对手战术和阵形位置信息的不同就意味着胜利和失败之间结果的不同。在成千上万士兵的生命面临威胁的战争中，这类通讯尤为重要。轮船、飞机和其他许多部队组织都需要报告各自的位置，以利于指挥官更好地制定作战方案。

在过去几百年里，信息传递都是通过步兵和骑兵使用口头或书信传递等方式。如果发现敌情，山顶灯塔也会点亮。1805年10月21日，英国在特拉法尔加战役的胜利，信号旗便起到了关键作用。19世纪，在天气晴朗的印度和北非地区，人们往往把一种称为日光发射信号器的设备用作反光镜来发射摩尔斯密码信号。

摩尔斯密码同样被信号灯所使用，这种通讯方式在海洋中特别有效。美国内战中首次使用的电报

密码和信号

信号发射系统最初使用旗帜、灯光甚至烟雾，可以实现超出人们声音范围之外的通讯交流。电报、电话和无线电进一步加大了通讯交流的距离。然而，可能被敌人窃听的危险使得信号不得不采用密码发射。

← 旗语
无线电报发明以前，英国陆军和皇家海军使用这种旗语信号发射系统。它的优点在于旗帜不会被可中断的电子系统操纵。

A ▢▬	J ▢▬▬▬	S ▢▢▢
B ▬▢▢▢	K ▬▢▬	T ▬
C ▬▢▬▢	L ▢▬▢▢	U ▢▢▬
D ▬▢▢	M ▬▬	V ▢▢▢▬
E ▢	N ▬▢	W ▢▬▬
F ▢▢▬▢	O ▬▬▬	X ▬▢▢▬
G ▬▬▢	P ▢▬▬▢	Y ▬▢▬▬
H ▢▢▢▢	Q ▬▬▢▬	Z ▬▬▢▢
I ▢▢	R ▢▬▢	

↑ 摩尔斯密码
这种"点划相间"密码是美国科学家塞缪尔·摩尔斯于1850年发明的，它在电报发射系统中起着关键作用。它的首次军事应用是在克里米亚战争中。

→ 战时无线电
1945年，身穿美国军服、携带美国装备的法国部队在与德军的战斗中操作无线电。

◤ 隐藏无线电
美军士兵隐藏在装备背包里的无线电。

知识链接

* 1850年，摩尔斯密码问世。
* 1858年，发明日光反射信号器。
* 1876年，电话首次问世。
* 1892年，首次发射无线电探测信号。
* 1901年，横跨大西洋的无线通讯线路建成。
* 1921年，电传打字机问世。
* 1925年，发明短波晶体无线电。
* 1926年，密码机问世。
* 1949年，电子晶体管问世。
* 1960年，微芯片首次被使用。

↗ 日光镜
一个英国士兵使用日光信号镜联系在头顶盘旋的直升机。这是一种无声但有效的通讯工具。

▷ 密码机
第二次世界大战期间，德军使用各种各样的密码。其中大多数密码都是使用一种机械把信息字母搞乱的。在法国、波兰和美国的协助下，英国逐渐能够破解德国的密码了。这实际上把英国从饥饿中拯救了出来，因为破解的密码中，有一些正是德国U型潜水艇密码，它们正准备把食物和燃料运抵英国。这种密码机非常类似于复杂的打印机。

↗ 野战无线电
现代野战无线电又轻又可靠，还装有一个安全系统，没有正确的装备根本无法破解其信息密码。

使得摩尔斯密码的传送距离大大增加了。

19世纪80年代，电话被广泛应用，布尔战争和日俄战争中都使用过电话。第一次世界大战中，野战电话发展起来，铺设的电话电缆能够使指挥部和炮兵部队迅速取得联系。

第一台无线电非常笨重，需要用货车和马队运输。1915年，一名观测员曾经在土耳其达达尼尔海峡上空飞行的热气球上使用无线电。两次世界大战之间，无线电变得很小，已经能够安装在背包里。

大多数军用无线电的特高频率（VHF）范围在30～200兆赫之间，高频（HF）范围在1～30兆赫之间。接收者把无线电调到正确的频率上就可以收听到无线对话，这样信息密码就被传送了。然而，即使信息被译成密码，密码的发射仍然可能受到强信号的干扰。确保安全避免干扰的发射技术被称为"突发传输"，这种技术使得准备传输的信息可以在几秒内发射到另一处的显示屏上。20世纪80年代设计的无线电能够在任何时间间隔内改变频率，如果接受台正确调整频率，就可以接收到这种"跳频"，无线对话就可以不受干扰地完成了。

最先进的无线通讯技术是人造卫星通讯。它既可以接受无线信号，也可以作为中转，把来自远处的无线信号可靠地传送到更远的地方。

日新月异的新式武器

　　武器的发展与科学技术的发展是紧密相连的。随着现代科技的高速发展，各种新式武器也应运而生，有些已经应用了最前沿的科技成果。与此同时，许多新式武器变得极其可怕，以至于只能作为一种威慑力量存在。

■ 空降部队

　　我们似乎很难想象与众不同的空降部队首次出现在第二次世界大战战场上时究竟是什么样子。大多数士兵根本没有乘坐过飞机，因而这些乘着降落伞从天而降的士兵们把自己幻想成太空人。苏联是两次世界大战之间空降部队的先驱。然而，首次在第二次世界大战中使用空降部队的却是纳粹德国。

　　空降部队可以通过降落伞或滑翔机运送到战场。军用运输滑翔机的装载量一般在 10 ~ 29 名空降兵之间，它也可以运载车辆和轻型炮。当需要一支正规部队攻击桥梁或海岸炮台时，空降兵尤为有效。难题是从高空降落的伞兵们降落时往往比较分散。

　　1941 年 5 月德国攻击克里特岛时使用了 22500 名伞兵和 80 架滑翔机。不过这支空降部队降落时遭受了重大损失：4000 名伞兵被杀死、2000 名伞兵受伤、220 架飞机被摧毁。

　　英国和美国很快汲取了德国的教训，纠正了德国的错误，并在 1943 年西西里登陆战役、1944 年 6 月诺曼底登陆和 1945 年莱茵河战役中成功使用了伞兵部队。1943 年由英国和英联邦部队组成的"亲迪"特种部队（即缅甸远征军）使用滑翔机空降到日军阵地大后方，击败并迫使日军退出了印度战场。

↗ **降落区**
伞兵部队在大规模的军事降落中往往会飘散，这个实施降落的平面区被称为"降落区"。使用直升机空降士兵的地区被称为"着陆区"。

空降作战

　　第二次世界大战中使用伞兵和滑翔机空降部队作战有时候是一种冒险，因为这些士兵很容易被地面坦克部队和炮兵部队击败。但是如果有地面友军的配合，空降部队就可以迅速攻占桥梁、要塞和堤道，从而有助于提高部队的攻击能力。

↗ **运输机**
占领一个合适的飞机场并确保安全，运输机就可以装卸运输卡车和其他车辆。

↗ **伞兵**
第二次世界大战中的英国伞兵。拉开胸部中间的拉钩，降落伞皮带就会迅速解开。

237

知识链接

＊1797年，降落伞问世。

＊1927年，意大利空降第一支伞兵部队成立。

＊20世纪30年代，苏联首次组建了伞兵部队。

＊1939～1945年，欧洲和远东战场上实施了空降作战。

＊1941年，德国空降部队攻击克里特岛。

＊1944年，英国和波兰空降部队在阿纳姆着陆。

＊1956年，英法伞兵部队空降苏伊士运河。

↙ 降落伞工作原理

降落伞又被称为"遮篷"，最早是用丝绸制成的，后来改成了尼龙。它可以兜住空气，减缓伞兵和货物的下降速度。中间的小孔用来排气以防降落伞在降落过程中左右摇摆。

现代方形降落伞被称为"冲压空气"降落伞。它们可以由人工操纵，使伞兵降落时更加精确。最先进的降落伞是遥控降落伞，由远处的特殊力量控制，用于运载货物，把货物空降到目的地。

第二次世界大战以后，1948～1954年，法国在印度支那战场上广泛使用了伞兵部队。然而，在1954年5月的奠边府战役中，法国伞兵部队未能在越盟阵地的后方建立空降基地，并损失了11个伞兵营。

1956年11月5日，法国和英国伞兵部队在塞得港降落，抢夺被埃及实行国有化政策而收回的苏伊士运河。

今天，直升机的出现和使用意味着空降部队不再使用降落伞，但是空降部队在许多国家的军队中仍然被认为是精英部队。

■ 飞弹、火箭和鱼雷

每年11月5日（篝火之夜，英国传统节日）的英国和7月4日（美国独立日）的美国，常常可以看到以火药为动力的火箭烟火。人们争相观看火箭升空，然后在空中爆炸成五彩缤纷的火花。火箭作为一种武器，最早起源于古代的中国。

19世纪，英国在拿破仑战争中使用了火箭，由英国皇家军队在1815年滑铁卢战役中首次使用。北美和欧洲军队在整个19世纪都使用了火箭。

自行推动的像鱼一样的鱼雷出现于19世纪末革命性的海战中。第一次世界大战期间，英国把火箭安装在战斗机上，攻击德国齐柏林飞艇。

第一次世界大战中，飞行员首次向敌人阵地投掷手榴弹，标志着航空炸弹的诞生。到战争末期，英国汉德利·佩奇0/400轰炸机已开始装载600千克炸弹轰炸德军阵地了。

从第二次世界大战至今，主要出现了高爆炸弹和燃烧弹两种炸弹。高爆炸弹可以在着弹点表面爆炸，也可以穿透坚硬的混凝土。燃烧弹燃烧时能够释放出巨大的热量，它还包括凝固汽油弹，这种凝固的燃料爆炸面积很大。集束炸弹（即子母弹）是一些小型高爆炸弹，爆炸时这些炸弹会从一个较大的弹筒里释放出来，爆炸面积更大。

第二次世界大战期间的火箭还包括德国巨型V2液态燃料火箭，它是由沃纳·冯·布劳恩设计发明的，重达13.6吨，射程超过300千米。第二次世界大战中的另一种火箭是由盟

↗ "海豹"部队

这些美国海军特种部队"海豹"部队士兵用皮带钩住了悬梯。一架"切努克"直升机正在拉升他们。

↗ "毒刺"地对空导弹

这是一种美国低度地对空导弹，最大射程约4千米，装有3千克的高爆炸弹。

飞弹

　　飞机和大炮均使用火箭和炮弹把高爆和燃烧炸药发射到目标区域。在第二次世界大战中，军舰和潜艇发射的以及飞机投掷的鱼雷被证明是攻击各种规模的战舰最有效的武器。火箭也日益成为更加有效的武器，现在一般通过直升机和战舰发射。

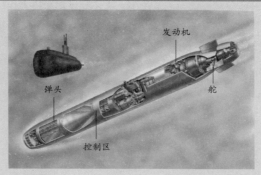

鱼雷

鱼雷主要由弹头、燃料供应区域、发动机和舵等4部分组成。现代鱼雷装有线导系统以及与反坦克导弹弹头一样的弹头。当鱼雷弹头爆炸的时候，可以深深穿入船体。

手榴弹

英国36式手榴弹发明于1915年，使用两个安全装置——别针和手柄。

　　军飞机发射的较为粗糙但更有效的口径203毫米的固态火箭炮。

　　战后火箭主要有装有原子弹的洲际导弹、攻击飞机的空对空导弹以及射程在3～5千米之间的反坦克导弹。

　　罗伯特·怀特海德和乔凡尼·卢贝斯于1866年发明了第一颗鱼雷，它是以加勒比海一种鱼的名字命名的。随后不仅装载这种新式武器的鱼雷艇出现了，而且专门摧毁鱼雷的"驱逐舰"也相应发展起来。鱼雷使战舰变得脆弱，极易受到飞艇和潜艇的攻击。第二次世界大战中，鱼雷也通过飞机发射。装有复杂制导系统和弹头的现代鱼雷现在仍然装载在潜艇上，用来寻找和摧毁敌人的潜艇。

■ 性能各异的水雷家族

　　水雷可以长期埋伏在水下给那些触碰它的舰船以不备之击，它还可以像导弹一样，主动追踪并击毁水下潜艇。在历次海战中水雷都得到了大量使用。在朝鲜战争、两伊战争以及

激光制导导弹

美国宝石路激光制导导弹利用的是打击目标反射的光能。激光制导弹第一次使用是在越南战争中。

知识链接

* 1860～1880年，黑尔火箭被英国和美国使用。
* 1890年，怀特海德发明鱼雷。
* 1903年，康斯坦丁·齐奥尔科夫斯基发明液态燃料火箭。
* 1944～1945年，德国向英国发射V-1和V-2巡航导弹和弹道导弹。
* 1981～1986年，空射巡航导弹在美国空军中服役。
* 1991年，伊拉克在海湾战争中发射SCUD地对地导弹（即飞毛腿导弹）。

阿尔弗雷德·诺贝尔

瑞典科学家阿尔弗雷德·诺贝尔（1833～1896年）改进了高爆炸药，发明了黄色炸药（1863年）和硝化纤维素（1888年），从中提炼出无烟炸药。诺贝尔发明的炸药改变了20世纪的战争。

集束炸弹

飞机投掷的集束炸弹包含许多小型炸弹，能够散落在地面上。这种炸弹主要用于攻击露天的非装甲车辆上面的士兵。

1991 年爆发的海湾战争中，水雷都发挥了巨大作用。水雷被人们形象地称作"水中伏兵"。水雷家族成员众多，个个都威力巨大，但这些水雷家族的成员却也是"性格"各异。

触发水雷是最早的水雷，它以头上伸出的几个触角而闻名，作为一种能漂浮的"刺猬"式的球形炸弹，舰船触碰到它的任何一个触角，都会引发爆炸。为什么这种水雷的触角碰不得呢？

锚—1 大型触发水雷，总重约 1000 千克。

这与这种水雷的引爆机制有关，因为水雷的触角被舰船碰弯时，装在里面的电雷管与电池之间的电路立即就被接通了，电雷管产生火花，随之引起爆炸。

磁性水雷随后问世，它沉在海底，而不是悬浮在水中的某一深度，这使扫雷器很难扫到它。因为舰船是钢铁制造的，它在地球磁场的影响下，也会产生具有一定强度的磁场，所以当它在磁性水雷上方经过时，雷上的磁接收器就会接收到舰船磁场，然后装在水雷上的电雷管与电池之间的电路就通过控制仪器接通，引发水雷爆炸。这种水雷的爆炸场所虽然是在海底，但由于水的不可压缩性，可以把爆炸时所产生的巨大压力传到较远的地方，敌舰在水面一样会被炸毁。

音响水雷问世较晚，由于它尾部装了一个耳朵状的音波接收器，所以被人形象地称为"长耳朵水雷"。它的这只音波接收器"耳朵"能接收舰船螺旋桨和发动机发出的声波并将它们变成电信号，激活电路，使水雷爆炸。

水有这样的特性：在流速越小的地方压力就越大，而在流速越大的地方压力就越小。蚝雷，就是利用水的压力变化这一特性来引爆的。在蚝雷上都装有一个压力传感器，当舰船在它上方通过时，由于船的航行造成了船底水流速度加快，水压变低，它就会接收到水压降低的信号，并随即接通电路，引爆水雷。

此外更高明的是一种外形像火箭的"自动上浮水雷"。由于它里面装有超声波发生器和计算机，当舰船在它上方经过时，它就把超声波发生器产生的超声波反射回来。计算机在根据反射回波测定目标的距离后，就启动了水雷上的发动机，水雷上浮，引发爆炸，击毁敌舰。

随着科技的发展，形形色色的水雷不断地被研制和开发出来，其科技含量也越来越高，不久的将来，水雷家族中也许还会有更奇特的成员问世。

■ 间谍武器

一些最具创新意义的武器是那些为间谍、刺客、情报人员和游击队战士而制造的武器。这些武器可以隐藏，这一点对于使用者极为重要，许多这类武器都被伪装成普通的物品。虽然一些专业的间谍武器早在 19 世纪和 20 世纪早期就已经开始制造，但是它们真正的全盛期却是在二战期间和随后几十年的冷战期间。

» 战略服务局和特别行动处

1942 年 6 月，美国建立了战略服务局，这是一个使命不仅包括收集情报，而且还包括执行破坏任务和在轴心国（德国、意大利和日本）占领区援助抵抗运动的机构，它和它的英国同僚特别行动处，有着紧密的合作。战略服务局从常春藤联盟大学和东海岸的其他"机构"（诋毁者宣称它最初的立场是"如此地具有社会性"）吸收了许多技术人员。

战略服务局成立后，它在自己的秘密行动中，使用了各种样式的非比寻常的武

↗ 飞镖和匕首

这是战略服务局和特别行动处使用的两种武器：飞镖（上面的图）可以通过使用橡皮条的手枪型弩弓射击，而更容易藏匿的手腕匕首则大量地配备给盟军的间谍。

↗ 毒气枪

这种钢笔状的武器，在 1932 年由美国俄亥俄州的莱克伊利化学公司以"有害气体发射武器"的名字申请了专利，它被用于发射催泪瓦斯。虽然它通常由执法机构来使用，但是各种秘密机构的间谍也使用了类似的可以释放更为致命的化合物的武器。

"解放者"手枪

虽然"解放者"手枪并不是专门为特别行动处制造的，但是这种手枪长期以来一直与这个机构存在（无论是正当还是不正当的）关系。"解放者"手枪结构很简单：它是一种单发手枪，通过一根滑膛枪管发射 11.43 毫米口径的 ACP 子弹。这种手枪由 23 块金属刻片制成，它有一个可容纳 10 发子弹的纸板盒（其中5 发可以藏在握把的隔室中），一根用于退弹的木棒和一张没有文字说明的、带有连环画的枪械组装说明书。1942 年，通用汽车公司的盖德兰比分厂制造了大约 100 万件这种武器。这种武器所有的枪种在打折商店卖到 5 美元到 10 美分的价格后，获得了"伍尔沃斯枪"的绰号。它的实际成本大约为 2 美元。

"解放者"手枪有效的射程大约为 1.8 米，确实是一种让使用者（如果他或她勇敢或幸运的话）缴获更好武器的武器。这种枪，很显然是用于发放给轴心国占领的欧洲或亚洲的抵抗者的，便于他们击杀那些落伍者和岗哨，这样就会缴获他们的枪，然后把这些枪再交到游击队手中。

恰恰是究竟有多少"解放者"手枪在军队中使用，在哪里使用，效力如何，这些问题在武器史学家们当中存在激烈的争论。虽然它们可能最初主要用于在纳粹占领的欧洲发放，但是在菲律宾和日本作战的游击队很明显也使用了一些"解放者"手枪，并达到了很好的效果。

在 20 世纪 60 年代早期，美国中央情报局开发出一种被称为"鹿枪"的枪械（一种 9 毫米口径的武器，美国将它们发放给南亚的反共产主义游击队），从而重新提出了无掩饰的单发手枪的概念。

器，其中许多是由国防资源保护委员会开发的，像著名的"解放者"单发手枪和从英国借来的武器。

》冷战

二战让位于冷战后，中央情报局（CIA）取代了战略服务局。

中央情报局继续使用战略服务局最具效力的武器之一——5.58 毫米口径的高标准自动手枪。这种高标准自动手枪的样式接近于民用柯尔特伍德森手枪，它装备有贝尔电话实验室开发的消音器。为了遵守中央情报局这个机构"说得过去的抵赖"的规则，这种在中情局兵工厂制造的高标准自动手枪没有任何标记可以显示它的美国原产地。

克格勃（战后苏联的秘密警察）有自己的特殊武器制造厂，这些武器中就包括：一种被伪装成口红的 4.5 毫米口径的枪（配给女特工使用），其绰号为"死亡之吻"；一种发射手枪散弹的雨伞，1978 年在伦敦，它曾经被用于暗杀保加利亚持不同政见者乔治·马林科夫；最为稀奇古怪的则可算是"直肠"刀——一种可以隐藏在身体内的匕首。

↗ **止咳糖盒手枪**

据说，二战期间，意大利法西斯政府的一名特工就使用了这种被伪装成一盒止咳润喉糖的手枪，来暗杀在瑞士的美国情报特工（作为中立国，在整个战争期间，瑞士都是特工和阴谋的温床）。要使这种武器发射，暗杀者需要打开盖子，然后在其中一块作为扳机的"止咳糖"上按一下就可以了。

■ 模仿飞鱼的飞鱼导弹

仿生学不仅在民用上发挥了不少作用，而且在军事上也应用较多。下面我们要说的飞鱼导弹便是仿生学在军事上的应用。

飞鱼是一种生长在印度洋、太平洋、大西洋的热带亚热带海域，以及我国的东海、南海的海洋鱼类。当它们成群结队、万箭齐发地飞出海面时，场面非常壮观，十分好看。因为飞鱼生有一对像鸟翅膀一样的胸鳍和一只可以掌握飞行方向的尾鳍，所以，飞鱼能像鸟一样飞。当遇上蜞鳅鱼、金枪鱼等追赶时，它会用长而有力的尾鳍猛击海水，使身体腾空而起，从而能以极快的速度冲出水面，然后展开翅膀一样的胸鳍，"飞"到离水面 8 ~ 10 米的高度，以大约每秒 20 米的速度在空中滑翔 150 ~ 200 米的距离，从而摆脱水中敌人的追击。

法国制造的"飞鱼"反舰导弹就是以飞鱼为原型的。法国军事装备研制专家用飞鱼做模特研制导弹，原因是什么呢？

反舰导弹是一种包括空舰导弹、岸舰导弹、舰舰导弹等在内的进攻性武器，主要被用来对敌方的各种舰船进行攻击。但因舰艇装备的观测雷达非常多，导弹飞行过高很容易被敌方发现，导致导弹被拦截，或被规避，这样一来，导弹所起作用就很小了。为了减小敌方舰船防御系统的威

↗ 飞鱼

胁，同时，提高反舰的空防能力，武器专家苦苦思索。突然，飞鱼的影子闪现在一位专家脑海中，他顿时变得兴奋起来。原来，他想出了一个好办法，即用飞鱼作导弹的"模特"。

"飞鱼"导弹被制造出来以后，便在实战中发挥了巨大作用。在 1982 年英阿马岛之战中，阿根廷采用超低空飞行的飞机巧妙地躲过了英国舰艇雷达的侦察，当飞行至距离英舰 45 千米时，它立即发射"飞鱼"导弹。在飞至距离目标约 10 千米处，该"飞鱼"导弹按照指令自动由 15 米高度降到距海面 0.5 ~ 3 米处贴着海面飞行，在英军雷达毫无反应、英舰浑然不觉的情况下，

↗ 正在发射中的"飞鱼"MM38 导弹
"飞鱼"导弹是 20 世纪 70 年代西方国家有代表性的反舰导弹。该型导弹的弹长为 5.21 米，弹径为 0.35 米，最大射程为 42 千米。它采用简易惯性中制导和主动雷达末制导。

靠近目标，一举将被称为"皇家海军骄傲"的英国现代化驱逐舰"谢菲尔德"号击沉，同时被击沉的还有大型运输船"大西洋征服者"号。

飞鱼导弹的杰出表现使它声誉鹊起，相信随着其技术的不断改进，飞鱼导弹的作用会更突出。

■ 战时运输

军队奔赴战场，经常要利用普通人乘坐的交通工具——汽车、火车、轮船、飞机等等。几个世纪以来，军队主要依靠人力和畜力运输。牛、马和骡拖拉货车和枪炮，士兵们扛着沉重的背包。

对于英国这样的岛国来说，轮船是至关重要的运输工具，因为他们要把军队运送到海外，如果必要的话，还要从海外撤退。第二次世界大战中，两栖运输工具高度专门化了，登陆艇就专门负责把军队和车辆运载到空旷的海滩上的。

蒸汽机车的出现和发展使得军队运输快速化了，它们可以迅速地把大批军队和武器装备运送到各个战场。美国内战显示了铁路运输系统的可靠性和重要性，铁路线尤其是桥梁因此逐渐成为军队，后来成为飞机袭击的要地。

第一次世界大战初期，计程车和公共汽车曾经被用于快速运送军队，后来卡车成为更容易找到的运输车辆。第二次世界大战中，使用了无以计数的卡车，大大提高了燃料需求量。1944 年 6 月 6 日诺曼底登陆以后，铺就了一条输油管道，从英国一直延伸到法国北部，穿越了整个英吉利海峡。这个代号"普路托"的输油管道是海底管道线的代表。

↗ 摩托车
1942 年，德国非洲摩托化军团装备有一挺 MG34 机枪的 BMWR75 型跨斗摩托车正在利比亚沙漠中行进。

第二次世界大战中的所有轮式车辆中，重 0.25 吨的吉普车是最具耐力的车辆。二战结束之前，美国生产了

两栖作战

第二次世界大战中，为了实施两栖作战，运载车辆、军队和物资装备的特种登陆艇得到迅速发展。1942年以前，士兵都是利用小船、轮船和改进货船实施登陆。在太平洋战场上，美国海军则使用履带两栖装甲运输车完成登陆。

↗ 诺曼底登陆

代号犹他、奥马哈、黄金、朱诺、宝剑等的诺曼底海滩登陆行动开始于1944年6月6日凌晨6点30分。到午夜时分，5.7万名美国士兵、7.5万名英国士兵和加拿大部队及其武器装备已经成功登陆。

↗ 鸭子运输车

这是代号为"鸭子"的二战中使用的DUKW型两栖登陆卡车，至今仍在英国皇家海军中服役。

↗ 登陆士兵

在1944年6月诺曼底登陆中，美国士兵正乘坐运载士兵的希金斯登陆艇向奥马哈海滩推进。

知识链接

* 1885年，四轮汽车问世。

* 1914年，法国使用600辆计程车把军队运抵马恩。

* 1925年，法国发明半履带式车辆。

* 1927年，英国军队演习机械化战术。

* 1940年，德国尝试用两栖作战方式入侵英国。

* 1943年，美国在战争中使用DUKW两栖运输车。

* 1944年，诺曼底登陆，这是发生在法国北部的历史上最大规模的两栖登陆。

↗ 特殊装甲车

以色列沙漠迷彩M113型装甲运输车配有特殊装甲和勃朗宁机枪，内部有足够的空间，是导弹、反飞机炮和备用弹药的理想载体。它们同样可以被用作救护车和无线通讯车。

↗ 装有反坦克导弹的悍威车

陶式反坦克导弹可以在悍马HMMWV型车装载的发射台上快速移动。悍马是一种多功能轮式车辆，美国士兵称之为"悍威"。简易、稳定、可靠的悍威车易于驾驶，现在已经成为美国流行的私人车辆。

639245辆这样的吉普车，20世纪60年代，它们仍然在许多国家的军队中服役。第二次世界大战中，美国设计出了DUKW型六轮两栖卡车，可以把军用物资和装备从轮船渡运到岸上。尽管车龄已经很长，英国皇家海军在20世纪90年代仍然在使用它们。

现在大多数军队都使用 4 吨的卡车和 0.75 吨的轻型车辆。然而一些特种部队，比如阿尔卑斯军团仍然使用骡子在狭窄的山路上运输重武器装备，如迫击炮、驮载榴弹炮和弹药等。

■ 20 世纪战列舰

第一次世界大战期间的 1916 年日德兰海战是英国皇家海军主力舰和德国海军之间进行的具有决定意义的战役。

两次世界大战之间，许多国家都试图减小主力舰吨位，缩减舰队规模，然而德国和日本却在秘密建造战舰，到第二次世界大战爆发前夕，他们已经拥有了威力巨大的现代化战舰。德国把战舰视为攻击盟军商船的高效武器，因而德国战舰，比如重达 50153 吨的"俾斯麦"号战列舰就成为英国皇家海军的打击目标。1941 年 5 月 27 日，在英国皇家海军"乔治五世国王"号战列舰和"罗德尼"号战列舰炮弹的连续重击下，"俾斯麦"号被击沉了。

↗ 夜间齐射
图中一艘美国战列舰在夜间齐射炮弹。

航空母舰和潜艇的发展使得主力舰变得极易受到攻击。日本重达 64170 吨的"大和"号战列舰和"武藏"号战列舰是当时世界上最大最重的有护航舰队保护的战列舰，配有 9 门 457 毫米口径舰炮和 12 门 152 毫米口径舰炮，可载 2500 名舰组人员和 6 架侦察机。然而，它们分别在 1945 年 4 月 7 日和 1945 年 10 月 24 日，被鱼雷和美国航空母舰上的俯冲轰炸机击沉。在此之前，曾经与"俾斯麦"号战斗过的英国皇家海军"威尔士王子"号战列舰于 1941 年 12 月 10 日同样被日本飞机击沉。

战列舰能够发射巨型炮弹，在实施两栖登陆作战之前可以有效地轰击敌人的海岸防御工事。第二次世界大战中，诺曼底登陆和太平洋战场上美国海军的登陆战役都使用过战列舰。

今天主力舰的名称已经被航空母舰和弹道导弹核动力潜艇取代了。美国海军现在拥有世界上规模最大的弹道导弹核动力潜艇舰队。

1992 年 3 月，美国海军正式淘汰了世界上最后一艘战列舰——美国海军"密苏里"号战列舰。这艘重达 45000 吨、配有 9 门 406 毫米口径舰炮的战列舰于 1944 年下水，先后在第二次世界大战和朝鲜战争中服役。最后一次服役是在 1991 年的海湾战争中，曾炮击科威特的伊拉克阵地。

主力舰

主力舰是构成海军舰队的大型战舰。最初是重要的战列舰，今天的水面舰队和特遣舰队的主力舰已经变成了航空母舰。航空母舰和潜艇都是核动力舰艇，可以自由地停泊在海上，而且能够远程航行。

↗ 舰队的核心
主力舰是 20 世纪一支伟大海军的核心。和平时期，这些巨型舰出航是为了访问那些希望加强交流联系的国家的港口。战争期间，主力舰就成为指挥战斗舰队的旗舰。

↗ 挂满旗的装甲战舰
这些蒸汽动力装甲战舰都挂满了作为装饰标志的信号旗。现代战舰的外形更具流线型。

＊1914～1918年，第一次世界大战。

＊1914年11月1日，克罗内尔海战。

＊1914年12月8日，福克兰岛海战。

＊1916年5月31日，日德兰海战。

＊1939年12月13日，普拉特河战役。

＊1941年5月27日，"俾斯麦"号战列舰被击沉。

＊1944年6月6日，诺曼底登陆。

＊1945年4月7日，"大和"号战列舰被击沉。

↗ 正发射炮弹的战列舰

装有406毫米口径炮的一艘密苏里级战列舰。这种炮的最大射程达41.6千米，炮弹重850千克。美国海军是最后一支使用战列舰的部队。

↙ "海猫"反舰导弹

"海猫"反舰导弹可以由直升机、固定翼飞机和小型高速攻击艇发射。海猫导弹具有很强的击垮舰船的能力。

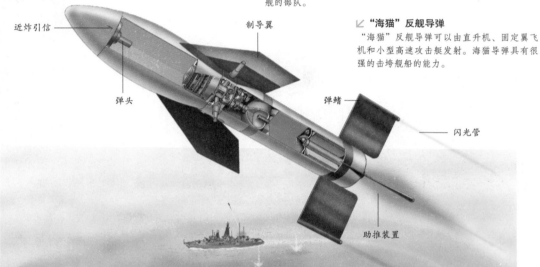

近炸引信　　制导翼　　弹头　　弹鳍　　闪光管　　助推装置

■ 能追踪敌机的"响尾蛇"导弹

　　20世纪50年代以前，在空战中一直使用传统导弹来攻击目标，但这种导弹有很大的局限性，它只能飞向目标的预期位置，倘若敌方的飞机及时发现并很快逃离，导弹便无法击中。那么，能否制造一种能够追踪敌机的导弹呢？

　　我们知道自然界中的任何物体，都能向外发出一种人眼无法看见的红外线。这种红外线的强弱因物体温度的高低而不同：温度越高，发出的红外线越强。据此，科学家制造出一种奇特的导弹，它可以跟踪目标发出的红外线直至将其击中，这种神奇的导弹就是"响尾蛇"导弹。

　　"响尾蛇"导弹的外形细长，呈圆柱状，有2米多长。它可大致分为4大部分，即导引机构、战斗部、火箭发动机、弹尾，其中导引机构的位置最为靠前，它的作用是控制导弹飞行；接着的战斗部用来装炸药；再下来是用来推动导弹向前飞行的火箭发动机；弹尾是最后一部分，它的上面装着弹翼，这部分的作用是使导弹在飞行时能保持稳定。这种导弹射程很远，能击中74千米以内的目标。

　　响尾蛇的得名是因为它摆动尾巴的时候，尾部的鳞片会因摩擦而产生声响，它是一种很毒的蛇。响尾蛇的

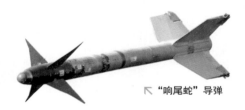

↖ "响尾蛇"导弹

↗ F-16 战机正发射"响尾蛇"导弹。

↗ **正在发射的"响尾蛇"导弹**
它是法国研制的一种全天候低空近程导弹。

颊窝位于眼睛和鼻孔之间，像一个开口斜向前方的漏斗，是一种灵敏异常的"热感受器"。颊窝分为内外两室，中间仅隔着一层25微米厚的薄膜，膜上分布有5对具有热敏性神经细胞的神经末梢，因此颊窝对温热变化感觉十分灵敏。响尾蛇捕食动物时，不是用眼睛去看，而是根据颊窝感受到的外界红外线的强弱来判断食物的位置和种类。

美军导弹专家深入研究响尾蛇攻击目标的原理后，研制出了一种用红外线制导的名为"响尾蛇"的空对空导弹。

一种红外自动探寻的制导系统装在这种导弹最前端，这种系统就是根据响尾蛇身上的"热感受器"得到启发而发明的，它能觉察并接收红外线。

因为飞机尾部喷出的气流温度高，所以放出的红外线就强，位于导弹头部的红外探寻装置接收的红外线也就多，通过导引机构来跟踪这来源较强的红外线，导弹就会追踪放出红外线的飞机，直到击中敌机。

现代战斗机随着性能的不断增强，也逐渐找到了对付这种导弹的办法。因为"响尾蛇"导弹是根据飞机尾部所发出的红外线来判断飞机位置的，所以，如果在响尾蛇导弹靠近飞机时，飞机突然转弯，使得它尾部喷出的气流也迅速改变了方向，导弹就难以接收到原先追踪的那束红外线，而此时太阳光发出的红外线就相对较强了，于是导弹就朝着太阳的方向飞去。这样就可以摆脱导弹的追踪。

然而，"响尾蛇"导弹还是有很大威力的，也许在不远的将来会有对付这种导弹的新型武器出现。

↗ **"响尾蛇" AIM—9B 空对空导弹残片**

■ 小型战舰

1878 年，当第一艘鱼雷艇下水时，在欧洲和北美的高级海军将领中间引起了很大震动和惊奇。这是一艘航速 19 海里 / 小时，头部装有一个鱼雷管的英国制轻型舟艇。这种简洁的鱼雷艇具有大型舰船的速度和攻击力，能够击沉或重创大型战舰。

↗ 演习

"威里夫尔"号英国航空试飞艇在评估演习中发射"海鸥"反舰导弹。带有 9 千克弹头、重达 145 千克的"海鸥"导弹最初是作为空投反舰导弹设计的，然而它却大大提高了小型舰艇的攻击能力。

日本曾在 1895 年夜间偷袭中国威海卫军港和 1904 年 2 月 8 日袭击旅顺口的战役中使用过鱼雷艇，后来在日俄战争中，日军的鱼雷艇再次显示出巨大的威力。

第一次世界大战中，英国皇家海军在狭窄的英吉利海峡部署了沿岸摩托艇和摩托发射艇。

第二次世界大战中，德国设计出了摩托鱼雷艇 S-Boot，它是德文 Schnellboot 的缩写，意思是"快艇"。驾驶员们把它称为 Eilboot(E-boot)，意思也是"快艇"。当时德国制造了多种级别的鱼雷艇，其中大多数鱼雷艇采用的是三轴戴姆斯—奔驰型和 MAN 型柴油发动机，其最大航速为 39 ~ 42 海里 / 小时，航程 350 千米。

尽管第二次世界大战中的武器装备发生了很大变化，但是在大多数战役中，舰艇上安装使用的仍然是 2 门 20 毫米口径高射炮和 2 门 533 毫米口径鱼雷管。从 1944 年以后，舰艇防御性装备相继升级到 1 门 40 毫米和 3 门 20 毫米高射炮，以及 1 门 37 毫米和 5 门 20 毫米高射炮。较大的舰艇配有 6 颗或 8 颗水雷，取代了反复装填的鱼雷。

战争期间，后来的美国总统约翰·F.肯尼迪命令美国海军在太平洋战争中使用巡逻鱼雷艇。这种舰艇采用的是汽油发动机，最大航速达到 40 海里 / 小时。

↗ 诺克斯级护卫舰

美国诺克斯级护卫舰载有 300 名舰组人员，最大航速 27 海里 / 小时，满载排水量 4260 吨。其配有大炮、鱼雷和导弹。诺克斯级护卫舰现在虽然已不在美国海军中服役，可是许多小国仍然在使用。

知识链接

* 1878 年，19 节轻型鱼雷艇下水。
* 1914 ~ 1918 年的第一次世界大战中，英国皇家海军沿岸摩托艇和摩托发射艇航速达到 35 海里/小时。
* 1939 ~ 1945 年的第二次世界大战中，德国 E 型快艇航速达到 42 海里/小时。
* 1958 年，苏联卡马尔级导弹艇开始服役。
* 1966 年，苏联"黄蜂"级导弹艇开始服役。
* 1973 年，苏联"黄蜂"级导弹艇在中东使用。
* 1990 ~ 1991 年，"黄蜂"级导弹艇在海湾战争中使用。

↗ 巡逻艇

沿海地区广泛使用这种巡逻艇，用来管辖领海，打击海盗和走私。

特型舰艇

反舰导弹和鱼雷赋予了小型舰艇很强的攻击力，成为移动缓慢的大型军舰的非常危险的敌人。现代材料和不断改进的发动机使这些舰艇具有类似于竞赛快艇一样的功能，可以快速地接近行动迟缓的大型舰艇，发射导弹，击退它们。

↗ **帕特拉舰艇**
法国帕特拉级舰艇配有 18 名船员，最大航速 26 海里 / 小时，装填炮弹后重 147.5 吨。

↗ **萨埃塔导弹艇**
一艘意大利萨埃塔级小型导弹艇可载 33 名船员，最大航速 40 海里 / 小时，装填炮弹后重 400 吨。

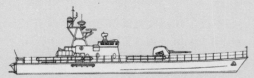

↗ **斯比卡鱼雷攻击艇**
瑞典斯比卡 II 级鱼雷攻击艇可载 27 名船员，最大航速 40.5 海里 / 小时，装填炮弹后重 230 吨。

第二次世界大战以后，地对地导弹发展起来，进一步增强了小型舟艇的攻击能力。战后苏联"黄蜂"级导弹艇的航速达到了 39 海里 / 小时，装有 4 门 SS-N-2A 型"冥河"导弹。苏联建造了将近 300 艘"黄蜂"级导弹艇，用于装备遍布全世界的 20 支海军部队。

巡逻艇是特遣小分队实施登陆最为理想的工具。这些攻击艇常常悄无声息地进行两栖攻击。在和平时期，巡逻艇同样有广泛用途，用来完成搜寻救援任务、渔业巡逻以及对抗海盗的劫掠。

■ "长着眼睛"的巡航导弹

巡航导弹是导弹的一种。它是指依靠喷气发动机的推力和弹翼的气动升力，主要以巡航状态在稠密大气层内飞行的导弹。巡航状态即导弹在火箭助推器加速后，主发动机的推力与阻力平衡，弹翼的升力与重力平衡，以近于恒速、等高度飞行的状态。在这种状态下，单位航程的耗油量最少。其飞行弹道通常由起飞爬升段、巡航（水平飞行）段和俯冲段组成。在众多巡航导弹中，"战斧"巡航导弹的射击精准度名列前茅。

"战斧"导弹的远距离攻击为什么会这么精确呢？这是因为"战斧"导弹有一个独特的会认地图的优点，它能按地图标明的路线飞行，从而使它击中目标的准确率变得很高。

那么这种"战斧"巡航导弹是如何认地图的呢？秘密在于装备在这种导弹上的"等高线地形匹配系统"，这是一种读取地面地形图的装置。这种装置储存着导弹飞向目标途中经过的全部陆地地形的数字信息，而这些信息大多数是由间谍卫星或间谍飞机在和平时期拍摄的。当导弹飞距目标 11 ~ 13 千米时，这种读取地面地形图的装置才开始工作。认地图装置开机后，认地图装置中储存的信息和导弹内的摄像机在飞行过程中摄取的导弹下方的陆地地形信息会进行比较，这样导弹离目标的距离有多远，便可以计算出来，导弹距飞行前确定的航线的偏差也能计算出来。然后这些计算数据被输送给导弹的控制系统，导弹受到正确的操控就会往正确航线上飞行了，这种对偏差的纠正一

↗ 美国的"战斧"式巡航导弹正在发射，它是一种远距离精确制导武器。

直持续到飞达目标为止。

除了这一显著优点外，"战斧"式巡航导弹在其他方面也相当出色。它的重量只是同射程的巡航导弹的 1/10，身长仅 2.9 米，但却能将 2000 千米远的目标击毁。它有飞机一般的流线型的外形，其发动机和飞机一样采用空气喷气方式，直接从大气中获取燃烧所需要的氧，这一措施使它的体积和重量有效地减小了。

↗ 正在发射的"战斧"式巡航导弹

体积和重量的减小，使巡航导弹一方面有效地减少了对敌方雷达波的反射面，降低了被敌方发现的几率；另一方面，重量轻、体积小使发射、储存、运输和维修等也方便了不少，发射前导弹的弹翼和尾翼还可以折叠起来。

导弹在水面上飞行，高度为 20 米左右；在丘陵地带，高度约为 50 米；在山丘地带，高度为 100 米；接近目标之后，保持小于 20 米的飞行高度。这种巡航导弹也适于低空突袭，可以维持在 15 米以下的低空飞行高度。它不但命中率高，而且还可以从舰艇上、空中、水下和陆上进行发射。巡航导弹发射后，先采取高空飞行，因为高空阻力小，可节省大量的燃料。导弹的飞行高度在到达敌方上空后便自动降低，这样便不易被敌方雷达发现。另外，这种导弹还可以自动避开高山，敏捷度极高。

美国对"战斧"导弹情有独钟，屡次将其作为打头阵的先锋和主要攻击武器，这是与它本身的优越性能密不可分的。"战斧"导弹的优点是空军轰炸机所不能比拟的。首先，这种导弹是在敌防空区外发射的，这样发射人员就避免了很多危险。其次，这种导弹的制导系统使它能躲避敌方火力。再者，这种导弹的发射可在远离陆地的军舰上进行，不需要任何海外基地的使用权。

人们在形容"战斧"这类高精度的巡航导弹时，常说它们是长着眼睛的，这一点也不奇怪。这类科技含量高、精度高、具有突出优越性能的巡航导弹已被广泛应用于现代战争中，随着更多高新技术被应用于武器制造中，相信更先进的、精度更高的巡航导弹在不久的将来就会被研制出来。

■ 潜艇

第一次潜艇攻击是在美国内战期间，由半潜式蒸汽动力舰艇"大卫"号完成的。它用竿式鱼雷击伤了南部联盟的铁甲舰。没有人想到这种粗糙的水下舰艇会成为世界上声名显赫的最精致的超级武器的先驱者。

电动机和石油燃料动力机使得真正的潜艇变成了现实。1886 年，西班牙的伊萨克·佩拉尔制造了第一艘电动艇。第二年，俄国人建造了装有 4 门炮弹的鱼雷艇。1895 年，约翰·霍兰在美国制造出流线型"潜水者"号潜艇，水面航行时使用蒸汽动力，同时可以为水下航行时的电动机蓄电池充电。

第一次世界大战中，德国 U 型潜艇证明，水下潜艇成了攻击商船和对敌舰实施战术打击的战略武器。1914 年 8 月 8 日，U-15 潜艇向英国皇家海军"君主"号战列舰发射了一枚鱼雷，尽管没有击中目标，却是历史上首次发射自导鱼雷从水下攻击敌人。

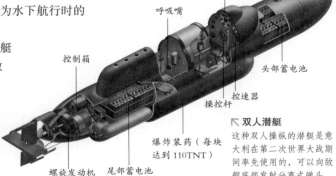

导航仪表板
呼吸嘴
控制箱
头部蓄电池
操控杆
减速器
螺旋发动机　尾部蓄电池
爆炸装药（每块达到 110TNT）

↖ 双人潜艇

这种双人操纵的潜艇是意大利在第二次世界大战期间率先使用的，可以向敌舰底部发射分离式弹头。

反潜潜艇

现代潜艇分为两种：装有核导弹的核动力潜艇和反潜潜艇或核动力攻击艇。后者不仅可以攻击水面舰艇，同样可以非常有效地攻击导弹核动力潜艇。第二次世界大战中，盟军潜艇就使用了鱼雷攻击水面航行的德国U型潜艇。现代核动力攻击艇还可以使用声波定位仪测定敌舰艇方位，然后发射精确的制导鱼雷重创或击沉潜艇。

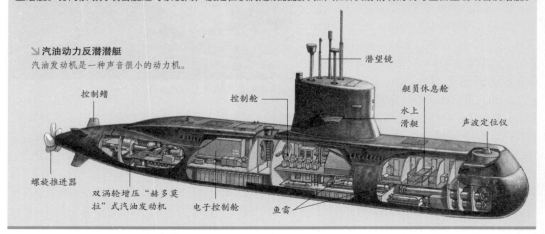

↘ 汽油动力反潜潜艇
汽油发动机是一种声音很小的动力机。

潜望镜
控制鳍
控制舱
艇员休息舱
水上滑艇
声波定位仪
螺旋推进器
双涡轮增压"赫多莫拉"式汽油发动机
电子控制舱
鱼雷

知识链接

* 1863年10月5日，"大卫"号蒸汽潜艇攻击南部联盟铁甲舰。
* 1895年，美国海军"潜水者"号潜艇成为第一艘电动舰艇。
* 1904年，"鹭"号汽艇成为第一艘汽油动力艇。
* 1914～1918年的第一次世界大战中，德国U型潜艇攻击敌军商船。
* 1939～1945年的第二次世界大战中，德国U型潜艇使用"狼群"战术攻击盟军舰艇。
* 1954年，第一艘核动力潜艇——美国海军"鹦鹉螺"号核动力潜艇开始服役。

↗ "轰炸机"
导弹核动力潜艇被英国皇家海军称为"轰炸机"。它的导弹安装在尾鳍发射管或指挥塔中。

↘ 核动力潜艇
核动力潜艇最早由美国发明制造，是历史上威力最大的舰艇之一，配有水下发射的洲际核导弹。

A3型北极星导弹
机械控制舱（封闭核反应堆控制板）
导弹舱
潜望镜和雷达杆
潜艇桥（水面使用）
通讯舱
鱼雷管
电子发射装置
核反应堆（高度封闭）
导航中心

第二次世界大战中，德国更加致力于潜艇建造和水下攻击，利用密集式 U 型艇"狼群"战术，不断袭击北大西洋的英国护航舰队。盟军通过破解德军潜艇的传输密码，利用经过改进的侦察系统和武器，对 U 型潜艇群进行了有力的反击。在太平洋战场，美国海军也不断利用威力更大的潜艇武器攻击日本商船和海军舰艇。

第二次世界大战以后，核动力使潜艇发生了彻底的改变。现在从理论上讲，核潜艇能够无限期地潜在水下。美国海军"鹦鹉螺"号潜艇是世界上第一艘核动力潜艇，1954 年开始服役，潜水深度达到 200 米以下。1959 年，装备水下发射"北极星"核导弹的美国海军"乔治·华盛顿"号核潜艇的下水标志着世界上最可怕的武器诞生了。

1982 年 5 月 2 日，英国皇家海军"征服者"号潜艇在福克兰群岛海域用鱼雷击沉了阿根廷"贝尔格拉诺将军"号重型巡洋舰。尽管现在可以使用高效的反舰追踪系统，然而由于其行动的隐蔽性，潜艇仍然是威力巨大的超级武器。

■ 潜艇之最

»最大的潜艇

苏联的"阿库拉（Akula）"核潜艇全长 171.5 米，排水量为 26500 吨，被北约称为"台风"号。据北约报道，1980 年 9 月 23 日，第一艘"台风"号潜艇在位于白海北德温斯克的秘密造船厂下水。据说目前尚在服役的"Akula"核潜艇有 6 艘，每艘都配备着 20 枚多弹头、射程为 8300 千米的 SS-N-20 核导弹。

↗ "台风"号是世界上最大的核潜艇，其技术性能十分先进，目前只有美国"俄亥俄"号核潜艇可与之抗衡。

»最安静的潜艇

世界上最安静的潜艇是美国通用动力公司建造的"俄亥俄"号核动力导航潜艇。

"俄亥俄"号核动力导航潜艇于 1979 年制造成功，是由美国通用动力公司在它的潜艇建造厂制造的，它是美国"三叉戟核潜艇计划"的第一艘潜艇。"俄亥俄"号耗资 1.25 亿美元，全长 170.6 米，宽 12.8 米，吃水线 10.8 米，排水量为 18700 吨，续航力 100 万海里，噪音在 90 分贝左右，相当安静，是世界上活动海域最广、隐蔽性最强、攻击力最强的潜艇。它能容纳船员 130 多人。"俄亥俄"号核潜艇的中间部位还装有 24 个导弹发射管，能装下射程为 7400 千米的"三叉戟"I 型导弹和 4 枚 533 毫米的 MK68 鱼雷，大大增强了潜艇的战斗力。

↙ **俄罗斯的"阿库拉"潜艇（"台风"号）**

"台风"号排水量 26500 吨，航速 30 节，下潜深度 300 米。装有 20 个弹道导弹发射管，可使用射程为 8300 千米的 SS-N-20 导弹或射程为 9200 千米的 SS-N-28 导弹。还装有 6 具鱼雷发射管，可携带 40 枚鱼雷及反潜导弹。

»最重大的潜艇事故

2000 年 8 月 12 日，俄罗斯海军核潜艇"库尔斯克号"在巴伦支海的一次军事演习中失事，潜艇上 118 名官兵全部遇难，酿成了最重大的潜艇事故。

这艘造价 10 亿美元的"库尔斯克"号核潜艇是当时俄罗斯最先进的防御武器，它拥有 2 座核反应堆，长 150 米，并拥有独特的双壳艇和 9 个防

↘ 美国"鹦鹉螺"号核潜艇可携带6具鱼雷发射管和105名艇员，其动力能源是由核反应堆来提供的，体积比任何一艘二战中使用过的常规动力潜艇都大。它的出现使美国逐渐取得了对苏联的海军优势，以及在冷战中的战略优势。

水隔舱，即使被鱼雷直接击中也不会沉没。然而就是如此先进的潜艇却在一次意外的爆炸中沉没。对于潜艇沉没的具体原因，俄官方一直闪烁其词，先是说与外国的一艘核潜艇相撞引起大爆炸所致，后又说是由于撞上了二战遗留的水雷。直到2002年10月29日，俄罗斯政府才正式宣布：俄潜艇沉没是由于"艇内鱼雷燃料泄漏引起爆炸"所致。

» 最早的核动力潜艇

世界上最早的核动力潜艇是1954年美国制造的"鹦鹉螺"号潜艇。

1954年1月21日，美国康涅狄格州几乎万人空巷，所有的人都聚集在康涅狄格电船公司的船坞处争相观看世界上第一艘核动力潜艇的下水仪式。这艘当时号称世界上最早的核动力潜艇的"鹦鹉螺"号潜艇身长103米，耗费巨资5500万美元，代表着当时核动力潜艇技术的最高水平。

"鹦鹉螺"号潜艇的速度高达每小时55.56千米，也就是说"鹦鹉螺"号潜艇的航行速度超过了当时世界上任何海上交通工具的速度。它甚至可以环游世界任何海域而根本不需要浮出水面"呼吸"新鲜空气。它在自己的武器库中增加了很多强有力的武器，战斗力因此增强了很多。"鹦鹉螺"号潜艇的下水时间比苏联的第一艘核动力潜艇早了5年。

» 最早的潜艇

世界上最早的潜艇是1622年荷兰发明家德雷贝尔按照达·芬奇的设计在英国制成的，这是目前世界上有确切记载并得到世界公认的第一艘潜艇。这艘潜艇在英国制造并曾在泰晤士河水下4米深处从威斯敏斯特成功地航行到了格林尼治，用了2个小时。德雷贝尔用木制框架作为潜艇的基本结构，在外面包有严实防水的油皮罩，在艇身上钻有桨孔，由坐在艇内的12名水手划桨前进。它基本上实现了潜艇上下运动的原理，对现代潜艇的研制起到了奠基作用，是对人类能够发明一种在水下自由航行的船只这一幻想的重大突破。

■ 航空母舰

早期飞机是极易受到攻击的低动率飞机。1911年，当美国飞行员尤金·埃利驾驶飞机从一艘美国海军巡洋舰的甲板上成功起飞的时候，飞机仍然是一种危险的运输工具。两个月以后，勇敢的埃利同样成功地驾驶飞机降落到一艘舰船上。此时的埃利实际上已经成为第一名航空母舰飞行员，尽管那个时候航空母舰还没有被人们设计出来。

1913年，装有短距离飞行甲板和3架飞机的英国皇家海军"竞技神"号航空母舰成为航空母舰的先驱，但在1914年，一艘U型潜艇击沉了它。1919年开始建造的其

↗ 起飞

一架英国皇家海军航空部队索普威斯·帕布战斗机在第一次世界大战期间试飞。

大型和小型

20世纪，航空母舰已经从简易的"平顶房子"发展到"海上城市"。比如美国海军"尼米兹"号航空母舰就装载了6000多名舰员、50架飞机和直升机，而第一次世界大战期间的第一艘航空母舰英国皇家海军"竞技神"号仅配有3架飞机。"竞技神"号被德国U型潜艇击沉，直至今天，航空母舰也极易受到潜艇的攻击。

↗ 起飞
这架大黄蜂战斗机正在起飞。

↙ 大与小
一艘巨型美国航空母舰成了小型拖船的海港。

↗ 防撞网
一架大黄蜂战斗机撞在了防撞网上。

知识链接

＊1911年，尤金·埃利驾驶飞机从战舰上成功起飞。

＊1913年，英国皇家海军"竞技神"号航空母舰开始服役。

＊1940年11月11日，英国皇家海军航空部队战机攻击塔兰托的意大利舰队。

＊1941年12月7日，日本航空母舰飞机攻击珍珠港美国海军。

＊1942年5月，航空母舰在珊瑚岛海战中投入战斗。

＊1942年6月4～7日，中途岛海战。

＊1961年，美国海军"企业"号航空母舰成为第一艘核动力航空母舰。

后继者却成为真正的航空母舰。第一次世界大战中，英国使用航空母舰成功地使飞机在海上完成了低空飞行。

两次世界大战之间，航空母舰的设计和能力得到迅速发展。1938年服役的英国皇家海军"皇家方舟"号航空母舰已经具备了当时最先进的航空母舰的特征：阻止飞机靠近的飞机制动索、网型防撞栏、导航员、飞机弹射器等等。1939年，德国已经拥有了10艘航空母舰，1941年，日本的航空母舰数量已经达到了11艘，美国达到3艘。到第二次世界大战结束时，美国的航空母舰已经超过了100艘。

↘ 惊人的装载能力
美国海军"小鹰"号航空母舰常规装载将近6000名舰员、70多架飞机，包括F-14雄猫战斗机和F-18大黄蜂战斗机以及直升机。

1940 年的塔兰托战役中，意大利海军遭到了来自英国皇家海军"光辉"号航空母舰上 21 艘"剑鱼"飞机的攻击，3 艘战列舰受到了重创。1941 年 12 月 7 日，日本偷袭珍珠港被认为是模拟了塔兰托战役。日本出动了 360 架装有鱼雷和炸弹的轰炸机，击沉和摧毁了美国 8 艘战列舰、3 艘巡洋舰和一些其他飞机。停泊在海上的美国海军航空母舰舰队遂成为新的太平洋舰队的核心。

1942 年 5 月，美国海军在珊瑚海与日军发生了激烈的战斗，这完全是一场飞机攻击战舰的海战。1942 年 6 月的中途岛战役是又一次海空立体战。这两次战役使日本的 10 艘航空母舰损失了 6 艘，美国 8 艘航空母舰损失了 4 艘。

1945 年以后，航空母舰的设计有了进一步改进，舰上增添了直升机，这使得航空母舰不仅可以攻击敌人的潜艇，也可以轰炸敌人坚固的海岸阵地。上翘角飞行甲板使得一些飞机着舰时，另一些飞机能够同时起飞。1961 年，美国海军"企业"号航空母舰建成，它重达 75700 吨，装载 100 架飞机，是当时最大的航空母舰。这艘航空母舰的核动力足可以绕地球航行 20 周。

1967 年，英国决定淘汰六翼飞机，而使用垂直短距起降 BAe 鹞式战斗机。上翘角滑跃式甲板非常适合鹞式战斗机起降，因而后来意大利和西班牙先后采用了这种装有鹞式战斗机的相对低廉的航空母舰。20 世纪 70 年代，苏联开始建造装载雅克 -36MP"铁匠"垂直短距起降战斗机和直升机的航空母舰。

在朝鲜战争、1956 年苏伊士运河战争、越南战争、马岛战争和 1990 ~ 1991 年海湾战争中，都曾经使用了航空母舰。

■ 航空母舰之最

» 最大的航空母舰

"切斯特·W.尼米兹"号、"德怀特·D.艾森豪威尔"号、"西奥多·罗斯福"号、"卡尔·文森"号、"亚伯拉罕·林肯"号、"乔治·华盛顿"号和"约翰·C.斯坦尼斯"号组成了美国海军航空母舰尼米兹家族，其中最后 3 艘排水量为 103637 吨，在所有战舰中全载排水量居于首位。它们的甲板跑道全长为332.9 米，由 4 台核能 26 万轴马力传动蒸汽涡轮机驱动，最高速度可达 56 千米 / 小时。此外 4 个 C–B Modl 弹射器安装在"尼米兹"号上，能使最重的舰载飞机从固定点起飞，把速度加快到 273 千米 / 小时，从而飞离甲板跑道。

» 最早的航空母舰

世界上最早的航空母舰是日本的"凤翔"号航空母舰。

早在 1913 年日本就着手进行航空母舰的建造工作，最早的航空母舰是从一艘叫作"若宫"号的商船改造来的，"若宫"号航空母舰应该是现代航空母舰的雏形。世界上第一艘

↗ 中途岛海战的失利使日本将战争的主动权拱手让与美国。

↗ "艾森豪威尔"号航空母舰

↗ 1922 年 12 月日本"凤翔"号航空母舰竣工，这是世界上最早的航空母舰。

↗ 日本"信浓"号航空母舰的资料照片

真正的航空母舰是日本于 1919 ~ 1922 年建造的"凤翔"号航空母舰。从 1919 年开始筹划建造，历时 3 年，至 1922 年，"凤翔"号航空母舰终于在日本横须贺海军船厂造成。"凤翔"号航空母舰只能算是一艘相当小的航空母舰，它的标准排水量只有 7470 吨，但是作为世界上第一艘真正的航空母舰，它揭开了航空母舰的辉煌历史，从那以后，航空母舰作为世界上最具杀伤力的战争机器在世界各国纷纷建造。

» 海战中寿命最短的航空母舰

世界上最短命的航空母舰是日本的"信浓"号航空母舰。

在中途岛海战前后，日本的"信浓"号航空母舰成为当时世界上最大的航空母舰，

美国"尼米兹"级航空母舰		
"尼米兹"级全部由位于美国东部弗吉尼亚州的纽波特纽斯船厂建造，迄今已有 9 艘服役，未来还将有 1 艘加入这个兴盛的大家族。这总共 10 艘航母的服役情况是：		
排名	航空母舰	开工日期	服役日期
1	"切斯特·W. 尼米兹"号	1968 年 6 月 22 日	1975 年 5 月 3 日
2	"德怀特·D. 艾森豪威尔"号	1970 年 8 月 15 日	1977 年 10 月 18 日
3	"卡尔·文森"号	1975 年 10 月 11 日	1982 年 3 月 13 日
4	"西奥多·罗斯福"号	1981 年 10 月 31 日	1986 年 10 月 25 日
5	"亚伯拉罕·林肯"号	1984 年 11 月 3 日	1989 年 11 月
6	"乔治·华盛顿"号	1986 年 8 月 25 日	1992 年 7 月 4 日
7	"约翰·C. 斯坦尼斯"号	1991 年 3 月 13 日	1995 年 6 月 9 日
8	"哈里·S. 杜鲁门"号	1993 年 11 月 29 日	1998 年 7 月 25 日
9	"罗纳德·里根"号	1998 年 2 月 9 日	2003 年 7 月
10	"布什"号	2001 年 3 月	2009 年 1 月 10 日

它的标准排水量达到了 62000 吨，甲板厚达 7.5 厘米，甲板上面还覆盖有 20 厘米厚的钢筋水泥层，是当时的世界之最。然而这艘航空母舰到目前为止还仍然保持着一项世界纪录——它是世界上最短命的航空母舰。

当时的"信浓"号航空母舰是从一艘战舰改造而成的，这也是当时的日本政府不得已而为之。为了扩大战事，日本在改造的过程中压缩工期，甚至在有些改造工作还没有完成的时候，就匆忙将"信浓"号航空母舰投入战争。结果，在"信浓"号航空母舰还没有发射一枪一炮的时候就被美国的"射水鱼"号潜艇发现，随后就被"射水鱼"发射的 6 枚鱼雷击中，在熊熊的大火中，号称当时世界最大的航空母舰就那样慢慢沉没在了浩瀚的太平洋。

"信浓号"航空母舰从完工到毁灭还不足 10 天，在世界上还没有哪一艘航空母舰的寿命能短过它。

■ 士兵防护

当枪炮非常笨拙沉重，刀剑仍然是主要的战斗武器时，盔甲曾经有效地保护了士兵。然而随着枪炮的不断改进，盔甲就不能再穿戴了，灵活自由的移动变得更加重要。

像建筑工地上的建筑工人头戴的"安全帽"一样，第一次世界大战中出现的钢盔同样用来保护士兵免遭头顶坠落物体的伤害。这些物体通常是榴霰弹和炮弹爆炸时从空中落下的零散碎片。一战期间，使用盔

甲保护的是狙击手，他们使用带有望远镜瞄准具的高效步枪，射杀松懈的敌人或军官等重要目标。可是这种保护盔甲应用得并不是很广泛，而且非常沉重，类似于中世纪士兵的胸甲。

随着第一次世界大战中德国在西线战场上使用毒气，防毒面具和口罩应运而生了。第一代面具只是一些带有护目镜的简易棉垫，到一战末期，口罩变得更加有效而且舒适方便了。现代防毒面具使用木炭过滤器。木炭是非常有效的污染物过滤器，因而后来不仅被用于家庭水过滤器，而且还用于制作士兵的防弹马甲和防弹裤。

第二次世界大战中，生产出了带有重叠钢板的防弹马甲，用于保护美国轰炸机机组免遭德国反飞机炮（高射炮）发射的榴霰弹的伤害。这种马甲被称为"铠装防弹马甲"。

今天的"护身盔甲"是由诸如又轻又坚固的凯夫拉尔合成纤维等材料制作的。这种合成材料主要用于防弹马甲甚至防弹靴的制作，也可以黏合成一种塑胶，制作头盔。这些新材料能够保护士兵，即使距离很近，也能免遭手枪

↗ 反应装甲
爆炸式反应装甲安装在锁合式装甲板上。这种装甲受到撞击时能够使爆炸发生在外面，从而阻止炮弹的穿透力。

防护和生存

随着武器杀伤力越来越大，士兵们想出各种方法来提高自我保护能力。防御战士兵会挖土把自己埋藏起来，或者构筑木头和沙袋防御工事，或者寻求更安全的方法——加固混凝土工事，因为一旦暴露出来，就会非常危险。厚厚的钢板虽然能够起到保护作用，但是它的重量使士兵们只能缓慢地短距离转移。

20世纪80～90年代，新型材料的出现使得士兵们移动灵活，避免了炸弹碎片和子弹的伤害。防火材料制成的护身服使坦克兵和飞行员不再惧怕坦克爆炸产生的巨大火光。即使在恶劣的天气里，士兵们也有了舒适的呼吸式防水衣了。

↘ 第一次世界大战中的英国头盔

↘ 1944年第4代英国头盔

↘ 1944年英国伞兵头盔

↗ 英国通用第6代头盔

↗ 第二次世界大战中的美国钢盔

↗ 美国通用PASGT诺梅尔克头盔

知识链接

* 1856年，贝斯默酸性转炉钢被生产出来。

* 1865年，防腐剂被首次使用。

* 1882年，装甲钢问世。

* 1914～1918年，第一次世界大战，保护士兵免遭榴霰弹伤害的钢盔问世。

* 20世纪20年代，第一次世界大战中毒气使用以后，防毒面具和口罩应运而生。

* 1939～1945年的第二次世界大战中，盘尼西林、整形外科、输血法相继出现。

* 20世纪70年代，爆炸式反应装甲、陶瓷装甲、凯夫拉尔合成纤维、诺梅尔斯防火纤维相继问世。

↘ 装甲的角度
装甲战车的装甲倾斜的话，就会增加射弹在穿透装甲之前的飞行距离。如果射弹倾斜着撞击到装甲上，它甚至可能弹过装甲板然后坠落，而不会造成任何损伤。

倾斜后的装甲由8毫米增加到11毫米

↗ 装甲列车
图为第二次世界大战中被德国缴获的苏联装甲列车。列车上的装甲虽然能够保护车组人员，然而一旦履带被摧毁，就极易受到攻击。

◥ **伤员撤退**

美军士兵正在把担架上的伤员抬上一架黑鹰直升机。直升机首次从战场上空运伤员是在朝鲜战争期间，现在它已经成为伤员撤退链条中重要的一环。从前由于缺乏快捷完善的医疗体系而死去的许多伤员，如果换到现在，也许可以从可怕的死亡边缘被抢救出来。

甚至步枪子弹的伤害。

在飞机、军舰和装甲车的有限空间内，火始终是一种主要威胁。对于这些，第二次世界大战中使用的皮革马甲、手套和护目镜起到了某些保护作用。军舰舰员们一般戴着钢盔和石棉材料制作的反光罩。

诸如诺梅尔斯（一种轻质耐高温芳香族聚酰胺）等人造防火纤维的发展使得手套、宇航服、马甲和裤子可以用一种能够起到高层次保护作用的材料制作而成了。现在的坦克和飞机都装有即刻启动的火警监测系统，可以迅速地使用一种切断氧气的气体扑灭潜在的火源。

■ 喷气式战斗机

20世纪30年代，喷气式飞机与火星人、月球火箭一样，还只是科幻漫画的特征。可是第二次世界大战以前，英国和德国已经致力于这个领域的研究了。1939年德国研制出了第一架喷气式飞机——He-178型喷气式飞机，随后在1941年，英国研制出了格罗斯特"流星"喷气式飞机。这两架飞机从未在战斗中相遇，可是当英国皇家海军航空部队"流星"喷气战斗机在空中追逐并

◥ **飞行中的"战隼"战斗机**

美国F-16"战隼"战斗机由通用动力公司制造，在14个国家服役。"穿上"鲜艳夺目的"服装"后，由美国空军"雷鸟"飞行表演队进行飞行表演。

击落德国V-1型飞弹的时候，科学幻想终于变成了现实。

世界上最早的可操控喷气式战斗机是1944年5月批量制造的德国Me-262"燕式"战斗机，不过最初它们被作为轰炸机使用，直到1944年底才作为战斗机服役。其最大时速869千米，装备有4门30毫米口径加农炮和24枚50毫米R4M火箭。1945年，Me-262型战斗机遭到了美国航空部队轰炸机的重创。盟军格罗斯特"流星"战斗机的最大时速为660千米，配有4门20毫米加农炮。

朝鲜战争期间，美国空军F-86"佩刀"战斗机、F-80"流星"战斗机、美国海军陆战队F9F"黑豹"

新型战机

第二次世界大战结束后不久，喷气式战斗机的设计制造就得到了进一步改进。尽管响尾蛇导弹在空战中被战斗机广泛使用，可是30毫米口径加农炮仍然是攻击地面目标的非常有效的武器。

◣ **"幻影5"战斗机**

这架法国达索"幻影5"战斗机最大时速达到1912千米，机载有炸弹、火箭和导弹，以实施对地攻击。

↗ **F-86"佩刀"喷气式战斗机**

1953年5月18日，美国女飞行员杰奎伦·科克伦驾驶"佩刀"战斗机完成了超音速飞行，创造了新的纪录。

↗ **"鬼怪"战斗机**

第二次世界大战以后制造的F-4"鬼怪"战斗机数量超过了西方任何种类的战斗机。

↗ **英国"鹰"战斗机**

英国BAE"鹰"战斗机是多功能战斗机，可以作为试飞机使用。

知识链接

* 1939年，德国亨克尔He-178喷气式战斗机试飞成功。
* 1944年，德国Me-262战斗机开始服役。
* 1944年，英国格罗斯特"流星"战斗机击落V-1飞弹。
* 1944年，洛克希德"流星"战斗机开始在美国陆军航空部队或美国空军中服役。
* 1945年12月3日，哈维兰·范比尔首次从航空母舰上起降喷气式战斗机。
* 1950年，喷气式战斗机之间的首次交战发生在朝鲜战争中。
* 1966年8月31日，鹞式战斗机首次完成盘旋飞行。

↗ **欧洲战斗机**
由西班牙、德国、意大利和英国联合建造"台风"欧洲战斗机的计划开始于 1994 年。然而由于政治原因，这项计划遇到了阻碍，因为冷战结束，德国对它的要求降低了，转而主张建造一种造价相对较低的战斗机。

战斗机与中国米格—15型战斗机进行的交战是喷气式飞机之间的第一次战斗。

20世纪50年代以后，喷气式战斗机被广泛用于世界大多数地区的空战以及对地面目标实施轰炸。

雷达探测武器系统
敌我识别天线
高里索夫斯基飞发动机
Gsh-231式加农炮组

↙ **"铁匠"战斗机**
苏联雅克—38或称"铁匠"战斗机是 1971 年首次飞行的垂直起飞的战斗机。

在越南战争、印巴冲突、阿以战争、两伊战争、海湾战争中，美制战机与苏式飞机都进行了激烈的战斗。1982 年的马岛之战，英国鹞式战斗机与美式和法式战机发生了交战。

世界上功能最齐全的喷气式飞机是越南战争和中东战争中使用的前苏联米格—21型战斗机和美国麦克唐纳·道格拉斯 F-4 "鬼怪"战斗机。

在许多喷气式战斗机中，AIM-9 "响尾蛇"热导空空导弹都是至关重要的武器装备。AIM-9 型热导弹从大自然获取了灵感。

响尾蛇利用头部特殊传感器探测猎物身体的热度来锁定目标，而 AIM-9 型"响尾蛇"导弹则能够从"猎物"发动机消耗的热量中探测到目标。

↗ **美国"鹰"战斗机**
一架配有导弹的美国空军部队麦克唐纳·道格拉斯 F-15 "鹰"多功能战斗机在调整空中加油位置。

■ 战机之最

» 飞得最快的战斗机

世界上飞得最快的战斗机是由苏联米高扬 – 格列维奇设计局设计的米格 –25，它是一种中程截击机，其最大特点是飞得快、飞得高，最大平飞速度为 2980 千米 / 小时。

米格 –25 于 1964 年首飞。机载乘员 1 人，翼展 14.02 米，机长 23.82 米，机高 6.1 米，最大起飞重量为 37.5 吨。实用升限 24400 米，最大巡航速度为 960 千米 / 小时，作战半径 1300 千米，转场航程 3000 千米。起飞滑跑距离为 1380 米，着陆滑跑距离为 1580 米。

»最早的战斗机

世界上最早的战斗机是福克 E 型战斗机。

福克 E 型战斗机采用的是当时还相当少见的单机翼形式，在机翼的上下有一根细钢丝用来牵引、加强，这根细钢丝叫做"张线"。它的横断面是长长的矩形，战斗机的骨架是由钢管焊成的。外面是一层军绿色的布套，在它的机头上方有一个口径为 7.92 毫米的机枪头，下面是一台气缸旋转型活塞发动机。机枪在发动机的帮助下 1 分钟可以射出 800 发子弹，这在第一次世界大战时已经是非常先进的武器了，因此它一出现就受到了很多军队的好评，并迅速在很多地区的军队中普及开来，尤其是它的"射击协调器"。有人说："福克 E 的'射击协调器'是世界航空兵器史上的一次里程碑式的革命。"而福克 E 在它的帮助下成了世界上最早、也是当时最先进的战斗机。

↗ 世界上飞行速度最快的战斗机是前苏联制造的米格 -25 "狐蝠"战斗机。

↗ "红男爵" 福克 Dr.1 三翼飞机
为便于地面友军辨别自己，福克 Dr.1 三翼飞机被漆成鲜红色。凭借其轻巧灵活的特点，福克 Dr.1 三翼飞机成为一战中的优秀机型，最适宜进行近距离格斗。

»最早的喷气式轰炸机

早在第二次世界大战期间，德国的阿拉多公司就已经成功地制造出了世界上第一架喷气式轰炸机——Ar-234 喷气式轰炸机，它有 A、B、C 三个系列。

Ar-234 轰炸机载乘员 1 人，动力装置为 2 台容克斯"尤莫"004B 涡轮喷气发动机，单台推力为 8.8 千牛。该机翼展 14.10 米，机长 12.63 米，机高 4.30 米，重 8410 千克。实用升限 1 万米，最大平飞速度为 742 千米 / 小时，最大航程 1775 千米。

主要武器装备为 2 门 20 毫米口径机炮，1500 千克炸弹。

德国轰炸航空 76 团第 3 大队第 9 中队的标记印在飞机的机身上。该中队于 1945 年 1 月装备了 Ar-234B 轰炸机，但是后来到了春天，中队就在雷马根桥遭到重创

为了对付盟军的歼击机，部分 Ar-234B 轰炸机在后机舱的下面安装了两门 20 毫米口径的后射火炮。Ar-234B 轰炸机在降落时最容易受到攻击

Ar-234B 轰炸机配备了两台容克斯"尤莫"004B-1 型飓风式轴流涡轮喷气发动机。在没有装弹的情况下，飞机的最大飞行速度约为 742 千米 / 小时

Ar-234B 型轰炸机最多可以携带炸弹 1500 千克。通常情况下，两个引擎机舱和一个主机舱内各装弹 500 千克。在没有其他炸弹的情况下，主机舱内可以单独装载一些大型炸弹

战机座舱内装有观望镜，可供飞行员在实施轰炸时使用。该观望镜也可以转到后面，以瞄准以向后方射击的火炮

最初的飞行员弹射座椅就安装在该战机上，飞行员头部位置的后面也有盔甲保护装置。Lotfe-7 型炸弹瞄准器就安装在飞行员两脚之间的位置。实施水平轰炸时，飞行员要先断开控制杆，然后炸弹脱离飞机

↖ 德国 Ar-234B 喷气式轰炸机

» 世界上最隐蔽的现役轰炸机

世界上第一种完全隐身的现役轰炸机是美国诺斯罗普公司于 1989 年 7 月研制的 B-2A "幽灵"隐形轰炸机。它看上去很像一个扁平三角形，有光滑的机身和圆整的边角来躲避雷达波。发动机喷口隐藏在机翼的前缘下方，以减少红外信号。

该机翼展 52.43 米，机长 21.03 米，机高 5.18 米，最大起飞重量为 168634 千克。实用升限 15240 米，最大平飞速度为 764 千米 / 小时，航程 11110 千米，经过一次空中加油航程可达 18520 千米，可携带多枚导弹、核弹、炸弹、燃烧弹、水雷等。

» 世界上最早出现的火箭动力飞机

世界上第一架也是唯一一架火箭动力飞机是德国梅塞施米特公司研制的 Me.163 战斗机。

Me.163 战斗机由一个全金属制造的水滴形机身和一副木制的前缘后掠约 27° 的中单翼组成。机载乘员 1 人，翼展 9.32 米，机长 5.70 米，机高 2.74 米，重量 3950 千克，最大升限为 12039 米，续航时间为 7 分 30 秒，主要武器为 2 门 20 毫米口径机炮。就是这架飞机曾参加过第二次世界大战，留下击落 6 架敌机的战绩。

■ 导弹之最

» 射程最远的导弹

美国 "大力神"导弹于 1959 年开始服役，射程为 16669 千米，比在西方导弹基地打击苏联领土内任何目标所需要的射程还多 4828 千米。代号为 "撒旦"的 SS-18 是射程最大的俄罗斯导弹，它从 20 世纪 80 年代初开始服役，能够有效打击 12070 千米以内的目标。

» 最早的导弹

世界上最早的导弹是 1944 年德国研制成功的 V-1 火箭，因其外形像一架无人驾驶飞机，又称飞机型飞弹。该火箭是世界上最早的战术导弹，也是现代导弹的雏形。弹长 7.6 米，弹重 2.2 吨，最大直径 0.82 米，翼展 5.5 米，最大飞行速度为 650 千米 / 小时，射程 370 千米，飞行高度为 2000 米。

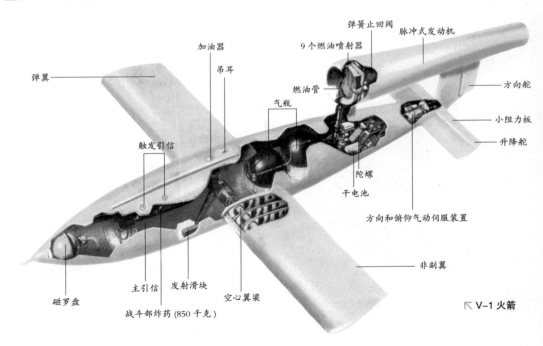

弹簧止回阀　脉冲式发动机
加油器　　9 个燃油喷射器
吊耳　　　　　　　　方向舵
弹翼　　　　　　　燃油管　　小阻力板
气瓶　　　　　　升降舵
触发引信　　　　　　　陀螺
　　　　　　　　干电池
　　　　　　　方向和俯仰气动伺服装置
磁罗盘　　　　　　　　非副翼
主引信　发射滑块　空心翼梁
战斗部炸药 (850 千克)

↖ V-1 火箭

第二次世界大战时德国使用该火箭袭击英国，先后共发射了 1 万多枚，其中有 50% 被英国飞机和高炮等武器拦截，只有 32% 真正落在英国境内。这也是世界上最先用于实战的导弹，以后的导弹都是在它的基础上发展起来的。

» 速度最慢的导弹

世界上速度最慢的导弹是法国北方航空公司研制的 SS−10 反坦克导弹，它的飞行速度仅有 285 千米／小时，弹长 0.86 米，弹体直径 0.165 米，翼展 0.75 米，有十字形弹翼，弹体呈圆柱形，头部为钝圆卵形。这种导弹于 1956 年装备部队，主要用于攻击坦克、装甲车、碉堡等地面目标，后来发展为吉普车和直升机载反坦克导弹。在一段时间内，该导弹的月生产量达 450 ～ 500 枚，后来被新型导弹代替。

» 最早的弹道式导弹

1939 年，在著名火箭专家冯·布劳恩的领导下，德国开始研制世界上第一枚弹道式导弹——V−2 火箭。此火箭于 1944 年 6 月经实验发射成功，1944 年 9 月 6 日进行第一次实弹发射，是世界上首次用于实战的弹道导弹。

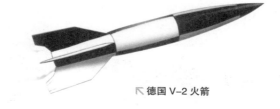

德国 V−2 火箭

该导弹弹长 14 米，弹径 1.6 米，战斗部装炸药 750 千克，采用液体燃料火箭发动机，惯性制导。其起飞质量约 13 吨，最大飞行速度 1700 千米／小时，射程约 240 ～ 370 千米，是弹道主动段为自主控制的单级弹道导弹，是弹道导弹的鼻祖。

» 速度最快的导弹

世界上速度最快的导弹是美国"大力神"II 型洲际弹道导弹，它曾被设置在美国亚利桑那州戴维斯·蒙赞空军基地、堪萨斯州麦康内尔空军基地和阿肯色州小石城空军基地。这种导弹的最大飞行速度为 27360 千米／小时。

美国"大力神"II 型地地洲际弹道导弹代号 SN−68C，属于美国第二代战略导弹，主要用于攻击地面战略目标。其全长 33.52 米，命中精度 0.93 千米，反应时间 60 秒，发射成功率 85.7%。1960 年 6 月由马丁公司研制，1963 年底开始装备部队，1987 年退役。

» 资历最老、最普及的弹道导弹

苏联"飞毛腿"B 战术弹道导弹在导弹家族中资历最老，而且也是世界上最普及的战术弹道导弹。它是苏联于 1962 年在"飞毛腿"A 型导弹的基础上成功研制出的一种新型弹道导弹。从 1965 年起，该导弹就出口到华沙条约多个成员国和多个中东国家。据估计，苏联一共生产了大约 7000 枚"飞毛腿"B 型导弹。

后来，在"飞毛腿"B 型导弹的基础上，苏联和其他一些拥有该导弹的国家纷纷研制出该导弹的改进型，如"飞毛腿"C 型导弹和"飞毛腿"D 型导弹等，从而使"飞毛腿"B 型导弹及其改进型成为世界上拥有国家最多的弹道导弹。

"飞毛腿"导弹

"飞毛腿"导弹是苏联于 20 世纪 50 年代末开始研制的一种地对地战术弹道导弹，主要用于打击敌方机场、导弹发射场、指挥中心和交通枢纽等重要目标。

■ 二战后的武器

二战后的几十年，枪械方面意义最大的发展是突击步枪数量不可思议的增长，尤其是 AK47。批评家们曾经指责这些便宜但却具有致命杀伤力的武器的大量生产加剧了世界上最穷的地区（例如撒哈

M.T. 卡拉什尼科夫

　　米凯尔·季莫费耶维奇·卡拉什尼科夫，1919 年出生于西伯利亚的库尔耶拉。他没有受过正规的技术教育，相反作为一名铁路"技术员"，他却得到了手把手的训练。1941 年，当作为一名红军的坦克指挥员严重受伤后，卡拉什尼科夫开始在康复期间继续从事武器设计。他设计了许多冲锋枪，但是此时红军已经有了性能优越的冲锋枪，因此，它们并未得到采用。卡拉什尼科夫随后将他的才智转向开发一种已知的武器，它在苏联的术语中是"Automat"，和德国人首创的 MP44 突击步枪具有相同的概念。德国武器设计师胡格·施梅塞和他的一些同事在二战末期被俘获，并暂时被征入苏联的军事服务部门，他们可能对卡拉什尼科夫的工作作出了贡献，但是这一点仍存在争议。1947 年，卡拉什尼科夫自动步枪 AK47 式初次登场，苏联红军在 1951 年采用了这种武器。卡拉什尼科夫被提升至苏联军队武器总设计师的地位，此外，他也设计了其他一些武器，诸如 5.54 毫米口径的 AK74。他赢得了苏联以及后来的俄罗斯的每一项可能的奖项。2004 年，他同意推出以自己的名字为品牌的伏特加酒。

↗AK47

也许 AK47 最大的优点是它在恶劣的战争条件下的可靠性。与之相比，美国的 M16 虽然属于技术上更为先进，在某些方面更为致命的步枪，但是必须小心翼翼地保持干净以防止堵塞。上图展示的是中国制造的 AK47。

↗SKS 卡宾枪

二战期间苏联武器设计师谢尔盖·希曼诺夫开发出一种发射"短"型的、7.62 毫米口径的、苏制标准子弹的半自动步枪。最终的产品是 SKS-45 卡宾枪，这是一种气体作用原理的武器，它通过一个 10 弹装的盒式弹匣装弹，特点是有一把折入前托的完整的刺刀。SKS 是一种极为成功的武器，在它被 AK47 大规模地取代之前，曾经在中国和其他国家大批量地制造。

拉沙漠以南的非洲）正在发生的民间的、政治的和种族的冲突。最近几十年，民间和军事工程师正在试验"无壳"子弹和火箭式推动装置来取代传统的子弹和射击系统。然而，大多数当代的枪械仍然以几十年前，甚至是 19 世纪推出的枪械样式和系统为基础（虽然现在的枪械较之过去已经高度发展）。2001 年的"9·11"事件表明，在 21 世纪，甚至最简单的武器——纸盒刀和陶瓷刀，仍然可以造成灾难性的后果。

» 步兵武器

　　二战后最为成功的步兵武器是 AK47，以它的主要设计者——卡拉什尼科夫的名字命名。由于结构简单，没有多少可动机件，这种步枪使得相对训练不足的军队和游击队员都可以较为轻松地维修与使用。AK47 在 21 世纪获得了普遍应用，到目前为止，已有多达 100 万件这种武器和它的改装型被制造出来。

　　战后大多数国家的军队都采用了选发式突击步枪，大多数这种武器（比如比利时 1950 年推出并被 50 多个国家采用的 FN FAL）都装有 7.62 毫米口径的子弹。美国是个例外，它在 20 世纪 60 年代中期采用了 5.56 毫米口径的 M16 步枪，这种步枪以尤金·斯通纳设计的阿玛利特步枪为基础。在最近的几年中，许多军队都采用了使用更小子弹的步枪。这种步枪是"无托结构"样式，它的弹匣和枪机被置于扳机护弓的后面。正如突击步枪是从二战时的德

↗M16 步枪

M16 式步枪现在广泛使用在世界各地。美军在越南战争中首次使用它，在当时具有革命性，因为它的发射口径只有 5.56 毫米，由塑料和合金制成，重量只有 3.18 千克。

国发展而来的一样，现在许多军队使用的弹带给弹的陆军自动武器也是由德国的 MG42 发展而来的。

韦斯顿微型手枪

虽然汤姆·韦斯顿也许是20世纪最为知名的微型枪的制造者，但是关于他的生活
经历的内容却是不完全的。这位墨西哥城的居民很明显是一位杰出的古董枪械收
藏者和出售者，20世纪30年代，他成为墨西哥城的一名制造微型但功能齐全的手
枪的工匠。这些独特的手枪（主要是20世纪50年代和60年代制造的），是武器
珍品收藏家值得骄傲的收藏品。右图展示的是一把2毫米口径的"改良"单发手枪。

» 手枪

直到20世纪70年代，恐怖主义的盛行导致新一代自动武
器（大多数装9毫米口径子弹）在发展之时，手枪的设计还稍
显滞后。为了满足执法机构和反恐部队的需要，这些手枪要能够安全地携带，可以近距离使用（例如
飞机乘务员的卡宾枪），并且将对人质和旁观者的危险降至最低，此外还要有一个容量大的弹匣。

最早满足这些标准的手枪之一是德国赫克勒－科赫公司制造的VP70，它也是第一把塑料结构的
手枪。1983年奥地利的格洛克AG公司推出了第一把极为成功的格洛克系列自动手枪，它的弹匣可容
纳高达19发子弹。格洛克手枪主要是由塑料制成的，这使得人们害怕它会逃过金属探测器，但是这
些担忧已经证明是多余的。

■ 防毒面具的研制

第一次世界大战期间，德国与英法联军为夺取比利时
伊伯尔的地盘而展开了殊死搏斗。英法联军凭着坚固的工
事，誓死抵抗，击退了德军一次又一次进攻。

1915年4月的一天，夕阳西下，英军第五阵地沐浴
在暗红色的晚霞之中。这时，一股西北风从德军阵地方向
吹来，一个英国士兵将脑袋探出掩体，看见在对面弯弯曲
曲的德军阵地前沿上，突然有一股黄绿色烟雾升起。这位
英军士兵见后，大声呼喊，其他的英军士兵都探出头来，
好奇地看着那奇特的烟雾。

烟雾在西北风的推动下形成一人高的烟墙，快速向英
军阵地飘去。英军士兵还不知道他们正面临一场灾难，仍
然对这股烟雾议论不停。当黄绿色的烟雾飘过阵地时，英
军士兵立刻嗅出了有一股难闻的、带有强烈刺激性的气味，

受野猪能逃过毒
气戕杀的启示，人
们发明了状似猪嘴
的防毒面具，右图
即为一战中英国军
队使用的具有防毒
面具的装备。

防毒面具的
附属装备

随着生化武器在战场上的大量使用，防毒面具也成了战争中必不可少
的装备之一。

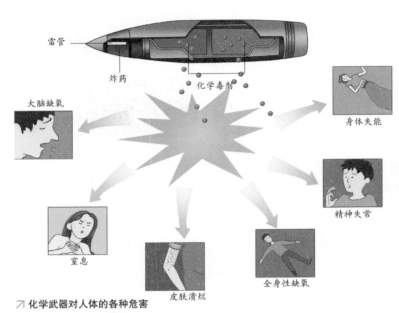

雷管

炸药

化学毒剂

大脑缺氧

身体失能

精神失常

窒息

皮肤溃烂

全身性缺氧

↗ 化学武器对人体的各种危害

令人无法忍受。阵地上顿时人人都不停地流眼泪和鼻涕，咳嗽声不断，每个人都感到像有一只无形的手在掐住自己的脖子一样透不过气来，不一会儿便头晕目眩，两腿一软倒了下去。

原来，德军为了打破欧洲战场长期僵持的局面，首次使用了化学毒剂。他们在阵地前沿放了 5730 个装有氯液的钢瓶，当顺风时，便向英法联军阵地敞开了瓶盖，释放出 180 吨氯气，导致英法联军中毒达 1 万余人，其中丧命的就有 5000 多人。然而，当地的野猪却安然无恙。

此事引起了生物学家的兴趣，在反复研究和试验后，他们发现野猪在闻到刺激性气味时，会拼命地用嘴巴拱地。土被拱松后，便将嘴巴埋入泥土中，含有毒气的空气经过土壤颗粒过滤后，危害就消除了。因此，野猪幸运地逃过了这次灾难。

英国军事科学家深受启发，他们据此研制出了世界上第一批像猪嘴巴一样的防毒面具。这种面具用木炭颗粒做过滤层，内装可以过滤毒气的材料，后经多次改进，防毒面具采用的过滤材料更为先进，具有更大的吸附化学毒剂的本领，但原理和形状并没有改变。

■ 战时侦察

假如你想象一下下棋或玩另一种棋盘战术游戏时，只能偶尔看一下棋盘，或者只被告知对手的布局，那么你将会不知所措。下棋者希望看到游戏是如何进展的，也许还希望看到对手的表情，以便根据这些信息采取相应对策。

在战争中，侦察更像是观察棋盘和游戏对手。它是一种战术方法，需要了解敌人的位置、动向或计划，弄清楚作战地形和天气状况等。

在过去几个世纪里，侦察工作都是由大部队前面的轻骑兵巡逻小队完成的，使用的专门装备只有望远镜和一对双目镜。一旦发现敌人，他们就骑马尽快地把敌情传递回来。

19 世纪末，踏板自行车非常流行，因为自行车队悄无声息，快速灵活。然而，随着内燃机和小型可靠无线通讯技术的发展，侦察技术发生了急剧变化。

装甲车和摩托车是在第一次世界大战中出现的。到了 1939 ~ 1943 年，德国士兵开始更加有效地利用它们，建造了装甲侦察车。通过向前推进，它们能够

↗ 特别空勤队吉普车

特别空勤队在北非战争中使用美国制造的装有威格士 K 型机枪的吉普车。

知识链接

* 1858年，拍摄第一张航空照片。
* 1866年，打印机问世。
* 1888年，第一台简易胶卷照相机问世。
* 1923年，电视阴极射线管问世。
* 1943年，首次使用红外线夜视装置。
* 1957年，发射第一颗太空人造卫星。
* 1960年，加里·鲍威尔驾驶的U-2侦察机在苏联领空被击落。
* 1982年，英国特别空勤队和特别舟艇队在马岛执行侦察任务。

↗ **法国 VBL 装甲车**
这辆两栖装甲车配有机枪和米兰式导弹。

发现无防御的桥梁、雷区的安全地带和敌人防御工事中的弱点。这些有价值的信息通过无线通讯迅速反馈回来，大部队随后便开始向前推进。

　　侦察工作同样可以由离开车辆的步兵巡逻队、甚至潜水员和小型潜艇完成。1944年诺曼底登陆之前的几个月里，许多潜水小组就到达过法国北部海岸。他们游到岸边，检查每个滩头的坡度和防御情况，弄清楚海滩是沙粒、砂石还是泥土，因为对于登陆部队来说，这些都是非常重要的。

　　1982年马岛战争中，英国特别舟艇队队员和特别空勤队队员也登陆到岛上，侦察阿根廷军队的位置，帮助指

↗ **人造卫星**
人造卫星上安装的现代照相机能够拍摄非常清晰的图像，而且能够拍摄到世界任何一个地方。

↗ **预警机**
在很久以前的普法战争期间，当从热气球上首次拍摄照片时，空中侦察就开始了。甚至现在，人们仍然使用人工驾驶飞机收集照片情报。

现代电视图像

　　对于陆地、海洋和天空的侦察一般使用远程传感器收集有关敌人的作战计划和军事力量等信息。一旦收集到这些信息，接下来最重要的一步就是把它们汇总在一起，评估它们的价值。评估结果要尽快地传递给指挥官和指挥所，以便充分利用它们。

↗ **照片**
照片是很有用的，因为它们拍摄迅速，易于处理。把地图上找到的信息和精确的照片结合在一起，就可以把特殊的信息套印在上面。

↗ **无人驾驶飞机发射炮弹**
人们熟知的遥控运载工具就是无人驾驶飞机。它是一架装有照像机和传感器的小型飞机，通过远离敌人阵地的遥控装置来操纵。

挥官绘出了守卫部队的性质和力量分布图。1990～1991年海湾战争期间，英国特别空勤队进驻伊拉克，负责报告地形状况。他们希望的地形是对于坦克和装甲车较为有利的砾石沙漠。

侦察情报的收集同样可以通过特殊侦察机拍摄的航空照片和雷达图像完成。最先进的侦察情报收集技术是由遥控运载工具实施的。它们通常是一些装有照相机的小型飞机，照相机可以把拍摄到的地形图像传送到操纵遥控运载工具的基地。它们可以提供有关敌人的动向、位置等信息。

■ 隐身军服的发明

人类自身没有变色的本领，但是受变色龙的启发，运用现代科技，人类造出了可以隐身的隐身军服。

现代战争中，士兵往往穿着迷彩服，使自身的隐蔽性得到提高，以免被敌人发现。普通迷彩服分为丛林迷彩服、戈壁迷彩服、城市迷彩服、雪地迷彩服等，这样命名的原因是它们只能在特定环境中使用。那么，能否让军服随着环境的改变而变换颜色呢？科学家们从变色龙身上大受启发。

变色龙周身长着颗粒状鳞片，其躯体是扁平状的；虽然它的四肢较长，但爬行速度极慢；它的舌头长长的，它靠这条舌头捕捉虫类生存。因为它行动缓慢，为了能顺利捕获到食物且不被对手伤害，在世世代代的演化中，变色龙就具有了变色的特异隐身功能。这种功能就是可以根据所处环境的不同色彩、亮度，随时变换皮肤颜色，时而呈褐色，时而呈绿色，甚至呈现出黑色或黄白色，与周围环境浑然一体，变色龙真可谓"隐身天才"。

迷彩服上的各色涂料在变换颜色、提高隐蔽性、吸收目标辐射的红外线、避开红外侦察等方面发挥着关键性的作用。

科学家利用变色龙变色的原理，致力于研究涂料、染料及其他材料——这些材料的颜色能随着光照、热辐射或其他物理场变化而自动改变，并且获得了突飞猛进的发展。比如，美军采用光变色染料染织的纤维布制成迷彩服，这种迷彩服能随着穿着者所处环境的改变而在瞬间改变色彩：在普通光照下呈军绿色，在夜间呈黑色；当受到核爆炸的光辐射时，会在0.1秒钟之内变成白色，从而可使光辐射对人体的危害大大减轻。这种衣服所起的作用类似于变色龙的皮肤，战士们穿上这种具有变色功能的衣服，就会成为名副其实的"变色龙"。

同样，这种技术也可以在其他武器装备的伪装上进行运用。如后来发明的一种涂抹在军舰、飞机、坦克等兵器上的变色油漆，即能在晴天呈银灰色，在阴天呈暗绿色，夜间或在红外线照射下呈黑色。变色油漆还常涂刷在各种易发热的工业设备上，比如飞行器、电动机、防热隔层等，使这些设备的表面颜色随温度变化而变化，用以报告温度变化，从而能凭借它来防止因过热而发生的事故，所以人们称它为"示温漆"。

在现代战争中，光电、传感、微处理技术等高科技已被广泛应用，从而使单一的目视观察战场侦察体系，发展成为将光学侦察、雷达侦察、热成像侦察、遥控传感器侦察等综合运用的、空地一体、全方位、全天候的侦察体系。这种侦察体系侦察功能强大，普通军服往往会很容易被识破，只有迷彩伪装能对付它，防光学、红外线、雷达等综合侦察的新型染料、涂料在高性能侦察体系刺激下不断涌现。人们还在树脂中掺入铝、铜、铁或特殊合金材料等导电纤维，制成用于迷彩飞机、坦克、

野地作战的士兵在"迷彩服"这一先进隐身技术的庇护下更安全了。

军舰、火炮、导弹等兵器的防雷达侦察材料，这类涂料能有效地将雷达波的电磁能量吸收、消耗掉。

针对红外侦察器材和红外制导武器的特性，专家们还研制出种种防红外侦察材料。利用防红外侦察涂料迷彩，能与周围背景的色彩相互一致，使安装有红外夜视仪即一种自身带有红外光源的发射系统无法找到目标。经过防红外侦察涂料迷彩的目标，其涂层能将自身辐射的红外线吸收掉，并将其转化为其他形式的能量，隔绝"屏蔽"红外辐射，产生漫反射，从而使热目标的显著性降低，这样，能躲开红外侦察。这些能使目标得到隐藏的迷彩服，也能让热成像仪等侦察器材迷茫。

这种隐身技术应用范围越来越广，在未来高科技战争中也会发挥越来越大的作用。

■ 电子战飞机的作用

飞机家族也是成员众多，电子战飞机便是其中的一种。电子战飞机是一种装备了电子干扰设备、能够干扰敌方的雷达和通信设备的飞机，它能够通过这种方式使敌方雷达失效，达到掩护己方飞机、协助其顺利完成作战任务的目的。

进行近距离的空中支援是这种电子战飞机的主要任务。当攻击敌方装甲部队时，攻击机很容易被敌方的防空系统发现，遭到火力袭击。而这时，只要电子战飞机伴随攻击机一起飞行就可干扰敌方的防空导弹和炮瞄雷达的制导系统，使攻击机在对敌装甲部队进行攻击的时候免除防空火力的威胁。

最早的电子战飞机是从世界上最早的可变后掠翼战斗机——美国 F-111 战斗机脱胎而来的。美国 F-111 战斗机平均速度最大为 2.2 马赫，最大转场航程可达 1 万千米，可见，速度快、航程远是它的最大优势。美国空军在这些特长的基础上，又对 F-111 战斗机的机身进行了改进，重约 4 吨的电子设备被加装在 F-111 上，这就产生了电子战飞机 EF-111A。

EF-111A 电子战飞机既能伴随攻击机突入敌方，干扰敌方电子设备，使防空网功效降低或完全失效，又可以形成一个电子屏障，掩护己方飞机在作战中不被敌雷达发现，只要几架电子战飞机一起实施干扰就可以形成一个密不透风的电子屏障。

在电子战飞机家族中，代号为 EA — 68 的美国"徘徊者"电子战飞机晚于 EF-111A 电子战飞机 10 年出世。"入侵者"攻击机是"徘徊者"电子战飞机的原形。"徘徊者"在"入侵者"的机身基础上进行了加长，而最重要的是有一个内装灵敏度很高的监视接收设备和雷达的半圆形筒状突出部加在了垂直尾翼上，这使"徘徊者"能够对敌方的雷达信号进行远距离搜索并将结果输送到中央计算机，以便确保实施电子干扰的准确性。自 1971 年以来，"徘徊者"就一直在美国装备部队服役。

在现代战争中，雷达和电子制导系统等高科技技术得到了广泛的应用，这就使能混淆视听的电子战飞机有了足够的发挥空间。

电子战是现代战争中必不可少的战争手段，在瘫痪对方指挥中心，打乱对方作战秩序等方面发挥了积极作用，尤其是预警飞机等电子战飞机的出现，更为电子战如虎添翼。

■现代喷气式战斗机和隐形战斗机

　　隐形或隐身是许多古老神话中想象出的本领。尽管它不可能成为一个现实，然而飞机设计的新技术确实已经使得雷达等侦测系统发现它们异常困难了。这种特征就是"隐形"，所有现代战斗机都具有一些隐形特征。飞机的隐形设计主要表现在尽量减少能够被地面和空中探测系统探测到的方面。

　　初期的伪装涂层就是一种隐形技术，但是即使最精巧的伪装飞机，雷达的回波也可以探测到它的位置。低空飞行是应对早期雷达探测系统的一种方式，因为它可以把飞机隐藏在干扰雷达杂波之中。可是现代雷达已经能够识别干扰杂波和反射波，因而飞机进一步的改进就是减少或者彻底断绝雷达回波。这就要求尽量缩减雷达波反射和产生回波的飞机表面面积。除了对飞机的

↖ 隐形战斗机
洛克希德和波音 F-22A "轻剑"战斗机是具有"隐形"特征的美国空军新型战斗机。

引擎安装在驾驶员座舱两侧，喷口安装在机头，以尽量降低喷气经过机翼时的温度，缩小受热面 —— 双人座舱

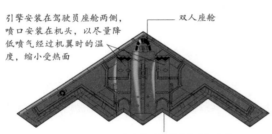

把正常平直的机翼改装成锯齿式尾翼，使雷达探测能力降到最小

↗ 隐形技术
尽管隐形技术常常和飞机联系在一起，但是它同样被用于现代战舰，甚至坦克的设计中。舰艇和坦克能够被雷达和热成像技术探测到，所以它们消耗的热量需要被掩藏起来，防雷达反射表面需要设计得相当柔软。

知识链接

＊1951年，堪培拉轰炸机成为第一架不间断飞越北大西洋的喷气式飞机。

＊1955年，B-52轰炸机开始在美国空军中服役。

＊1977年12月，F-117战斗机首次试飞成功。

＊1983～1984年，美国建造"海影"隐形试验舰。

＊1989年7月17日，诺斯洛普·格鲁门B-2A"幽灵"隐形轰炸机首次试飞成功。

＊1991年3月14日，瑞典"斯米格"隐形巡逻艇下水。

＊1991年4月，美国空军开始使用F-22"轻剑"轰炸机。

现代技术发展

　　雷达和热探测系统的发展使得战斗机极易受到攻击，即使它们实施低空和夜间飞行。由于雷达波一般从平直坚硬的表面上反射，因而棱角较少和涂有雷达波吸收层的飞机很难被侦测到。引擎喷出的热气也能够被雷达发现，然而，这些气体在喷到空气中以前，就已经冷却，被"掩藏"起来了。

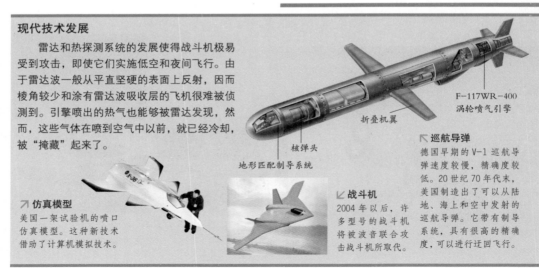

F-117WR-400
涡轮喷气引擎

折叠机翼

核弹头

地形匹配制导系统

↖ 巡航导弹
德国早期的 V-1 巡航导弹速度较慢，精确度较低。20世纪70年代末，美国制造出了可以从陆地、海上和空中发射的巡航导弹。它带有制导系统，具有很高的精确度，可以进行迂回飞行。

↗ 仿真模型
美国一架试验机的喷口仿真模型。这种新技术借助了计算机模拟技术。

↙ 战斗机
2004年以后，许多型号的战斗机将被波音联合攻击战斗机所取代。

↗ 波音 B-52 轰炸机
波音 B-52 战略轰炸机，它能够装载 22680 千克空中发射巡航导弹或 51454 千克常规炸弹。

↗ "幽灵"隐形轰炸机
B-2A "幽灵"隐形轰炸机可以追溯到第二次世界大战结束时诞生的德国哥塔轰炸机。B-2A 轰炸机可以装载 22688 千克军用物资，时速 764 千米，最大航程 18520 千米，带有一个空中加油装置。

外形改进以外，还可以在飞机表层使用一种减少和限制回波的雷达波吸收材料。

即使现代飞机不产生可探测到的雷达回波，飞行引擎发出的热量仍然可以被探测到。解决这一难题的方法就是移动引擎位置，让喷气从机翼顶部的喷口排出。这样喷气经过瓷制板时就会冷却。

B-2 隐形轰炸机能够装载 16920 千克军用物资，最大航程达到 9815 千米。

美国空军"先进战术战斗机"计划于 20 世纪 90 年代开始实施，洛克希德/通用动力公司 YF-22 隐形战斗机和麦克唐纳·道格拉斯 YF-23 隐形战斗机对此展开了竞争。现在洛克希德 F-22 "轻剑"隐形战斗机方案已经被接受，预计很快就会服役。

■ 直升机

在直升机场，人们每天都可以看到直升机不停地起飞降落的一片嘈杂景象。许多人认为直升机是在二战以后才出现的，事实上，保罗·考钮发明的第一架自由飞行的纵列式双旋翼直升机于 1907 年 11 月 13 日就试飞成功了。1909 ~ 1910 年，俄国人伊高·西科斯基同样制造了两架直升机。

直升机是在第二次世界大战结束时开始使用的。在朝鲜战争和越南战争中，美国和法国先后使用了直升机从战场上撤退伤员。这一时期应用最广泛的直升机是西科斯基 H-19 直升机和贝尔 H-13 "索士"直升机。1956 年 11 月 5 日，英国皇家海军第一次实施了直升机空降攻击。法国在 1954 ~ 1962 年的安哥拉战争中使用了直升机运输部队。这些直升机都装备有反坦克导弹和机枪。

苏联主要使用"眼镜蛇"武装直升机和被北约称之为"雌鹿"的由苏联发明设计的米—24 攻击直升机。在直升机家族中，苏联还研制了米—26 "光环"

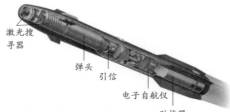

激光搜寻器
弹头　引信
电子自航仪
助推器

↗ "海尔法"
美军"阿帕奇"直升机在海湾战争中发射过"海尔法"光制导反坦克导弹。

↗ "海上骑士"
一架悬挂货物的美国海军陆战队"海上骑士"直升机正在起飞。

↗ "阿帕奇"
美军"阿帕奇"攻击直升机配有 2 名机组人员，最大时速达到 365 千米。

垂直飞行

直升机在战争中可以运输军队、伤员和物资，也可以救援被击落的飞行员，攻击水面舰艇、潜艇和地面目标。有些甚至可以进行空对空作战。

↗ 运输直升机

波音伏托尔 CH-47"切努克"运输直升机配有 2 名机员，可以运载 44 名空降兵。

↙ "鱼鹰"

美国贝尔波音"鱼鹰"侧旋翼直升机可以运载 24 名武装战斗人员或 9070 千克货物。美国海军陆战队是它热情的拥护者，它可以迅速把士兵从近海上运送到滩头。

↙ 救援直升机

英国皇家海军 GKN 韦斯特兰"海王"直升机装有飞机预警雷达系统，可及时提醒水面舰艇防御敌人导弹和战舰，还能打捞、营救海中的人员。

知识链接

＊1500年，莱奥纳多·达·芬奇构思出直升机框架。

＊1907年9月29日，直升机首次载人升空。

＊1914～1918年，奥匈帝国在第一次世界大战中使用直升机。

＊1942年，美国西科斯基R-4直升机成为第一架军用直升机。

＊1963年，美国207型"索士"侦察机成为第一架真正的攻击直升机。

＊1991年2月24日，300架直升机在海湾战争中实施了空战史上规模最大的一次空袭。

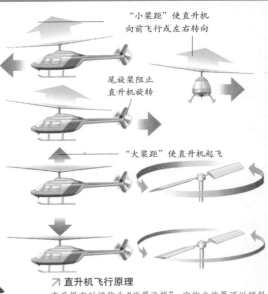

"小桨距"使直升机向前飞行或左右转向

尾旋桨阻止直升机旋转

"大桨距"使直升机起飞

↗ 直升机飞行原理

直升机有时被称为"旋翼飞机"。它的主旋翼可以倾斜，这样就在机翼上面形成气流，从而使飞机升空。旋翼桨叶的倾角称为"桨距"，大桨距呈一个锐角时才可以使直升机离开地面。小型尾旋桨为主旋翼提供反扭距，保持直升机水平飞行。

"海尔法"导弹

旋翼头

电子舱

旋翼杆

桨距控制杆

前端玻璃窗

"太阳"T-62T-40-1 辅助动力装置

主起落架

齿轮箱

M23D7.62 毫米口径机枪

进气引擎

通用电气 T700-GE-700 涡轮轴引擎

钛合金和玻璃纤维旋翼桨叶

↖ "黑鹰"

"黑鹰"直升机配有 2 名机组人员，可以运载 12 名士兵。

直升机，其装载量达到 20 吨，曾经用于 1986 年切尔诺贝利核电站爆炸后核反应堆的铅板和混凝土的拆卸工作。

美军在 1991 年海湾战争中使用了美国西科斯基 H-60 "黑鹰" 运输直升机和麦克唐纳·道格拉斯 H-64 "阿帕奇" 攻击直升机。

■航天飞机在战争中的作用

航天飞机在命名上兼具飞机和航行天外的宇宙飞船的双重意义，那么，航天飞机为什么会有一个这样的名字，它到底是一种怎样的飞机，它又有哪些特长，它在现代战争中又有些什么作用呢？

航天飞机在发射时需要运载火箭带动从发射台垂直发射，这一点和宇宙飞船的发射一样。起飞后，2 个固体燃料火箭助推器和外部燃料箱相继与航天飞机分离开，然后在本身携带的 3 台主发动机的带动下，航天飞机进入预定的飞行轨道。完成太空飞行后，它重返大气层，在机场跑道上滑行着陆，这一点又和普通飞机一样。

航天飞机的构造相当复杂，这点是普通飞机所不能比拟的，轨道飞行器、火箭助推器和外部燃料箱是它的 3 大组成部件。轨道飞行器从外形上看与普通飞机相似，只是一个带翼的飞行器。机身长而宽大，一般长 37 米，既能载送卫星到宇宙空间，又可以载人运货，无需专门的运载火箭发射。在机身的后面装有 3 台以液态氢和液态氧为主要燃料的主发动机，能产生的推力相当大，相当于 3700 多万马力。机身前面有驾驶舱，舱内分上、下两层，共可乘坐 8 名宇航员。它还有一对呈三角形的翼展为 24 米的机翼。它还有 2 台火箭发动机安装在飞行器主发动机的旁边，用于改变航天飞机的轨道，使它在返回地球时减速。另外，在机身的下面还装有便于在跑道上着陆使用的可以收放的轮子。

火箭助推器是航天飞机又一大部件，它立在轨道飞行器下面的左右两侧。这 2 个助推器直径 3.7 米、长 45.5 米，形状细长。它使用的是固体燃料。航天飞机起飞后 30 秒钟它们点燃，2 分钟后，它脱离轨道飞行器，用降落伞落回，下次还可以再使用。助推器的作用是为航天飞机进入轨道助一臂之力。

航天飞机的另一个重要部件是外部燃料箱，它位于轨道飞行器的肚子下面，是一个粗大的圆桶，看起来与氧气瓶大小差不多。从航天飞机起飞，一直到飞行后 8 分钟，燃料箱一直向轨道飞行器上的

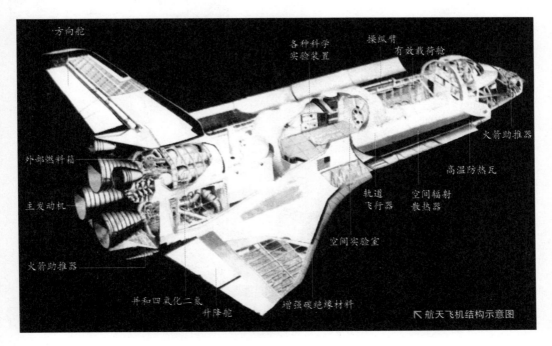

航天飞机结构示意图

271

↗ 在月球上熟练驾驶航天飞机的宇航员

主发动机供应燃料，然后它就自动与轨道飞行器分离开，自行爆炸。这个直径8.5米、长47米的外部燃料箱，主要能源来自里面装着的分隔开的液态氢和液态氧。由于这两种东西相遇易燃，所以就必须使它们保持在－200℃的低温下，以确保它以体积较小的液体状态存在，因而外部燃料箱就有了"世界最大的保温瓶"的称号。

航天飞机设计独特，又经过精密的程序研制而成，每次飞行后，只要经过短时间的检修，就又能重新发射升空，反复使用100次是没有问题的。

发射、回收和维修卫星是航天飞机最拿手的本领，航天飞机甚至还能破坏和截获敌方卫星。航天飞机在太空中揽回敌方的卫星后，或加以改装或没收，使它为自己一方工作和服务。美国有一种航天飞机被研制成功，为便于绑架和截获别国卫星，特别在机身上开了一扇18米宽的大门。人造卫星通常被人类称作"人造月亮"，所以俘获敌方卫星也被人们叫作"九天揽月"。

如果在航天飞机上携带大型的侦察和照相设备，那么像观测、追踪导弹飞行和监视潜艇、发射导弹之类的特殊任务它也能完成。通过航天飞机还可以在宇宙空间设置雷达等其他先进的电子设备，这不仅能对导弹、飞机进行跟踪，连海上的舰艇和地面上的坦克等活动目标也难逃它的监视。如果航天飞机的飞行器将飞行速度保持与地球的自转速度相同，那么相对于地球它就是静止不动的，这样就可以在处于地球同步轨道上的航天飞机上设置通信天线，利用这种天线能轻易接通1000万条通话线路。通过这样的通信天线，战场上作战的众多士兵，只要一块手表一样大小的通话装置，就能和他们的指挥官直接通话，这使战场上的联络变得更加便捷了。

↗ 在航天飞机内工作的宇航员

↘ **美国新型航天飞机**
它将为人类征服太空起到巨大的作用，同时也有可能成为太空武器，威胁人类和平与安全。

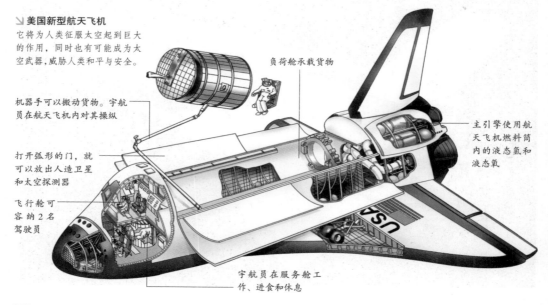

机器手可以搬动货物。宇航员在航天飞机内对其操纵

打开弧形的门，就可以放出人造卫星和太空探测器

飞行舱可容纳2名驾驶员

负荷舱承载货物

主引擎使用航天飞机燃料筒内的液态氢和液态氧

宇航员在服务舱工作、进食和休息

1986 年 1 月 28 日上午，美国卡纳维拉尔角肯尼迪航天中心里，在发射场上，高大的"挑战号"航天飞机在经过了 9 次太空飞行之后，又一次在小山似的发射架上屹立着，等待点火出航。虽然"挑战号"的第 10 次发射以失败告终，但航天飞机为人类探索和开发宇宙空间已经作出了巨大的贡献。

由于航天飞机的强大力量，使我们不由得展望起它的未来。在未来空间战场上，如果将粒子束武器、激光武器用在航天飞机身上，那么它不仅能击毁敌方的卫星和飞船，还能有效阻截敌方飞行中的导弹，甚至还能截获导弹，使其转而向敌方进攻。总之，航天飞机的发展前景是美好的，随着更多高新科技的运用，它的威力将会变得更加强大。

■ 核爆炸与人造地震

我们知道核爆炸具有极大的破坏力，地震的破坏力也是令人恐惧的，但有谁能知道核爆炸和地震之间存在着一定的关系呢？

20 世纪 60 年代末，苏联在进行核爆炸试验时，有一个奇怪的现象让地震专家非常感兴趣，即核弹在地下爆炸后的若干天内，数百甚至数千米以外的某个地区会发生强烈地震。之后，地震专家们通过对核爆炸试验记录进行分析，证实了地下核爆炸确实会引发地震的结论。

↗1968 年法国在法属波利尼西亚群岛试爆了一颗氢弹，引发了当地的大地震，图为爆炸时的景象。

这一发现引起了军事专家和苏联领导层的高度重视，他们敏锐地意识到，人为制造地震，造成山崩、海啸，可以破坏敌方军事设施、武器装备，消灭敌方有生力量，甚至使敌国的经济瘫痪，而这无疑是一种全新概念的战略性武器。于是，苏联政府将巴库地震研究所确定为实验中心，设立了专门的研究机构，另外与其协作的还有 22 个相关的科研部门，执行所谓的"水星计划"，深入研究地下核爆炸引起的地层断裂、地壳结构变化、地下能量蓄积和释放等方面的理论和技术问题。

1975 年，苏联领导人勃列日涅夫曾暗示公众，业已研制成功一种新型的地震武器。此后，更加实用并有既定目标的地震武器试验，也逐渐得到了发展。试验结果表明：在某一地区一定深度的地下将一枚相当于 TNT 炸药 1 万吨的核弹引爆能够诱发相当于里氏 5.3 级的地震，一枚 10 万吨级当量的核弹爆炸能诱发相当于里氏 6.1 级的地震。这种地震武器的巨大威力也引起了其他军事大国的重视，他们纷纷对此进行了试验。1985 年，法国置国际上的强烈反对于不顾，恢复了在南太平洋地区的核试验，几天后，果然探测到在莫鲁亚环礁地区连续发生了多次强烈的地震。冷战结束后，1993 年美国在内华达进行了一次地下核爆炸试验，导致洛杉矶东部发生了强烈的地震。同年 9 月，美国又在内华达进行核试验，将一个据称是"有史以来最大的非核爆炸装置"引爆，它的爆炸威力相当于 1000 吨级核弹的当量。

■ "世界末日"武器

几个世纪以来，战争已经导致了大规模毁坏和无数灾难。然而，直到 20 世纪才出现"大规模杀伤性武器"（WMD）这个词，它指的是化学武器、生物武器和核武器。生物武器和化学武器是现存最早的大规模杀伤性武器，在国际上已被禁止使用。

在古代，军队就使用过动物的尸体污染水源或者利用患疫病的老鼠在被围困城市里传染疾病。

↗ 呼吸器
上图为装备着 ABC－M 17 头盔式呼吸器的美国士兵。

现代首次使用化学武器是在第一次世界大战中。1915年 4 月 22 日，德国在伊普斯地区释放了氯气来对付英法军队的攻击。现有的大多数战争毒气都是在第一次世界大战中发明出来的，它们能够导致人们暂时窒息、皮肤泛起水泡或毒害血液。这种起泡剂被称为"芥子气"，因为它能够发出芥菜一样的气味。

到第一次世界大战结束时，炮弹中掺进了毒气。当士兵攻击时，这些炮弹就像常规炮弹一样被发射出去。

纳粹德国制造了最高效的化学毒剂——神经毒气，主要有"塔崩"、"沙林"、"索曼"等，这些神经毒气可以破坏人的神经组织，在短短几分钟之内致人死命。纳粹德国并没有使用过这些毒气，因为他们害怕盟军同样会使用它们进行报复。事实上盟军并没有这些武器。

原子弹是第二次世界大战期间由罗伯特·奥本海默领导的欧洲和美国原子弹研究小组在美国研制成功的。这项计划的动力源自盟国害怕德国物理学家同样在进行原子弹的研制。1945 年 4 月 16 日，

知识链接

* 1915年3月12日，德国在第一次世界大战西线战场中使用化学武器。

* 1939～1945年，德国研究人员研制出神经毒气。

* 1945年8月6日，美国向广岛投放原子弹。

* 1945年8月9日，美国向长崎投放原子弹。

* 1949年，苏联引爆本国第一颗原子弹。

* 1952年，英国引爆本国第一颗原子弹。

* 1966～1973年，美国在越南使用橘剂落叶剂。

↗ 原子弹
这颗原子弹代号"小男孩"，1945 年 8 月 6 日被投放到广岛。它的威力相当于 2 万吨 TNT 炸药，造成 78150 人丧生，方圆 10 平方千米的城市毁于一旦。

大规模杀伤性武器

核武器和生化武器是非常可怕的，因为它们造成的损害巨大，几乎无法弥补。生物武器使用的病毒和细菌可以自行再生，核爆炸后产生的放射性物质可以持续几个世纪，它们造成的伤害能够通过风和气候变迁扩散到广大的地区。这些特征使得它们完全不同于那些只是在引爆时造成伤害的常规武器。

洲际弹道导弹 (ICBM)　中程弹道导弹 (IRBM)　地对地导弹 (SSM)

↗ 导弹
导弹被称为"弹道导弹"，因为它可以像远程炮弹一样沿曲线飞行。

⬊ **弹道导弹**

一颗美国弹道导弹在试发中升空。由于带有先进的制导系统，这些导弹能够非常精确地攻击微小目标，比如敌人的导弹发射井。

第一颗原子弹在新墨西哥试爆成功。1945 年 8 月 6 日，代号"小男孩"的原子弹降落到日本广岛，3 天以后，代号为"胖子"的第二颗原子弹被投放到日本长崎。这两颗原子弹引爆的能量相当于 2 万吨高爆炸药。在广岛，有 7 万多人丧生；在长崎，共计 4 万人丧命。

■ 贫铀弹的危害

贫铀弹是一种具有很强放射性和毒性的新型穿甲弹，它的这种巨大危害主要来自于贫铀弹的制造原料——贫铀。

贫铀 (铀 –238) 的性能是其他金属所不能替代的，它密度极高，达 18.9 克 / 厘米 3；强度高，韧性也高，硬度更是其他金属所不能比拟的，高达钢的 2.5 倍。它是生产核反应堆燃料时的副产品，所以和铀 –235 一样，它也具有一定的放射性。

贫铀虽然不会产生像核弹那样巨大的爆炸，但它具有放射性，对人有长期的影响，可以使人出现长期疲劳、肌肉疼痛、记忆退化和失眠等症状。除此之外，毒性也是贫铀的一大特性，这是因为它本身是有毒的化学物质，犹如铅、汞等有毒的重金属一样，人体无法自主排出这样的有毒金属，而它们一旦进入人体就会不断聚集，并损伤内脏。

贫铀是制造穿甲弹的理想材料。20 世纪 60 年代初，美国就用贫铀合金制成了穿甲弹。一般情况下，贫铀合金都是用作穿甲弹芯的。

由于高速碰撞，弹芯在袭击装甲车的过程中，会产生高达 900℃的高温，而在空气中作为弹芯的贫铀合金燃烧的温度较低，约为 400℃。靠射击后获得的动能，贫铀穿甲弹就能把坦克的防护装甲击穿。在弹芯穿透装甲后，破碎的弹芯就自行燃烧，在车内破坏坦克的内部设备并杀伤乘员，从而形成较大的杀伤破坏作用。

这还不足以表现贫铀弹的强大威力和独特之处，更为严重的是贫铀燃烧时会形成淡黄色烟雾状的氧化铀尘埃，这是一种具有放射性污染的物质。随着这些

△ 贫铀弹具有较强的辐射性和毒性，对人能产生长期的影响，因此被作为武器弹药应用于战场上。

"海湾综合症"与贫铀弹的危害

贫铀，是天然铀在提取核武器和核燃料所需的铀 –235 之后的剩余产物。由于天然铀之中，铀 –235 所占的比例大约只有 0.7%，而铀的另一种同位素铀 –238 则多达 99.3%，所以提炼后大量的铀 –238 成为无用之物，从而构成了贫铀。但由于铀元素的高密度特性，使这种提炼核燃料产生的副产品成为制造穿甲弹的最佳材料。贫铀弹是指以贫铀为主要原料制成的各种导弹、炸弹、炮弹或子弹。以高密度、高强度、高韧性的贫铀合金做弹芯的贫铀弹，在袭击目标时，会产生高温化学反应，其爆炸力、穿透力大大超过一般弹药，可摧毁坚固建筑物，也可攻击坦克和装甲车。贫铀在击中目标后容易氧化燃烧，在高速穿破装甲时，可使敌方武器或燃料着火焚烧，破坏力很强。

尘埃状的氧化铀的扩散，对周围环境和各种生物的生存都将造成巨大的损害，严重的甚至导致死亡。虽然每1枚穿甲弹的污染区域较小，但实际上它的放射性污染并不亚于原子弹爆炸后的污染。

目前，英、德、法、俄、瑞士等一些国家也在积极进行贫铀穿甲弹的研制，有的已被作为部队装备投入使用。

令人担忧的是，如果将辐射性如此强的武器投入到战争中，它对人类和其生存环境的危害是巨大的。科学技术能够造福人类，但也存在潜在的危险。不过，我们相信人类既然能够创造这样具有强大威力的武器，就一定有能力使它们最大限度地向对人类有利的方面发展。

■ 次声武器的发明

次声波在自然界里屡见不鲜，许多自然现象发生时，都伴随有次声。像火山爆发、流星爆炸、地震、龙卷风、极光、磁暴等都是次声的来源，甚至连较常见的台风、雷电、海浪等也能产生次声波。

除了自然界，人类的许多活动也都能产生次声波，如核爆炸、火箭发射、飞机飞行、火车奔驰、化学爆炸、机器运转等。但有谁知道次声波可以杀人呢？下面我们来看2个事件：

1948年初的一天，一艘荷兰商船满载货物正穿过马六甲海峡，船员们在船上紧张地忙碌着。海上，风高浪急。突然间，这些体格健壮的船员们全都倒在了船上，商船失控，就像一匹脱缰的野马，漂荡在海上。

事后，警方对这起海难事故进行调查发现，所有死者既无被砍伤的痕迹，也无中毒迹象，但是解剖尸体显示死者心血管全都破裂了。

1986年4月的一天，距法国马塞附近的一个声学研究所16千米的一个村子里，正在田间干活的30余人同时无缘无故突然死亡。

事后，专家对此进行了调查，发现这两个神秘死人事件都是次声波造成的。

次声波是一种频率低于20赫兹的声波，所以，又叫作"低频次声"。一般来说，人的耳朵能听到的声波在20～20000赫兹之间。

超声波的声波频率高于20000赫兹，次声波频率低于20赫兹。通常，人体内脏活动时也产生频率在0.01～20赫兹之间的振动，次声波频率与之接近，不过危险也恰就在这里边隐藏着。如果有外来的次声波，它的频率接近于人体脏器振动频率，与内脏发生"共振"现象，就会干扰人体正常的生理活动，甚至破坏人体。如果程度比较轻微，人会出现如头晕、烦躁、耳鸣、恶心等一系列症状；情

为什么次声波能致人于死呢

原来，人体内脏固有的振动频率和次声频率相近似（0.01～20赫），倘若外来的次声频率与人体内脏的振动频率相似或相同，就会引起人体内脏的"共振"，从而使人产生诸如头晕、烦躁、耳鸣、恶心等一系列症状。特别是当人的腹腔、胸腔等固有的振动频率与外来次声频率一致时，更易引起人体内脏的共振，使人体内因脏受损而丧命。

次声虽然无形，但它却时刻在产生并威胁着人类的安全。在自然界，例如太阳磁暴、海峡咆哮、雷鸣电闪、气压突变；在工厂，机械的撞击、摩擦；军事上的原子弹、氢弹爆炸试验等，都可以产生次声波。

由于次声波具有极强的穿透力，因此，国际海难救助组织就在一些远离大陆的岛上建立起"次声定位站"，监测着海潮的洋面。一旦船只或飞机在海上失事，可以迅速测定方位，进行救助。

近年来，一些国家利用次声能够"杀人"这一特性，致力于次声武器——次声炸弹的研制。尽管眼下尚处于研制阶段，但科学家们预言：只要次声炸弹一声爆炸，瞬息之间，在方圆十几千米的地面上，所有的人都将被杀死，且无一能幸免。

次声武器能够穿透15厘米的混凝土和坦克钢板，人即使躲到防空洞或钻进坦克的"肚子"里，也还是一样难逃残废的厄运。次声炸弹和中子弹一样，只杀伤生物而无损于建筑物，但两者相比，次声弹的杀伤力远比中子弹强得多。

况严重时，甚至能伤害人的内脏，使人死亡。

因此，马六甲海峡的那桩惨案可以这样来解释：在向海峡驶近时，荷兰货船恰遇海上的风暴，风暴与海浪摩擦时产生了次声波，而这次声波就是凶手。海员们在与风浪进行搏击时，无论心理、精神和情绪上，都高度紧张。在次声波的作用下，他们的心脏及其他内脏剧烈抖动、跳动，最终致使血管破裂，突然死亡。而马塞的那起事件也可以得到解释了：原来是附近的那所声学研究所正在进行实验，由于粗心大意，次声波泄漏并"冲出"实验室，杀死了许多人。

这种武器实际上只要达到一定频率和功率的要求，就可以置人于死地。由于在空气中次声的传播速度每秒高达 340 米，在水中的传播速度可达 1500 米 / 秒，速度奇快，而且在传播过程中没有声音和光亮，所以，可作为精良的武器，在不知不觉中袭击敌人。其次，次声波传播得很远，因为大气、水和地层不容易吸收次声波。次声波还可以穿透建筑物、掩蔽所、坦克和潜艇等，具有极大的破坏性，甚至使飞机解体。次声波如此神奇的功效和巨大的杀伤力，引起了武器专家们的注意。利用次声波对人的危害性，一些国家正在悄悄研制次声波武器。

目前研制的次声波武器有 2 类：一类用于干扰神经，它的振荡频率接近人脑的阿尔法节律，都是 8 ～ 12 赫兹。人的神经会受到干扰，容易错乱，会癫狂不止最终使战斗力丧失。另一类次声波武器的振荡频率约为 4 ～ 18 赫兹，接近于人体内脏器官的固有振荡频率，会与人的内脏发生共振，从而对人体生理产生强烈影响，甚至导致死亡。

次声波的巨大杀伤力使人对它望而生畏，未来这种武器能否在战争中得到应用，我们还很难预料，但愿它不要成为杀人的武器。

■ 基因武器

近年来，基因工程技术也被应用到军事武器的研制上来，由此一种新型的、威力独特的杀人武器——基因武器就应运而生了。

基因武器是一种生物武器，它是利用基因工程制造的。它通过在某种微生物中转移其他微生物的"抗药基因"，使其具有抗药性，不易被药物杀死。这些经过培育的不易被杀死的微生物通常被称为"战剂微生物"。

另外还可以在某种容易培养繁殖的微生物中，移植一些增强微生物的致病力的基因，以制造出致病力更强的战剂微生物。

美国和俄罗斯等国，都秘密地展开了对基因武器的研究。美国培养出了一种既抗四环素又抗青霉素的战剂——大肠杆菌。

↗ 根据基因技术制造的基因枪

研究人员通过把大肠杆菌中的抗四环素基因与抗青霉素的金黄色葡萄球菌的基因进行拼接，再整合到大肠杆菌中，便获得了这样强效的战剂大肠杆菌。俄罗斯也企图制造出具有眼镜蛇毒素的新流感病毒，通过把流感病毒基因和眼镜蛇具有的剧烈的毒素基因拼接，再整合到病毒中，来获得这样的战剂病毒。被这种"人造病毒"感染的人不仅会出现流感症状，还会出现中蛇毒的症状，将

↗ 科研人员在研究基因重组的排列顺序。

基因工程的应用

基因工程又称DNA重组技术，有很多实际应用价值。左图所示的转基因农作物可以抵御除杂草时除草剂的毒性，通过基因工程也可以将一种生物的抗病性转移到另一种生物体内。在医学研究中，应用基因工程所取得的最重要成就就是利用细菌合成胰岛素。胰岛素主要被用于糖尿病患者的治疗，原来以从动物体内提取为主，细菌合成胰岛素的成功将为治疗糖尿病带来新的曙光。

⑥经这段基因操纵所合成的蛋白可以被提取并利用。

⑤复制出的基因可以被提取并植入其他生物体内。

①定位并标识一段特定的基因作为目的基因。

②DNA链经限制性内切酶的作用而水解，每一段均有2个"黏性末端"，可以用于连接其他的DNA链。

③携带目的基因的DNA片断被嵌入一个细菌质粒（环状DNA）中。

④质粒被重新植入细菌体内，并随着细菌的分裂增殖而进行复制与传递。

转基因

目前，基因工程主要应用于将外源基因引入细菌体内指导细菌进行生物合成。首先确定某一段特定的基因为目的基因，而后在限制性内切酶的作用下将该段基因切离原来的DNA链。限制性内切酶的作用如同一把剪刀，可以在特定的碱基序列处切断DNA链。然后该段基因被连入一个细菌质粒（即细菌的环状DNA），新的质粒可以随着细菌的分裂而复制并传递，从而有更多的细菌携带这一基因。通过这一方法可大量获得目的基因或其指导合成的蛋白质。

会迅速导致感染者瘫痪和死亡。

利用基因工程，有些国家还企图制造"种族基因武器"。因为在基因上，特定的种族拥有其他种族所不具有的特定的DNA序列，所以按照这种想法，就可以制造出专门感染具有某特定DNA序列的种族的人的战剂微生物，这使它只对敌方有害而对使用者一方的种族却没有感染的危险。

这些利用基因工程制造的战剂微生物有可能是"不可制伏"的致病微生物，这将会给人类带来多么可怕的灾难性的后果。随着科学和技术的发展，人类所创造的物质财富和精神财富也越来越丰富，但任何事物都具有两面性，基因工程也是一样。如果基因武器用在战争和侵略当中，那么它给人类带来的物质损失和精神创伤将是巨大的。

基因工程是一项造福人类的技术，但是科学家也关注到它潜在的可以制造杀人武器的危险。人类利用基因工程可以创造巨大的财富，也一定可以使这些财富向对人类有利的方向转化。

认识基因技术

马克思唯物主义认为，任何事物都是一分为二的，基因工程也是如此。基因技术在军事上的运用固然有其不好的一面，但利用基因工程方法，人类也可以有效地防止遗传性疾病，例如巨友病、囊性纤维化等。此外，科学家们正试图破解控制生物特性的化学密码。用这些知识，在细菌、动物和植物间进行基因交换，从而创造出有用途的新机体。

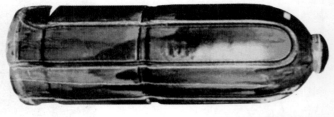

↗ 日本石井生物战剂炸弹

人体探秘系列

人体探秘

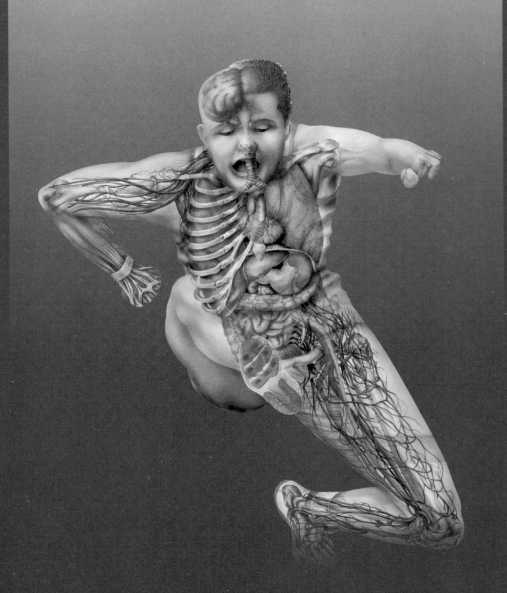

人体基础知识

许多器官和组织联系起来共同完成人体某项生理功能，它们组成一个系统，只有当所有系统都互相配合有效工作时，人体才能保持健康。

■引言

我们可以把人体看作是一台复杂的机器。这台机器需要用食物提供的能量来工作，并且具有自身的监控系统，出现故障时在一定程度上可以自行修复。在经过了漫长的进化后，人体可以承担更多的功能，适应各种环境，并且能够完成许多复杂的体力和脑力活动。

本部分所要讨论的是人体的结构构成和系统功能。我们会了解细胞、组织和器官的基本形态。

» 细胞的分布

细胞是生物体中结构和功能的最基本单位，人体由数十亿个细胞组成，部分细胞在人体内构成组织，最常见的组织就是肌肉和骨头。

在身体的某些部位，不同类型的组织组合成器官。每个器官都有它自己特殊的功能，例如，心脏这个器官的任务就是驱动血液在体内循环。

许多器官和组织联系起来共同完成人体某项生理功能，它们就组成了一个系统，只有当所有系统都互相配合有效工作时，人体才能保持健康。在本章以后的章节中我们将讨论以下几个系统。

知识链接

* 人体组成元素的分布：氧（65%），碳（18.5%），氢（9.5%），氮（3.2%），钙（1.5%），磷（1%），其他元素（1.3%）。
* 人体约含有200种不同类型的细胞。
* 水分约占人体比例的70%。

» 人体系统

骨骼是由许多骨头构成的一个框架，支撑人体的其他部分，是运动系统的重要组成部分；神经系统由大脑、脊髓和神经组成，用于控制人体的思想行动，并且辅助监控其他人体系统；心脏和血管组成循环系统，将血液运送全身，在我们的一生中，心脏在持续不停地跳动；与之紧密相关的呼吸系统不断地把外界空气中的氧气吸入到肺泡中，由血液循环把氧气运输到全身，同时又通过血液循环把二氧化碳和水运送到肺泡里，通过呼吸作用排出体外；消化系统一方面消化吸收食物中的营养物质，一方面排出废物；泌尿系统可以排出可溶性废物，帮助保持身体内盐和水分的平衡；男性和女性的生殖系统负责种族的延续；内分泌系统由一系列腺体组成，将分泌的神秘化学物质——激素和其他液体，借血液循环输送到机体中，维持内部平衡；最后是免疫系统，这个系统保持身体不受到传染性疾病和异物的侵害。

■细胞是生命活动的基本单位

组成人体的细胞超过50亿个，这些细胞有200多种类型，大小形态各异。细胞极其微小，却非常重要。17世纪的科学家罗伯特·胡克认为，植物组织的内部结构和修道院修士所居住的密室（cell）相似，所以用这个单词给细胞命了名。

人体内的大部分细胞都很微小，肉眼看不到。即使是人体内最大的细胞——卵子，也只有针尖那么大。但是在这些微小的单位里都进行着生命的全部过程，它们可以移动、呼吸、繁殖，对刺激做出反应，并且生成能量。所有细胞在一起共同构成了人体。

透过显微镜观察细胞，可以看到细胞呈袋状结构，细胞的最外面是细胞膜，它是一种双层的薄膜；细胞膜内是一种胶冻状的物质——细胞溶质，其中分布着叫做细胞器的微小单位，细胞器能够实现细

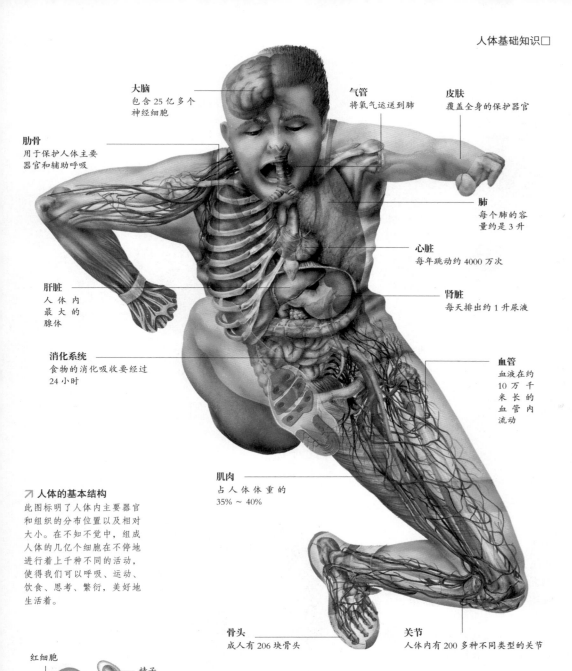

大脑
包含 25 亿多个
神经细胞

气管
将氧气运送到肺

皮肤
覆盖全身的保护器官

肋骨
用于保护人体主要
器官和辅助呼吸

肺
每个肺的容
量约为 3 升

心脏
每年跳动约 4000 万次

肝脏
人体内
最大的
腺体

肾脏
每天排出约 1 升尿液

消化系统
食物的消化吸收要经过
24 小时

血管
血液在约
10 万 千
米 长 的
血 管 内
流动

肌肉
占人体体重的
35% ~ 40%

骨头
成人有 206 块骨头

关节
人体内有 200 多种不同类型的关节

↗ 人体的基本结构
此图标明了人体内主要器官
和组织的分布位置以及相对
大小。在不知不觉中，组成
人体的几亿个细胞在不停地
进行着上千种不同的活动，
使得我们可以呼吸、运动、
饮食、思考、繁衍，美好地
生活着。

红细胞

精子

肌细胞

上皮细胞

↙ 细胞的种类
人体内的细胞形态各异，承担各种各样相应的功能。例如，精子有一条便于游
动的尾巴；红细胞中包裹着血红蛋白；胃部的上皮细胞有柱状外缘，可以增大
吸收面积；肌细胞会形成伸长的组织束。

胞的活动。细胞器和细胞溶质合称为细胞质。

» 细胞器

　　最大的细胞器是细胞核，它是细胞的控制中心，包含遗传
物质，保证细胞的正常繁殖；线粒体是呼吸作用和能量生成的

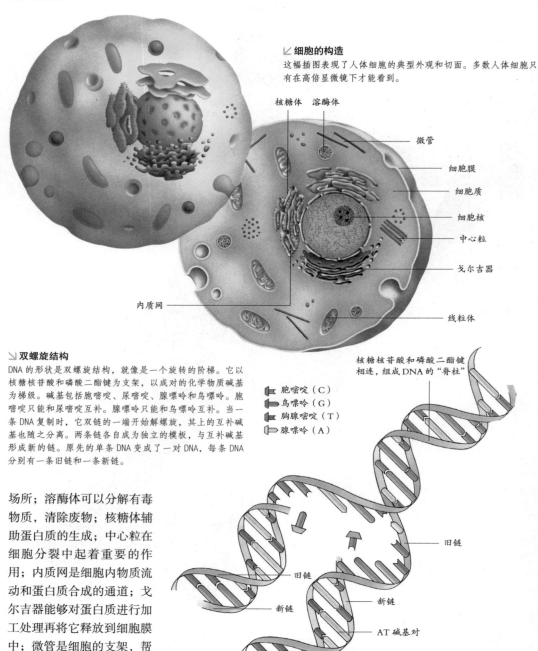

细胞的构造

这幅插图表现了人体细胞的典型外观和切面。多数人体细胞只有在高倍显微镜下才能看到。

核糖体　溶酶体

微管

细胞膜

细胞质

细胞核

中心粒

戈尔吉器

内质网

线粒体

双螺旋结构

DNA的形状是双螺旋结构，就像是一个旋转的阶梯。它以核糖核苷酸和磷酸二酯键为支架，以成对的化学物质碱基为梯级。碱基包括胞嘧啶、尿嘧啶、腺嘌呤和鸟嘌呤。胞嘧啶只能和尿嘧啶互补。腺嘌呤只能和鸟嘌呤互补。当一条DNA复制时，它双链的一端开始解螺旋，其上的互补碱基也随之分离。两条链各自成为独立的模板，与互补碱基形成新的链。原先的单条DNA变成了一对DNA，每条DNA分别有一条旧链和一条新链。

核糖核苷酸和磷酸二酯键相连，组成DNA的"脊柱"

▌ 胞嘧啶（C）
▌ 鸟嘌呤（G）
▌ 胸腺嘧啶（T）
▌ 腺嘌呤（A）

旧链

旧链

新链

新链

AT碱基对

GC碱基对

场所；溶酶体可以分解有毒物质，清除废物；核糖体辅助蛋白质的生成；中心粒在细胞分裂中起着重要的作用；内质网是细胞内物质流动和蛋白质合成的通道；戈尔吉器能够对蛋白质进行加工处理再将它释放到细胞膜中；微管是细胞的支架，帮助物质运动。

»DNA

细胞核内包含着细胞分裂和复制所必需的物质，这就是被称为DNA（脱氧核糖核酸）的物质。细胞通过分裂的方式复制。在这个过程中，细胞核分解，DNA变为成对的线状结构——染色体。每个染色体上都承载着基因。细胞根据基因上的遗传密码制造组成新细胞所需的物质，并且控制基因的活动。

■ 人体组织和器官

　　许多具有相似功能的细胞构成了组织，它不仅是人体的主要结构，也是绝大多数植物和动物的主要结构。有一些组织很柔软，例如皮肤的内层、肝脏组织和肌肉组织，而骨头和指甲这样的组织却比较坚硬，多个组织联系在一起组成器官，完成人体的各项生理功能。

　　我们将在此处介绍组织的主要类型，以及某些特殊的组织和它们的功能。

　　我们还将了解不同类型的组织是如何构成器官的（后文将会讨论人体的主要器官以及它们在人体内所具有的功能，诸如心脏、肺、胃、肝脏、性器官和肾脏）。

» 组织的类型

　　上皮组织覆盖在人体的内外表层上，这种组织通常位于结缔组织的上方，由许多密集的上皮细胞连接而成。最常见的上皮细胞分布在血管、肺和心脏内部的腔壁上，它们由单层扁平细胞组成，消化系统的上皮细胞则厚很多，而且会分泌酶和黏液，消化道的上皮细胞有细小的可以波动的绒毛，从而保持黏液的流动。膀胱上分布着过渡性的上皮细胞，当膀胱中充满尿液时，这些细胞会伸展。

　　身体的表面由多层坚韧的上皮组成，最外面的表皮层包含一种坚硬的物质——角质，另一些上皮细胞构成腺体。这些细胞所包含的物质要么流入一个中心腔，要么就扩散到血液中去。

　　纤维和其他基质位于结缔组织的组成细胞周围。软骨中包含有弹力纤维，当我们说话时，会厌软骨就会振动。有一些结缔组织和骨头结合在一起，例如分布在椎间盘之间的纤维软骨，透明的软骨覆盖在骨头的末端上，紧密的结缔组织用于构成韧带和肌腱，而疏松的结缔组织则用来连接不同的器官，同时也是神经和血管穿行的地方。还有一种脂肪组织用于储藏脂肪。

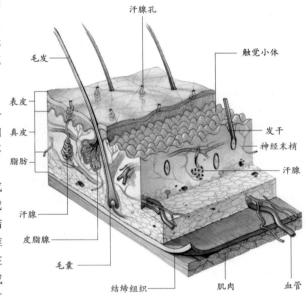

↗ 皮肤

此图显示了构成皮肤的众多组织。成人的皮肤表面积约 1.8 平方米，重量将近 3 千克。

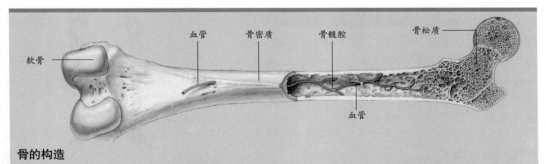

骨的构造

　　骨是一种特殊的结缔组织。它并非是实心的，而是具有一个中空的骨髓腔，骨髓里每天会生成几百万个红细胞。从图中的股骨构造可以看出，骨的外层是坚硬密实的骨密质，内部则是比重较轻的骨松质，血管和神经通过外层的管道进入中空的骨髓腔。

血液是一种液态的组织。血液中流动的血清含有三种主要细胞——红细胞、白细胞和血小板。神经组织构成人体内的神经系统，此外，大脑和脊髓也由神经组织构成。

淋巴组织中的淋巴管遍布全身，淋巴组织中含有淋巴细胞，这种白细胞可以进入循环系统吞噬异物，它们负责人体免疫，产生抗体，清除侵入体内的微生物。

肌组织是健康人体内主要的柔软组织。

» 器官

器官由不同类型的组织组成。人体内重要的器官包括大脑、心脏、肝脏、眼睛和肺。皮肤也是人体最大的器官之一，它由肌肉、脂肪、神经、血液和结缔组织构成，并且有上皮组织覆盖其上。

■ 骨骼是身体的支架

骨骼构成身体的支架，它对大脑、心脏和肝脏这些精密器官起保护作用，也使人体能够保持姿势，并且通过附着其上的肌肉使我们得以移动四肢，转动头部。胸廓的运动使肺部扩张，协助我们呼吸，头面骨的运动能够保证我们饮食的顺利进行。

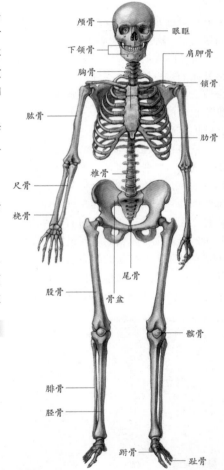

骨骼是一个独特的结构，一方面，它十分强壮，有力地支撑着人体的重量；另一方面，它又足够轻盈，人体可以轻易承载它的重量，并且活动自如。骨骼是人体内重要的活化工厂，其中包含着大量的钙、钾和磷。这些矿物质不仅使骨头坚硬有力，而且参与人体其他代谢过程，例如是神经系统活动所必需的元素。

当骨头受到损伤时可以生成新的骨细胞，进行自我修复，当骨头处于重压之下时，它还会合成更多的钙质，从而加强自身的力量。

» 各类骨骼

全身的骨骼可以分为两部分：其一是中轴骨骼，包括头骨、肋骨、椎骨和胸骨；其二是附肢骨骼，包括四肢、锁骨、肩胛骨和骨盆。

头面骨由 22 块骨头组成，其中保护大脑的 8 块骨头被称为颅骨，头骨同时也对眼睛和耳朵起保护作用；下颌骨能够帮助人们咀嚼食物；脊柱由 26 块骨头组成：颈椎 7 块，胸椎 12 块，腰椎 5 块，以及骶骨和尾骨各 1 块。人体的每个上肢包含着 32 块骨头，每个下肢包含 31 块骨头；大多数人都拥有 12 对肋骨，少数人会多出一根或几根，肋骨呈弓形，前端和胸骨相连，末端和胸椎相连，肋骨以这种方式围成了

知识链接

* 婴儿的骨头有350多块，成人的骨头只有206块，这是因为在骨骼的成长过程中，有一些较小的骨头结合成了较大的骨头。

* 人的手和脚包含有120多块骨头。

* 骨头是人体最耐久的部位之一，有时骨头可以保存上百万年。

↗ 骨骼

上图标明了组成人体支架的主要骨骼。有一些骨头因为太微小，所以没有在图中标出，例如中耳处的3块骨头和支撑舌部肌肉的舌骨。

图中标注：颅骨、眼眶、下颌骨、肩胛骨、胸骨、锁骨、肱骨、肋骨、椎骨、尺骨、桡骨、尾骨、股骨、骨盆、髌骨、腓骨、胫骨、跗骨、趾骨

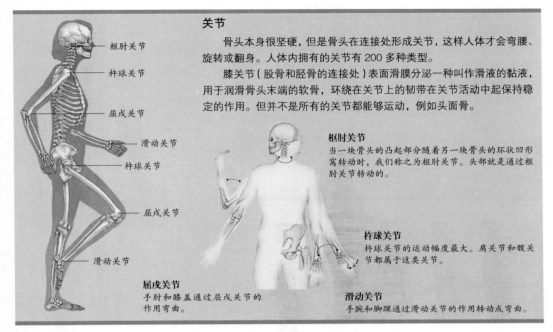

关节

骨头本身很坚硬，但是骨头在连接处形成关节，这样人体才会弯腰、旋转或翻身。人体内拥有的关节有 200 多种类型。

膝关节（股骨和胫骨的连接处）表面滑膜分泌一种叫作滑液的黏液，用于润滑骨头末端的软骨，环绕在关节上的韧带在关节活动中起保持稳定的作用。但并不是所有的关节都能够运动，例如头面骨。

枢肘关节

当一块骨头的凸起部分随着另一块骨头的环状四形窝转动时，我们称之为枢肘关节。头部就是通过枢肘关节转动的。

杵球关节

杵球关节的运动幅度最大。肩关节和髋关节都属于这类关节。

屈戌关节

手肘和膝盖通过屈戌关节的作用弯曲。

滑动关节

手腕和脚踝通过滑动关节的作用转动或弯曲。

形状像骨笼的胸廓，心脏、肺、胃、肝脏和肾脏等器官位于其中。

人体内最大的骨头是股骨，它们的重量约为全部骨骼重量的 1/4。位于中耳处的镫骨则是人体内最小的骨头，它只有 3 毫米那么长。

» 骨骼上所附着的肌肉

肌肉是使骨骼运动的动力器官，许多骨头都有特殊的表面，可以使肌肉牢固地附着其上。例如，大而平坦的肩胛骨为肌肉提供固定的附着点，肌肉通过韧带这种结缔组织和骨骼连接，从而为肩膀和手臂的运动提供动力。

■ 人体的发动机

肌肉的重量约占人体体重的一半，它也是一种主要的软组织。肌肉为我们四肢的活动和心脏的规律跳动提供必要的动力，并且控制着人体内多数系统的工作。

人体内有 3 种不同的肌肉：骨骼肌，又称为随意肌；平滑肌，又称为不随意肌；还有心肌。这 3 种肌肉在遇到刺激时都具有收缩、拉长和回复原状的能力。因为肌肉只能拉伸，所以每块肌肉运动拉长时，都需要一块与之对应的肌肉将它拉回原位，所以肌肉通常成对分布。

» 肌肉的构造与功能

骨骼肌是由肌原纤维这种肌细胞通过结缔组织连接而成的，骨骼肌中分布着丰富的血管和神经，它可以运用血液所提供的氧气和葡萄糖生成肌肉收缩所需的能量。因为我们可以有意识地控制骨骼肌的运动，所以骨骼肌又被称为随意肌。骨骼肌成对地附着在人体内所有骨骼上。在骨骼肌的作用下，我们可以通过关节的运动来活动四肢、弯腰、做出表情、转动头部和呼吸等动作。

在大脑的统一控制下，几组肌肉相互协作，从而做出上述动作。例如，抬腿的过程不仅和腿部肌肉有关，还需要背部和臀部肌肉的参与，才能保持身体其他部位的平衡。

将平滑肌放在显微镜下观察时，它没有骨骼肌上的交错横纹，平滑肌一名由此而来。平滑肌的收缩速度比骨骼肌缓慢，它分布在内脏器官，如消化系统的器官，子宫，膀胱和血管上。

平滑肌的活动不受大脑的控制，因此它又被称为不随意肌。例如，在我们凝聚眼神或者消化食物

肌肉的收缩

四肢的活动需要许多对肌肉的参与，右图中弯曲手臂的动作即是一例。首先是肱二头肌收缩，将前臂骨骼拉起，然后是肱三头肌收缩，将骨骼拉下，从而使手臂伸直，这种运动在关节处很常见，右图中的运动见于肘关节处。参与这种运动的肌肉称为对抗肌。

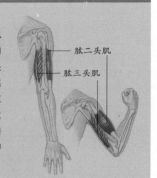

肱二头肌
肱三头肌

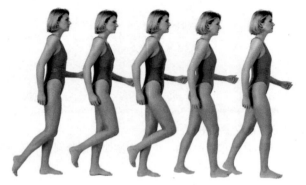

↗ 行走

人体使用两条腿行走，图中这样复杂的运动需要多组肌肉的协调配合，在这个过程中，人们需要轮流抬起两条腿，使之交替前进，并且整个身体也必须保持平衡，维持一定的节奏。注意观察这位女士是如何用手臂进行辅助行走的。

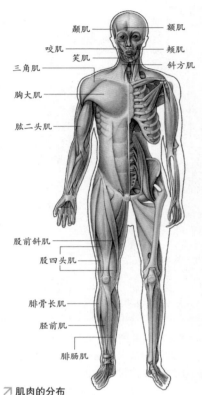

颞肌　　　　额肌
咬肌　　　　颊肌
三角肌　　笑肌　　斜方肌
胸大肌
肱二头肌
股前斜肌
股四头肌
腓骨长肌
胫前肌
腓肠肌

↗ 肌肉的分布

上图中标明了大部分骨骼肌。当我们活动四肢时，有一些肌肉虽然没有剧烈活动，但是它们可能也在收缩。肌肉的收缩，或者说是肌肉的紧张性塑造了人体的形态。

时，我们无须进行思考，是一种无意识的活动。

心肌只分布在心脏。心肌的特点是它的节律运动从不停歇。组成心肌的纤维相互连接，从而迅速地形成神经冲动，使心肌迅速有力地收缩。与平滑肌一样，心肌完全不受人的意识支配，它属于不随意肌。

» 肌肉的收缩

每条肌纤维都由几百万条细小的丝状纤维构成。丝状纤维主要有两种，一种从肌凝蛋白转化而来，这种纤维短而厚；另一种纤维较薄，是从肌动蛋白转化而来。在肌肉收缩的起始阶段，大脑发出一个信号，通过神经传导到肌肉。然后神经末梢释放出一种叫做乙酰胆碱的化学物质，使肌动蛋白纤维滑动到肌凝蛋白纤维之间，肌肉的末端被拉至中间位置，从而使肌肉收缩。这个过程所需要的能量来源于呼吸作用中所产生的化学物质ATP（腺苷三磷酸）。在肌肉收缩过程中，ATP的化学能量转变为机械能，将分子连接在一起。

■ 人体的信息网

神经系统的功能是将信息从身体的一部分传递给另一部分，它的最高传送速度可以达到每秒120米。神经末梢遍布于全身各处，从器官到皮肤都有神经末梢的存在。大脑操控着这个功能非凡的网络，以控制中心的身份统领着数亿个信号通路的活动。

人体的神经系统可以分为两部分。第一部分是大脑和脊髓构成的中枢神经系统，头面骨保护着极其复杂和精密的大脑。

脊髓位于脊柱椎管内，上端和大脑延髓相连，其中含有大量的神经细胞。大脑、四肢和躯干之间的数万个神经冲动都通过脊髓这个通路进行传导。

在横切面上，脊柱中央为灰质，包在灰质外面的是白质。组成白质的神经细胞将神经冲动向上传到脑或是向下传导到脊髓，灰质则控制着神经细胞之间的信息传送。

成对的脊神经从大脑和脊髓发出，从椎间孔中穿出，这些神经的分支遍布全身，构成神经系统的第二部分，我们称之为周围神经系统。周围神经系统的神经末梢常常向我们提示身体内部和外部的情况。周围神经和肌肉的联系使肌肉遇到刺激时发生收缩反应，从而产生运动。

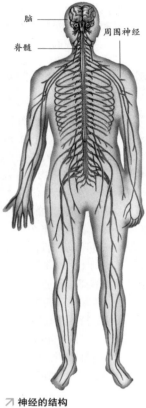

↗ **神经的结构**

单独的神经细胞被称为神经元。神经元所传导的细微电冲动组成神经信息，感觉神经元会将冲动传入大脑，运动神经元则将冲动传出。神经元的大小和形态多种多样。

» 神经系统

大脑和脊髓构成中枢神经系统。

周围神经系统遍布于全身各组织和器官，它包括由大脑发出的脑神经和由脊髓发出的脊神经。

每个神经元都有一个细胞体和一个细胞核，以及微小的突起。大多数神经元都有多个短的突起，叫做树突，以及一个长的突起，叫做轴突。树突以电冲动的方式接收信号，并将信号传递到神经元的中心。轴突则是将信号传出到相应的组织上。轴突的周围常常有一层髓鞘，髓鞘中含有大量的脂肪，它通过封裹来保护轴突，并加速神经冲动的传导。

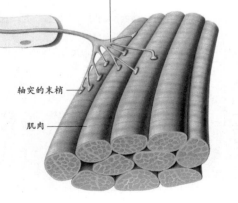

细胞体

树突

细胞核

髓鞘

神经鞘细胞

轴突

终板

轴突的末梢

肌肉

↗ **周围神经**

这是一个周围神经系统中典型的神经元。神经元通过许多分支和肌肉相连。大脑（或者是反射作用中的脊髓）所发出的冲动经过神经传递到肌肉，使肌肉收缩，从而产生运动。

» 神经冲动的传导

当神经元受到刺激时，在它的细胞膜表面，电量发生细微的变化，形成神经冲动的传递。神经冲动沿神经传导时，必须穿越所有轴突和树突末端的空隙（突触），神经冲动在到达轴突末端时消失，并引起轴突末端释放一种化学物质——递质。通

287

过递质的作用，突触的细胞被激活，神经冲动得以继续传递。

动物性神经系统中的神经元遵循我们有意识的指令，例如走路、谈话和书写。植物性神经系统中的神经元完成我们无意识的活动，诸如改变心率和控制食物消化的速度。

■ 心脏怎样为你"努力工作"

心脏的作用是使血液在人体内流动，维持生命。全身的血液约每分钟循环一次。血液再循环的过程中将营养物质和氧气运到全身各处的组织和器官，同时将废物排出体外。心脏从不停止跳动，它平均每年跳动4000万次，在人的一生中约跳动3亿次。

心脏位于两肺之间胸腔的中部，偏左下方，像一个握紧的拳头那么大。构成心脏的心肌是一种特殊的不随意肌，心肌可以有节奏地持续收缩（跳动），从不停歇。因为人体内的组织和器官都需要新鲜血液不间断地供应营养，所以心肌的作用至关重要。举例来说，如果大脑缺氧的状况持续几分钟，脑细胞就会开始死亡，而大脑就会遭到严重损害。

心脏内部有四个腔，它们形成左右相邻的两个泵，这两个泵之间有一层叫作膈的肌肉壁，将左右两边分开。

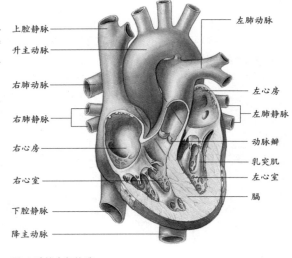

↗ 心脏的内部构造
这是心脏的切面图。心房将血液运往心室，然后心室将血液运往全身各处，所以心室的肌肉壁要比心房厚。

» 心脏的一部分

这层膈可以防止心脏左边的血液和右边的血液相混合。位于心脏上方的两个腔叫作心房，位于心脏下方的两个腔叫作心室，心室比心房大，也更有力。

房室之间的血液流动由纤维组织构成的房室瓣控制。在血压的作用下，房室瓣会形成一个封口，防止血液回流，在心室和动脉之间也有这样的瓣膜，叫作动脉瓣。

知识链接

＊一个75岁的人，一生中生成的血量足以覆盖纽约中央公园，高度可达15米。

＊每秒钟约有100毫升的血液流经动脉。

＊心率变动的极限范围是每分钟30～200次。

一次完整的心跳过程

1. 静脉血流入右心房，动脉血流入左心房。

2. 心房收缩，使血液流入心室。

3. 心室收缩，使血液流入大动脉，其中一部分血液经肺动脉到达肺部，另一部分血液通过主动脉到达全身大大小小的动脉。

一次心脏跳动的时间称为一个心动周期。成人的正常心率约为每分钟70次，剧烈运动时心率可能会加倍。

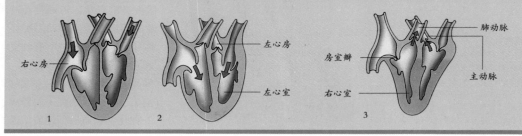

因为心脏需要大量的氧气供应，所以它有自己的血液供应系统——冠状动脉系统。冠状动脉系统位于心脏外围，这个系统的血液不和流经心脏的血液混合。

» 心肌的收缩

心脏的肌肉壁收缩时，心脏的房室变小，血液从心房流向心室，然后从心室流向全身的动脉。右心室将血液运送到肺部，从而吸收新鲜氧气，与此同时，左心室将动脉血运往全身。

心脏跳动的频率是由脑干控制的，脑干所发出的神经信号可以使心率加快或减慢，在我们恐惧或情绪激动时，荷尔蒙进入血液，使心跳加快。心脏内有一组特殊的心肌细胞——起搏器，起搏器控制着每次心跳的速度。

■ 体内物质运输的系统

循环系统包括人体内的大血管和微血管，这是一个复杂的运输系统，它的总长度约为 10 万千米。通过心脏的收缩作用，循环系统将血液运往全身，从而维持生命。

血液的有效运输对于维持身体健康来说是至关重要的。血液运送着氧气和食物中的营养物质，并且将细胞代谢过程中产生的二氧化碳等废物排出体外，血液还维持着人体内的水分比重和化学平衡，并保持体温恒定。

一个成年女子体内的血液总量是 4～5 升，一个成年男子体内的血液总量是 5～6 升。血液中将近一半是血浆（血浆中含有水、蛋白质和盐分），其他成分是红细胞、白细胞和血小板。

» 血细胞

红细胞又称红血球，呈无细胞核的扁平结构。人体每立方毫米的血液中约有 500 万个红细胞。骨髓是红细胞的诞生地，每秒钟可以生成约 200 万个红细胞。血液中运送氧气的血红蛋白中含有铁，因此红细胞呈现红色。

白细胞，又称白血球，比红细胞略大一些，有细胞核。人体每立方毫米的血液中大约有 5000 个白细胞。有些白细胞（巨噬细胞）可以包围并吞噬进入体内的异物，例如微生物，还有一些白细胞能够抵抗各种病菌的感染，产生各种抗体。

血小板这种细胞较小。当血管壁受到损伤时，血液在血小板作用下凝固成块，起到止血的作用。

» 血管

人体内的血管所组成的网状系统遍布全身各处，其分支可达全身各处细胞。最有力的血管是动脉，因为动脉壁

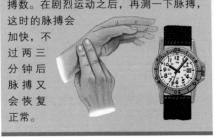

如何测脉搏

因为左心室将血液射入动脉，所以在某些皮肤下的动脉可以摸到一种轻微的搏动，这种动脉搏动称为脉搏。成人的正常脉搏约为每分钟 70 次。如图所示，用手指按着侧手腕，数一下你自己每分钟的脉搏数。在剧烈运动之后，再测一下脉搏，这时的脉搏会加快，不过两三分钟后脉搏又会恢复正常。

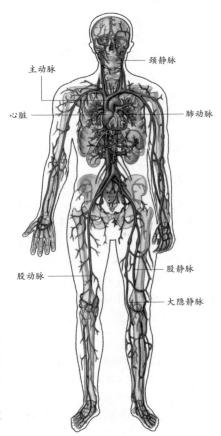

主动脉
心脏
股动脉

颈静脉
肺动脉
股静脉
大隐静脉

↗ 循环系统

静脉将血液运到心脏，在图中标为蓝色；动脉将心脏内的血液运出，在图中标为红色。连接心脏和肺的肺动脉中流动的是静脉血，除此之外，所有动脉中都流动着动脉血。

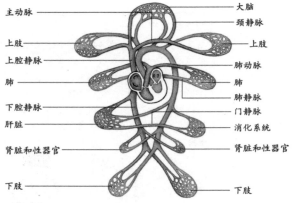

主动脉 —— 大脑
—— 颈静脉
上肢 —— 上肢
上腔静脉 —— 肺动脉
肺 —— 肺
—— 肺静脉
下腔静脉 —— 门静脉
肝脏 —— 消化系统
肾脏和性器官 —— 肾脏和性器官
下肢 —— 下肢

↗ **血液循环**

肺动脉将血液运送到肺部，血液在肺部得到氧气，并将氧气运送到全身的组织和器官，然后通过静脉流回心脏。消化系统的血液要先流经肝脏，肝脏储存营养物质后，血液才到达心脏。

血液运输

如下图所示，动脉由上皮细胞层、结缔组织和肌肉层组成。静脉中的瓣膜起到防止血液回流的作用，血液流经全身血管。白细胞分为5种类型，它们占血液容积的10%。红细胞的数量是白细胞的1000倍左右。

外鞘
弹性层
肌肉和纤维组织
红细胞
白细胞　血浆
结缔组织
上皮细胞层
血小板

必须承受从心脏流出血液所产生的高压。动脉分支为小动脉，小动脉又分支为毛细血管。毛细血管将血液运往全身各个组织。食物和氧气经过毛细血管的薄壁进入细胞，同时二氧化碳等废物被运出细胞。毛细血管里的血液再次汇合到小静脉，小静脉里的血液又到静脉，最后将血液运回心脏。

■ 我们是怎样呼吸的

我们将空气吸入肺部，使人体获得氧气。氧气起着驱动呼吸的作用，并为人体细胞提供能量。因为人体不能储存氧气，所以我们必须不间断地呼吸，然后呼出二氧化碳等废物。虽然我们可以控制自己呼吸的快慢，但呼吸仍然是一种无意识的行为。

呼吸系统包括鼻子、咽喉、气管、肺和一些胸部肌肉。在这些器官的协调工作下，通过呼吸作用使人体获得氧气，同时把二氧化碳排出体外。呼吸的频率随机体所承担的功能而变化。在一般情况下，我们每分钟呼吸约10次，而在剧烈运动或受到惊吓时，呼吸频率可能增加到每分钟约80次。通常呼吸运动是自发进行的，不过我们在清醒的状态下也可以控制自己的呼吸频率。

» 呼吸系统的构造

首先，鼻腔或嘴吸入空气，并对其进行加温。

然后，空气进入咽喉和器官。鼻毛和鼻黏膜分泌的黏液可以过滤并吸附灰尘颗粒，阻挡它们进入肺部。气管下端分为左右支气管，分别和两肺相连。两肺位于胸腔，分布在心脏的两侧，围着它们的是一层叫做胸膜的组织，横膈膜位于肺部下方。

支气管进入肺后多次分支，形成小支气管，小支气管和肺泡相连接。肺部约有3亿个肺泡，如果平铺开来，肺泡的面积有网球场那么大。

» 呼吸运动的调节

影响呼吸运动的是血液中的二氧化碳含量，而不是氧气含量。脑干细胞会对体内气体浓度的微小

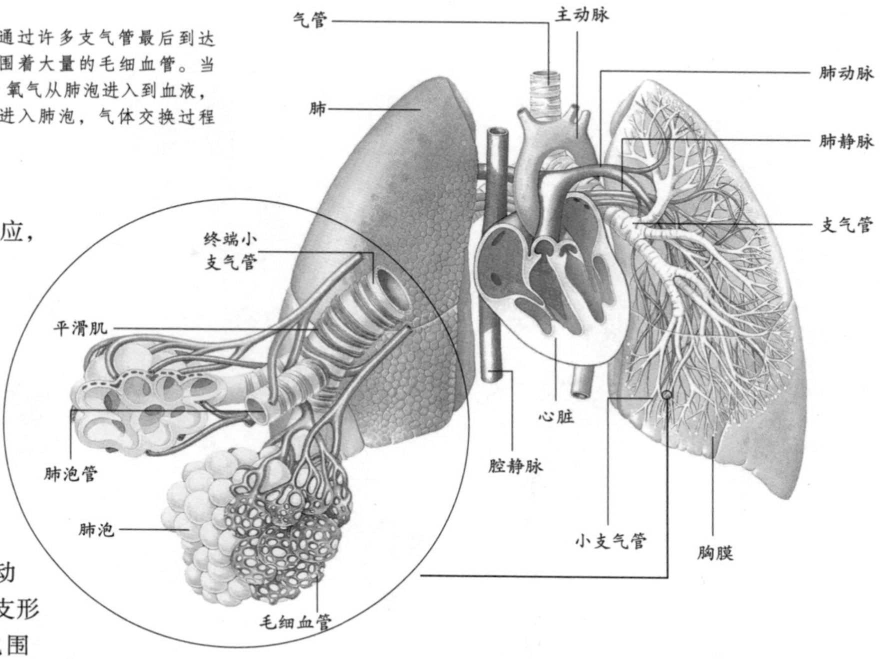

肺的构造

当空气进入肺，空气通过许多支气管最后到达肺泡。肺泡的周围包围着大量的毛细血管。当血液流过毛细血管时，氧气从肺泡进入到血液，同时二氧化碳从血液进入肺泡，气体交换过程就发生了。

变化迅速作出反应，调节肺部呼吸。

» 气体的交换

肺动脉将静脉血运送到肺部（右上图中蓝色），肺静脉将动脉血运回心脏（右上图中红色），肺动脉和肺静脉的分支形成的毛细血管包围着肺泡。肺部的氧气通过薄薄的肺泡壁进入毛细血管，加速血液流动。血液运输的氧气通过心脏到达全身的各个组织和器官，与此同时，二氧化碳等废物进入肺泡，随呼气排出体外。

图中标注：气管、主动脉、肺动脉、肺静脉、支气管、肺、终端小支气管、平滑肌、肺泡管、肺泡、毛细血管、心脏、腔静脉、小支气管、胸膜

■ 细胞的呼吸

在呼吸运动中，氧气进入血液，二氧化碳被排出体外，这是个物理过程。除此之外，在呼吸运动的作用下，细胞中还发生着复杂的化学反应，为人体的活动提供能量。

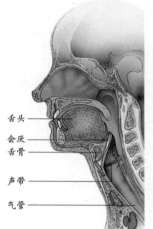

↗ 咽喉

咽喉位于气管上端。当我们发音时，空气穿越咽喉，使喉腔内的声带振动，然后通过舌头、嘴唇和脸部肌肉的运动，把这种振动转化为各种各样的声音。

图中标注：舌头、会厌、舌骨、声带、气管

呼吸作用的原理

如下图所示，人在吸气时，胸廓抬高，横膈膜（将胸腔和腹腔隔离的肌肉层）变平，这使得胸廓扩大，肺内压力低于外界大气压，因为空气总是从压力高的地方流向压力低的地方，所以气体就进入到肺内。通常每次呼吸吸入气体量约为 500 毫升。

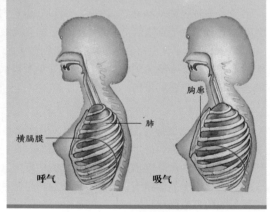

图中标注：胸廓、肺、横膈膜、呼气、吸气

在空气中的氧气进入人体细胞的过程中，血红蛋白起着关键性的作用。血红蛋白是一种含有铁成分的蛋白质，每个红细胞中的血红蛋白分子约有 2.8 亿个，成熟的红细胞中没有细胞核，从而可以容纳更多的血红蛋白分子。

↘ 血红蛋白

肺部的肺泡既是氧气进入毛细血管的场所，又是二氧化碳从血液进入肺部的地方。血红蛋白是红细胞中的一种特殊的蛋白，它在毛细血管内和氧结合，把维持生命所必需的各种元素从肺部运送到全身的细胞。

↘ 线粒体

所有的细胞中都含有线粒体。线粒体是一系列化学反应发生的场所，葡萄糖在这里被分解，从而为细胞提供能量。能量以化合物 ATP 的形式储存。

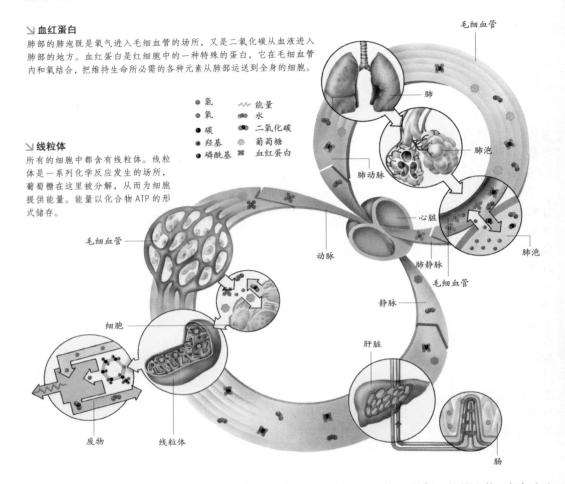

首先血红蛋白从肺部装载氧气，将氧气运送到细胞，然后回到肺部开始新一轮的运载。氧气和血红蛋白在肺部的毛细血管结合形成鲜红色的含氧血红蛋白，血红蛋白卸载氧气之后变成暗红色的去氧血红蛋白。每个血红蛋白分子可以装运 4 个氧原子，人体每分钟都在运输着 56000 艾[1 艾 (可萨)=1018]个氧原子。人体在缺氧的状态下，例如处于海拔很高的地区时，会自动生成更多的红细胞，从而产生更多运载氧气的血红蛋白。

» 能量的生成

当氧气到达细胞后，脱离血液，通过细胞膜进入细胞。血液将消化系统中的葡萄糖运送到细胞中，葡萄糖和氧气结合，产生一系列的化学反应。在这个化学反应中，葡萄糖中的能量被释放出来，同时产生二氧化碳和水等废物。线粒体是细胞中发生这些化学反应的场所。

在高倍电子显微镜下，可以看到线粒体呈圆柱状，内层表面布满褶皱。这些褶皱增大了上述生成能量反应的发生面积。

无论是运动时的肌肉收缩还是蛋白质的合成，都需要利用细胞所生成的能量。

■ 食物是怎样被消化的

食物持续提供的养分是维持生命功能所必需的。人体缺少了养分，细胞就不能进行新陈代谢，不能提供肌肉运动所需的能量，也不能进行其他维持身体健康所必需的活动。消化系统的功能正是将餐

牙齿

牙齿用于切断、撕裂和磨碎进入口腔中的食物。牙根嵌在上下颌骨的牙槽内，牙齿最外层的牙釉质是人体内最坚硬的物质。婴儿出生时没有牙齿，到2岁左右长齐乳牙，共20个。6岁左右，乳牙自然脱落，长出恒牙，共32个。

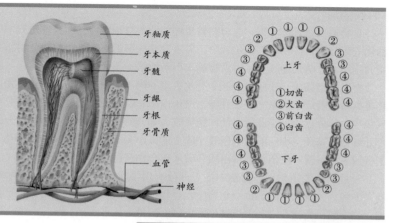

牙釉质
牙本质
牙髓
牙龈
牙根
牙骨质
血管
神经

①切齿
②犬齿
③前白齿
④白齿

上牙

下牙

桌上的食物转变为人体可以吸收利用的物质。

人体的消化系统主要分为两部分。从口腔到肛门的消化道是一条很长的中空管道，它的内壁上大部分有皱襞，最窄的部位是食管，最宽的部位是胃；消化器官、消化腺和其他组织构成消化系统的第二部分，它们在消化过程中起着不可或缺的作用。具体而言，消化系统的第二部分就是口腔、肝脏、胰脏和胆囊所分泌的消化液。

消化过程开始于口腔，牙齿将食物分割成小块，增大消化液的接触面积，唾液开始对食物进行化学分解，同时舌头将食物卷成便于吞咽的球状。

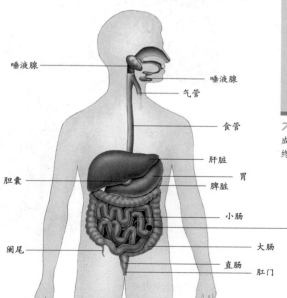

唾液腺
唾液腺
气管
食管
肝脏
胆囊
胃
脾脏
小肠
阑尾
大肠
直肠
肛门

蠕动的作用

在消化系统中，食物通过蠕动向前移动。例如，通过平滑肌的收缩和舒张，食物从食管进入胃部。

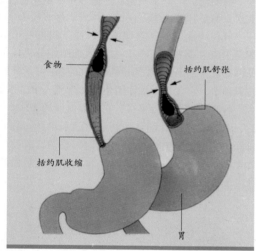

食物
括约肌舒张
括约肌收缩
胃

↗ **消化系统**

成人的消化系统约为6.5米长。消化系统的起始端是口腔，终端是肛门，小肠吸收食物中的大部分营养。

小肠壁上的褶襞具有增加食物吸收面积的作用

» 食物的消化

食物通过食管进入胃，它将在胃里停留约 3 个小时，其间会经过胃部肌肉的搅拌，和胃壁分泌的消化液充分混合。在这些消化液中，胃蛋白酶分解蛋白质、脂肪酶分解脂肪，盐酸则用于增强胃蛋白酶的作用，并杀死细菌。然后食物进入小肠的第一部分——十二指肠。

在十二指肠中，小肠壁和胰腺分泌更多的酶（加快食物分解的化学物质）来消化食物。唾液淀粉酶将淀粉分解成一种糖——麦芽糖，胰蛋白酶和胰凝乳蛋白酶将蛋白质分解为更小的分子。十二指肠只吸收一部分食物，小肠后部的回肠吸收大部分的食物。在回肠中，糖分转化为更小的形式，蛋白质被分解为氨基酸。小肠的褶襞以及小肠上的微小突起——绒毛具有增加食物吸收的作用，其上分布着丰富的毛细血管，已消化的蛋白质和碳水化合物经过小肠壁进入血液。

经过小肠的消化后，食物中的大部分有用物质已经被人体吸收。含有黏液和消化液的食物残渣进入大肠，大肠的结肠部位会重新吸收食物残渣中的水分。剩余的废物形成粪便，移动到消化道的终端——直肠，粪便在直肠内短暂停留后经肛门排出体外。

■ 食物的加工厂

"五脏六腑"中的肝脏是人体内最大的内脏器官，和它紧密相连的是胆囊和胰腺。一个肝脏就是一个活的化工厂，它帮助人体执行 100 多项任务，包括合成蛋白质、清除有毒物质以及存储铁质和维生素。如果肝脏功能停止，人体只能存活几个小时。

肝脏大而柔软，类似锥形，位于腹部右上方，通过结缔组织和横膈膜相连，它的内部结构分为 4 部分。由肝脏的化学过程产出的绿色胆汁储存在位于肝脏正下方的胆囊中，它在帮助人体消化脂肪后流入十二指肠。

肝脏的供血十分丰富，它所需血液的 1/5 来自主动脉的一个分支——肝动脉，其余血液来自肝门静脉。这些血液中富含小肠和大肠已经消化吸收的营养物质，肝脏负责对这些营养物质进行进一步加工，之后血液经肝静脉流入心脏。

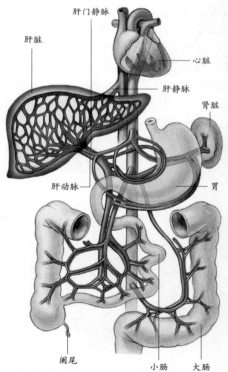

↗ **肝脏的血液供应**
从心脏流出的血液经主动脉将富含氧气的血液通过肝动脉运送到肝脏。分布在肝静脉周围的小肠和大肠也将富含营养物质的血液运送到肝脏。血液经肝静脉流出肝脏。

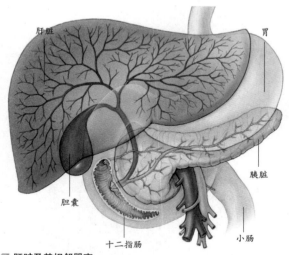

↗ **肝脏及其相邻器官**
成人的肝脏重约 1.5 千克，胰脏和肝脏紧密相连，胆囊位于肝脏下方，其上分布着许多肝小叶的分支导管。

将肝脏放在显微镜下观察时，可以看到肝脏是由大量的肝小叶组成的，肝小叶呈六边形，直径约 1 毫米。每个肝小叶都是由几百万个肝细胞组成，肝细胞之间有肝动脉、门静脉、胆管和淋巴管的分支。

肝动脉和门静脉中的血液经窦状隙这一管道流入肺小叶，并汇集到肺小叶中央的静脉。

» 食物的加工

肝脏中储存着脂肪、蛋白质和碳水化合物。肝脏将这些营养物质进行加工，以便于人体吸收利用；肝脏中也储存着一些维生素，包括维生素 A、维生素 D 和维生素 B_{12}；葡萄糖以肝糖的形式储存在肝脏中，肝糖是一种类似淀粉的碳水化合物，肝脏将肝糖释放到血液中，为细胞的呼吸运动提供能量；肝脏将脂肪分解并储存在肝细胞中；蛋白质以氨基酸的形式进入肝脏，肝脏利用这些氨基酸再合成血浆中的蛋白质，在这个过程中所生成的废物是尿素，蛋白质不同于葡萄糖和脂肪，它不能被人体储存，所以必须尽快地利用。

肝脏还起着清除血液中有害化学物质的作用。通过肝脏的解毒作用，药物和酒精中的有毒成分转变为无毒害的物质，然后以尿液的形式排出体外。

» 胰脏

胰脏呈长条状，约有 15 厘米长。胰脏所分泌的胰液中含有的酶具有分解碳水化合物、脂肪和蛋白质的作用。胰液流入小肠的第一部分——十二指肠。胰液中的盐分可以中和胃壁所分泌的胃酸。

胰脏还分泌胰岛素，胰岛素流入血液中，控制着从肝脏释放到血液中的葡萄糖含量。

■ 肾脏是怎样制造尿液的

泌尿系统控制着人体内的水分含量和液态化学组分，它确保细胞和组织内的化学反应维持恒定的密度，从而保证人体功能的正常运作，蛋白质等废物通过泌尿系统的排泄作用被排出体外。肾脏在这些功能中起最主要的作用。

肾脏位于后腹上方的脊柱两旁，左右各一。低处的肋骨覆盖了部分肾脏，起到保护作用。每个肾重约 140 克，呈红褐色，形状如菜豆。肾动脉是主动脉的分支之一，为肾脏提供所需的血液，肾脏过滤后的血液再经肾静脉回到腔静脉，流入心脏。

» 肾脏的内部结构

肾脏的表层叫作皮质层。皮质层由肾小球组成，肾小球是一种毛细血管球，包围肾小球的组织叫作肾球囊，肾球囊向下延伸出一条长长的弯曲管道，这就是肾小管。肾小球、肾球囊和肾小管统称一个肾单位。每个肾脏内约有 100 万个肾单位。

肾小管从皮质层伸入到肾脏的第二层——髓质层，最终进入肾盂，肾盂形状像个漏斗，里面聚集着肾脏产生的尿液。

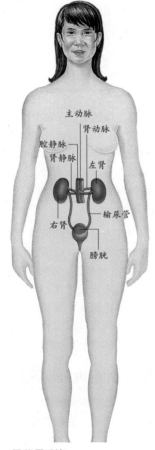

主动脉
肾动脉
腔静脉
肾静脉
左肾
右肾
输尿管
膀胱

↗ **泌尿系统**
泌尿系统的器官包括肾脏、输尿管（将尿液从肾脏运送到膀胱的器官）和膀胱。肾脏所需的血液由肾动脉供应。

↘ 肾脏

人体有一对肾脏，每个肾脏长约10厘米，宽约5厘米。肾脏主要分为3部分：最外层是皮质层，中间是髓质层，肾盂位于肾脏中心。肾动脉将血液运送到肾脏，然后再经肾静脉流出。

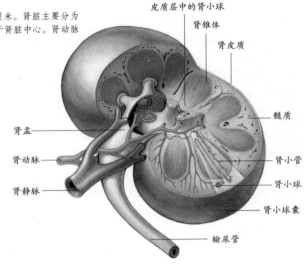

皮质层中的肾小球
肾锥体
肾皮质
髓质
肾小管
肾小球
肾小球囊
输尿管
肾盂
肾动脉
肾静脉

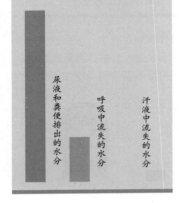

人体水分的流失

人呼吸时会流失少量的水分，尿液和粪便中排出的水量大约是它的4倍，汗液中流失的水分占人体总水量的8%左右。

尿液和粪便排出的水分
呼吸中流失的水分
汗液中流失的水分

» 肾脏的功能

肾脏是一个起过滤作用的器官，肾脏的主要功能是将人体内的可溶性废物通过尿液的形式排出体外。同时，肾脏协调着人体内的水分以及各种化学成分的含量，维持体内酸碱平衡。

血液经肾动脉到达肾脏，再进入肾小球内的毛细血管中。血液经肾小球过滤。在这个过程中，水分、葡萄糖、钾、钠、氨基酸、尿素（蛋白质分解消化过程中产生的废物）和尿酸被过滤出来，而血细胞和大分子蛋白质仍然留在血液中。过滤后的液体经肾小管到达输尿管，在肾小管运输的过程中，水分、葡萄糖和氨基酸会再经受一个重吸收的过程而回到血液中去。

» 尿的生成

进入输尿管的液体就是尿液。尿液中的水分占95%左右，尿素约占2%，氯化钠约占1%，剩余2%是尿酸、钙、钾和氨等。

人体每天排出约1升尿液。尿液流经输尿管后在膀胱中聚集，充满尿液的膀胱会伸长，然后通过尿道将尿液排出体外。人体的排尿量和出汗流失的水量也有关系。

■ 什么是内分泌系统

内分泌腺分泌的化学物质辅助维持人体的正常功能。有的腺体直接将分泌物通过导管输送到体表，另一些腺体则分泌激素，直接进入血液。

人体内有两类腺体，我们可以根据分泌物输送路径的不同而区分这两类腺体。

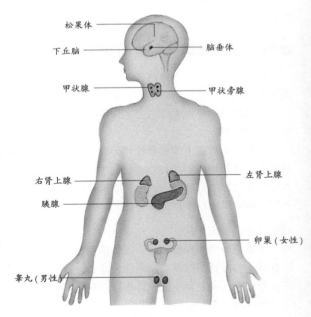

松果体
下丘脑
甲状腺
右肾上腺
胰腺
睾丸（男性）
脑垂体
甲状旁腺
左肾上腺
卵巢（女性）

↗ 内分泌腺

内分泌腺的分泌物直接进入血液循环，合成化学物质，即激素。上图表明了人体内的主要内分泌腺。

↗ 战斗还是逃跑

在某些情况下，例如人们恐惧或气愤时，大脑会向垂体发送一条信息，激发肾上腺分泌肾上腺素，人体随之发生变化，肌肉会做好准备以帮助人们战斗或逃跑。

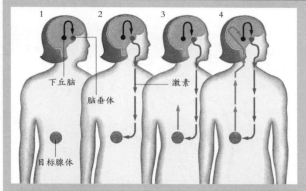

下丘脑　脑垂体　激素　目标腺体

激素控制系统

在一种激素激发细胞作出预期反应后，这种激素就会停止作用，直到人体再次需要这种激素。这个过程是这样实现的：下丘脑分泌的激素（图1），激发脑垂体分泌某种激素（图2）。脑垂体所分泌的激素通过血液循环到达目标腺体，激发目标腺体分泌另一种激素（图3），血液循环再将这种激素运送到所需部位。此激素的一部分会到达下丘脑，使原先激发脑垂体的激素停止作用（图4）。

外分泌腺通过微小的导管释放它们的分泌物。如汗腺（分泌汗液降低体表温度）、唾液腺（分泌口腔中的唾液）和泪腺（起到清洗眼睛的作用）都是外分泌腺。胃壁和肠壁上都分布有此类腺体，这些腺体分泌的酶进入消化道，加强消化功能。

人体内的另一种腺体是内分泌腺。内分泌腺没有导管，这些腺体的细胞所合成的化学物质——激素，直接进入血液。有时被称为化学信使的激素会通过血液循环输送到体内其他腺体和器官。

» 激素的功能

激素用于控制人体内各种功能的活动，每种激素控制一项具体的活动或过程。比如说，松果体控制人的情绪和睡眠。

垂体控制着许多其他腺体的活动，因此常常被视为最重要的腺体，它的活动处于丘脑的控制之下。垂体分泌的激素控制肾脏的功能、人体的生长发育以及性腺的活动。其中性腺指的是男性的睾丸和女性的卵巢。在青春期，性腺分泌性激素，促进男女性成熟，为人类繁衍后代做好准备。垂体还控制着人体的肤色，随着阳光强度的变化，垂体激活人体内的黑素细胞，从而产生黑色素。甲状腺同样受到垂体的控制，它所分泌的甲状腺素控制着细胞对能量的利用，如甲状旁腺素控制着体内钙的代谢，维持骨骼的力量。

垂体还影响肾上腺的功能。肾上腺分泌两种激素：肾上腺素和去甲肾上腺素。这两种激素控制精神紧张时人体的反应，并为人体的紧急行动做好准备，肾上腺还起着协调人体生长发育和新陈代谢的作用。

■ 生命从哪里来

人的生命起始于受精卵。当单个精子的细胞核和卵子的细胞核结合时，就形成了受精卵。卵子从母体卵巢排出的过程称为排卵过程。

睾丸在阴囊内，是一对椭圆形器官。睾丸的主要生理功能是产生精子和睾丸激素。男性体内每天产生约3亿个精子细胞，精子形成后进入附睾，附睾是一根蜷曲的导管，精子在附睾中成熟并储存，之后精子离开人体或被分解。

精子很小，长约60微米，只有用显微镜才能看到。精子的形状似蝌蚪，有长尾，能游动。一个精子就是一个雄性生殖细胞。

卵巢每个月排出一个卵子，这个过程就称为排卵过程。卵子经过输卵管到达子宫，在这个过程中，

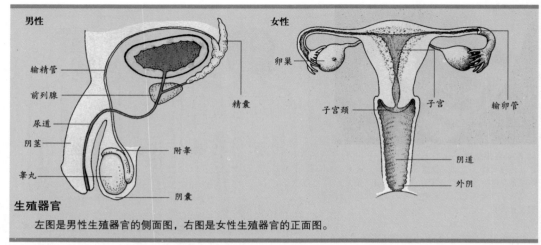

男性

输精管
前列腺
尿道
阴茎
睾丸
精囊
附睾
阴囊

女性

卵巢
子宫颈
子宫
输卵管
阴道
外阴

生殖器官

左图是男性生殖器官的侧面图，右图是女性生殖器官的正面图。

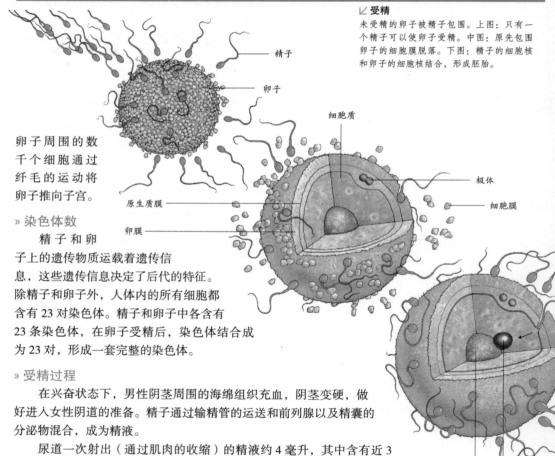

卵子周围的数千个细胞通过纤毛的运动将卵子推向子宫。

⤵ **受精**

未受精的卵子被精子包围。上图：只有一个精子可以使卵子受精。中图：原先包围卵子的细胞膜脱落。下图：精子的细胞核和卵子的细胞核结合，形成胚胎。

精子
卵子
细胞质
极体
细胞膜
原生质膜
卵膜
卵子细胞核
精子细胞核

» **染色体数**

　　精子和卵子上的遗传物质运载着遗传信息，这些遗传信息决定了后代的特征。除精子和卵子外，人体内的所有细胞都含有 23 对染色体。精子和卵子中各含有 23 条染色体，在卵子受精后，染色体结合成为 23 对，形成一套完整的染色体。

» **受精过程**

　　在兴奋状态下，男性阴茎周围的海绵组织充血，阴茎变硬，做好进入女性阴道的准备。精子通过输精管的运送和前列腺以及精囊的分泌物混合，成为精液。

　　尿道一次射出（通过肌肉的收缩）的精液约 4 毫升，其中含有近 3 亿个精子细胞。精子首先到达子宫的底部，然后通过摆动鞭毛向上游过输卵管，最终接近卵子，通常只有几百个精子能到达卵子的位置。精子和卵子接触后，卵子立即被精子所包围。如果某个精子能够成功穿越卵子的外层，这个精子的细胞核就可能会和卵子的细胞核结合，成功受精。

■ 人的孕育和出生

　　受精卵在女性子宫中进行一系列重复的细胞分裂，最终长成一个成形的婴儿，这个过程称为妊娠期，妊娠期通常为 38 周。妊娠前 8 周的婴儿称为胚胎，之后则称为胎儿。

　　卵子在输卵管内受精后，开始细胞分裂，大约一周以后，胚胎从输卵管到达子宫，胚胎开始分泌酶，使子宫内膜脱落，然后进入子宫的空心，这个过程称为胚胎植入。胚胎植入之后，胎盘开始形成。胎盘为胎儿的生长发育提供氧气和营养物质，并处理胎儿发育过程中产生的废物。胎盘还起着隔离有害物质的作用。随后脐带开始形成，脐带连接着胎儿和胎盘，胎儿通过脐带从母体获得营养物质。

　　胚胎的脊柱形成在妊娠期的第 3 周末，胚胎的心脏通常在妊娠的第 4 周开始跳动，此时可以观察到肺部和肝脏。妊娠第 8 周后的胚胎称为胎儿，胎儿有手指和脚趾，并且开始会移动。

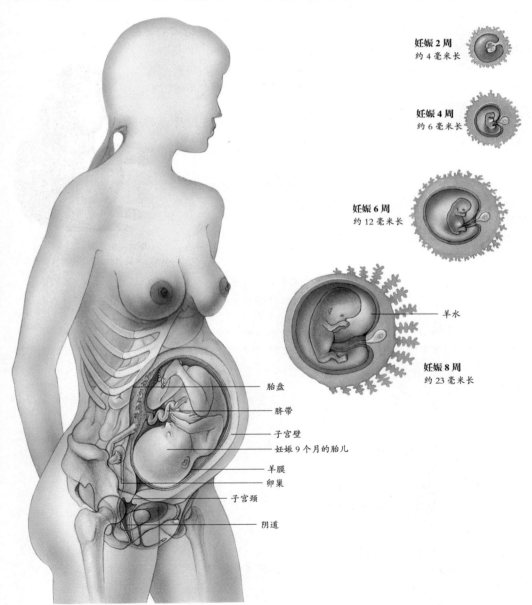

妊娠 2 周
约 4 毫米长

妊娠 4 周
约 6 毫米长

妊娠 6 周
约 12 毫米长

羊水

妊娠 8 周
约 23 毫米长

胎盘

脐带

子宫壁

妊娠 9 个月的胎儿

羊膜

卵巢

子宫颈

阴道

大脑与感官探奇

脑是人体内最大的器官，也是最复杂的器官。人类是地球上最聪明的生物，人类的大脑是所有动物中最发达的。

■ 引言

人脑控制着人体的行动，维持人体系统的正常功能。脑部运用我们感官所接受到的信息对周围环境做出判断，并使我们采取相应的行动。人类能够运用大脑理智思考，这是人脑特有的功能，正是这一功能使人类和地球上其他动物区分开来。

这部分所要讨论的是脑的结构，并深入阐述脑的功能。介绍脑的结构之后，我们将认识脑的不同部位的功能；继而我们将讨论脑的各种功能，包括记忆的组织、学习的过程、提高学习能力的方法、思考的方式以及智力的测评。人体需要睡眠来保证大脑的正常运作，本章将讨论睡眠的重要性，并介绍睡眠的相关研究成果。

本部分还将介绍一些与人脑密切相关的器官——眼睛、耳朵以及嗅觉、味觉和触觉器官等。人体通过这些器官认知周围世界，为大脑提供信息，产生相应的活动。

↗ 黑猩猩和语言

在所有动物中，黑猩猩和人类最为接近。科学家进行了许多实验，试图教会黑猩猩用语言和人类进行交流，例如手势语。然而，到目前为止，科学家还不能确定黑猩猩是否能以人类的方式理解或使用语言。

» 人脑

脑是人体内最大的器官，也是最复杂的器官。虽然有些动物的脑比人脑更大（例如大象和海豚），但是人类依然是地球上最聪明的生物，这是因为人类负责思考和行动的大脑是所有动物中最发达的。

人脑由数亿个脑细胞组成，

知识链接

* 人脑中约含25亿个神经元（神经细胞）。

* 人脑所需的血液约占人体总血量的20%。

* 大脑的左半球和右半球通过1亿多个神经纤维相连接。

* 人脑重约1.3千克。

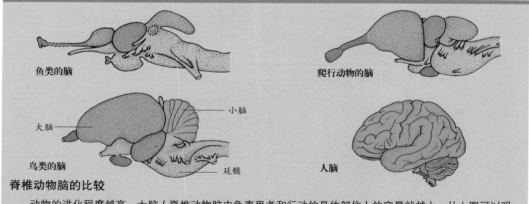

鱼类的脑

爬行动物的脑

大脑 —— 小脑

鸟类的脑 —— 延髓

人脑

脊椎动物脑的比较

动物的进化程度越高，大脑（脊椎动物脑中负责思考和行动的具体部位）的容量就越大。从上图可以观察到，人的大脑相对比较大，它覆盖了脑的许多部位。大脑皮层上有很多褶皱，这些褶皱增大了大脑皮质的表面积。

脑细胞通过几百万个神经纤维相连接，构成一个高度复杂的器官。人脑的功能极为强大，被称为人体的最高"司令部"。无论是有意识的思考还是高度协调的体力活动，都不能缺少脑的控制。此外，脑还在人们的无意识中控制着人体的正常生理功能。

人脑的高度复杂性使人类区别于其他动物。正是因为人类智力超群，所以才能在世界上占据主导地位。虽然有些动物比人类更强壮或感官更敏锐，但是人类所特有的思考和推断能力使得人类能够克服体力上的缺陷，并且远远超过其他动物。

虽然许多动物也会进行简单的学习、记忆和交流，但是人类进行这些行为方式的复杂程度远远高于其他动物。

虽然人类的体力并非十分强壮，但是人类可以运用自己的智慧改善原本恶劣的环境，充分利用环境资源，使自己生存下来。

» 对人脑的相关研究

目前，人们对大脑和感觉器官的构造已经有相当程度的了解，对于这些器官的功能已经十分熟悉。例如，我们了解信息是如何以电冲动的形式从一个脑细胞传递到另一个脑细胞的。然而，我们尚未深入了解人脑如何组织自己的活动以及某些脑部疾病的病理。人脑研究是一个复杂的课题，许多科学和医药学领域都在进行着对人脑的研究，试图对它有更充分的了解。人脑研究的两个主要领域是心理学和精神病学。

心理学研究的对象是人类行为。本书将在其他部分深入探讨人类行为的方方面面。

■ 大脑的构造是怎样的

脑位于颅腔内，它受脑膜和厚厚的颅骨的保护，处于一种特殊的营养性液体——脑脊液中。脑脊液具有缓冲作用，在颅骨受到冲击时起到保护脑的作用。脑是神经系统的中枢，也是人体内最复杂的器官。脑虽然重约1.3千克，但所消耗的能量约占人体全部能量的20%。

人脑内包含数亿个神经元（神经细胞）和神经胶质细胞，神经胶质细胞起着支撑和保护神经元的作用。

人脑主要包含3部分：大脑约占人脑总重的90%，是脑中最大的部分，大脑的外层是大脑皮层，大脑皮层上的褶皱所形成的凸起叫作"回"，凹槽叫作"沟"，每个人大脑皮

知识链接

★ 脑的两半球的分界清晰可见，但它们之间通过几百万条神经纤维相联系。

★ 人脑约占人体总体重的2%。

★ 脑是胚胎期发育最快的器官。

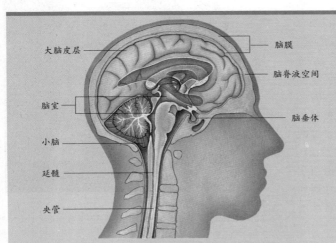

大脑皮层
脑室
小脑
延髓
央管
脑膜
脑脊液空间
脑垂体

脑部受到的保护

脑部这个精密的器官受到颅骨和3层膜（即脑膜）的保护。脑脊液处于脑膜的中间层和内层之间，当头部受到外伤时，脑脊液起着缓冲作用。此外，脑脊液中含有丰富的葡萄糖和蛋白质，为脑细胞提供能量。脑脊液中还含有淋巴细胞，帮助脑抵御病菌的感染。脑脊液在脑和脊柱之间流动，并流经脑部的4个腔——脑室。

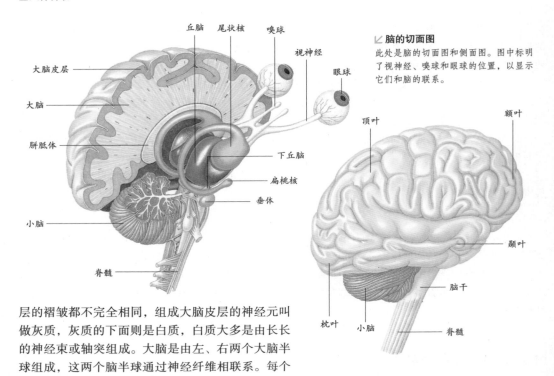

丘脑　尾状核　嗅球
视神经
眼球

大脑皮层

大脑

胼胝体

下丘脑

扁桃核

垂体

小脑

脊髓

脑的切面图
此处是脑的切面图和侧面图。图中标明了视神经、嗅球和眼球的位置，以显示它们和脑的联系。

顶叶　　　　　额叶

颞叶

脑干

枕叶　小脑　　脊髓

层的褶皱都不完全相同，组成大脑皮层的神经元叫做灰质，灰质的下面则是白质，白质大多是由长长的神经束或轴突组成。大脑是由左、右两个大脑半球组成，这两个脑半球通过神经纤维相联系。每个脑半球根据其上的裂纹可分为 4 部分：枕叶、颞叶、顶叶和额叶。

　　脑的第 2 大部分是小脑，小脑位于大脑的边缘。小脑的形状像是一只合上翅膀的蝴蝶，在中心区两侧各有一个小脑半球。小脑的表面是灰质，灰质形成脊状薄层。位于灰质下面的是树枝状的白质，白质中包含有更多的灰质，它们的功能是将信息传递到脊柱和脑的其他部位。

　　脑的第 3 部分是脑干。脑干包括延髓、桥脑、中脑，并向下延伸到脊髓。脑干的神经细胞起着联系脊髓和脑各部位的作用。

　　通过观察大脑的切面图，可以看到大脑的其他部位。脑干上方是球状丘脑，丘脑负责传播大脑皮层从脊髓、脑干、小脑和大脑其他部位所接收的信息。下丘脑很小，靠近脑的底部，它在激素的释放过程中起着重要的作用。另一个部位是扁桃核，它控制着人体内的一些基本功能。尾状核辅助人体的运动。在大脑底部观察到的连接大脑两半球的神经纤维称为胼胝体。

　　精神病学和心理学密切相关，是医药学的新兴学科之一。精神病学研究精神性疾病的诊断和治疗。精神学家致力于采用各种治疗手段治愈不同的精神性疾病。

战斗中的飞行员
在脑中数百万个神经通路的作用下，这位飞行员可以驾驶飞机，察看各种仪器，同其他飞行员进行交谈，并思考下一步的行动。

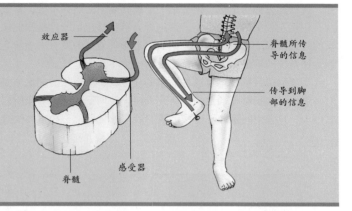

反射活动

人体在受到某些刺激时，需要迅速做出反应，才能使人体免受伤害。在这种情况下，信息来不及传导到脑部，而是传导到脊髓，这就是反射活动。例如，当人踩到钉子时，感受神经元将这个信息传导到脊髓，脊髓和运动神经元相连，直接将信息传导到腿部肌肉，使肌肉收缩。反射完成之后，脑部才接收到这次信息。

（图标注：效应器、脊髓所传导的信息、传导到脚部的信息、脊髓、感受器）

■ 大脑怎样工作

我们清醒时，人脑从眼睛、耳朵以及触觉、味觉和嗅觉器官接收大量的信息。脑随之对这些信息迅速地进行分类，并运用它们来控制我们的思考和行动。除这种有意识的活动外，脑还在无意识中控制着人体生理系统的正常功能，维持生命的最佳状态。

人脑常常被比作一台复杂的电脑，它发出命令，对信息进行处理和储存，并为我们提供思考所需的信息。与此同时，脑还可以思考下一步行动，发出信号指令，使肌肉收缩，四肢运动，以达成这一行动。我们还可以在同一时间内进行谈话这样复杂的活动。此外，脑对已经发生的事件进行记忆储存，使我们在以后可以回忆起这些事件。脑还执行着许多无意识的活动，诸如保持心脏跳动或监控人体内其他过程。

↗ 脑半球的分工
我们的逻辑思考和创造性活动分别由不同的脑半球控制。脑的左半球控制我们对数字、语言和技术的理解；脑的右半球控制我们对形状、运动和艺术的理解。

脑的各个部分有着不同的功能，它们受到脑的统一协调，常常彼此联系。

大脑执行比较高级的脑力活动，诸如学习、记忆和推理。大脑的4个区各自执行一项特殊的脑力活动。靠近前额的额叶控制判断、思考和推理。额叶后面的区域控制言语。位于大脑两端的顶叶对所接收到的触觉、温度以及疼痛方面的信息进行处理。颞叶则负责听觉，并且和记忆储存有关。颞叶附近分布着负责味觉和嗅觉的细胞。位于大脑后端的枕叶控制视觉。

大脑的这4个区和大脑皮层上的联合区相互作用。联合区对信息进行加工后，将其传递到脑的其他部位，并且在智力发展过程中起着重要的作用。

小脑主要的功能是维持人体平衡，并协调肌肉运动。例如，人的行走离不开小脑的协调。脑干是脑的第3部分，其中有若干个控制中心，它们控制着呼吸、心率、血压和消化，对于维持生命至关重要。此外，它们还控制着人体内的一些反射活动，例如呕吐。脑干还负责清醒和睡眠。

■ 人们为何能记忆往事

人们能够生动地回忆童年时发生的一件小事，尽管这件事已经过去了很多年。人们也能回忆起某个梦境，哪怕他在现实生活中从未有过类似的经历。然而，人们又往往会忘记几个小时前拨打的那个电话号码或某个人的名字。这些只不过是展示人类记忆的神奇以及记忆工作方式的几个常见的例子。

人脑能够储存过去曾经发生过的事件，在之后回忆起这些事件，并且运用这些信息完成具体的任务，这种能力称为记忆。记忆是一个极其复杂的储存系统，常常需要许多活动的参与和协作。

记忆主要分为 3 种类型。第一种为感官性记忆，这是我们认识世界的一种方式。例如，我们对声音的辨认便属于感官性记忆，我们通过倾听他人的发音来理解言语。由感官性记忆得来的印象被传递到记忆系统的其他两个部分，即短期记忆和长期记忆。

当我们进行数字运算这样简单的任务时，所运用的记忆便是短期记忆。要完成这个运算任务，我们必须回忆起足够长的数字。研究表明，短期记忆分为 3 个阶段：语音环路（储存语言信息以备计算之用）、视觉空间缓冲器（帮助我们处理视觉形象）和中央执行器（控制其他功能）。

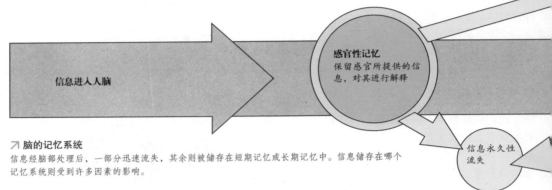

信息进入人脑

感官性记忆
保留感官所提供的信息，对其进行解释

信息永久性流失

↗ **脑的记忆系统**
信息经脑部处理后，一部分迅速流失，其余则被储存在短期记忆或长期记忆中。信息储存在哪个记忆系统则受到许多因素的影响。

长期记忆是对信息进行长时间甚至是永久性的储存。它包括两部分，其中语义记忆针对常识性的事实，例如"狗"一词的含义；情境记忆则用来保存你刚才所做事情的经验。

» **记忆的储存**

脑的不同部位对不同的感官体验做出解释。例如，脑的某一部分负责辨认面容，而另一部分则负责辨认物体。脑中处理某个意象的场所很可能也是相关记忆储存的场所。也就是说，脑中并没有专门储存记忆的部位。

当脑储存某些记忆时，负责处理信息的神经元发生相应变化。如果这个事件储存在短期记忆中，神经元所发生的变化是暂时性的生化变化。如果这个事件储存在长期记忆中，那么相关神经元的蛋白质组成会发生较为持久的变化。事件被储存在长期记忆中的这一过程称为巩固过程。事件要通过某种方式被强化，例如重复，或是在其他重要事件之间产生联想，才能储存在长期记忆中。

记忆力测验

用 1 分钟观察上图中的物体，并努力记住它们。现在合上书，尽可能多地写下你能回忆起的物体名称。这个练习可以测验你的短期记忆能力。然后分别在 1 小时之后、1 天之后和 1 周之后检查有多少物体储存在你的长期记忆中。

■ 测测你的 IQ

思维意味着运用大脑卓越的思考能力。通过思维，我们可以想象出从未见过的事物，可以在某次行动前进行计划，可以完成复杂的运算，可以理解他人的话语并与之交流，可以推理，还可以创造从图画到太空船等各种各样的事物。智商是衡量思维能力的一种标准，英文为 intelligence quotient，简称 IQ。

我们的思维能力以及学习和记忆能力，都在一定程度上受到天生智力水平的限制，但是很多人没有别人聪明，只是因为他们没有充分开发自己大脑的潜力，譬如说他们没有得到充分的尝试机会，或是在关键的学前时期没有得到应有的鼓励。

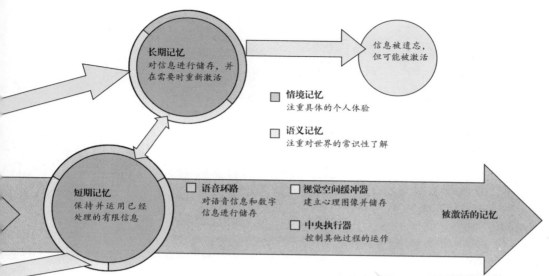

长期记忆
对信息进行储存，并在需要时重新激活

信息被遗忘，但可能被激活

☐ **情境记忆**
注重具体的个人体验

☐ **语义记忆**
注重对世界的常识性了解

短期记忆
保持并运用已经处理的有限信息

☐ **语音环路**
对语音信息和数字信息进行储存

☐ **视觉空间缓冲器**
建立心理图像并储存

☐ **中央执行器**
控制其他过程的运作

被激活的记忆

思维的方式是多种多样的，我们进行思维的情境也是多种多样的。我们既可以独立思考，也可以参与集体的思考；我们既可以用数字进行思考，也可以用观点、词语或符号进行推理（推理意味着在已知信息的基础上作出进一步的判断）。我们还可以创造一些视觉形象，以供他人思考。每个人的思维速度也不尽相同。人的思维速度受到多方面的影响，包括人本身的思维能力，所思考的问题，当时的情景，甚至情绪。有时，我们需要先理解别人的想法，然后再准确地形成自己的想法。

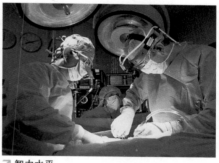

↗ **智力水平**
智力这个术语涵盖了许多方面的能力。例如，手术操作要求医师具备高水准的专业知识和在压力下做出决定的能力，医师之间还需要相互配合。其他工作所要求的具体技能有所不同，不过同样具有难度。

↙ **折纸盒**
将左侧这张摊开的纸折叠后会形成哪一个盒子(1，2，3或4)？

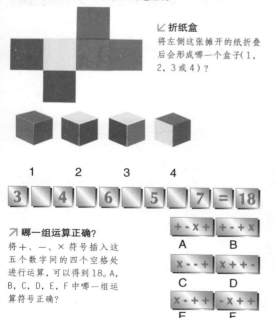

1　　2　　3　　4

3　4　6　5　7　=　18

↗ **哪一组运算正确？**
将＋、－、×符号插入这五个数字间的四个空格处进行运算，可以得到18。A，B，C，D，E，F中哪一组运算符号正确？

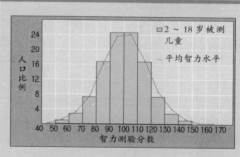

＋－×＋　　＋－＋×
　A　　　　　B

×－－＋　　×－＋＋
　C　　　　　D

×－＋＋　　－×＋＋
　E　　　　　F

智力的分布

这个图表展示了人群在不同智力范围内的分布比例。蓝色长条区域显示了将近3000名2～18岁被测儿童的智力范围。红线标明了平均智力水平。实际结果和实验人员所估算的智商分布极为接近。

↗ **逃避恐龙**

下图是两个学生正在博物馆参观大型食肉动物霸王龙的骨骼。一个学生说："这些动物一口就能吞下一个史前人。"另一个学生说："它们确实吞得下，不过它们从没吞下过。"他说的对吗？如果对，为什么？

↗ **破解密码**

下列某一个盘子适合放入上图中心问号所在位置，它是 A, B, C, D, E 和 F 中哪一个盘子？

A　B　C　D　E　F

» **智力**

　　智力是人们所具有的许多方面能力的综合，它涵盖了思考、推理、理解和记忆等方面的能力以及人们进行这些活动的速度。

　　智力测验是衡量智力的方法之一，常常称为智商测验。智商测验通常由语言测验和操作测验两部分组成。语言测验考查常识和理解、算术、推理、记忆等方面的能力，以及词汇量。

　　操作测验考查猜谜、分析抽象图形、补充图形和解码等方面的能力。智商测验的局限性在于它只考查某些方面的能力，忽视了其他方面，而且不考量人们在文化和语言等方面存在的差异。以下介绍了一些智商测验的类型（答案见第 316 页）。

↗ **这是谁的工作**

这位年轻女工正在修理高性能轿车。她的例子可以反驳性别决定工作的观念。

■ 性别差异知多少

　　男性的大脑是否和女性不同？换言之，男性和女性的思考方法和行为模式真的不同吗？如果存在这样的差别，这些差别是怎样形成的？它们是由先天的遗传基因决定的，还是受到后天教育的影响？如果两性大脑并没有根本差别，是否因为社会对我们在工作和家庭中的行为有特定的期望才导致了这些区别？

　　男性和女性在人类历史上担任着不同的角色。在历史早期，强壮的男性负责狩猎和保卫家园，女性则负责操持家务，照料家庭并采集果实。

　　如今这种认为男女角色不同的假设依然盛行，我们称之为性别定势。人们通常认为

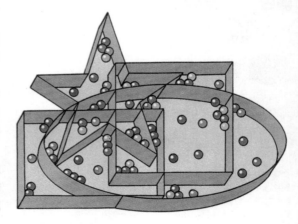

↗ **这里有多少个球**

这个练习测验你观察细节的能力。五角形、正方形、椭圆和长方形中各有多少个球？上图中一共有多少个球？

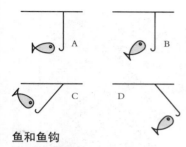

鱼和鱼钩

　　观察 A,B,C,D 四个图形，哪一个图形与众不同？这是一个逻辑测验。

　　男性强硬，有抱负，倾向于用科学的方法解决问题；而一个典型的女性则是敏感的，易于妥协，她们常常对艺术比对科学更感兴趣。这些公认的差别导致了雇主对待男女雇员的方式有所区别。人们认为男性更具有竞争性，重视事业的程度超过家庭。女性则通常被认为是不太具有竞争性，因此工作效率不是很高，而且她们重视家庭的程度往往超过事业。然而我们会问，这些差别有确凿证据吗？

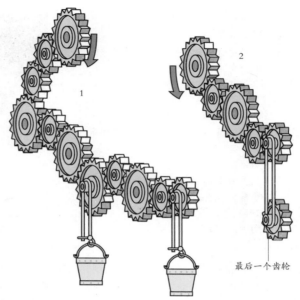

最后一个齿轮

↗ **齿轮转动**

这里有两组齿轮，请按箭头指示方向转动每组的第 1 个齿轮，判断第 1 组齿轮上的 2 个水桶会上升还是下降，以及第 2 组最后 1 个齿轮的转动方向是顺时针还是逆时针。这个练习测验你的空间识别能力。

» **生理和环境证明**

　　科学家认为，很可能父母基因蕴涵的某些能力是只会遗传给儿子或女儿的。例如，灵敏地抓住球的能力往往遗传给男性后代。雄性激素和雌性激素可能也在某些方面影响大脑的工作方式和思维方式。还有人提出，男性和女性的大脑组织方式的确有所不同。但是，到目前为止，这些论点都缺乏有力的证据。

　　另外还有一种可能性，那就是教育过程中的性别定势也导致了两性思维方式的不同。孩子出生之后的衣服颜色和玩具都是成人按照"适合"于他或她的性别标准挑选的。

　　在孩子成长过程中，社会也期望他或她的行为符合一定的性别模式。个人的行为和思维方式在一定程度上受到这些压力的影响。这些因素对我们每个人的思维和行为产生的作用很可能超过任何生理因素，而且在很大程度上塑造了我们在生活中所承担的角色。

　　请尝试解答本页的谜题，并观察男性和女性分别擅长解答哪类问题。比较你和其他朋友答题时间的长短。（答案在第 316 页）

■ **教你学习的技巧**

　　有时，某些人看起来智慧超群，这是因为他们掌握了有效学习和记忆的方法，并且愿意努力学习以获得优异成绩。事实上，这些技巧并不复杂，我们每个人都能够掌握。

　　为什么某些人看起来比别人聪明，总能在考试中获得好成绩呢？部分原因是他们的大脑生来便具有丰富的神经联系，使

↗ **学习时间**

适当的环境有利于提高学习效率。图书馆拥有丰富的文献资料，为大学生提供了一个安静的学习环境。

考试中的写作技巧

以下方法可以帮助你通过那些困难的考试：

读完试卷上的所有问题。

在下笔之前进行构思。

所写内容不要离题。

写全开头、正文和结尾。

在对问题已经进行全面回答之后，不要再盲目添加文字。

字迹清晰。

答题过程中要将问题保留在脑海中。

图表要醒目，并且内容明了。

论据应当包括大量的事实、数据和其他信息。

计划好时间，保证不遗留任何问题。

↗ **学习演奏乐器**

学习一种乐器，例如小提琴，是需要花费时间的。这个学生不仅需要在课堂上接受教师一对一的指导，还需要在课下投入大量时间自己练习。

得他们学习效率高，记忆力强，并且推理和运算能力强。另外一个很重要的原因是他们采用的学习方式行之有效，并且他们对学习感兴趣。我们能够运用一些策略来提高大脑的工作效率，从而达到改善学习和增强记忆的目的，并使我们进一步发掘自身潜力，掌握更多技能。

从某种程度上说，我们也能够提高自身的智力水平。智力包括许多方面的技能，通过接受这些方面的培训和教育，智力就能得到提升。例如，词汇量丰富的人才能有良好的语言表达技能。人们可以通过掌握新词汇（能够在口语和书面语中学习并运用新单词）和扩大阅读量来增加自己的词汇量，提高自我表达能力。

» **学习和记忆的技巧**

重复记忆。你记忆某件事的次数越多，关于这件事的长期记忆就越深刻。

分段学习。许多次短期学习的效果比一次长期学习的效果要更好。当你不能再集中精神时，就休息一下。

展开联想。将你正在努力记忆的新信息和已有知识之间建立联系。

有逻辑性地学习。建立有结构性的系统学习方式，有利于形成有逻辑性的大脑记忆模式。

在纸上书写。把关键事实写下来，或者在纸上进行运算，有利于集中注意力，并且能起到加强记忆的作用。

分解学习内容。通过记录关键词和简练的笔记，将学习内容分解为许多小部分。将来你只需复习关键词，就能回想起其余的内容。

重新组织信息。用你自己的语言记笔记，而不是一字不差地抄写书上和电脑屏幕上的内容。

分析资料。首先浏览目录和标题部分，以便对该书内容有一个概括的了解。其次通览全书，找出关键性的词句和信息。然后对选定章节进行精读，并记下笔记。最后用你自己的语言对全书进行简短概括。

生病或疲倦时停止学习。尝试把学习看做日常生活中的一部分，而不是必须忍受的负担。

阅读其他文献。如果你觉得某本书很难理解，你可以试着阅读其他资料中的相关内容，也许别的作者更擅长于讲解这方面的知识。

有规律地学习。给自己制订一个学习时刻表，并严格遵守。这个时刻表所设定的目标应该是合理可行的。如果你跟不上这个时刻表的进度，就对它进行适当调整。当你完成某项任务后，可以把这一项从时刻表上划去，你可以从中看到自己的进步。

相信自己。无论你学习什么内容，任何有意识的努力都会加强你的学习效果。即使看起来别人学习的内容比你多，也不要担心。只要你有动力地学习，并且全身心地投入，你就会发现自己成绩斐然。

↗ 选择航线

这些战士必须在不利于航行的下雪天完成航行任务。在解决这个问题时,地图是必要的,它可以帮助飞行员选择最佳航线,从而完成目标。

知识链接

* 首先,你必须准确地认识问题,才能成功解决问题。

* 解决问题时,首先应当部署整套可行的计划,然后稳妥地展开行动。

* 如果问题没有得到解决,就尝试别的方法。

* 把每一个问题都看做是新问题,因为你以前的经验未必奏效。

如何成功解决问题

有人认为,人类能在如此短暂的时间内取得如此辉煌的文明进步,一个很重要的原因就是人类拥有解决问题的能力。正因为如此,人类才能够治愈各种威胁生命的疾病,在恶劣的环境中生存,揭开许多时空谜题,并能探索地球之外的空间。

每个人都会遇到问题。例如,小孩儿可能遇到的问题是如何拧开一个门把手;学生可能遇到的问题是如何修改论文,以通过考试;商务人士可能遇到的问题是如何为公司扩展筹集资金。所有的问题都有一个共通性:人们不满意目前的状况,并且想要改变这种情况。幸运的是,我们能够解决日常生活中遇到的大多数问题,因为解决问题乃是思维的一种形式。解决问题的方法和策略虽然多种多样,但大多数人都能学会这些方法和策略,并运用它们轻松有效地解决自己遇到的问题。的确,有些人把解决问题看做是有趣的挑战。事实上,许多机构就是为了替人们解决各种问题而成立的。

↗ 够着它

先在树上系一根绳子,然后在标杆上再系一根绳子。当你拉着标杆上的绳子时,你够不着树上的那根绳子。现在给你一块模型黏土,你能用它同时够着两根绳子吗?

↗ 12 根吸管的难题

用 12 根吸管组成 6 个同样大小的正方形。提示:你会用到透明胶带。

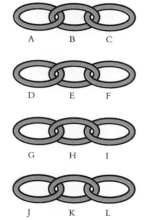

↗ 连环

上面五组链条可以连在一起。通常的做法是打开 C 环(第 1 步),把它连到 D 环上(第 2 步),然后打开 F 环,依此类推,这样需要 8 个步骤。你能想出更简单的方法吗?

» 解决问题的各个阶段

解决问题的过程可以分解为几个阶段。第 1 个阶段是确定问题本身,并且对问题的状况做出评估。第 2 个阶段是设定目标:我们理想中的情况是什么样子?第 3 个阶段则是遵循某种途径或模式,达到目标。在第 1 个阶段应当清晰准确地确定问题,这一点很重要,它可以避免浪费时间和精力去达到错误的目标。

脚不沾地

这 3 块木板(红色)的长度不够连接相邻的两根柱子(紫色)。如果你想要脚不沾地地从一根柱子到达另一根柱子,应当怎样布置这些木板?

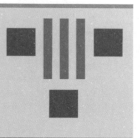

接下来是考虑达到目标的途径。我们可以在脑海中预演和想象各种途径，甚至可以模拟练习。我们还可以对这个过程进行分解，写出分阶段实现的小目标。有的问题十分困难，也许要经历多次尝试才能得到解决。有时，我们需要从崭新的角度思考问题，也就是说，换一种方式重新给这个问题定位，突破那些常规假定，这样也许会产生更富有想象力的解决方案。这种富有创意的思维方式称为水平思考。下面就是一个水平思考的例子。假设你有一个砾石采掘场，但是现在所有的砾石都已经被别人开采完了，你该怎样靠自己的土地生活呢？有一种方案是你可以把这个坑灌满水，把它变成一个渔场。

逆向思维是解决难题的另一种方法。将目标转变为起点后，所有步骤都可以反向确定。假设你要组装某件仪器，你可以先仔细地拆开另一个相似的仪器，从而了解组装的程序。现在试试看你能否解决本页列出的问题。（答案见316页）

↗ 睡眠时间

不同年龄的人所需的睡眠时间也不同。人们通常在年少时睡眠时间较长，年长时睡眠时间较短。1岁左右的幼童每天需要13～14个小时的睡眠时间。

■ 你睡得好吗

在我们的一生中1/3左右的时间是用来睡眠的，正常的睡眠是人类24小时活动周期中不可缺少的一部分。睡眠能使身体得到休息，并且使大脑恢复精力。在睡眠中，人体防御系统有效地进行着细胞和组织的修复，并抵抗疾病。此外，在睡眠中，我们的潜意识十分活跃，大脑活动随之发生相应变化。

人类和其他哺乳动物一样，都有两种睡眠。一种是快速眼动睡眠（夜间做梦时眼球快速而细微地移动。又称眼球速动期），双眼在闭合的眼睑后快速运动，在这段期间人们会做梦，大脑活动最为频繁。另一种睡眠中没有快速眼动，人们夜间的睡眠大部分是这一种，其间也规律性地穿插着短期快速眼动睡眠。在睡眠的不同阶段，脑电波的模式不同，人体内生理过程和肌肉活动也发生相应变化。

» 睡眠的原因

目前，我们尚未完全了解睡眠的原因，不过人们普遍认为，睡眠期间活动较少，人体可以得到休息，恢复精力。婴儿和青少年睡眠时间较长，因为这都是身体发育最快的时期。病人的睡眠时间也比较长，人体的修复系统在此期间与疾病作斗争，从而使身体恢复到健康状态。

人们还认为，快速眼动睡眠在大

知识链接

＊ 睡眠规律被打乱的人平均得病率较高，例如值夜班的工人。

＊ 医学上将长期入睡困难称为失眠症。

＊ 每年有超过一千万的美国人向医生咨询睡眠方面的问题。

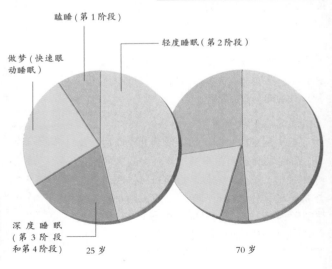

↗ 年龄对睡眠的影响

这两幅图显示了人在25岁和70岁时睡眠模式的区别。人在70岁时的深度睡眠时间（第3阶段和第4阶段）约是25岁时的1/4，而瞌睡或清醒时间（第1阶段）约是25岁时的4倍。老年人做梦的时间也比较短。二者轻度睡眠时间（第2阶段）差别不大。

瞌睡（第1阶段）

轻度睡眠（第2阶段）

做梦（快速眼动睡眠）

深度睡眠（第3阶段和第4阶段）

25岁

70岁

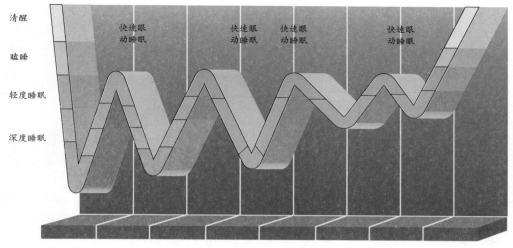

清醒	快速眼动睡眠	快速眼动睡眠	快速眼动睡眠	快速眼动睡眠
瞌睡				
轻度睡眠				
深度睡眠				

睡眠时刻

↗ 睡眠模式

正常的睡眠模式包括规律性的起伏。睡眠过程中轻度睡眠和深度睡眠多次交替往复。随着睡眠时间的增加，深度睡眠程度减弱。在快速眼动睡眠时，人体的呼吸和心率减弱。在深度睡眠时，肌肉活动最少，心率和血压也降至最低点。

脑学习过程和记忆模式形成过程中起着一定作用。

我们每天的睡眠时间平均为 8 小时。不同年龄段的人的睡眠时间显著不同；即使年龄相同的人，睡眠时间也有细微差别。新生儿的睡眠时间通常是每天 16 个小时，甚至更长。1 岁左右的孩子睡眠时间是 13 ~ 14 小时。在 5 岁到 15 岁，青少年睡眠时间减少为 9 ~ 10 小时。老年人的睡眠时间通常不超过 6 个小时。长期缺乏睡眠会使人迟钝，能力降低，还会影响正常情绪和行为。

压力过大、疾病和不规律的生活都会导致失眠症，失眠症患者不能正常入睡。嗜睡症也是睡眠方面的主要问题，这种患者常常睡眠过度。

■ 你是怎样看到图像的

眼睛的结构很像一部照相机。眼睛前方的虹膜起着照相机里光圈的作用，调节着进入眼的光线的多少。眼睛里的晶状体可以调节物像，使物像聚焦。视网膜就像照相机里的底片，起着捕捉物像的作用。底片只能使用一次，视网膜却可以使用无数次。眼睛里的物像必须经过一定处理后才能形成视觉，这一点也和照相机相似。

人的双眼是视觉器官，对光线最为敏感。每只眼的直径约为 2.5 厘米。眼睛位于眼眶内，眼眶由骨头组成，是颅骨的一部分。眼睛中分布着丰富的血管和神经。在不同肌肉群的作用下，眼球在眼眶内转动。虹膜的大小和晶状体的形状在肌肉的作用下也会发生改变。

眼球的外壁有 3 层组织。最外层的巩膜是一层纤维组织。眼睛正前方的一层透明组织叫做角膜。中层包括虹膜、睫状肌和脉络膜。虹膜上分布着色素，决定了眼珠的颜色。虹膜包围着瞳孔，起着光圈的作用，光线由此进入眼球。虹膜内的平滑肌控制着瞳孔的大小，从而调节进入眼的光线

知识链接

* 每只眼中都分布着约 1.25 亿个视杆细胞和约 700 万个视锥细胞。

* 人眼可以分辨 1000 多万种不同的颜色。

* 眼泪有杀菌作用，可以保护眼睛不受感染。

瞳孔的大小

瞳孔会根据进入眼睛的光线自动调节大小。对着镜子，用手捂着眼睛几秒钟，然后把手拿开，你将会看到，在光线突然加强的情况下，瞳孔迅速变小。

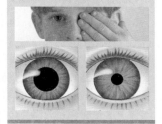

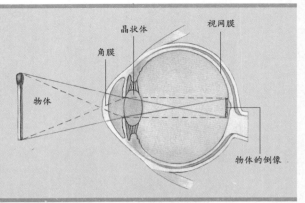

视网膜成像

当外界物体的光线经过角膜和晶状体时，光线发生折射，物体的倒像落在视网膜上（感光胶片成像的过程与此相同）。脑部视觉皮层再次将物像倒置，所以我们最终看到的物体处于正常位置。

↗ **盲点**

闭上左眼，盯着这个十字。将书拿到一臂距离之外，然后将书拉近眼睛。当书移到一定位置时，你会发现圆点消失了，这是因为圆点聚焦落在了"盲点"上（盲点是视网膜内没有感光细胞分布的部分）。

的多少。睫状肌的活动可以改变晶状体的形状，使物像聚焦并落在视网膜上。脉络膜中血管丰富，可以为眼球其他部位提供营养。

眼球的最内层叫做视网膜。视网膜上分布着感光细胞，通过视神经和大脑相连。

视网膜上存在两种不同的感光细胞，一种叫视杆细胞，这种细胞细而薄，能够感受暗光的刺激，在夜间起着极为重要的作用。另一种视锥细胞对强光敏感，一端较细，另一端较粗。视杆细胞遍布视网膜；视锥细胞只分布在视网膜内的黄斑上。由于感光细胞的作用，我们能够识别颜色，并且清晰地看到物体。视杆细胞对光线极为敏感，一旦眼睛适应了黑暗，就可以看到8千米之外的烛光。

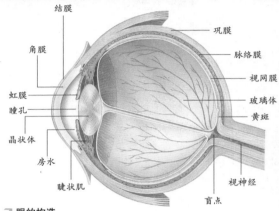

↗ **眼的构造**

这是人眼的切面图。晶状体将眼球分为两部分，晶状体前面的液体称为房水；晶状体后面充满一种胶冻状液体，称为玻璃体。光线通过角膜、房水、晶状体和玻璃体进入眼球，然后聚焦落在视网膜上。眼球由视神经直接和大脑相连。

» **眼受到的保护**

眼周围的眼眶是颅骨的一部分，对眼睛起保护作用。此外，眉毛、睫毛和眼睑可以减少外力对眼球的冲击，将灰尘和其他有害异物屏蔽在眼睛之外。泪腺所分泌的泪液可以清洗角膜和结膜（眼睑内部），帮助杀灭细菌。

■ 视觉是怎样形成的

当我们观看物体时，物体反射的光线通过眼球到达后方的视网膜，刺激视网膜上的数百万个感光细胞，从而形成物像。感光细胞的作用就像电路开关，遇到光线就开始工作。感光细胞将物体的形状、颜色等信息迅速传递到脑部，脑部对该信息进行解析之后，形成视觉。

物体反射的光线首先到达眼睛，这是视觉的第1阶段，然后光线经过瞳孔，瞳孔对进入眼睛的光线进行调节。光线通过晶状体时发生折射（弯曲），我们所观看的物体聚焦落在视网膜上。晶状体有一定弹性，它的凸度会因睫状肌的收缩和放松发生改变，这样近处和远处物体的物像都能聚焦

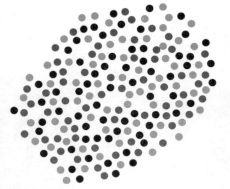

↗ 颜色的差异

当你在正常距离观看此图时，你可以清晰分辨出红点、蓝点和黑点。现在将书拿远一些，你会发现红点依然醒目，但是蓝点和黑点不太容易区分。因为视网膜上对蓝光敏感的视锥细胞分布较少，所以人眼不易分辨出远处的蓝色。

↗ 双眼单视功能

左右眼的视野有轻微差别，二者在中间位置交叉，所以两眼能够同时集中看一个目标，这就是双眼单视功能。因为眼睛具有这种功能，所以这位母亲和婴儿才能估测出两人之间的距离。

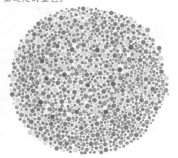

↗ 色盲

你能从上图的圆点中看出数字 67 吗？如果你看不出来，那么你很可能是红绿色盲。色盲十分常见，约 4% 的人群患有色盲。因为常人有三组视锥细胞，而色盲患者只有两组，所以他们不能分辨某些颜色。

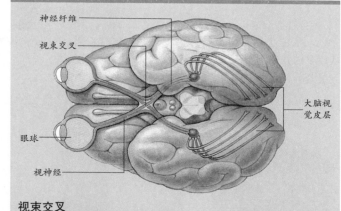

视束交叉

双眼的视神经汇集之处称为视束交叉。所有视神经在这里一分为二，左眼视神经的内半侧进入大脑右半球；右眼视神经的内半侧进入大脑左半球。双眼左侧视野的信息都进入左半球，双眼右侧视野的信息都进入右半球，这种构造有利于形成清晰的三维图像。

在视网膜上，这个过程称为视觉调节。晶状体一次只能聚焦一个物体，所以当我们从不同距离观察同一物体时，晶状体的凸度会发生细微变化，以便使物体在视网膜上聚焦成像。当我们观察桌子上距离不同的物体时，这种效果尤为明显，虽然我们能看得到所有物体，但是只有我们直接观看的那个物体是显眼的。

» 视网膜

光波穿越晶状体后，作用于视网膜上感光的视杆细胞和视锥细胞。光波中的能量能激活感光细胞，视杆细胞对光亮、黑暗和运动有反应，视锥细胞能够精确地辨别颜色。视网膜的不同部位对光的敏感程度不同，其中位于黄斑中心的黄点上的视锥细胞分布最为密集，所以这个位置聚焦成像的效果最明显。视网膜周边的部位则为我们提供周边视觉。

视杆细胞和视锥细胞被激活之后，产生电信号并通过神经元传导。视网膜上的神经细胞在盲点会合形成纤维束，称为视神经，视神经和脑部相连。视神经到达脑部后，在视束交叉处分开。

» 视觉皮层

神经冲动到达脑部后，传入视觉皮层。视觉皮层将神经冲动转变为心理图像，形成视觉。视觉皮层的各个部分对脑部接收到的心肌进行解析，其中有些部分负责分析形状和亮度，有些部分和图案辨认有关。

■ 视错觉是怎样产生的

眼球传递给大脑的信息可能会误导我们。有时我们以为看到了某个物体，其实它并不在那里；有些令人费解的信息还会使大脑迷惑。此外，当大脑没有收到关于某个物体或某个图片的足够信息时，也会做出错误的判断。这些情形统称为视错觉。

有些图片会导致视错觉，这种图片很有趣，也很有挑战性。视错觉的产生和大脑处理视觉信息的方式有关，它是有规律可循的。这些图片种类多样，以下列出的5张图片分别以不同的方式为大脑设置了视力陷阱。有趣的是，每个人受视错觉影响的程度不同。

» 视错觉的产生

大脑在过去判断的经验中形成定势。例如，我们能从简单的几笔中看出人形，因为大脑中储存有丰富的相关线索会自动填充空白。但是，有时大脑会对视觉信息

↗ 螺旋陷阱

观察这个螺旋，你会发现你找不到它的中心。事实上，图中并没有螺旋，只有一系列的圆，但是大脑受到背景图案的误导，错误地将这些圆叠加在一起。

↗ 哪一个更高？

比较左图中地面到屋顶的高度和右图中地面到天花板的高度，哪一个更高？然后亲自测量一下。（答案在第316页）

这幅图片中分布着18个海洋生物，它们通过伪装来隐藏自己。你能把它们全部找出来吗？在自然界中，某些动物通过模拟其他生物的形态来躲避天敌。（答案在第316页）

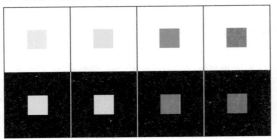

↖ 颜色的作用

4种颜色不同的正方形分别分布在黑色背景和白色背景中。比较颜色相同的2个正方形，它们的亮度有差别吗？事实上，这2个正方形的亮度是一样的，但是你的大脑受到背景色以及正方形本身颜色的影响，会觉得黑色背景中的那一个正方形亮度高。

做出错误的解释。在有些情况下，大脑没有接收到足够的信息，或者受到了其他信息的迷惑和误导，就会产生视错觉。

　　有些视错觉的产生是由于大脑没有将图像和背景分离开来。另外一些视错觉的产生是因为大脑将若干图像混合在一起，形成了某个不存在的物体的图像。还有一种情况是图片的某一部分对大脑影响很深，以至于大脑对该图片的其他部分做出了错误的判断或解释。

↗ 神奇的点

观察上面这些蓝色正方形，你会看到角落里闪动着灰色的小正方形，这种情形在你视野边缘尤为突出。这种灰色小正方形是大脑将光和视网膜上的黑色影像混合的结果。

■ 你怎样听到声音

　　耳朵是听觉器官，空气振动形成声波，然后声波对耳朵中的接收器产生刺激。接收器将神经冲动传递到大脑，形成听觉。耳朵的其他部位起着维持人体平衡的作用。我们的听力在 10 岁左右达到最高点，随后开始逐渐减弱。

　　耳朵是人体重要的感觉器官之一，它和其他感觉器官一同为大脑提供我们周边环境的信息。声音到达双耳的时间不同，这个细微的时间差可以使我们准确地判断声音的来源。耳朵在人际交流过程中的作用尤为重要，因为我们必须通过耳朵才能听到他人的言语。

» 听觉功能

　　耳廓位于耳朵的外围，负责收集声波，声波经由外耳道传入中耳。鼓膜位于外耳道的最内端，是一层组织壁。声波传到鼓膜后，鼓膜开始振动，并将振动传递到中耳。中耳内有 3 块听小骨，分别叫作锤骨、砧骨和镫骨，它们可将振动扩大约 20 倍。锤骨的一段和鼓膜相连，另一端和砧骨相连。

　　砧骨末段和镫骨相连；镫骨末段是一层叫作卵圆窗的薄膜。

　　鼓膜的振动引起中耳听小骨的振动，从而将声波传入

↖ 钢琴调音

这位调音师运用他的双耳认真倾听每个琴键发出音高的细微差别，他正在用一种特制的工具给钢琴调音。

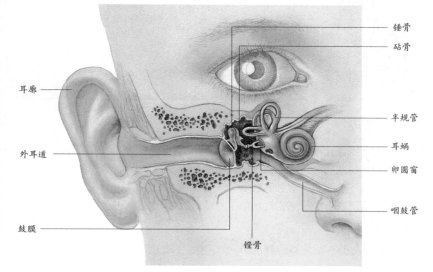

耳廓
外耳道
鼓膜
锤骨
砧骨
半规管
耳蜗
卵圆窗
咽鼓管
镫骨

↖ 耳的构造

人耳分为 3 部分：外耳、中耳和内耳。鼓膜在两端气压相同情况下才能自由振动。空气通过和咽喉相连的咽鼓管到达鼓膜内侧，当咽喉因感冒等原因充血时，人的听力也会随之减弱。

内耳。耳蜗位于内耳中，充满着淋巴液。耳蜗上分布着对声波敏感的毛细胞，毛细胞在受到刺激时会将声波转变为神经冲动，听神经将神经冲动传导到大脑，产生听觉。

人耳能听到的声波范围极广，从每秒振动20次到每秒振动2万次。相对比较，狗的听力范围更为广泛，它们能听到的声波范围是每秒振动15次～5万次。

» 维持人体平衡

内耳中还有一种器官，叫作半规管。半规管有3根，它们互相垂直。人体和头部的转动会引起半规管内淋巴液的振动，形成神经冲动。神经冲动传递到大脑后，大脑做出反应，通过四肢运动来维持平衡。

＊第305页：

＊哪一组运算正确？　　　E

＊破解密码　　　A

＊逃避恐龙　　　在史前人类出现之前，恐龙已经绝迹。

＊折纸盒　　　2

＊第306页：

＊这里有多少个球？　　　五角形：20，正方形：30，椭圆：49，长方形：30，一共有68个球。

＊齿轮转动　　　第1组齿轮中的两个水桶都会下降，第2组齿轮的最后一个齿轮逆时针转动。

＊鱼和鱼钩　　　B，鱼尾和鱼钩不平行。

＊第309页：

＊12根吸管的难题　　　做一个正六面体，它侧面有4个正方形，顶端和底部各有1个正方形。

＊

＊脚不沾地和连环

＊

＊将A，B，C环解开，连接到其余4组链条上，这样只需6个步骤。

＊够着它　　　将模型黏土绑在树上那根绳子的末端，使它摇摆起来。然后握着标杆上绳子的末端，等模型黏土朝你的方向飞来时抓住它。

＊第314页：

＊哪一个更高？　　　二者高度一样。

＊自然界中的伪装

■ 嗅觉、味觉和触觉面面观

嗅觉、味觉和触觉器官的功能类似于人的眼和耳，它们也是将收集到的周边环境信息传送到大脑，以便大脑做出判断并运用这些信息。此外，触觉还会向人们提示人体内部的状况。

人体在受到外界物理刺激时会产生视觉、听觉和触觉，在受到化学刺激的情况下才会产生嗅觉和味觉。目前人们在嗅觉和味觉方面所进行的研究相对较少，所以对二者的功能机制的了解并不透彻。

» 嗅觉

人类的嗅觉比味觉更敏锐。人类不仅能够分辨上万种不同的气味，还能发觉危险性的气味，从而避开险境；而且嗅觉还在吸引异性方面起着一定作用；人们还通过嗅觉这种能力享受着日常生活中各种令人愉悦的气味。人们的鼻腔顶端分布着对气味敏感的组织，当气体分子接触该组织时，会对此处的数百万个嗅神经末梢产生刺激，随后嗅神经将刺激传送到脑部底端。脑部在接收到该信息后分辨气味，引起嗅觉。

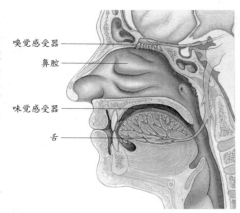

↗ 人的嗅觉

嗅觉和味觉是相互独立的，不过二者都是在人体受到化学刺激时产生的。鼻腔中的感受器探测到空气中有气味的分子之后，和感受器相连的神经末梢负责将信息传递到大脑。

» 味觉

　　人们通常所说的味道其实是味觉和嗅觉的混合。人们能分辨的基本味道有 4 种：酸、甜、苦、咸，这 4 种基本的味道又能混合出多种味道。味蕾是感受味觉的具体细胞，和味蕾相连的神经负责将信号传送到大脑，产生味觉。舌是主要的味觉器官，舌的不同部位可以感受不同的味道。人体的近万个味蕾分布在舌、上颚、咽和喉等部位，食物必须首先溶解在唾液里而后才能产生味觉。

　　味觉对人类的生存具有重要的意义，当食物中含有腐坏物质（酸味）或有毒物质（苦味）时，即使浓度很低，人们也能够发觉。

» 触觉

　　触觉也是大脑接收周围环境信息的一种途径。人们常常把触觉和令人愉悦的感觉联系在一起。除此之外，触觉还能感受疼痛和冷热程度，这种能力对人类的生存十分重要。皮肤和深层组织中分布着触觉感受器，皮肤接触到的物体会对感受器产生刺激，将信息传送到脊髓。各个触觉感受器外围的保护组织不尽相同，它们在皮下分布的深度也有差别，这两个因素决定了某个神经末梢是否会被轻度抚摸、压力、疼痛、震动和冷热等接触激活。触觉消失很快，所以我们常常感觉不到所穿衣物的重量。大脑还通过触觉了解人体内部环境的状况，例如，人体会通过胃痛告诉大脑消化系统出了问题。

知识链接

＊鼻腔中分布着将近 1 亿个嗅觉感受器。

＊舌头能感受到溶液中质量浓度为 0.5mg/l 的某物质的苦味。

＊皮肤上遍布着对触觉敏感的神经末梢，每平方厘米皮肤上约有 1500 个这样的神经末梢。

味蕾

　　如下图所示，舌的不同部位对酸、甜、苦、咸 4 种味道的敏感度不同。你可以将少量的咖啡粉末、糖、柠檬汁和盐分别放在舌的不同部位，感受各个部位所尝到的味道。

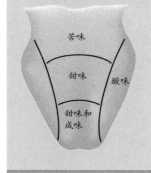

苦味
甜味
酸味
甜味和咸味

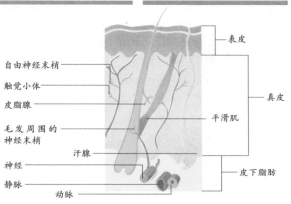

表皮
真皮
平滑肌
皮下脂肪

自由神经末梢
触觉小体
皮脂腺
毛发周围的神经末梢
汗腺
神经
静脉
动脉

↗ 触觉感受器

真皮位于皮肤下层，真皮中的神经末梢负责收集温度、压力和质地等方面的信息，并且能感知疼痛。人的面部和指尖的触觉最灵敏。

■ 怎样延缓衰老

我们所接受的教育和生活环境会对大脑发育造成什么样的影响？人们衰老之后，感官功能和心智能力会发生什么样的变化？

虽然有一些特征是所有人共有的，但是每个人都有自己独特的人格，每个人都有自己的好恶和思维方式。这种独一无二的人格是如何形成的呢？人们的活泼或羞涩，温和或咄咄逼人都是后天习得的吗？

一些研究者得出的结论是环境在个性形成过程中起着关键性作用。他们认为，儿童所受到的教育决定了他们以后的发展状况。另外一些学者则认为遗传基因决定了每个人的基本人格，人们所受到的教育只不过是强化发展了基本人格某些方面的特征。

人们思维和推理方面的许多能力很可能是遗传。例如，人们很可能生来便具有数学运算的能力，适当的教育环境会为我们提供充分学习的机会，帮助我们进一步发展这种能力。但是，很多人生来家境贫寒，没有接受正规教育的机会，他们依靠天生的智力、决心和意志也取得了成功，历史上这样的例子比比皆是。我们可以通过努力学习，掌握学习和记忆方法来增加自己的知识储备。

» 衰老的原因

一切事物的发展规律都要经过发生、发展和消亡的过程，生命也是如此。衰老是生命过程中的晚期阶段。

人的衰老受内因和外因两方面因素的影响。外因包括过强的日光和其他辐射的照射，过高的温度。如果人体长期处于高热环境或较高体温状态下，人体新陈代谢加快，生命的进程也随之加快。

从内因考虑，人的衰老和遗传因素、疾病、不健康的心态以及和生活方式都有关系。目前，有人总结出了影响人衰老的十个因素。1. 慢性炎症；2. 基因突变；3. 细胞能量枯竭；4. 激素失衡；5. 钙化作用；6. 脂肪酸不平衡；7. 非消化酶不平衡；8. 消化酶不足；9. 氧化应激反应；10. 血液循环衰竭。

衰老虽然不可避免，但是人们可以延缓衰老，比如养成良好的生活习惯，保持积极乐观的心态，多多锻炼身体，吃一些对身体有益的食物，保证充足优质的睡眠等。如果人们多多注意生活的细节，再加上科学的不断发展，人的衰老时间一定会大大延长。

» 衰老过程

如果我们生活和工作的环境有利于健康，在生病时又能得到及时有效的治疗，那么我们的大脑和感官应该能保持健康的状态。但是，人的所有生理系统都会受到疾病的侵袭，大脑和感官也不例外。随着人体的逐渐衰老，大脑和感官也会衰退。

虽然每个人开始衰老的年龄不尽相同，但是大多数人都是在55岁左右开始表现出衰老的迹象。健康的生活方式可以延缓衰老，人们可以通过合理膳食和规律锻炼加速血液流动，使身体保持健康。丰富的活动和广泛的兴趣能使人保持积极的心态，也是延缓衰老的有效方式。

随着人们年龄的增长必然会导致感官功能衰退。人们晚年常常发生较为严重的眼部疾病，诸如白内障（晶状体混浊）和青光眼。此外，味觉和嗅觉减退的现象也很常见。

老年人中常见的脑部疾病有老年痴呆症（丧失记忆）和帕金森综合症（神经系统疾病，能致肌肉无力，四肢颤抖），后者会损害肌肉。

思维与心理剖析

每个人都会通过父母的基因遗传到许多特征，这些特征涵盖了本能、气质和个性方面，存在着个体差异，我们的感情和处理感情的方式受到个人气质以及早期人际关系的影响，我们的思维对情感也是有影响力的。

引言

每个人都有自己独特的人格，这种差异表现在思维方式、感情方式和行为方式等方面。人格是怎样形成的呢？数百年来，哲学家和科学家都在不停地探讨这个问题。大多数心理学家一致认为，我们从双亲那里遗传到了部分性格，而我们所生活的世界（环境）对行为也有很大影响。

我们将在这部分详细了解人格的涵义，研究人们在不同环境下的思维和行为方式，以及该种思维或行为的形成原因。

"以貌取人"

通常我们在深入了解某人之前，已经通过观察他的面容和行为形成了对他人格的看法，即使他和我们分属不同的种族和文化群体。观察上图中的这些男孩，你会怎样描述他们呢？好动、活泼、调皮还是趾高气扬？

每个人都通过父母的基因遗传到许多特征，这些特征涵盖了本能、气质和个性等方面，存在着个体差异。本能使我们在采取某些行动之前先进行计划；气质决定了我们的感觉和情绪方式；个性则是指每个人特有的一系列特征。这部分还介绍了心理学家研究个性的科学方法，以及人们的共性和个性。

我们每天都要吸收大量关于自己和他人的信息。事实上，每个人都在进行着个性和行为方式的研究，虽然我们没有意识到这一点。这一部分将告诉我们如何组织并运用我们的经验来和不同的人顺利交流，例如，关于我们如何看待他人以及他人如何看待我们的问题。此外，我们常常将某些人归为一类，这种思维方式叫作心理定式，心理定式也是本部分所关注的内容之一。

» 思维和情感

虽然我们的遗传基因在一定程度上决定了我们对外界变化的反应方式，但是我们所生活的环境和个人经历才是塑造行为的最重要因素。

我们都会经历某些情感，悲伤即是一例，但是每个人的表现方式不同。我们的感情和处理感情的方式受到个人气质以及早期人际关系的影响。我们的思维对情感是有影响力的，认识到这一点，我们就能调控自己的不良情绪。通过加深对

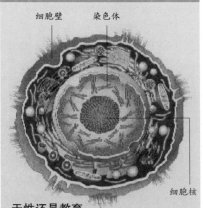

细胞壁　染色体

细胞核

天性还是教育

人体所有细胞的细胞核中都含有染色体，染色体组成成百上千个基因。我们从父母那里遗传到的基因决定了我们将要形成的特征，例如眼睛的颜色。同时，我们还遗传到了我们的人格和一些行为方式。但是，我们和他人进行的交流以及周边世界也对我们的行为有影响，环境究竟对行为有多大影响也是心理学家十分关注的课题，这就是天性还是教育的争论。

人格和行为的了解，我们可以最大限度地发掘自身和他人的潜力。

关于人格和行为，我们仍然有许多未解的难题，譬如说我们为什么会做梦以及梦境的涵义。

■ 本能与天性

人们常说他们对某件事有本能的反应，也就是说，虽然他们之前没有过类似的经历，但他们知道应该做什么。但是，对于本能在人们的行为方式中占多大比例，专家们尚未达成一致观点。

本能是一种行为模式，出于本能，人们会以某种特定方式做某件事情。本能是与生俱来的，它常常被描述成一种不受人们控制的无意识的力量。当本能被激发时，人们会遵循一种特定的行为模式。有人认为，本能通过基因遗传，目的是增大存活概率。

人类的基本本能包括饥饿、渴和性。如果没有这些本能，人类显然无法存活和延续。

对于本能在多大程度上塑造人们的行为方式，以及后天学习有多大作用，专家们的看法并不一致。例如，有的心理学家认为，攻击是一种持续的本能。他们将攻击比作一桶水，这桶水不停地自动填满，如果得不到疏导，桶里的水就会溢出来，也就是导致攻击行为。

其他心理学家则认为攻击并非一种本能，而是人们生活环境的产物。根据这种观点，城市中心区的暴力事件是由过度拥挤和激烈的竞争导致的。

将你今天做的事情列成清单，总结一下有多少行为是本能行为，又有多少行为是后天学习的结果。

» 基因的影响

我们的某些本能对于生存的意义似乎比其他本能更重要。我们关心自己以及那些和我们密切相关的人们的生存状况，这很可能是一种本能。那些和我们共有部分基因的人，例如儿女对我们来说是最重要的。这就解释了为什么一个饥饿的母亲会把食物留给她的孩子，因为这样能确保她的基因流传给后代。

一方面，有些母亲遗弃或虐待自己的孩子；另一方面，我们又常常听到人们为了陌生人而拿自己生命冒险的无私行为，我们很难将这种无私的行为解释为本能反应。有一种解释是我们的本能没有想象得那么强烈，我们的经验（即后天的学习）和环境（居住地等）很可能在塑造行为方式的过程中起着

↗ **家族相似性**
这个家庭孩子们的外貌特征都源自父母的遗传。许多科学家认为，人们的人格也是由遗传因素决定的。

↗ **关心他人**
当看到别人哭泣时，我们常常会安慰他们。因为人们具有这种关心他人的愿望，所以当家庭中的成员哭泣时，他们会得到照顾，从而消除不良情绪。此外，人们还会对自己家庭之外的陌生人表现出关心。

↗ **生存本能**
这些家庭通过逃离危险区增加了存活的概率。因为子女携带着父母的基因，所以父母有保护子女的本能，通过保护子女的生命安全，父母可以将自己的基因继续留传给后代。

同样重要的作用。

专家们一致认为，虽然我们遗传了父母某些特定的行为方式，但是我们可以控制并调整这些行为模式。环境对行为方式的影响可能和本能同样重要。

■ 人格类型是如何划分的

我们经常用"人格"这个词来描述我们所了解的某个人的性格。我们经常推断他人的行为，如果某人的实际行为不符合我们的期望，我们会说他的行为源于他的某种性格。我们还常常将某些特征归为一类，例如，我们会将安静和羞涩联系在一起。但是我们常说的人格类型划分确实准确吗？

当我们描述别人的温和、好斗等种种性格时，常常会用到"人格"这个词。过去有种观点认为我们可以从别人的整体外貌，例如面部特征和体格判断他们的性格。虽然这种判断并非准确可靠，但仍然有一部分人将外貌视为判断他人的基础。

为了解释人们之间的共同点和不同之处，科学家提出了各种各样的人格理论，其中有两点是公认的：每个人都有自己独特的人格，这一人格涵盖了各种各样的特征；而且人格具有长期稳定性。

在关于人格的理论中，人格特质理论影响较大，该理论研究的是在人们身上得到普遍表现的特征，或者说特质。根据这种理论，确定的以人格类型来划分人群的做法是可行的。通过研究具有相似人格的人群，我们可以了解不同特征对行为的影响。我们还能够通过这种方法想象出那些我们不了解的人在某种情况下会采取哪种行为。

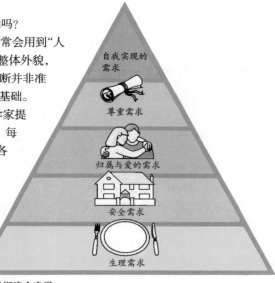

↗ **攻击本能的宣泄**

许多心理学家认为攻击是一种本能，它在男性身上表现得更明显。如果这种本能不能得到正常宣泄，它就会积累，最终导致更加激烈的攻击行为。体育比赛是一种安全的宣泄攻击本能的途径。

自我实现的需求

尊重需求

归属与爱的需求

安全需求

生理需求

↗ **马斯洛金字塔**

美国心理学家马斯洛提出，人的行为受到基本需求的驱动。只有金字塔中低层次的需求基本得到满足之后，才会出现高层次的需求，满足了金字塔最高层次需求的人才能说实现了自我价值（自我实现）。

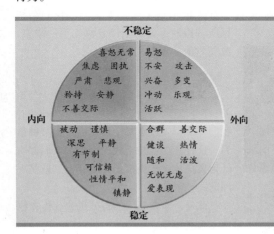

不稳定

喜怒无常　易怒
焦虑　固执　不安　攻击
严肃　悲观　兴奋　多变
矜持　安静　冲动　乐观
不善交际　活跃

内向

外向

被动　谨慎　合群　善交际
深思　平静　健谈　热情
有节制　随和　活泼
可信赖　无忧无虑
性情平和　爱表现
镇静

稳定

艾森克的理论

心理学家艾森克所创立的人格特质理论得到了许多心理学家的赞同。他提出人格主要有两个维度：外向与内向，稳定与不稳定。艾森克认为人格在很大程度上取决于遗传因素，个人特征在出生前已经基本确定。左图是艾森克针对不同特征进行的分类，例如一个属于不稳定外向型的人很容易冲动，并且有攻击倾向；而一个属于稳定内向型的人则是镇静和可以信赖的。你能判断出自己和家人分别属于左图中的哪种人格类型吗？

» 弗洛伊德的理论

奥地利精神病医生弗洛伊德在 20 世纪初创立的人格理论影响深远。弗洛伊德认为人格分为 3 个阶段：本我、自我和超我。

人们最早发展的是本我，本我以自己为中心，是我们性格中的一部分。本我受饥饿等无意识的本能驱动，要求立刻得到满足。例如，婴儿饥饿时会哭泣，直到他得到食物为止。

自我在儿童期开始发展，这部分人格试图以社会能够接受的方式来满足本我的需求。例如，在我们饥饿但不能马上得到食物的情况下，我们学会了等待。

人格中最后发展的是超我，我们从父母和他人身上学到的是非道德观念组成的超我，超我要求我们的行为趋于完善。

事实上，本我和超我都会向我们提出不可能实现的要求，现实的自我能够对这两种要求起到平衡的作用。如今仍然有一部分人接受这种理论，不过这种理论并不是十分科学的，而且不能得到验证。

↗ 他是哪种类型的人

你会如何描述这个男孩的性格？我们常常根据人们的外表推测他们的人格类型，然后根据人格类型猜测他们可能做出的行为。

■ 别人给我们的第一印象

我们一生中会遇到许多人，所以能对我们遇到的人做出判断是一种很重要的能力。有时我们在和某个人简短会面之后就决定不想再见到此人。我们对别人的印象会受到很多因素的影响，而第一印象往往并不准确，我们可能会因为对某个人的错误印象而失去了认识一个好朋友的机会。

当我们第一次见到某个人时，我们往往会通过搜寻他的明显人格特征来判定他是什么样的人。我们首先关注的是他的主要特征，又称中心特征，这些特征被用来概括描述某个人。例如，我们会说某个人很友好，而另外一个人不友好。

我们首先在脑海中确定他的主要特征，然后在此基础上，根据以往经验添加其他可能的特征。大脑往往会将某些信息归为一类，称为图式。例如，当你听别人说某个人很害涩时，你大脑中关于害涩的图式就会启动，你很可能会联想到安静、不善交际、孤僻等其他特征。当我们对某人的了解加深之后，我们会修正脑海中那种粗略的图式。

在评定某人的大体人格时，图式有时是不准确的。当我们判断一个人的中心特征时，往往会发生成见效应。当某些人具备一些正面特征时，我们倾向于认为他们也会具备其他正面特征，反之亦然。例如，如果我们觉得某个人是个招人喜欢的好人，我们可能会认为他的一切行为都应当如此。同理，如果我们对某个人的印象不好，我们很可能会不喜欢他的所有行为。但是当我们更加深入地了解了一个人之后，我们会根据所获得的重要的新信息修正第一印象，改变对他的看法。

↗ 第一印象

在见到某个人的几秒钟之后，我们已经从他的衣饰、外貌、声音和礼仪等方面对这个人的性格做出了判断，这种判断会影响我们对他以后行为的推测。

» 印象的形成

某些特征在印象的形成过程中十分重要，部分原因是我们受到心理定式的影响。我们常常预先设定某个群体会做出某种行为，这种观念就是定式。例如，人们普遍认为男孩比女孩更擅长做游戏，这就是一种定式。

此外，非常显著的特征也会在很大程

度上影响我们对一个人的印象。例如，当我们看到一个人眼圈发青时，我们会认为他刚和别人搏斗过。无论这种看法是否符合事实，它都会影响我们对这个人的整体印象。

他人所处的环境也会影响我们的看法。如果一群无趣的人中有一个人有点风趣，我们就会对此人印象极佳。

↗ **理解我们所看到的事物**
当遇到某些不常见的场面时，我们往往感到无法理解。

作为观察者，你自己的许多状况也会影响你对别人的印象。当你觉得某个人在某些方面跟你相像时，你可能会认为他在别的方面也和你相似，而且他的整体思维方式和行为方式也应该和你没有很大区别。在这个过程中，对我们自己的行为也会产生一定影响。如果我们对某个人有好印象，我们就可能对他很友好，此人也很可能会以同样友好的行为回馈，所以我们都会给彼此留下友好的好印象。

■ 我们给别人的第一印象

我们在不同的场合会呈现出不同的"面孔"，虽然我们有时并没有意识到这一点。然而，即使是在我们刻意努力给别人留下某种印象的时候，我们还是不知道别人究竟是怎样看待我们的。虽然别人不能彻底了解我们的思想，不过有些人很擅长发现我们无意中流露出的信息。

在人际交往中，人们不只观察到我们的相貌，还会关注我们的礼仪、言语和不断变化的表情。我们紧张或者担忧时可能会不自觉地拨弄头发，别人也会注意到我们这种下意识的表现。

我们通常都很在意别人对自己的看法，所以我们总是试图给别人留下一个好印象。自我表现类似于舞台上的表演，我们展现出某种面孔，不断调整自己的服饰、说话方式和用词，以使别人对我们形成某种特定的印象。有时这种表现是刻意的，大多数情况下我们并没有意识到我们在通过调整自我表现来适应某种情境。

我们身处的具体环境也会影响我们的自我意识。例如当我们身处陌生场合时，我们会觉得不自在，所以会更加在意自己的行为和别人的反应，而当我们和家人或朋友在一起时，就会放松很多。

有些人非常在意自我形象，他们能够比较准确地判断别人对自己的印象，并能根据别人的反应调整自己的表现方式。

真正的你

因为大多数人的脸并不是对称的（左右脸颊并不完全相同），你在镜子中看到的自己的脸和别人眼中看到的你的脸并不一致。首先，二者是左右倒置的，这种位置的转换将导致产生不同的整体印象。其次，镜子只能从一个角度反映你的脸，而人脸的表情是很丰富的，因为人的面部肌肉运动远远超过其他动物，表情变化非常之快。某些表情在你脸上虽然只持续了1/5秒，但是也会向别人透露某种信息。

成功塑造预期形象的能力称为形象管理。你必须清楚各种社交场合的行为举止，并且具备观察自身的能力，这样才能成功塑造你预期的某种形象。

即使你精通形象管理的技巧，你仍然会在无意识中透露某些信息。别人虽然不能准确地了解你脑海中的想法，但是他们会下意识地从你的声音和体态语中筛选一些信号和线索，进一步构筑对你的整体印象。

↗ "面具"
小丑的妆容看上去永远是一张笑脸或哭脸，这张脸可以隐藏真实的情绪。我们在公共场合也会以同样的方式戴上一副"面具"。有时，我们也通过化妆强化某些特征。在另外一些场合中，我们只需将真实的情绪掩藏在一张笑脸之后。

» 潜意识中的信号

当我们努力展现某种形象时，那些潜意识中的言语信号和非言语信号很可能会泄露我们的真实感受。非言语信号的作用很重要，我们谈话时的表情往往比话语更有影响力。

你的某些行为会透露你的情绪。如前文所述，不住地用手摆弄某个东西的行为暗示了你的焦虑。在我们不认识某个人的情况下，我们也能下意识地通过他的声音判断他的情绪。

我们常会认为别人对我们有某种看法，并以此树立自我形象（也就是我们对自己的评价），但是我们自己的假设不一定符合别人心目中对我们的印象。

» 服装蕴涵的信息

在我们开口之前，我们的着装已经先一步透露了我们的个性和生活方式。我们常常是根据一个人的着装判断他的职业和地位的。

我们也会通过服装来塑造各种形象。例如在面试时，我们会穿正式的服装。我们也会在婚礼上选择特别的服装，以便使自己的情绪和行为符合这一场合的要求。

一个人的服装往往是社会地位的象征。穿着得体的人，譬如身穿整洁西装的人更容易得到陌生人的帮助。颜色的作用也不可忽视，我们常常将成功人士和灰色、深蓝色以及棕色联系在一起，而不是鲜艳的红色、黄色或绿色。

■ 你受环境的左右吗

你对各种情境的反应取决于若干因素，包括你当时的情绪、你的类似经验和社会期望的行为等等。

当我们遇到一种新情况或一个陌生人时，我们会运用在过去经验中积累的价值观或信念来做出适当的反应。例如，我们对善恶的判断即属于价值观的一部分。这种价值观又称为自我建设。

例如，当我们遇到说话直率的人时，我们可能会觉得他们很粗鲁，让人心烦，也可能觉得他们很坦率，值得信任。我们不仅运用自我建设来判断他人，这种建设还会直接影响我们的行为以及我们和他们的交流方式。如果我们对他们是第一种印象，我们可能会在第一次见面之后回避他们。反之，如果我们对他们是第二种印象，我们可能会在遇到麻烦时征求他们的看法。在这两种情况下，他们的行为是没有变化的，如果我们的自我建设不同，就会对他们形成不同的印象。

↗ 正式场合
正式的社交场合要求人们举止庄重自制。

* 人们很难拒绝直接的要求。在一项研究中，当地铁乘客被要求无条件让出座位时，有一半乘客这样做。
* 破坏社会规范会使人焦虑。
* 我们倾向于服从穿着"官方"制服的人。

↗ 影响你反应的因素
你对各种情景的理解和反应受到个人因素和社会因素的共同影响。

》社会角色

通过社会化过程或者和他人融合，我们很早就学到了各种规范，这些规范对我们在各种情境中的行为起指导作用。有些规范是家庭制定的，例如在室内穿拖鞋。另外一些则是社会规范，又称社会准则或文化准则，例如遵守法律。我们期望在各种情境中他人的行为都符合社会规范，同样别人也期望我们做到这一点。

当我们第一次尝试某件事时，例如上学，我们感到手足无措。我们逐渐适应了这个新情境，最终可以自如地扮演这个新

↗ 网球迷
在网球赛这样的体育赛事中，观众常常衣着随便，任意地欢呼喝彩，有时裁判都需要提醒观众保持安静。

↗ 保持距离
我们通常在公共场合和陌生人保持一定距离。如果有人坐得太近，打破了这种非正式规范，我们就会觉得奇怪，并且感到不安。

角色，这个过程称为角色内化。通过不断学习新角色，我们可以对多数情境做出自动反应。回想一下你每天要扮演多少角色：父母的子女，别人的朋友，公车乘客以及学生等等。你需要扮演好每一个角色，做出各种适当的行为，符合各种特定的情境。如果我们没有扮演好自己的角色，破坏了社会规范，就常常会遭到社会谴责。

■ 什么是心理定式

如果有人问："你认为大学生是什么样子？他们一般有什么样的行为？"很少人会回答说："这个很难说，因为每个学生都是不一样的。"我们对某个群体的观点会扩展到这个群体中的每一个成员，这就是心理定式。虽然我们没有意识到自己的心理定式，但是心理定式经常是我们判断别人的基础。

心理定式是指个人对某一特定人群产生的概括而固定的看法。虽然心理定式相当刻板，但是它们的作用仍然是很重要的。我们每天会遇到很多人，接收很多关于他们的信息，心理定式可以帮助大脑

↗ 人的外表

我们的心理定式常常建立在外表的基础之上，例如我们常常认为胖人会比瘦人更风趣。

1. 我们在看到某个人的第一眼后就开始判断此人的性格。我们会关注他的关键特征，形成整体印象。

2. 如果此人属于某个特定群体，我们心目中关于这个群体的心理定式就会影响我们对他的印象。我们会自发启动心理定式，而忽略其他信息。

3. 在心理定式影响下，我们认定此人必然具备其他相应特征，而这种假设常常是错误的。例如，如果某人是素食主义者，我们可能会认为他是个爱护动物的人。

↗ 心理定式的作用

我们常常不自觉地运用心理定式给别人下断语。这个自发过程可能会使我们形成对别人的错误印象。

↗ 眼镜和心理定式

研究证明，人们常常认为戴眼镜的人比不戴眼镜的人更有智慧，尤其是戴眼镜的女性。比较这位女性戴眼镜和不戴眼镜时的照片，你是否同意这种观点？

对这些信息进行"归档"，这是我们和他人进行交流的起点。

在和他人交流的过程中，我们会得到更深入更准确的信息，从而修正自己的成见。我们的脑海中普遍存在着许多心理定式，或者说成见，它们涉及到各种各样的群体，诸如男性和女性、种族、年龄以及宗教等等。你还能想到其他心理定式吗？

然而，有时心理定式会导致错误的判断。我们之前已经讨论过第一印象的重要性，一旦我们抱着心理定式去观察某个人，我们就只能看到自己期望看到的方面，而忽略与期望相反的方面。例如，在某项测验中，有人前半部分做得好，也有人后半部分做得好，然而，即使后者的总分比较高，我们还是倾向于认为前者更聪明。

心理定式可能会得到自我验证。当我们期望他人有某种行为时，我们就会对他们采取相应的行为模式。例如，我们常常期望女孩温柔可爱，男孩有阳刚之气。

知识链接

* 从婴儿出生开始，我们就对男孩和女孩进行区别对待，这种做法强化了我们关于两性的心理定式。

* 别人对我们的印象在很大程度上取决于我们的着装。

* 增加了解是打破心理定式的一种途径。

» 心理定式的变化

当社会角色发生变化时，人们的心理定式也会随之改变。有一些职业曾经被认为是适合男性的工作，现在也有很多女性参与其中。过去女外科医生很少见，人们只能见到男外科医生，这就强化了外科医生必然是男性这一心理定式。随着女外科医生越来越普遍，这种心理定式就被弱化了。

建立在种族基础上的心理定式也很普遍，如果这种定式是负面的，并且被整个群体持有，它就会产生严重的后果。

我们可以通过几种途径修正自己的心理定式。一种方法是增加对个人的了解。另一种方法是社会变革，例如通过颁布法律的手段要求雇主给不同性别和不同种族的求职者以相同的机会。认识到自己的心理定式是做出改变的第一步。

■ 自我意识和自尊

我们都对自身有某些看法，并且对自身寄予某些希望。我们需要别人肯定我们自己的价值，这样我们才会相信自己具备成功的能力，并且相信我们所做的事情是有价值的。

自我形象

　　每个人心中都对自己有一个看法，这就是自我形象。自我形象由两部分组成，其一是我们对自己外表、情绪和行为等方面的观察；其二是我们心目中别人对我们的反应，别人的重视会加强我们对自我价值的肯定。我们尝试各种自我表现方法，并观察别人的反应，其中最成功的自我表现将成为自我形象的一部分。但是我们的自我形象不一定是真实的自我，也可能和理想的自我有差距。

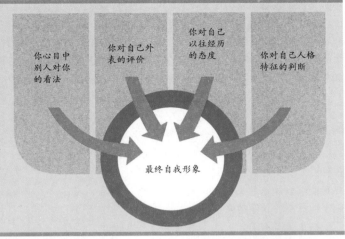

你心目中别人对你的看法

你对自己外表的评价

你对自己以往经历的态度

你对自己人格特征的判断

最终自我形象

↗ **公众认可**

如果我们的成就得到他人的认可，我们会愈加肯定自我价值，并且坚持不懈地努力。我们会看重给自己带来荣誉的技能或成就。虽然我们不擅长所有事情，但我们每个人都有自己的强项。

↗ **自我意识**

婴儿在出生6个月后开始形成自我意识，在18个月时能够辨认自己的面孔，当别人提到他/她的名字时，婴儿会指向自己的照片。婴儿很快就学会运用代词"我"和"你"，表明他/她已经意识到自己和他人的区别。

　　自我意识很可能是我们祖先的一种生存手段。首先，自我意识强烈的人最善于躲避野生动物和其他敌人。其次，富有魅力或有能力的人往往是社会的宠儿，所以能为自己创造这种形象的人具有一定的优势。

　　婴儿能够辨认出有些东西是永远属于自己的，例如手和脚，而其他东西并非是自己的一部分，它们只能停留一段时间，这就是自我意识形成的开端。

　　婴儿长成儿童之后，开始理解自身，了解自己具备的能力，开始形成自我形象。

» 自尊

　　自尊是指一个人对自我价值的肯定，自尊源于自己取得的成就和他人的肯定。我们需要从小就感觉到自己是特别的，才能培养自尊心。例如儿童需要得到父母的肯定和赞扬，才会感到自身的价值，并且具备发展自身潜力的信心。

　　如果父母能够鼓励我们尝试新事物，赞扬我们所取得的成绩，将会有利于我们培养自尊心。但是有时父母的期望值过高，他们的孩子会感到只有自己取得一定成绩时才能得到父母的肯定，那么在大多数情况下他都觉得自己是个失败者。这样的孩子会认为自己是没有价值的，很难培养自信心。

我们每个人心中都有一个自我形象，此外，我们心目中还有一个"理想的自己"。如果一个人的自我形象和理想形象相差甚远，这个人的自尊心通常比较低，他为自己设立的目标往往不切实际。此外，大多数人的自我形象也是不准确的。例如，某个人在别人心目中的形象可能是成功而且有魅力，但是，如果他认为永远考第一名才是成功，赢得每个人的喜欢才是有魅力，那么他的过高期望也会降低自尊。

如果你的自我形象和理想形象十分接近，你就会感到快乐，富有成就感。

■ 人类独有的特征

一方面，人类喜欢群居生活，和他人分享各种爱好；另一方面，每个人都不同于他人，并且能够表达这些不同，正是这一点使人类区别于地球上的其他动物。

每个人都有希望、恐惧等情感。人类通过文学、艺术甚至战争表达个人情感。但是，无论是远古社会还是现代社会，社会整体利益都被置于个人利益之上。在战争或饥荒期间，生存是首要问题。

在中世纪早期，人们被严格的社会制度所约束。违反律法的人要受到极其严厉的刑罚；农民整日在土地上耕作。在 14 世纪初，欧洲爆发了一系列的大瘟疫，人口急剧减少，出现了劳动力短缺的问题，作为个体的农民们开始为自己争取较好的待遇。

↗ **文艺复兴天才**

莱昂纳多·达·芬奇于 1452 年出生于意大利，此时已是欧洲中世纪的尾声。他所生活的时代被称为文艺复兴时期，这是一个激动人心的新阶段，学术、艺术和发明不再局限于宗教领域，人们的创造能力得到了极大程度的释放。达·芬奇的一生展现了人类个体生命的巨大潜力，他是人类历史上最伟大的艺术家之一。此外，他还是杰出的剧作者、建筑师、工程师、雕塑家、生物学家、数学家和发明家。

伴随着封建制的解体，个人主义的新时期开始了，这是一个创造性活动蓬勃发展的时期。个人不再仅仅是贵族领主和宗教制度的从属，艺术家通过自己的创作歌颂人本身。在 1790 年左右，个人争取权利的斗争第一次取得胜利。心理学这一科学新分支在 1880 年左右建立，以弗洛伊德和荣格为代表的心理学家开始探讨人类思想的奥秘，研究个人在社会中的行为。

↘ **人群中的面孔**

英国伦敦某体育馆外，球迷们在热烈期盼着一场足球赛。人们在人群中的行为和独处时不同，他们会通过穿相同的服装和唱相同的歌曲来表现自己属于这个群体。

指纹

每个人不仅有自己独特的思维，而且有自己独一无二的体格特征，例如指纹。你可以通过图中的方式拓下自己的指纹和其他人的指纹进行比较。

1. 在白纸上削出一些铅笔屑，用手指蘸取铅笔屑。

2. 将透明胶带（光滑面朝上）贴在手指上，拓下指纹。

3. 将透明胶带贴到一张白纸上。

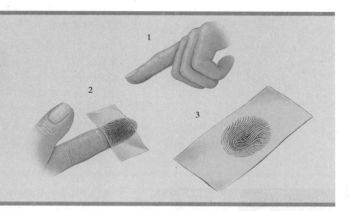

» 人的叛逆

人的叛逆主要分为三个阶段：3 岁左右是第一个反叛期，第二、第三反叛期分别在 10 岁和 13 岁发生，被界定为"准大人期"和"青春反叛期"。

3 岁是孩子自主能力的形成期，这时孩子的自尊心开始出现，但他们非常容易以自我为中心，非常任性。这一阶段的宝宝非常需要秩序感，但不会表达，因此表现出对物品强烈的占有欲，他们会觉得"东西出去就回不来了"，所以这一时期也叫"执拗期"。

9 岁到 10 岁半的时候，人的发展进入了第二个叛逆期——"准大人期"。这个时候的孩子表现为不愿意让家长拉手、喜欢让别人叫自己的全名。不过与此同时，孩子还会表现出一小段时间的"回归婴儿期"，表现得非常依赖、不讲道理，或者娇气、容易哭。等到了 10~11 岁，孩子就表现为喜爱群体，要有大人的权利但不愿承担责任。

■ 个性的形成与表达

因为人们都有自己独特的信念和价值观，所以会采取相应的思维方式和行为方式，这就是个性的表达。我们能够注意到他人和自己的区别，并且重视那些具有鲜明个性的人。然而，坚持自己的看法和宣扬自己的个性并非易事，当你的看法和大多数人大相径庭时更是如此。

我们通过父母基因遗传到的特征决定了我们的主要人格，但是人格中的一个重要构成部分——个性，是在我们成长过程中形成的。在这个过程中，他人的帮助可能会起到重要作用。我们逐渐形成对各种事物的看法，并且学会通过言语和行为表达自身。

马斯洛认为，人们生活的目标是最大限度地发挥自己的潜能。作为个人，为自己设定目标是生活中不可缺少的一部分。在达成这些目标的过程中，人们最大限度地开发自己的潜力，成为独特的个体。

他人的个性，即他人的观点与信念和你自己的个性同等重要，对这一点的认识也是个性的一个重要方面。你不能将自己的观点和信念强加于人，正如你不希望别人将他的观念强加于你一样。

» 个性形成

个性不等同于标榜自己与众不同，它意味着成熟的是非价值观念，在必要的情况下你应当维护它。

我们的观点很容易受到他人的影响，因此很难坚持表达自己的信念。当你自己的信念和大多

↗ **领导力**

许多领袖人物，例如前南非总统曼德拉表现出杰出的个性。杰出的领导往往目标清晰、意志坚定、不屈不挠地追求自己的目标。

测验线　刺激线

阿希经典实验

这个实验证明了反对大多数人的观点是多么困难。一位心理学家让几组人首先观察左图的 3 条线（测验线），然后展示给他们左图中的另一条线（刺激线），最后让他们依次回答哪一条线（A,B 或 C）和刺激线的长度一样。大多数人已经事先得到指示，故意给出一个错误的答案，每组中只有一个人（实验对象）毫不知情。当轮到他时，他因为和大多数人观点不同而感到不安，参加此次测验的很多人会在这种压力下"屈服"，转而赞同其他人明显错误的答案。

↗ **个人风格**

有个性的人乐于展现自我，所以他们的着装往往与众不同。不过大多数人的着装并不能反映他们的个性，因为人们选择某种服饰多数是为了向周围的人传达某种信息，他们往往是为了符合集体规范、为了在人群中脱颖而出或者为了给别人留下特别的印象。

数人不同时，情况更是如此。社会压力可能会成为我们发展自己个性的阻力。你可能在社会压力面前改变了自己的行为，尽管这样的行为违背了你自己的信念。例如，在上学时，你可能和别人一起取笑某个同学，尽管你知道这样做很刻薄。

书中介绍群体行为的部分描绘了我们是如何寻求群体的认同。我们常常为了得到群体中其他成员的认同而放弃了自己的想法，转而接受群体的观念。有关实验数据表明，只有少于 30% 的人愿意支持一个不被大多数人接受的观点，其中包括阿希经典实验。

有些父母也会给自己的孩子施加这样的压力，比如，他们希望孩子将来从事某种特定的职业。但是，如果我们只是为了满足他人的期望而努力，我们就很难发现自己的个人优势。在我们的青春期，虽然有的时候自己的观点会和父母或同龄人的不同，但我们仍然要培养独立思考的意识，树立个人正确的价值观，设定好自己的人生目标。

我们应当自信，遇到问题时能够打破思维惯性，面对社会压力时毫不退缩，这样我们才能建立自己的信念，发现自身的优势。

■ 社会化过程中的个体发展

在社会化过程中，人们掌握社交技能，适应社会角色，并且形成价值观，从而成为社会的成员。人们一出生便开始了社会化的过程，这一过程随之贯穿一生。从出生到成年这个阶段中，儿童和青年生长发育很快，并且加深了对自身的了解和对社会的认识，所以这是一个关键性阶段。

社会化是一个渐进的过程，这个过程受到许多因素的影响。父母和其他看护人对新生婴儿的影响最深。随着婴儿的成长，亲属和朋友的作用越来越重要。幼儿园、学校以及其他更广阔的社交圈和文化圈在人们的观念形成过程中起着重要的作用。例如，在大城市中成长的孩子和在农村长大的孩子的经历可能差别很大，所以他们所形成的价值观也可能有很大区别。

托儿所、学校等
社会影响
文化影响
中小学系属
直系亲属

↗ **影响社会化的因素**

直系亲属对一个人社会化的影响最大，因为我们是通过关爱我们的人了解到社会对我们所持的期望的。随着我们日渐长大，学校和工作也开始影响我们社交技能的发展。

» **早期社会行为和交流**

新生婴儿通过许多行为和他们的看护者建立社会联结。例如，婴

发展阶段

我们的发展要经历不同的阶段，每个阶段我们要面对不同的挑战，发生不同的变化。在我们的成长过程中，随着社交圈的不断扩大，我们的活动范围也越来越广阔，因此也就不再局限于自己家庭内部。然后许多青年会选择离开家庭，他们进入大学，参加工作，和朋友们一起生活或者结婚。

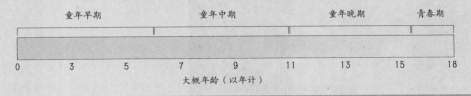

| 童年早期 | 童年中期 | 童年晚期 | 青春期 |

大概年龄（以年计）

儿喜欢把头转向熟悉的声音。一些研究表明，刚出生的婴儿便能够区分自己母亲和其他女性的声音。

婴儿对和人脸相似的图形特别关注。

» **个体发展**

社会化过程对我们的发展（所谓发展是指人们一生中逐渐成长并发生变化的过程）有直接影响。在我们的成长过程中，随着经历的日益丰富，我们也掌握了

↗ **童年游戏**

游戏为儿童提供了许多了解自己和他人的机会。游戏是一种鼓励儿童掌握新技能的途径，儿童通过游戏对不同行为进行实践，适应不同的社会角色。在3～5岁这个阶段，儿童参加的游戏迅速增多，词汇量也迅速扩大。在以后的阶段，游戏能够帮助儿童学会分享、合作和游戏规则。

↗ **悲伤和愤怒**

上图的小男孩不太开心。学习处理自己的负面感情是成长和社会化的一个重要部分。儿童很早就认识到他们有时得不到自己想要的东西。在父母和其他家人的帮助下，我们学会了如何应对这种状况。

更复杂的社交技能、担任了不同的社会角色，由此形成了不同于他人的价值观。例如，我们的家庭环境会影响我们理解感情和表达感情的方式。

个体发展可以分为3个不同方面：情绪发展、社会发展和认知发展。

情绪发展是指儿童理解自己以及周围人们的情感的能力。

社会发展是指儿童和周围的人们进行交流（即形成联系）的能力。

认知发展是指学习知识和发展推理能力的过程。著名心理学家简·皮亚杰的作品针对儿童如何学习周围世界这一课题进行了详尽的研究。

■ 群体行为模式对个体的影响

我们一生中会参加许多群体，诸如家庭、朋友圈、体育组、俱乐部，以及宗教和政治组织。人类似乎有一种归属于社会群体的强烈需求，群体对我们的思维方式和行为方式产生很大影响。群体既能激发出人类最优良的行为，也能激发出最恶劣的行径。

我们很早就学会了在群体中和其他成员合作，通过共同努力达成共同目标。群体能够激发我们的潜力，使我们能做到单独一个人时做不到的事情。在童年我们参加的小组游戏中，所有成员都遵循同一规则，而且在游戏中表现出对自己所属小组的忠诚。

在童年之后，我们会参加许多其他团体，这些团体对我们产生类似影响。我们倾向于赞同群体中

↗ 自我表达

当置身于高度兴奋的人群中时,我们会随之激动,不再那么羞涩。我们感到自己成为沧海一粟,不再那么在意别人对我们的印象。这种场合为人们提供了释放情绪的机会,他们可以任意尖叫,挥舞手臂,而他们平时是不会做出这些举动的。

大多数成员的想法。如果我们加以反对,就可能被群体孤立,失去社会认可。

一方面,群体常常激发成员的价值感和归属感;另一方面,群体有时也会产生负面作用。首先,我们会感到群体弱化了自己的个性。其次,我们所属的群体还会影响我们对待其他群体的方式。不同群体之间常常发生对立,例如不同足球队的支持者之间常常发生冲突。

即使某个群体的是非标准和观念并不正确,如果接受这些观念的成员足够多的话,所有成员都会信以为真,并将这些观念视为自己行动的依据。

» 群体行为

如果我们周围有许多人,单是他们的存在本身就会对我们的行为产生影响,即使我们和他们素不相识。在我们身处人群中时可能会做出自己平时想象不到的行为,因为当人群处于高度兴奋状态时,我们监督、控制自己行为的能力会降低,我们成为了周围环境的一部分。

这种群体行为可能会导致激烈的后果,单纯的兴奋可能会在瞬间转为歇斯底里、恐慌,甚至暴力。

» 旁观者冷漠

我们常常认为自己会毫不犹豫地帮助别人。但是如果附近还有别人在场的话,你是不是会袖手旁观呢?研究证明,这种袖手旁观的现象的确是很常

↗ 合作

对合作的习得是成为社会成员的一个重要部分。和他人合作有诸多益处,这个过程更有趣,遇到的问题大家共同解决,通常可以更迅速地达成目标。

见的。人们把这种效应称为旁观者冷漠,并且为这种效应找出下列两种原因。

首先,我们不能确定情况是否紧急,所以我们先观察别人怎么做。其次是责任分散的因素。因为每个人都知道还有别人在场,所以责任就不会降临到具体某个人身上。每个人都认为会有人提供帮助,而结果往往是所有人都在袖手旁观。

一旦人们意识到旁观者冷漠效应,就不会再受到这种效应的影响。他们会立即提供援助,缓解这种状况。

» 风险性转移效应

群体做出的决定往往比个人所做决定的风险性要小,这就是风险性转移效应,因为承担该风险责任的是整个群体。

■ 磨砺你的社交技能

我们与他人的交流是日常生活的中心部分。在我们的成长过程中，我们从父母和其他看护人那里学会了如何和他人进行交流，以及在各种社会情境中采取相应的行为方式。

我们在先前的部分已经了解到婴儿的早期社会行为。儿童通过藏猫猫这类简单的游戏学会了在社交中运用视线接触，以及依照顺序做某事。他们还常常扮作医生、护士或西部牛仔，通过这种游戏练习各种行为、语言和手势。

我们的父母、看护人和朋友在我们学习社会行为的过程中起着最重要的作用。通过观察他人的行为，我们学会了如何应对类似情境。父母在我们很小的时候就教会我们说"请"和"谢谢"，这是我们学习礼仪的第一步。

↗ 用餐礼仪

我们很小的时候就学会了使用刀叉等正确的用餐方式。我们长大后又掌握了和用餐相关的社交技能，包括穿着适宜的服装，礼貌地感谢厨师或主人。

» 别人做出的反应

社交技能的重要性在于它能够影响别人对待我们的方式，并且能够帮助我们结识新朋友。别人对我们的反应非常重要，这会影响我们对自己的看法。我们应当学会视线接触（看着说话人的眼睛）、微笑、认真倾听、关心他人的感受等基本的社交技能。

当别人不喜欢我们的行为方式时，我们的家人和朋友常常会提醒我们。我们很快就知道某些行为是不受欢迎的，诸如打断别人的谈话。

我们会对不同的专业人员采取不同的行为方式，例如教师、护士和其他权威人士，我们和这些专业人员之间的关系有时被称为正式关系。

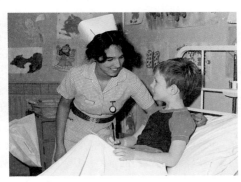

↗ 正式关系

这个男孩在医院受到护士的照顾。在这种关系中，护士和病人所采取的行为方式都不同于他们和朋友聊天时的方式。

» 胆怯心理

我们都有过在某个场合感到胆怯的经历，我们会担心自己的行为举止和穿着是否适宜。我们常常

知识链接

* 我们能够很快掌握需要遵循的社会规范和文化规范，这些规范随着具体情境而变化。如果我们违背了这些规范，别人会通过具体行为表示反对。

* 所有人都会在人生的某个阶段经历胆怯和局促不安。

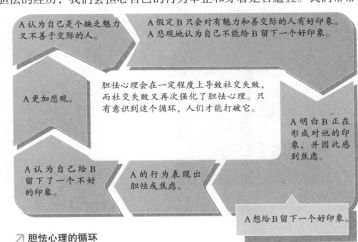

A 认为自己是个缺乏魅力又不善于交际的人。

A 假定 B 只会对有魅力和善交际的人有好印象。A 悲观地认为自己不能给 B 留下一个好印象。

A 更加悲观。

胆怯心理会在一定程度上导致社交失败，而社交失败又再次强化了胆怯心理。只有意识到这个循环，人们才能打破它。

A 明白 B 正在形成对他的印象，并因此感到焦虑。

A 认为自己给 B 留下了一个不好的印象。

A 的行为表现出胆怯或焦虑。

A 想给 B 留下一个好印象。

↗ 胆怯心理的循环

通过观察并模仿别人的行为来克服胆怯，或者是向别人咨询。掌握对话技巧是克服胆怯心理的一种重要方式。在成长过程中，我们逐渐掌握了各种场合的行为方式，并且增加了自信。

胆怯有时会阻碍我们结识他人和尝试新事物，在这种情况下，我们对自己的社交技能失去信心，于是更加胆怯。如果我们能够意识到这一点，将有助于我们克服胆怯心理。你可以向家人或朋友诉说你的问题，你会发现不只是你一个人会感到胆怯，这种谈话还常常会帮助你找到克服胆怯心理的方法。

■ 成长过程中的几个关键时期

在成长过程中，我们会遇到不同的人，并与之发展不同的关系。我们首先是同母亲发展关系，因为我们在出生前是在母亲的子宫内生长的。我们出生之后，会同自己的监护人形成牢固的关系，称为依恋。同时，我们会同其他家人形成亲密的关系。然后，我们会拥有广泛的朋友圈并且和亲属之外的人交往。

▷ 幼儿园

这个期间儿童花在游戏上的时间很多，语言能力提高很快。他们喜欢尝试各种新活动，而且乐意创造新事物。这些活动往往是有目的性的，并且能给他们带来极大的成就感。

许多心理学家都曾试图确定情绪发展和社会发展的关键阶段，但是他们的理论都只是概括性的，因为每个人都是独特的个体，具体发展时间有所不同。有的人学习技能的速度比较快，有的人身体发育比较快，还有的人开始走路和说话的时间比别人早。

心理学家埃里克森 1968 年发表了一部关于情绪发展以及社会发展的重要作品。他在书中确定了人们从出生到老年要经历的几个关键性发展阶段。

埃里克森认为，在从婴儿出生到 1 岁这个阶段，婴儿同监护人之间达成的信任是最主要的关系。

我们信任自己心目中重视的人，这种信任他人的能力对于结识朋友和维持友情是非常重要的，并且有助于我们同他人发展关系。

在 1 ~ 2 岁这个阶段，幼童主要是同他们的监护人进行交流，他们还开始发掘自己的能力，并且在这个过程中形成自我形象。学前 3 ~ 5 岁的幼童开始形成道德感，这种道德感指引着他们对别人的行为，并且使他们能够辨别是非。

从 6 岁到青春期这个阶段，儿童的主要交流场所从家庭转到了学校，他们在学校和他人发展了许多新的关系。

从 6 ~ 12 岁这个阶段，儿童对合作的理解加深，并且认识到朋友应当互相帮助。儿童 8 岁之后的友谊开始具备稳定性。当某段友情破裂时，例如某个朋友搬家，他们会为失去这个朋友而感到悲伤。12 岁之后，儿童开始学会欣赏朋友身上的优秀品质。

↗ 进入成年期

从青春期到成年期是一个转型时期，各种关系都在这个时期得到充分发展。异性之间吸引力加强，我们开始同异性发展较为亲密的关系，并且开始考虑选择人生伴侣。

» 童年中期

在 9 岁之后，儿童开始和朋友分享秘密，对朋友表现出忠诚，并且肯为朋友做出牺牲。他们开始从别人的角度观察事物，并且开始与别人合作。在这个阶段，儿童对他们的"最好的"朋友可能是极具占有性的。

» 青春期

自我定位在我们的一生中是很重要的。进入青春期之后，青少年开始生长发育（性成熟），在此期间，他们往往致力于建设自我定位。

通过参与群体活动，青少年认识到自己作为成年人应当适应的角色，开始建立在家庭之外的身份。同时，青少年对抽象事物和假设情景的理解能力在青春期得到发展，并且他们更加注重别人对自己的看法。

许多青少年为自己发育缓慢而担心，其实这是很正常的情况，因为人们生长发育的速度存在个体差异。女孩通常在 10 ～ 14 岁开始发育，男孩的发育通常开始于 12 ～ 16 岁。

在进入成年期之后，青少年开始履行自己的义务和责任。他们的自我定位更加清晰，开始同异性发展亲密的关系，并且确定了若干个人生目标。他们这一时期的主要任务是为适应以后的新角色做准备。

■ 性别角色透视

科学家一致认为，在某些情境下，男性和女性会做出不同的行为。其一是因为男女生理构造有所区别；另外，人们对男性和女性的抚养方式和期望也有所不同，这个原因也许更重要。这些区别导致了男性和女性对某些关系的处理方式的不同。

人的行为主要受到两个因素的影响。首先，遗传基因导致了男性和女性不同的生理构造；其次，家庭、朋友和社会对男孩和女孩的行为有不同的期望。人们在视野、价值观和思维方式等方面的差异会对他们的交流方式产生影响。儿童在 3 岁左右就知道自己是男孩还是女孩，并且能够辨别他们的小朋友的性别。换言之，

↗ **工作场合**
过去，女性很少能在公司中担任高级职位，但是现在有许多女性都身处重要职位。女性处理同下属关系的方式可能不同于男性。

他们已经意识到男女行为的区别，开始形成关于两性的心理定式。研究表明，这个年龄段的儿童认为女孩应该做饭、打扫房间，并且话很多；而男孩则会给父亲帮忙，还会说一些"小心我揍你"之类的话。

儿童很早就开始形成了关于性别角色的心理定式，对父母和周围人们的行为的观察与模仿是他们重要的学习途径。虽然在许多家庭中，母亲在外工作，父亲看护小孩，但是在影视作品和书籍杂志中，关于两性的心理定式表现得仍然很普遍。

父母往往会鼓励儿童的某些行为，他们的鼓励会产生重要的影响。父母倾向于对男孩和女孩采取不同的鼓励方式，他们会鼓励女孩跳舞、打扮，和洋娃娃玩耍；而对于男孩，他们常常鼓励他参加运动，而且会给他买卡车模型。

人们在同别人发展关系的过程中，会将童年所习得的心理定式以多种方式表现出来。例如，男性的友谊通常是以活动为中心的，他们会在一起做某种活动，例如运动；女性的友谊则通常是以人为中心的，她们会讨论各种人际话题，常常通过谈话或行为表达感情。

我们以上讨论的都是西方社会中的性别差

↗ **照顾孩子**
在传统观念中，女性主要承担照顾小孩的责任。不过，如今这种情形已经发生了转变，许多男性开始学习照顾孩子。

↗ 学习照顾别人

这个小女孩正在喂她的洋娃娃喝奶，她可能是在模仿她的母亲或父亲的动作。成人通常不会给男孩子买洋娃娃，更不会鼓励他们像女孩一样学习照顾婴儿。

异。在许多其他社会中，人们认为女孩应该照顾别人，男孩则应该自强自立，取得成就。在重视男权的社会中，例如游牧狩猎民族，这种性别差异尤其明显。

» 人在职场

男性处理与同事关系的方式可能会和女性有显著不同。虽然女性领导也像男性领导一样坚定和富有竞争力，不过总体而言，女性上司更加心思缜密，也更关心下属（被管理人员）的行为。

不过，所有领导都开始注重提高自己的管理水平，以及激发工作人员的积极性，上述两性区别可能也会不复存在。

■ 理清自己的情绪

许多情绪是我们每个人都会经历的，但是每个人的具体体验又有所不同。我们有时能够轻易描述自己的情绪，但是有时情绪亦使我们迷惑不解，以至于无法用语言表达。

每个人都会经历各种各样的情绪，其中有些情绪会很快消失，另外一些情绪则会持续较长时间。有时，我们还会感到若干种不同的情绪交织在一起。

我们能够运用语言给各种情绪命名，从而将它们区分开来。人们会通过采取行动对自己的情绪做出反应。此外，人们还会同别人讨论自己的情绪，对该种情绪做出解释。倾诉能够帮助我们明白自己情绪的来源，进而理解和描述这种情绪。

所有情绪都会导致人体的一些生理变化，有时这些变化会影响我们的正常思考能力，例如焦虑反应。而在我们感到放松或平静时，我们常常不会感觉到具体的生理变化。

不同的情绪也可能导致相同的生理变化。人们常常以为恐惧和兴奋是完全不同的情绪。实际上，两者都以脉搏加快为主要特征，这种区分取决于我们对自己的反应做出的解释。我们刚坐上过山车时的感觉是兴奋，但是一想到过山车的俯冲，就会转而将自己的感觉表现为恐惧。在这个过程中，我们的生理感觉是相同的，但是我们的想法却发生了巨大的转变。

我们通过3方面的信息来解释某种情绪：其一是我们体验这种情绪的情境；其二是我们当时的想法；最后是我们的生理反应。例如，当你看到一只恶犬时，你可能会想到它会咬你，于是你的脉搏跳动加快。（在这个例子中，你的想法和情绪往往组合产生为恐惧。）

» 情绪的发展

前面已经介绍了我们是如何学会给自己的情绪命名的。所有社会中都存在用来描述情绪的语言。在我

↗ 描述情绪

我们对自己情绪的理解包括3方面：我们周围所发生的事件、我们当时的想法以及我们的生理反应。这个小女孩可能体验到几种不同的情绪，她哭泣的原因可能是悲伤、害怕、孤单或者愤怒。

们的一生中，我们不断体验着各种情绪，并且学会向自己和别人描述它们。我们对情绪的名称有一致的看法，但是每个人的生理反应都不一样。

人们常常对同一件事有不同的反应，有的人会为某件事恼火，有的人却认为这件事不值一提。人们在性情和经历上的差别会影响他们的情绪反应。一个人的性情决定了他是否容易激动，因此有的人容易情绪化，有的人偏向沉静，还有的人较为忧郁。

我们每个人都有自己不同的经历，当我们遇到和以前类似的情况时，曾有的经历会影响我们的情绪反应。有时我们会意识到自己过去的情绪，从而预料到自己将来在类似场合中的反应。你是否曾经盼望得到某件东西，但是你如愿以偿之后却感到失望？也许是你期望过高导致了失望，也可能是你当时的心境影响了你的情绪。

有时，我们会意识到过去的情绪对现在情绪的影响。如果某个人会让我们想起另外一个我们所讨厌的人，我们可能会不喜欢此人。不过，我们常常意识不到过去的体验在影响着我们对某个人或某个地方的感觉。

↗ **理清情绪**

青少年渴望寻求新体验，父母却对子女有天然的保护欲望，所以他们常常需要在两者之间取得平衡。青少年和父母争吵之后，双方可能都觉得自己被误解了。

■ 如何处理情感

情感是我们所经历的最为强烈的情绪，情感常常伴随着剧烈的生理变化。对情感的处理并非易事，我们应该学会疏导情感，从而将消极情绪转化为积极情绪。

我们通常将激烈的情绪称为情感，有的情感是令人愉快的，诸如快乐；还有些情感是使人不快的，诸如恐惧。我们所接受的教育和社会规范影响着我们对情感的理解和反应。我们通过学习，了解到有些情感是消极的，例如忌妒；有些情感是积极的，例如快乐。

通过类似方式，我们学会了如何区分那些受欢迎的情感表达方式和不受欢迎的情感表达方式。在童年时期，如果为了某件东西十分伤心，父母会教导我们哭泣是不能解决问题的，微笑才能使我们感觉好转。于是，我们逐渐学会了在别人面前隐藏或控制自己的许多情感。

» 防御机制

弗洛伊德认为，我们有时甚至会对自己隐藏真实情绪，这是一种防御机制，我们通过转变看待事物的角度使自己远离不快的情绪。

在某些情况下，防御机制是有益的。例如车祸幸存者会压抑甚至忘记对车祸的记忆，但是当他们的情感力量恢复时，这部分记忆也会随之恢复，因为他们此时已经能够处理这些记忆。

此外，当我们行为失当时，我们可能会给自己找借口，通过这种防御机制来维持自尊。例如，你吃掉了最后一块蛋糕时，你可能会说这是为了让妹妹正常吃晚饭，而不肯承认这是种自私的行为。这种处理情感的方式是不利于我们的健康发展的。

↗ **交通堵塞**

交通堵塞往往让司机心烦意乱。这种状况是我们无力改变的，如果我们不能找到发泄情绪的适当途径，这种心烦意乱就会积累，然后转变为不可抑制的愤怒。

食物慰藉

当儿童闹情绪时，大人往往会给他们"曲奇"饼干或糖果，以此安慰他们。儿童长大之后，仍然会通过吃东西来缓解不快情绪。这种反应并不利于情感的健康发展，因为他们仍然没有学会从根本上解决不快情绪。

» **情感能量**

我们通过喊叫、歌唱和大笑表达情感，它们都是释放情感能量的方式。如果在某个场合中，我们需要刻意压抑自己的情感，往往会通过其他方式来释放这种能量。

转移情感能量是一种我们常用的方式，我们会在别的地方宣泄自己的情绪。例如，当我们生某个朋友的气但又不能说出口时，我们可能会摔门，也可能会冲着遇到的下一个人发脾气，结果别人会认为我们喜怒无常，难以预测。

这种转移情感能量的方式往往是徒劳无益的，因为它并不能帮助我们从根本上解决不快情绪。

在上学期间，我们常常被要求举止符合某种特定模式，因而需要压抑自己的一些情感。我们可以和朋友们一同开心玩耍，也可以参加体育、音乐以及戏剧团体的活动，这些都是释放情感能量的积极方式。

» **帮助自己**

当你体验到某种情感时，立即采取行动未必是最理想的方法。首先，你应当了解这种情感反应的由来，然后才能有效地处理这种情感。

例如，如果你的朋友因为你迟到而生气，你的第一反应可能也是很生气。如果你立即依照自己的情绪采取行动，你很可能会提醒他，上周他也迟到过。

这种反应是一种防御，你借此避免因为迟到让朋友不快而带来的糟糕感觉。如果你意识到这一点，你就应该道歉，对朋友说明你迟到的原因。如果你的原因是合理的，就应当抓紧这个解释的机会；如果你的原因不合理，你也应当承认错误，并且采取控制措施（避免再次迟到）。

■ 正确处理各种社会关系

人类是喜欢群居的社会性动物，因此会同周围的人形成各种关系。学习如何处理各种各样的关系，以及它们的发展变化，乃是同别人共同生活的重要一环。

在我们的成长过程中，我们会认识越来越多的人，然后同他人发展各种各样的关系，其中许多关系会随着时间的推进而发展变化。

我们所经历的最早的关系是同家人的关系。如果我们是长子或长女，当我们的弟弟或妹妹出生时，我们同家人的关系会发生一定变化。我们不再是家庭关注的中心，因而通常会感到忌妒和困惑。我们对自己同他人的关系失去了信心和安全感，这就是忌妒的由来。因此，在这段时期，父母应当对长子或长女给予特别的关爱，使他们明白自己依然拥有父母的爱。

通过谈话解决问题

我们同别人的关系在我们的生活中占据着重要位置。当一段关系发生改变或终结时，我们会感到心烦意乱、生气、困惑，甚至失望。我们可以试着同对方讨论这段关系遇到的问题，这通常是最佳的解决方式。我们还可以向其他我们信任的人倾诉，这种方法对解决问题也会有所帮助。

羡慕这种情绪也会影响我们同他人的关系。当别人拥有我们所缺少的东西时，我们会感到羡慕。我们羡慕的对象不局限于物体，例如朋友的外表也可能成为我们羡慕的对象。如果我们没有意识到自己对别人的羡慕，这种情绪也可能像忌妒一样，成为我们同别人发展亲密关系的障碍。

» **家庭问题**

近些年来，在许多西方国家，离婚已经成为越来越普遍的现象。离婚常常会使儿童感到压抑和心烦意乱。由于儿童的年龄和父母离婚背景的不同，使得儿童对别人表达这些情感的方式也会有很大差异。

儿童经历不快情绪的年龄越早，他们就越难用语言表达自己的情感。我们会在自己所信任的成人的帮助下，用语言表达出自己的情感，这是我们学习复杂情感的一种方式，所以他们对我们具有重要意义。

如果父母离婚后开始同别人发展新的关系，儿童常常会感到许多新的困惑。儿童认为这种新关系会威胁到他们和父母的关系，所以他们会产生忌妒心；而且如果他们以往一直是父亲或母亲关注的中心，这种忌妒感就会比较强烈。

对儿童而言，青春期往往是一段艰难的时期。他们一方面试图脱离父母独立，另一方面又需要父母的支持和帮助。在这个阶段，他们体验着这两种矛盾的反应，所以常常会对父母产生负面的情绪。

↗ 夫妻间的矛盾冲突

夫妻之间也常常会产生矛盾冲突，这时向专业人士进行咨询是有益的方法，因为他们在帮助人们解决矛盾冲突方面富有经验。

» 孤独感

如果我们不擅长处理同别人的关系，这可能会导致我们感到孤独。你应当首先思考自己能做些什么，这是克服孤独的第一步，也是最重要的一步。如果你总认为没有人会喜欢你，对自己百般挑剔，你将会回避各种社交场合，然后感到更加孤独。你应当反思对自己的负面评价，代之以积极的看法评价自己。即使你没有非凡的魅力或超群的智慧，这也并不妨碍人们对你产生好感。接受各种邀请，到别人家做客，或者请别人来做客，这些都是克服孤独的途径。试着让自己放松下来，做出友好的举动。在别人说话时给予积极回应，你可以通过微笑和点头来表达你对谈话很感兴趣，你还可以通过问问题来使对话继续。关注你和别人共同的兴趣爱好，努力克服你的羞怯，才是克服孤独的有效方法。

这两种方式都能够使你心情好转，避免不快的情绪。

青春期的不确定性

这张图表显示了对父母产生负面情绪的男孩和女孩的比例，他们的年龄段是11～17岁。青春期是一个转型时期，青少年常常对父母怀有复杂的感情。一方面，他们在形成自己的身份或信仰，这种身份或信仰是独立于家庭之外的；另一方面，他们仍然在许多方面依赖父母。

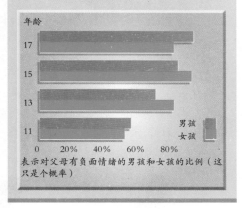

表示对父母有负面情绪的男孩和女孩的比例（这只是个概率）

■ 学会在快乐或悲伤中成长

所有表达快乐和悲伤的方式都是类似的，它们都是人类生活中重要的情感。快乐可以帮助我们建立信心与自尊，悲伤则使我们了解自己生命中最珍视的事物。

快乐的涵义是很广泛的，它既包括某段记忆所带给你的瞬间的快乐，也包括一种长久的心境，悲伤也是如此。当我们对自己和生活都感到满足快乐时，我们能够更好地处理沮丧和厌倦等消极情绪。我们都有感受快乐的能力，不过快乐的原因各不相同。

天生的性格以及对情境的反应都会影响我们的情绪。我们不能改变自己天生的性格，不过在某些情况下，我们可以选择与之适应的生活方式。比如说一个喜欢待在家里的人，他是不适合做长途司机的。

每个人都有自己的思维方式，它决定了我们对各种事件的理解方式。有些人学会了对所有情况做

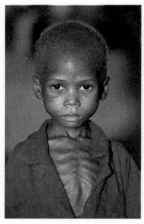

↗ 同情心

看到别人遭受痛苦，例如这个饥饿的小男孩，我们心中也会产生类似的情感。通过这种方式理解别人的感受，这种理解就是同情心。

最坏的思想准备，他们常常感到无法掌握自己的生活，这种心理被称为无助感。这种心理会导致焦虑甚至抑郁症，抑郁症患者长期处于极度悲伤的情绪中。

有些事情能立刻给我们带来满足感，但是它们不一定能带给我们快乐和成就感。例如，你可能不愿意准备某场考试，而乐意去看望朋友，但是如果你不做准备，就不能在考试中发挥最佳水平，然后你的自尊可能会受到影响。有的事情能带给我们短暂的眼前利益，而有些

悲痛的过程

我们在经历悲痛的过程中，需要顺其自然。在这个过程中，我们会经历一系列感情变化。虽然每个人的具体体验存在差异，但是大体上人们经历这些情绪周期的次序是相同的。

1. 震惊和怀疑

感到茫然，不敢相信某个人已经去世了，正常的日常生活被打乱，眼前的事物失去了真实感。

2. 极度痛苦和绝望

十分悲伤，不断地思念死者。入睡变得困难，无法放松。有时感到身体不舒服。

3. 愤怒和内疚

因为死者的离去而感到愤怒和内疚，觉得自己没有在他生前做到最好。

4. 逐渐恢复

接受了失去死者的现实，虽然仍然有悲痛的感觉，不过开始对未来抱以希望。

最终达到目标的事情则能带给我们长远的快乐，每个人都需要在两者之间取得平衡。如果能达到设定的目标，我们就会感到能够掌握自己的人生。成功会让我们有信心进行新尝试，创造新机会，从而能够以各种方式获得快乐。

» 寻求平衡

需要学会改善自己的情绪、放松心情，以及暂时忘记困难，否则我们就会被过度的忧虑所压垮。同时，也应该留给自己时间去感受悲伤，因为悲伤也是一种表达方式，它能够帮助我们了解自己的内心深处。

最剧烈的悲伤称为悲痛，我们常常因为失去的人或物而悲痛。当我们所爱的人去世时，悲痛最为强烈，可能需要几年时间才能从这种悲痛中恢复过来，在这段时间里，我们需要面对一系列情感变化。有些人无法面对这种情感，他们的逃避会导致长期的绝望或精神忧郁。人们在悲伤时，常常认为没有人能够真正了解他们的感受，而那些得不到别人支持的人尤其容易变得抑郁。向朋友或家人倾诉有助于我们接受自己的情感，找出自己悲伤的来源。

↙ 学会放松

在向目标努力的过程中，我们需要适度的放松，这样才能保持心理的健康。做自己喜欢的事情能够暂时忘记面临的困难。在休息之后，发现看待问题的新角度，从而找到解决问题的方法。

■ 常见的无意识反应

人们在害怕时常常会不自觉地感到胃痛、嘴唇发干、喉结突出、心跳加快，脑海中闪过各种恐怖的画面。焦虑、恐惧和紧张都是重要的本能，它们在适当的情况下能够增加我们的存活概率。

焦虑是一种常见的无意识的反应，当我们身处困境或险境时，就会感到焦虑。我们面临的问题越艰巨，焦虑的程度就越深。当焦虑非常严重时，就转变为恐惧。焦虑这种反应能够使人做好体力运动的准备，以便人们迅速逃离险境，或者同面临的危险作斗争。例如当你穿越高速公路时，一辆轿车飞速地向你驶来，你的焦虑反应会帮助你迅速跳出车道。

所有的艰巨任务都会使我们处于紧张状态之下。在我们的日常生活中，某些紧张是有益的。最后期限、新技术的学习和考试都会使我们紧张，并且激发焦虑反应。如果我们有信心达成这些要求，焦虑反应就会唤醒我们体内的功能，使我们有足够精力去完成这些任务。在这样的情况下，焦虑起到积极作用，使我们表现出色。

然而，在过度忧虑的情况下，问题占据了我们的全部脑海，或者我们只关注自己身体的变化，结果导致我们的表现水平降低。我们可能担心自己会出丑，或者无法掌控局面。这些消极的想法加剧了我们的焦虑情绪，在随后的事件发展过程中，焦虑又导致我们的想法更加悲观。

在上述情况下，我们把所有的精力都浪费在了担忧上面，所以我们根本没有解决问题的希望。不幸的是，这种不自信的行为模式是很难打破的。当我们再次遇到同一个问题时，会记起自己以往的焦虑和无能，然后开始了又一轮失败循环。

同理，长期的紧张会提升我们的整体警觉水平，结果我们轻易就会陷入焦虑。如果这种紧张程度得不到缓解，我们甚至无法完成最简单的任务。

在非常紧张的状态下，我们常常会感

↗ 恐惧症

对某个不会真正威胁安全的物体或场所的极度恐惧称为恐惧症。例如，对蜘蛛的恐惧就是一种常见的恐惧症。

↗ 享受恐惧感

通过坐过山车，我们享受到身体被恐惧唤醒的感觉，这是因为我们明白过山车不会带来真正的危险，而且它的持续时间很短。人们在大声喊叫中释放出身体内所积累的神经紧张的能量。

↗ 影响紧张的因素

下次你感到紧张时，可以总结一下引起你紧张的因素，以及每个因素对紧张的影响程度。通过了解自己紧张的原因，你就能够做出积极调整，从而控制局面。这种方法可以帮助你减轻紧张程度，提高处理问题的能力。

图中文字：
你对此种情况的看法
对周围所发生事情的了解
明白自己应该采取什么行动
你感受到的紧张
此种情况持续的时间
周围人们对你的支持

紧张与表现的关系

紧张能够导致有益的人体生理变化，在我们身体被唤醒的状态下，我们能够更加警觉，注意力更集中。但是如果人体被唤醒的程度过高，我们的表现水平反而会下降，如下图所示。长期的紧张会使人精疲力竭。如果高度的紧张积累到某个程度（下图中的x点），将会导致神经崩溃。

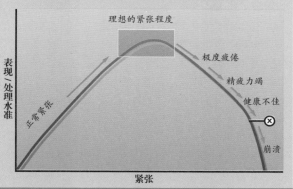

图中文字：
理想的紧张程度
极度疲倦
精疲力竭
健康不佳
表现\处理水准
正常紧张
崩溃
紧张

到莫名的极度焦虑，这种现象叫作惊悚。惊悚持续时间并不长，但是当时会使人十分害怕。

» 焦虑导致的生理反应

焦虑所产生的生理反应可能会使人体感到不适。人体在遇到危险时，会迅速产生大量的能量。我们的呼吸和心跳都加快，为肌肉提供更多氧气，为行动做好准备。汗液帮助人体排出运动产生的热量，降低体表温度，人体还通过唾液分泌等各种生理活动转化能量。焦虑就是由这些反应构成：肌肉紧张、心跳加快、嘴唇发干以及胃痛。

当我们意识到这些正常的生理反应时，我们的焦虑程度会加深，情绪也变得更差。我们是否能够积极解决问题就取决于我们能否恰当地控制自己的焦虑情绪。

■ 人生需要积极心态

你对生活持何种态度？你是认为事情总会朝着最坏的方向发展的悲观主义者，还是总能看到事物好的一面的乐观主义者？还是你的态度并不固定？无论你持何种态度，你的心态都会影响到你的情绪、你的行动，甚至你能看到的事物。积极的心态能改变你对各种状况的看法，帮助你达到目标。

每个人都有解决难题的策略。当我们充满担忧时，某些策略有助于我们减少不快情绪和消极看法。前面介绍了焦虑反应，在我们遇到真正的危险时，这种反应是很有用的，它能够帮助我们迅速逃离险境，或者使我们集中精力面对眼前的危险。

↗ 看到事物好的一面

事情常常不按照我们计划的方向发展。这些妇女在雨天仍然保持心情愉快。她们预计到下雨的可能性，并做好了相应准备，所以无论天气如何，她们都会玩得很开心。

但是，在某些场合中并没有真正的危险，我们却仍然感到焦虑，然后我们自然的反应就是避开这些场合。你可以回忆一下自己曾经回避过的场合或物体，以及你回避它的原因。你可能会发现，你所回避的大多数事物都是不具有危险性的。例如，许多人都会回避人群、会面和棘手的任务。

这种对事物的回避往往会加深我们的恐惧感。当我们的恐惧积累到一定程度时，我们会竭尽全力地回避那些使我们恐惧的事物，结果导致我们失去信心，而这又会进一步加深我们的焦虑和挫败感。

消极的心态以及不切实际的想法都会加剧人们的焦虑，成为他们发挥自己最佳水平的障碍。那些

你看到了什么？

下图的这个水杯是半满的还是半空的？你对这个水杯的看法反映出你的心态：积极、消极或中立。你的心态又会进一步影响你的情绪。

积极心态和消极心态

你的心态是积极的还是消极的？这是我们看待问题的两种基本方式，它们常常在我们的无意识中起作用。一次失败并不意味着永远失败，如果你有积极的心态，就可以将失败转化为成功。

我又失败了，我注定是个失败者。

我还需要更多练习。只要我不断练习，我就会成功的。

常常自责和自我批评的人会有无助感，他们觉得无法掌握自己的生活。同理，如果一个人希望自己能将所有事情都做到完美境界，他很可能常常会对自己失望。

积极心态不仅可以帮助你缓解焦虑，它还可以帮助你预防焦虑。改变心态需要大量的练习，因为人们常常无意识地产生消极想法。

积极的心态还有助于我们解决问题。不要总认为问题会将你击倒，你应当思考解决问题的方法，努力将问题击破。对问题进行全方位的考虑，然后做出适当的改变。对自己说积极的话语，这样可以消除消极的想法。即使你没有成功解决某个难题，这个努力的过程本身也能够增强你的信心。

如何达到目标

达到目标的步骤	你的目标和措施
确定你要改变的对象，以及改变的目的。找到你的起点。	我打算减少看电视的时间，以便腾出时间做些别的事。上周我看电视的时间是 22 个小时。
决定最后目标，保证它的可行性。	我的目标是每周看电视的时间不超过 8 个小时，这样我可以有更多时间和朋友相处。
确定完成目标的步骤，每一步都要难易适度。考虑辅助措施。	我打算每周看电视的时间逐次减少 1 小时，并且在每周开始就决定要看的电视节目。
考虑一种记录进度的方式。给自己适当的奖励。	我通过画图表来记录自己的进度。每完成一个目标之后，我都会奖励自己糖果。

» 提前计划

当你再次遇到难题时，你可以先制订一个行动计划来帮助你达到目标。通过提前计划，你会感到自己拥有控制力；提前计划还可以杜绝不必要的精力浪费。制订切实的目标，并且保持计划的灵活性，以便做出适当调整。

■ 解析梦境及其涵义

梦境是睡眠期间生动的心理图像。尽管每个人都会做梦，但是有些人从来不记得自己的梦境。虽然关于梦境的理论有很多，但科学家仍然在努力探求梦境的准确原因和确切涵义。

在夜间，我们屡次经历睡眠的 4 个阶段。梦境产生于快速眼动睡眠阶段，在这个阶段大脑活动最为活跃，眼球在闭合的眼睑之后做着迅速的不规律运动。

我们周围的事件会影响我们的梦境。在某个实验中，实验对象进入睡眠之后，他们脸上被轻洒了一些冷水。醒来之后，他们称自己梦到了洗澡、洪水或淋雨等景象。你有时会梦到噪声，醒来后发现周围确实有那种噪声。

我们的梦境通常是对白天发生的事件的细节进行重新组合。

» 梦境的由来

科学家尚未真正了解人们做梦的原因，不过他们都认为做梦是一种重要的活动。如果我们在夜间的快速眼动睡眠阶段被吵醒，我们会在再次入睡后做更长时间的梦，这似乎是为了弥补失去的做梦时间。

弗洛伊德首先提出梦境源于我们的潜意识，这一点已经得到了科学家们的普遍认同。弗洛伊德认为，我们在无意识中隐藏或压抑了某些欲望和想法，它们通过梦境得到安全的释放。他认为，我们在梦境中用符号象征这些想法，这是一种伪装方式，使这些想法不再那么可怕。也就是说，我们必须先破译这些符号，然后才能理解自己的梦境。例如，兀鹫常常是死亡的象征。

近年来，科学家又提出许多理论来解释梦境的由来，他们认为，大脑能够通过做梦整理白天所发生的事件，思考行动方案，甚至解决问题。有时，人们一觉醒来之后便能够解决前一天遗留的问题。

此外，大脑很可能是在快速眼动睡眠阶段进行了长期记忆的存储，这个阶段也是我们做梦的阶段，所以梦境和学习也有一定关联。

离奇的人生经历

■ 5 岁诞婴的女孩

　　5 岁的小女孩莉娜·麦迪纳腹部出现了巨大的肿块，父母怀疑她长了肿瘤。她家住在秘鲁安第斯山上一个偏远的小村庄里，当地人迷信地认为，她体内有条蛇，蛇长大了会把她杀死，可是巫师们对她的病无计可施，父亲只好带她去了附近皮斯科镇的医院。那里的医生宣布了一个惊人的消息：莉娜腹部隆起是因为她怀孕了。她转院到利马的一家医院，一个多月之后，在 1939 年 5 月 14 日——那一年的母亲节，莉娜通过剖腹产顺利分娩了。她以 5 岁 7 个月零 21 天的年龄，成为世界医学史上最年轻的母亲，这一令人惊异的纪录保持至今。

　　莉娜的儿子出生时体重 2.665 千克，为了感谢实施剖腹产的医生吉拉德·罗札达，男婴取名叫吉拉德。婴儿很健康，几天之后母子俩就出院了。专家无法确定吉拉德的父亲究竟是谁，因为年幼的母亲给不出准确的答案。而小男孩从小一直以为莉娜是他姐姐，他 10 岁的时候受到同学的嘲笑才发现，"姐姐"竟然是他的生母。

　　罗札达是皮斯科医院的内科主治医师，1939 年 4 月初，莉娜的父母怀疑女儿长了肿瘤，所以送女儿去他那里看病。罗札达查看了莉娜的病历，发现她两岁半就出现了月经初潮，4 岁的时候发育出乳房和阴毛。这种情况是典型的青春期提前。女孩的青春期应该在 8 ～ 13 岁之间，男孩是 9 ～ 14 岁，一些研究表明，高加索女孩的青春期可能提前到 7 岁，黑人女孩可能提前到 6 岁。但是一般认为，女孩在 8 岁之前发育乳房、腋毛或阴毛，或者来月经，就属于青春期提前。导致这种病症的原因还不完全确定，但普遍认为这是基因造成的，对女孩来说，体脂增加也可能是一部分原因。

　　罗札达医生对莉娜做了进一步的检查，发现了胎儿的心跳，X 射线的结果也证实她怀孕了。剖腹产的时候，医生从莉娜的卵巢中取出一块组织，对组织的解剖结果表明，她的卵巢已经完全成熟了。当时秘鲁著名的内科医生爱德蒙多·埃斯克默认为，小女孩的早熟不仅是由卵巢引起的，一定也和脑垂体分泌的荷尔蒙异常紊乱有关系。

　　莉娜分娩所在医院的院长称这件事"令人惊异"。消息传到美国，一名芝加哥的医生回想起另一个女孩青春期提前的例子，那个俄罗斯女孩在 6 岁半的时候就生了孩子，她的身体当时发育到 10 岁或 12 岁的程度。莉娜奇特的经

| 2 岁 | 6 岁 | 10 ～ 12 岁 | 20 ～ 22 岁 | 30 ～ 34 岁 |

　　↗ 绝大多数人都是按照同一个模式生长发育的，但男性和女性的发育略有不同。人在幼年时成长非常迅速，这之后到十几岁身体发育呈现比较稳定的态势。但进入青春期后身体又开始迅速生长，22 岁左右身体完全发育成熟，30 ～ 34 岁进入壮年期，到 40 多岁时开始逐渐老化。本文中的小女孩莉娜属于典型的青春期提前。

历被诸如美国妇产科医师大学这样的机构确认是真实的。

世界性的展览会在纽约举行，莉娜的家人为了收取 1000 美金同意让她和婴儿参展。她家生活在秘鲁最贫困的省份，其父母还有其他 8 个孩子要养，所以这笔钱对他们来说很诱人。

但是秘鲁政府介入此事，声称莉娜和她的孩子"有伤风化"。政府向他们保证会提供经济援助，却从未兑现过，因此莉娜陷入窘迫与贫困之中。妇产科医生约瑟·桑多瓦尔对莉娜做了研究，据他所说，她是个心理正常的孩子，没有任何异常的迹象。她宁可玩布娃娃也不愿意答理自己的儿子，这对于 5 岁的小孩子来讲毫不奇怪。

莉娜于 1972 年结婚，并在首次分娩之后的第 33 年生下第 2 个儿子。1979 年，40 岁的吉拉德死于骨髓疾病，但他的死和他母亲的年龄没有明显的关系。

桑多瓦尔新近出版的书再次激起了人们对这件奇闻的兴趣，同时引起秘鲁政府对此事的关注。莉娜的丈夫罗尔·朱拉多说妻子一直心情沉重，"据我所知，在 1939 年莉娜非常无助，政府从来没有伸出过援助之手，"他说。

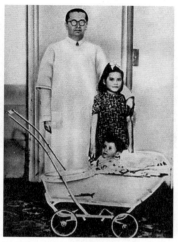

世界上最年轻的母亲——5 岁的莉娜·麦迪纳，摄于 1940 年。站在她后面的是吉拉德·罗札达医生，坐在婴儿车里的是她的儿子，为了感谢医生，她给孩子取名叫吉拉德。

■ 撞击带来的神奇复明

丽莎·莱德的脑部长了癌症肿瘤，阻断了向眼睛的供血，导致她失明。虽然通过手术成功地摘除了肿瘤，保住性命，但她的视神经却遭到永久性的伤害。她 14 岁的时候完全失明，毫无康复的希望。然而 10 年之后，她头部受到撞击，奇迹般地重见光明。她的这种经历让医生感到迷惑。

丽莎 11 岁的时候就被诊断患了癌症。医生发现她脑部的肿瘤之后，估计她存活的概率不到 5%。对癌症的放射线治疗和手术都取得了成功，但是肿瘤一度中断了眼部供血，并压迫视神经，对眼睛造成了伤害。3 年之后，医生从理论上断定她永久失明，她的眼睛只能判断出明暗。

在苦难的经历中她从不放弃恢复视力的希望。她教授其他人关于眼盲的知识，还捐助为她训练导盲犬的组织。通过做这些事，她保持了充沛的活力。她的导盲犬是一条拉布拉多猎狗，名字叫阿米。正是阿米在不经意间给丽莎的命运带来了意外的转机。

丽莎的家住在新西兰的奥克兰市，2000 年 11 月 16 日晚上，24 岁的她弯下腰想亲吻阿米，道个晚安，她的头却重重地撞在咖啡桌上。"我有点失去平衡，"她说，"我的头磕到咖啡桌上，又撞到地板。"她第 2 天醒来的时候，惊讶地发现，10 年来她第 1 次能够看见东西了。"我先是

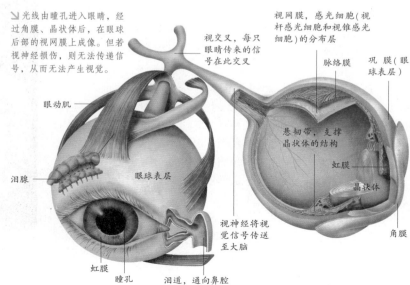

光线由瞳孔进入眼睛，经过角膜、晶状体后，在眼球后部的视网膜上成像。但若视神经损伤，则无法传递信号，从而无法产生视觉。

视网膜，感光细胞（视杆感光细胞和视锥感光细胞）的分布层

视交叉，每只眼睛传来的信号在此交叉

脉络膜

巩膜（眼球表层）

眼动肌

悬韧带，支撑晶状体的结构

虹膜

泪腺

眼球表层

晶状体

视神经将视觉信号传送至大脑

角膜

虹膜

瞳孔

泪道，通向鼻腔

看见白色的天花板。环顾房间……明亮的光线穿过窗帘……窗框……哦，还有颜色……我看到了阿米，她真漂亮。"

丽莎决定暂时保守这个秘密，在后院和阿米玩了几个小时。那天下午她才和家人联系，在电话里她给母亲念了一段烟盒上的健康警告。她母亲璐易丝回忆道："丽莎打来电话，说'我有变化啦。听着。'然后就开始给我念。我惊喜得喘不过气来。"

丽莎还不确定她的视力能不能持续下去。第2天，好消息传来，她马上扔掉导盲棍，告诉了更多的人。亲友来到她家向她祝贺的时候，丽莎都认不出他们了。她弟弟已经从12岁的孩子长成小伙子了，她也第1次看到了相处2个月

丽莎·莱德和她亲爱的导盲犬阿米在新西兰玩耍。丽莎的头部受到碰撞之后恢复了视力，她把这称为"上帝的神迹"。

的男朋友是什么样子。

医生无法解释丽莎为什么重新获得视力。人体中不能再生的组织不多，视神经就是其中一种。接下来的检查也显示，她眼睛的损伤情况还和原来一样。奥克兰医院的眼科医师罗斯·麦基透露，尽管丽莎还不能完全辨别颜色，但她左眼已经恢复了80%的视力。

丽莎想到了视力可能像忽然恢复那样再忽然消失，但她并不忧虑。"那个医生曾告诉我再也看不见东西了，但同样是他，说现在我的视力恢复了80%。能够眼看着他告诉我这个消息，感觉太棒了。如果我的视力像原来那样忽然消失，我还是会感到幸运和幸福，因为我已经体验到了奇迹，这是上帝的神迹，而且我可以将这个特殊的经历同每个人分享。"

她的男朋友说："她如此坚强，如此热情，我相信那双眼睛总有一天会看见的。你可以感受到，它们能行。"

虽然丽莎·莱德惊人的康复让医学界困惑，但她自己和与她密切接触的人却没那么惊讶。

之前也曾有少数经过磕碰或震动后恢复视力的先例。84岁的老太太艾伦·海德住在澳大利亚的纽卡斯尔，丧失90%的视力已经3年了。1989年，她在公寓里遭遇到5秒钟的地震，震动之后，她发现眼睛又能看见了。

■ 听觉的离奇丧失和恢复

2004年4月，21岁的埃玛·哈塞尔去浴室洗澡，忽然听到"嘭"的一声，随后她的世界一片寂静。从那开始，她耳聋了7个月。直到有一天她得知自己怀孕的时候，她的听觉又意外地恢复了，和消失时一样的突然。

埃玛在南安普敦当保姆，她的苦恼经历开始于本应该快乐的一天——那天她和男朋友凯文·拉夫计划晚上出去庆祝他俩的订婚。准备出门之前，她上楼洗澡，但是20分钟后，她发现自己站在浴室里，什么都听不到。而且，她不知道中断的那段时间里发生了什么。

她说："我刚要冲澡，周围的声音都低沉下去，变得非常微弱，后来完全消失。刚开始感觉耳朵里面有模糊的声响，响了一下之后就完全没声了。我搞不清楚这是怎么回事。我记得向楼下的母亲求助，说自己听不见了，可是我不知道发生了什么。有20分钟时间是中断的。我猜测是头撞到什么东西了，但是并没有磕碰的迹象。"

在南安普敦综合医院，医生给她做了检查，确认她已经完全失去了听力。医生也不知道她为什么忽然耳聋，但表示这可能是心理问题。所以埃玛去找催眠师，接受精神自由疗法（EFT），这是一种类似针疗

埃玛·哈塞尔和她的未婚夫凯文·拉夫。耳聋7个月之后，她得知自己怀孕的消息，立刻惊人地恢复了听觉。

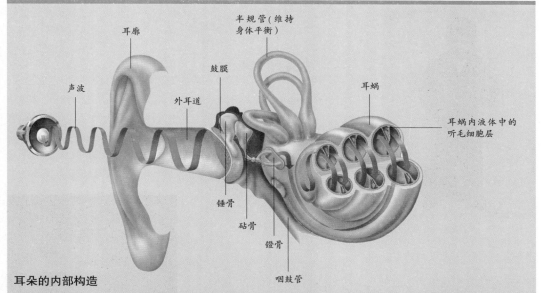

耳朵的内部构造

外耳道微呈 S 形，一端开口于耳廓，另一端终止于鼓膜。空气中的声波经由外耳道传至鼓膜，引起鼓膜的振动。这种振动经过 3 块听小骨：锤骨、砧骨和镫骨，传至耳蜗内的液体中，产生微小的纹波，为听觉细胞上的听毛所感知，并被转换为相应的神经信号。

突发性耳聋

突发性耳聋亦称突聋，是指突然发生的原因不明的感音神经性耳聋，可在数分钟、数小时或一两天内听力减退，甚至发展到严重的耳聋。其致病原因目前尚不清楚，可能与内耳微循环障碍、病毒感染、变态反应、听神经炎、自身免疫力下降、代谢紊乱及内耳压力突变有关。突发性耳聋发病率为十万分之五至十万分之二十，多为单耳患病，双耳患病者占 7% ~ 10%，双耳同时发病者占 0.2% ~ 2%，目前发病率有上升的趋势。

法的精神治疗，用指尖而不是针来刺激全身的穴位。她进行了 8 个疗程的 EFT。

后来，11 月 1 日的早晨，她在家里做了孕检，结果呈阳性。这对埃玛来讲是个天大的好消息，因为她曾在 2002 年做过流产，医生说她也许再也不能怀孕了。几个小时过去了，她的情绪一直比较激动，开始坐下来看电视。

"我坐在沙发上看《威尔与格蕾丝》。当时我开了字幕，盯着他们的嘴读唇语，但是后来我感觉能听到他们讲话。我担心是心理作用在捣鬼。我试着敲打手指，看能不能听到，然后给凯文打电话，看能不能听见电话里的声音。我确实听得见，但在惊讶中慌乱地挂断了电话。

"我还是担心，祈祷着'但愿这是真的'。我又给凯文打过去，他没说话。我告诉他这不是沉默的时候！我希望他一直说，好让我相信这是真的。

"尽管希望康复，但这还是太出人意料了。我没有绝望过，但感觉好转的可能性很小。这件事真是太奇怪了。"

尽管埃玛和专家一样对听觉的忽然丧失又忽然恢复感到迷惑，但她坚信是心理使然。目前对她的耳聋还没有明确的解释，但她恢复听觉会不会和得知怀孕时的欣喜有关依然不能确定？

■ "怀孕"的男孩

阿拉木詹·奈莫提莱福 7 岁之前腹部一直胀鼓鼓的。他的父母以为他得了佝偻病，因为这是一种常见的儿童疾病。阿拉木詹看起来像个孕妇，在学校受到嘲笑，而他只能无助地看着自己的肚子越长

越大。2003年的一天，他上完体育课之后感觉到身体里有什么东西在动。校医给男孩做了检查，被他的大肚子吓坏了，坚持让他直接去医院。后来外科医生描述说这个孩子就像怀孕6个月的孕妇。在医院里，医生检查了他的腹部，认为里面有个巨大的囊肿。第2天进行手术，发现有一大块圆东西挤压着阿拉木詹的胃和肺。医生小心地把它取出来，切开包裹在外面的囊皮，看到了黑头发、胳膊、手指、指甲、腿、脚趾、生殖器、一个头和近似成形的脸，但他们还是不能确定这到底是什么东西。

曾有报道说，在成人切除的囊肿里发现了头发和牙齿。维琴妮亚·鲍德温博士是温哥华的儿科病理学家，她对阿拉木詹做出诊断，说他属于重复畸胎。这种畸形十分罕见，在发育早期，双胞胎中的一个在另一个周围生长，未发育完全的胎儿成了另一个健康胎儿体内的寄生物。这个胎儿长20

阿拉木詹·奈莫提莱福腹部隆起，他父母以为他得了佝偻病，但后来发现他腹中竟怀有还活着的孪生弟弟。

厘米，附着在阿拉木詹的血管上，一直生存在哥哥肚子里。

在过去的200年中，只发现了70例重复畸胎，但鲍德温博士相信实际的畸胎人数比这个统计数字多。

"出现双胞胎的时候，他们对资源产生竞争，也许只有一个胎儿能存活。根据身体结构和双胞胎共有的胎盘的生理状况，环境发展可能对其中的一个胎儿有利。如果血液流动不平衡，就可能出现危险。对身体信号敏感的女人会告诉你，她们发现有什么事不对劲，但不知道发生了什么，但也许任何迹象都没有留下。如果异常双胞胎中的一个在发育早期夭折，它常常消失得无影无踪。"

医生不知道是什么导致了重复畸胎。一种理论说这只是在双胞胎的胚胎发育中出现的一种危险情况。双胞胎可能由两个卵子分别受精而来，也可能是由一个受精卵分裂成两个而来。前者是异卵双生的双胞胎，后者就是同卵双生的双胞胎。胚胎细胞是最后长成生殖器的细胞，它最早在与胚胎连接的卵黄囊中发育。在少数情况下，同卵双生双胞胎的两个卵黄囊是连在一起的。如果一个胎儿的心脏先发育，健康胎儿的血液就会传送到卵黄囊，再通过连在一起的卵黄囊传到发育较迟的胎儿的动脉里。这会使第2个胎儿的心脏停止生长。胚胎进一步发育的时候，卵黄囊正常地长回胎儿体内。在重复畸胎的情况下，健康胎儿会把另一个胎儿连同它的卵黄囊一同收回到体内。如果作为寄生物的胎儿得到大量的血液供应，像阿拉木詹的弟弟一样，它就能活下去并长出可以辨别的特征，例如腿和手指。

范伦蒂娜·弗斯瑞柯娃是负责给阿拉木詹做手术的医疗组的组长，她说："这个病例非常奇怪。我们给他做扫描的时候简直不敢相信自己的眼睛。

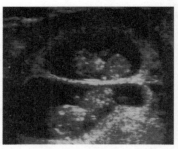

9周的双胎妊娠。胚胎位于不同袋中。这是假双胞胎（双卵双胞胎）。

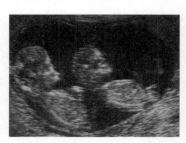

12周的双胎妊娠。两个胚胎在同一袋中。左图中显示的是真双胞胎（同卵双胞胎），胎儿的性别相同。

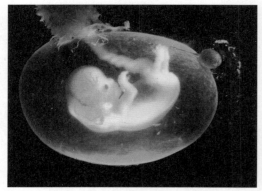

在过去的200年中只发现了70例重复畸胎。人们认为这是双胞胎在胚胎发育时遇到的一种危险情况。

我们在他体内看到一个轮廓清晰的胎儿，还不小。他寄生在男孩的身体里将近 7 年。胚胎明显是男性的，就这样躺着靠哥哥生存。从技术上讲，胎儿虽然从哥哥身上分离出来之后失去了供给，但它还活着。我们从未听说过这种事。幸好校医坚持让他来医院。如果继续拖延下去，我们也救不了他了。"

阿拉木詹终于脱离了苦海，他的父母为了让孩子免受心理伤害，没有告诉他"怀孕"的事，骗他说是因为吃了没洗的水果生病了。他母亲格尔娜拉说，孩子问她是不是有什么东西从他肚子里拿走了，她只好让孩子先出去，好编造故事。她啜泣着说："大人都很难接受这个事实，况且是个孩子。所以我们编造了一个谎言，希望他能够健康成长。"

■ 最惨烈的鲨口余生

2001 年 7 月一个炎热的夏日傍晚，在佛罗里达西北的朗登海水浴场，正是日落时分。来自密西西比州欧申斯普林斯的 8 岁男童杰西·阿伯格斯特在距离岸边 10 米、齐膝深的水里玩得正欢。他是和姐姐、哥哥们、堂姐妹和婶婶黛安娜、叔叔温斯·弗劳森吉尔一起去度假的。虽然姐姐大着胆子游出去很远，但杰西和其他孩子还是更喜欢蹲在浅浪中玩耍。突然，哥哥感觉到什么东西从他腿边擦过，与此同时，杰西看到了可怕的一幕：一只鲨鱼的鳍从水里冒出来。还没等他反应过来，鲨鱼刀子般锋利的牙齿已经咬住了杰西的右臂。岸边的温斯·弗劳森吉尔听到尖叫声，立即向他女儿和杰西玩耍的地方望去，看到鲜血染红了海面。他发现一条长 2 米多的鲨鱼正用巨大的嘴巴紧紧咬住杰西的手臂，想要游走。弗劳森吉尔不顾一切地冲到海里，抓住鲨鱼的尾巴，用力摇动并向后拉。第 2 次拖拽的时候，杰西挣脱了，被人抱着救上来。他的右臂从肘关节到肩膀之间被鲨鱼咬断了，右腿也被撕下来一大块肉。

失去意识的杰西很快被带上岸，即使时间很短，他也已经失血太多，连伤口上都流不出血来了。一个目击者说他的腿就像被咬了一大口的鸡腿似的。他婶婶把浴巾当做止血带，紧紧勒住他的胳膊和腿，又用 T 恤衫把从残破的胳膊中露出来的骨头包好，从而确保他所剩无几的血液不再快速流失。然后，在其他度假者的帮助下，她给孩子实施了长时间的心肺复苏术。她丈夫用手机向急救单位求助，很快，从附近的彭沙科拉浸信会医院赶来了直升机。急救人员对杰西的初步预测很不乐观。他没有脉搏，从临床上讲已经死亡。失血过多是创伤中最危险的情况，一般只有不到百分之一的人能幸存。一名急救人员说："他失血太多了，跟鬼一样白，看上去像个布娃娃。"杰西的眼睛睁开着，但翻着白眼。尽管急救人员当时认为他死了，但还是快速行动，连飞机的引擎都没有关，准备把孩子救起就马上送走。在杰西叔叔的帮助下，他们把他抬进飞机，插入呼吸管，在飞机里继续进行心肺复苏术。他们仅在陆地上停留了 6 分钟，临关上机舱的时候，他们问起被咬断的手臂，但谁都不知道它在哪儿。

为了保护海里其他的孩子，温斯·弗劳森吉尔早已把鲨鱼拖上了岸。急救人员问起手臂的时候，一名海滩救护队员想到可能还在鲨鱼嘴里。所以他朝着还在沙滩上挣扎的鲨鱼头部连开 4 枪，让它松开了嘴。然后他用警棍撬开鲨鱼的嘴巴，一名志愿消防员用钳子在食管里找回了杰西的手臂。他们马上将断肢用湿毛巾缠好，外面包上冰块，赶紧用救护车把断肢送到医院，只比直升机晚到了一点。

杰西躺在医院里的时候，已经失血将近 30 分钟了。他被直接送到急救室，已经奄奄一息，医疗人员一直对他进行着心肺复苏术。当务之急是输入大量血液。不到 15 分钟，护士就向他体内输入了 1.5 升血浆。一段紧张抢救之后，在救护车送来断肢的那一刻，杰西终于恢复了脉搏。此时，给杰西输入的血浆总量已经超过了 14 升。

伤情稳定之后，下一步考虑的就是如何接上手臂。"奇怪的是，伤口很干净，"整形医生阿兰·罗格斯说，"想不到鲨鱼咬过的伤口会是干净的，尤其是这个从鲨鱼食管里拿出的断肢，伤口居然出奇的齐整，出奇的干净。"

↗ 杰西·阿伯格斯特在佛罗里达海岸的浅水中玩耍的时候，一条 2 米多长的雄性鲨鱼咬掉了他的手臂。

鲨鱼专家爱里克·利特在杰西遇袭的佛罗里达海岸进行考察。幸亏一名救护队员撬开鲨鱼的嘴，帮助取出了孩子的断肢并送到医院，杰西的手臂才得到了成功再植。

然而，手术还是非常复杂，需要仔细地接好一根骨头、三条神经、一根动脉、两根静脉和三组肌肉，杰西的手臂才能恢复功能。罗格斯医生用缝线在断肢上分别给静脉、动脉和神经做标记，同时，另一名整形医生朱丽叶·迪·卡姆波斯把断肢的骨头截下去2.54厘米，以便使臂骨能够固定在金属板上，保证手臂的正确位置。然后她在上臂骨、断肢和连接处3个地方分别打入两只螺钉，把两边的骨头固定在一起。接下来，罗格斯医生开始连接睫毛般粗细的主神经。最终，经过12个小时的手术，杰西被用轮椅送到恢复室。

虽然手臂的恢复充满希望，但杰西在受伤和得到医治之间的很长一段时间里严重缺血，这可能对包括大脑在内的器官造成危害。当时医生还不能确定这种危害究竟有多大。

杰西受伤之后的第4天再次进行手术，修复受损的腿部。手术需要去除坏死的皮肤，并用猪皮植皮。由始至终，医生都在关注大脑可能受到的损伤。治疗过程中器官会发生肿胀，但是如果大脑肿起来，使颅内压高于血压的话，血液就不能到达大脑，他就会性命不保。所幸的是，X光电脑断层扫描显示大脑没有肿胀的迹象，虽然其他器官的功能还没有完全恢复，但每天都有所好转。受伤后不到1周，杰西已经从深度昏迷转为轻度昏迷，并对疼痛、刺激和指令有所反应，这说明神经方面有了好转。而且，他已经能够不依靠人工呼吸器，自己呼吸了。

接下来的几个星期中，杰西继续缓慢而稳定的好转。他从昏迷中醒来，虽然清醒的程度还不确定，但他开始注意身边的物体。他的父母大卫和克莱尔开始用轮椅推着他在重症监护室周围散步。杰西刚入院的时候，专家们基本对他的生存不抱希望，更不用说出院了，但是在经历了重重险境之后，他于2001年8月12日顺利出院，回到了家乡欧申斯普林斯。

到了2004年夏天，他虽然还不能说出整句的话，但发音更清晰了。他吃某些食物的时候不再需要导管，还会用大笑或微笑回应兄弟姐妹。用黛安娜婶婶的话来讲，他"像草一样"疯长，只有他父亲才能抱得动了。现在他还不能自己坐起来，但可以使用特殊的垫子翻身和爬行。

■ 被野兽养大的人

"生儿育女"是自然界中各种生物为维护其自身繁殖而进行的一种普遍的生理活动。然而却有许多动物"越轨"，不养育自己的孩子，而是哺育另一类动物甚至是人类的幼子。

1988年德国出现了一个"狗孩"：一对夫妇由于工作太忙，很少有时间照料自己的小孩，家里的母狗却为他们尽了"父母的义务"，后来这个小孩习性变得和狗差不多。

其实类似的事件很多，20世纪初，在印度发现的两个狼孩就曾引起过轰动。

1920年10月，人们在印度葛达莫里村附近的狼窝里发现两个女孩，一个约八九岁，另一个不足两岁。毕业于加尔各答大学的锡恩神父将这两个狼孩带回了密拿坡孤儿院，并开始对这对经历非凡的姐妹进行长期研究。

神父给这两个女孩取名为卡玛拉和亚玛拉。这对姐妹在很多方面表现出"狼"的特性，她们能利用四肢飞快奔跑，用舌头舔食牛奶和水，吃生肉，嗅觉也异常灵敏，能闻到距离很远的食物的味道，视觉也很突出，能在伸手不见五指的深夜，在崎岖的山路上游玩。

另外，比较有影响的还有法国探险家亚曼发现的羚童。1961年亚曼孤身到撒哈拉沙漠探险，途中他迷路了，很快饮水和干粮都吃完。正在他苦苦挣扎的时候，一个羚童出现了，那个羚童头发乌黑，散乱地披到肩上，皮肤呈健康的古铜色。亚曼的友好行为博得了生活在那里的瞪羚和羚童的好感。羚童和其他瞪羚一起友好地舔着亚曼的腿和手。亚曼发现男孩是开朗、天真的，看上去大约 10 岁左右。他的脚踝部粗壮而有力，直立着身体到处走动，吃东西时却四肢触地，脸部贴在地上，牙齿十分强劲有力，能咬断坚硬的沙漠灌木。他们渐渐成了"朋友"，彼此非常亲近。一天亚曼点起一堆篝火，起初男孩有些害怕，到处躲闪，后来他不再害怕火焰，慢慢靠过来，甚至摆弄起炭火来。他不会和亚曼交流感情，却能和瞪羚一样用抽动耳朵和挠头皮等方式彼此沟通。最后男孩将亚曼带出了沙漠，挽救了这位探险家的生命。两年以后，亚曼带着自己的两位朋友再次到沙漠中寻访他的这位不同寻常的朋友。当他们见到男孩和其他的瞪羚时，彼此仍很亲近。亚曼还想试一下男孩在自然界中的生存能力，决定与他"赛跑"。他的朋友用吉普车追逐瞪羚，亚曼则开着另一辆车和男孩一起跟在后面，他惊奇地发现，男孩奔跑的速度竟达每小时 52 千米！男孩能像瞪羚一样，以 4 米多长的步伐连续跳跃。

↗ 两个"狼孩"蜷缩在一起。

亚曼的奇遇让他感慨万千，他不想让别人知道这个男孩，因为那样人们会将男孩关在笼子里研究，男孩也就失去了自由，那是十分可怕的。于是他和他的两位朋友将事实隐瞒起来，直到十几年后才在书中公布了他的发现。

其实，还有许多类似的奇怪事件，人们发现了许多熊孩、豹孩、羊孩、猿孩等，人们对此已经不再十分吃惊。与之相比，人们更关心动物为何会抚养人类的后代。

↗ 印度"狼孩"被当地的人家收养，行为举止还没有完全脱离狼的习性。

对此，人们有许多不同的看法，其中一种解释认为，野兽的母性本能非常强烈，特别是比较凶猛的母狼、母豹等，它们失去了幼兽后，在母性本能的驱使下，很可能对其他幼小的动物进行喂养，因而掠夺人类的小孩也是完全有可能的。还有一种观点是，人类的小孩被遗弃在荒野后，被狼或其他出来觅食的动物发现，误以为是自己的幼仔而带回去抚养。该观点完全是一种猜测，没有任何事实依据。而前一种观点还能找到一些事实依据，例如 1920 年的一天，印度的芝兹·卡查尔村的猎人打死了两只雏豹，母豹竟然跟随猎人到了村子，叼走了一个两岁多的男孩。3 年后，当地人打死了母豹，并救出了小孩，不过已经快 6 岁的小男孩已经完全习惯了豹的生活方式。

还有许多人认为凶猛的动物是不可能哺育人类的孩子的，但在众多的事实面前并没有更多的反驳证据。关于动物为何要抚养人类小孩的问题，至今仍没有科学的答案。

■ 匪夷所思的梦中启示

每个人都有做梦的经历，在梦中，我们经常会遇到千奇百怪的事情。然而直到今天，人类还不清楚梦究竟是怎么一回事。更有意思的是，有些人还能从梦中得到启发，从而获得新的发现。众所周知的化学元素周期表就是这么被发现的。

以前，化学家们只知道有 63 种化学元素，而且这些元素之间毫无规律。

1857 年，年仅 23 岁的门捷列夫成为俄罗斯著名的彼得堡大学的副教授。他工作勤勉认真，31 岁时又被聘任为化学教授，负责该校化学基本教程的授课工作。作为一名教授，他有很好的工作条件和生活环境，出于对化学的热爱和对工作的负责，门捷列夫一直勤勤恳恳地准备讲义，不敢有丝毫的懈怠。

然而，由于元素之间毫无联系，这些化学物质的性质又非常复杂，就算连续讲上几个月可能都讲不完。而且，随着授课内容的增加，听的人可能由于不理解而对化学的兴趣越来越小。这块领域实在是太混乱了，以至于没有一点系统性可言，使门捷列夫在授课的过程中遇到了很大的困难。难道真的

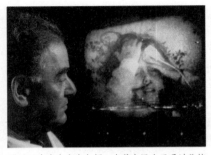
↗ 睡眠疾病专家米尔顿·克莱麦医生正通过监控系统研究志愿者梦境产生的机理。目前较为科学的说法认为梦是快速的眼球运动中"意像"的集合。人在快速眼球运动状态下的睡眠便会产生梦境。

没有一点儿规律存在于这些化学物质中间吗？

门捷列夫试图寻找这些元素间的规律和统一性，然而苦思良久，却仍然得不到一个圆满的答案。那些元素就像散落在迷宫中一样，对于它们之间的联系，门捷列夫毫无头绪。

于是门捷列夫决定先找出元素之间的规律再继续写书，他在笔记本上画画涂涂，然而始终没有找到其中的规律。但他并没有气馁，在一张卡片上写上元素的名称、原子量，在底下写上化合物的分子式和一些主要的性质，然后他把这些元素一个个剪开来进行重新排列。

他用许多方法给写好的卡片进行分组，还尝试着用各种方式进行排列，希望以此来找出各种元素之间的内在联系，并用一张表格表现出来。但令人失望的是，他仍然找不到答案。

平时，门捷列夫总是从清晨就开始工作，一直工作到深夜。有一次他废寝忘食地工作，竟然完全忘掉了时间，一连干了三天三夜。

门捷列夫真是累极了，趴在工作室的桌子上就睡着了。然而即使是在梦中，他还是在继续工作，竟然还做了一个梦。一张元素周期表突然清晰地出现在他的面前，各种元素犹如一个个训练有素的士兵，各自站在各自的岗位上。强烈的责任心使门捷列夫立刻从梦中清醒过来，刚才那张表还清晰地在眼前晃动。他拿起笔，在一张纸上记下那张表。他对表格进行反复验算后，发现除了一处需要加以修改外，梦中的那张表格几乎是完美的。

1869年3月，门捷列夫发表了元素周期表。在表格中，他还为许多化学元素留出了空位。后来他又继续对元素周期表进行研究，预言了3种新的化学元素：类硼、类铝和类硅。

然而，门捷列夫的这些预言在当时被许多科学家当做无稽之谈，不过他却十分相信周期律的科学性，并认为它一定能得到证实。

法国一位化学家于1875年用科学的方法发现了镓这种新元素。门捷列夫发现这种新元素其实就是类铝，是他5年前预言过的。化学元素周期律取得了第一次胜利。

顿时，世界科学界轰动了，化学元素周期表和它的发明人门捷列夫立刻享誉全球。世界上的许多科学家在门捷列夫的元素周期表的激励下，废寝忘食地工作，努力探索，试图发现新的元素。欧洲几十家有名的实验室中的众多科学家紧张地工作着，渴望获得新的发现，以进一步揭开化学物质的谜底。

1879年，瑞典一位化学教授又发现了一种金属元素，命名为钪，它其实就是门捷列夫所预言的类硼。1885年，德国化学家温克勒也发现了一种新元素，这个叫做锗的新元素恰好可以填入周期表中预留的一个空格中，正是门捷列夫所预言的类硅。

元素周期律成为物理和化学界的一个基本定律，对于推进现代化学和物理学的发展起着举足轻重的作用。可谁能想到，这一切居然是在梦中发现的呢？

↘ 门捷列夫正是依靠梦中的灵感而找出了各种元素之间的关系，从而制成了第一张元素周期表。

■ 梦游中杀人

据估计，10%的人曾经梦游过。梦游症在儿童中最为普遍，有6%的儿童患此症，而成年人中只有2%。大部分情况下，梦游者平静地从床上起来，毫无目的地晃悠几分钟，然后再回到床上，既不害人也不害己。但是，偶尔会有令人担忧的后果。

梦游是一种遗传病，而且不知道为什么，梦游的男性比女性多。睡觉时大脑发出的电脉冲记录显示，有两种不同的睡眠类型——REM（眼球快速运动）和NREM（非眼球快速运动）。在睡眠的整个过程中，这两种类型交替出现。睡眠从NREM开始，它构成了成人大约4/5的睡眠。刚开始是感到睡意，脑电波明显变深而且缓慢，直到大脑的活动和新陈代谢达到最低点。处于NREM睡眠的时候人很少做梦。入睡大约一个半小时之后，REM睡眠的第1个阶段开始。此时脑电波活跃起来，眼球运动加快，人最容易进入逼真的梦境。REM的第1个阶段可能持续不到10分钟，但随着睡眠的进行，持续时间加长，最后一次可以持续1个小时。梦游经常发生在刚入睡时的深度NREM状态，或从这种状态中醒来的时候。其实没做梦也会梦游，这便否定了梦游者的行为来自梦境的普遍说法。

梦游的根源在于大脑。负责意识的大脑皮质处于休眠状态的时候，大脑中掌管运动系统和感觉系统的部分却清醒着。伦敦睡眠中心的医学主任爱莎德·伊伯汉姆说："梦游从本质上讲，是因为从睡眠的一个阶段到另一个阶段的转换机制没有起到作用，使人进入'极度清醒状态'。我们不清楚其具体原因，但是它肯定和大脑中复杂的化学反应有关。"

这个时候，人容易从床上起来，混乱而无目的地兴奋起来。他们尽管目光呆滞却睁着眼睛，动作常常既缓慢又笨拙。有的人不仅到处走动，还会说话，穿衣服，上下楼梯，做饭，吃东西，甚至在壁橱等不合适的地方排尿。更危险的是离开家，把汽车开到公路上去。2005年，一位酒吧老板免受酒后驾驶的判罚，因为他钻进宝马车绕着一棵树兜圈的时候是睡着的。还有个更有趣的例子，一名女子最近忽然发现，梦游中的丈夫正在割草，而且赤身裸体！

人们曾认为梦游完全是心理问题，但现在把它理解为心理因素和化学干扰等生理因素的复杂混合体。在儿童中，4～12岁的男孩易患梦游症，尤其是过度疲劳的孩子。梦魇是一种噩梦，能让半清醒状态的孩子尖叫着醒来，它和尿床都与梦游有关。梦魇中出现一段情节的时候，梦游者的行为更加疯狂，可能到处急速奔跑，撞到墙上。幸运的是，多数儿童经过青春期之后就不再梦游了。在成人中，梦游可能由饮酒或用药过度引起，二者都对大脑的化学平衡有影响。梦游也可能与压力、焦虑（像白天吵架这样的小事）和服用安眠药有关。梦游能持续几分钟到将近1个小时，但梦游者普遍对梦游时发生的事没有一点印象。成人阶段才开始梦游的人日后容易患病，而且有一些长期梦游的人把自己缚在床上，想阻止再次发作。虽然成人病例中没有发现共同的神经化学问题，但马里兰州毕士大国家睡眠失调中心的主任卡尔·亨特说，有相当多的人后来患有帕金森病，这说明梦游可能是一种不断发展的神经疾病。

成人梦游的后果相对严重一些，因为它更具有危害性。在美国，梦游者不准拥有武器，因为有了武器，他们会给别人和自身带来太大的威胁。有一个例子说明了梦游者的潜在危险：2003年，英国曼彻斯特的朱尔斯·劳尔袭击了他82岁的父亲艾迪，使其不幸身亡。攻击发生的时候朱尔斯还在熟睡，事后他对此事没有任何记忆。伊伯汉姆医生在审判前对被告做了一系列的睡眠研究，证明他当时的确在梦游。他说："劳尔先生有梦游史，喝酒之后尤其严重，但他之前从未有过暴力行为。然而，当时他继母刚刚去世，而且他还经受着一些其他的压力。"在发生袭击行为的时候，劳尔先生处于所谓自动性的状态，这表示他的行为是无意识的。他的梦游更多来自内因（比如压力），而非外因（比如药物或饮酒）。由于他处于错乱自动性状态，法庭免除了他的谋杀罪名。

还有个著名的例子，2002年，摇滚乐吉他手皮特·巴克在一架横渡大西洋的飞机上攻击机组成员，但最后被免罪。法庭相信他由于在刚登机时饮酒并服用了安眠药，所以当时处于非错乱自动性状态而对事件没有记忆。具有讽刺意味的是，巴克所在乐队的名字就叫REM。

梦游者朱尔斯·劳尔在事发时处于错乱自动性状态，因此被免除了谋杀父亲的罪名。他一点也记不起来袭击父亲的事。

↗ REM 乐队的吉他手皮特·巴克（左二）在飞机上攻击他人但被免罪，因为当时他饮酒并服用了安眠药而引起梦游。

一个普遍错误的观点是，叫醒梦游者很危险。实际上，即使梦游者自己一直在说话，他也不会听到你对他讲的话，所以很难叫醒他们。最明智的做法就是引导他们安全地回到床上。

2004 年在澳大利亚睡眠协会的一次会议上，报告了一种关于梦游的现象。据睡眠医生皮特·布加南描述，他的患者中有一名情趣高雅的中年女子，她有一个固定的伴侣，但是她在梦游中和一些陌生人发生性行为。这个女子完全不知道自己的双重生活，直到他男友在房子附近发现了可疑的避孕套，产生怀疑并最后在某天晚上把她现场捉住。她的情况被诊断为睡眠性行为，一种又称作 REM 行为混乱的错乱症。

在正常情况下，进入经常做梦的 REM 睡眠状态时人体保持不动，但在睡眠性行为状态下不是这样，人会把梦表现出来。因为还没有失去肌肉运动能力，我们其实能做出梦到的任何事情。如果做的事情和梦里的相符，就不会醒来。英国睡眠专家尼尔·史丹利解释说："如果你躺在那儿，梦见正在和妻子性交，而此时你恰好在和妻子性交，梦就不会醒来。你感觉不到发生了什么。"

事实上，人们睡着的时候可能同自己或别人进行性行为（有时是暴力的）。有一名男子想制止自己在晚上的行为而把自己捆住，醒来发现为了挣脱束缚，他甚至弄伤了两根手指。研究这一现象的美国科学家发现，受睡眠性行为影响的患者们没有经过正常的睡眠阶段，而是各自拥有独特的脑电波形式，他们在某个睡眠阶段表现出异常的脑电波，或者睡眠发生短暂的中断。睡眠性行为就发生在睡眠循环中这些暂时中断的时候。很多患者也有梦游史。与梦游类似，睡眠性行为可能是遗传的，也可由酒精和压力引起，但美国科学家注意到，每位患者都有感情问题，如果没有感情问题，他们的睡眠中断就能以梦游或简单地说梦话等形式表现出来。

■ 失忆失语 6 年离奇恢复

1997 年 12 月，艾马利·卡里克斯托和他的孩子在库里提巴附近横穿公路时被汽车撞倒，孩子在这次事故中死亡。车祸使他的腿和手臂部分瘫痪，而且由于头盖骨受伤，他失去了记忆和语言能力。因为入院的时候他没有携带任何资料，所以库里提巴卡朱拉医院的医生无从知晓他的名字和家庭住址。他们利用电视和报纸确认这个神秘病人的身份，但是没有结果。

经过紧急的手术和长时间的加强护理，他被转移到神经科。那时医生已经放弃了确认他身份的希望。但是，他们继续每天为他进行物理治疗，希望促进他的活动能力，还开始对他使用语言疗法。2003 年 9 月 30 日，他正在接受语言治疗的时候，说出了 6 年来的第 1 个字。尽管医生没有发现他恢复记忆的迹象，仍然无法确认他的身份，但是他们还是感到震惊。不久，他把自己的名字告诉了给他洗澡的护士。之后的几个星期，他的语言能力稳步提高，能详细地讲出家庭和家人的情况。医院立即与他们取得了联系。

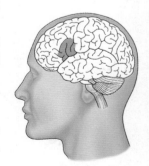

↗ 在人类大脑中，语言功能由大脑半球脑叶前部的一个区域控制。艾马利·卡里克斯托在一场车祸中伤到了头盖骨，将近 6 年内无法说话。

艾马利的姐姐罗莎芭本以为弟弟已经不在人世了，她得知自从 1997 年艾马利一直在住院之后，感到非常惊讶。"过了这么久，我们都不抱希望了，"她说，"但现在他要回家了，我们会好好照顾他。"

比特利兹·阿尔维斯·索加医生曾经治疗过艾马利，他对病人的好转感到惊喜。"他没有失去听觉，因此能够恢复语言能力。他的例子告诉我们，没有什么事是不可能的。"

匪夷所思的病症

■ 不能吞咽的婴儿

2001年8月末，爱伯尼·马丁生于苏格兰利文斯顿镇的圣约翰医院，早产了3个星期，体重2.238千克。她出生20分钟后就停止了呼吸，在母亲的怀抱里皮肤开始变成青色。医疗组急忙对婴儿进行了一系列的检查，终于找到她停止呼吸的原因。因为她有先天性的食管畸形，即食管没有连接好。爱伯尼的食管不是从嗓子一直通向胃，而是上半部分在颈部终止，下半部分将气管和

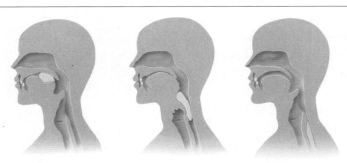

1. 舌头将食物推至嘴巴后方　　2. 食物从气管顶部通过　　3. 食物被挤压进入食道

吞咽包含一系列复杂的肌肉动作：舌头将食物块（图中显示为黄色）推入喉咙，食物通过气管口后沿着食道再向下移动。

胃连在一起。所以，她不能吞咽东西，而且空气能通到胃里面。如果不做手术，她会饿死。这是一种相对少见的缺陷，平均5000个新生儿中才会出现1例，一般只有常规的手术才能治好。然而，那样伤口很大，会留下大面积的瘢痕。爱伯尼转院到专为病童开办的爱丁堡皇家医院。那里的儿科顾问医师戈登·麦金雷为了缩小瘢痕并加速复原的过程，决定在小患者喉部实施先进的锁孔手术。

这种能够挽救生命的手术在英国尚无先例，而且仅出生两天的爱伯尼是世界上做这种手术年纪最小的患者。在锁孔手术中，需要把3根直径只有5毫米的细管子插入人体。一根管子载着微型摄像机，另两根管子装着只有针那么大的微缩外科手术仪器。摄像机把爱伯尼胸腔里的影像传送到手术台的屏幕上，麦金雷医生一边看着屏幕上自己的动作，一边操纵仪器。他把食管从气管上断开，再用细密的针脚缝回到食管上半部。普通的手术要打开胸腔必须划开很长的切口，但这个手术只留下了3个直径5毫米的小洞有待愈合。

麦金雷医生回忆道："如果说成人的胸部像鞋盒子一样大，那么在这么小的孩子身上做锁孔手术就像在火柴盒里操作。我们使用像缝纫针一样的狭长装置，让它穿过细管子到达胸腔内部。在里面缝合食管的难度极大，因为活动空间太小了，而且心脏和肺就在旁边。我们使用的是普通的针和缝合材料，但手术空间极小，针不容易回转，把针从一个装置移动到另一个装置也很困难。那是最艰难的一刻，要保证缝合十分精准，手术结束后我们才发现肩膀紧张得酸痛。"

手术5天之后，X射线检查结果显示孩子的食管愈合得很好，爱伯尼已经能喝奶了。术后两周，食管完全愈合，她可以出院了。

爱伯尼继续好转，据她母亲阿拉娜说，她的胃口没有任何问题。幸亏有先进的手术技术，她才有机会获得新生。

爱伯尼·马丁和母亲阿拉娜
在全世界的锁孔咽喉手术患者中，爱伯尼年龄最小。

■皮肤脱落的女子

一位年轻的美国女子对抗生素药物产生了严重的变态反应，全身皮肤大片大片地脱落。医生都认为她生存的希望十分渺茫，但是令人惊讶的是，仅仅3个星期之后她就出院了，而且几乎完全康复。

29岁的赛拉·耶根来自加利福尼亚州的圣地亚哥市，2003年12月初，她因鼻窦感染而接受了为期10天的抗生素常规治疗，服用了复方增效磺胺。治疗刚结束，她的脸上就开始出现轻微水肿并变色。然后，她嘴唇上起了水疱，眼睛水肿，再后来水疱遍及面部、胸部和手臂。她去看病，医生草率地给她开了些止痛药来缓解疼痛，并建议她静养，等待恢复。但是第2天，她脚上所有的皮肤开始脱落，并出现了大水疱，水疱破掉后开始渗出脓水。她无法行走，只好由母亲凯瑟琳抱出房间。凯瑟琳把她送上汽车赶往医院的时候，眼看着女儿的皮肤正在往下掉。

一天之后，赛拉全身的皮肤都开始脱落，包括内部器官的表皮和口腔、咽喉、眼球表面的黏膜。圣地亚哥市烧伤中心的医生告诉凯瑟琳·耶根说，她女儿能活下来的机会很小。耶根夫人说："一般来讲，百分之百的皮肤脱落意味着百分之百的死亡率，我们只有为她祈祷。看着她躺在医院里，身上一寸皮肤都没有，真是太可怕了。"

赛拉遭受的是罕见而严重的变态反应，称做中毒性表皮坏死症，即在复方增效磺胺的作用下免疫系统丧失功能。由于患者全身都产生反应，所以皮肤全部都脱落了。更严重的是，皮肤的缺失导致液体和盐分从破损的地方流出，很容易引起感染。烧伤中心的丹尼尔·劳泽诺医生说："皮肤一旦开始脱落，就没办法阻止。看到皮肤一片片地脱落真让人揪心。"劳泽诺医生和他的同事在赛拉的全身覆盖上一层特制的皮肤代替品。用这种人工皮肤包裹了48小时之后，赛拉的体表形成了密封层，这避免了感染，并有利于皮肤的愈合。

她的祖母玛乔丽·耶根提到赛拉的状况时说："我只能用起水疱来形容。如果你起了个水疱，底下的皮肤就会粗糙，变得鲜红。赛拉就是这个样子，但她全身都被水疱覆盖了。我想象不出那有多痛

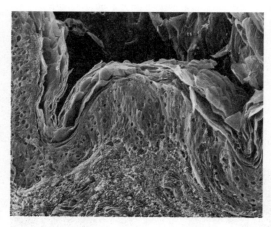

↗图为在扫描电镜下，人体皮肤冷冻切片的图像。严重的过敏症使赛拉·耶根所有的皮肤一片片脱落。

苦。好在大夫担心她忍受不了折磨而犯心脏病，给她注射了镇静剂，所以她的疼痛得到缓解并陷入昏睡。医生还给她吃了让一部分记忆丧失的药，因为失去皮肤对赛拉的打击太大了，但药只是微量的，药效也是暂时的。"

医生还给赛拉服用了防止内出血的药物，不到1个星期，她自己的皮肤就长了出来。几个星期之后，开始逐渐去掉人工皮肤，好让新皮肤代替它。医生预计她很快就能痊愈，而且新长出来的皮肤会和原来的一样结实耐用。估计不会留下瘢痕，因为和烧伤不同，她只有皮肤最外面的一层受到损伤。

赛拉·耶根被公认为是第1个幸存的中毒性表皮坏死症患者，她的所有家人和医生都称其为奇迹。

皮肤的功能

皮肤能够保护柔软的人体内部组织和器官，使其免受外界环境的伤害。有了皮肤，体内的水分就不会随意流失，而外界的灰尘、细菌及一些有害物质，如高浓度的化学物质等也无法侵入进来。当人体由于运动导致体温升高时，皮肤上的汗腺会立即分泌出汗液，并排出体外。汗液挥发时带走人体的热量，从而降低人体的温度。

■ 奇怪的外国腔调综合征

1941 年，一位挪威的年轻女子在空袭中被榴霰弹碎片伤到了大脑。开始她遇到一些严重的语言障碍，但她克服这些问题之后，却面临着更加令人苦恼的情况——她忽然只能用浓重的德国口音讲话，并因此遭到挪威同伴的排斥。这是"外国腔调综合征"（FAS）第 1 个记录在案的病例，这种病出现在极少数中风或遭遇其他头部伤害的病人身上，他们忽然不能再用本地口音讲话了。此种情况非常少见，自从这个战乱年代的病例出现之后，据报道只出现了大约 20 例。多数病例不经意地变成了德国、瑞典或挪威口音。

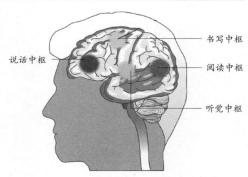

说话中枢
书写中枢
阅读中枢
听觉中枢

↗ 大脑左半球的某些部位有语言处理功能，科学家认为是这些地方受损致使温迪·哈斯妮普等人患上了外国腔调综合征。

神经生理学家迪恩·提皮特医生在美国巴尔的摩的马里兰医学院工作，他在 1990 年公布了一个病例：一名 32 岁的本地男子在中风几天之后，讲话莫名其妙地变成了斯堪的纳维亚腔调。虽然这个人以前对外语一无所知，但他忽然听起来像个斯堪的纳维亚人，而且对英语变得生疏。他讲话的时候改变了元音的发音，而且说得比较夸张，比如把"that"说成"dat"，句尾处的音调也上升了。开始他很喜欢自己的新口音，希望能吸引异性，但是 4 个月后他口音恢复正常的时候，他还是非常高兴又能像个美国人一样说话了。

1999 年 11 月之前，47 岁的英国妇女温迪·哈斯妮普一直是约克郡口音，但是自从轻度中风之后，她就成了法国口音。哈斯妮普太太在法国唯一的经历就是曾在巴黎过了个周末，她说："前两个星期都没有什么异样，然后我开始结巴，声音忽高忽低。第 3 个星期之后我讲话就变成法国腔。但我说的不是法语，我对法语一无所知，跟法国也根本没有关系。"和巴尔的摩的那个男子一样，她发现这种现象十分滑稽。她说："我从一开始就觉得自己的声音很好笑。不过还有很多事情比用法国口音说话还糟糕。"

非常奇怪，就在温迪·哈斯妮普中风后得上怪病的那个月，在大西洋的另一端也发生了类似的事情。蒂芙妮·罗伯特 57 岁，中风之后右侧身体瘫痪，而且不能讲话。经过几个月的物理治疗，她的瘫痪好了，尽管还有点困难，但也可以说出话来。第 2 年她的语言能力逐渐提高，直到和中风前一样流利。但她现在讲话不是原来熟悉的鼻音较重的印第安纳口音，而是英国腔。虽然她从来没有去过英国，但她的腔调成了伦敦音和西方国家的混合口音，而且开始使用一些英式英语。过去她声音低沉，现在的声调却高了很多。她都辨认不出自己的声音了，亲友也摸不着头脑，陌生人总是问她从哪里来的。有个医生说她对恢复口音做的努力还不够。

她尝试过听自己瘫痪前录过的磁带，希望恢复到以前的发音。"开始的两年里，我每天跟着磁带说话，模仿里面自己的声音，可是做不到。我躺在床上哭，醒来还是哭。有时候我觉得失去了意识。当一开始人们问我从英国的哪个地方来的时候，还有一个亲戚问我为什么那样说话的时候，我尤其感到自己的一部分已经在中风的时候死了。"在美国，她说自己是在印第安纳土生土长的，大家都指责她说谎，所以她开始躲避社会交往，最后患上了旷野恐惧症，害怕开阔的地方。她非常绝望，甚至想移居到英国。

后来到了 2003 年，即她中风后的第 4 年，罗伯特太太的朋友发给她一封电子邮件，附有一篇《纽约时报》的文章，内容是珍妮佛·格德博士进行的语言测试。珍妮佛是牛津大学的教授，研究外国腔调综合征已经 15 年了。很多医生认为这种病是精神错乱所致，而格德博士和她的科学家小组确定这属于身体疾病，并在 FAS 研究方面取得了重大突破。

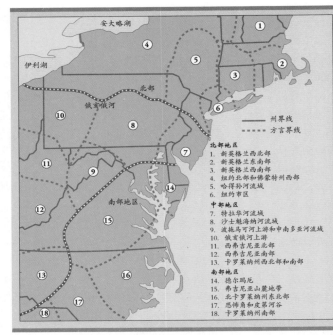

安大略湖

伊利湖

北部

俄亥俄河

州界线
方言界线

北部地区
1. 新英格兰西北部
2. 新英格兰东南部
3. 新英格兰西南部
4. 纽约北部和佛蒙特州西部
5. 哈得孙河流域
6. 纽约市区

中部地区
7. 特拉华河流域
8. 沙士魁海纳河流域
9. 波拖马可河上游和中南多亚河流域
10. 俄亥俄河上游
11. 西弗吉尼亚北部
12. 西弗吉尼亚南部
13. 卡罗莱纳州西北部和南部

南部地区
14. 德尔玛瓦
15. 弗吉尼亚山麓地带
16. 北卡罗莱纳州东北部
17. 恩怖角和皮第河谷
18. 卡罗莱纳州南部

南部地区

语言和方言

语言是所有文化群体进行交流的工具，每个群体都有自己的语言。一种语言范围之内的各个地域往往具有自己独特的术语、短语和发音，这就是方言。这幅地图（左图）上标明了美国东岸各种方言的分布，可以看出即使是细微的地域差别也会对语言有所影响。大多数美国人都说英语，不过东岸的许多社区都有自己的方言。

每种语言都有自己的溯源，例如英语是日耳曼语系的一支，它起源于一种日尔曼方言。这种方言逐渐和其他方言相融合，在公元1100年左右发展为盎格鲁－萨克逊语，然后在公元1500年左右发展为近代英语，后又逐渐演化为我们今天所了解的英语。

他们不明白为什么中风痊愈者中只有一小部分人患了FAS，结果发现FAS患者有一个共同的特点，即大脑左半球某些区域受到了小范围损伤，而那里有处理语言的功能。那些部位受损可以引起音调改变，使音节拉长或读音错误。患者事先不需要在新口音所在的地区生活过，因为他们并不真的是那种口音；简而言之就是大脑受损引起语言方式的改变，使他们讲话听起来就像是外国腔调。损伤的具体位置和严重程度也会决定这种病持续几个星期还是几年。

格德博士说："在口音的改变中我们发现一件有趣的事，就是在人类的意识中，也许对口音和语言有各自不同的评判标准。讲话方式是我们个性的重要部分，也影响着别人对我们的看法。可以理解，口音发生变化给患者带来了伤害。"

罗伯特太太得知自己患的不是心理疾病而是神经疾病，感到很宽慰。她联系到佛罗里达中央大学的杰克·莱斯博士。莱斯博士是研究神经性讲话和语言错乱的专家，他给罗伯特太太做了一系列的测验。他测试了她改变单词重音的能力，还让她用错误的音节重复单词。通过这些测验，他分析了罗伯特太太运用重读音节和升降音调的能力，而这些读法在英语和美语中是不同的。莱斯博士希望确定她是否将错误的音节作为口音的一部分。他发现罗伯特太太用特别的方式应对自己的新口音。每当别人问她从英国哪个地方来的，她就反问道："你猜我是哪里的？"不论对方说的是哪个城市，罗伯特太太都说猜对了。莱斯博士说："从某种角度来讲，她的回答反映出她开始接受了这种口音。这是一种巧妙的应对方法，但也显示出她开始让自己顺从于口音的变化。"

蒂芙妮·罗伯特说她想让人们增加对FAS的了解，希望这样能使别的患者免遭她所遇到的精神问题。"如果我能引起大家，尤其是医疗团体，对这种病的注意，医生也许就能帮助其他和我一样的人了。"

➚ 轻松聊天
温迪·哈斯妮普因为莫名其妙的口音改变而遭到同伴排斥，像图中这种轻松聊天的场面对她来说已是一种奢望。

■ 持续 68 年的打嗝

人类打嗝的原因几个世纪以来一直困扰着科学家。打嗝看上去没有任何实际作用，它不仅没有什么好处，还是件讨厌的事，尤其像艾奥瓦州安东市的查理斯·奥斯伯尼那样，打了 68 年的嗝！ 1922 年，在杀猪前给猪称重的时候他开始打嗝，一直不见减轻，直到 1990 年——据估算他打嗝达 4.3 亿次。很不幸，他在停止打嗝的第 2 年就去世了。

幸运的是，多数的打嗝发作起来并没那么严重，用各种民间方法几分钟就可以治好（喝水、憋气、拍打背部等）。打嗝是由膈肌受到刺激而抽搐引起的。多数情况下，膈肌正常工作。我们吸气的时候它下沉，帮助肺部吸入空气，而当我们呼气的时候它向上推，帮助排出肺中的空气。但是，有时候由于控制膈肌的神经兴奋，膈肌会不自觉地收缩。最常见的原因是吃东西或喝东西太快，身体努力要在吃东西的同时进行呼吸，引起了刺激。当人受到刺激并吸入空气时，咽喉后侧声带之间的空隙（声门）忽然关闭，发出响声。这就是我们打嗝时听到的声音。

↗ 中风偶尔会引起打嗝。在极端的情况下，打嗝可以持续极长的时间。

但是尽管我们完全清楚是什么引起打嗝，但打嗝的具体目的多年来连最杰出的医学家亦感到困惑。科学家们试图找到解释，于是从人类的初级阶段开始研究。超声波扫描显示，两个月大的胎儿在子宫里就会打嗝了，而此时呼吸运动尚未开始。一种理论说，这种收缩锻炼了胎儿的呼吸肌，为出生后的呼吸做准备；另一种理论说这是为了避免羊水进入胎儿肺部。但是，这些理论都没有解释清楚打嗝的所有特征。例如，如果打嗝的目的是不让液体进入肺部，那么和向内吸气相反，像咳嗽一样的向外呼气岂不更奏效。

2003 年 2 月，法国科学家提出一种新的理论。在巴黎的一家医院，由克里斯丁·史兆斯带领的研究小组表示，人类打嗝的原因可能跟祖先曾在海里生活的进化论有关。他们指出，某些动物关闭声门并收缩呼吸肌有其特定的目的——呼吸空气的原始动物还保留着鳃，比如肺鱼和青蛙，这些动物挤压口腔使水流过鳃，同时关闭声门以防止水进入肺。史兆斯说，原始动物控制鳃部呼吸的大脑回路可能一直保留到现代哺乳动物身上，包括人类。

研究人员指出，打嗝与蝌蚪等动物的鳃式呼吸有很多相似之处。肺里充气或外界二氧化碳水平较高的时候，二者都受到抑制。人类的祖先早在 3.7 亿年前就开始向陆地迁移了，为什么人类现在仍然在打嗝呢？ 史兆斯认为，控制腮和声门的大脑回路之所以经过多年进化还能保留下来，是因为它对产生其他更复杂的运动模式有帮助，比如吃奶。吮吸乳汁的一系列动作与打嗝相似，关闭声门可以防止奶水进入肺部。史兆斯说："打嗝可能是为了保留吃奶的动作而付出的代价。"

在得克萨斯州，50 岁的肖恩·沙弗自从中风之后就不停地打嗝，持续了 1 年之久。有时候，打嗝与颈部、胸部神经受到刺激有关，而像肖恩这样的打嗝与中风引起的迷走神经紊乱有关。和迷走神经有关的脑细胞与其他膈神经细胞群是有联系的，外科医生怀疑中风使二者的联系变得异常。持续打嗝令沙弗十分痛苦，每天需要注射 10 次镇痛剂或者催吐才能得到些许的缓解。2004 年，他在路易斯安那州立大学进行了开拓性的手术，使用了一种叫作迷走神经刺激器的装置，这种装置能控制对神经的刺激。植入患者体内的发生器产生电脉冲，传导到两条缠绕在颈部神经周围的细线上。植入的装置一启动，沙弗的打嗝就停止了。

↗ **打嗝的处理方法**
治愈普通打嗝的最简单的方法是用一个纸袋盖住鼻子和嘴，然后正常呼吸。其原理是人们刚呼出的气体中二氧化碳的含量较高，再次吸入这种气体后，打嗝的症状就会逐渐消失。

■可怕的"血友病"

　　"血友病"在19世纪被叫做"王室病"，主要在欧洲的一些王室里流行。这种病在当时显得十分神秘，因为传播该病的都是女性，而患病的却只有男性。后来，科学家经过大量调查研究，终于弄清了该病的患病机理。

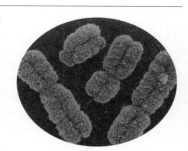

↗ 显微镜下的染色体

　　科学家通过分析发现，欧洲"王室病"的传播者是英国历史上赫赫有名的"女强人"维多利亚女王，她统治英国很长时间，并且一生健康，活了81岁。英国能成为当时世界上最强大的国家，与她的统治密切相关。当时英国号称"日不落帝国"，它的殖民地遍及全球。但是这位集权力与荣华富贵于一身的长寿女王却是一位"血友病"的隐性基因的携带者，实在令许多人难以相信。

　　维多利亚地位显赫，人间的荣华富贵可以说她都享受到了。但是维多利亚也有烦心的事情，她的一个儿子在很小的时候就得"血友病"死了。她生了很多女儿，全都远嫁到欧洲大陆上的俄国、奥匈帝国和西班牙等国的王室，这些与英国王室联姻的王室中，也发现有人得了十分容易出血的疾病。"血友病"还让维多利亚的几个外孙先后丧命。1904年，她的外孙——俄国沙皇的一个太子，也被发现患上了血友病。她的另外2个外孙——西班牙国王的儿子也患上了"血友病"，国王甚至命令将枕头垫在皇家花园的大树下，以避免他的儿子在玩耍时受伤出血。

　　"血友病"究竟是一种什么病呢？科学家通过研究发现，"血友病"患者的血液中缺乏一种被称为"第八凝血因子"的成分。如果受伤出血，血液便不能凝结成血块，当然就很难止血，因此即使伤口非常小，也会不停地流血。患病者通常在儿童时期发病，当患病的男孩逐渐变得活泼好动之后，就会表现出症状。他一旦在爬行之时擦破膝部或胳膊时，就会血流不止。奇怪的是，将这种疾病一代一代地遗传下去的"传送者"都是女性，而得病的全都是男性。

↗ 有"欧洲第一家庭"之誉的维多利亚女王一家

　　科学家们经过反复研究和试验，终于发现"血友病"与色盲一样，属于与性别相联系的伴性遗传病。维多利亚女王的体细胞中的一条X染色体上带有"血友病"基因，但是她身上的另一条X染色体上所带的正常基因起到了保护的作用，所以她没有患病。而当她把这个不利的隐性基因通过X染色体传给她的儿子时，男孩子失去了保护伞，患病就是必然的了。

血友病致病机理

　　在人们没有找到血友病的治疗方法之前，许多儿童都死于这种疾病。血友病患者体内缺乏一种血液凝结所必需的化学物质——凝血因子，导致患者出现外伤之后无法止血，而淤青和内伤也会导致患者内出血。患者出血时，将凝血因子注入其血液中即可止血。血友病是由染色体异常导致的遗传病症。如右图所示，血友病携带者的男性后代可能成为血友病患者，女性后代只是携带者。

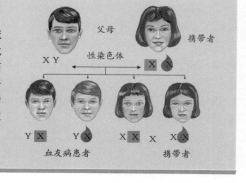

维多利亚女王的女儿都带有她遗传下来的致病基因，当她们嫁给正常男子时，生下的儿子如带有致病基因，则肯定会发病，而生下的女儿则可能继续成为隐性基因的携带者，并向下一代继续传递这种基因。致病基因是真正的罪魁祸首，欧洲"王室病"之谜终于被揭开了，而"血友病"的病根也找到了。

■ 奇怪的感应怀孕

自古以来，世界上许多地区都有相似的习俗，让丈夫同怀孕的妻子一样躺在床上，并在妻子生孩子的时候假装宫缩和产痛来模仿分娩。在巴布亚新几内亚，丈夫如果发现妻子怀孕就会搬到村子外面，建起一座棚屋，在里面准备好食物和衣服。产期临近的时候，他就躺在里面，假装在痛苦地分娩，直到他妻子走进棚屋，把新生儿递给他。类似的，西班牙北部的巴斯克男人也模仿临产的妻子，躺在床上，装作疼痛和宫缩的样子，大呼小叫，让护士给他与产妇相同的关照。对这样的行为有很多种解释——男人的叫喊有助于缓解母子的痛苦；这样能强化父亲和孩子之间的感情；模仿分娩可以强调男人的父权地位；这是一种消除自身不安情绪的方式。

人们一般只是把这些习俗看做骗人的模仿。17 世纪，出现了这种行为的变体，作家弗朗西丝·培

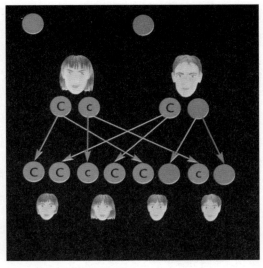

↗ **一对基因的遗传图解（色盲）**

色盲是常见的遗传病，多为先天性遗传而来。其病因在患者的父母身上，其发生机理可能是由于视锥细胞缺乏某种或全部感光色素所致。一般男性比女性更容易患色盲，对于这一问题，专家们作出了下列解释：在人体中男、女遗传因素上存在性染色体的差别，男性性染色体为 XY，女性的为 XX，因而，其遗传基因很可能与性染色体有关。上图表明了一位女性色盲基因携带者（呈隐性，用 C 表示）与一位视力正常且没有色盲基因携带的男子结合所生出的孩子患色盲的概率情况。

根写到一个新的现象——丈夫也受到妻子的感染，出现了害喜的症状。这个现象十分古怪，多数人认为是杜撰出来的。培根猜测这是由于丈夫太深爱妻子，以至于渴望同病相怜，此外他也不知道确切的原因。尽管缺乏医学原理的解释，这种症状仍然继续存在。1878 年，《柳叶刀》杂志报道了一件丈夫和妻子同时害喜的事情。10 年后，《纽约医学报》称，一名女子在即将确认怀孕的时候流产，两周后她的丈夫竟然开始害喜，而且，以前妻子怀孕的时候他也曾害喜。

如今，感应怀孕已经被看做真正的疾病，并有了自己的学名——产翁综合征，这个词由法语的"孵育"而来。它能够解释男人在妻子怀孕期间的诸多症状，包括体重上升、恶心、失眠、消化不良、胃灼热、疲劳、腰酸背痛、牙痛、食欲改变、头痛、腹泻或便秘、皮肤瘙痒、情绪波动和食欲大增。80% 以上的准爸爸

缓解和消除"产翁综合征"四步法：

尽管"产翁综合征（Couvade Syndrome）"一词仍鲜为人知，但此症却变得越来越普遍，在各大洲、各国、不同文化的人群中都有发病个案。据估计，发病率为 15% 以上。要想缓解和消除此症须从以下四步入手。

Step1：如果对即将为人父或家中经济状况改变而担忧，那就不妨平心静气地坐下来为将来的开销做个预算，提前做计划有助于减轻压力。

Step2：至于那些因为嫉妒妻子而出现"妊娠反应"的准爸爸们，不如把嫉妒转化成更多更深的爱，尽量和妻子一起分享孕育新生命过程中点点滴滴的快乐。

Step3：性生活减少是妻子怀孕后不得不面对的问题，首先丈夫一定要让妻子明白无论她变成什么样她的吸引力都始终如一，其次还得清楚性交并不是享受欢愉的唯一方式。

Step4：也许什么原因都没有，可还是出现了"妊娠反应"，那就找个好友聊一聊，说出自己的真实感受。不必担心被人笑话，说不定他当初的"妊娠反应"比你还强烈。

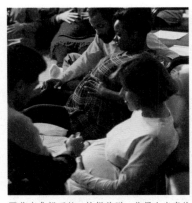

作家弗朗西丝·培根猜测一些男人害喜的原因是对妻子的关心。

出现过不同形式的产翁综合征，尽管只有少数人表现出明显的症状，比如妻子分娩的时候丈夫感到胃痉挛。研究表明，怀孕3～4个月和临产的时候症状最突出，而一旦孩子出生，症状就完全消失。

有人认为产翁综合征是遗传病，而且小时候被收养或没有生育能力的男子更容易患此病。最近加拿大的研究表明，初为人父的男子体内的激素有可能发生与孕妇相似的变化。心理分析学者也提出许多理论，从对孕妇妊娠能力的嫉妒到使妻子怀孕的内疚等等，说法不一。有人还说这属于受心理影响的疾病，是对胎儿认同的表现，或者只是为了向配偶表达感情，并对其经历的痛苦表示同情。感应怀孕至今仍是未解之谜，但在西方国家中这种现象越来越多，因为社会变化使男人在怀孕这件事上正在发挥更积极的作用。

■ 无法自控的手

这件事听起来像恐怖电影中的情节：一个女人半夜忽然惊醒，发现有一只手正紧紧掐住自己的脖子。她用右手拼命地想把那只手拉开，却意识到那只手原来是自己的左手！这不是编剧虚构出来的，虽然有些极端，但这是一个真实的例子。这属于罕见而令人苦恼的手失控综合征，顾名思义，就是一只手不知道另一只手在做什么。

手失控综合征又称为异质手综合征或核战争狂博士综合征（由20世纪60年代彼得·塞勒斯在电影中饰演的德国科学家而得名），人得了这种病就无法支配手的活动。虽然患者对手还有各种感觉，但他们觉得完全失去控制，好像手已经不属于自己身体的一部分了。失控的手也能做出复杂的动作，比如解开纽扣或脱衣服。有时候患者不知道自己的手在干什么，直到它引起他们的注意，这时候患者往往很生气，试图用惩罚来控制它，他们觉得有一种邪恶的灵魂在支配失控的手。手失控综合征患者经常拍打或抓住到处乱动的手，想阻止它不当的举止。这个时候，患者看起来就像拥有两种意识或两种不同的思想，而且二者在互相较量。

瑟吉欧·达拉·撒拉教授是一名意大利籍神经心理学家，在苏格兰阿伯丁大学工作，他对这种病

彼得·塞勒斯扮演的德国科学家"核战争狂博士"是出名的手失控综合征患者。

做过特别研究。他说："曾经有个患者不由自主地把鱼刺从鱼肉里面挑出来，放进嘴里。她非常尴尬，想把鱼刺拿出来，自己的两只手就打了起来。我还见过一些患者一直抓住滚烫的杯子不放。他们说'不要，不要，太烫了'，可是那只手还是握着杯子。"

还有更严重的例子，一名患者正在开车，失控的手突然抓住方向盘，险些酿成车祸。还有一次，一名患者没办法写下自己的名字，因为写字的手总是被另一只手推开。

世界上有记载的手失控综合征患者只有40例左右。此病一般在脑外伤、脑部手术、脑中风或大脑感

关于核战争狂博士

核战争狂博士是电影《奇爱博士》（又名：《我如何学会停止恐惧爱上炸弹》）中的主人公，这部电影是导演库布里克对于人类未来进行哲学思考的三部影片中的第一部，以其独特的拍摄技巧以及黑色幽默的讽刺手法，成为电影史上不可多得的经典作品。影片中的第一狂人当属"奇爱博士"，"奇爱"很显然是一个杜撰的名字，即"奇怪的爱好"。因为这位博士不爱面包偏爱炸弹，不爱和平偏爱战争。

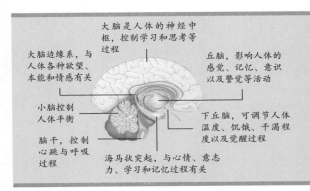

大脑边缘系，与人体各种欲望、本能和情感有关

大脑是人体的神经中枢，控制学习和思考等过程

丘脑，影响人体的感觉、记忆、意识以及警觉等活动

小脑控制人体平衡

脑干，控制心跳与呼吸过程

下丘脑，可调节人体温度、饥饿、干渴程度以及觉醒过程

海马状突起，与心情、意志力、学习和记忆过程有关

大脑的工作原理

头颅内90%的空间为大脑所占据。大脑表面多褶皱，由左右2个圆拱状结构组成，这种结构称为大脑半球。大脑底部的偏下方是小脑，表面亦多褶皱。小脑能够调节自发肌肉运动，同时维持身体的平衡。大脑的中央部位，如丘脑，与人的意识、记忆及情感活动有关。大脑的最下面是脑干，负责调控人体的自发生命活动，例如呼吸和心跳。

染之后发生。不同的脑损伤引起不同类型的手失控综合征。胼胝体是人脑中连接两个大脑半球的部分，对于习惯使用右手的人来说，胼胝体受伤可能引起左手运动失控，但是如果大脑额叶受伤，就会使右手产生抓取和其他一些不受控制的动作。大脑皮质控制着思维、感觉和运动，这里受到破坏的话可能引起两只手不自觉的动作。而像解扣子、脱衣服这样的复杂动作一般和脑部肿瘤、动脉瘤或中风有关。

人们认为手失控综合征是由于大脑中控制身体运动的不同部位之间没有连接好。例如，有时候为了减轻严重的癫痫症，医生通过手术将大脑两个半球分开。这样，大脑的不同部位就能各自指挥身体运动而不会察觉到大脑的其他部位在做什么。实质上就是思维被分割了。

达拉·撒拉教授认为此病解释了自由意志的基础。神经学家相信人能够用意志控制大脑中的一些部位来规范动作，由此根据各种场合抑制自己的行为。当这些部位受损之后，人的行为完全受环境支配，而不受意志的控制。

"这就引出了一个问题：我们的自由意志有多自由？这种病似乎说明，对动作的自我控制能力可以与感觉分开。手失控综合征患者能感觉到失控的手在做什么，但无法指挥它。患者明知道手的动作古怪而具有潜在的危险性，可是还是难以约束这些动作。他们经常说，手就像有自己的意识一样。但是他们从不否认那只反复无常的手属于自己的身体。"

很遗憾，现在对手失控综合征还没有任何治疗方法。患者们要想控制症状，只能让那只手一直握着东西，不让它闲着。

■ 可怕的性过敏

英国模特艾玛·琼斯嫁给了第2任丈夫——法国人史蒂芬，艾玛和他做爱之后惊讶地发现自己长出皮疹、头痛欲裂并呼吸困难。她把这些症状归因于第1次婚姻破裂的压力，而医生说她和许多妇女一样，对避孕套的乳胶过敏。按照医生的建议，她和丈夫停止使用安全套，但是仍然出现了相同的症状。这一次的诊断结果更加严重：她对精液过敏。

精液过敏症的防治措施

精液过敏症是一种罕见的过敏性疾病，发生了精液过敏症以后，要清洗下身，暂停房事，并口服抗过敏药，过敏现象很快就会得到控制。对精液过敏的女性，也可在过性生活前口服扑尔敏、苯海拉明及地塞米松等药物，在阴道内挤点避孕冻胶，以消除精液抗原性。男方在性生活时可使用避孕套，以防止精液直接接触女方阴道。也可夫妻分居一段时间，待女方适应男方精液的抗原性后再同房。

预防精液过敏的最好办法是设法避免接触到丈夫的精液，可以使用避孕套。但是，这种办法只能治标，不能治本，而且还影响生育。所以，最好的办法是脱敏疗法，让妻子逐渐接触精液，使妻子体内逐渐产生对精子的适应性。完全脱敏后，以后再遇到精液，就再也不会过敏了。具体的方法是，先服抗过敏药，然后将避孕套顶端剪一小口，以便让少量精液流出。如果妻子不发生过敏反应，以后将避孕套上的小口越剪越大，直到不戴避孕套，也不服抗过敏药，妻子再不出现过敏反应时为止。在脱敏期间，妻子要采取避孕措施，以免怀孕。

艾玛的问题始于 2000 年,第 1 次婚姻即将结束的时候。那时她的精神受到很大的伤害,身体也开始出现变态反应。之前她喜欢什么就能吃什么,但是忽然间她开始对小麦和面筋过敏。虽然她停止食用小麦和面筋有助于体重下降,但她还是猛增了 12.7 千克。然后她的头发开始脱落,她只好用假发遮住。她和史蒂芬在一起之后才发现自己对性交也过敏。

艾玛把她的初夜献给了前任丈夫,在他们 13 年的夫妻生活中从来不用安全套。后来她和史蒂芬做爱的时候使用了安全套,就开始生病。一开始她没想到这和性行为有关系,第 2 次生病的时候才去看病。医生检查了她的皮肤,认为她对安全套的乳胶过敏,所以腹部和阴部生出皮疹。她的症状还包括类似哮喘的呼吸困难、头昏眼花和头痛。

她和史蒂芬决定用其他方法避孕,但是她失望地发现自己仍旧出现同样的症状。这次看病之后,医生诊断出她对精液过敏。

"别人听说这件事之后在暗中取笑我,"艾玛接受《镜报》采访时说,"但这并不可笑。每次性行为之后我都会生皮疹、极度头痛、发热并喘不过气来。我不知道自己对精液里面的什么东西过敏,但我的确对它过敏。医生让我远离所有的乳胶,我也一直仔细阅读每样东西的标签。我不敢靠近气球,必须保持警惕,因为医生告诫说我的症状可能加重,甚至发生致命的过敏性休克。"

尽管艾玛发现服用抗组胺药物可以缓解变态反应,但她还是精神紧张。乳胶过敏症近年来非常普遍,患者对安全套、胶皮手套和气球都过敏,但精液过敏症实属罕见。男子射精的时候,精液中不仅有数百万个精子,还包含糖、维他命、无机物和蛋白质,用以维持精子的活动。女子的免疫系统偶尔会把这些物质中的一种当作异物,此时身体就产生抗体并释放化学物质,所以阴部感到疼痛和瘙痒。

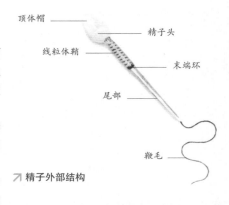

顶体帽
精子头
线粒体鞘
末端环
尾部
鞭毛

↗ **精子外部结构**

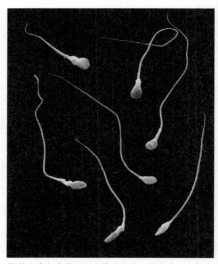

↗ 精液中包含数百万个精子、糖、维他命、无机物和蛋白质。艾玛·琼斯发现自己对丈夫的精液过敏。

在极特殊的情况下,会出现更严重的变态反应,导致咽喉肿胀、血压降低、呼吸困难、气喘、眩晕、休克甚至死亡。最近一名 25 岁的罗马尼亚女子因为对丈夫的精液过敏而死亡,使这种过敏症受到关注。这名女子不使用安全套性交的话就会窒息并感到不适,医生让她避免接触精液。然而他们没有坚持使用安全套,最后一次她产生了严重的反应,不治身亡。

■ 危险的吻

最近美国科学家发现了一件人们普遍认同的事:亲吻也许很危险。他们说,亲错了人可能会进医院,但不是因为被对方愤怒的配偶殴打,而是对方那天吃了某些食物的缘故。

《新英格兰医学杂志》上发表了一篇论文,说如果一个人吃了坚果之后 6 小时之内亲吻对坚果过敏的人,往往会使对方感到刺痒。在 17 名受试者中,绝大多数人不到 1 分钟就产生了变态反应,但反应比较

↗ 为了帮助确定过敏原,可将液体滴于皮肤表面,用针轻轻刺激,医生即可观察到异常反应。

↗接吻可能引起变态反应——尤其是一方刚刚吃过坚果或贝类食物的时候。

↗对甲壳类动物过敏是一个比较常见的问题，但对为什么某一个体会对特定的物质过敏我们知之甚少。

轻微，只是被亲吻的部位肿胀并感到刺痒。然而，有5个人开始气喘、发热并轻度头痛。最严重的是一名3岁的男童，他被亲吻脸颊之后出现了呼吸困难，被送往急救室。坚果在亲吻者口中停留的时间使研究人员感到惊奇。一些夫妇对此做了防范措施，比如刷牙或使用漱口水，但是这些都不能有效地防止变态反应。

在美国，每年有3万人因为严重的食物过敏而去医院就诊，其中有200多人死亡——比死于蚊虫叮咬的人还多两倍。食物过敏症患者中有一半的人对花生、核桃、腰果和杏仁等坚果类食品过敏。对花生严重过敏的人在乘飞机的时候，甚至对旁边吃东西的人也会产生轻微的变态反应。

贝类也能引起同样严重的反应。有一名20岁的美国女孩对贝类过敏，她和男朋友亲吻之后立即产生强烈的变态反应，因为她男友不到一个小时之前吃过虾。他们都在一家海鲜饭馆工作，她有时给客人上菜的时候戴手套。她工作的时候反复接触到贝类，曾出现过一系列轻微的变态反应。也许这些轻微的反应使她的免疫系统对甲壳动物蛋白产生了更多的抗体，这与花粉过敏等季节性过敏症相似。她说那天晚上在亲吻之前没有任何症状，但他们拥吻之后她的嘴唇和皮肤立刻出现反应，嗓子也肿了起来，腹部绞痛、恶心并难以呼吸。血液专家大卫·斯丁玛说："应该告诫容易食物过敏的人，不仅吃东西会引起过敏，触摸过敏原、亲吻或抚摸食用了过敏食物的人都可能引起强烈的变态反应。"

意大利那不勒斯市的医生接诊了一名女患者，认为她肿胀的嘴唇也是丈夫亲吻的结果。但是她丈夫没有吃令她过敏的东西，而是服用了抗生素药物治疗感染。医生为了证实他们的观点，又让他吃了相同的药并再次亲吻妻子。20分钟后，她出现了皮疹。她是第1个因为伴侣服用药物而过敏的病例。

那么，这些过敏的事例会使传统的接吻终止吗？专家的回答是：当然不会。美国过敏症专家斯科特·塞彻勒保证说"轻吻脸颊不太可能引起严重的问题"。但是他告诫说，热烈的亲吻会增加过敏的可能性并延长与对方唾液的接触时间，可能导致"非常危险"的后果。最好的办法是一直提醒爱人自己有过敏症，并在接吻之前检查对方吃过什么东西。

■ 可怕的整体免疫紊乱

对这种病有许多种叫法：复合化学物质过敏症、自发性环境过敏症、整体过敏综合征、环境过敏症、生态病、整体免疫紊乱综合征、化学免疫缺乏综合征、20世纪病。从每个名字都能看出这种病的原因、病理或症状。但是对这种病的定义和名字难以统一，阻碍了人们对它进行科学的认识。

然而专家们普遍赞同的一点是，这种疾病是近代才出现的。这种广为接受的理论说，第二次世界大战之后，新的化学产品得到了广泛使用，包括杀虫剂、香水、涂料、胶、溶剂、塑料、地毯、香波、清洁剂、药物、肥皂、咖啡因和食品添加剂等等，不计其数。这些产品已经融入了日常生活，在我们吃的食物里、穿的衣服上和呼吸的空气中，它们无所不在。许多化学产品的潜在毒性没有得到充分的测试，导致人体产生不良反应。20世纪50年代，芝加哥的过敏症医师赛隆·伦道夫就发现了一些人因为环境而生病，此后不到10年，环境污染成为严重的健康问题。70年代，建筑业的发展提高了房屋建造的效率，这使新式建筑中的通风方式发生变化。通风方式的改变和材料中化学物质的挥发导致了我们现在所说的病态建筑综合征，所以在办公室工作的人们经常会产生头痛、恶心和其他变态反应。

↗ 包含小剂量激素的鼻喷雾剂可以用来预防过敏症状。这些药物应经常使用。

复合化学物质过敏症（MCS）的症状与传统的过敏症相似，但是由于不同的人对不同的产品发生反应，所以人们对此病的表现多种多样。MCS的症状包括呼吸困难、偏头痛、皮疹、头晕、恶心、疲乏、失眠、疼痛、注意力不集中和健忘等。女性比男性更容易患上MCS。科学家认为，虽然女性容易患病可能是因为比男性接触更多的化学产品，例如化妆品和清洁剂，但是男性分泌的睾丸激素掩盖了他们初期的症状和身体的预警信号，直到病情严重了才会发现。希拉·罗素就是一个著名的例子，她是20世纪70年代流行乐组合的歌手，忽然间她对人造纤维、塑料和经过加工的食品产生过敏，导致水肿和呕吐。因为她似乎对身边所有的东西都过敏，所以她只能住在英国布里斯托尔一所黑暗的房间里，里面的空气是经过过滤的。但是她的体重还是下降到39.9千克，一度连抬头的力气都没有了。

是什么使人体产生如此强烈的反应？临床生态学家认为，人体长时间暴露在某些化学物质中会导致身体失去解毒能力。有一名MCS患者无法去除体内的化学物质，因为这些物质进入他身体的速度比被排出去的速度还快。化学物质储存在人体一些含有脂肪的组织中，例如心脏、肝脏和大脑。人们刚开始对某些物质没有变态反应，但是一旦体内处理毒素的功能受到破坏，就抵挡不住化学物质了。这说明患者的免疫系统失灵了，因此对其他人没有影响的东西却可以对他们造成伤害。一位科学家试图给MCS下定义，他描述说"它是由多种化学物质引起的多种器官的慢性疾病，表现出多种症状，影响到多种感觉。"

让事情变得更加复杂的是，有证据表明，MCS及其相关的病症不仅仅由化学物质引起，还和病毒、情绪过激、创伤（尤其是儿童时期受到的创伤）、肝脏损伤和代谢紊乱有关。一些专家还确定地说，MCS的一部分病因是心理方面的，多数患者同时还患有抑郁症或焦虑症。最近，多伦多大学的研究人员发现MCS也与恐惧症有关。

虽然MCS常常与过敏症联系在一起，但它与过敏症在一个重要的方面表现出很大的差异。研究人员做了一项实验，他们事先掩盖了过敏原的特征，比如溶剂的气味，然后让不知情的MCS患者密切接触过敏源，结果一部分患者没有出现症状。作为对比，他们也对花粉或坚果过敏者做了类似的实验，这些过敏者接触过敏源的时候都出现了症状。由此，多伦多的研究人员意识到MCS的病理有认知的成分，并观察到MCS的症状和恐惧症相似，所以他们决定研究一下这两种病

↗ 专家认为，人体如果长期接触诸如杀虫剂之类的化学物质就可能丧失解毒功能。

是否有联系。此前曾有研究显示，恐惧症患者对一种称为缩胆囊肽的化学物质很敏感。缩胆囊肽是在人的内脏和大脑中产生的。在内脏中，它有助于消化；在大脑中，它与忧虑和愤怒的情绪有关。它被看做恐惧基因的媒介，意思就是它会使恐惧症患者发病。但是，对于没有恐惧症的人，缩胆囊肽不会引起发病。实际上，用它可以判断出一个人是否患有恐惧症。MCS和恐惧症有许多相似之处，所以研究人员想看看它们在基因方面有没有联系。

我们每个人都有两种缩胆囊肽的感受器——A 和 B。B 类有 15 种不同的变种，称作等位基因。遗传密码决定了我们携带的是哪种等位基因。在恐惧症患者中，携带 7 号等位基因的人所占比例比正常人高。因此，克伦·宾科勒博士领导的多伦多研究小组对 11 名 MCS患者进行了测试，并与 11 名正常人进行比较。MCS 患者中有 41% 的人携带 7 号等位基因；而正常人中，这个数字只有 9%。

显然实验的测试对象数量有限，要想给MCS 在心理方面的因素下定论还需要做大量的工作。但是，宾科勒博士认为她的研究方向是正确的，她有信心找出这个令人烦恼的疾病的病因。"我觉得心理和身体的差别是人为提出的。它们其实是一个整体，不能单独看待。"

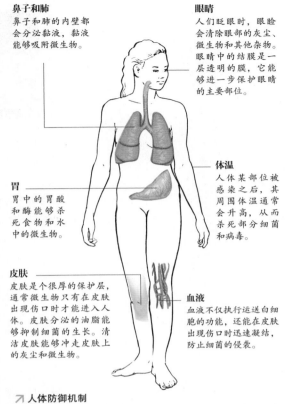

鼻子和肺
鼻子和肺的内壁都会分泌黏液，黏液能够吸附微生物。

眼睛
人们眨眼时，眼睑会清除眼部的灰尘、微生物和其他杂物。眼睛中的结膜是一层透明的膜，它能够进一步保护眼睛的主要部位。

体温
人体某部位被感染之后，其周围身体温度通常会升高，从而杀死部分细菌和病毒。

胃
胃中的胃酸和酶能够杀死食物和水中的微生物。

皮肤
皮肤是个很厚的保护层，通常微生物只有在皮肤出现伤口时才能进入人体。皮肤分泌的油脂能够抑制细菌的生长。清洁皮肤能够冲走皮肤上的灰尘和微生物。

血液
血液不仅执行运送白细胞的功能，还能在皮肤出现伤口时迅速凝结，防止细菌的侵袭。

↗ 人体防御机制
皮肤是人体防御机制的重要组成部分。除此之外，防御机制还保护着人体中没有被皮肤覆盖到的部位，使它们免受微生物的侵袭。

■ 奇怪的蜜月鼻炎

喷嚏是由鼻腔或上呼吸道受到刺激引起的。这种刺激可能是呼吸道发炎所致，发炎的原因多种多样——普通的感冒、流行性感冒和枯草热；吸入灰尘或胡椒粉之类的刺激物；也可能是黏液造成的。这些情况很常见，但是有一种罕见的情况也能引起喷嚏——"蜜月鼻炎"，一种和性有关的过敏症。

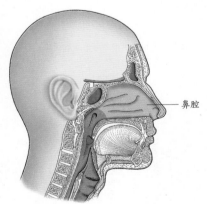

↗ 喷嚏是由呼吸道受到刺激引起的。有一种鲜为人知的刺激叫作"蜜月鼻炎"，它与性有关。

鼻腔

医学杂志屡次刊登过这样的事情：一些人在性行为之前忽然开始剧烈地打喷嚏。他们多数是男性，有时甚至不用性交，只进行性幻想就能导致打喷嚏和持续流涕。一些专家说，这是由于鼻腔内壁属于勃起组织。性刺激使鼻腔内壁充血，引起流涕。所以，人一旦性兴奋就可能流鼻涕或打喷嚏。

在更严重的情况下，性刺激会引发哮喘。这种仅由性兴奋引起的哮喘称为"性交后哮喘"或"性行为诱发哮喘"，人在情绪紧张或焦虑的时候最容易发病。"性交后哮喘"这个词可能让人误会，因为在性行为之前的亲密接触也可以引起"性交后哮喘"，这一点与蜜月鼻炎类似。实际上，性交后哮喘经常阻碍人们正常的性交过程，因此使人更加焦虑，病情加重。为了证明这种症状不是由运动引起的，研究人员做了一项实验。他们让患者们爬两层楼梯，这个运动消耗的能量与性交相当。患者并未出现哮喘症状，说明哮喘的原因是情绪激动，而不是身体的运动。

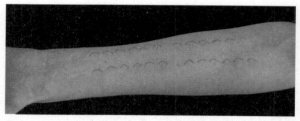

为了识别出引起哮喘的过敏原因，患者要同时接受一些不同皮肤检查。对于大多数哮喘患者来说，要证明哮喘是由过敏引起是很困难的，虽然许多医生相信所有的哮喘都可以用过敏来解释。

伦敦圣乔治医院的医生在《皇家医学杂志》上发表了一篇文章，详细讲述了一个例子，说明性行为和鼻炎有关。一名男子吃了伟哥想改善性生活，结果鼻子流血不止，住院将近1周。这名男子年近花甲，他告诉医生说，在第1次流鼻血之前的几个小时，他有过激烈的性行为。为了增强自己的性能力，他曾服用了50毫克剂量的伟哥。医生此前也遇到过一个类似的病人，那人吃了伟哥之后流了两天鼻血。这两名患者都有高血压，显然这是导致严重流鼻血的危险因素。医生们提出，伟哥不仅对阴茎产生作用，还对鼻子有影响。与蜜月鼻炎比较之后，他们认为伟哥可能使鼻子的静脉扩张，增大了严重出血的危险性。

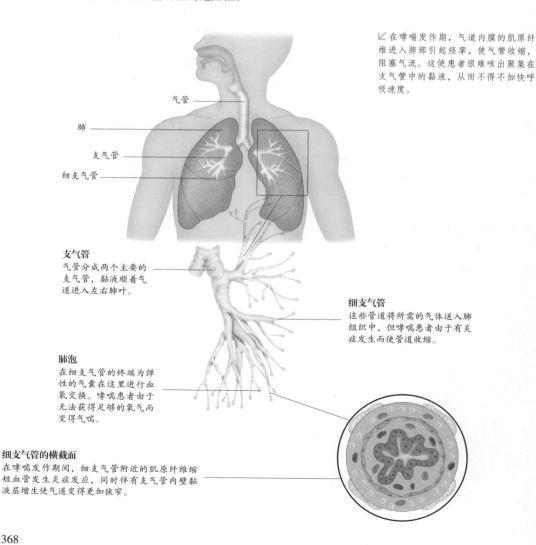

在哮喘发作期，气道内膜的肌原纤维进入肺部引起痉挛，使气管收缩，阻塞气流。这使患者很难咳出聚集在支气管中的黏液，从而不得不加快呼吸速度。

气管

肺

支气管

细支气管

支气管
气管分成两个主要的支气管，黏液顺着气道进入左右肺叶。

细支气管
这些管道将所需的气体送入肺组织中，但哮喘患者由于有炎症发生而使管道收缩。

肺泡
在细支气管的终端为弹性的气囊在这里进行血氧交换。哮喘患者由于无法获得足够的氧气而变得气喘。

细支气管的横截面
在哮喘发作期间，细支气管附近的肌原纤维缩短血管发生炎症反应，同时伴有支气管内壁黏液层增生使气道变得更加狭窄。

■ 可怕的癌变

"癌症"这个词现在频繁出现在人们的嘴边，可谓谈癌色变。它夺去了无数人的生命，已经成为威胁人类健康的最可怕的"杀手"之一。有资料显示，全世界每年因癌症死亡的多达几百万，而且近年来，儿童患癌率显著增加，这一现象令医学家们大为震惊。癌症如此可怕，不禁令我们疑惑：究竟是什么导致人类得这种致命的绝症呢？

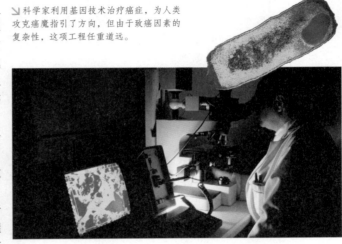
科学家利用基因技术治疗癌症，为人类攻克癌魔指引了方向，但由于致癌因素的复杂性，这项工程任重道远。

带着这个疑问，科学家们进行长期的研究，现今已经了解和掌握了一定的规律，并取得了一些临床治疗上的进展，但是科学家们并未把致癌的真正原因找到，每年仍有大量的人因患癌症而死亡。所以说，要想彻底攻克这个难关并揭开它的秘密，还会有相当长的路要走。

科学家们首先把注意力放在了寻找致癌物质上。他们研究了患肿瘤的动物，通过研究发现，诱发癌症的主要因素有化学物质和物理、环境方面的因素。举例来说，许多日本人在广岛的原子弹大爆炸中因核辐射患血癌，而长期工作在铀矿的矿工患肺癌的几率大大高于普通人，而且死亡率也相当高。

然而，科学家们在进一步的研究中发现，日常生活中也不乏患癌症的人，那么日常生活用品中自然也含有致癌物质，到底哪些物质含有致癌物呢？经过统计发现，诱发癌症的因素还有煤油、润滑油、香烟中的尼古丁、发霉的爆米花和粮食中的黄曲霉素等等。

还有一些科学家提出，癌症还与遗传因素有关，致癌物可能通过基因突变传给后代。根据一部分医学工作者研究的结果，有一种癌症属于"遗传性癌"，它是直接由遗传决定的。进一步的研究之后，医学专家们又发现，那些属于非遗传型的癌症，竟也呈现出明显的遗传倾向。比如，胃癌患者的子女得胃癌的几率比一般人高出4倍；母亲患乳腺癌，女儿的乳腺癌发生率也比一般人要高。很显然，遗传因素对癌症所起的作用是不容忽视的。相关研究还表明，某些人对癌症具有易感性，主要因为体内某些酶的活性降低，染色体数目异常或畸变。总之，遗传上的缺陷很有可能促发癌症。但遗传因素是怎样促发癌症的，却仍然令医学家们感到费解。

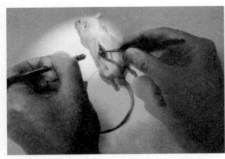
对一只老鼠进行基因注射，通过基因处理使其感染癌症，然后进行癌症治疗实验。在癌症还没有被征服且基因技术的可靠性仍受到质疑时，以其他哺乳动物作为研究对象也是一种不得已的选择。

近年来，有一些医学专家提出，绝大多数癌症与环境因素有关，例如，土壤中镁含量低的地区，胃癌的发病率就相对较高一些；皮肤癌的发病率和饮用水受砷污染的程度密切相关；饮用水中的碘的含量如果过低，甲状腺癌的发病率就会上升等。可见，环境因素对癌症的发生起着不可忽视的影响。

综上所述，我们看到，诱发癌症的因素很多，但是这些致癌因素之间并没有什么共同点，这到底是为什么呢？经过一系列临床研究实验后，医学家们发现，同样的致癌因素，并不一定都能诱发癌症。也就是说，所有的致癌因素可能都不过是外在因素，还有可能存在着内在的因素。因此，科学家们又开始了致癌的内在原因的探寻过程，经研究发现，癌组织是由正常组织细胞病变而来，具体来说，人的肌体内都存在着克服致癌因素的抑癌因素，在这种抑癌因素的作用下，细胞才会健康发展。如果抑癌因素的作用减小或消失，正常细胞就会发生基因突变，导致代谢功能紊乱，细胞也因此无限地分裂、增生。一般来说，正常细胞演变成癌细胞，再引发癌症是一个相当漫长的历程，大约需要10多年的时间。同时，科学家们又发现人体基因内存在着癌基因，这是造成正常细胞癌变的关键。其实，人体内不仅存在癌基因，还有抗癌基因。抗癌基因的发现，使人类对癌症的研究有了突飞猛进的进展，是人类最终战胜癌症的前提。科学家们把培养的抗癌基因注入动物身上，取得了初步成功。如果研究能够再深入一步的话，有望在不远的将来把这种方法应用于人类的癌症治疗上。

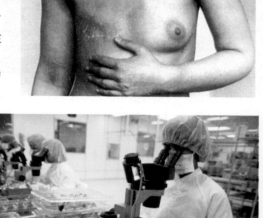

╲癌细胞示意图

╲乳腺癌手术后留下的疤痕

一部分医学专家在不断研究细胞癌变的过程中还发现，癌细胞的氧含量很低，而蛋白质含量却很高，而且癌细胞的表层组织越深入，其裂变能力越差，直至坏死。因此，细胞缺氧可能也是诱发癌症的因素之一。当局部组织受到损坏，并进入窒息状态时，会改变其生存方式，癌细胞由此生成。

关于癌症的成因，可以说是林林总总，莫衷一是，但这些都只是具体细节方面的分歧，大体上来说，都有一定的合理成分在其中。但从根本上讲，人们并没有把癌症的病因彻底弄清楚，仍处于推测假说阶段。面对癌症这个疯狂病魔的肆虐，医学家们在大多数情况下仍然是束手无策，无

╲随着科技的不断发展，也许不久以后人类就能研制出彻底治疗癌症的药物。

能为力。但"魔高一尺，道高一丈"，随着科学的进步，经验的累积，研究的深入，相信终有一天，人类会彻底弄清楚癌症的病因，彻底地降伏这个恶魔。

■ 引发心脏病的元凶

人类每个细胞的细胞核中都携带有5万多个基因。人类所有的基因都来自父母。通过卵子和精子，母亲给予我们一半的基因，父亲给予我们另一半基因。而父母遗传给每个孩子的基因配型都不一样，因此兄弟姐妹之间在外表、性格和健康等方面存在差异。基因包含着身体成长发育的所有信息，能影响甚至主宰各个身体器官和系统的功能。从头发、皮肤和眼睛的颜色到寿命，基因决定了我们的生活。

心脏病是现代社会中对人类健康威胁最大的杀手之一。心血管内壁受到堵塞容易导致心搏停止，从而中断了向其他重要器官的血液供应。动脉狭窄或硬化称作动脉硬化症，而冠状动脉硬化症就是引发心脏病的主要原因。虽然环境和生活方式等因素能够导致心脏病，但是各种基因也是导致心脏病的重要因素。和心脏病有关的基因有30多种，但是在2003年，美国医生又发现了一种基因，它普遍存在于有长期心脏病史的家庭中。克利夫兰医疗中心宣布，他们发现了第1个能够引发冠心病的人类基因。人们称它为"心脏病基因"。

唐·史蒂芬森一家来自艾奥瓦州，他们的前辈亚瑟在45岁那年猝死，若干年后，亚瑟的儿子唐

↗ 埃里克·托普医生（右）正在向唐·史蒂芬森解释他的基因情况和家族的心脏病史。正是托普医生的研究发现了一种特殊的心脏病基因。

在打野鸭的时候心脏骤停。唐幸运地活了下来，刚开始他以为家族的心脏病史可能是由于饮食和运动习惯导致。他有很多亲属患有心脏病，因此他引起了医生的关注。

2002年，唐到克利夫兰医疗中心治病。医疗中心的埃里克·托普医生是心脏科主任，当时他和其他同行一样，正在为发现心脏病基因而寻找一个大的家族病例。唐告诉医疗中心的一名心脏病医生说，他们兄弟姐妹10个中9个有心脏病。托普医生查看了他们的病历，注意到唐的亲属中有8个人在59到63岁之间患上了心脏病，其中有4个人于61岁患病，两个人于62岁患病。他说："这很惊人。心脏病一般发病于50～60岁之间，但是这个家庭的人基本在同样的年龄患病，这显然是基因的作用。"

在一个家庭里心脏病这样普遍，而且有足够多的心脏病幸存者——包括心脏病3次发作的76岁高龄的依蕾妮，他们愿意为DNA测试提供血液，因此对托普医生和他带领的50名研究人员来说，史蒂芬森一家是上天赐给他们的礼物。在1年多的时间里，他们从21名史蒂芬森家庭成员（只有一个人拒绝参加）的几十亿个基因信息中进行筛选，并比较他们中心脏病患者和极少数没有心脏病的人的基因，希望找到导致心脏病的基因。托普医生对最后的结果感到惊讶，因为从来没有人把这种基因和心脏病联系在一起，那就是MEF2A突变基因。

他们发现，MEF2A基因会产生一种蛋白质，使动脉壁变得脆弱，因此动脉壁容易形成动脉硬化斑。一旦冠状动脉中出现阻塞，就可能引发心脏病。每个患病的家庭成员体内都发现了这种致病基因。托普医生说："尽管这可能是极少数的情况，但是它为发现其他引起心脏病的重要基因创造了条件。"这一发现意味着将来医生能够通过简单的血液测试来检查病人的基因，并建议可能患病的人注意避免胆固醇和高血压，因为这两种因素都容易导致心脏病。

实际上，"心脏病基因"比托普医生开始估计的更普遍。第2年，医疗中心进一步的研究表明，美国所有心脏病和冠心病患者中，2%以上的人携带有各种MEF2A突变基因。

克利夫兰医疗中心的心血管基因组主任王青医生

↗ 艾奥瓦州约翰斯顿的马文和唐·史蒂芬森兄弟俩，还有他们摄于20世纪40年代的全家福。他们的兄弟姐妹中有9个人患有心脏病，包括唐。

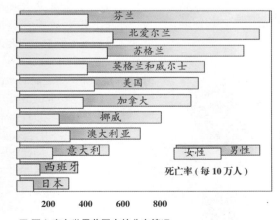

↗ 冠心病在世界范围内的分布情况
这个图表中标明了各个国家的冠心病死亡率。大体上男性患冠心病的几率是女性的4倍左右。

说："找出新的 MEF2A 突变基因是一个重大的发现，因为它使我们向解开心脏病的基因之谜前进了一步。发现心脏病患者中有 1%～2% 的人携带 MEF2A 突变基因很重要，因为这有利于发展对这些患者的基因检测技术。改变生活习惯和预防性的疗法将帮助患者避免或延缓心脏病的发作。"

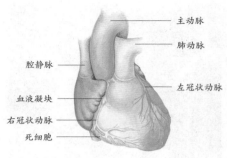

↗ 冠状动脉血栓症

冠状动脉负责向心肌供血，如果冠状动脉被血液凝块阻塞，就会引发冠状动脉血栓症。

在研究冠心病的同时，斯德哥尔摩的基因学家宣布他们发现了第 1 种与自身免疫性疾病和心血管病有关的基因。自身免疫反应就是免疫系统误把自己的组织当做异物入侵，并向它们进行攻击，从而引起炎症——这是关节炎、糖尿病和多发性硬化症的根本原因，也是动脉硬化症的主要病因之一。卡罗琳斯卡医学院的医学家发现，免疫系统靠一种蛋白质来抵抗疾病，而 MHC2TA 突变基因可以使这种蛋白质减少。他们对 4000 多人进行了研究，包括患者和健康者，结果显示，39% 的心脏病患者、29% 的关节炎患者和 14% 的多发性硬化症患者携带有这种突变基因。

■ 最可怕的绝症

　　人类在同大自然的斗争中遇到过一个又一个的绝症，从肺结核、麻风到癌症。如今，肺结核、麻风对人类来说早已不再是绝症，在人们把精力集中到解决癌症上的时候，又一种绝症出现了，它就是艾滋病。

　　自从 1978 年在美国纽约发现第一例艾滋病人以后，截至 1999 年 11 月 26 日，世界卫生组织根据各国官方提供的统计数字表明，全世界已有 163 个国家和地区报告发现了艾滋病人。据世界卫生组织的专家们估计，全世界艾滋病实际患者已达 3400 万。全世界已有 1600 万人死于艾滋病。对于艾滋病的病因，许多科学家进行了大量的研究，但是至今还没有弄清楚。大多数的科学家认为艾滋病的发病与一种 T 细胞有关。

　　1983 年 5 月，法国巴斯德研究所的吕卡·蒙塔尼埃研究组从病患者体内的淋巴结里分离出了艾滋病病毒。这是人类首次发现艾滋病病毒。这种病毒能够附着 T 细胞的表面进行繁殖，受感染 T 细胞很快就会停止生长，丧失免疫功能而死亡。而新繁殖的艾滋病病毒又释放到血液中，寻找新的 T 细胞。这样循环往复，导致患者的免疫力下降，最终失去抵抗力。

　　也有少数的科学家认为，艾滋病并不是仅仅由一种病毒引起的，很可能还有其他的因素在起作用。

　　1986 年上半年，世界卫生组织决定将艾滋病病毒定名为"人体免疫缺损病毒"，英文缩写为 HIV。艾滋病即由 HIV 潜伏性和作用缓慢的病毒引起的疾病，英文缩写为 AIDS。1988 年，世界卫生组织为了唤起世界各国共同对付这种人类历史上迄今出现的最厉害的病毒，定每年 12 月 1 日为"世界艾滋病日"。

　　关于艾滋病的来源，说法也是各种各样。起初人们认为艾滋病是由同性恋引起的。因为在美国一些大城市的同性恋者中，艾滋病患者居多。可是，经过许多学者的研究后，发现早在古希腊罗马时代，西方国家就已存在同性恋问题，而在东方国家的古代社会里，也同样存在这一问题，如果因同性恋导致艾滋病的产生，那么必定在古代就流行了，为何在当代才传播开呢？从而得出同性恋并非艾滋病起源的结论。

↗ 艾滋病病毒模型

　　还有两位英国科学家曾提出过"外空传入地球"的假说，认为艾滋病病毒可能早在外空中存在，但因千百年来缺乏传播媒介，所以人类一直没感染上。后来由于一颗飞逝的彗星撞击了地球，将这种可怕的病毒带到地球来，祸害了人类。这种假说还没有找到可靠的事实依据来证明。

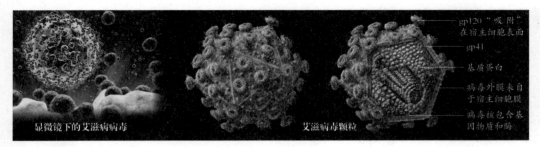

显微镜下的艾滋病病毒　　　　艾滋病毒颗粒

gp120 "吸附" 在宿主细胞表面
gp41
基质蛋白
病毒外膜来自于宿主细胞膜
病毒核包含基因物质和酶

目前，人们又提出了"猴子传给人类"的假说。科学家经过研究后发现，在猴子身上存在与人类艾滋病患者相同的病毒，被发现的猴子生活在非洲。研究者们从血液接触可以感染上艾滋病病毒以及中非地区的高发病率以及奇特的生活习俗等方面，假定艾滋病病毒是猴子传染给人类的。根据现有的资料显示，早在美国出现艾滋病之前，中非地区的卢旺达、乍得等国家和地区就流行过艾滋病。有人推测类似艾滋病病毒的东西

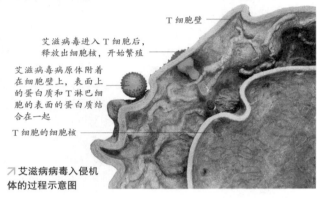

T 细胞壁

艾滋病毒进入 T 细胞后，释放出细胞核，开始繁殖

艾滋病毒病原体附着在细胞壁上，表面上的蛋白质和 T 淋巴细胞的表面的蛋白质结合在一起

T 细胞的细胞核

↗ 艾滋病病毒入侵机体的过程示意图

最早存在于当地的猴群中，由于当地人经常被猴抓伤以及吃猴肉等原因，这种病毒就进入了人体，逐渐演变成了艾滋病毒。法国一位研究人员偶然了解到中非地区有些居民有以下生活习俗：将公猴血和母猴血分别注入男人和女人的大腿和后背等，以刺激性欲；有些居民还用这种方法治疗不孕症和阳萎等病。许多的专家认为，艾滋病就是这样传染给人类的。但是中非部分居民奇特生活习俗的历史无疑长于艾滋病流行史，研究者进而假设：可能在很早以前，猴子就将艾滋病病毒传给人类，但因偶然的原因几度自生自灭。在现代，由于大量欧美人员到过非洲，传染上了这种病毒，并把艾滋病病毒带回欧美，加之性生活混乱和吸毒等流行，所以艾滋病在欧美地区就广泛传播开来。

目前，人类对艾滋病的研究已取得许多重大成就，但它究竟怎么起源，至今众说纷纭，很多专家认为这种争论还只是一个开始，要想弄清艾滋病的来源仍需要相当长的时间。

■奇怪的幻肢

在伤口痊愈后的很长一段时间内，80%以上的截肢者仍然可以感觉到失去的肢体。这种感觉可能在刚截肢之后出现，也可能几个月甚至几年之后才出现。1866 年，美国神经学家 S·韦尔·米切尔经过对内战伤员的观察，第 1 次将这种感觉称为"幻肢"。

幻肢常常表现为刺痛感，并幻觉到与截肢前的胳膊、手或腿形状类似的肢体。残肢被触摸的时候，截肢者经常感到失去的手臂或腿正在受到压力。他们在走路、坐下或伸展四肢的时候会觉得肢体还在正常运动。刚开始，幻觉中肢体的大小和形状与正常肢体一样，截肢者甚至想伸出幻肢拿东西，或者试图用虚幻的腿站起来。但是，一些体验过这种感觉的人说，幻肢的形状会随着时间的推移而发生变化，感觉越来越模糊，有时完全消失，只剩下半截手脚在半空中摇晃。而另一些人说感到幻肢逐渐缩进残肢里，直到完全缩进去。

许多幻肢感发生在截肢断口处受伤之后。因此，一些生来就缺少肢体和从未有过肢体感的人在断口受伤的时候也可能感觉到幻肢。一名 18 岁的姑娘就是一例。她生来就没有左前臂，某一天她骑马的时候从马背上摔下来，左臂前端着地。此后她产生了幻觉，感到前臂、手掌和手指都在。她说这种

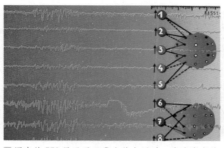

↗ 图中的 EEG 显示了正常人的电活动。癫痫患者的 EEG 会描记出节奏异常的脑电波。

感觉令人愉快而且没有痛苦，持续了 1 年之后才消失。

另一个病例是一名 15 岁的女孩，她因癌症失去一条腿，之后她详细地记录下幻肢的体验。手术刚结束的第 1 天，她在原来脚趾的地方感到痒和刺痛。第 2 天，给另一只脚按摩的时候，那种感觉减轻了，幻觉中的脚好像睡着了。每次幻肢的感觉都能持续 10 分钟。10 天之后幻肢感开始减轻，并在 1 个月之内完全消失。然而有些人的幻肢感能持续好几年。

是什么导致了幻肢？有研究显示，我们对肢体的知觉是"硬连线"到大脑中的。肢体的感觉与大脑网络具有对应关系，人们往往从小就把对肢体的印象记在大脑里，肢体被截掉或者失去功能的时候这种印象还继续存在着。幻觉过一段时间后就会消失，因为患者纠正了对肢体的印象。但是如我们所见，一些生来就缺少部分肢体或 4 岁之前就截肢的人仍然会产生幻肢感。因为他们对完整身体的印象没来得及印在大脑中，所以幻肢感一般只发生在残肢端部受伤的时候。

伦敦大学学院的科学家最近对这一现象进行了实验，并在实验中对受试者的大脑活动进行监测。受试者把右手藏在桌子下面，一只橡胶假手摆在他们面前，看上去很像是身体的一部分。然后实验者用笔杆同时敲击假手和藏起来的真手，并用核磁共振成像仪器扫描受试者的大脑。仅仅 11 秒之后，受试者就开始将假手看做是自己的，而且稍后让他们指出右手在哪儿，多数人指向假手而不是真手，这说明大脑已经做出了调整。

科学家们发现，大脑中一个特殊的区域——前运动皮质，能通过视觉、触觉和本体感受（位置感）3 种知觉识别身体。但是，当得到的各种信息不一致的时候，大脑更相信视觉信息，因为它是三种知觉中最强的一种。研究主任亨利克·埃森说："此项研究表明，大脑通过比较对外界的不同知觉来分辨自己的身体。可以说，身体本身就是大脑形成的幻想。"

严重的幻肢表现为剧痛、灼痛、痉挛痛或刺痛等。一般认为，幻肢痛由神经末梢受损引起。这些受损神经继续扭曲地再生长，引起残肢异常的神经痛，有时也会改变断肢神经与脊髓神经元的连接方式。有一种理论说，断肢失去的感觉使大脑的神经活动发生改变，有实验结果证实了这种说法。幻肢痛的治疗方法之一是反复触摸断口皮肤，增强那里的感觉和判断力。事实证明此法十分有效，这可能是因为触感代替了断肢以前传递到大脑中的感觉。

虽然断肢痛属于物理疾病，但是在 1996 年，加利福尼亚大学的维拉亚诺·罗摩占罗博士利用心理测试进行了一系列的实验。他让断臂的幻肢痛患者把手臂放进一个镜盒，这样他们就能看到残肢在镜子中的映像，看起来就像是截下去的断肢又回来了。然后再把完好的那只手臂放进镜盒，一边运动手臂一边假想那就是断肢，此时疼痛减轻了。10 个受试患者中有 6 个立即感到幻肢在动，少数人感到幻肢变得灵活。有一名患者甚至通过改变大脑对身体的印象而彻底消除了幻肢。

在另一个实验中，患者想象失去的手臂正在随着面前屏幕上的手臂一起运动。这次实验也获得了成功，并改变了治疗幻肢痛的侧重点，即不再注重受损的肢体本身，而是关注产生痛觉的中心——大脑。

幻肢引起了诸多不便和痛苦，但它也有一个好处：由于患者对断肢的感觉增强了，所以他们可以通过幻肢感更快地学会使用假肢。

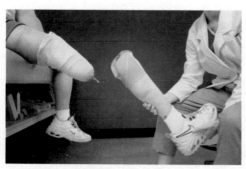

↗ 幻肢是截肢者中普遍的感受。很多截肢者坐下的时候，可以感到已经不存在的肢体还在正常运动。

令人震惊的人体怪象

■ 奇妙的电人

　　这是个让科学家们困惑了 150 多年的谜：一些人能通过触碰让别人触电，或者像人体磁场一样把金属物体吸引到自己身上，或者神奇地使电器停止运转，这些是如何做到的呢？

　　加拿大多伦多的一名女子宣称自己有让路灯依次熄灭的超能力；佛罗里达州坦帕的一名女子说她妹妹能中断电路，尤其是她难过的时候，会让汽车引擎熄火；加利弗尼亚一个女子说她能使灯泡爆炸、电脑陷入混乱；俄亥俄州的一名男子说他会让电器运转失常，10 年中，他毁掉了 5 台烤面包机、几辆汽车和无数的电子表、收音机。

　　加利弗尼亚的一名女子说在一次大型圣诞表演中，她只是在装饰一新的房子外面停留了一下，就熄灭了上千只灯泡，电动的圣诞老人、雪人和驯鹿也不动了。多数人认为这纯属偶然，但这个人还说她总是让电脑系统崩溃（技术人员也找不出哪里有毛病），碰到金属物体就严重触电，而且经常在和别人握手的时候让对方触电。这些怪事的原因还不得而知。会不会发生更神秘的事情呢？

　　19 世纪中叶，"电女孩"使所谓"电人"的概念被广为报道。14 岁的女孩安吉莉克·考汀住在法国的诺曼底，1846 年 1 月的一天晚上，她和其他几个姑娘在橡木架子上用丝线织手套，架子忽然开始扭摆、振动。大家很快发现，只有安吉莉克在的时候架子颤动，只要她不在旁边，架子就保持静止。

　　随后，安吉莉克·考汀又遇到许多怪事。她要坐下的时候椅子会转到一边，这种力量非常强大，凭一个人的力气都没法压住椅子。她触摸一张桌子的时候，沉重的桌子就升到半空中。她想在床上睡觉的时候，床会猛烈地震动，所以唯一能让她休息的地方是一块铺着软木的石头。只要她一接近物体，即使没有实际接触，物体也会移开。与之类似，站在她身边的人即使没有碰到她也有触电的感觉。她这种能力最强的时候，她的心跳加快到每分钟 120 次。

　　她父母十分焦急，请医生给她做检查。医生发现，她站在裸露地面上的时候能量增强，而在地毯或蜡布上，或者感到疲倦的时候能量减弱。医生甚至还感觉到她身上吹来的冷风。有时候她的能力消失了，但几天之后又会毫无预兆地恢复。

　　安吉莉克最后被送往巴黎的科学研究院，在那里，由著名物理学家弗兰高斯·阿拉果带领一组研究人员，对"电女孩"进行了一系列的测试。阿拉果发现安吉莉克的力量在傍晚的

↗ **能使灯泡闪亮的人**

威廉·布莱恩有一种奇异的功能，他在没有电源的情况下，仅靠摩擦几下自己的身体就可以使灯泡闪亮。

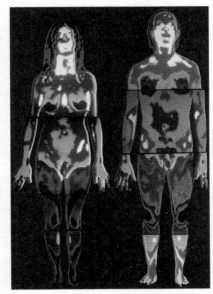

↗ 采用灵敏度极高的光电倍增管，可用于检测微弱的光线。

↗ 19世纪著名物理学家弗兰高斯·阿拉果，他对拥有超常电磁力量的法国女孩安吉莉克·考汀进行了一系列的测试。

时候最强，而且看上去是从左手腕、左肘内侧和骨盆发出的。无法预测的移动和忽然的震动会对她自身产生影响，也会传递到触碰她的人身上。阿拉果注意到，小姑娘对磁铁表现出奇特的感受。她靠近磁铁北极的时候会剧烈地颤抖，而靠近南极的时候什么反应也没有。即使在她不知道的情况下变换磁铁两极位置，她也总是能通过不同的感觉分辨出北极。

此外，她还和磁铁一样交替地吸引和排斥轻小物体。阿拉果得出结论，说安吉莉克拥有一种电磁性，而这可能是由某种神经疾病引起的。他写道："……在特殊情况下，人体器官产生一种物理能量，不需要可见的工具就能举起重物、吸引或排斥物体、按照极性规律翻转物体，还能产生声音现象。"

12个星期之后，安吉莉克·考汀的特异功能永久地消失了。但是她贫穷的父母不听医生的劝告，执意让她参加巴黎的收费演出，用骗人的手段表演曾经真实发生的神秘现象。

1869年1月，一个婴孩在法国的圣尤贝恩诞生，他备受瞩目，因为别人碰到他就会触电，而且从他手指上发出明亮的光线。可惜电婴9个月大的时候就夭折了。此后不到10年，加拿大安大略的卡洛琳·克莱尔在体重急剧下降之后拥有了带电能力。金属物体会吸到她手上，如果没人帮忙拔下来就一直粘在上面。谁碰到她都会触电，在一次试验中，她把电传给了20个手拉手的人。像安吉莉克·考汀一样，她的能力只维持了几个月就消失了，再也没有恢复。同时期的另一个例子是马里兰州16岁的学生路易士·汉博格。指尖干燥的时候，他仅凭触碰就能轻易地吸引起重物。大头针在他张开的手掌下晃来晃去，仿佛由磁铁吸引着。

《美国科学杂志》报道了在奥福德新汉普郡的一位女士身上发生的怪事。她患有慢性风湿和神经痛，有一天她忽然开始放电。那天晚上，她把手放在弟弟脸上的时候，从她手指上莫名其妙地发出火花。她站在厚地毯上的时候，手的四周都产生火花。这种现象持续了大约6个星期，火花消失之后她的病也神奇地好了。

人类的神经系统确实可以产生电。我们走过厚地毯的时候，身上就可以积累起10000伏左右的电压，但是由于只能产生很少的电量，所以放出的电流强度也相应很小。由于某种原因，至少有的"电人"看上去能够提高自己的这种电流强度。

■ 具有透视功能的女孩

一名17岁的女孩自称拥有X射线般的视力，震惊了她的家乡俄罗斯和英国、日本的观察家。来自萨兰斯克的娜特莉亚·黛姆季娜自称能看到人体内部，因此可以辨认出一个人内部器官的状况。她说自己有双重视力，盯着一个人看2分钟就能从正常视力转变为"医学"视力。但是，她显然不能透视自己的身体。

10岁那年，娜特莉亚切除了阑尾。很不幸，医生把消毒棉忘在她肠子里，所以她不得不进行第2次手术。手术1个月之后，她忽然相当详细地描述出她母亲的内脏情况，虽然她还不知道各个器官准确的名字。她父母相信女儿的特异功能是由那次拙劣的手术引起的。

娜特莉亚的母亲忧心忡忡地带她去精神病医生那里看病，女孩却看出了医生有胃溃疡，而医生的确患有此病。娜特莉亚有超能力的消息传开了，她在萨兰斯克医院接受了严格的测试。在一次测试中，医生让她观察一个病得很严重的女孩。娜特莉亚事先不知道患者的病情，却辨认出了所有的疾病。超声波检查证实了她的判断。还有一次，医生让她观察一位患癌症的女士。娜特莉亚说："我看着她，没发现哪里不正常，只是有一个小囊肿。"后来的检查证明娜特莉亚是对的。虽然很多医生很自然地对此表示怀疑，但医院的主治顾问医师艾莉娜·卡什说："她判断的正确率非常高。"

2004年1月，娜特莉亚前往英格兰接受电视节目"早间新闻"的采访。她在那里准确地判断出4个陌生人的身体状况——一个没有左肾，一个脊柱受损，一个脾脏做过手术，还有一个肩部有旧伤。节目的住院医生克里斯·史蒂尔确认了此事。

↗ 超声波往往发现不了人体黑暗角落里的病症，而娜特莉亚·黛姆手娜却能看得很清楚。对此她自己也迷惑不解。

对人体最黑暗角落中最细微的病症，常规超声波检查往往发现不了，她却能辨认出来。她说："我可以看到人体的整个器官。很难解释我是如何发现具体疾病的，但我能感觉到从受损器官发出的信号。我的第二视力只在白天工作，晚上它就休息了。"

娜特莉亚能够透视人体并生动而详细地描述出来，对此俄罗斯科学家至今也无法解释。虽然在美国她的表现不佳，在7个人里只看出4个人的病症，但她通过护照上的照片就能判断出此人得了什么病，这引起了日本科学家的兴趣。从一张小照片上，娜特莉亚立即发现那个人患有肝癌。对面前接受检查的7个人，她还准确地给他们做出诊断。东京大学的木村昌郎教授专门研究有特异功能的人，他说："我们做了全面的测试，发现最奇怪的是她能够对照片运用超能力，即使是护照上的小照片也可以。她观察照片，就能清楚地看到疾病所在。她无疑具有某种我们还不能解释的天赋。"

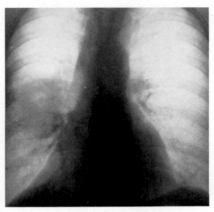

↗ 娜特莉亚通过观察就能发现陌生人的病症。她成功地诊断出一位素未谋面的女士可能患有癌症（红色的区域）。

尽管怀疑者还不完全相信，但俄罗斯的人们却盼望着向她咨询。她每天会接到20多个电话，她家外面也经常有人排着长队。她从不拒绝任何人，也不收取任何报酬。她希望接受进一步的实验来找到一些答案。她说："我没什么好隐藏的，让他们尽管对我做实验吧。也许他们能够找到我第二视力的根本原因，"同时她在莫斯科学院学习医学，"会使用医学术语的话，我最终的判断就能更精确。我必须了解所看到的东西。"

■ 能接收广播的牙齿

在都市奇谈中，最常听到的就是人们有时候能通过牙齿听到广播。虽然这种故事常常被认为是异想天开虚构出来的，但是自从马可尼那个时代以来，此类传闻就接连不断，屡次出现。实际上，美国牙科协会说每个月都有人向他们咨询这个问题。

芝加哥的一名男子说，他小时候掉了一颗牙齿，大约在1960年，牙医用金属丝将一个套子拴在他的牙床上。从那以后，他开始明显地听到脑袋里有音乐声，尤其是在户外的时候。他说音乐轻柔而清晰，但他分辨不出是哪个电台。一两年之后，新牙医解下了金属丝套子，音乐也停止了。另一个美国人在1947年也曾有过类似的经历，当时她乘火车从家乡克利夫兰去罗德岛上学。她说自己的头部接收到了某个广播电台，并持续了大概10分钟，她记得听到的是商业节目，还有一个广播员的声音。她曾有几个牙齿里面填充过银，但她记不清楚是不是在这件事之前填充的。

最有名的例子发生在喜剧女演员露西·鲍尔身上。她说在1942年，自己临时用铅填充了几颗牙齿，过了几天，她晚上在加利弗尼亚开车的时候忽然听到了音乐。她写道："我弯下腰去关收音机，但它本来就关着。音乐声越来越大，我才发现声音是从嘴里发出来的。我甚至听出了是哪首曲子。我的牙

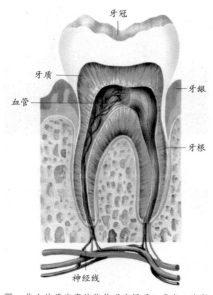

牙冠

牙质

血管

牙龈

牙根

神经线

一些人的牙齿真的能收听广播吗？或者，清晰的广播声音只是嘴里的化学反应？

齿嗡嗡作响，被鼓点敲击着，我以为自己昏头了。我想，这是见什么鬼啦？然后声音开始平息。"

第2天，她在摄影棚里满腹狐疑地把这件事讲给演员巴斯特·基顿听，基顿笑着告诉她说，那是因为她牙齿里的填充物收到了广播，他有个朋友也遇到过这种事。当然，这个故事可能被好莱坞夸大了，但是在20世纪30年代和40年代，当美国各地安装了功能强大的 AM 发报机之后，的确有许多当地居民说从栅栏的铁丝、浴缸和牙齿填充物上发出了音乐。这完全是民间传说，还是具有科学依据的事实呢？

一些科学家说，只要有合适的条件，人的嘴完全可以像收音机电路一样工作。收音机电路最基本的构成只需要3部分：天线，用来接收广播电磁信号；检波器，一种把无线电波转换成人耳可以听到的声音信号的电子元件；转送器，即任何能实现喇叭功能的东西。他们说，在极少数情况下，人的嘴能够达到这种构造。

人体具有导电性，可以充当天线。牙齿里的金属填充物和唾液反应，能像半导体一样检验波音频信号。转送器可以是嘴里任何能振动并产生声音的东西，例如松动的填充物。

其他人不认同这种想法，说听起来像无线电波的东西，其实只是一种化学反应，由嘴里的填充物和唾液中酸的奇特作用引起。当然，这只是理想化的情况。

不管怎样，虽然通过牙齿听到音乐的报道偶然还会出现，但此类事件的多发时期已经过去40多年了。这是否与收音机的过时或与牙齿填充物类型的变化有关呢？我们也许永远都不会知道。

■ 能相互传染的打哈欠

为什么我们一看到别人打哈欠，自己就本能地也跟着打哈欠呢？虽说一般打哈欠与疲劳和厌倦有关，但在这些情况下，我们没有必要用哈欠来回应他人。毕竟，我们完全能够集中注意力并保持清醒，但是为什么我们看见同一间屋子里的人（甚至电视里的人）开始打哈欠，自己也禁不住要打呢？甚至

无线电话——振幅调制

无线电话必须借助调制技术——用一种变化的信号调整另一种持续不变的信号。麦克风传出的声频信号经放大，再调制成振荡器电磁波频率的信号，在被传送之前再放大一次。在接收端，通过一根天线收集传送来的信号，在经一个检波器调制前被放大，并且在一个扬声器中经放大产生初始的声音信号。在调幅 (AM) 广播中，使用的振幅调制——一种恒定载波的振幅（强化的）被声音信号调制，而在调频 (FM) 广播中，调制的对象是载波的频率。

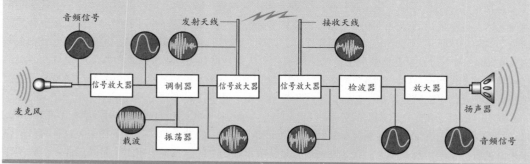

音频信号　　　　发射天线　　　接收天线

信号放大器　调制器　信号放大器　信号放大器　检波器　放大器

麦克风　　　　　　　　　　　　　　　　　　　　　　　　扬声器

载波　振荡器　　　　　　　　　　　　　　　　　　音频信号

在读到哈欠或者想到哈欠的时候也是如此。关于这个长期的医学之谜，我们都了解哪些东西呢？

罗伯特·普罗文博士在马里兰大学任心理学教授，是世界上研究哈欠最权威的专家之一，长期以来一直在研究这个课题。他发现打哈欠能够打开从耳朵通向咽喉的咽鼓管，调节中耳的气压。打哈欠还有重要的治疗作用，防止手术之后的呼吸并发症。非常有趣，精神分裂症患者很少打哈欠，除非脑受到了损伤；患有严重身体疾病的人除了在康复阶段，也不打哈欠。

↗ 打哈欠不仅是人类的行为，狮子见到同类打哈欠的时候往往也会做出同样的行为。

普罗文还发现，人们看到打哈欠者口部的图片时没有反应，而看着他们的眼睛却使人打哈欠。有一个普遍的假说，说打哈欠是由于血液和大脑中缺氧或二氧化碳太多。而普罗文做的实验表明，人在二氧化碳浓度较高的空气中呼吸时，打哈欠的次数并没有增多，呼吸纯氧气的时候哈欠次数也没有减少，所以他推翻了这个假说。他还观察到奥林匹克运动员在重大赛事之前会打哈欠，由此他又反驳了打哈欠完全与疲劳和厌倦有关的推断。普罗文总结说，哈欠帮助我们的身体在活跃与不活跃的状态之间转换，这就是为什么我们在睡觉前后都会打哈欠。在不同的情况下，打哈欠既可以放松大脑也可以促使大脑紧张。至于哈欠的传染性，他也相信这是我们经过部落生活所留下的，因为一起打哈欠有助于部落内部保持同步。我们疲倦的时候开始打哈欠，这样其他人就意识到该休息了。

但是哈欠的传染基本是无意识的，这使打哈欠会传染这件事更加神秘。我们对哈欠的反应似乎是由大脑自动引起的。我们见到别人打哈欠，立刻产生模仿冲动，根本没有经过思考。有时候我们也许意识到自己的做法，但不明白为什么。研究表明，成年人看了打哈欠的录像之后，55%以上的人也开始打哈欠。实际上，仅仅待在打哈欠者身边还不够，多数情况下我们必须眼看着别人打哈欠，自己才会受到传染。为了证实这一点，有研究发现，持续打哈欠的人看到自己脸部图像之后，能更好地推断别人看到自己的表情会怎么想。大脑图像测试也表明，看着别人打哈欠的时候，大脑中与自我信息处理有关的部分非常活跃。

纽约州立大学的进化心理学家戈登·盖洛普对《新科学家》的记者说："人类能够自我理解，也有能力利用自己的经验来理解别人相似的行为和心理状态。我们的数据说明，打哈欠是这些能力的产物。"幼童的行为证明了这个理论。婴儿两岁之前不能认出镜子里的自己，他们就不会被哈欠传染。精神分裂症患者的情况类似，他们不能自我觉察，也基本不会受到哈欠的传染。

最近，芬兰赫尔辛基技术大学的科研小组做了进一步的研究。他们让受试者观看录像，录像中的演员在打哈欠或做其他口部运动，此时用核磁共振成像系统扫描受试者的大脑，根据耗氧量显示出大脑各个部位的活跃程度。然后他们询问受试者在看到图像的时候想打哈欠的程度。研究证实了哈欠的传染基本是无意识的。不论大脑的哪些部分受到了影响，都与有意识地分析、模仿他人行为的大脑回路无关。那些受到影响的大脑回路称作"镜像神经元系统"，当自己做某事或模仿别人行为的时候，它所包括的特殊神经元就活跃起来。然而芬兰的研究者发现，与其他不能传染的面部运动相比，看见别人打哈欠并不能使这些大

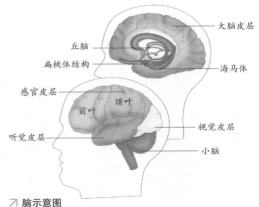

大脑皮层
丘脑
扁桃体结构
海马体
感官皮层
前叶
顶叶
视觉皮层
听觉皮层
小脑

↗ 脑示意图

赫尔辛基研究小组猜测哈欠传染可能与大脑左侧的扁桃体结构有关，但目前尚未得到具体结论。

脑细胞更加兴奋。由此他们得出结论："看见别人打哈欠而引起的大脑活动似乎避开了镜像神经系统的主要部分，这和传染性哈欠会自动使人产生行动的本质一致，而不是像真正的模仿那样，需要对行为有具体的理解。"

赫尔辛基研究小组还注意到，在观察别人打哈欠的时候，大脑左侧的扁桃体结构中有一个区域明显受到抑制。扁桃体区域和下意识地分析面部表情有关。实验者越受到别人打哈欠传染的时候，这个区域就越不活跃。尽管从这个发现中还没有得出任何具体的结论，但是这意味着人们第 1 次找到了感知哈欠传染的神经生理学特征。实际上，除了知道哈欠传染的原因与大脑有某种关系外，这个问题仍然是一个谜。

■ 能预测天气变化的关节炎

目前受阳光照射而患皮肤癌的人数激增，这使我们更加关注天气和健康的关系。大风天看起来总是比枯草热强，然而在温度计的另一端，暴露在极冷的环境中会导致冻疮。最近皮肤癌的危险性备受关注，而疾病和天气的关系至少可以追溯到公元前 4 世纪希波克拉底的年代，许多那个时候的传说中都讲到下雨和疼痛的关系。我们知道，一些人说他们能"预测天气"，在天气晴朗的时候，经常有年过半百的阿婆注视着窗外，抚摩着有关节炎的肩膀，一脸严肃地说："要下雨了。"

关节痛和天气潮湿之间有科学的联系吗？目前还没有得到确定的证据。1948 年，科学家爱德斯特姆最先对这一问题进行了研究。他发现，风湿性关节炎患者在温暖干燥的环境中感觉很好。1961 年，宾夕法尼亚医科大学的荷兰籍博士约瑟弗·赫兰德做了一个实验，让 12 个人（8 个患风湿性关节炎，4 个患骨关节炎）进入特殊的"天气室"中，里面的温度、气压和湿度可以调节。他们中间有 8 个人之前说自己能预感天气，而这 8 个人中有 7 个在湿度增大、气压降低的时候症状加重。

气压降低之后经常出现暴风雨。有一种理论说，大气压降低能引起关节周围的组织肿胀，导致关节疼痛，这可能是细胞渗透性所造成的结果。关节炎患者的血管壁一般渗透性比较好，因此有较多的血液进入组织。血液受到的压力总是比其周围的身体组织大，当外界环境压力降低的时候，就有很多血液进入组织。如果关节已经又疼又肿，那么增加的体液会令疼痛加剧。为了证实这个观点，人们利用放在气压室里的气球作为模拟装置进行了实验。外面的气压降低，气球中的空气就膨胀起来。如果发炎的关节周围也发生类似现象，加剧的肿胀就会刺激神经，引起疼痛。神经对气压非常敏感，即使有微小的变化也会发生反应。

这个解释听起来非常可信，但它尚未得到科学的验证，还只是一种理论。部分原因是气压降低引起的人体关节肿胀程度十分微小，不能用科学手段检测出来。其实，和暴风雨相关的气压变化与乘电梯的时候所生产的气压变化差不多。因为在医学文献中还没有乘电梯使关节炎加重的记载，所以这个解释还没有得到认可。

另一个使天气和健康难以联系起来的障碍是大气状况的变化多端。气压、温度、湿度和沉积物都可能使疼痛加重。而且，患者之间说法不一。有的说天气变化之前感到疼痛；有的说是同时发生的；

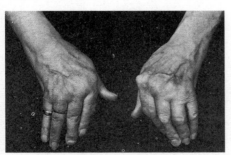

↗一些人说可以通过他们的关节炎预测潮湿天气的到来，但是，真的有预测天气这种事么？

还有更多的人说变天之后才有感觉。怪不得解决了这个问题的科学家少之又少。

荷兰人后来做的实验对证明关节炎痛和天气有关更加不利，让事情变得扑朔迷离。1985 年，他们对 35 名骨关节炎患者和 35 名风湿性关节炎患者进行了研究。在受调查者不知道的情况下改变气压和湿度，虽然 62% 的人自称对天气敏感，但是结果却是在天气状况和关节痛之间没有找到确定的联系。对 62 名以色列关节炎患者的研究得到了稍稍令人欣慰的结果。风湿性关节炎患者中只有 25% 的人感觉到了天气变化，而骨关节炎患者中有 83%

正常关节和患关节炎的关节

正常的关节靠软骨和滑膜液起缓衡作用。患骨关节炎时，骨质凹损，软骨消失。患风湿性关节炎时，滑膜扩展到关节表面之间。在暴风雨相关的大气压下能导致关节周围的组织肿胀，使关节炎患者的疼痛加重。

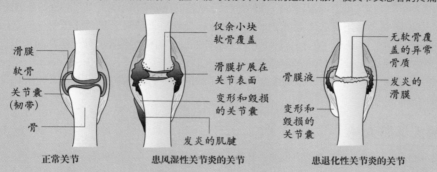

滑膜
软骨
关节囊
（韧带）
骨

正常关节

仅余小块
软骨覆盖

滑膜扩展在
关节表面

变形和毁损
的关节囊

发炎的肌腱

患风湿性关节炎的关节

无软骨覆
盖的异常
骨质

骨膜液

发炎的
滑膜

变形和
毁损的
关节囊

患退化性关节炎的关节

感觉到了。温度变化、下雨和气压波动都影响着骨关节炎患者的关节痛，他们中80%以上的人能准确地预测降雨。其中，女性对天气变化比男性敏感，但一些女性说男人对什么东西都不敏感！然而，美国关节炎研究协会主任弗朗西斯·威尔德最近进行了研究，却没有发现关节炎和天气变化之间有任何有意义的联系。但威尔德保持乐观，他说："我想也许是科学还没能抓住有力的证据。"

即使天气和疼痛之间确有联系，但也可能不是身体的关系，而是心理关系。人们在潮湿

↗体操运动员的关节极其柔软而灵活，因而可以完成如图所示的高难度动作。

天气里心情不好，郁闷的情绪可能使疼痛更难以忍受。还有另一种可能，雨天让老年人喜欢长时间待在床上或舒适的沙发里，缺乏运动使他们感到关节僵硬。怀疑者还指出，如果你很想相信一些坏事情，那就真的会发生。有的疼痛和痛苦受心理影响。美国气象学教授丹尼斯·崔西科说："如果你确信天气和疼痛有关，那么，天哪，真的有关。每当气压计读数下降，阴云密布，凉风骤起，如果你想着关节炎又要发作了，那它就真的会疼起来。"

虽然对于是什么使天气潮湿和关节痛联系在一起还有相反的观点，但有一点绝大多数专家都表示赞同：不要急于搬到气候干燥的地方——变换环境带来的压力可能让症状加重，而且经过几个月，身体适应了新的气候之后，感觉不会比原来更好。

另据《朝日新闻》报道，名古屋大学环境研究所的佐藤纯副教授等人研究了患类风湿关节炎的老鼠对气压和气温变化的反应。他们先在实验室内制造出与台风来临时相似的低气压环境，然后用针刺激老鼠的腿部，记录老鼠抬腿和腿部晃动等回避动作的次数。结果发现，健康的老鼠对轻微和强烈刺激的回避次数在气压下降前后没有

↗对关节炎患者的测试表明，女性的关节对天气变化的敏感性明显比男性强。

变化，而有关节炎的老鼠对轻微刺激的回避次数在气压下降后比气压开始下降时多2～4次，其对强烈刺激的反应在气压下降后比气压开始下降时多6次。此外，这些老鼠对气温下降的反应也是如此。

研究人员认为，导致这一现象的原因是，在气压、气温开始降低时，患关节炎的老鼠炎症加重，其对刺激的敏感性下降。但气压、气温下降了一段时间后，老鼠的炎症有所减轻，其对刺激的敏感性又增强。

在实验中，研究人员还设法使老鼠下半身的交感神经麻痹，结果老鼠对气压变化没有反应，但对气温变化仍有反应。这说明，在上述条件下，交感神经以外的传达疼痛的神经还在起作用。但研究人员仍不了解，为什么气压、气温降低会加重关节炎症状。

佐藤纯说，实验说明，气候变化与关节炎疼痛症状的变化有因果关系，患者可在感到天气要显著变化时服用预防药物。

■ 奇异的人体第六感

2000多年以前，亚里士多德总结出人类有五种主要感觉：视觉、听觉、味觉、触觉和嗅觉。不过，人们有时候会忘记自己还有一种感觉，它被称做本体感受，字面意思是"对自己的感觉"。这个术语是英国生理学家查尔斯·谢林顿爵士发明的，他称之为"神秘的感觉——第六感"。本体感受由神经系统产生，目的是保持方位感并控制身体不同部位的运动。知道自己在哪里，知道自己的手臂、腿和身体其他部位的相对位置，这非常重要。正是本体感受使我们闭着眼睛也能摸到鼻子，并能准确无误地给头部抓痒。

大脑每天接收到大量的感觉信息，为了防止负担过重，必须区分出优先次序。它学会了忽略一些预料之中的信号，并用无意识的部分对这些信号作出反应，比如大脑不去理会走路时部分皮肤受到的伸展。只有新的、没有预料到的信息可以到达大脑有意识的部分。我们的每个动作都是由大脑的指令而来。我们决定做某个动作的时候，大脑的运动皮质发出命令，让相关肌肉做出这个动作，不到60毫秒，感觉系统就把实际运动情况报告回大脑。大脑不停地接收从身体发来的信号，以便及时发现任何身体位置和动作协调方面的错误。例如，即使我们站着不动，也会一直轻微地左右晃动。如果晃动的幅度太大，本体感受信号就给大脑发出警报，使它立即命令肌肉做出必要的调整。

特殊的本体感受器遍布在身体各处，与前庭系统（在内耳中由液体构成的网络，能察觉头部位置、保持身体平衡）协同工作。例如，从本体感受器发出的反馈信号使大脑计算出需要运动的角度，然后精确地命令肢体移动相应的距离。在关节、肌肉和肌腱中的本体感受器能察觉出细微的位置变化。它们从眼睛、耳朵和其他感觉器官得到新信息并传递给大脑，使身体平衡，动作协调。这样就保证了身体各个部位不会孤立地运动。

多数人都不知道我们有这种"第六感"，但它对人体的运动至关重要。如果没有本体感受，我们就无法行走、托举、伸展肢体或舞蹈。尽管大脑最重视从眼睛反馈来的信息，但视觉信号的处理速度远远低于本体感受信号。所以当舞蹈者对着镜子练习的时候，与其依靠镜子中的形象判断动作，还不如自己来感受身体。

幸运的是，虽然我们有时候失去嗅

↗ **接球**
为了接住球，首先这位内场防守队员必须运用他的眼睛将球从背景中分离出来。然后，在球飞过来的过程中，他必须不停地调整聚焦，使球像落在视网膜上，最后用手套接球。

觉或味觉，但很少失去本体感受。然而一旦失去它，将产生严重后果。全世界至今只发现 10 个人不能无意识地协调动作，英国南安普敦的伊恩·沃特曼就是其中一例。1971 年 5 月，他割伤了手指并引起感染，很快连手臂也红肿、发炎了。他开始感到忽冷忽热，全身无力，只好停止了屠夫的工作。当他攒足了力气去修剪草坪的时候，发现自己无法控制剪草机，只能任由它乱跑。一个星期之后，他起床的时候摔倒了，被送往医院。当时他不能正常行动，手脚能感知温度和疼痛，却察觉不到触感和压力。

↗照片中的美国舞蹈家、舞蹈指导阿妮莎·迪米欧正处于事业的巅峰，而 30 年后，她失去了本体感受，不得不再次学习如何运动。

病毒感染损坏了他控制本体感受和触觉的神经，使他从脖子以下失去所有的触觉。控制肌肉运动的神经还完好无损，但是大脑命令肌肉运动的时候接收不到反馈信号，所以他不知道动作是否执行完毕，只能靠眼睛判断四肢的位置。因此他可以做出动作，却没办法控制它们。他瘫痪了，而更糟糕的是，医生不知道病因。一开始医生将他诊断为末梢神经紊乱，说他很快就能康复，但 7 个月过去了，他还是行动困难。最后医生说他没救了，下半生只能在轮椅中度过。

感觉系统正常的人可以轻松地前后移动手指，但失去本体感受之后，大脑感觉不出手指在做什么，所以正常人轻松的动作却需要患者大量地思考和计划。沃特曼发现，用视觉来弥补缺失的反馈信号是唯一的解决办法。通过观察自己的身体，同时专注地移动相关部位，他终于可以费力地坐起来了。"我先看看腿、胳膊和身体都在哪里，然后一点点地坐起来。第 1 次自己坐起来的时候我太高兴了，可是一没留神就险些跌下床。"

对我们认为很简单的基本动作，沃特曼却需要花费很多心思，所以他把每天的努力比作跑马拉松。他必须训练自己看出物体的重量和长度。他试图举起一件东西的时候，感觉不出有多重，只有凭眼睛来判断应该用多大力气。他花了整整 1 年学习站立，并以此为基础学会了行走，成为这种罕见疾病的患者中第 1 个能够走路的人。通过一步一步地分解每个动作，他还学会了其他动作。

"我先分别练习一些动作，比如抬腿、移动胳膊，然后再同时做，一点点取得进步。熟练掌握这些基本动作之后，就可以在这个基础上学会更多的动作，实际上我能够很安全地到处走动。虽然练习的过程中摔了很多跤，但这是必要的。"

仅凭视觉的缺点是如果忽然没有了光亮，他就会瘫倒在地，直到有了光线才能动弹。

尽管伊恩·沃特曼一直没有恢复本体感受，但他通过几年的练习之后出院，开始了新的生活。他利用视觉训练出了准确估计身体运动速度和方向的独特能力，不仅能走路，还会照顾自己，甚至开车。最后他找到工作并成了家。他成功地克服了看似不可逾越的障碍，除非发生意外状况使他失去平衡，否则见过他的人只是觉得他的动作有一点机械，很少有人怀疑他身体有毛病。但他最近承认说："运动还是要耗费大量的心思，花太多力气。"

伊恩·沃特曼的例子让科学家对本体感受有了更多的了解。沃特曼举起物体的时候对重量的估计相当精确，这使科学家们感到惊讶。一般认为，人们要依靠肌腱和肌肉拉伸程度的反馈信号才能判断出物体的重量和长度。而沃特曼没有这些反馈信号，拿起东西的时候只能用眼睛观察身体对运动的反应。肢体动得越快、越高则说明物体越轻。其实他的眼睛已经锻炼得极为敏锐，能够根据身体反应辨别出不同物体之间 1/10 的重量区别，而闭上眼睛的时候只能分辨出一半的区别。

美国著名舞蹈指导阿妮莎·迪米欧也失去了本体感受，必须努力训练自己再次学会运动。1975 年 5 月的一天，她想签署一项合约的时候忽然发现手不好使了。她此前曾患中风，虽然没有任何疼痛，但右侧身体失去了感觉和控制能力。扫描显示，中风影响到了丘脑，而丘脑是大脑中负责接收、处理并传递感觉信号的区域。她失去了本体感受。

然而，尽管她已将近 70 岁高龄，并经历了一次心脏病和若干次轻微中风，却仍然能鼓起勇气与瘫痪作战。像伊恩·沃特曼一样，她用视觉弥补了失去本体感受带来的不便。虽然她没想到能平安度过最后一次中风，但她又顽强地活了 18 年，甚至重返舞台，在轮椅上指挥舞蹈。1988 年，观众对她长时间起立鼓掌，向她的艺术才能和勇气致敬。

■ 神奇的安慰剂效应

2004 年，密歇根大学和普林斯顿大学的研究人员做了一个实验，他们电击或击打若干名志愿受试者的手臂，同时用核磁共振成像装置对受试者进行扫描，结果显示出痛感刺激到了某些神经。然后研究人员给他们涂上乳霜，说涂上它就不会感到疼痛。其实那只不过是普通的护肤霜，没有任何镇痛作用。但是受试者再次被击打的时候，都说明显没那么疼了——大脑中的痛觉回路扫描结果证实了这一点，而一般受到止痛药作用的正是这部分大脑回路，这说明他们的疼痛真的减轻了。最后研究人员再次给受试者涂抹乳霜，并告诉他们真相，他们的痛感就没有减轻。

这是一个安慰剂效应的典型例子。安慰剂（"placebo"，拉丁语"我会好起来"的意思）是一种药物或治疗手段，看起来可以治病，却没有实际的治疗成分。常用的安慰剂包括糖药片和淀粉药片。开药的医生知道这些东西里面没有有效成分，但病人相信它的疗效，并说服用之后感到身体好些了。这就是安慰剂效应——病人没有经过有效的治疗，症状就减轻了，这是因为人的期望和信心起到了作用。

加拿大不列颠哥伦比亚大学的研究人员对一组帕金森病患者做了类似的实验。患者接受治疗的时候，他们用正子放射断层摄影术研究患者的大脑。一些人注射了有效药物，其余的人在不知情的情况下注射了对人体无害的安慰剂。他们测量了大脑受损部位释放多巴胺的数量，因为这个指标能反映出药物的疗效。他们发现，注射了安慰剂的患者也分泌了相当数量的多巴胺。事实上，安慰剂效应产生了和药物相同的效果。

在另一个实验中，有 10 名关节炎患者要接受膝盖手术来缓解疼痛，但医生对其中的 5 名患者进行的是安慰疗法，即没有实施任何手术。医生用手术刀在患者膝盖上划了 3 下，假冒手术的刀口。直到 6 个月后，他们谁也没有发现自己被骗了，而且所有患者都说膝盖的疼痛明显减轻了。

安慰剂效应在医学界是一个讨论了许多年的话题。哈佛大学的麻醉学家亨利·比彻博士于 1955 年首次提出"安慰剂"这个叫法，他经过实验统计出结论，安慰剂对 1/3 左右的患者产生了明显的作用。对于某些疾病，比如疼痛、忧郁症、心脏病和胃溃疡等，安慰剂能减轻 60% 以上患者的病情。欧文·基尔士是美国康涅狄格大学的心理学家，他进一步指出，氟西汀和其他同类抗抑郁药物的疗效基本上来自于安慰剂效应。他分析了 19 项抗抑郁药物的实验结果，得出结论说，病人对康复的期望使大脑中的化学物质产生调整，病情好转，这一效果占药物疗效的 75%。

↗ 认同安慰剂效应的人说，许多药物没有实际作用，只是患者相信它们有用罢了。

信念是首位的，但安慰剂效应经常是在"双盲"的方式下发生的——不仅患者不知道他们服用的是安慰剂，就连医

安慰剂效应的提出

安慰剂效应，又名伪药效应、假药效应、代设剂效应（英文：Placebo Effect，源自拉丁文 placebo）指病人虽然获得无效的治疗，但却"预料"或"相信"治疗有效，而让病患症状得到舒缓的现象。有人认为这是一个值得注意的人类生理反应，但亦有人认为这是医学实验设计所产生的错觉。这个现象无论是否真的存在，科学家至今仍未能完全理解。安慰剂效应于 1955 年由毕阙博士（Henry K. Beecher）提出，亦理解为"非特定效应"（non-specific effects）或受试者期望效应。

生活中的安慰剂效应

在现实生活中"安慰剂效应"随处可见。几个很少接触乡村环境的城里人到野外郊游，到达山腰时，他们为眼前清澈的泉水、碧绿的草地和迷人的风景所深深吸引。休息时，其中一人很高兴地接过同伴递过来的水壶喝了一口水，情不自禁地赞叹道：山里的水真甜，城里的水跟这儿真是没法比。水壶的主人听罢笑了起来，他说，壶里的水是城市里最普通的水，是出发前从家里的自来水管接的。这种现象说明，我们在对现实进行分析的时候，很明显地搀杂了很多个人因素，包括我们的期望、经验和信念等。

生自己也不知道。当然，一些患者不太容易接受这个事实，不相信明显缓解了症状的药其实是假药，因为这意味着他们的身体根本没有出毛病，病都是由意识引起的。

实验多次表明，即使患者服用的是假药，通过想象药物的疗效也的确能起到作用。这就是为什么医生开药的时候经常称赞药物非常有效的原因。密歇根大学的肯尼思·凯西教授认为，安慰剂实验的结果应该让医生有所启发。"在治疗的时候，医生应该让病人觉得治疗一定会取得成效，这样就会真的收到好的疗效。"

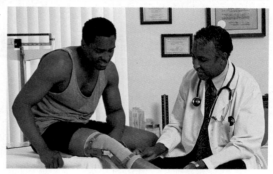

↗ 膝盖受伤的病人在接受医生的包扎、治疗的同时，也从医生的安慰及专业分析中获得了"我的膝盖没事了，我会好起来"的信心，而这种信心对伤病恢复也真的有一定作用。

人们研究哮喘症的时候发现，如果医生骗患者说使用了气管扩张器，患者的呼吸就会变得顺畅一些。也曾有人拔牙之后感到疼痛，用超声波镇痛，但医生忘了打开开关，结果患者的疼痛却仍然得到了缓解。

1960年，西雅图的心脏病专家莱纳德·考伯对心绞痛的治疗方法做了一项实验。当时对心绞痛比较普遍的治疗方法是，在患者胸腔开一条小切口，将两个动脉打成结，使更多的血液流向心脏。经过治疗，90%的患者表示病情得到改善。但是，考伯对一些病人实施了安慰疗法，只切开皮肤但没有结扎动脉，结果假手术也取得了成功。

然而，安慰剂效应不仅仅是心理方面的。美国密歇根和加拿大不列颠哥伦比亚的研究都说明，患者对治疗的期望能引起生物化学的明显变化。人的感觉和思想能够影响到神经化学，因此，患者乐观的态度和信念对康复起到很大的作用。有一种理论说，安慰剂效应能促进人体分泌内啡肽，而内啡肽有减轻疼痛的作用。

一些人还认为，治疗过程中病人受到的同情、照顾和关心等等都会引起身体的反应，从而促进康复。美国精神病学家沃尔特·A·布朗对《纽约时报杂志》的记者说："有确切的数据证明，只要处于治疗状态就能产生效果。服用了安慰剂的抑郁症患者有了好转，而正在等待治疗的患者就没有起色。"

安慰剂对焦虑症和抑郁症有显著的疗效。1965年，研究人员给美国精神病诊所的15名门诊病人服用了安慰剂。但他们明确地告诉病人说那只是糖片，不包括有效成分。一个星期之后，有14名患者说病情好转了（一名患者因为丈夫嘲笑这个实验而把药片扔掉了）。

对此持怀疑态度的人却认为所谓的安慰剂效应纯属巧合，患者的好转只是属于伤病的自然变化。即使是长期的疾病，尤其是疼痛，不经过任何治疗也可能一夜之间忽然消失。但是，许多研究证明，服用安慰剂比不接受任何治疗更容易使人康复。

在道德方面，安慰剂效应使医生进退两难：即使对病人有好处，医生究竟该不该欺骗病人呢？一些心理治疗师的答案是肯定的，他们认为只要有疗效，人们不会在乎吃下去的是不是安慰剂。

科学家们对安慰剂效应的解释一直似是而非。它可能是物理方面的，可能是心理方面的，也可能是二者的结合。根据他们的说法，安慰剂效应也许还是个谜。不论事实如何，围绕这个话题的讨论还在进行之中。

■ 能产生臭氧的人体

最近，加利福尼亚斯克里普斯研究院的科学家发现，人体可以产生臭氧。他们说，有一种人体免疫细胞称作嗜中性粒细胞，也叫人体免疫蛋白或抗体，在它参与的某种生理过程中人体会产生臭氧气体。人们认为体内臭氧的出现和发炎有关，因此这项研究对治疗炎症具有重要意义。

臭氧是一种化学性质活泼的氧，作为示踪气体存在于大气中。人们对它了解最多的就是它在平流层中吸收紫外线的重要作用，在那里，

↗ 臭氧层为地球遮挡着太阳辐射，但是臭氧也是工业地区弥漫在空气中的有害物质。

臭氧集中在臭氧层，为地面的生物抵挡太阳辐射。在工业地区和城市中，臭氧还弥漫在空气中，是烟雾中的危险成分。但是以前从未在生物体内发现过臭氧。

克里普斯研究院的理查德·勒诺和保罗·温特沃斯发现，当抗体遇到稀有而活泼的纯态氧，就可以产生臭氧和其他化学氧化剂。他们还发现，抗体产生的氧化剂能够在细菌细胞壁上打洞，从而杀灭细菌。这让免疫学家感到惊讶，因为一个世纪以来，人们一直认为抗体蛋白是由免疫系统分泌在血液里的，仅仅负责区分出病原体并把杀菌的免疫细胞吸引到发炎的部位。但是，克里普斯研究院的科学家还不知道为什么纯态氧会对抗体产生作用。

到了 2003 年，温特沃斯和波纳德·巴比奥确定了纯态氧的来源——可以释放氧化剂的嗜中性粒细胞。在免疫反应过程中，嗜中性粒细胞把氧化剂注入细菌和真菌，从而吞噬并杀灭它们。这说明抗体提高了嗜中性粒细胞的杀菌效果。嗜中性粒细胞不仅杀灭了细菌，还为抗体提供了转化成臭氧的纯态氧。

进一步的研究证明，人体产生的臭氧是使胆固醇堵塞血管的一大原因。如果在堵塞心血管的胆固醇沉积或胆固醇斑的地方出现少量的臭氧，臭氧就会与胆固醇反应，使胆固醇斑长大，很可能引起发炎并进一步损坏血管。人们希望由此发明一种检查血管疾病的新方法，通过化验血液中的成分来确定胆固醇和臭氧是否发生了反应。消除臭氧的药物也可能成为对付血管疾病的新武器。

温特沃斯医生说："我们正在研究这一发现对其他炎症会产生什么样的影响，例如风湿性关节炎、多发性硬化症和阿尔茨海默病。"

如果能够利用臭氧来治疗疾病，它将与空气污染物氧化一氮、有毒的一氧化碳和其他许多气体一样，用于显示身体状况并调节人体功能。费瑞德·莫拉德医生曾因为发现了氧化一氮的作用而获得诺贝尔医学奖，正是他的发现使治疗阳痿的伟哥问世。

温特沃斯医生说："臭氧将和氧化一氮、一氧化碳一样，成为生物信号的媒介。"

↗ 这是一名男性中风患者颈部的核磁共振图像，可以看出颈动脉（黄色部分）受到了堵塞。人体产生的臭氧与胆固醇反应就会堵塞血管。

■ 可怕的人体自燃

人体自燃现象最早见于 17 世纪的医学报告，时至今日，有关的文献更是层出不穷，记载也更为详尽。那么，什么是人体自燃呢？它是指一个人的身体未与外界火种接触而自动着火燃烧。

↘一次燃烧反应

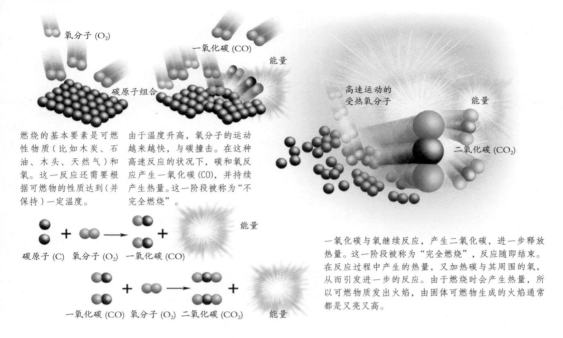

氧分子 (O₂)

一氧化碳 (CO)

能量

碳原子组合

高速运动的
受热氧分子

能量

二氧化碳 (CO₂)

燃烧的基本要素是可燃
性物质（比如木炭、石
油、木头、天然气）和
氧。这一反应还需要根
据可燃物的性质达到（并
保持）一定温度。

由于温度升高，氧分子的运动
越来越快，与碳撞击。在这种
高速反应的状况下，碳和氧反
应产生一氧化碳(CO)，并持续
产生热量。这一阶段被称为"不
完全燃烧"。

碳原子 (C) ＋ 氧分子 (O₂) → 一氧化碳 (CO) ＋ 能量

一氧化碳 (CO) ＋ 氧分子 (O₂) → 二氧化碳 (CO₂) ＋ 能量

一氧化碳与氧继续反应，产生二氧化碳，进一步释放
热量。这一阶段被称为"完全燃烧"，反应随即结束。
在反应过程中产生的热量，又加热碳与其周围的氧，
从而引发进一步的反应。由于燃烧时会产生热量，所
以可燃物质发出火焰，由固体可燃物生成的火焰通常
都是又亮又高。

　　1951年，佛罗里达州圣彼得堡的利泽太太被人发现在房中化为灰烬，房子却基本未受损坏。在这个案件中，调查人员使用各种现代科学方法，以确定这一神秘意外的来龙去脉。可是，虽然有联邦调查局、纵火案专家、消防局官员和病理专家通力合作研究，历时一年仍然没有把事件弄清楚。

　　在发生事故的现场除了椅子和旁边的茶几外，其余家具并没有严重的损毁，可是在屋内却出现了一种奇怪的现象：天花板、窗帘和离地1米以上的墙壁，铺满一层气味难闻的油烟，在1米以下的墙壁却没有。椅子旁边墙上的油漆被烘得有点发黄，但椅子摆放处的地毯却没有烧穿。此外在3米外的一面挂墙镜可能因为热力影响而破裂；在3.5米外梳妆台上的两根蜡烛已经熔化了，但烛芯依然留在烛台上没有损坏；位于墙壁1米以上的塑料插座也已熔化，但保险丝没有烧断，电流仍然畅通，以至于电源插座没有受到破坏。与一只熔化了的插座连接的电钟已经停摆，上面的时间刚好指在4点20分。当电钟与完好的插座连接时，仍然可继续走动。附近的一些易燃物品如一张桌子上的报纸以及台布、窗帘，却全部安然无损。

↘燃烧中的人体

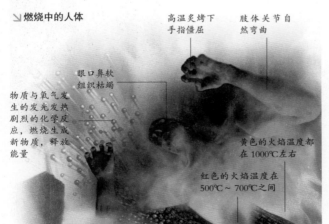

高温炙烤下
手指僵屈

肢体关节自
然弯曲

眼口鼻软
组织枯竭

物质与氧气发
生的发光发热
剧烈的化学反
应，燃烧生成
新物质，释放
能量

黄色的火焰温度都
在1000℃左右

红色的火焰温度在
500℃～700℃之间

　　在世界其他地区也有像利泽太太这样人体自燃的案例，而且自燃的形式多种多样，有些人只是受到轻微的灼伤，另一些则化为灰烬，更令人不可思议的是，受害人所睡的床、所坐的椅子，甚至所穿的衣服，有时候竟然没有烧毁。还有些人虽然全身烧焦，但一只脚、一条腿或一些指头却依然完好无损。在法国巴黎，一个嗜好烈酒的妇人在一天晚上睡觉时自燃而死，整个身体只有她的头部和手指头遗留下来，其余部分均烧成灰烬。

　　在以前发生过的人体自燃事件中，

男女受害人的数目比例大致相同，年龄从婴儿到114岁的老人都有，其中很多是瘦弱的。他们有的人是在火源附近自燃，有的人却是在驾车时或是在毫无火源的地方行走时莫名其妙地着火自燃的。

有人虽然曾经提出一些理论，但是一直没有合理的生理学论据来说明人体是如何自燃甚至化为灰烬的，因为如果要把人体的骨髓和组织全部烧毁，只有在温度超过华氏3000度的高压火葬场才有此可能。至于烧焦了的尸体上尚存有未损坏的衣物，或者是一些皮肉完整的残肤，就更令人觉得有些神秘莫测了。

■ 奇妙的人体辉光

英国一名医生华尔德·基尔纳在1911年采用双花青染料涂刷玻璃屏，首次意外发现了环绕在人体周围宽约15毫米的发光边缘。其后不久，苏联科学家西迈杨·柯利尔通过电频电场的照相术把环绕人体的明亮而有色的辉光拍摄了下来。于是，这一有趣的发现受到了全世界众多国家的科学家的广泛关注。20世纪80年代后，日本、美国等相继使用先进高科技仪器对"人体辉光"进行研究，试图把"人体辉光"之谜公诸于众。"日本新技术开发事业团"采用具有世界上最高敏感度的、用于检测微弱光的光电子倍增管和显像装置，成功地实现了对"人体辉光"的图像显示，并把这种辉光称为"人体生物光"，而且还把这一科研成果应用到医学研究上去。他们对志愿接受检查的30位病人进行了生物光测试，这些病人既包括1岁婴儿也包括80岁老人。最后的测试结果表明，甲状腺功能衰退者、甲状腺切除者及正常人在夜间睡眠时，在新陈代谢减缓的同时，其生物光强度也会同时减弱。日本医学界认为，检测人体生物光能如实地反映出人体新陈代谢的平衡关系，而且可以通过光的变化来测定病人新陈代谢的异常和人体的节律。

尤其令人惊奇的是，科学家在研究"人体辉光"的照片中发现，照片中的光晕明亮处，恰恰与中国古代针灸图上标出的针灸穴位相吻合，而每一个人又都有一套独特的辉光样式。另外，美国科学家研究指出，辉光在人体内疾病产生前，会呈现出一种模糊图像，好像受到云雾干扰的"日冕"；而人体癌细胞生长时则会出现一种片云状的辉光。苏联研究人员曾对酗酒者进行"人体辉光"追踪拍摄，他们发现饮酒者在刚刚开始端杯时，环绕在手指尖的辉光清晰、明亮。当人喝醉酒之后，指尖光晕会变成苍白色，同时他们还发现光圈无力并且向内闪烁着收缩，变得黯淡异常。他们对吸烟者也做了类似的试验：一天只吸几支烟的人，其辉光基本上保持正常状态；而当吸烟量逐步增大时，"人体辉光"便会呈现出跳动和不调和的光圈；如果是位吸烟上瘾的人，辉光就会脱离与指尖的接触而偏离中心。

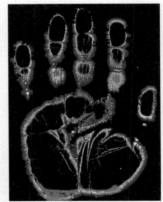

现在，对"人体辉光"的研究正在深入进行中。各国专家正试图将其应用到医学上，甚至还有人设想把它应用到保健上，如在家庭中设立"辉光档案"，通过电脑监测装置进行"遥控保健咨询"。另外，"人体辉光"会随着大脑活动的变化而发出程度不同的光辉，所以有人据此想把它应用到犯罪学上，譬如在对犯人进行审讯时可以发现其是否企图说谎等。

但是，截至目前，"人体辉光"的成因还是个谜。有人认为，这是人体的密码文字；有些科学家则认为，"人体辉光"是自然界一切生命的特别现象，是好像空气一样的复合物；还有人说这是一种由水汽和人体盐分跟高电场相互反应的结果。总之，众说纷纭，莫衷一是。但"人体辉光"确实以其特殊的魅力吸引着众多的科学家为之探索。

↗ 由于人体生物电而产生的辉光

■ 被忽略的人体"第三眼"

希腊古生物学家奥尔维茨在研究大穿山甲的头骨时，在它两个眼孔上方发现了一个小孔，这一小孔与两个眼孔成品字形排列，这引起他很大兴趣。经反复研究，这个小孔被证明是退化的眼眶。这一发现，轰动了整个生物界，自此以后，各国的生物学家纷纷加入研究行列。各项研究结果表明，鱼类、两栖类、爬行类、鸟类、哺乳动物，甚至包括人类，都有 3 只眼睛。人们通常忘记了自己的第三只眼，或是从来没有想过它的存在，这只是因为这只额外的眼睛已离开原来的位置，不在脸部表面，而是深深地埋藏在大脑的丘脑上部，而且拥有另外的名字——松果腺体。

人的第三眼已经变成一个极为独特的、专门的腺体，因为人体中除了松果腺体以外，再也没有其他腺体具有星形细胞。星形细胞不是普通的细胞，它在大脑半球中含量十分丰富。

现在，第三眼的功能和另两只眼睛相比虽然功能迥异，但还是有点"藕断丝连"，松果腺体对太阳光有极强的敏感性，它通过神经纤维与眼睛相联系。松果腺体在太阳光十分强烈时受阳光抑制，分泌松果激素较少；反之，碰到阴雨连绵的天气，就会分泌出较多的松果激素。

↗ 松果腺体分泌过多会使唤起细胞工作的其他激素减少，人会感觉无精打采，昏昏欲睡。

此外，人们发现在第三眼中含有钙、镁、磷、铁等晶体颗粒。刚出生的婴儿根本没有这种奇怪的称之为"脑砂"的东西，15 岁以内的孩子中也极为少见，但是 15 岁以后，"脑砂"的数量就开始逐年增加。在第三眼中有那么一小堆沙子，竟丝毫不会影响它本身的功能。看来，科学家对其的研究还有待深入。

■ 神奇的尸身不腐现象

古今中外，人体不腐的现象引起了科学界和医学界专家们的高度重视。他们对这一现象进行了多方面综合的考察，但是人体究竟为何会不腐呢？

1984 年，在英国曼彻斯特附近的沼泽地里，科研人员发现了一具男子尸体。经检验，这名男子虽死于大约 2000 年前，但看起来却像是不久前才去世的。科研人员利用现在的高科技手段，发现其秘密在于一种有着特殊防腐性能的沼泽化学物质。原来，在苔藓遍布于小块低洼地并导致泥土变得又涝又带酸性时，沼泽便开始生成。在这样的条件下，细菌很难生存，更谈不上分解死去的苔藓以及别的植被了，后者便慢慢地堆积起来，碳化成泥煤。与地下水断开了的尸体能保持潮湿达数世纪之久，且处于泥沼水化学效应的庇护下，免受细菌的侵蚀。苔藓产生的单宁还把死尸的皮肤鞣化成皮革状，从而起到保护尸体不腐烂的作用。

有着悠久历史的意大利西西里岛的古老遗址中，有至今还保留着旧石器时代绘画的驿罗萨里奥洞窟教堂。这个教堂有一个神秘之处：在这里的地下，竟沉睡着 8000 具木乃伊！这着实令人惊叹不已。而真正令这座地下墓室在世界闻名的，却是 8000 具木乃伊中一个年龄仅有 4 岁的女童。

这位名叫伦巴尔特·劳扎丽亚的女童，死于 1920 年 12 月 6 日。她的母亲特地将巴勒莫的一位叫萨拉菲亚的名医请来，请他使用数种药剂为这个女童做了特殊防腐注射。80 多年后，这个女童在玻璃棺内，无论从什么角度去看，都会让人觉得她依然是活人。

但是，令人遗憾的是，医生萨拉菲亚在给女童做了不腐处理之后不久，便突然死去，而且在他死前，对保存遗体的秘方也是只字未露。

↗ 沼泽古尸

■奇异的人脑

人类在世界的历史上创造了许多伟大的奇迹，而这些奇迹的创造要归功于我们人类有一个与众不同的脑。但是，尽管人类创造出了种种的奇迹，但是人脑对于其自身的认识却充满了未解之谜，等待着我们去探索、去解决。

人脑之谜面临的问题很多，最首要的问题就是大脑的工作机理和它的微观机制，目前人们对这个问题的认识仍然是很少的。例如：人脑是如何处理信息的，是序列式还是并列式处理？它们又是怎样具体进行的？人脑中信息的表象是什么？怎样对化学密码作出阐释？其次是关于脑功能和结构异常引起的疾病的问题。占首要地位的可以说是精神分裂症，病人有思维障碍、幻觉、妄想、精神活动与现实活动脱离等症状。大约有 1% 的人可患此病，这个比例意味着在我国将有上千万的患者。对于它的病因目前仍不很清楚。另一种疾病是癫痫，人口中约有 0.5% 的患病几率，对人类的健康构成严重的威胁，但对其病因却不是很清楚。再有一种疾病就是老年痴呆症，在病人的脑中可以看到一种特殊的蛋白质的沉积，但是关于它是如何产生的，在发病过程中所起的作用如何，都还是一个未解之谜。

最后一个问题就是人类对自己大脑的认识。在近代的科学史上，生理学家们一致认为：大脑皮层是智力和意识活动的中枢，并且认为大脑的发达程度和智力的高低及脑量的大小有密切的关系。为了弄清这个问题，医学家们甚至解剖过许多杰出人物的脑子。通过无数的实验得出结论：正常成年男子的脑重 1.42 千克左右，女子的脑重比男子要轻 10%，如果男子脑重轻于 1 千克，女子轻于 0.9 千克，人的智力就会受到影响。

但是，随着科学的发展，往往可以得出一些与定论相悖的结论。例如英国的神经科专家约翰·洛伯教授就指出：人类的智力可能与脑完全无关，一个完全没有脑子的人一样可以有极好的智力。他提出的理论根据是：英国的谢菲尔德大学数学系有一个学生，每次考试成绩都名列前茅，可是在对他的

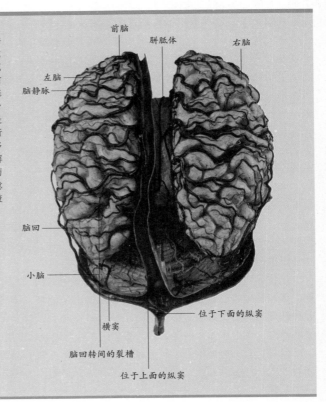

前脑　胼胝体　右脑

左脑
脑静脉

脑回

小脑

横窦

脑回转间的裂槽

位于下面的纵窦

位于上面的纵窦

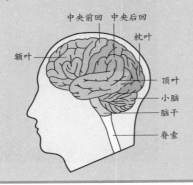

⟫大脑俯视图

脑开始被认定为生物体全身活动的主要协调器官并不算久，由于脑非常稳固地隐藏在颅腔内，所以它的构造成为人体全部器官中最迟被了解和详细研究的，而腹腔内的器官因易被触摸到，所以很早以前就有了许多关于其内部构造的描述。自古以来，基于肝脏一直被认为是人体内最大的器官，加上本身又拥有最丰沛的血流灌注，人们曾一度相信肝脏是人类心智和灵魂所在，虽然这种认定随后被心脏所取代，至今，"心脏就等于心智"这个错误观念多少还有某种程度的流传。直到现在人们才逐渐了解到，人的大脑重量仅占整个体重的 2% 左右，然而它却消耗掉血液中 25% 的氧气，它掌管着人类的意识、记忆、理性和智力，同时也是情绪起伏的决策器官。

中央前回　中央后回
额叶　枕叶
顶叶
小脑
脑干
脊索

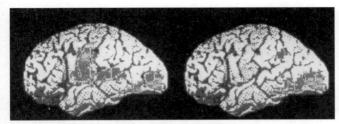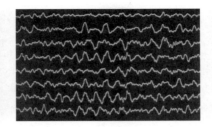

↗ 此图显示了人在高声朗读时和默读时脑的两种状况

脑部进行探测时却发现，这个学生的大脑皮层的厚度仅有 1 毫米，而正常人是 45 毫米。而在他的脑部空间充满着脑脊液。另外，教授还发现一位医院女工作人员根本就没有大脑这一部分，而她的智商却高达 120。

如果说大脑皮层是智力和意识的活动中枢，那么我们如何解释"没有脑子的高才生"的现象？洛伯教授发现的"水脑症"，不是根本没有大脑，而是有脑，但不及正常人的 1/4，既然如此，那么对于他们的超常智力又作何解释？

在人脑探秘中，科学家们现在进行的另一个关于人脑中枢的研究是：人脑中是否存在着嗜酒中枢。我们经常见到一些嗜酒如命的人，为了帮助这些酒鬼戒酒，有些科学家首先想到这样一个问题，即在大脑中既然有负责正常人进食和饮水的延脑，那么有没有嗜酒的中枢呢？有的话，这种中枢又位于哪里呢？

苏联的科学家们首先进行了这方面的研究。他们发现下丘脑与嗜酒有一定的关系。苏联医学科学院的苏达科夫经过研究认为，酒精破坏了下丘脑神经细胞的作用，从而形成了一些副作用。在对许多的动物和人类中的酒鬼的下丘脑检测实验中发现了酒精破坏的痕迹。酒精破坏了神经细胞的正常工作，被损坏的神经细胞会发出"索取"酒精的指令，于是酒鬼们就会无休止地沉沦于酒精的麻醉中。为了证实这一点，他做了这样一个实验：他让一群老鼠连喝了一个月的酒，结果把这些老鼠全都变成了酒鬼，然后再破坏一部分老鼠的渴中枢，然后一连数天不让所有的实验鼠喝水，最后，当把清水和酒精放在这些老鼠面前的时候，在 90 只老鼠中，只有 6 只选择了清水，其余的 84 只全部选择了酒精。而未喝过酒和动过手术的老鼠选中的都是清水。这个实验有力地说明，动物大脑中的嗜酒中枢可能是渴中枢受酒精的刺激转化而成的。有些科学家由此断言，嗜酒中枢就是渴中枢。

这个实验在学术界产生了很大的影响，但是一些生理学家和医学家对于人脑中存在着嗜酒中枢却持怀疑的态度。他们认为，首先在动物身上获得结果能否在人体重新获得还有待被证实，动物的嗜酒是一种人工形成的生理需要，而人的嗜酒情况是很复杂的，它有遗传、环境、习惯、性格的各种因素的作用。其次，动物脑中的嗜酒中枢，仅仅是实验证明的一部分，对于

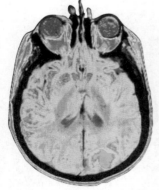

↗ CT扫描机拍摄出来的头颅的图像，其中白色区域表明被感染的区域。

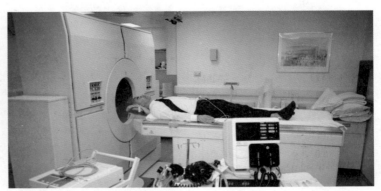

↗ 躺在 CT 机上的病人正准备扫描。

所有动物来说是否成立还需要实验的证明。至于人脑中是否存在着嗜酒中枢就更需要进一步的实验来证明了。

科学本来就是在辩论中不断更新和发展的，法国著名的文学家巴尔扎克说："打开一切科学大门的钥匙都毫无疑问是问号；我们大部分的伟大发现都应归功于不断的疑问，而生活的智慧大概就在于逢事都问个为什么！"究竟哪一种结论是正确的，这还需要科学家们用实践来证明。

■千年不腐的马王堆古尸

1972 年，在中国湖南马王堆古墓中出土了一具女尸，它震惊了世界，为什么呢？原来，尽管历经 2000 年，但这具女尸外形完整，面色鲜活，发色如真。解剖后，其内脏器官完整无损，血管结构清楚，骨质组织完好，甚至腹内一些食物仍存。为什么这具古尸历经千年不腐呢？

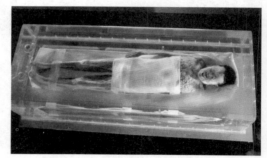

↗马王堆女尸

一般来说，古墓中的尸体留至今天，只会出现两种结果：一是腐烂。因为在有空气、水分和细菌的环境里，大量的有机物质会很快腐烂，棺木也会腐朽，最后尸体也难免烂掉。二是形成干尸。这需要极为特殊的气候条件，在特别干燥或没有空气的地方，细菌微生物难以生存，这样，尸体会迅速脱水，成为"干尸"。

马王堆的女尸为何成为"湿尸"而不腐烂呢？其原因是：

第一，尸体的防腐处理完善。经化学鉴定，它的棺液沉淀物中含有大量的乙醇、硫化汞和乙酸等物。这证明女尸是经过了汞处理和其他浸泡处理的，硫化汞对于尸体防腐的作用很大。

第二，墓室深。整个墓室建筑在地底 16 米以下的地方。上面还有高 20 多米、底径 50 米～60 米的大封土堆。既不透气也不透水，更不透光。这就基本隔绝了地表物理和化学的影响。

第三，封闭严。墓室的周壁均用可塑性大、黏性强、密封性好的白膏泥筑成，泥层厚约 1 米左右。厚为半米的木炭

↗马王堆汉墓帛画

马王堆一号汉墓的彩绘帛画绘制精美。画面呈 T 形，以繁杂严谨的构图把全画分为上、中、下三部分，上部为天界的景象，人首蛇身的女娲居中，表达了对人生幸福的追求，反映出对生命的肯定和热爱。画中对人和其他生灵的刻画充满了奇异的想象。

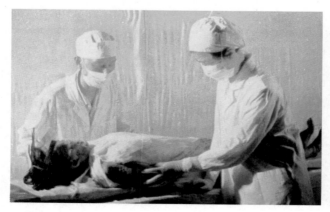

↗检验女尸

层衬在白膏泥的内面，共 5000 多千克。墓室筑成后，墓坑再用五花土夯实。这样，地面的大气就与整个墓室完全隔绝了，并能保持 18℃左右的相对恒湿，光的照射被隔绝，地下水也不能流入墓室。

第四，隔绝了空气。由于密封好，墓室中已接近真空，具备了缺氧的条件。在这种条件下，厌氧菌开始繁殖。存放在椁室中的丝麻织物、乐器、漆器、木俑、竹简等有机物和陪葬的大量的食物、植物种子、中草药材等，产生了可燃的沼气，从而加大了墓室内的压强。而沼气能杀菌，且细菌在高压下也无法生存。

第五，棺椁中存有具有防腐和保存尸体作用的棺液。据查，椁外的液体约深 40 厘米，棺内的液体约深 20 厘米。但它们都不是人造的防腐液，而是由白膏泥、木炭、木料中的少量水分和水蒸气凝聚而成的。而内棺中的液体是女尸身体内的液体化成的"尸解水"。这种自然形成的棺液防止了尸体腐败，并使得尸体的软组织保持了弹性，肤色如初，栩栩如生。

在重见天日之时，女尸随同所有出土的文物，都不禁让人惊叹其神奇。

■ 神秘冰人奥兹之谜

冰人的发现地点在奥兹山谷，因此人们将他称为冰人奥兹。他年约 30 岁，身上有很多文身，对于当时恶劣的环境来说，他的服装显得较完整。由于他看来较完整，被冻在冰层里，人们一开始以为他刚刚死去，甚至没有想到要咨询考古学家的意见。

结果研究发现奥兹所处时代属于青铜时代（公元前 3500 年 ~ 公元前 1000 年）。他死时埃及的金字塔还未建好，欧洲人正在尝试车轮的发明。他死后不久被冻结在冰中，当人们发现他时，阿尔卑斯山上的冰雪已经把他制成了木乃

↗ 1991 年 9 月发现冰人时，尸体仍然半裹在冰中，第一次挖掘只挖出了到臀部的上半身，在尸体运到因斯布鲁克法医学院后才弄清他的真实年龄及其重大意义。

伊。他身体上皮肤的毛孔仍清晰可见，甚至连眼球都保存完好。他身高约为 1.59 米，身上穿着由羊皮、鹿皮和树皮及草制成的三层服装，戴着帽子和羊皮护腿。他身旁还放置了一把铜制的斧头和一个装有 14 支箭的箭袋。

研究者们试图利用这些线索发现他以何为生，从何处来，受到什么样的袭击，最后一餐吃了些什么，死因究竟是什么。奥兹是目前保存最完好的史前人类遗体。在奥兹身上不断获得的发现，总会引起广泛的关注，而他的死因则始终是科学家争论的一大焦点。一些科学家认为奥兹在死后不久就被冻结在冰中，所以遗体才能保存得如此完好。他们发现奥兹的结肠里有花粉，由此猜想他死于夏末。最后被秋季的一场突如其来的暴风雪袭击，在寒冷恶劣的天气里变成了冰人。

但奥地利因斯布鲁克大学古人种学家奥格教授的研究使得从前有关奥兹死因的猜测受到了质疑。他将冰人结肠内的物质用显微镜分析发现，从奥兹结肠中提取的内容物含有完整的蛇麻草角树的花粉颗粒。这种树在 3 ~ 6 月开花，并且只生长于低海拔的温暖地区。由于花粉在空气中分解得很快，因此可以推断奥兹应该死于春季或初夏。花粉应是在奥兹离开蛇麻草角树后被吸收，附近最近的蛇麻草角树位于南边的一个山谷，徒步走大约需 6 个小时。另外，对他的皮肤分析表明，奥兹的躯体在冻成冰人前，曾在水中浸泡了几个星期。奥格教授相信，奥兹在死前 8 个小时正通往山谷，在那里吃的最后一餐是未发酵的单粒小麦面包，还有一种绿色植物和肉。由于单粒小麦并非天然在欧洲生长，这说明当时农业社会的一些状况，而且小麦是被研成粉做成面包的而不是做成麦粥。

新的证据还促使研究人员重新思考奥兹是如何陈尸于高山之上的。奥兹的死亡之旅依然显得相当神秘。一些研究人员甚至猜测，他是作为新石器时代的某种献祭被拽到那里的。然而奥格教授的思绪并没有走那么远："我们可以肯定的是，在奥兹死前的 12 小时中，他曾在长有蛇麻草角角树的山谷底部待过，他是在一天之内来到他的长眠之地的。"

另外，科学家们还吃惊地在冰人的身上发现了 47 处文身，其背部和腿部的纹身甚至接近于或者就在缓解背疼或腿疼的针灸位置。X 射线分析表明奥兹的骨关节炎曾对针灸有过反应。问题是针灸起源于 2000 ~ 3000 年前的中国，冰人的发现说明针灸或类似针灸的治疗方法在 5300 年前就在远离中国的地方出现。

奥兹的帽子是由熊的皮毛制成的，当时此地较现在有更多的熊出没，人们也许会组成狩猎队猎捕熊。奥兹的鞋引起了研究者的较大兴趣，其具有较佳的保暖性、保护性，在高山上还能防水。其底部较宽且防水，说明是专门用于在雪地行走用的。鞋底用熊皮制成，鞋面则是鹿皮制成。

奥兹身上最令人吃惊的莫过于那把铜斧。因为科学家们一直以为人类在 4000 年前才掌握这样的冶炼及成型技术。此外，对奥兹头发的分析显示他参加过炼铜的工作。这个冰人令考古学家不得不重新考虑青铜时期的问题。这把铜斧长 2 英尺，斧把由紫杉木制成。斧的顶部不到 4 英寸，斧头边略弯。斧头表面的分析表明其含 99% 的铜、0.22% 的砷、0.09% 的银。含砷和银说明此种铜来自当地的铜矿。

据意大利考古博物馆的研究人员认为，奥兹是在雪地里睡着了冻死的或是死于雪崩。而一份《华盛顿邮报》的报道则称，在对冰人经过一种被称作层面 X 线照相术的技术测试后，科学家发现冰人的左肩下有一枚箭头，在骨骼上还发现箭头射入他身体后留下的痕迹。

研究人员称，奥兹很可能是死于战争，因为他身上武装着斧头、刀和弓箭。箭头进入体内的角度表明他是被人从下方击中。这柄箭不到 1 英寸长，穿过他的背部，切断臂上的神经和血管，停在肩膀和肋骨之间。由于箭没有射到任何重要器官，研究人员估计奥兹流了很多血，最后在痛苦中死去。

迄今为止，神秘的冰人不仅因其神秘的死亡留给了科学家发挥想象的巨大空间，还留下了无休无止的争论和无穷无尽的探索。

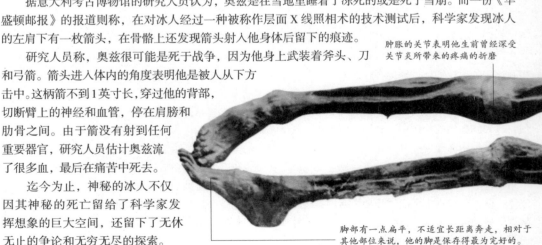

全身披挂的冰人复原图
芦苇或秸秆制的大氅在 18 世纪欧洲部分地区仍被人们穿用。

肿胀的关节表明他生前曾经深受关节炎所带来的疼痛的折磨

脚部有一点扁平，不适宜长距离奔走，相对于其他部位来说，他的脚是保存得最为完好的。

这是两支箭头
较完好的箭

↗ 冰人的锥形帽子是由小的皮毛块缝在一起做成的，它还有两根皮带可以系在下巴下面。1992年8月对冰人遗体进行第二次发掘时，帽子外面的毛还勉强地附着在表面上。

↗ 冰人的皮制箭套。其中两支箭还带有箭头，但其他几支只剩箭杆了。冰人的弓并没有完成，这些迹象似乎表明冰人是在没充分准备的情况下匆忙离家的。

↘ 冰人的身体还保持着他被发现时的姿势。虽然死的时候他全身伸展躺在左侧，但冰雪的压力使他脸朝下，迫使他伸开的左臂向右侧扭了过来。研究表明，尽管冰人死的时候年龄在30岁左右，但他已经出现了衰老的迹象，他的动脉开始硬化，还忍受着早期关节炎的折磨。

↗ 奥兹的铜斧

这把铜斧长2英尺，斧把由紫杉木制成，斧头表面含99％的铜。

冰雪的作用使他的手扭曲伸向右侧，半握的手说明冰人生前可能握着什么东西。

紧握的拳头表明冰人
在死时显得特别痛苦。

研究发现，冰人生前不仅生有浓密的胡须，还有满头的黑色鬈发。

或是由于长期裸露在外，遭受风吹日晒，或是挖掘时的意外，冰人腿上的部分纤维已完全消失了。

骇人听闻的可怕手术

■ 移植死人的手

    1985年，新泽西州的马修·斯科特在一次鞭炮事故中失去了左手，他承认说："那完全是我的愚蠢造成的。"他在23岁那年装上了假肢，他本来是左撇子，所以必须训练自己用右手写字。虽然假肢给他的生活带来很大帮助，但也有很多明显的缺点，总是让他觉得不舒服。可是没有别的办法，斯科特只好认命，忍受行动上的诸多不便。后来，他在英国度假的时候，妻子道恩指给他看报纸上的一条新闻，讲的是正在进行的手部移植研究。他们得知在肯塔基州路易斯维尔的犹太医院，医生已经准备好了实施手部移植手术，这尚属美国首例，也是世

马修·斯科特在一次鞭炮事故中失去了左手，他在300多名申请者中被选中，成为美国第一位接受手部移植的患者。

界上的第2例。300多名患者提出申请，想成为幸运的受捐者，斯科特就是其中的一员。

    他说："请不要误会我。用假肢生活是完全能够接受的生活方式，但我只是想要更好一些——使用皮肤、骨头、肌肉和肌腱，而不是塑料、橡胶和电池。"在被选中之前，他必须通过许多测试，以确保他达到身体上的要求，并在心理上能接受使用死人的手。最后，在1999年1月24日下午，17名医生为他进行了长达14.5小时的移植手术，在捐献者的手和斯科特的左臂之间把动脉、静脉、神经和骨头连在一起。

    手部移植是一个有争议的问题。在任何外科移植中，最大的问题就是排异反应。人体的免疫系统对"外来肢体"会自动产生强烈的排斥，这本来是抵御感染和疾病的重要保护机制，却给移植患者带来很大危险。虽然可以利用特效药来抑制免疫系统，但是这会产生严重的副作用，比如引起癌症、糖尿病和高血压。尽管在手部移植之后所使用的抑制免疫药物的剂量不会超过器官移植（诸如心脏、肺、肾脏、胰和肝脏），但是，抑制免疫药物可能会直接导致十分之一的手部移植者在术后10年内死亡。医生和医学伦理学家都对此表示关注，认为患者为了用人手代替假肢，应该承担手术的风险和抑制免疫药物带来的不确定后果。这些风险对器官移植来说是可以接受的，比如心脏或肾脏等维持生命的器官，但手不属于这一类。值得为一只手冒生命危险吗？因此对这个手术持反对态度的人说，把尚不成熟的研究应用于实践将会带来恶果。

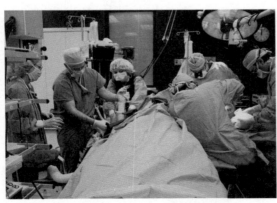

由17名医生组成的医疗组经过将近15个小时的奋战，在捐献者的手和马修·斯科特的左臂之间把动脉、静脉、神经和骨头连在一起。

    尽管心存疑惧，马修·斯科特还是做出决定，并在后来成为世界首例成功的手部移植者。最初他每周进行6次强化治疗，并伴有恶心和消化不良，还经历了3个轻微的排异期，但是，随着时间的推移，这些不适逐渐减轻了。排异反应是通过药物治疗的，5年内唯一的并发症就是拇指患上了关节炎。这是手术之前医生就预料到的。他们说，这实际上是由于他的手指弹性太大了。

    手术6年之后，他能用移植的手扔球、接球、开门、转门把手、踢足球、搬家具、端起杯子喝水、拨打手机、写名字、系鞋带等等。每年的检查

结果也显示，他的病痛在好转，力气越来越大，感觉不同物体的能力也大大提高了。他的左手能感觉出冷热，也能分辨出粗糙和光滑的质地。

"手部移植消除了我不能做某些事的恼怒和挫败感，"他说，"现在我相信，如果不能做某件事情，通过一些治疗就可以了！我又能完成很多日常工作了，而以前用假肢是办不到的。"移植给他带来的最大方便是能够为孩子鼓掌。"能为孩子鼓掌是件重要而高兴的事。能一边用右手拿东西一边用左手开门也很不错。"

但他注定不能达到常人的水平，而且，尽管抑制免疫药物的剂量越来越小，但他后半生必须一直吃药。然而，他仍然很高兴能有一只新的手，认为不论是心理上还是身体上都值得这样做。他说："手也许是仅次于声音的最富于表现力的东西。手的触摸和我们使用手的方式都能表达出很多信息。"他妻子说："他非常喜欢敲鼓，现在终于能尽兴地敲了。他的心情好转很多，对自己也更加平和，情绪安定下来。"

↗ 新西兰的克林特·哈勒姆于1998年进行了世界首例手部移植手术，但新的肢体难以和他的身体相容。

实施移植手术的医疗组组长沃伦·C·布雷登巴克说，"斯科特的手部功能得到了很大程度的加强，拇指也更有力了，"他还补充道，"这是手部移植手术这么久以来最成功的一例，感谢马修和道恩。如果没有他们做的努力，就不会成功。他的左手和正常的手比起来还有差距，但是比假肢强很多。"

斯科特没有患上严重的疾病或感染，这为支持移植手术的人提供了证据，证明药物治疗的发展已经显著减轻了患者对植入的肢体产生的排异反应。

布雷登巴克说："这告诉我们，认为皮肤具有很强的排异性而不能移植的旧观念是错误的。皮肤的反应确实比肌肉和肾脏强烈，但是如今的抑制免疫药物药效很好，在手部移植中可以使用和肾移植相同的剂量。所以，药物的发展保证了皮肤和其他软组织的存活概率和肾移植一样高。6年来马修的状况告诉我们，经过移植的手可以保持这么久，而且对于马修，还能继续保持相当长的一段时间。"

但是，许多医学专家还是对手部移植持怀疑态度。人们希望马修·斯科特的手术能为进一步的手部移植手术开启大门，而至今全世界只有不到30例此类手术，手部移植显得缺乏支持。这种怀疑的部分原因是世界首例手部移植的结果不理想。新西兰的克林特·哈勒姆于1998年移植了一只陌生人的手，但是新的肢体难以和身体相容。手的样子让人厌恶，因此他遭到一些朋友的躲避，没能得到大家的接受。他声明自己感觉比原来仅有一只半手的时候残疾程度更大，后来在2001年，他要求把新的手截去，因为他"在内心无法接受它"。

对马修·斯科特来说却没有这些问题。他还能想起手术后那个奇妙的时刻，他醒过来，发现左手上又有手指了。"那里不是一堆空空的带血的绷带，而是包裹着手指、形状突起的绷带。我永远也忘不了那一刻。"

■ 神奇的人类舌头移植

2003年7月，奥地利医生经过14个小时的手术，成功实施了世界上首例人类舌头移植。患者是一名42岁的男子，身份保密，在他舌头右侧、腺体、下颚右侧和舌头下面出现了恶性肿瘤。他在维也纳综合医院接受手术前甚至不能张开嘴，他的癌症太严重了，医生只能选择切除术。

过去对失去舌头的患者，医生会从小肠截取一小块组织，移植到舌基上。虽然小肠柔软并有分泌黏液的功能，让患者嘴里感到舒服，但是它尺寸太小，口腔里还是空荡荡的。因此，患者的发音比较模糊，也无法吞咽，只能靠管子进食。奥地利医生希望能通过舌头移植消除这些障碍。他们面临的主

↗ 维也纳综合医院
2003年，一名42岁的男子在这里接受了世界上首例人类舌头移植。

要问题是如何有效地抑制免疫系统，防止移植组织发生排异反应。这是个特殊的问题，因为进食导致口腔环境无法保证消毒。但是嘴也可以自然而有效地保持自身清洁。

此前，舌头移植仅仅在动物身上进行过，但是很久之前，由9名医师组成的医疗组就开始准备把这项技术应用于人类了。科里斯坦·克尔默担任组长，他说："我们计划实施这个手术已经两年了，但我们同时需要患者和合适的捐献者。这种手术与以往的治疗方法相比，一个最大的优点就是使患者又拥有了舌头，并能移动甚至感觉到它。"

舌头来自于一位不愿透露姓名的捐献者，因为血型和舌头大小适合患者而被选中。另一个医疗组从脑死亡的捐献者体内取出舌头，马上提供给正在隔壁进行的移植手术组，随即对捐献者停止生命维持措施。同时，克尔默的医疗小组在患者两耳之间做了一个切口，切除了舌头。然后他们将捐献者舌头上的肌肉组织、神经末端、动脉和静脉连接到患者嘴里。克尔默医生表示，他们已经把两条负责舌头运动的神经连接好了，还连上了2条感觉神经中的1条。

罗尔夫·尤斯医生是小组中的另一名主要成员，他宣布手术成功时说："舌头现在看起来就像是他自己的——它色泽红润，血液循环很好。舌头只是稍微有点肿胀。这也是一个好征兆，意味着可能还没有发生移植排异反应。我们希望患者最终能正常进食和讲话。他不太可能恢复味觉，但是会有一些其他感觉，而最主要的，能够运动才是理想的效果。患者还年轻，在这个年纪就失去舌头是很残酷的，但是必须切除舌头，因为他的癌症已经到了晚期——他抽烟抽得太厉害了。"

虽然患者以后必须一直吃药来预防排异反应，但手术后还不到1个月，他就能学着说话并做出吞咽动作了，他能咽下自己的一部分唾液，还可以依靠气管里的一根管子让别人听懂自己的话。为了配合手术，他还进行了讲话治疗。

根据这个成功的病例，医院计划只要能提高口腔癌症患者存活概率，就进行舌头移植手术，而现在晚期癌症患者中只有50%的人实施手术。每年在移植手术中受益的患者将超过15名。在英国，人们必须积极参加器官捐献计划，而奥地利法律规定，医生有权使用任何死亡患者的器官，除非患者特

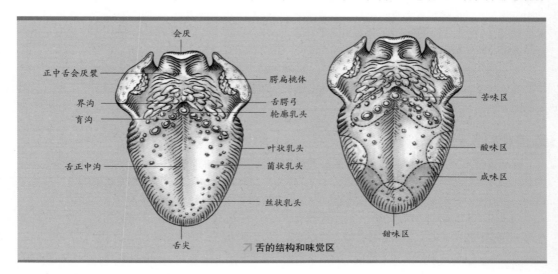

↗ 舌的结构和味觉区

会厌
正中舌会厌襞
界沟
育沟
舌正中沟
舌尖
腭扁桃体
舌腭弓
轮廓乳头
叶状乳头
菌状乳头
丝状乳头
苦味区
酸味区
咸味区
甜味区

别提出不捐献的要求。

然而，英国移植学会道德委员会主席彼得·罗提醒考虑做这种手术的人说："对许多需要抑制免疫力的疗法必须三思而行。抑制免疫力可能导致感染，从长远角度来讲有产生恶性肿瘤的危险，必须对移植带来的益处和多种危险认真衡量。"

■ 给大脑植入芯片

一名严重瘫痪的男子在大脑中植入了能够解读他意识的芯片，这在世界上是前所未有的。这项革命性的植入技术使他通过思维活动就能控制日常事务。神经技术专家希望这种称为"大脑之门"的植入技术最终能够帮助截瘫患者恢复四肢的活动。

马修·纳格尔是一名精力充沛的运动员，但是 2001 年 7 月，美国马萨诸塞州韦马斯附近的一场焰火表演之后发生了冲突事件，马修为了保护同伴而遭到恶意攻击，颈部被刺伤。匕首切断了他的脊髓，他从脖子以下都瘫痪了，只能在轮椅上生活。直到现在，20.3 厘米长的刀片还残留在脊柱中。

22 岁的马修只能靠呼吸器喘息，医生说他的身体不可能恢复运动了，他的前途一片渺茫。然而，科技总是帮助残疾人找到改善生活的途径。约翰·唐诺胡教授是罗得岛州布朗大学的神经技术学专家，从 20 世纪 80 年代以来一直在研究大脑如何把思维转换成动作。了解了神经"兴奋"的过程之后，他的下一个任务是把电脉冲翻译成计算机或机器能够识别的指令。在最初的实验中，他在猴子大脑中植入电极，让猴子学会了使用操纵杆玩电脑游戏。从猴子大脑中发出的电脉冲

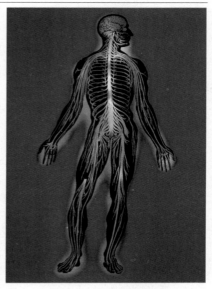

↗ 大脑和脊髓组成了人体的中枢神经系统。通过 31 对神经构成的网络，大脑把思维转换成动作。

使它能够移动屏幕上的光标。在成功的鼓励之下，唐诺胡教授准备在人体上进行大脑之门的测试，希望通过把脑电波输入计算机帮助残疾人独立生活。

2004 年 6 月，马修·纳格尔在马萨诸塞州的新英格兰西奈医院接受了 3 个小时的手术，成为第 1 个安装大脑之门的人。他头上钻了一个孔，将阿司匹林药片大小的芯片植入到大脑 1 毫米深的地方，位于感觉运动皮质的上面，人脑在那里产生控制手臂运动的神经信号。芯片上固定着 100 个极薄的电极，可以接收思维活动产生的电信号，然后通过导线输入计算机，对大脑信号进行分析。这些信号再经过解读，转换成光标的移动，使他仅凭思维就能实现对计算机的控制。

在 3 周的手术恢复期之后，马修接受了第 1 次试验。他面对着一台屏幕，上面的光标一直在移动，他随着光标移动方向想象手臂的运动。与他大脑芯片相连的计算机分别记录下光标上、下、左、右移动时他发出的脉冲信号，每个方向都对应着他大脑中一种特有的信号，然后给计算机编写程序，让它能识别出每一种信号，并由此移动光标。例如，他想"向下"，光标就向下移动。虽然马修不能移动肢体，但他学会了通过想象手臂动作来移动计算机屏幕上的光标。计算机屏幕与电视机遥控器面板相似，他只需把光标移动到某个图标上就能选中那个选项。他把光标放在图标上，等效于敲击鼠标。因此，他能够做一些打开电子邮件之类的事情，而这在以前是无法做到的。提姆·苏根诺在制造大脑之门的网络动力学公司工作，他说："我们实际上是把他的大脑和外部世界连在了一起。"

通过连接到房间各个装置上的软件，马修现在能够开关电视、转换频道并调整音量。他能利用思维控制人造手张开或握紧，还能让机器手臂传递糖果。他甚至能用计算机画画，玩弹球和俄罗斯方块之类的电脑游戏。

唐诺胡教授希望大脑之门让重症患者能够通过思维移动轮椅、使用因特网，控制灯光、电话和其他装置，从而大大提高他们的生活质量，最终实现他们对自己肢体的控制。"如果我们知道如何把他的肌肉也装配上，他就能使用自己的手臂。马修给我们带来了信心，但我们还是要保持谨慎，毕竟，这个技术目前只在他一个人身上得到应用。前面的路还很长，但我们正在前进。"

马修·纳格尔还有更长远的目标，他希望下地行走。他说："我的生活已经发生了改变。我只想走路，用不用拐杖无所谓。我知道，过不了几年就能实现。"

■ 神奇的自体干细胞移植

在现代医学的各种移植手术中，干细胞移植颇具争议。实际上，许多人错误地认为所有干细胞都取自胎儿，所以一听到"干细胞学"就联想到不道德、难以接受的行为。反堕胎团体坚决反对为了收集干细胞而培养胎儿的行为，由此科学家们开始探索如何从成人组织中培养神经干细胞。

在人出生之前，胚胎干细胞产生出构成人体的其他200多种细胞。出生后，成人干细胞可以修复体内受损的细胞。人体的再生机理便是利用自身能力治愈伤口和疾病，保障各种细胞正常工作并应对可能发生的状况，但是对很多疾病它们无能为力。

目前，干细胞学还处于初级阶段。胚胎干细胞有产生200种细胞的能力，其功能远远大于成人干细胞，但是人们除了有道德上的顾虑，还担心使用起来可能遇到麻烦。例如，在老鼠身上使用胚胎干细胞，有时会导致大块的肿瘤。而使用成人干细胞危险性较低，因为当患者需要的时候，可以从自己身上收集，不会发生排异反应。科学家现在的目标是找出人体哪个部位能最有效地收集到干细胞。

事实上，在一些手术中已经在使用成人干细胞了。医院里常规的骨髓移植手术，从本质上讲就是干细胞移植，因为手术使用的细胞符合干细胞的定义，即它们能在人的一生中持续生长并产生神经组织。在探索成人干细胞移植手术的道路上，英国妇女金姆·古尔德是著名的一例。1998年5月，她骑的马在越野的最后一跳中跌倒，她被甩向空中，从此瘫痪。

"我摔在地上，脊柱一下子就折断了，"她说，"医生说我再也不能走路了，我就想：'不会的，出院之后就没事了。'事实证明我错了。事故发生后的几年中，我整天待在屋里，闷闷不乐。行动受到限制，不能出去，那真是太难受了。我的整个生活面目全非。"

古尔德太太尝试了无数的治疗方法都不见效，最后，她在里斯本接受了试验性的手术，从鼻腔取出干细胞移植到脊柱里。2003年10月，手术在埃加斯莫尼斯医院进行，持续了9个小时，由加络斯·利马医生主刀。20世纪70年代末，佛罗里达州立大学的帕斯奎尔和阿里拉·古拉加德在干细胞研究方面取得了一些成果，利马医生以这些作为手术的基础。

他们发现，鼻腔里有一部分神经系统负责嗅觉，那里的神经元在人的一生中能够持续生长。这一点很重要，因为我们感冒的时候闻不到气味，但并没有永远失去嗅觉，病好之后又能复原。由此可以推断出，这些神经细胞属于干细胞。它是神经系统的一部分，终身具有自我更新能力。由于鼻腔组织里存在干细胞，能持续生长并产生神经组织，所以，它或许能用来修复受损的脊髓。

利马医生说："我反对使用胚胎干细胞，但并不全是由于道德原因。大自然让胚胎干细胞增殖，让成人细胞更替、修复，违反大自然的法则是危险的。在这里，是大自然在起作用，而不是我们。我让患者自己恢复，因为一旦把细胞植入你的脊柱，它就属于你了。很自然，只要有良好的环境细胞就会生长。一个干细胞在几个月，甚至几年内都能产

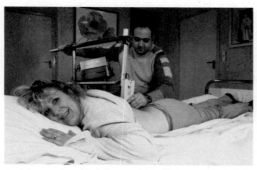
↗ 金姆·古尔德因坠马受伤而瘫痪，她接受了试验性的手术，从鼻腔中提取干细胞移植到脊柱里面。

生效果，所以我们希望在手术几年之后还能看到作用。所有患者的感觉神经和运动神经都有不同程度的恢复。他们在受伤以后还从来没有这样运动过，感觉过。有的人甚至恢复了膀胱及排便功能。"

手术之后，金姆·古尔德的右下半身、后腰和腹部肌肉开始恢复知觉。不到1年她就能爬行了。

她说："我现在能很好地保持平衡，还能举起腿向前伸。我已经有6年无法行动了，而这一年的恢复非常显著。如果从别人或胎儿那里移植过来细胞总是会有危险性的，可能发生排异。但再生治疗是用病人自己的细胞更新、修复自己。只要有办法摆脱瘫痪，不用坐在轮椅上，我想任何病人都会尝试的。"

金姆·古尔德的情况比较特殊，因为移植使用的嗅觉组织会随着时间逐渐缩小，这样就需要考虑病人的年龄。而她当时已经43岁了，是接受这项手术的病人中年纪最大的。

↗ 手术之后，金姆·古尔德恢复了一些知觉。不到一年她就可以爬行了，而现在已经能够自己站起来。

乔伊·维伦也是利马医生的病人，原本在得克萨斯州教书。1999年10月，在科罗拉多洛基山脉附近的峡谷发生了一起可怕的事故，她为了保护家人而受伤。

她回忆道："我的孩子们坐在车的前排，我妈妈坐在后面。前排座位上一共有3个人。车开始倾斜，向前冲去，他们眼睁睁地看着我，我立刻跑出去。车就要冲向峡谷了。我跑的时候眼前浮现出孩子们随着车跌落的样子。到了车子前面，我试图用手臂让它停下来，这当然做不到。我记得当时感到车子朝我撞过来。我向后摔下去，脚被车压到了。我在车子下面翻滚，第3次挤压的时候我感觉到后背被压坏了。然后我仰卧着，身体被车子的后轮纵向碾过。他们说幸亏我的头歪着躲过了车轮，才没有丧命。当时我30岁，我想我这辈子算完了。"

虽然她父亲拉起手闸，保住了孙子们的性命，但乔伊·维伦不幸瘫痪，左半身从腰部以下不能动弹。

手术9个月之后她就有了好转，尽管进步并不像她想象的那样大。"我左腿恢复得最好。过去左腿总是冰凉的，而右腿又温暖又有劲；但现在左腿甚至比右腿还强壮，效果显著。我还感到更加疼痛，但是痛觉是最先恢复的感觉，所以这是好事。"她知道还需要长时间的恢复。"我当然希望手术之后能自由行走，像没发生事故一样，但我跟利马医生说，我从来没有任何奢求。"

杰弗里·雷斯曼教授是伦敦大学脊柱修复组主任，他对利马医生取得的成果非常感兴趣。他也研究过能否从患者鼻腔里提取干细胞，并安全有效地治疗脊柱损伤。雷斯曼的研究小组在老鼠身上做过实验。他们切断了老鼠控制前爪的神经，因此它不能用爪子正常爬行，也不能抓取食物。然后从老鼠鼻腔提取了干细胞，植入到受损神经周围。没过几个星期，手术就产生了明显的效果。

雷斯曼教授说："我们使老鼠恢复了爬行能力，还能控制前爪的运动，抓取东西——这正是那些手不能动的患者需要的功能。"后来雷斯曼教授把干细胞植入老鼠脊柱，也得到了同样满意的结果。他们发现干细胞有一种特殊的能力，可以与受损组织很好地结合，在断开的神经纤维之间搭建桥梁。

雷斯曼教授补充道："我们把干细胞移植到受伤部位，那里就恢复了功能。我们第1次将这扇大门拨开了一道缝。瘫痪者离开轮椅，中风病人好转，盲人恢复视力，失聪者重获听觉，这些将不再是梦想。如果我们能敞开这扇门，就能发现后面广阔的天地。如果成功，这将是一场革命。"

但他强调病人可能不会完全康复："如果一个人根本不能移动手臂，无法按开关、操作机器、

干细胞移植使金姆·古尔德恢复了部分行动能力。在手术之前，她曾被断定再也不能走路了。

开车，那么手术可以给他的生活带来很大变化，但是可能不会完全治愈。"

同时，韩国科学家公布说，他们用取自脐带血的干细胞为一名瘫痪20年的韩国妇女修复了脊柱，病人已经能下地行走了。20年前，黄美顺在一场事故中腰部和髋部受伤，此后一直卧床不起，但是在2004年11月召开的记者招待会上，她当场用助行架行走，并对记者说："这对我来说是个奇迹，我做梦也没有想到能够再次走路。"

据称这是世界上第1例此类移植手术。他们在婴儿出生的时候采集到脐带血，将干细胞分离出来并立即冷冻，经过一段时间的培养之后直接注射到受伤的脊髓处。不到两个星期，病人的髋关节就能动了，一个月之后，她的脚对刺激产生了反应，还能利用助行架小步行走。医生对她的恢复之快感到惊喜，但同时承认还需要进一步的研究。韩国政府资助的脐带血银行的总裁韩勋说："在从冷冻的脐带血中分离出干细胞、寻找与病人基因配对的干细胞等方面还存在技术问题。"与使用胚胎干细胞不同，这种疗法不会引发道德方面的争议，而且脐带血干细胞在病人体内基本不会产生排异反应。尽管还需要进行进一步的研究和实验，但鼻腔和脐带干细胞移植也许能为成千上万绝望的病人带来曙光。

■ "断头人"获救

马科斯·帕拉能活下来是个奇迹。2002年，18岁的他开车行驶在亚利桑那州的公路上，与一辆醉酒者的车相撞，受到重伤，头部与身体分离，只有皮肤和脊髓还连着。他被紧急送进菲尼克斯市圣约瑟夫医院的急救室，连医生也从未见过这么严重的伤。他的锁骨、骨盆、尾骨和肋骨多处骨折，而让医生不知所措的是颈伤。正常情况下，从头骨基部到脊柱第1节有一条粗韧带，将头骨连接在脖子上。在事故中，他的头部受到猛烈地冲击，这条韧带被扯断，头部和颈部之间拉开了一段空隙。头骨和脊椎分开很远，使头部脱离了颈部。

受到这种重伤的人一般会死亡，少数人终生残废，但马科斯有幸遇到了柯蒂斯·迪克曼医生。迪

这是柯蒂斯·迪克曼医生，他从马科斯·帕拉的颈部后面用螺钉将脊椎第1节和头骨基部连接起来。

克曼医生在圣约瑟夫医院的巴勒神经学协会工作，他当时正好在研究一种治疗马科斯这种创伤的技术，但是只在尸体上进行过实验。结果，马科斯成为世界上第1个通过这种实验性的手术保住生命的人。

由于脊髓和动脉没有严重受损，马科斯成为迪克曼医生手术的理想对象。手术中使用了两颗外科用的螺钉，从颈部后面将螺钉的一端固定在脊椎的第1节上，另一端固定在头骨基部。这时骨头回到了原位。然后医生从病人骨盆上取出一块骨头，修复了脖子和头部的连接。

迪克曼医生后来说："受了这种伤的人多数当场就死亡了，因为只有强大而猛烈的力量才会造成这种类型的伤口。我的手术与其他手术的不同之处在于，它能使病人做出大部分的颈部动作。因为一旦不能活动，病人就残废了。"

手术之后，马科斯带了4个月的固定架，架子罩着他的头，保持头部和颈部相对固定，有助于脖子恢复。他经历了几百个小时的漫长的康复期。结果手术大获成功，正如迪克曼医生保证的那样，他的脖子只丧失了5%的活动范围，这对于受伤如此严重的病人来

讲是惊人的。事实上，几个月之后马科斯就能打篮球，享受生活了。他对事故没有什么印象，只是很高兴能活下来，还可以自由行走而不是瘫在轮椅上。他的确是个幸运的人。

■ 背部培养出新下巴

一名德国患者因为癌症而切除了下颌，后来，医生从他背部肌肉里面培养出了新颚骨，终于使他9年以来吃到了第一口固体食物。手术于2004年在基尔大学进行，医生首次用患者自己的身体培养并合成出骨骼组织替代品。新下巴在患者肩胛下的钛制金属笼里生长，结合计算机辅助设计和骨骼干细胞技术培育而成。这种新技术之前只在猪身上实验过。

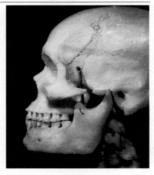

患者现年56岁，于1995年动手术切除了下颌上的癌。因为没有下巴，从那以后他只能靠吃软烂食物和喝汤维持生命。然而，移植新下颌之后不到4个星期，他就能痛快地享用面包和香肠了。

病人9年来只能靠吃软烂食物和喝汤维持生命，而移植新下巴之后不到4个星期，他就能享用面包和香肠了。

对这样的病人，医生过去会从小腿或臀部取出一块骨头，削成合适的形状植入嘴里，代替摘除的下巴。像肩胛这种骨骼平坦的部位经常被用到。但是要复制出像下巴这样复杂的三维结构非常困难，而且，骨骼移植会使病人极其痛苦，愈合缓慢，而且被取出骨头的部位会变得骨质疏松并容易感染。这名患者长了动脉瘤，正在服用抗凝血剂华法林，因此医生考虑到从他身上其他部位截取骨头可能导致术后流血，发生危险。他们没有选择截取骨头的手术方法，而是用患者骨髓中的干细胞培育出所需的骨头。

由帕特里克·沃恩克领导的基尔医疗小组首先对患者口腔进行三维扫描，并在计算机上建立起虚拟的下颌形状。根据这个形状用特氟纶材料制成一个模具，并用钛网将其包起来。然后取出特氟纶材料，就得到了和下颌形状相同的空心U形钛笼。接下来向钛笼中注入硫酸软骨素、从病人自身骨髓提取的干细胞血和骨骼生长蛋白。钛笼起到脚手架的作用，骨骼生长蛋白可以根据它的形状把血液中的干细胞培育成新的骨骼。新下巴需要形成自己的供血系统，因此把它先移植到一个血管丰富的部位——患者右肩胛下面的肌肉里。沃恩克医生对《新科学家》的记者说："他对此没有感到不适，而且用那边身体睡觉也没问题。"患者只是注射了抗生素以防感染。

医生密切关注着下颌骨的情况，CT扫描显示，新骨骼发育正常。经过7周的生长之后，新下颌骨连同周围的血管和肌肉被取出来。医生进行了3个小时的手术，将新下颌骨和患者口中残存的下颌骨根部固定在一起，并将新骨头上的血管与现有的下巴肌肉和颈部血管连接起来。最后用皮肤尽可能地包住新下颌。手术几个星期之后，沃恩克医生说："形状配合得非常好，他对手术结果很满意。他现在又能咀嚼食物了，讲话也清楚了不少，尤其在电话

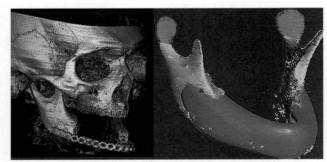

手术将新下颌骨和患者嘴中残存的下颌骨根部固定在一起，并将新骨头上的血管与现有的下巴肌肉连接起来。

里。"术后不到9周，患者已经能吃鱼片了，但他还没有牙齿，所以只能将鱼片撕成小片放进嘴里。骨骼还在继续生长，沃恩克医生希望先取下钛笼，将新颌骨平整之后再植上假牙。

钛笼植入肌肉的时候，患者自己的组织在其周围生长。沃恩克医生说："因为那是他自己的组织，所以不会产生排异反应。"

■ 三条断肢同时被接合

一名10岁男孩去参加小伙伴的生日聚会，却遭遇横祸，两条手臂和一条腿被砸断。医生对他实施了世界上首例同时接合3条断肢的手术。

2005年3月，在澳大利亚西部的佩思市，特里·范在朋友家打篮球。在他展示灌篮本领的时候，支撑篮板的砖墙轰然倒塌。边缘锋利的瓷砖和钢管在他手腕以上6厘米处将双手斩断，左腿膝盖和脚踝之间被切断。虽然特里大量失血，极度疼痛，但他仍然头脑清醒，情绪稳定。他的伙伴们呼叫了救护车，并把断肢捡起来，放入冰袋。救护车赶到的时候，他还有意识，问女司机："我是不是你见过的最严重的伤员？"她回答说人们一般在事故中只是失去一只手或脚，而他的情况显然不同。

佩思玛格丽特公主儿童医院的罗伯特·拉夫医生立即组织了3个小组，包括8名外科医生和护士等其他18名医护人员。每个小组分别负责接合一条断肢。首先，将断肢上所有的坏死组织和砖块碎屑清理掉，然后用钢板和螺钉把每只手臂上的桡骨和尺骨分别固定在前臂合适的位置上。医生们在脚上也进行

↗ 2005年3月，澳大利亚佩思市的10岁男童特里·范在朋友家打篮球，忽然车库的墙倒下来，砸断了他的两条手臂和一条腿。

了类似的处理。由于特里的肢体受损太严重，3块断肢在接回身体之前被截下来3~4厘米。同时他们找出主神经、肌腱和血管，并修复了大动脉下面的深层肌腱，以便重建血液循环。这些是通过显微手术实现的，使用的缝合线比头发丝还细。手臂断口两边的肌腱也修复了，但是每条手臂至少损失了20根肌腱。虽然要接上3条断肢，但是医生为了防止断肢坏死，在6个半小时之内就完成了手术。第2天，他们把特里右侧大腿上的皮肤移植到伤口上。

镇静剂的药力过去后，特里醒过来。这是世界上第1个为病人同时接上3条断肢的手术，所以医护人员看到特里的拇指能够活动的时候异常兴奋。尽管他神经受损，还不能感觉出冷热和刺痛，但是大家都对他未来的伤愈充满信心。

很不幸，虽然手术一开始宣告成功，但几天之后又不得不再切除特里的左腿。因为接合没有起到作用，足部肌肉坏死了，所以要从膝盖以下14厘米处截肢。

"血液还在流向足部，"拉夫医生解释说，"但是肌肉已经坏死了，足部就从内向外整个坏掉了。我们能够加强足部血液流通，但是这不仅对里面坏死的肌肉无济于事，还会使小块肌肉紧缩，脚趾上翘，而且足部仍然无法恢复知觉。即使能防止余下的部分继续坏死，但那样其实还不如截肢。手术之后的前两天，脚看起来还挺好的，可是后来的结果让人失望。"

↗ 小小年纪的特里·范面临如此残酷的考验，甚至要从膝盖以下截肢，却能保持乐观。

特里把又一次的挫折看得很淡。拉夫医生告诉记者："他明白截肢的必要性，表示完全接受，甚至比医生和他父母还赞成这一决定。我问他截肢之后会有什么感觉，他说'有一丝喜悦，又有一丝悲伤'。"

但是，特里的恢复整体上还不错。两只手的肌肉都保住了，皮肤移植得很成功，而且每个手指很快都能移动1~2厘米了。医生说他们希望给特里的左腿装上假肢，因为膝关节安然无恙，所以他应该可以正常行走。他年龄小，还在长身体，坚信未来是光明的。拉夫医生说："社会上有很多人在使用假肢并能正常行动。所以我们对这次事故感到痛心的时候，这个年轻人却很乐观。"

■公开的验尸表演

这场表演一票难求。2002年11月寒冷的一天，上千人在伦敦的亚特兰蒂斯展馆外面冒雨排队，希望抢购到170年来英国首次公开验尸表演的门票。这场有争议的表演由德国解剖学教授君特·冯·哈根斯进行，吸引了社会各界好奇的观众。展馆能容纳500名观众，所以只有少数人买到了19英镑的门票，多数人都失望而归。

一名72岁的老人将自己的遗体捐献给君特·冯·哈根斯教授名为"人体世界"的尸体展览，这成为验尸表演的焦点。冯·哈根斯6岁的时候就对人体产生了兴趣，他第1次验尸是在17岁。20世纪80年代，他开始用自己发明的塑化技术把医学和艺术联系在一起。塑化技术就是将尸体的体液用固体塑料代替，这样不仅能保存组织，还能起到硬化作用，使尸体或器官能摆出任何姿势以供展示。冯·哈根斯本人也打算死后被塑化。1995年，他在日本举行了"人体世界"展览，展出了多种解剖形态的尸体和肢解的人体部分，展览大获成功。2002年5月，他在伦敦举办了为期7个月的展览，吸引了50多万名参观者。

但是，冯·哈根斯的计划也受到许多人的反对。英国临床解剖学家协会警告说，没有得到验尸执照就把尸体拿出来并在公开场合表演牵涉到伦理和道德的问题。英国政府解剖检察员杰里梅·米特斯曾给冯·哈根斯写信说，他和展馆都没有得到验尸许可证，所以根据解剖法案，该验尸表演是非法的。苏格兰法庭也告诫冯·哈根斯教授说表演违法，但他没有屈从，坚持认为表演具有教育意义，而且他正在努力建立"解剖民主"。最后，苏格兰法庭做出让步，请解剖专家到场并监督验尸。

验尸表演显示在展馆中的大屏幕上。冯·哈根斯教授的助手告诉观众，这具尸体的主人生前曾经是一名商人，50岁的时候失业，后来平均每天抽60支烟、喝两瓶威士忌，于2002年3月去世。冯·哈根斯头戴标志性的呢帽，进行了冗长的开场白，解释了验尸的主要目的是找出死亡原因，然后，一把扯下盖在尸体上的白布单，切下第1刀，从两肩到腹部切出了一个Y形切口。观众一阵骚动，冯·哈根斯继而拨开皮肤和皮下组织，再去掉皮下组织上的胸骨，放在铁盘中。

打开胸腔之后，他把心脏、肺和肝脏取了出来。在助手的帮助下，他又拿出腹腔内的器官，包括肠子、肾脏、脾和胰腺。标准的验尸总共要取出8个器官——心脏、肺、脾、肝脏、肾脏、肠子、胰腺和大脑。此时，尸体上半身基本成了空壳，开膛的尸体散发出恶臭，有的观众捂上了口鼻。然后，冯·哈根斯从尸体两耳之间划开头部。观众们屏住呼吸，看着他剥下脸部皮肤，把手伸进颅腔，再用钢锯将颅骨锯开，好把大脑拿出来。他一边锯一边告诉大家，验尸需要相当大的力气。他说："骨头非常硬，锯透颅骨需要一段时间。我能根据声音感觉出应该什么时候停下。"死者的白头发也被锯断了，这时很多人已经捂住脸不敢看下去，而冯·哈根斯还在有条不紊地进行。

中间休息的时候，盛着器官的盘子排列在尸体前面，让观众近距离观察。然后冯·哈根斯开始检查，找出死因。他将器官逐个解剖并做出分析：肺部红肿发炎，可能是慢性支气管炎的结果；心脏和肺比正常尺寸大了1/3；发现一些胆结石；肾脏里面还有一个肿瘤。他还展示了动脉硬化的例子，让观众看到钙沉积在大动脉上，说明死者几十年的吸烟史使动脉明显硬化。在脾和前列腺上没有发现病症，肾结石对死者这样的年纪来说也比较常见。冯·哈根斯最后总结说，鉴于心脏和肺部的肿胀，此人明显死于心肺衰竭。

虽然死因并不出人意料，但是包括很多

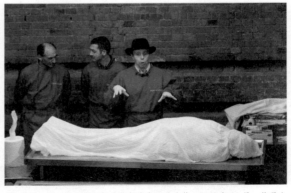

↗ 君特·冯·哈根斯教授是位颇有争议的人物，2002年11月，他举办了英国170年来首次公开验尸表演。

医科学生在内的多数观众认为这是一次精彩的体验。唯一让他们惊讶的是冯·哈根斯飞快的工作速度，就像一位年轻的女观众所说："干这个其实没有什么高明的技巧。"

■史无前例的全下巴移植

曼迪·开米普还在子宫里的时候，一种非遗传性先天疾病就使她的颌关节和脸上其他部位发育异常。她的下巴与颌骨移位，导致面部两边明显不对称，并降低了咀嚼、笑和讲话的能力。尽管后来她做了外科整形手术，但受到破坏的左眼和一只没发育好的耳朵还是没有治好。14岁之前，她先后经历了18次手术和治疗，主要目的是修复大范围的骨骼缺失。然而，没有一次手术取得显著效果。后来她有幸遇到了杰伊·塞兹尼可医生。塞兹尼可医生是拉斯维加斯的一名口腔外科医生，他提出了突破性的移植手术计划，如果成功，这将是曼迪最后一次大手术。

曼迪小时候，学校里的孩子们无情地嘲笑她的长相。她说："他们看见我的眼睛，就叫我独眼龙，还让我去参加畸形人展览。"曼迪拿出与病魔作战的勇气来对付这些尖刻的话，她从来没有自卑过。她往来于学校与医院之间，进行了若干次骨骼移植手术，希望补上部分缺失的下颌骨。2001年，塞兹尼可医生告诉她一个大胆的计划：他想为她实施史无前例的全下颌修复手术。

曼迪的下巴缺少了70%的颌骨，以前的几次骨骼移植手术一般只能修复15%的缺口，而塞兹尼可医生的目标是将缺失的地方完全修补上。他咨询了科罗拉多州移植公司的罗伯特·克里斯坦森医生，他们共同决定使用马蹄铁形的整体填补物修补曼迪大部分的下颌骨。这个计划听起来不错，但是，当曼迪知道这种手术还没有在人体上试验过的时候，她产生了疑惧："我这不是成了实验小白鼠？他们知道该怎么做吗？"

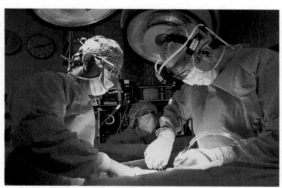
↗ 令人紧张的手术

塞兹尼可医生打消了曼迪的疑虑，手术5个月之前，仔细地对她做了CAT扫描，然后克里斯坦森根据扫描结果精确地制作出头骨和下颌骨的三维模型。曼迪从模型上第1次看出自己未来的模样。她害羞地说："挺好看的。"全下颌修复移植手术采用高强度的钴铬合金，是曼迪骨骼的理想替代品。

2002年3月9日下午，15岁的曼迪接受了手术。手术进行了6个小时，她当晚缠着绷带，戴着呼吸器休息。第2天，绷带解开了，她在镜子中看到自己。"我盯着自己说'喔，正常

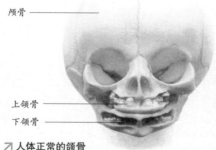

颅骨

上颌骨
下颌骨

↗ 人体正常的颌骨
曼迪·开米普所患的一种先天性疾病，导致她的脸部错位，咀嚼、笑和讲话的能力降低。

↗ 14岁之前，曼迪·开米普先后经历了18次手术和治疗。最后她终于通过移植手术将下颌缺失的部位补好了。

的脸就是这个样子吗？'我再也不用面对原来的那张脸了。我又兴奋又激动。"事实上，她高兴得流下了眼泪，并在便笺纸上写道："塞兹尼可医生，我对您感激万分。我一辈子都不会忘记您。"

曼迪不仅要适应新下巴，还要适应新的相貌。"手术之前，尽管样子和正常人不同，但我自己已经看习惯了。现在我变成和其他人一样了，对于自己来讲还是陌生的，真有点混乱。我还要面对别人对我不同的反应。"她说畸形有个好处："那使我关注人们的内在，从不以貌取人，不注意他们的肤色、体重、头发颜色或其他方面。以后我可能会变得虚伪一些。"

塞兹尼可医生说这项手术使他的事业达到巅峰。"能够为医学事业的进步做出贡献令人兴奋，而让我更加高兴的是，曼迪照镜子的时候终于可以感到骄傲了。"

■ "仿生学"女子

英国一名中风患者为了恢复手臂运动能力而植入了"仿生学"装置，这在世界上尚属首次。46岁的弗兰·里德来自多西特的普尔市，2005年5月，她在南安普敦综合医院接受了这个开创性的治疗方法，希望能通过电刺激产生运动。

里德太太于1996年和2002年经历了两次中风，左半身瘫痪。后来她基本恢复了运动能力，但是三头肌和手指还不能动。南安普敦大学和美国的一家医疗研究机构——阿尔佛雷德曼恩医院合作，经过长期研究才实施了这项手术。他们希望探索射频微型刺激器这种电子装置的可行性，看它能否促进中风患者恢复运动，并通过训练恢复胳膊和手的功能。局部麻醉之后，医生切开很小的切口，将5个圆柱形的微型刺激器植入左臂，放在她自从中风以后就没有使用过的神经和肌肉附近。装置植入半个月之后，她戴上了射频护腕，这个护腕能把信号从特制的计算机传送到微型刺激器上。按下计算机上的某个按钮，她就可以向"仿生神经元"发出指令，这与大脑向肌肉发出指令的方式相同。

在这种情况下，深层和浅层的肌肉都可以被人为地调动起来，并能更好地控制运动，这对前臂和手的运动尤为有效。大家希望里德太太能够借此伸展肘部和手腕，张开手掌并抓取东西。中风虽然没有影响到她走路，但她一直从事无板篮球运动。想要重返球场就必须学会双手扔球和接球。如果一切顺利，她最终能够摆脱计算机，像大脑发出电信号控制运动那样，自由地让手臂运动。

课题的领导者珍妮·波里芝说，如果里德太太能更好地使用这个系统，她的运动能力就会有所提高。而恢复肌肉并训练肢体识别运动的电信号是问题所在。

波里芝医生说："患者的左臂只能动一点点。她可以用拇指和其他手指夹住东西，但不能松开。我们的目标是帮助她实现够到并抓取东西的功能。现在必须对微型刺激器进行测试，确定让胳膊动起来的时候它需要多大的刺激，比如拿起杯子或梳头发这种运动。在中风患者中，30%～60%的人有上肢功能障碍。直到现在，电子刺激装置还没有得到广泛应用，主要原因是表皮的遮盖使人们难以把电极放在适当的位置来引起相应的动作，而且植入系统需要进行大规模的手术。但是植入了这套系统之后，电极不需要放在皮肤上，被激活的肌肉还可以使动作更自然，更多样化。这种手术的侵入性也比以前的神经植入手术小，而且由于电极非常小，能植入许多不同的肌肉，所以能够使患者做出精确并有力量等级之分的动作，这正是手和胳膊极其重要的功能。这套系统不是为了代替运动，而是帮助训练肌肉，使它们学会运动。如果把微型刺激器植入瘫痪者体内，就不会产生任何作用，因为这其实

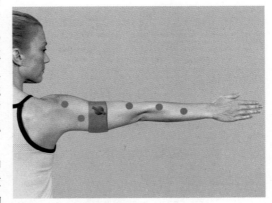

↗ "仿生学"装置的示意图
通过电子刺激，这个装置能帮助中风患者弗兰·里德恢复手和胳膊的运动功能。两台刺激器植入上臂，三台植入前臂。

是一种治疗方法，只能帮助有部分运动能力的人。"

在美国、加拿大和日本，类似的装置也曾植入患者的手臂或肩膀，这些手术都只利用了 1 台刺激器。但是医生为了协调胳膊和手的动作，给里德太太的上臂植入了 2 台刺激器，前臂植入了 3 台。如果这个系统成功了，日后它还将用于帮助脊髓受伤者学会行走。

■ 令人震惊的全脸移植

器官移植长期以来一直引起人们的好奇和争议，它因为挽救了生命而受到赞扬，但同时也因为破坏了个人特征而遭到批评。1998 年，法国医生实施了第 1 例人类手部移植手术，这是第 1 次有患者冒着终身服用抑制免疫药物的风险来防止非致命部位坏死。从那以后医学界进行了许多例手部移植，效果有好有坏，其他移植手术也相继出现，比如为患者保留讲话能力的喉移植手术和第 1 例人类舌头移植。全脸移植术需要从已经死亡的捐献者那里取下整个脸部（包括鼻软骨、神经和肌肉），然后移植到因烧伤或其他伤害而严重毁容的患者脸上，这是一个全新的挑战。

以前人们曾经在脸部做过再植手术。1994 年，印度北部一名 9 岁的女孩在一次可怕的事故中失去脸部和头皮。她父母用塑料袋装着她的脸火速赶往医院，医生成功地将血管连接好，并为她再植了皮肤。但是严重毁容的人一般只能从身体其他部位切下一小块皮肤组织移植到脸上。一些烧伤患者为了修复面容不得不做 50 多次这样的皮肤移植手术，效果却不理想。然而，全脸移植为恢复容貌和脸部功能带来了希望。

脸是人的重要特征，它是使我们区别于他人的最明显的特点，也表达着我们的个性。通过脸就能看出一个人的出身、血统和民族。人的情绪基本上都能通过面部表情表达出来，例如高兴、生气和焦虑的表现分别是微笑、咆哮和皱眉。缺少了这个信息系统就很难进行社交，因此人们盼望着能够出现恢复面部运动的移植手术。脸部包括多种具有特殊性质的皮肤，例如眼睑和嘴唇内侧不适合一般的皮肤移植，因为它们不能移动而且很敏感。对于脸部肌肉基本完好的患者，如果能连同皮下脂肪和深层血管移植整个脸部，他们饮水、进食和保持眼睛湿润的能力将大大提高。而对于深度毁容的患者，脸部移植也有可能修补面部肌肉，恢复必要的面部活动。

尽管许多国家的医生都希望能够实施面部移植手术，但是长达 24 小时的手术难度太大了。脸部运动一共要调动 50 多块肌肉，仅仅微笑就需要 17 块肌肉。做全脸移植的话，医生需要移植从发际线到下颌、两耳之间的皮肤、鼻子、嘴、唇、眼眉、眼睑、皮下脂肪、部分肌肉、鼻软骨和神经。然而最大的危险是排异反应。人体最难移植的组织就是皮肤，因为皮肤作为身体的第 1 道防线对外来组织异常敏感。这一点阻碍了外部器官的移植，例如手部移植。由于医生不知道免疫系统会对移植的皮肤产生多大的反应，所以使用抗排异药物具有一定的危险性。而接受器官移植的患者中，有 15% 的人不愿意服用抗排异药物，因此脸部移植的问题变得更加麻烦。一旦新的脸部组织受到排异，其伤害就不仅是精神上的，还是致命的。

人们还对带着一张死人的脸到处走有所顾虑。医生不知道移植后的脸与捐献者原来

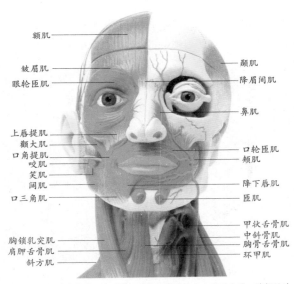

额肌
皱眉肌
眼轮匝肌
上唇提肌
颧大肌
口角提肌
咬肌
笑肌
阔肌
口三角肌
胸锁乳突肌
肩胛舌骨肌
斜方肌

颞肌
降眉间肌
鼻肌
口轮匝肌
颊肌
降下唇肌
颏肌
甲状舌骨肌
中斜角肌
胸骨舌骨肌
环甲肌

↗ 这是头部最复杂的肌肉系统，因此脸部移植令人望而生畏。脸部运动一共要调动 50 多块肌肉，仅仅微笑就需要 17 块肌肉。

的脸有多相似，但是如果它使某些人回想起死者，就会引起精神方面的问题。英国移植学会道德委员会主席皮特·罗说："患者遇到的主要问题在于接受新的相貌。他们接受了新面孔，就可能连同别人的身份也一起接受，这就会对潜在的捐献者造成不良影响。捐献者曾是活生生的人，我们对尸体应当保持尊重。"

还有一个问题就是，需要接受捐献的人不少，捐献者却难找。捐献者的家人可能不同意移植，因为他们认为那样对死者不敬。有的人注意到，如果可以有偿提供死者的脸部，那么志愿提供器官的人就会减少。因此人们一致认为，只有死前表示同意捐献的人才能作为脸部捐献者。寻找合适的配型也同样困难。血型、大小和其他指标都要仔细考虑之后，才能最终确定将哪个捐献者的脸部移植给哪个患者。死者家属也可能需要更多的时间来做出这种重大决定。

脸部移植看似只是为了改善外貌，并没有挽救生命那么重要，但人们能否接受脸部移植呢？这还是个问题。

■ 神奇的人工角膜移植

世界上大约有1000万人角膜受损或者失明。许多由于事故或疾病而失明的人只是角膜受到损伤，而眼睛其他部分的功能正常。通过简单的青光眼手术或者稍微复杂一些的角膜移植手术，他们中的一部分人就能重见光明。

每年约有10万人接受角膜移植，但是出现排异反应的危险性较大，而且一旦病人发生了排异反应，再次移植就很难成功了。现在，有另一种解决办法，就是使用人工角膜进行移植。

这种手术需要先将人工角膜安装在捐献者相关的组织上，然后摘除病人受损的角膜，治好影响视力的

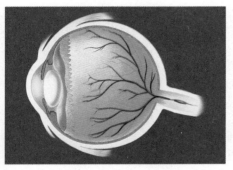

↗ 这是健康人的眼球。角膜（最左边的白色弧形体）是眼睛主要的聚光结构，光线通过它进入眼睛。利用角膜移植手术可以修复角膜受到的损伤。

缺陷，例如去除白内障，最后把人工角膜连同相关组织一起缝合在适当的位置。因为在人工角膜和病人组织之间使用了捐献组织作为"连接物"，形成三明治一样的结构，加强了人工角膜与病人眼部的结合，所以人工角膜可以取得成功。在传统的移植手术中，移植的是整个角膜，出现并发症的时候，移植片就会出现浑浊，阻碍光线进入眼睛，导致视力下降。

人工角膜的想法由来已久，19世纪就有人提出来了。20世纪40年代末以来，人们使用了许多种聚合体材料和移植技术，但是没能在人体上取得理想的效果。因此人们还要继续寻找合适的角膜材料。

20世纪90年代末，澳大利亚西部狮子眼科学会的研究人员研制出了世界上第1种可变形的人工角膜。这种角膜由复合软塑料制成，优于以往的硬性人工角膜，因为它像真的角膜一样可以变形，更加耐用，而且可以整个植入人体而无需分成几部分移植。王明旭医生在田纳西州纳斯维尔的王氏眼科诊所使用这种新型的人工角膜实施了移植手术，他说手术初期的成功率达80%。

美国哈佛大学的眼科专家克莱斯·达尔曼经过15年的研究，也发明了一种新的人工角膜。他用聚甲基丙烯酸甲酯制成角膜，这种材料也用于隐形眼镜。尼康·萨杜拉科是乌克兰的一名兽医，1966年，他的角膜被化学物质严重烧伤，导致失明。他从未放弃恢复视力的希望，但是一直没有找到有效的治疗方法。2003年，他搬到加利福尼亚生活，因为他的两个女儿都在那里。2004年5月，

↗ 2004年，在加利福尼亚首府萨克拉曼多，尼康·萨杜拉科经过两个小时的手术恢复了右眼的视力。

↗ 尼康·萨杜拉科和他的夫人克拉迪娅（左）及小女儿欧兰娜，他正在讲述通过人工角膜移植恢复视力的经历。

尼康在萨克拉曼多接受了两个小时的达尔曼角膜修补手术。手术的第 2 天，盖在他右眼上的绷带解开之后，他终于亲眼看到了已经长大成人的女儿欧兰娜，上次看到女儿的时候她还只有 5 岁。手术之前，他的视力非常微弱，只有正常视力的人闭着眼睛时能感觉到光线强弱的程度。手术之后，他的视力恢复得很好，不论挂钟上的数字还是人脸上的细微之处，他都能看到。尼康说："在过去的 38 年中，我什么都看不见。但是现在我看得到每样东西，周围都是好看的颜色和人们。没做手术的时候我只能摸孙子们的小脸蛋，现在我可以看到他们长得有多漂亮了。"

罗斯玛丽·柯林斯来自伊利诺伊州芝加哥市，她也是达尔曼角膜修补手术的受益者。罗斯玛丽患有角膜疾病和青光眼，双眼视力越来越差。实际上，她的左眼已经失明 13 年了。在这期间，她做了多次手术，包括角膜移植，但以失败告终。后来到了 2004 年春天，她在左眼植入了人工角膜。手术的第 4 天，她的视力就恢复到驾驶的视力要求。医生对她的恢复程度感到惊喜。

她兴奋地说："以前收到别人送来的花，我只能闻花的香味，但是现在我可以看到它们了！这影响到生活中的许多小事。例如每次我往牙刷上挤牙膏的时候都会弄得到处都是；倒水或咖啡的时候，也经常溢出来。而现在我让家人帮我做什么事的时候，他们就会说，'你能自己做了'。我不敢闭上眼睛，害怕醒来发现这是一场梦。"

200 年来，眼科医生一直渴望能够使用人工角膜治好失明。今天，人们拥有了精密的仪器、有效的药物和长期的跟踪护理，人工角膜移植的前景十分光明，那些用传统角膜移植未能得到治愈的病人也看到了希望。

奈杰尔·福尔伍德在兰开斯特大学从事人工角膜的研究，他坚持认为，虽然最近这项技术取得了成功，但是还存在着很大的提高空间。现在他希望用含水量较高的聚合体制成角膜。他想对人工角膜做出改进，这样它就能和传统的角膜一样植入人体，完全和眼睛结合在一起。他的目标是在 2010 年之前研制出这种角膜，他预计道："如果我取得了成功，人们就不用苦苦等待捐献者，直接从聚合体材料上切下来一块就行了，这和在白内障手术中使用塑料透镜相似。"

这些技术的进步给角膜受损者带来了希望。

■ 匪夷所思的子宫移植术

大约有 15% 的夫妻不能生育。多数不育可以用体外授精（IVF）和植入精子来解决。但是在英国，每年有 1.5 万名女子向生育专家求助之后却失望地发现自己无法怀孕，因为她们的子宫受到了损坏。

↗ 生育专家劳德·罗伯特·温斯顿公开反对子宫移植，他认为，不论从身体还是道德上讲，这项手术目前都是危险的。

这可能是子宫切除手术或癌症治疗的结果，也可能是她们生来就没有子宫。她们中间只有 200 人左右选择体外授精代孕，也就是使用她们自己的卵子和丈夫的精子，但是由别的女人帮助怀孕生子。在一些地区，代孕还不能被人们接受。

然而，很快就会有一种全新的方法帮助女人怀上自己的孩子了，这就是子宫移植。科学家最近预计说，在几年之内将出现第 1 例通过子宫移植产下的宝宝，但是这种观念引起了争议。

早在 2000 年世界上就出现了第 1 例子宫移植。接受手术的是 26 岁的珊迪·阿拉比亚，她剖腹产之后大出血，只好切除了子宫，但是她还想生孩子。移植的子宫来自一名46岁的捐献者，这一复杂的手术在吉达的法哈德国王医院进行。手术非常顺利，术后患者通过服药来防止新子宫出现排异反应。肾移植患者服用的也是这种药物，她们中就有许多人成功怀孕。在荷尔蒙的刺激下，珊迪的子宫内壁增厚到18毫米，足够怀孕所需，她还来了两次月经。但是可能由于子宫在盆腔中发生了移位，出现了血液凝固问题，因此99天之后医生不得不把子宫再切除掉。

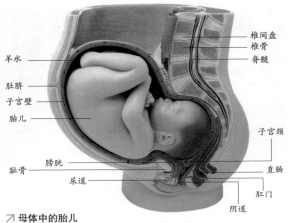

母体中的胎儿

根据科学家最近的预言，虽然还存在很大的争议，但是几年之内将出现第1例通过子宫移植产下的宝宝。

瓦法·弗吉教授是移植小组的带头人，他说尽管手术过程极其复杂，但这是一个"良好的开端"。其他妇科学家也表示赞同，说这种手术大有前途。理查德·史密斯是切尔西和威斯敏斯特医院的顾问妇科医师，他对《守护者》报说："他们取得了很大的成绩。他们证明这项手术在技术上是可行的。"谈到患者终身都要服用抑制免疫力药物，他说："我们一直认为，患者植入子宫，生下一两个孩子之后，子宫就可以取出来了，她们的服药时间只有几年。"

皇家妇产科医学院的皮特·鲍文希姆金斯也表示，他相信这项技术的发展最终能让没有子宫的女性成功生育。他说："病例的子宫存活时间长达两个月经周期，这说明第1个难题已经解决了。"

然而，权威生育专家劳德·温斯顿反对将珊迪·阿拉比亚列为成功的病例。他说，血液凝固证明整个移植是失败的。"在以后的子宫移植过程中，如果把血液正在凝固的组织植入盆腔，患者的生命将受到威胁，还可能出现血栓症。不论在英国还是美国，从道德上讲这种行为都是不对的。"他还说，这个手术激起了不育女性的生育希望是"很遗憾"的事。"许多女性在生育年龄失去了子宫，还有的女性天生就没有子宫。但是，这种手术不能帮助她们。"

劳德·温斯顿一个主要的反对理由就是，在50年的试验中，正是因为血液凝固这个问题，子宫移植一直无法成功，包括动物试验。虽然劳德·温斯顿对手术表示反对，但是2002年，人类子宫移植还是前进了一步：瑞典科学家在老鼠身上进行了子宫移植并使之成功怀孕，这是第1次通过子宫移植使动物怀孕。这项研究是由哥德堡大学的麦茨·布兰斯罗姆教授领导的，他确信可以用从老鼠身上获得的成功经验为人类进行类似的手术。他说："已经生育过的亲姐妹或母亲可以作为合适的捐献者，因为这样免疫和血液类型更容易配合。然后，你可以用植入的子宫怀上孩子，而你自己就曾在其中度过胎儿阶段。"他设想得很长远，甚至说最后可能把子宫移植到男人体内，然后注射荷尔蒙使之怀孕。但是，对子宫移植表示怀疑的人暂时还顾不得考虑男人生孩子的问题！

关键在于，子宫移植不同于其他器官移植，它并不是生存所必需的手术，因此它是不正当的，尤其是考虑到服用抑制免疫药物的危险性。然而，数千名生育年龄的女性拥有良好的卵巢却没有子宫，对她们来说子宫移植的重要性不应该受到轻视。这正如美国妇科学家路易斯·G·基思在《国际妇产科学报》上所写的："某些人认为生育下一代是一生中最重要的事，所以对她们来说，为了生孩子而移植器官虽然不是生死攸关的，但也绝非轻率或可有可无的。"

■神奇的脸部畸形矫正术

最近出现了一种用于儿童整容手术的新型填充物，不论在事故中受伤还是先天严重畸形的孩子都会受益。这项革命性的发明已经给50名儿童带来了笑容，其中包括一名先天患有下颌肿瘤的婴儿和一

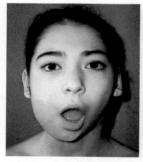

阿娜拉·珍苔米萝玛在做植入手术前后的照片。新型的聚合填充物已经给一些脸部畸形或受伤的孩子带来了灿烂的笑容。

名自从出生就一直无法张嘴的 12 岁女童。

诺丁汉大学的史蒂夫·郝杜教授和俄罗斯特罗伊茨克激光与信息技术研究院的瓦莱迪密尔·波波夫博士合作，开发出了聚乙烯羟基磷灰石填充物。2005 年初，研究组在莫斯科对 18 个月到 18 岁年龄段的孩子进行了临床试验。12 岁的柯森妮娅·高迪娃就是其中的一名小患者，她出生的时候张嘴过度，下颌受伤。一直以来她只能用吸管吃东西，言语不清，没法刷牙，而且营养不良导致其身体瘦弱。经过 5 个小时的手术，医生摘除了受损的骨头，并在她脸部植入了 5 厘米的填充物。9 天之后，她就能毫不费力地张开嘴巴、吃东西、笑，并能像其他女孩子一样和朋友聊天。她说："手术前，如果我想张嘴就必须先把头向右歪，但是现在容易多了。我能和朋友们一样讲话，还能正常地吃饭。"

维塔里·罗金斯基教授是俄罗斯权威的颅脑上颌外科医师，是他实施了这次试验性的手术。他说："现在柯森妮娅可以正常进食，她会长成一个健康、漂亮的姑娘。"

15 岁的阿娜拉·珍苔米萝玛小时候下颌发育不良，她也接受了罗金斯基教授的治疗。他给小姑娘进行了一系列的手术，在最后一次手术中植入填充物。他说："这种填充物使我们能做一些原来无法完成的手术。它易于调整和变形，使我们的工作更加得心应手。"

在莫斯科的圣维拉德玛儿童医院，医学家在手术之前给小患者做检查。他们根据 X 射线和断层摄影术（一种成像技术，能给出器官或部位的剖面图像）制作出受损部位的塑料模型。这种固体模型是通过激光立体成形这种高科技工艺制成的，它能帮助医生在开刀之前就对手术制定出精确的计划。医学家计算出需要去除多少骨头之后，用立体成形技术做出适合患者的聚乙烯羟基磷灰石填充物。这个过程几个小时就能完成，而且能做出复杂的模型。模型被送交医院后用激光扫描聚合物的表面，描绘出填充物的轮廓。这个过程反复进行上百次，直到模型完成。最早在莫斯科进行的手术只是矫正下颌和颅骨的变形，但是这种填充物适用于全身任何地方的骨骼。植入手术成功的关键在于所使用的类矿物质，它用来使聚合物坚固并保证与骨头结合良好。协同研究人员还发现了增加填充物孔隙率的方法，这对新骨骼生长非常重要，而且便于用高压二氧化碳排除聚合物中的毒素。如果不能增加孔隙率，植入手术就会给患者带来损伤。

波波夫博士兴奋地说："我相信在未来几年内，聚合物将取代手术中使用的钛。现在我们找到了提高聚合物强度的方法，它已经成为理想的填充物。我们的技术可以使手术更快、更有效率，这对患者有好处，也为医院节省了时间和金钱。"

虽然聚乙烯羟基磷灰石填充物取得了良好的效果，但是在孩子成长和骨骼发育的过程中，它们可能需要更换。考虑到这一点，英国和俄罗斯的科研小组开始探索可生物降解的填充物，它可以随着受修复骨骼的生长而逐渐溶解。郝杜教

羟基磷灰石

分子式：Ca10(PO₄)6(OH)₂

分子量：1004

结晶构造：六角晶系

产品规格：粉末、多孔颗粒、块状（非标定型）产品

应用领域：骨替代材料、整形和整容外科、齿科、层析纯化、补钙剂

■ 牙齿和骨骼的主要成分

■ 目前广泛应用于制造人造牙齿或骨骼成分的尖端新素材

功能效果：

■ 健康亮白

■ 去除牙菌斑

■ 改善牙龈问题

■ 防止蛀牙

■ 清新口气

制法：可由 Ca(PO₄)² 和 CaCO₃ 按拟定比例在高温下反应同时注入高压水蒸气，粉末经 NH₄Cl 水溶液洗涤后干燥而成，分多孔型和致密型两种，前者是粉料发泡后于 1250℃烧结制备，后者成型后于 1250℃烧结而成。

授说："如果我们能够研究出来这种材料，孩子们做一次手术就够了，而不用做很多次。这对他们来说显然非常有利。"

■ 备受争议的克隆人技术

干细胞技术的发展为许多严重疾病的治愈带来了希望，例如糖尿病、脊柱损伤、帕金森病和运动神经疾病。成人体内存在干细胞，例如我们的骨髓里面就有血干细胞，不断为身体补充着红细胞、白细胞和血小板。但是，在胚胎中发现的干细胞种类更多，而且便于挑选出特定的细胞，用于治疗疾病甚至培养成移植所用的器官。就像在本书其他部分讨论过的，除了道德问题，收集胚胎干细胞还存在着另外一些问题，但是，科学家们仍然对治好世界上最严重的疾病满怀信心。

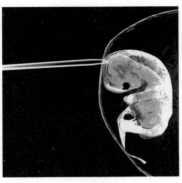

↗ 尽管克隆人类胚胎提取干细胞可以治疗疾病，但它仍然属于现在医学中最有争议的问题。

与其他移植一样，胚胎干细胞移植面临的一个问题就是组织排异，而这正是克隆所解决的问题。治疗性克隆就是仅仅以得到干细胞为目的创造人类胚胎，而不是为了创造一个新的人类。用这种技术可以克隆出患者的 DNA，得到干细胞并使它们在所需组织内生长。科学家希望，这能够解决移植引起的排异反应。通过克隆胚胎得到干细胞也为科学研究提供了试验对象。但是有很多人反对任何形式的克隆人类胚胎或器官。

这些问题都始于"多利"羊。1997 年，爱丁堡罗斯林研究所的伊恩·威尔姆特教授从一只普通成年绵羊身上提取细胞，成功培育出世界上第 1 个体细胞克隆动物。

这一突破性的研究引起了许多人的效仿，全世界许多家研究机构的科学家都开始尝试克隆各种各样的动物，而一些科学家宣称他们将克隆人类。这激起了道德方面的争议，多数想克隆人类的研究者强调说，他们研究的目的不是用克隆技术创造人类，而是为了研究战胜疾病的方法。但是在 2001 年，意大利生育学医生塞维利诺·安提诺里和美国学者潘诺斯·扎弗思宣布了他们的克隆人计划，引起了争论的热潮。同年，人类生育与胚胎机构决定使治疗性克隆合法化，但规定研究结束后必须消灭所有用于试验的胚胎。实际上，胚胎在发育 14

↘ "多利"的缔造者——英国科学家伊恩·维尔姆特

↗ 克隆绵羊"多利"的诞生引起了生物界乃至全世界的瞩目。由此人们把焦点转移到"克隆人"的话题上。社会学家认为，克隆人不但侵犯了人的生命个体的"独特基因型权利"，对社会也有极大的危害。

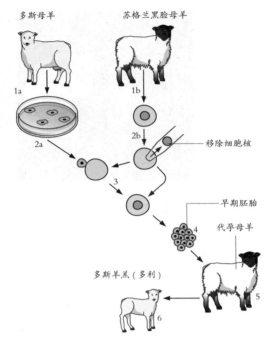

多斯母羊　苏格兰黑脸母羊

移除细胞核

早期胚胎

代孕母羊

多斯羊羔（多利）

↗ 克隆多利的过程：从多斯母羊的乳房中提取乳腺细胞（1a）；将此乳腺细胞在低营养条件下培养，阻止其在DNA复制开始前进行细胞分裂（2a）。一个卵细胞（1b）从苏格兰黑脸母羊体内提取出来并且移除它的细胞核（2b）。细胞核从培养的一个多斯母羊细胞中提取出来并通过电击与卵细胞融合（3）。细胞开始分裂形成胚胎（4），然后将之移植到一只怀孕的黑脸母羊子宫内（5）。多利出生了——一只与细胞核供体（即多斯母羊）一样的白色绵羊（6）。

天之前就被消灭了，而且发育得从不超过针头大小。

但是，许多反对者还是强烈要求区分医疗性克隆和生殖性克隆，并担心医疗性克隆可能导致产生克隆婴儿。反堕胎组织认为道理很简单：胚胎从存在的那一刻开始就是人类，完全没有理由为了试验而创造人类。

2005年，维尔姆特教授得到批准，可以从克隆的人类胚胎中采集干细胞用于治疗运动神经疾病（MND）。运动神经负责将信号从大脑传输给身体各处的肌肉，但是运动神经受到疾病的侵害之后就会导致肌肉无力。

由于神经退化，尽管患者还保持清醒，但是呼吸、吞咽方面的肌肉运动会受到不同程度的影响。因此，MND患者确诊之后一般只能存活2~4年。

早在130年以前人们就发现了MND，但是医学家至今还不知道病因。2%的病因是一种称为SOD1的基因缺陷，8%是遗传性的，因此MND具有基因基础。

维尔姆特教授和他的研究小组正在研究一种克隆技术，叫做细胞核置换，就是将人类卵细胞的细胞核取出，用皮肤细胞之类的体细胞核代替，然后把卵细胞培养成胚胎。由于置换进去的细胞核来自MND患者，所以胚胎也患有MND。胚胎发育到6天大的时候就被消灭了，在这6天的时间里，研究人员从中提取出干细胞，并培养成受MND影响的神经细胞。在这些细胞生长的时候，科学家第1次有机会对MND从开始作用到最后摧毁神经细胞的整个过程进行观察研究。

维尔姆特教授说："这是一个强大的研究工具，我们的目标是弄清楚这种疾病。我们希望有一天能够由此找到治疗的办法。"

克隆的反对者获悉这个消息之后表示反对和愤怒，他们说科学家应该用其他方法来研究MND，例如研究由于遗传疾病而体外受精不成功的胚胎。但是，伦敦国王学院胚胎植入遗传分析中心的皮特·布劳德教授指出："胚胎植入遗传分析表明，MND与囊肿性纤维化和亨廷顿氏病这些遗传疾病不同，在发育出干细胞群之前胚胎就已经受到了影响，所以，除了使用克隆技术，没有其他办法能培育出合适的运动神经干细胞。"

2005年5月，纽卡斯尔的科学家在阿里森·莫多克教授的带领下，宣布了英国第1例人类胚胎克隆。

鉴于对克隆人类胚胎的争论不断升级，医学道德学家、宾夕法尼亚大学生物伦理中心主任亚瑟·卡普兰表示，他相信争论会分成两个问题：治疗性克隆和生殖性克隆。"我认为最大的问题是：这样做真的就是创造了人类吗？能以备受争议的摧毁的办法让其他人受益吗？这才是关键所在。"在以后的几年中，这个问题似乎还要继续讨论下去。

■ 能控制人类生男生女的"盒子"

2001年11月14日，印度孟买的一家公司在最大的日报《印度时报》刊登了一则广告并持续了好几天，它在广告中宣称自己的产品是"引进美国最新技术，可以让你在怀孕之前就决定孩子的性别"。

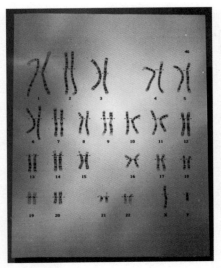

染色体

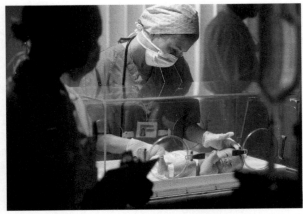

每个婴儿都有自然降生的权利，"基因选择"破坏了社会正常秩序，不应为人们接纳。

这一广告立刻激发了无数印度人的争议，一些人对此喜形于色、暗暗叫好；另外一些人，尤其是妇女则义愤填膺，声讨这个公司。

从这个叫作"基因选择"的公司的网站你可以购买到他们的这种所谓的最新产品，这个玩意儿叫作"生男生女盒子"，装在两种不同颜色的盒子里，一个是蓝盒子，一个是红盒子。据说它能够帮助一对新婚夫妻决定自己孩子的性别。如果他们想要男孩，就买那个蓝盒子；如果想要生女孩，就买那个红盒子。

这一"基因选择"的业务在印度很受欢迎。很多平头老百姓铆足了劲儿要生个男孩，他们可没有社会学家那么具有忧患意识。这样一来，印度势必会成为一个人口统计学家眼中的地狱。这一产品让此前对其毫无概念的社会学家、妇科医生、儿科医师、人口统计学家甚至包括健康部门都目瞪口呆，被打了个措手不及。

"基因选择"公司为自己辩解说，他们的产品不是"出生前"的。这个公司的老板理直气壮地解释，"基因选择"并没有使用什么诊断技术。它采用的只是一些诸如"调整排卵时间，合理饮食和改善阴道环境"等方法，从而为受孕过程创造出一个良好有利的条件。这是一种经过严格科学验证的复合方法，而且还采用许多创造手段来达到目的。女性受孕过程中的所有因素几乎都被考虑到了，从男性射精的次数到女性阴道分泌物，从子宫颈黏液状况到尚未受精的卵子大小。这个公司给这种方法起名叫做"完整综合计划"。

按照他们产品中提供的指示一步步地进行操作，然后服用他们产品中提供的独家药片，最后再用他们的特殊药液冲洗，就可以使得受精卵中的 XX、XY 染色体按照父母的意愿组合搭配，让父母称心如愿地怀上自己想要的男孩或者女孩。他们提供的资料证明这种方法的成功率高达96%。他们的网站上还说，"基因选择"公司所采用的这种方法已经在全球范围内使用了大约30多年，"一直都很成功"。

可是，印度国家女性委员会对此颇为愤怒，根本不理会这一套说辞，他们愤然指责这个产品"违背伦常"。社会学家素米特·卡认为："从社会学角度来看，这是不能为人们所接受的。为了更好地控制男女比例失调的局面，我们已经禁止使用性别检测技术，可这个盒子又让情况变得错综复杂起来。"另外，许多法律专家则认为"基因选择"可能没有违反法律，不过已经有两个印度律师对《印度时报》提出起诉，因为《印度时报》上刊登了"基因选择"公司的广告。

值得一提的是，自从争议开始之后，"基因选择"公司的网站就暂时停止了这桩别具一格的好生意。在发生争议之前，每个盒子的"建议零售价"为5800印度卢比，大约折合119.95美元。

难以置信的生命奇迹

■ 战胜流产的胎儿

诺勒·史密斯得了严重的妊娠高血压综合征，足以致命，医生告诉她如果不在胎儿 26 周大之前做流产她就会死。她不得已同意了结束妊娠，并用药物流产。大家都以为几个小时之后胎儿就会死去，万万没有想到的是，她的孩子娜塔莎竟然活了下来。这个小巧而健康的孩子只在妈妈的子宫里发育了 22 周，出生的时候仅有 567 克重，但她几个月之后就能出院了。在苏格兰奥本市的家中，诺勒高兴地抱着娜塔莎说："她真神奇，简直是个医学奇迹。"

↗ 娜塔莎·史密斯在子宫里只发育了 22 周，她刚出生的时候非常小，祖父的结婚戒指可以松松地套在她胳膊上。

对诺勒和她爱人山迪·卡梅隆来说，经历了 8 个月的磨难后，结局既出乎意料又令人高兴。诺勒怀第 1 个孩子西恩的时候就患上了妊娠高血压综合征，西恩早产了 5 周。妊娠高血压综合征会引起孕妇肝脏和肾脏的问题，在妊娠的后半段出现高血压（血压偏高）、水肿（组织积水）和蛋白尿（尿液中含有蛋白质）。有 7 ％的孕妇患此病，而第 1 次怀孕的人最容易患病。诺勒第 1 胎的时候遇到了这个问题，她相信第 2 胎不会再得病了。但是，怀上娜塔莎之后，在 2003 年的 12 月 26 日她发现了流产的先兆。2004 年 2 月，医生告诉诺勒她怀的孩子患脊柱裂的概率将是 85%，并建议她终止妊娠，但她决定继续怀孕。诺勒说："妊娠高血压综合征是 4 月 4 日发现的，但检查表明我从刚开始怀孕就患病了，与流产的先兆和胎儿患脊柱裂相比，还是妊娠高血压综合征更可怕。"

妊娠高血压综合征使娜塔莎在子宫里缺乏氧气和营养，也让诺勒自身的健康处于危险境地。4 月 26 日，格拉斯哥皇后医院的医生告知诺勒，孩子生下来之后要么是死婴，要么只能存活几个小时。由于诺勒健康情况恶化，她住进了重症监护室。

"我可以正常地生下娜塔莎，但是医生说那样的话她活不下来。别的选择只有剖腹产，可是那样会毁了子宫，让我再也不能生育，而且还会使我的孩子夭折。4 月 27 日的一项检查之后，我不知所措。我的肝脏和肾脏极度危险，医生说我必须终止怀孕。我处在生死之间，但是特别想要这个孩子，所以犹豫不决。"

那时诺勒被说服了，但是发现病情没有恶化之后她又有了更大的信心。尽管一再被告知孩子不可能存活，诺勒还是不相信，因为她的腹部深处感觉到孩子在动。"从第 22 周开始，所有的检查都显示她变小了，"诺勒说，"但我不相信将失去她。"

诺勒感到宫缩的时候正和丈夫山迪以及母亲在一起。母亲立刻去找助产士，助产士到的时候娜塔莎已降生到桌子上，被一层完好的薄膜包裹着。这个生命的"气球"包裹着胎胞和胎盘，是它保住了婴儿的命。助产士看到娜塔莎活着，立即把她送去进行特殊护理。儿科医生们把婴儿从薄膜中取出来，并给她通上氧气。

娜塔莎身长只有 15.2 厘米，非常弱小，她祖父的结婚戒指套在她胳膊上都还绰绰有余。她只发育了 22 周，早产 14 周。医生把保育器中的娜塔莎放在诺勒的床边的时候，再次提醒她说，孩子很可能夭折。

↗ 骄傲的母亲诺勒·史密斯和她的孩子娜塔莎。孩子出生的时候太虚弱了，医生都对她的生存不抱希望。

诺勒回忆说："在保育器中我只看到那双又大

又漂亮的眼睛。医生给了我一些她的照片，告诉我们她只能活几个小时。但是后来几小时延长到了几天，又到了几星期。我们得知她发育得不好，因为低氧，大脑也受到了损伤，但是她没有任何缺陷。她出生得很顺利，虽然长得小，但她是个健全的孩子，长着睫毛、指甲和头发。她睁开了眼睛，会哭，也能自己呼吸。"

8个月大的时候，娜塔莎健康地长到了3.889千克。尽管她还穿着极小的婴儿服，但医生说她发育得很好。她能吃固体食物，而且会做的事情比同龄的孩子还多。诺勒说："她令人惊奇，总是哈哈大笑或者微笑，还喜欢发出各种声音。她去格拉斯哥做常规检查的时候，他们给她吹泡泡，她不仅看着，而且会伸手去抓，把泡泡弄破。医生给娜塔莎听嘎嘎响的东西来测试她的听觉，但我们都知道，她的听觉没有问题。"

顾问医师詹尼斯·吉伯森说："娜塔莎给我们带来了惊喜。她那么小，我们都没想到她能活下来。但是她在子宫里的紧张，意味着她已经为出生做好了防御准备。她真是个奇迹。"

发育22周的婴儿存活下来，这自然引发了关于流产的争论——现在英国制定的流产时间限制是怀孕24周以内。有人发出呼吁要求进一步限制流产时间，而诺勒说："我其实并不赞同流产。从医学上讲也许人们是有理由这样做的，但从怀孕的第1天开始，就应该把它看做孩子。娜塔莎使我们意识到，怀孕那么久还允许流产是多么错误的事。"她的丈夫山迪·卡梅隆接着说："医生说她们两个人至少有一个将发生不幸，而那肯定会是娜塔莎。谢天谢地她们都活下来了，我真的无法接受同时失去她们俩。"

■ 在肝脏里发育的孩子

20岁的纳塞斯·奎塔曾正常地产下第1胎，她根本没想到第2胎会出现异常。怀孕几个月之后，她在南非开普镇的诊所里接受了检查，结果是一切正常。但是2003年5月，她由于高血压被送到索美塞得医院，检查的结果令全院震惊：离预产期只有1周了，纳塞斯的子宫居然还是空的——胎儿是在母亲的肝脏里发育的。全世界的报纸都争相报道这条新闻。

16岁的实习生琳塞·贝可那天晚上在索美塞得医院的产房当班。"她看起来是个正常的孕妇。"琳塞回忆道。胎儿已经发育了39周，其头部在骨盆里应该很容易发现，但是检查的时候，琳塞却找不到胎儿的头部。腹腔中，胎儿的臀部位置偏高。她迷惑不已，报告了医生。医生给孕妇做了超声波扫描，也更加疑惑。他没有发现胎儿的头部，而且子宫是空的。

纳塞斯转院到格鲁特·舒尔医院，在那里的检查结果证实她属于宫外孕，而且胎盘位于腹腔上部。妇产科医师布鲁斯·霍华德是妇科癌症专家，并擅长实施高难度的外科手术，这种情况比较少见，他寄希望于用手术来解决。然而，手术遇到了麻烦。

在进行剖腹产手术的时候，他发现了更大的谜团：纳塞斯所有的器官位置正常（包括空空的子宫），但就是不见胎儿。30名医生和实习生聚集在病人周围，想看个究竟。霍华德医生找到的不是胎儿，而是"巨大的、扩大了的"肝脏和胎盘。

在正常情况下，卵子受精之后应该通过输卵管到达子宫，并在子宫内发育，但是有时候胚胎停留在输卵管中，形成典型的异位怀孕。胚胎还可能游移到输卵管外面，随机在腹腔中的某处发育，这种情况发生的概率约为十万分之一。纳塞斯就属于这种罕见的情况，胚胎固定在血液丰

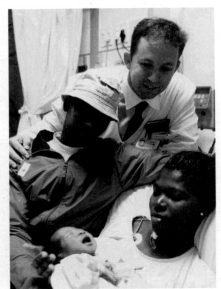

纳拉拉·纳塞斯、她父母和布鲁斯·霍华德医生。全世界在母体肝脏内发育的婴儿中，仅有4例存活。

富的肝脏表面，然后长到肝脏内部，把母体的肝脏细胞挤到边上。尽管胎盘可以保护其中的胎儿，但保护作用还是没有子宫那样强大。所以，胎儿在腹腔中的危险性较高，幸存下来的机会很小。

霍华德医生发现纳塞斯的孩子长在肝脏里后，叫来了肝脏外科教授杰克·克里奇。纳塞斯的肝脏有橄榄球那样大，上面血管丰富，极易出血，所以手术起来相当危险。胎盘包裹在羊膜囊里面，连着肝脏。如果直接摘掉胎盘会导致大出血，所以克里奇教授只能靠手术的临场发挥找到拿出胎儿的方法。凑巧的是，他和霍华德医生在肝脏基部发现了一个直径5厘米的"缺口"，在这个狭小的区域胎盘和羊膜囊没有连在一起。这是唯一的突破口。切入之后，孩子的脚先出来了。克里奇教授说："这真是不同寻常，婴儿是从肝脏后面生出来的。"

孩子的左脚先出来，然后是右脚，躯干，胳膊，最后是头。但还有很多工作要做。婴儿受到了损伤，需要让他苏醒；胎盘也开始流血了，所幸专家能够止住血。下面的问题就是该如何处理胎盘和羊膜囊。最后医生决定把它们留在肝脏上不作处理，因为切除它们会给产妇带来太大的危险，一两个月之后它们就会被人体吸收掉。

婴儿纳拉拉（祖鲁语中"幸运"的意思）体重正常，3.91千克，尽管出生后必须依靠吸氧，但是两天之后她就能自己呼吸了。此前只有14例在母亲肝脏里发育的婴儿，但是由于流血的并发症，只有包括纳拉拉在内的4个孩子成活。正如克里奇教授所说："她确实是个神奇的孩子。"

霍华德医生指出了发生这件事的部分原因："如果纳塞斯从一开始就像发达国家的孕妇那样接受超声波检查，就会选择流产。然而，现在却是母子平安。"

■ 载入医学史册的七胞胎

1997年11月19日，麦考伊太太在美国艾奥瓦州的迪斯莫尼斯成功产下世界首例活体七胞胎，她早产了9个星期。她服用促孕药之后怀上了七胞胎，经过6分钟的剖腹产，7个孩子顺利出生，而且其健康情况令医生惊讶。刚为麦考伊太太做完手术的波拉·马洪医生说："每个孩子都发育得非常好，我觉得这是个奇迹。"

艾奥瓦州卡莱尔市的鲍比·麦考伊在药物的作用下怀上了七胞胎。此前，她和丈夫肯尼在生育方面遇到了困难，所以她吃了医生开的促孕药，并于1995年生下了第1个孩子米凯拉。后来她怀上了七胞胎，刚听到这个消息的时候，她承认感到"非常恐惧"。

医生说可以通过流产减少胎儿的数量，好给其他的胎儿让出空间来生长，但是从圣经学院毕业的麦考伊太太拒绝了这种办法。她说："任何一个孩子都是上帝赐予的礼物，不论一次来1个还是一次来7个。"

夫妇俩说，是对基督教的信仰支撑他们度过了怀孕的艰难时期。曾有1周的时间，医生只能听到6个胎儿的心跳；还有一次，一个胎儿没有足够的羊水，而羊水可以避免由内脏压力和母体运动造成的伤害。值得庆幸的是，两次危机都顺利地度过了。

1997年10月，鲍比·麦考伊被艾奥瓦州教会医疗中心接纳，这样医生就能一直关注胎儿的情况，同时保证她得到充足的休息和营养。超声波检查表明，胎儿在子宫里面呈金字塔形排列，因为靠近子宫颈的胎儿托着其他6个，所以外号海克力斯，又被称为"A宝宝"。

在怀孕31周的时候鲍比·麦考伊就决定分娩，这比正常的40周的孕期短。虽然多胞胎一般不能足月出生，但是医生考虑到早产儿很容易出现呼吸问题和进食并发症，所以建议她尽可能延长孕期。她的腰围达到了140厘米，她无法再坚持下去了，急切地想让孩子出生。她

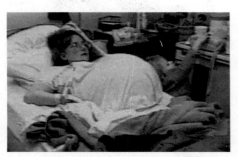

↗麦考伊家的七胞胎1997年11月生于艾奥瓦州，剖腹产仅6分钟就结束了。婴儿们在保育器里度过一段时间后，1998年1月份就能出院回家了。

曾经对丈夫说："肯尼，再多一天我也撑不住了。"所以当她在 11 月 18 日晚上开始宫缩的时候，医生决定第 2 天就让她分娩。

在她怀孕期间，中心的医疗人员严阵以待，开了无数次会议，探讨分娩的方式并预测产后的并发症。这是可以理解的：美国上一例七胞胎诞生在加利福尼亚的一个家庭，1 个胎儿死产，还有 3 个后来夭折；1997 年 1 月，在墨西哥也有一例七胞胎降生，1 个死产，其他 6 个夭折；最近的一次是在 1997 年 9 月，一名沙特阿拉伯妇女产下七胞胎，但是只有 1 个孩子成活。

麦考伊的手术经过了精心组织，40 位专家参与其中，操刀的是马洪医生和卡伦·德拉克医生。12 点 48 分，A 宝宝第 1 个出生。家人早就给每个孩子取好了名字，肯尼·麦考伊手拿名单等待着宣布孩子的降生，因为他希望每个宝宝在生命中听到的第 1 个声音是父亲念出来的名字。所以，第 1 个孩子一出生，肯尼就向全屋的人宣布"肯尼斯·罗伯特"。马洪医生每取出一个孩子，德拉克医生就切断脐带，小婴儿立即被送出产房，在第 2 个手术室里连接上辅助呼吸的管子。

尽管第 1 个孩子看起来很健康，但是医生来不及歇息，手术刻不容缓。马洪医生说："第 1 个孩子出生后我们必须快速行动，因为一旦切断了通向子宫的血管，就可能切断了给其他孩子的供血。"此时，鲍比·麦考伊非常担心，因为前两个孩子出生的时候都没有声音，她害怕出现最坏的结果。第 3 个孩子娜特莉·苏出生的时候哭了，这让她长出了一口气。"至少我知道，有一个孩子是没问题的，"她详细讲述着当时的经历，"实际上我比她哭得还多！"

7 个孩子中有 4 个男孩，3 个女孩，他们在短短 6 分钟内全部出生。最后出生的约耳·史蒂芬由于内出血而情况危急。但是医生给他输血之后，他就好多了。马洪医生对记者说："手术后看到孩子们长得又大又健康，我们太高兴了。"

肯尼斯·罗伯特最重，体重 1.871 千克；阿历克斯·梅，1.219 千克；娜特莉·苏，1.191 千克；凯尔茜·安，1.49 千克；布兰登·詹姆斯，1.446 千克；内森·罗伊，1.304 千克；约耳·史蒂芬，1.332 千克。

全美国都在关注这件事。有人答应给麦考伊夫妇提供 3 万片免费尿布和够 1 年用的日用品；肯尼·麦考伊的老板在当地经营一家雪佛兰车行，说会捐赠一辆新货车；他们的邻居保证在卡莱尔市帮麦考伊家盖一栋新房子；孩子们回家之后还有很多志愿者提供全天候的服务。

尽管麦考伊一家被载入了医学史册，但他们面对的并非坦途。阿历克斯和内森两个孩子的大脑皮质出现麻痹，导致行走困难。内森不拄拐杖只能走 12.19 米，2004 年，医生给他的脊柱进行手术，希望能获得一定程度的行走能力。麦考伊七胞胎不可避免地引发了对受孕疗法的道德标准的争论，尤其是它可能造成多胞胎的后果。卡尔·威尔纳是马里兰医科大学胎儿高级护理中心的主任，他告诫道："一胎多子并非促孕药的目的。不论父母们是否出于道德观念而反对选择性流产，我们都应该想办法避免多胞胎。"

■ 失明 43 年重获光明

麦克·枚 3 岁的时候，一瓶矿灯油在他脸上爆炸，他的左眼被毁，右眼角膜上也留下了伤痕。在以后 43 年的岁月中，他看不见东西却过得充实而积极。

那时候，他能够感受到一些亮光，但不能辨认出形状和明暗对比。他曾经写道："有人问我，如果可以恢复视力或是飞到月球上去，我会选择哪一个。毫无疑问，我选择登上月球。因为许多人都拥有视力，而去过月球的人很少。"

麦克·枚在 1999 年 11 月开始接受恢复视力的治疗。在旧金山的圣玛丽医院，外科医师丹尼尔·古德曼将一块油炸圈形状的角膜干细胞植入枚的右眼（左眼损坏得太严重，无法修复）。角膜是眼球外层的透明部分，覆盖着虹膜和瞳孔。

角膜让光线进入并使其折射，辅助晶状体将光线聚焦到视网膜上，简而言之，角膜就是眼睛的窗户。干细胞可以代替伤瘢组织，修复眼球表面，为角膜移植打好基础，而且会在新角膜上形成保护层，防止视线变得模糊。

2000 年 4 月 7 日，他解开绷带，第 1 次看到了妻子和孩子的模样。过了一会，他对妻子说："我知道你在微笑，因为你的嘴角是向上的，一个人嘴角向上就代表微笑。"

然而，恢复视力的手术对患者的心理可能带来不良影响，尤其是对长期失明的人。一些患者希望自己仍旧是盲人。他们说，视力使他们对世界有了新的认识，发现自己每天生活在可怕的简单行为中，比如下楼梯和过马路。一些人沮丧地再次回到盲人世界，他们更喜欢黑暗的房间和闭着眼睛走路。1959 年，米兰的鞋匠西德尼·布拉福特恢复了视力，他本以为世界是个天堂，但是当他能看见的时候，却为生活中的一点小缺点而烦恼，就像一幅画溅上了污点。他不喜欢妻子的容貌，也看不懂人们的面部表情。事物的真实形象和他想象的不一样，比如大象原来是种"两边都长尾巴的动物"。是盲人的时候，他成功又有竞争力，而现在他获得了视力，反倒感到不适应，精神压抑。心理学家奥丽弗·塞克斯说："恢复视力是个危险的馈赠。这件事左右为难，有的人面对这个世界宁愿再度闭上双眼。"

在最近的 200 年中，只有大约 20 个从小就失明的人恢复了视力，他们多数人在角膜术后还有轻微的缺陷。在正常情况下，角膜应该是清澈透明的。移植之后，古德曼医生仔细观察了麦克·枚的眼睛，发现晶状体状态非常好。枚对拿掉绷带之后会发生什么事没有任何期望，所以当他发现视力恢复得相当好的时候十分高兴。但是，还是出现了问题。尽管视力的硬件相当标准，但他的大脑还不知道如何处理接收到的视觉信息。术后他召开了第 1 次商务会议，事后写道："我发现讲话的时候，看着别人的脸容易让自己精神分散。我看到他们的嘴唇在动，睫毛颤动，摇头晃脑，手也摆着各种姿势。开始我还试着往下面看，但是如果有个短头发的女人在场就更让我心烦意乱了。"

枚保持着盲人下山滑雪最快的世界纪录。那时他经常练习障碍滑雪，由教练在前面喊着"左"、"右"引导，以每小时 65 千米的速度滑下山坡。取下绷带 6 个星期之后，枚得到了古德曼医生的允许，带着全家去内华达州思雅乐的科克坞山滑雪。那里是他第 1 次学滑雪的地方，也是后来遇到妻子珍尼弗的地方。

阳光明媚，树木郁郁葱葱（深绿色，比他想象的高很多），山坡四周是美丽的峭壁，他不知道峭壁是逻辑上的几千米远，还是看上去的几百米远。他说："第 1 次在晴天看到雪，那是最让人兴奋的视觉欣赏。虽然山很美，但是树木的伟岸更加迷人。看着它们长得那么高，好像快要倒下去了，真是奇妙。这个世界是不可思议的，那么新奇又那么熟悉。"他只有一只眼睛能用，分不清远近，但他仍然有一点从阴影和景物轮廓分辨出距离的经验。滑下山坡的时候，他竭力辨认人、标杆和岩石的影子。开始他试图用科学的办法判断地形：如果一片山坡有一面是亮的而且投下了阴影，那么这片地一定是凸起的。但他摔了第 1 个跟头以后，就禁不住闭上眼睛，用他最熟悉的方式滑起来。

手术后第 5 个月，检查表明枚能够看出小棒的轻微移动，识别简单的形状。18 个月后，他基本能正常分辨出形状、颜色和物体的移动，但是只能辨别出 1/4 的日常物体。辨认相貌尤其是个问题。他觉得所有人的脸看上去都很像，包括他的家人。2002 年，他说："我分不出长相，也分不清男人和女人的脸有什么不同。本来可以利用一些特征，比如长头发和耳环，但是这些特征现在过时了，所以我暂时把是否修了眉毛当做最佳标准。"他大脑的视觉能力仅仅相当于蹒跚学步的孩子。"我基本上和 3 岁小孩一样。"枚还把自己当做盲人，一边继续使用拐棍，一边学习如何看东西。"当信息太多又要专心致志的时候，我就闭上眼睛，中断干扰。"

他对移动的概念在各项视觉能力中是最强的。虽然他辨认不出静止的球，但他适应了捕捉移动的球，而且和小儿子玩球是他最大的乐趣之一。然而，他刚获得的低水平视觉却在走下坡路，而不只在滑雪的时候。"忽然间，所有的信息充斥而来，使我注意力涣散，精神紧张。滑雪的时候我不想这样……我到处摔跤。"过马路的时候他也紧

↗ 麦克·枚 3 岁开始失明，眼睛手术之后他取下绷带，第 1 次看见了妻子和孩子。

张，而失明的时候他是大胆走过去的。

在麦克·枚的奇异经历中，经常有平常的东西使他着迷。他回忆说："有一天我看见前面的空中有美丽的闪光，它们又明亮跑得又快。我问那是什么，原来是尘埃。我对尘埃有了全新的概念。"每天看见新奇的东西使他兴奋，这表明即使困难重重，他也从内心认可了干细胞移植手术。"这种手术也许只适用于一小部分盲人。即使看不见东西生活也是充实的，但如果机会来了，就要抓住它。"

■ 成功生育的癌症化疗患者

比利时的一名癌症患者由于接受化学疗法导致不育，然而在 7 年后的 2004 年，她成为历史上第 1 个进行自体卵巢移植之后成功分娩的女人。布鲁塞尔的医生说，通过从母亲自体卵巢组织再移植，塔玛拉·图尔拉特才得以出生。这给那些接受了癌症治疗而担心不能生育的女人带来了新的希望。

△ 母亲进行卵巢组织移植之后，塔玛拉·图尔拉特出生了。这给担心经过癌症治疗后无法生育的女性带来新的希望。

由于在治疗癌症过程中使用的药物副作用较大，接受化学治疗的女人往往会失去生育能力。即使是年轻女性，不育的比例也在 50% 以上。与此相比，放射线疗法对卵巢的影响更大，能直接导致不育。几年来医学工作者们一直在探索，想让因此而绝育的癌症患者能够怀孕。美国和欧洲的医疗机构将卵巢组织冷冻起来，目的是将它们再移植回生育能力受到影响的女患者身上。她们可以恢复正常的卵巢功能和月经，但是没有人怀孕，直到这名比利时患者的出现。

1997 年，25 岁的欧雅达·图尔拉特因为长了霍吉金氏淋巴瘤而接受治疗。在化疗之前，医生从她左侧的卵巢中取出一层 1 毫米厚的组织，切成几块，放在 $-200℃$ 的液氮中冷冻保存。

接受癌症治疗后她停止了排卵，但是 2003 年 4 月她刚刚痊愈就把卵巢组织植回体内，放入右侧卵巢底部。四个月之后，她开始了正常的月经和排卵。

卵子可以从体内取出，用于体外受精（IVF）。这种方法是通过外科手术将卵子从卵巢中取出，在实验室里进行受精，再把生成的胚胎植回她的子宫，发育成胎儿。

但是为了让图尔拉特自然怀孕，医生们采用了将卵巢组织放在输卵管端部的方法，而不是体外受精。自然怀孕后，她于 2004 年 9 月在布鲁塞尔的科里尼克医院成功产下了 3.714 千克的塔玛拉。

图尔拉特夫人做梦也没想到自己能当母亲。1997 年，她刚结婚 1 年就发现自己罹患癌症。就算能死里逃生，化学治疗也可能让她提前闭经，无法生育，她生孩子的愿望由此破灭了。所以，当她得

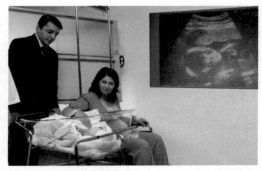

↗ 欧雅达·图尔拉特自然怀孕之后，于 2004 年 9 月在布鲁塞尔的一家医院产下了 3.714 千克的塔玛拉。孩子的父亲马理克·波安那提正在感叹新生命的到来。

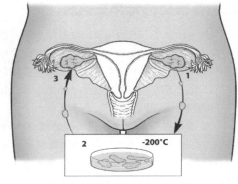

↗ 医生从欧雅达·图尔拉特的左侧卵巢取出一层组织，冷冻在 $-200℃$ 的液氮中保存，然后再植入她右侧卵巢的底部。

知有这种新技术的时候，尽管只是有可能使她自然怀孕而且尚无成功的先例，她还是不肯放过这一机会。癌症痊愈之后，医生发现她已经闭经了，所以将卵巢组织放在尚未完全失去功能的卵巢的底部。

鲁汶天主教大学的杰奎斯·唐奈兹教授开创了这种新疗法，他预言这一成功的病例会为面临卵巢提前衰竭的年轻癌症患者打开希望之门。对许多身患癌症的女性来说，不能生育和得了癌症一样痛苦。每年都有2000多名只有十几岁的女性被诊断出癌症。"这给所有必须接受化学治疗的癌症女病患带来了极大的希望，"唐奈兹教授说，"这种技术一定要普及。冷冻卵巢组织其实是非常容易的，但必须按部就班，耐心等待。而且这种方法比体外受精便宜得多。每个接受化学治疗的癌症女患者都应该有权选择是否要保留生育能力，而这个技术就是一种途径。凭借医学的进步，越来越多的女性战胜了癌症。"

比利时的研究人员在《柳叶刀》杂志上说，所有迹象都说明：图尔拉特夫人的卵泡来自移植的组织，并在怀孕之前的月经周期中发育成卵子。检查结果也证明，卵泡的确是在移植的地方发育的，但是在月经周期中，卵巢里缺少可以帮助形成妊娠的条件。

孩子出生的消息引起了广泛的关注，然而某些科学家对这一病例提出质疑，指出卵巢功能由自身恢复并不罕见，所以这次怀孕不一定是移植的结果。纽约康奈尔大学的库特鲁克·奥柯泰博士从一块卵巢植皮上培育出了胚胎，他认为图尔拉特夫人在进行移植之前的两年中已经有3次排卵，说明她的卵巢并没有完全失去功能。像她这种年龄的女性接受癌症治疗之后，不孕的危险性只有12%～47%。他说："我持谨慎的乐观态度，但是在我百分之百确信之前，这个研究的某些地方还需要进一步的解释。我们认为这种疗法从理论上讲肯定会成功，它也很有可能起到了作用，但是还需要更多的证据来证明图尔拉特夫人怀孕是它的功劳。"

后来，唐奈兹教授宣布第2例卵巢组织移植成功，这使图尔拉特夫人的病例更说明问题。这个患者28岁，得了镰状细胞血症，在放射线治疗之前于1999年取出了部分卵巢组织。后来她把组织植回失去功能的卵巢，5个月之后即2005年1月，她怀孕了。

欧雅达·图尔拉特并不十分关心怀孕的具体细节。"我非常、非常高兴，"她慈爱地注视着小婴儿塔玛拉，露出微笑，"我一直想要个宝宝。"

尽管这方面的研究迄今为止仅关注于癌症患者，但其他希望延长生殖期的女性也可以利用这个技术。女性一生大约排出100万个，而绝经之后就丧失了排卵能力，怀孕的可能性极小。医生们可以利用这项新技术取出她们的卵巢组织，冷冻，保存，等她们绝经的时候把保存下来的组织植回体内，给予她们再次做母亲的机会。然而，以此为目的冷冻卵巢组织的行为引起了激烈的争论，一部分原因是有的人说这样做不道德（认为它违反了自然规律），还有一部分原因是健康的女性应该慎重考虑是否希望将一个卵巢作废。每一种开刀手术都存在风险，因此，即便几年之后手术推广了，也不能轻易决定把卵巢组织取出来冷冻，留做以后之用。

■震惊医生的奇异三胞胎

大约百分之一的胎儿会出现异位现象，即胚胎在子宫外面发育，不过经常是在输卵管里面。异位怀孕中，胚胎会从输卵管中脱出，这常常会导致流产和大量内出血，给产妇带来生命危险。由于存在这种危险性，医生一旦确认异位怀孕就会建议流产——实际上胎儿往往已经死了。但是在极偶然的情况下，就像纳塞斯·奎塔的孩子那样，异位怀孕的结果也会和医学教科书相矛盾。简·恩格伦和她的孩子罗南就是一例。

32岁的恩格伦太太住在英国萨福克郡的爱尔姆斯维尔地区，她没有服用过促孕药，却发现已经怀上三胞胎18周了。10周后，检查结果显示其中一个胚胎在子宫外面的输卵管中发育，所以医生以为这等同于普通的双胞胎。后来，他们却发现第3个胚胎已经附着在子宫上，并在恩格伦太太的腹腔里利用供血系统形成了自己的"子宫"。

对这个异常的情况，伦敦国王学院医院的医疗组面临着严峻的考验：要保证母子平安、健康。

1999 年 9 月，3 个孩子提前 11 个星期降生，负责接生的是由 23 个人组成的强大的医疗组，包括 3 名外科医生，3 名麻醉师，3 名儿科专家，3 名助产士和 11 名手术助手。医生们进入手术室，开始了称为"军事行动"的复杂手术。他们通过剖腹产从子宫里取出两个女婴后，必须决定如何将第 3 个孩子取出来。那是个男孩，在母亲肚子里处于不正常的位置。由于他所在的位置，直接剖腹产是不可能的，所以医生将恩格伦太太的肠子移到一边，腾出地方接近胎儿，切开了在他周围生长的囊膜。

↗ 简·恩格伦发现怀上了三胞胎，但检查结果显示，其中 1 个胚胎在子宫外面的输卵管里发育。

3 个孩子不仅安全地出生了，体重也很理想——奥莉维亚 1.191 千克，玛丽 1.021 千克，罗南 1.446 千克，这在仅发育了 29 周的三胞胎中属于正常的情况。医生直接将他们送去特殊护理，放进保育器，并用咖啡因刺激他们呼吸。因为罗南（第 3 个孩子）的发育方式与众不同，医生曾担心情况特殊的他会遇到呼吸困难，但他的肺却是 3 个孩子中最有力的。

儿科顾问医师珍妮特·兰妮说："我担心罗南由于他所在的位置而受到重压，而且因为没有子宫提供空间和营养环境，他的呼吸可能出现问题。但是我高兴地发现，原来担心的事情没有发生，他比两个姐姐都健康。他比她们更早做到自然呼吸，这也许是因为他的肺不得不发育，并经受了必要的锻炼。"

↗ 双胞胎是很可爱的，但如果是三胞胎或多胞胎，而且出现异位怀孕，就很可怕了。

戴福·朱可维克是为三胞胎接生的妇产科顾问医师，他估计这种情况下胎儿存活的概率是六千万分之一，所以他说三胞胎和他们的母亲能活下来是个奇迹。

戴福医生对恩格伦太太大加赞赏，说她的勇敢对成功分娩起到很大的作用。他对 BBC（英国广播公司）的记者这样说道："这件事真是不可思议。在这种情况下，病人的态度很重要，而她总是那么积极。她完全了解手术的危险性，但是一直能微笑面对，即使是在麻醉前的最后 1 分钟。分娩之前，她对我说，'我信任你'。"

世界上在子宫外面发育的胎儿中，只有不到 100 例成活，但是在同时有另两个胎儿正常发育的情况下，还没有一个异位发育的胎儿活下来。因此，罗南·恩格伦被载入了医学史册。

■66 岁的产妇

2005 年 1 月，在罗马尼亚首都布加勒斯特，阿德里亚娜·爱丽斯库刚刚生下一个女婴后说："我感觉自己就像一个普通的女人，任何一个生过孩子的女人。"然而，阿德里亚娜·爱丽斯库和任何母亲都不一样——她生孩子的时候已经 66 岁了，是世界上年龄最大的母亲。这次分娩是借用捐献的卵子和精子通过体外受精实现的，这引起了全球范围的争议。一些人视她为不放弃生育希望的杰出例子；而另一些人认为这是自私的行为，在道德上无法接受。

阿德里亚娜是退休的大学教授兼儿童文学作家，一直想有个自己的孩子。她 20 岁结婚，但是当时的生活条件不好，她觉得不是生孩子的时候。4 年后她和丈夫分居，并开始从事理论研究工作。她说："我有做母亲的天性。自打还是个小女孩的时候，我就梦想有自己的孩子。我一直打算等生活好了就

↗ 2005 年 1 月，66 岁的阿德里亚娜·爱丽斯库在罗马尼亚的布加勒斯特生下了伊莱莎，成为世界上年纪最大的母亲。

生孩子。"但是她明确地决定生孩子之后，想要自然怀孕却为时已晚。1995 年，她听说体外受精技术取得成功。同年，阿德里亚娜就赶到意大利做检查，但因为耗尽旅费而不得不回到罗马尼亚。回家之后，她联系到当时实施了罗马尼亚第 1 例体外受精的艾恩·蒙泰努教授。推迟了绝经期之后，她接受了生育治疗，并在 2001 年首次怀孕。然而，4 个月之后，胎儿夭折了。

到了她这样的年龄，多数女性已经当上了祖母，但阿德里亚娜对此并不气馁，她用积蓄进行了 9 年的怀孕治疗。在她的恳求下，帕内特瑟布妇产病房的院长波格坦·马里内斯库用匿名捐献者提供的卵子和精子培育成 3 个胚胎，植入她的子宫。但是 10 个星期之后，其中一个胚胎停止了发育，阿德里亚娜只剩下一对双胞胎女孩了。在怀孕第 33 周的时候，双胞胎中又有一个遭遇了同样的厄运，医生不得不将手术计划提前。2005 年 1 月 16 日，阿德里亚娜·爱丽斯库在布加勒斯特的久莱斯蒂妇产医院通过剖腹产下了一名女婴——伊莱莎·玛利亚，婴儿体重 1.446 千克，比 40 个星期的正常妊娠时间提前了 6 个星期出生。新任母亲以 66 岁的高龄超过了一个印度女人 65 岁生孩子的纪录，那个妇女叫赛亚巴玛·马哈帕特拉，由她 26 岁的侄女提供卵子，侄女的丈夫提供精子，受精后她于 2003 年生下一名男婴。

一石击起千层浪，人们由此对超过生育年龄的女人生孩子的道德标准展开了激烈的争论。宗教领导者称这件事是"恐怖的"，"骇人听闻的"，"怪异的"，是"最自私的行为"，指出孩子 18 岁的时候爱丽斯库太太已经 84 岁了。女性机会平等基金会也表示担忧，警告说因为自己的母亲和其他孩子的母亲不一样，小女孩在以后的岁月中可能感到失望，也可能会因为母亲的年龄而痛苦、烦恼。

阿德里亚娜没有料到会出现这么强烈的反对。"我想有个传统的家庭，"她说，"我认为一个女人不论通过什么方法都必须建立家庭。用科学的方法去做既简单又道德。我觉得自己的做法比通过与别人通奸而得到孩子更有道德。这样我可以告诉伊莱莎，我是用体外受精怀上她的，这比给她讲一些糟糕的故事来得更简单，比如被有家室的情人抛弃之类的。这样做符合现代精神——女人可以用另一种方式做事。"她对将来持乐观态度，还说她家有长寿史。

马里内斯库医生支持她的这种做法，说他深深感受到阿德里亚娜对上帝的信仰和对生孩子的决心。他还说，尽管她的年纪已经很大了，但身体状况良好，足以承担怀孕的重任。内科医生们却没那么肯定，他们说，不论从医学上还是道德上讲，这样做都是很危险的，不仅对产妇的身体产生威胁，也对本应由双亲抚养的孩子不利。罗马尼亚的卫生部长强调了这一做法的难度，而且不鼓励对高龄的绝经妇女进行人工受精。尽管伊莱莎出生的时候罗马尼亚没有规定人工受精的最大年龄，但是有一个禁止对绝经妇女实行人工受精的法律正在等待通过国会的批准。

然而，出现的并不全是反对的声音。一些女权主义团体为她的行为拍手叫好，街头巷尾的女人们也想和她接触，因为她们觉得她显然备受上帝的眷顾。阿德里亚娜宣称："我感觉自己改变了一些东西，年轻的女性朋友会认为我是勇敢的。无论如何，有一件事是确定的：每个人的一生中都有一项使命，而我的使命也许就是这个。这就是为什么我证明了如果女人想生孩子就一定会成功。"

■ 致命肿瘤忽然消失

布兰登·考诺出生的时候脊柱上就长了肿瘤，医生说不论做什么样的手术都会有相当大的风险。他父母不知如何是好，两年中时刻观察肿瘤是否有恶化的迹象。孩子每次感冒、发热或胃痛的时候，他们都担心是不是肿瘤扩散了，担心肿瘤细胞在摧毁儿子幼小的身体。最后，布兰登病了 3 个星期，出现不明原因的发热和腹痛，考诺夫妇终于决定做出行动，给儿子在旧金山联系了手术。但是谁都没有料到的是，手术前的一次检查显示，肿瘤完全消失了。对此，医生也无法解释清楚。

布兰登的家在美国佐治亚州的亚特兰大市。克丽斯汀怀孕8个月的时候，医生给她做超声波检查，第1次发现了拳头那么大的肿瘤。她在整个怀孕期间一直生病。她说："怀孕这么久了，我不相信他会出什么毛病。我们惊呆了。"他们当然不知道那到底是什么病，因为布兰登出生5个星期之后，医生才诊断出来那是神经母细胞瘤，一种最危险的儿童癌症。神经母细胞瘤源于神经细胞，多在肾上腺附近出现，非常靠近背部。少数情况下，神经母细胞瘤会在胸部和颈部的交感神经上生长，偶尔长在大脑中。80%的病例在10岁之前，其中多数在4岁前发病。神经母细胞瘤从相对无害到严重恶性有不同的程度，在肿瘤已经蔓延到器官才被诊断出来的孩子中，只有不到40%能再活两年以上。在所有死于儿童癌症的孩子中，有15%是因为得了神经母细胞瘤。

做手术摘除长在脊柱上的肿瘤是很危险的，可能引起瘫痪；而另一方面，置之不理会导致死亡。这让布兰登的医生左右为难。最后他们决定，暂时的最佳办法就是通过核磁共振成像（MRI）扫描监测肿瘤的生长情况，因为不满1周岁的小孩易患神经母细胞瘤并发症。考诺夫妇还是找不到最好的治疗方法，每当布兰登身体出了点小毛病或胃痛，或者其他任何可能是癌症的症状，夫妻俩的心情就特别沉重。所有的检查都显示，肿瘤还在那里。

克丽斯汀和麦克·考诺对这种癌症知之甚少，在搜集这方面信息的过程中，他们遇到了神经母细胞瘤专家凯瑟琳·马塞医生，她是旧金山加利福尼亚大学儿童肿瘤系的主任。凯瑟琳转而咨询了她的同事——神经外科的主治医师纳林·格普塔。格普塔对考诺夫妇说，他可以摘除肿瘤而且不会让布兰登瘫痪。但是风险很大，考诺家还是犹豫不决。

到了2003年8月，离布兰登第2个生日还有几个星期的时候，他们经历了一场恐慌。克丽斯汀回忆说："他浑身发热，开始是37.2℃，后来烧到39.4℃。他在浴盆里站起来，哭了45分钟，说'妈妈，疼，疼！'医生认为肿瘤开始全面扩散了。"虽然克丽斯汀和麦克知道还存在着风险，但他们决定动手术。所以他们把另一个儿子——5岁的罗恩留在爷爷奶奶身边，然后带布兰登去了旧金山。在手术计划日期的前两天，布兰登接受了最后一次对脊柱的扫描。那天晚上，医生盯着核磁共振成像仪，不敢相信自己的眼睛：肿瘤消失了，只剩下脂肪组织。

克丽斯汀·考诺说："格普塔医生问我，'先听好消息还是坏消息？'我当然想先听好消息。他说，'好消息是肿瘤不见了。坏消息就是，你们来旧金山只是做了个核磁共振成像。'我欣喜若狂。过了12个小时，他们还在说那是不可能的事。真是个奇迹。"

2年之后医生还是不知道肿瘤忽然消失的原因，但承认他们对神经母细胞瘤知之甚少。布兰登的私人医生布莱德利·乔治说："在我们遇到的在脊柱附近长肿瘤的孩子中，布兰登是唯一一个康复的小家伙。而且在其他儿童癌症患者中，再也没有过神经母细胞瘤这样忽然消失的例子。我们被难住了，根本不知道应该如何治疗。"

马塞医生说，如果运气好，布兰登的肿瘤就不会再出现了。麦克·考诺对儿子意外的暂时康复感到庆幸。他说："我们不想问为什么，只要接受这个礼物就好。"

↗ **癌症的形成**

当香烟的烟雾等致癌性物质进入人体细胞后，人体会合成酶这种化学物质来清除它们。在有些情况下，酶未能清除这些有害物质，于是肿瘤开始形成。肿瘤首先在细胞内部迅速增生，在细胞表面没有被破坏的情况下，肿瘤保持良性。反之，在细胞表面破裂的情况下，癌细胞就会扩散到血液中。如果血液中的白细胞也未能杀死癌细胞，癌细胞就会转移到远处组织，并形成新的肿瘤。